U0920776

中国国家标准汇编

470

GB 25445～25485

（2010 年制定）

中国标准出版社　编

中国质检出版社
中国标准出版社
北　京

图书在版编目（CIP）数据

中国国家标准汇编：2010年制定．470：GB 25445～25485/中国标准出版社编．—北京：中国标准出版社，2012
ISBN 978-7-5066-6558-2

Ⅰ．①中… Ⅱ．①中… Ⅲ．①国家标准-汇编-中国-2010 Ⅳ．①T-652.1

中国版本图书馆CIP数据核字(2011)第195026号

中国质检出版社
中国标准出版社 出版发行
北京市朝阳区和平里西街甲2号(100013)
北京市西城区三里河北街16号(100045)
网址：www.spc.net.cn
总编室：(010)64275323 发行中心：(010)51780235
读者服务部：(010)68523946
中国标准出版社秦皇岛印刷厂印刷
各地新华书店经销

*

开本 880×1230 1/16 印张 37.75 字数 1 014 千字
2012年1月第一版 2012年1月第一次印刷

*

定价 220.00 元

出　版　说　明

1.《中国国家标准汇编》是一部大型综合性国家标准全集。自1983年起，按国家标准顺序号以精装本、平装本两种装帧形式陆续分册汇编出版。它在一定程度上反映了我国建国以来标准化事业发展的基本情况和主要成就，是各级标准化管理机构，工矿企事业单位，农林牧副渔系统，科研、设计、教学等部门必不可少的工具书。

2.《中国国家标准汇编》收入我国每年正式发布的全部国家标准，分为"制定"卷和"修订"卷两种编辑版本。

"制定"卷收入上一年度我国发布的、新制定的国家标准，顺延前年度标准编号分成若干分册，封面和书脊上注明"20××年制定"字样及分册号，分册号一直连续。各分册中的标准是按照标准编号顺序连续排列的，如有标准顺序号缺号的，除特殊情况注明外，暂为空号。

"修订"卷收入上一年度我国发布的、修订的国家标准，视篇幅分设若干分册，但与"制定"卷分册号无关联，仅在封面和书脊上注明"20××年修订-1，-2，-3，……"字样。"修订"卷各分册中的标准，仍按标准编号顺序排列(但不连续)；如有遗漏的，均在当年最后一分册中补齐。需提请读者注意的是，个别非顺延前年度标准编号的新制定的国家标准没有收入在"制定"卷中，而是收入在"修订"卷中。

读者配套购买《中国国家标准汇编》"制定"卷和"修订"卷则可收齐上一年度我国制定和修订的全部国家标准。

3. 由于读者需求的变化，自1996年起，《中国国家标准汇编》仅出版精装本。

4. 2010年我国制修订国家标准共2846项。本分册为"2010年制定"卷第470分册，收入国家标准GB 25445～25485的最新版本。

中国标准出版社

2011年8月

目　录

ICS 29.260.20
K 35

中华人民共和国国家标准

GB/T 25445—2010

抑制爆炸系统

Explosion suppression systems

2010-11-10 发布　　2011-05-01 实施

中华人民共和国国家质量监督检验检疫总局
中国国家标准化管理委员会　发布

前　言

本标准是参照 EN 14373:2005《抑制爆炸系统》(英文版)制定的,在技术内容上等同采用该标准。

本标准的附录 A 为资料性附录。

本标准由中国电器工业协会提出。

本标准由全国防爆电气设备标准化技术委员会(SAC/TC 9)归口并解释。

本标准主要起草单位:南阳防爆电气研究所、国家防爆电气产品质量监督检验中心、煤炭科学研究总院抚顺分院、创正防爆电器有限公司等。

本标准主要起草人:张刚、马秋菊、刘姮云、付淑玲、侯韩芳、张显力、李书朝、刘思敬。

抑制爆炸系统

1 范围

本标准规定了抑制爆炸(以下简称“抑爆”)系统设计和应用的基本要求。同时本标准也规定了评定抑爆系统的效果及在特定爆炸条件下抑爆系统增效的办法。也为另一种进行爆炸抑制效果测试设备及确定抑爆系统安全操作模式提供了依据标准。包括：

——抑爆元件的通用要求；

——评定抑爆系统的有效性；

——评定抑爆系统的增效程度；

——对抑爆系统设计工具的评定与改进；

——抑爆系统安装说明；

——抑爆系统维护说明。

本标准适用于密封或固有密封外壳的抑爆系统。此类外壳中爆炸性混合物点燃可能会引起爆炸，如:可燃性粉尘-空气混合物,气体(蒸气)-空气混合物,可燃性粉尘-气体(蒸气)-空气混合物和雾状物。

本标准不适用于下列材料或含有下列物质的混合物的爆炸：

——不稳定、易分解的物质；

——爆炸性物质；

——烟火材料；

——可产生烟火的材料。

注：使用这些材料需要专家指导。

2 规范性引用文件

下列文件中的条款通过本标准的引用而成为本标准的条款。凡是注日期的引用文件,其随后所有的修改单(不包括勘误的内容)或修订版均不适用于本标准,然而,鼓励根据本标准达成协议的各方研究是否可使用这些文件的最新版本。凡是不注日期的引用文件,其最新版本适用于本标准。

GB/T 15605 粉尘爆炸泄压指南(GB/T 15605—2008,NEQ VDI 3673-1:2002)

GB/T 16425 粉尘云爆炸下限浓度测定方法

GB/T 16426 粉尘云最大爆炸压力和最大压力上升速率测定方法(GB/T 16426—1996,eqv ISO/DIS 6184-1)

GB/T 2900.35 电工术语 爆炸性环境用电气设备(GB/T 2900.35—2008,IEC 60050-426:2008,IDT)

GB 25285.1 爆炸性环境 爆炸预防和防护 第1部分:基本原则和方法

EN 13673-1 气体和蒸汽最大爆炸压力及最大压力上升速率的确定 第1部分:最大爆炸压力的确定

EN 13673-2 气体和蒸汽最大爆炸压力及最大压力上升速率的确定 第2部分:最大爆炸压力上升速率的确定

EN 14034-4 粉尘云爆炸特性的确定 第4部分:粉尘云极限氧浓度 LOC 的确定

EN 14994 气体爆炸泄压保护系统

EN 26184-3 防爆系统 第3部分:粉尘/空气和气体/空气混合物之外的燃料/空气混合物爆炸指数的确定

3 术语和定义

GB 25285.1、GB/T 2900.35 中确立的以及下列术语和定义适用于本标准。

3.1

高速释放(HRD)抑制器　HRD-suppressor

内含抑制物的器具,抑制物会受内部压力的作用排出。

注1:压力可能是预储压,或由诸如爆炸性或烟火装置的化学反应产生的压力。

注2:HRD为高速释放的缩写。

3.2

抑制物　suppressant

HRD抑制器中的物质,扩散到被保护的容积内时,能阻止和预防该容积内爆炸的发展。

注:常用的三种抑制物,独立使用或配合使用:

——粉状抑制物;

——水抑制物;

——化学抑制物。

3.2.1

粉状抑制物　powder suppressant

具有公认灭火特性的粉状产品,如以磷酸氢氨、碳酸氢钾或碳酸氢钠为主要成分的产品。

注:这些抑制物中可含有增加流动性和有效性的添加剂。

3.2.2

水抑制物　water suppressant

用作爆炸抑制物的冷水或热水。

注:可补充添加剂以防冻结,和/或增加抑制物的有效性。

3.2.3

化学抑制物　chemical suppressants

具有公认灭火特性的化学抑制物。

3.3

分撒压力　Dispersion agent pressure

p_s

储压型抑制器中保持的压力,抑制物受此压力作用分撒,如:干气、化学反应或加热作用。

3.4

抑制物填充量　suppressant charge

M_s

抑制器中所含的抑制物的量或体积。

3.5

爆炸传感器　explosion sensor

爆炸发生时反映一个或多个参数(例如压力,温度和/或辐射参数)变化的装置。

3.6

爆炸探测器　explosion detector

产生爆炸时可发出爆炸探测信号的装置或仪器组合,包含一个或多个爆炸传感器。

3.7

触发压力　activation pressure

p_a

高于反应物点燃时压力(p_i)的压力阈值,在此压力下可认为已探测到爆炸。

3.8

降低(抑制)的爆炸压力　reduced (suppressed) explosion pressure

p_{red}

在抑制的爆炸事件中记录的、高于反应物点燃时压力(p_i)的爆炸压力。

3.9

最大降低(抑制)的爆炸压力　maximum reduced (suppressed) explosion pressure

$p_{red,max}$

在燃料浓度最佳时抑制的爆炸事件中记录的、高于反应物点燃时压力(p_i)的最大爆炸压力。

3.10

爆炸抑制　explosion suppression

在爆炸性环境中出现燃烧的初始阶段,探测到并阻止燃烧,同时限制压力产生的技术。

3.11

抑爆系统　explosion suppression system

自动探测爆炸开始征兆、并撒开抑制物以限制爆炸破坏效果的组合排列装置。

3.12

控制和显示设备　control and indicating equipment

CIE

控制、记录、监视爆炸传感器/探测器和爆炸保护装置的爆炸保护设备。

注:当探测到初始爆炸时,CIE 触发爆炸保护装置并启动报警系统。

3.13

分撒装置　dispersion device

安装在 HRD 抑制器上,设计用于把抑制物分撒到整个被保护容积的装置。

3.14

外壳　enclosure

3.14.1

紧凑外壳　compact enclosure

方形外壳　cubic enclosure

长(高)与直径的比小于 2 的外壳。

3.14.2

长条形外壳　elongated enclosures

长(高)与直径的比为 2～10 之间的外壳。

3.14.3

管道　pipe

长(高)与直径的比大于 10 的结构。

3.15

组合系统　combination systems

3.15.1

具有泄放功能的抑制系统　suppression combined with venting

爆炸抑制和爆炸泄放技术相结合的系统。

3.15.2

具有抑制功能的泄放系统　venting combined with suppression

设计用于减少火焰从爆炸排放孔喷出的系统。

3.15.3

抑制并降低氧气浓度系统　reduced oxygen concentration combined with suppression

用降低氧浓度来减小爆炸强度,同时通过抑制作用降低爆炸强度的系统。

3.16

外壳的设计强度(设备强度) design strength of enclosure(plant strength)

p

3.16.1

耐爆炸外壳 explosion resistant enclosures

按照国家相关标准设计的外壳和设备,包括附属管道,能够承受预期爆炸压力也不会发生永久形变。

3.16.2

耐爆炸冲击外壳 explosion shock resistant enclosures

按照国家相关标准设计的外壳和设备,包括附属管道,能够承受预期爆炸过压。与耐爆炸外壳判断标准不同,对于耐爆炸冲击外壳,允许一些塑性变形。在设计这些外壳时,可多考虑利用结构材料的强度。

3.17

危险区域 hazard sector

设计使爆炸抑制系统起作用的三维空间。

3.18

可见的不利影响最低水平 LOAEL

观察到有不利的毒物影响或生理影响时的最低浓度。

3.19

模式 model

预计爆炸进程、抑爆系统动作及其与爆炸的相互作用的数学计算,以便能准确设计抑爆系统。

3.20

无可见的不利影响限值 NOAEL

观察不到有不利的毒物影响或生理影响时的最高浓度。

注:NOAEL是无可见的不利影响限值的缩写

3.21

阻碍容积 obstructed volume

内含阻碍物的容积组件。

3.22

有人的空间 occupied space

可能有或者会有人员出现的三维区域。

3.23

隔离容积 segregated volumes

与其他空间或主容积分开的三维空间。

3.24

阈值量 threshold dose

低于该量级就观察不到不利的毒物影响或生理影响的量级。

4 爆炸抑制

4.1 通则

爆炸抑制是一种技术,利用该技术可在燃烧初始阶段探测到并熄灭封闭或固有封闭的容积内爆炸性环境的燃烧,并限制破坏性压力的发展。

在尽可能短的时间内,控制和显示设备CIE启动HRD抑制器,将抑制物释放到被保护的容积内。

当可能把最大爆炸压力限制到抑制(降低)的爆炸压力(此压力低于被保护容积的设计强度),或者在无限制空间内将火球传播限制到规定的尺寸内时,认为爆炸被抑制住。最大爆炸压力 p_{max} 将被降低到最大降低(抑制)的爆炸压力 $p_{red,max}$,一般为 0.02 MPa~0.1 MPa(图 1)。

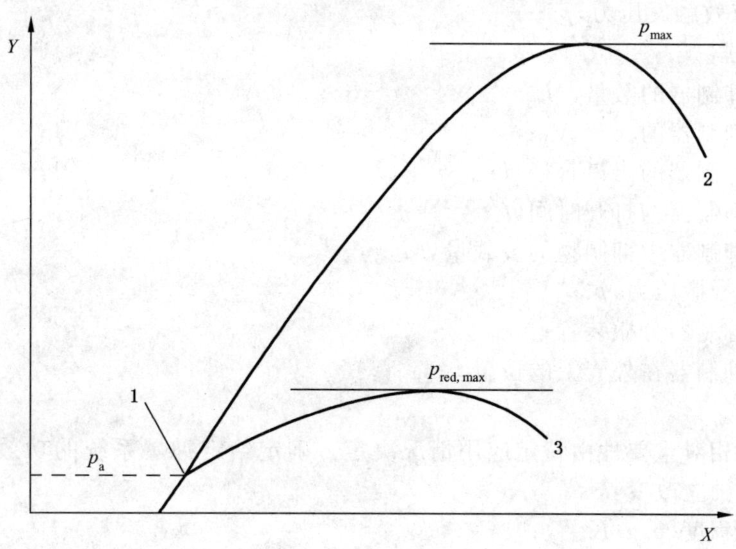

图解

1——触发抑爆系统;

2——密闭外壳爆炸;

3——抑制的爆炸;

Y——爆炸过压 p,Pa;

X——时间 t,s。

图 1 正常爆炸与抑制的爆炸的压力-时间特性

在大多数爆炸抑制的实际应用中,最坏情况下产生的最大抑制爆炸压力 $p_{red,max}$ 可以测到。如果被抑制的爆炸压力低于工艺设备的设计强度,并且抑制达到了充分的安全裕量,那么就能保证有效的爆炸抑制。

4.2 影响因素

4.2.1 概述

抑爆系统的有效性取决于 4.2.2~4.2.4 所列的参数。

4.2.2 爆炸危害

a) 外壳容积(净容积,V);

b) 外壳形状(表面积及长(高)与直径的比);

c) 爆炸性物质(气体、粉尘、可燃性液体及其混合物);

d) 爆炸性环境的同质性和固有湍流;

e) 内置障碍物与燃烧波相互作用及反射压力波造成的固有湍流;

f) 初始压力;

g) 温度条件;

h) 爆炸性物质的爆炸参数:

   1) 最大爆炸过压,p_{max};

   2) 最大爆炸常数,K_{max};

   3) 燃烧速率;

   4) 最低点燃温度。

4.2.3 爆炸抑制物

a) 抑制物添加剂的种类;

b) 抑制物用量；

c) 添加剂的抑制功效。

4.2.4 抑制系统

a) 探测-系统有效触发压力，p_a；

b) HRD 抑制器：

1) HRD 抑制器的数量，N_s；

2) HRD 抑制器的容积，V_s；

3) HRD 抑制器的出口直径，D_s；

4) HRD 抑制器的打开时间，t_s；

5) HRD 抑制器中抑制物的装载量，M_s；

6) 抑制物分撒压力，p_s；

7) HRD 抑制器分撒装置；

8) HRD 抑制器在外壳上的位置。

4.2.5 相互联系

所有这些参数的相对重要性由特定应用情况决定。确定给定抑爆系统的功效需要进行系统测试，测试中下边几个变量独立改变：

——爆炸的剧烈程度(e.g. K_{max})；

——爆炸探测的开始；

——抑制物配量；

——抑制物分撒压力。

该程序提供的基本数据足以评估出抑制系统的功效。

原则上，对于特定用途的抑爆系统，特定的代表性试验或适当改变代表性试验结果数据库可以提供必要的保证。

实际中，设计工程师参照有关设计导则。以立方律为基础的列线图和定标等式，其他允许所有参数相互关联的更为复杂的理论模型，可用作系统技术要求的基础。列线图、定标等式和模型应以此处定义的最低合格标准为基础进行证实，从而给出本标准范围内最低合格设计导则。关于导则的最低合格标准在 6.4 中规定。

需注意，为了确定系统的适用性，需要利用某些类型的附加信息。在占用区域，与系统触发有关的危险非常重要。食品工业要求系统不能降低卫生要求。可能导致抑制物释放到大气中的情况，需要使用对环境无害的抑制物。复燃危险、爆炸后的火焰防护也应考虑。因此选择最合适的爆炸抑制系统需要对系统“目的适用性”作充分的评估。

5 对抑爆元件的一般要求

5.1 探测

5.1.1 概述

为了启动抑爆系统，用探测器感应由初始爆炸或初始爆炸的火焰产生的过压。感应器的放置应保证抑爆系统有足够的时间感应，并触发装置抑制爆炸，这一点非常重要。

5.1.2 光学探测

光学探测器应在较开放的结构中使用，这种结构中初始爆炸造成的压力增大有限。粉尘浓度高，影响抑爆系统可靠性的环境中不应使用光学探测器。

紫外线和红外线探测器可用于光学探测。应避免使用光敏传感器，避免出现虚假触发。传感器的安放位置应使其感应角度覆盖所有被保护的危险区域。光学探测器的性能也会受到感应范围内障碍物的影响，应使用多个探测器解决这一问题。光学探测器应配备空气屏蔽保持光学镜头清洁。

5.1.3 压力探测

对于密闭外壳应用情况应采用压力探测。

当超过预设过压时，阈值压力探测器提供电信号。

动态探测器向系统 CIE 装置提供电信号。通常，它们都既有上升速率也有压力限值触发点，能根据具体应用条件设定。虽然这类探测器可以使隔离系统的虚假触发最小化（由于压力波动而不是爆炸压力上升），但是还应注意这类探测器的设置，应符合对特定应用条件和被保护外壳的几何形状的探测反应标准。

5.2 抑制物

抑爆系统使用的抑制物包括水、固态和液态的化学物质。除了抑制物的有效性，还应考虑抑制物与抑制过程的兼容性。当抑爆系统触发压力 p_a 上升使最大降低的爆炸过压 $p_{red,max}$ 上升很小时，认为抑制物非常有效（见图 2）。

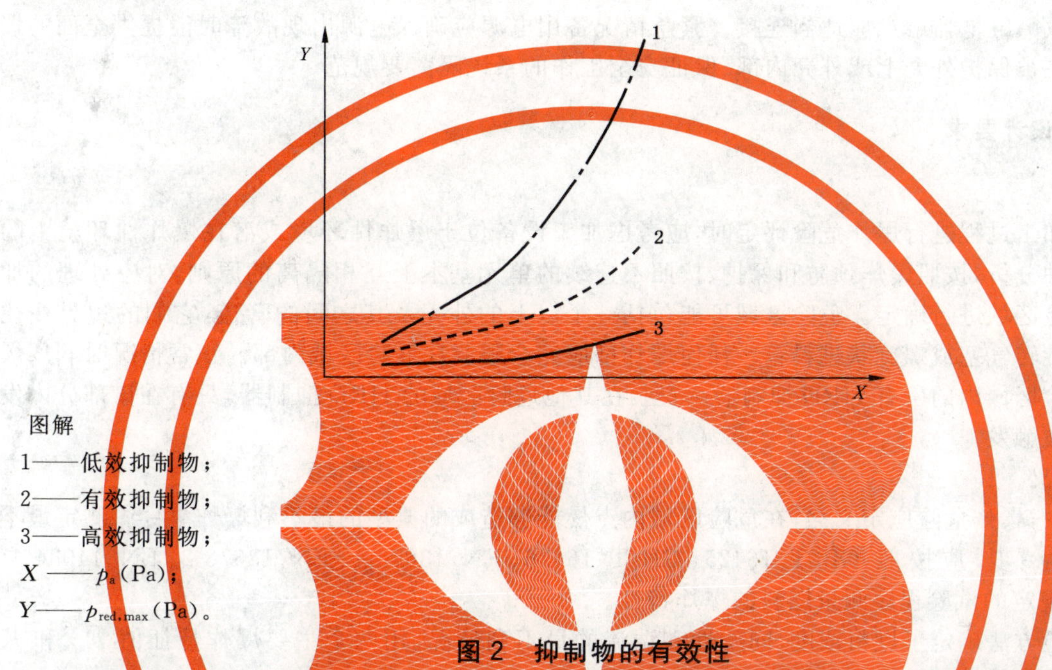

图解

1——低效抑制物；

2——有效抑制物；

3——高效抑制物；

X——p_a(Pa)；

Y——$p_{red,max}$(Pa)。

图 2 抑制物的有效性

应用抑制物要看其抑制爆炸效果如何。应通过试验来测定抑制物的有效性及性能，从而量化抑制物的适用性。在选择抑制物时应考虑以下参数：

a) 与加工产品的任何不利反应；

b) 与允许的职业暴露限值有关的抑制物毒性水平；

c) 抑制物温度稳定性。

另外，需要时也应考虑下列特性：

d) 抑制物必须与食物兼容吗？

e) 抑制物是否会引起腐蚀？

f) 抑制物是否环保？

g) 抑制物是否能容易地从加工过程中除去？

5.3 HRD 抑制器

HRD 抑制器有一定规格范围。抑制物通常存放在正压容器中。一个快速触发容器开口装置可以使抑制物瞬间无阻碍释放，在此过程中，如果需要，抑制物由推进剂推进，并有分撒装置排放到加工设备中。大口径的 HRD 抑制器比仅依靠分撒剂高压力的抑制器具有较强的抑制剂推进能力。HRD 抑制器和分撒系统对抑制效果具有重要影响。带有特定安装适配器及合适分撒系统的 HRD 抑制器的性能应通过试验证明（第 6 章）。HRD 抑制器的数量及分布由被保护外壳的几何尺寸和形状决定，这对于取得最佳抑制性能至关重要。应考虑下列情况使 HRD 抑制器的使用能最有效地排放抑制物：

a) HRD 抑制器要安装在被保护的加工容器、管道或外壳的顶部或侧面；

b) HRD 抑制器应安装在被保护的设备上，确保抑制物正常排放；

c) HRD 抑制器应在外壳上支撑固定或者固定在支持物上，固定方式应能承载其重量并能释放反冲力；

d) 薄弱外壳、振动设备及高温加工设备采用抑爆措施时，可能需要把 HRD 抑制器在外壳以外支撑。

有两种典型的分撒装置，固定式和伸缩式。固定的分撒装置直接伸入到加工设备内。伸缩的分撒装置在不使用时则处在加工设备外部，在触发后，HRD 抑制器用伸缩分撒装置向前（打开保护盖/盘）进入被保护设备。位于加工装置和分撒装置之间的保护盖/盘应防止加工材料进入分撒装置组件内。

5.4 控制和显示设备

控制和显示设备应记录和监控系统探测器所传送的信号。根据控制和显示设备信号布局情况，通过对探测器/传感器数据进行询问和分析，有选择地控制触发 HRD 抑制器和其他安全装置，控制加工设备停机及启动视觉和听觉报警装置。系统内部监控应在装置或现场接线出现故障时发出故障指示，报警装置和故障继电器触点应适当连接。紧急情况备用电源应确保电源出现故障时能提供全面的爆炸保护。安装在被保护外壳上或外壳内部、保证安全工作的系统隔离要规范。

6 抑爆系统设计要求

6.1 通则

对特定加工过程进行爆炸危险评定时，应考虑加工设备位于爆炸性环境或潜在爆炸性环境中的部分。通过这种分析，按照爆炸预防和保护、按照不连续的单元基本上互相隔离的原则，对应处理的加工过程中的危险区域进行确定。危险区域可能包括一个以上的外壳及其之间的管道，它们的边界往往是物理屏障如旋转气塞或螺旋状进料箱。任何爆炸都应完全限制在危险区域内部。正常情况时利用爆炸抑制触发危险区域内的所有 HRD 抑制器。安装在其他危险区域的 HRD 抑制器，只有在该部分内发生点燃时才会被触发。

6.2 危险定义

本标准中，爆炸危险应定义为，在危险区域内点燃能够造成的典型的最不利爆炸事件。测定最不利的爆炸的第一步，应按照 GB/T 16425、GB/T 16426、EN 13673-1、EN 13673-2、EN 14034-4 和 EN 26184-3规定的试验程序测量燃料的爆炸特性。

这种试验方法确定了燃料浓度、同质性和湍流的最不利情况，用两个主要爆炸特征值 p_{max} 和 K_{max} 表示，作为评定爆炸抑制要求的基础。

对抑爆系统效率的最低要求是，降低的抑制爆炸应力应小于被保护设备最薄弱部件的已知抗压能力。

6.3 与关联影响参数有关的 $p_{red,max}$ 的确定

6.3.1 通则

应按照 EN 13673-1、EN 13673-2、GB/T 16425、GB/T 16426 规定的程序，在封闭设备内进行试验。试验设备的容积应能使一个 HRD 抑制器刚好足够抑制一次爆炸。为此，应选择抑爆系统实际使用中能够遇到的反应最强烈的燃料。应使用长度直径比为 2:1 的紧凑外壳。

6.3.2 通过测试单个容积确认

6.3.2.1 新系统的应用范围

应通过在选定的试验容积中进行一系列的试验确定抑爆系统的功效。通过测量最大降低（抑制）的爆炸压力（$p_{red,max}$）确定系统应用的工业设备的最小设计强度。通过进行符合 6.3.2～6.3.4 规定的程序的试验确定抑爆系统的应用范围。

通过这些试验应确定下列内容：

a) 该容积内能被系统抑制的最不利的爆炸；

b) 在该容积中能抑制限定爆炸的最大探测压力；

c) 由 $p_{red,max}$ 确定的抑制系统的效率。

6.3.2.1.1 燃料浓度变化（C）

为了在选定的试验容积中测定特定抑爆系统防止爆炸危险的功效，应进行一系列评定。应通过试验（见图 3）测定燃料的最大降低（抑制）的爆炸压力 $p_{red,max}$。实际中需要在一定浓度范围内测量 p_{red}，确

定得出最大 p_{red} 值的最佳燃料浓度。得出 p_{max} 和 $(dp/dt)_{max}$ 值的浓度也有帮助。应在这个最适宜浓度条件下重复进行试验。应在该最佳浓度条件下至少得出三个结果，求平均值得出抑爆指数 $p_{red,max}$ 和 $(dp/dt)_{red,max}$。

举例　　（假定 p_{red} 在粉尘浓度为 500 g·m^{-3} 时出现 p_{red} 最大值）

1.　250 g·m^{-3}，　　500 g·m^{-3}，　　750 g·m^{-3}

2.　　　　　　　　500 g·m^{-3}

3.　　　　　　　　500 g·m^{-3}

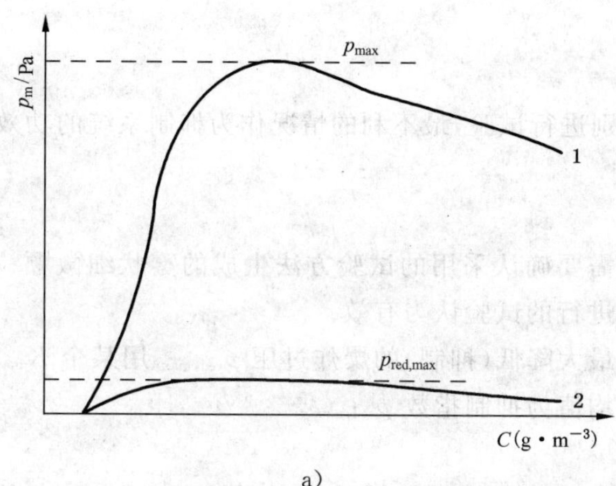

a)

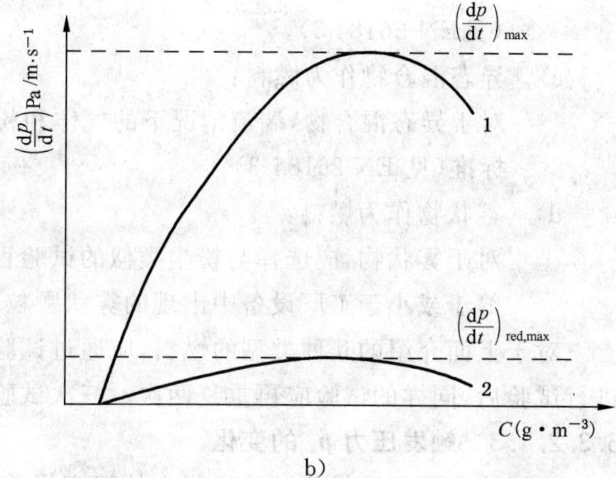

b)

图例：

1——未抑制的爆炸；

2——抑制的爆炸。

注：触发压力 p_a 与抑制器数量（抑制物荷载）不变。

图 3　正常爆炸和抑制的爆炸压力特性和压力上升速率与浓度的关系

应根据生产商的建议预设抑爆系统（分撒剂压力、抑制物荷载）并安装在试验设备上。

6.3.2.1.2　最大爆炸常量的变化，K_{max}

为了在选定的试验容积中确定防止爆炸危险采用特定抑爆系统的应用范围（限制），应通过 K_{max} 变化增大爆炸严重程度，进行一系列评定（见图 4）。

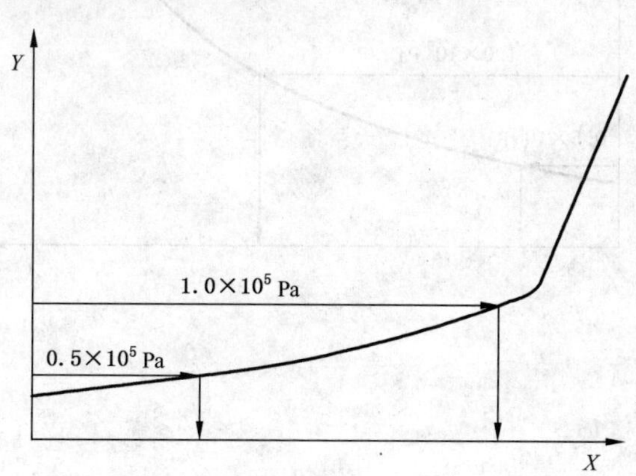

图解

X——K_{max}(m×Pa/s)；

Y——$p_{red,max}$(Pa)。

注：触发压力 p_a 与 HRD 抑制器数量（抑制物荷载）不变。

图 4　最大减低的爆炸压力 $p_{red,max}$ 特性与最大爆炸常数 K_{max} 的关系

K_{max} 值的变化应按下列方法得出：

a）　粉尘作为燃料：

使用具有不同 K_{max} 的粉尘，或者使用同种粉尘但改变点燃延迟时间 t_v 和浓度 C，得出不同的压力上升速率，以模拟不同的 K_{max} 值。

b) 气体作为燃料：

对于多数工业溶剂的蒸气，用丙烷进行试验对抑制系统的性能进行评定，可以满足要求。

当气体或蒸气的燃烧特性比丙烷强时，应使用爆炸特性等于或高于丙烷的试验气体或蒸气对抑制系统的性能进行评定。

在有湍流的情况下，应使用标准的湍流试验方法，通过改变点燃延迟改变湍流（见EN 26184-3）。

c) 异态混合物作为燃料：

对于异态混合物，湍流情况下的气体和粉尘分别进行试验，最不利的情况作为抑制系统的功效标准（见 EN 26184-3）。

d) 雾状物作为燃料：

对于雾状物，应选择与粉尘类似的试验程序。需要确认采用的试验方法生成的雾状细微颗粒等于或小于工厂设备中出现的雾状颗粒，这样进行的试验认为有效。

对于上面介绍的几种类型的燃料，应通过试验确定最大降低（抑制）的爆炸过压 $p_{red,max}$。用某个 K_{max} 进行试验后，同样的试验应再重复两次。三次试验的平均值为抑制指数 $p_{red,max}$。

6.3.2.1.3　触发压力 p_a 的变化

为了确定用于选择的试验容积中的特定爆炸抑制器的应用范围，应采用一系列触发压力 p_a（或等效传感器反应），根据限定的爆炸严重程度，对其性能进行评定。与触发压力 p_a 有关的最大降低（抑制）的爆炸过压 $p_{red,max}$ 应通过试验确定（见图 5）。用某个 p_a 值进行第一次试验后，同样的试验应再重复两次。三次试验的平均值为抑制指数 $p_{red,max}$。

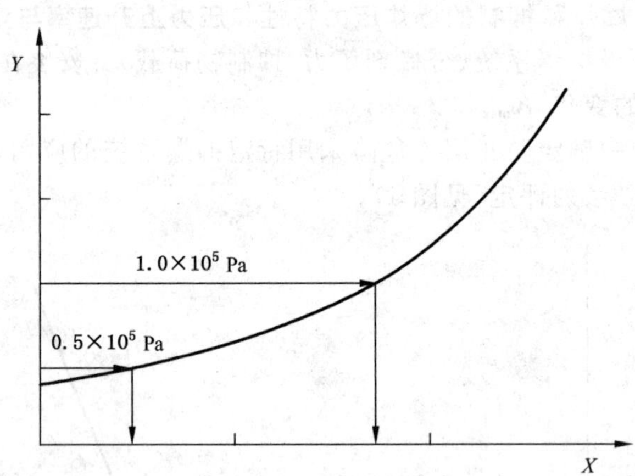

图解：

X——p_a(Pa)；

Y——$p_{red,max}$(Pa)。

注：爆炸常量 K_{max} 和 HRD 抑制器数量（抑制物荷载）不变。

图 5　最大降低的爆炸压力 $p_{red,max}$ 特性与触发压力 p_a 的关系

6.3.2.1.4　HRD 抑制器数量的变化

为了确定用于试验容积中的使用多个爆炸抑制器布局的应用范围，应根据试验容积中限定爆炸的严重程度，对它们的性能进行评定。生产商应规定抑制器的建议数量。用一定数目的 HRD 抑制器值进行第一次试验后，同样的试验应再重复两次。三次试验的平均值为抑制指数 $p_{red,max}$。

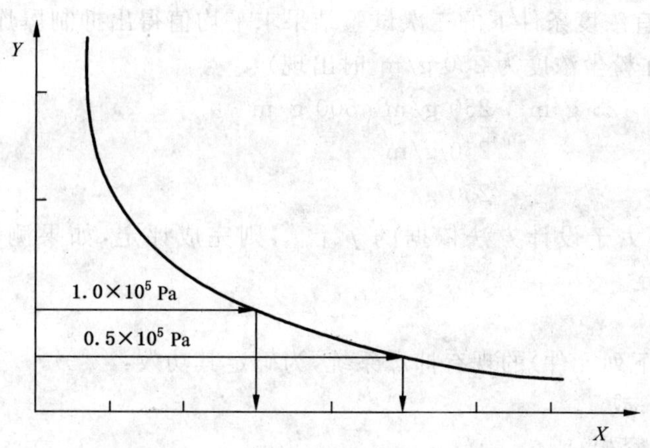

图解
X——HRDs；
Y——$p_{red,max}$(Pa)。
注：爆炸常量 K_{max}和触发压力 p_a 不变。

图6　最大降低的爆炸压力 $p_{red,max}$特性与 HRD 抑制器数目的关系

6.3.2.1.5　分撒剂压力 p_s 的变化

对于 HRD 抑制器，分撒剂压力 p_s 可能出现变化(例如：由于温度、泄露)。应对分撒剂压力变化造成的影响进行研究(见图 7)。试验过程中应从 $p_{red,max}$允许的最大偏差决定的最大下限值改变分撒剂压力 p_s。试验应重复进行二次。通过试验将确定系统正常工作的限值范围，即规定分撒剂压力 p_s 到达何限定值时更换 HRD 抑制器。

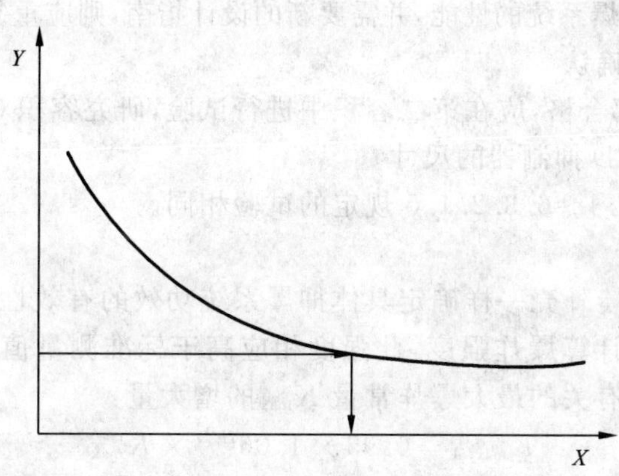

图解：
X——p_s(Pa)；
Y——$p_{red,max}$(Pa)。
注：触发压力 p_a，爆炸常量 K_{max}及 HRD 抑制器的数目不变。

图7　最大降低的爆炸压力 $p_{red,max}$特性与分撒剂压力 p_s 的关系

6.3.2.2　限定适用范围的抑制系统

如果抑制系统仅用于特定(限制)应用范围，则应根据应用范围内有代表性的爆炸确定其功效，如，$K_{max}\leqslant2\times10^7$ m·Pa·s^{-1}，$p_{max}\leqslant1\times10^6$ Pa，$p_a\leqslant5\times10^3$ Pa

6.3.2.3　有未知的可抑制能力特性的燃料

燃料的抑制能力特性说明该燃料有关的爆炸被抑制的程度。如果抑爆系统用于抑制特性未知(由于化学成分或极端加工条件)的燃料，应对抑爆系统进行测试。如燃料的爆炸特性未知，应确定爆炸特性。

应在触发过压 $p_a=1\times10^4$ Pa 时，在一定浓度范围内进行试验确定最大降低(抑制)的爆炸压力。仅与观察到的最大爆炸过压 p_{max}接近的浓度范围需要试验。应在最易爆炸浓度条件下测量 p_{red}，然后在较高或较低浓度条件下测量。这样给出最大 p_{red}值的最适宜浓度就被确定下来。应在最适宜浓度条

件下重复进行试验，最适宜浓度条件下的三次试验结果求平均值得出抑制爆炸指数 $p_{red,max}$。

举例(假定最大 p_{red} 在粉尘浓度为 250 g/m^3 时出现)

1. 125 g/m^3，250 g/m^3，500 g/m^3
2. 250 g/m^3
3. 250 g/m^3

如果得到 $p_{red,max}$ 值不大于设计方法依据的 $p_{red,max}$，则完成评定，如果测量值大于设计值，应按照6.3.2的规定进行新的评定。

6.3.2.4 新元件

对更换一个元件(如下列元件)的现有抑爆系统，为确定其功效：

a) 新 HRD 抑制器；或
b) 新 HRD 抑制器容积；或
c) 新 HRD 抑制器出口直径；或
d) 新探测器；或
e) 新 HRD 抑制器打开时间；或
f) 新 HRD 抑制器抑制物载荷；或
g) 新抑制物分撒压力；或
h) 新 HRD 分撒装置；或
i) 新的控制和显示设备 CIE。

应按照 6.3.2 的规定对性能进行评定。如果只需证实新元件的性能至少等于老元件，则在最不利条件下进行一组三次试验就足够了。

如果要采用新部件提高抑爆系统的性能，并需要新的设计指南，则应重复进行 6.3.2.1 规定的试验。

6.3.3 在第二个容积内试验确认

如果 6.3.2 中的试验全部合格，应在第二容积中进行试验，研究容积对抑爆系统功效的影响。第二容积的尺寸取决于使用的 HRD 抑制器的尺寸。

应进行的试验与 6.3.2.1.1～6.3.2.1.5 规定的试验相同。

6.3.4 长条型外壳

对于长条型外壳，应像紧凑外壳一样确定具体抑爆系统功效的有效性(见 6.2)。但是，长条型外壳中的初始爆炸更为剧烈，需要计算爆炸强度，此强度相应高于标准测量值 K_{max}。对于粉尘应使用下列等式，确定与外壳长度直径比有关的最大爆炸常量 K_{max} 的增大量：

$$K_{max,el}=0.95\times1.06^{H/D}\times K_{max}$$

式中：

$K_{max,el}$——长条型外壳中增大的值，单位 m·Pa·s^{-1}；

H/D——长条型外壳的长(高)与直径比；

K_{max}——最大爆炸常量，单位 m·Pa·s^{-1}。

其他计算长条型外壳增大常量 K_{max} 的有效方法也可以使用。HRD 抑制器的分布方式要保证抑制物在外壳内的有效分布。

6.3.5 管道

管道内通过抑爆(与利用熄灭屏障的防爆不同)达到防爆目的，是应用于长条型外壳的设计基础的扩展。最不利的爆炸危险是在管道密闭端的点燃。

由于点燃可能发生在管道的任何位置，所以沿管道的整个长度都应使用管道探测器和抑制器。任何一个探测器位置的反应都应能触发安装在管道内的所有抑制器。

探测器沿整个管道长度布置，灵敏度要保证在爆炸压力超过管道内部设计强度之前探测到爆炸，并分撒抑制物。

如果管道仅与一个管道抑爆装置单独连接，不能作为有效的安全措施，除此之外外壳还应通过排泄或抑制保护。

6.3.6 有人的空间

在可能有人员的空间采用爆炸抑制可以减轻爆炸后果。对这类空间的保护要对抑爆系统施加特定设计限制，使抑制后的爆炸不会造成损坏。

有人的空间采用的任何抑爆系统，应严格按照第6章中规定的针对封闭外壳或基本封闭外壳的标准验证其功效的有效性，同时还采取下列附加限制：

a) 毒物抑制物：使用的抑制物浓度要低于不可见的不利影响值（NOAEL）或可见的不利影响最低水平（LOAEL）。

b) 抑制物排放：把抑制物排放到封闭空间的方法，应保证排放的冲击波（压力作用）不会对人员（无论是否有视力和听力保护）造成伤害；排放噪声不应引起短暂失聪；排放时造成的视觉影响不能使人员看不到外出路线。

6.4 系统设计指南的有效性

6.4.1 概述

生产商利用系统设计指南预测特定应用中对抑爆系统的技术要求。例如，在评定一个实际情况时，HRD抑制器的最少数量是保证系统功效的基本要求。系统设计指南应通过试验进行验证。这些试验应在实际使用的外壳尺寸范围内进行。最常见的设计指南有简单的图表形式和较先进的数学模型形式。

6.4.2 设计图表

图表是设计方法的最简单形式，它以至少两个不同容积的紧凑外壳的试验为基础。如果已知抑制系统的触发压力 p_a，已知某个需要的最大降低过压 $p_{red,max}$ 和燃料反应性能（K_{max}），就可以用这种方法预计在某个容积中抑爆所需的HRD抑制器数目。图8就是这样的图表示例。

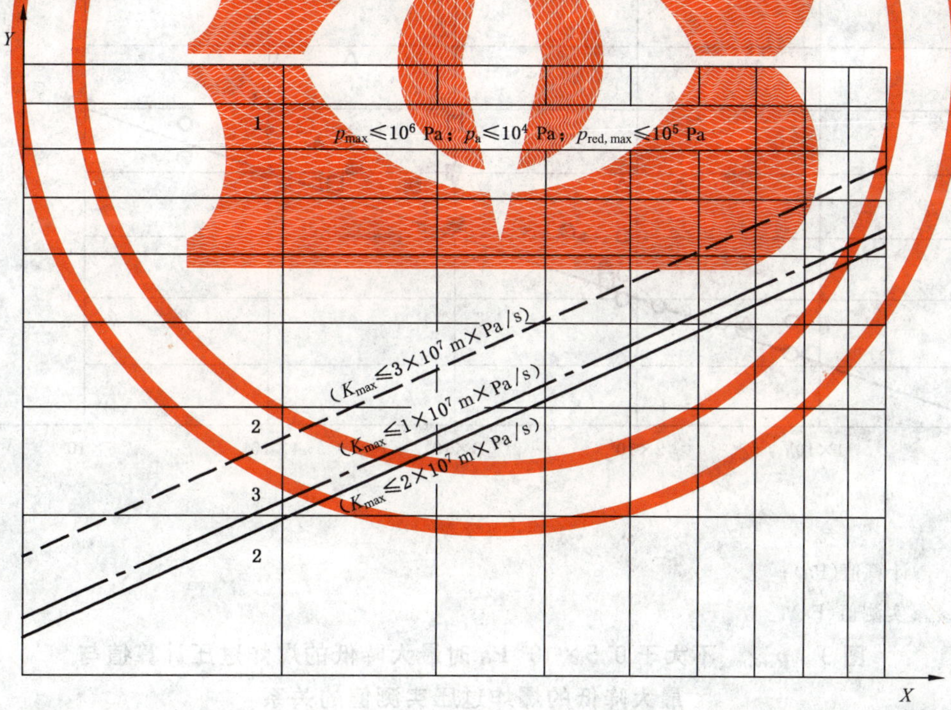

图解：

1——特定型号的HRD抑制器；

2——有机粉尘；

3——静止气体；

Y——HRD的最少数量，N_s；

X——容器容积 V，单位 m^3。

图8 特定抑爆系统设计图表

这种方法考虑抑制系统的几个特性，如：探测器内部延迟，CIE 及利用云状灭火粉的时间。

对其他元件组合或对其他触发压力，最大降低的过压或燃料反应性能，应重新进行试验制作新的图表(见附件 A)。

应利用有关抑爆系统元件进行试验验证图表。试验应在图表确认的有效容积范围内不大于最小容积 1.33 倍和不小于最大容积 0.25 倍的容积中进行。试验燃料的反应性能应等于(K_{max}，p_{max})图表确认的燃料反应性能。如果有一种以上的反应性能(如图 8 所示)，需要对每种反应性能的代表燃料进行试验。应利用有关触发压力 p_a 进行试验。

当使用指定数量的 HRD 抑制器时，最大降低的过压 $p_{red,max}$ 应不超过等效预测值。

6.4.3 用于设计的数学模型

可用数学模型设计抑爆系统。这种模型描述了规定的几何体形状内的爆炸过程，以及抑制系统与爆炸的相互作用。应确定建立模型所必需的不同系统元件的基本参数。这些参数如：探测系统的延迟时间，抑制物的排放时间。确定这些参数不必一定要进行爆炸试验。

但是应进行爆炸试验验证数学模型。

数学模型中使用的每个非独立参数应通过试验验证其适用性。应采用其适用范围的极限值对非独立因数进行试验。应至少在 4 个不同的试验容积中进行总共至少 100 次试验。

a) $p=p_{red,max}\leqslant 0.5\times10^5$ Pa 时的评定：

所有计算得出的降低(抑制)的爆炸压力，至少 95% 应等于或大于试验实测压力(图 9)。

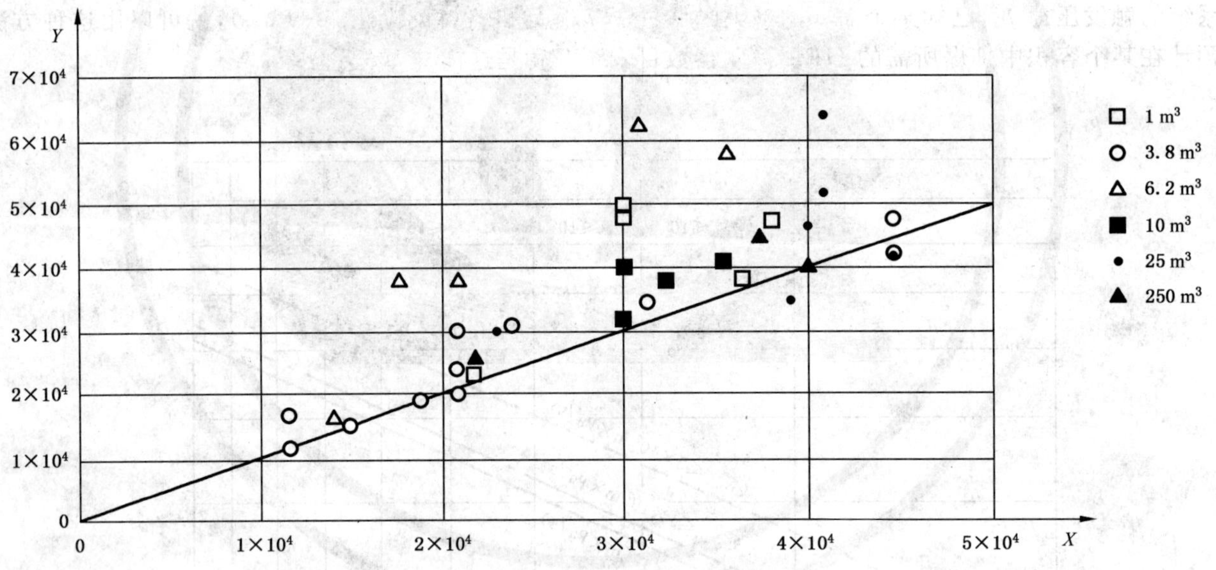

图解：

Y——$p_{red,max}$ 计算值(Pa)；

X——$p_{red,max}$ 实测值(Pa)。

图 9 $p_{red,max}$ 不大于 0.5×10^5 Pa 时最大降低的爆炸过压计算值与最大降低的爆炸过压实测值的关系

这些模型仅对验证它们的试验外壳容积和参数范围有效(燃料类型、V、p_{max}、K_{max}、p_a、$p=p_{red,max}$)。仅在下列条件下可能超出试验体积：

最小容积 $V_{min}=0.75\times V_{min,test}$

最大容积 $V_{max}=4.00\times V_{max,test}$

应用范围超出这些限值时应咨询专家意见。在某些情况下，允许超出规定容积范围限值，但是必需采用对这种超限有效、准确的科学解释证实才可以。

另外，最大(抑制的)爆炸过压计算值平均至少应比测量值高5%，表明模型计算误差在安全范围。

b)　在 $p=p_{red,max}>0.5\times10^5$ Pa 时的评定：

所有计算出的减少(抑制)爆炸压力的95%至少应等同或高于试验测试实测压力(图10)。模型中的每一个变量的测试都应在其适应性范围内完成，对于紧凑外壳来说则有不同的容积：

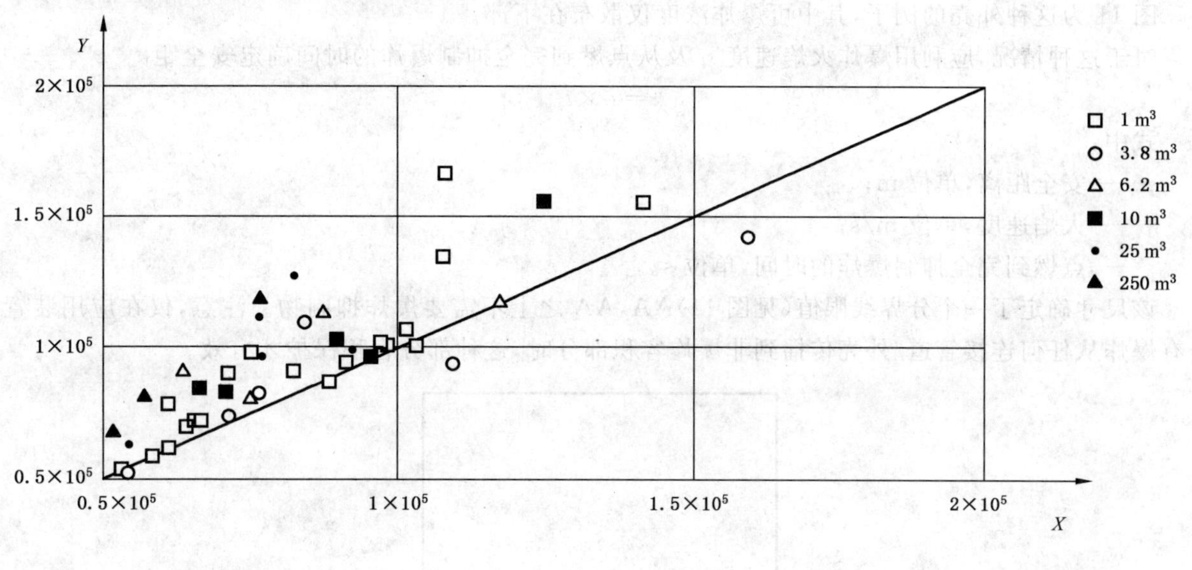

图解：

Y——p_{red}，计算压力；

X——p_{red}，实测压力。

图10　$p_{red,max}$高于 0.5×10^5 时计算最大减少爆炸过压与实测最大减少爆炸过压的关系

只有当测试外壳容积以及参数范围在确定的有效值(燃料类型、V、p_{max}、K_{max}、p_a、$p(p_{red,max})$)范围之下时，此类模型才被认为有效。在下述的情况下超过试验体积外延是可以的：

最小容积 $V_{min}=0.75\times V_{min,test}$

最大容积 $V_{max}=4.00\times V_{max,test}$

应用范围超出这些限值须咨询专家意见。在某些情况下，高于规定容积范围限度的推断是允许的，但只有在能被明确的科学阐述证明的情况下才被认为有效。

作为补充，计算的最大(抑制)爆炸过压均值应至少高于测量值5%，以证明模型计算误差不影响安全。

6.5　特殊应用

6.5.1　具有泄放装置的抑制

仅单独通过抑制技术或泄放技术不能保护设备强度时，通常采用具有泄放功能的抑制。其中主要保护手段是爆炸抑制，另加泄放孔使可达到的降低的爆炸压力减小。爆炸泄放系统的设定触发压力应高于爆炸抑制触发压力——一般为2倍(2×)。应通过对特定应用进行试验验证这种组合系统的功效。抑制应足以避免外壳内部出现二次爆炸。

6.5.2　具抑制装置的泄放

要避免外壳出现火焰喷射的装置通常采用泄放/抑制组合。一旦探测到初始爆炸，抑制系统会将抑制物喷射到外壳内靠近泄放孔附近，减少从排放孔释放火焰喷射。这种组合可用于向建筑物指定区域内(其中有工作人员)泄放的加工容器。

泄放度应根据GB/T 15605和EN 14994确定。应对特定应用进行试验验证这种组合系统的功效。

HRD抑制器的布置应保证在火球喷出之前及喷出过程中抑制剂通过泄放孔排出。

6.5.3　降低氧浓度的抑制

对于那些通过抑制不能实现有效爆炸保护的爆炸危险，把部分氧气置换成惰性气体能降低 K_{max}。

应对特定应用进行试验验证这种组合系统的功效。应监控氧气浓度确保不会超过允许的限值。

6.5.4 部分容积

当能够明确证实爆炸仅可能在部分容积中发生,并且在正常和非正常运行条件下都不会形成粉尘层时,允许设计和使用这种仅限于部分容积的抑爆系统。这种系统可用于喷雾干燥器。

图 11 为这种外壳的例子,其中可爆炸浓度仅散布在下部。

对于这种情况,应利用爆炸火焰速度 s_f 及从点燃到完全抑制爆炸的时间确定安全距离"z"。

$$z = s_f \times t_{supp}$$

式中:

z——安全距离,单位 m;

s_f——火焰速度,单位 m/s;

t_{supp}——点燃到完全抑制爆炸的时间,单位 s。

该尺寸确定了一个分界线限值(见图 11)AA,AA 之上不需要爆炸抑制物。注意,仅在应用装置不会有爆炸从任何连接管道/外壳传播到非爆炸容积部分时,这种部分容积保护才有效。

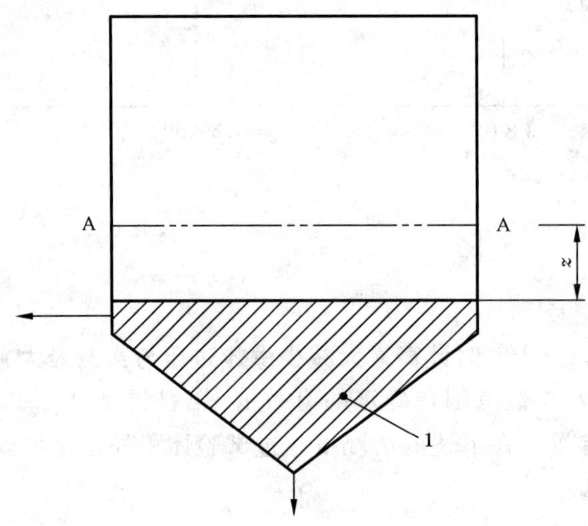

图例:

1——爆炸性环境。

图 11 可爆炸浓度仅散布在下部的外壳示例

6.5.5 隔离的容积

在某些加工设备中容积被有效隔膜/填充层分成无可爆炸浓度存在的干净容积,和可能出现爆炸性环境的容积(不干净)部分。

对于此类设备(过滤器、干燥床等),如果通过隔膜/填充层的压力冲击力大于可能出现爆炸性环境的容积部分内点燃产生的抑制/降低的爆炸压力,要求安装一个爆炸抑制系统仅保护爆炸性(不干净)容积部分就可以了。如果不能保证隔膜/填充层的完整性,则外壳的全部容积都应由抑爆系统保护。

6.5.6 阻碍容积

在某些情况下,由于外壳有内部阻碍物,不能保证外壳的全部容积内散布有抑制物。阻碍物可能是袋状过滤器元件或者是支撑篮框上过滤袋。应考虑这种无保护的容积元件的影响。外壳内产生的、抑制的最大爆炸压力 $p_{red,max}$ 可用下式计算得出:

$$p_{red,max} = p_{red} + [V_0 \times T_u \times p_{max} / V \times T_b]$$
$$(V_0 \leqslant 0.5\ V)$$

式中:

p_{red}——如果没有内部阻碍物预计可能形成的抑制爆炸压力,单位 Pa;

V_0——总容积 V 中未被抑制物有效覆盖的容积部分(阻碍容积),单位 m^3;

T_u——初始温度（未燃烧），单位 K；

T_b——绝热的火焰温度（已燃烧），单位 K；

p_{max}——爆炸的最大爆炸过压，单位 Pa。

这种计算不适用于重复出现阻碍物火焰极剧加速的环境。

6.6 试验报告

试验报告应包含以下信息：

a） 产品特征：

1） 样品特征；

2） 样品预处理；

3） 粒度分布及湿气含量的特征数据；

4） 符合 GB/T 16425、GB/T 16426、EN 13673-1、EN 13673-2、EN 14034-4 和 EN 26184-3 的爆炸特性（p_{max}，K_{max}）。

b） 试验设备特征：

1） 试验外壳尺寸简图；

2） 外壳容积，纵横比表面积；

3） 用于产生同质或不同质燃料云的粉尘分撒系统；

4） 试验外壳中燃料（样品）未抑制的爆炸参数。

c） 爆炸抑制系统特征：

1） 抑制物类型；

2） 探测系统；

3） 分撒；

4） HRD 抑制器类型；

5） HRD 抑制器的数量及位置；

6） 分撒推进压力；

7） 每个 HRD 抑制器的抑制物荷载。

d） 结果：

1） 试验数据；

2） 点燃延迟时间（涡流指数）；

3） 探测压力；

4） 试验结果与列线图或计算机模型比较。

e） 其他：

1） 报告应包含所有相关的观察信息以及上面可能未完全介绍的信息；

2） 如有必要，允许与规定的试验程序发生偏离，但应在试验报告中准确记录这种偏离；

3） 试验由国家授权的检验机构进行。试验报告应有试验机构代表签字，并应编号、注明日期。

7 抑爆系统的安全完整性

7.1 概述

下列要求应保证达到认可水平的安全完整性。

7.2 避免及控制系统故障的措施

在设计和研制硬件过程中，应采用为此设计的一组合适的技术和措施，防止出现故障。

在设计和研制软件的过程中应采用一组合适的技术和措施。

设计应防止：

a) 硬件的任何遗留设计错误；

b) 不利的环境条件,包括电磁干扰；

c) 操作员造成错误；

d) 软件的任何遗留设计错误。

抑爆系统的可靠性应是这样:由硬件随机故障造成的故障概率,满足符合上述安全完整性水平的主要故障措施。

7.3 电气连接控制

下列设备的电子连接至少应监控其短路、开路及接地故障:

a) 传感器；

b) HRD 抑制器。

对于 HRD 抑制器连接不要求短路监控。

出现确定的故障使系统的安全功能不能保证达到认可水平的安全完整性时,抑制系统应配置故障安全措施保证装置处于安全状态。

7.4 显示器和信息控制显示器 CIE

任何触发和错误信息都应在 CIE 上表现和显示出来,表明其原因和特征。在触发抑制系统时,CIE 应提供措施,启动被保护装置的紧急停止程序。

7.5 电源

应有两个独立的能量来源作为 CIE 的电源。使用蓄电池时,应适宜局部操作并能维持充足的电量。

蓄电池作为备用电源时应至少保证 4 h 的电量。

电源应独立适当保护,并且不应因紧急开关而断电。

8 安装

8.1 概述

应由有资格的安装人员,按照现有使用手册的要求进行安装。

8.2 线缆安装

电缆生产商或供应商规定的电缆技术条件,应遵照执行。只有经生产商或供应商书面同意才能对电缆技术条件进行修改。

用于防爆系统的电缆应与电源电缆隔离并分开走线。参看供应商建议。

8.3 组装

8.3.1 概述

组成防爆系统的元件应在系统设计时确定其位置。只有经生产商或供应商书面同意后才可对其位置进行改动。

8.3.2 装配

最终用户应对所有与加工过程接触的抑爆设备进行验收批准。

最终用户应向生产商或供应商提供产品相关信息,如堆积存储、增加的保护类型、防腐要求或特定气候条件。

8.4 试运行

8.4.1 概述

防爆设备的试运行应由有资格的人员进行。

8.4.2 试运行阶段

在试运行阶段应根据供应商的建议完成最低限度的程序。

8.4.3 说明书

负责操作的最终用户或授权人员(通常为两人)应由生产商或供应商培训或提供关于如何操作和控制防爆设备的信息。

具有唯一系统编号的整套文件(见9.3)(使用中文语言),应提供给最终用户。文件应包含系统性能、设计、应用、操作指南及重要安全事项的所有信息,这些都是防爆设备安全运行所需要的,必要时还应包括关于特征性能的技术基础文件及数据限值。

负责操作抑制设备最终用户或授权人应被告知其作为操作员的职责。

8.4.4 试运行报告

应提供负责验收试验的签字的试运行报告。

8.4.5 安全

防爆系统运行和安全方面的全部信息应告知用户。

对被保护的装置进行维护之前,防爆设备应断开连接(连接到暂时不用的位置)。建议防爆设备与被保护装置的加工控制系统联锁,在防爆保护设备没有连接(在用)之前,任何加工操作不能重新启动。

防爆保护设备正在工作时严禁操作人员进入被保护的外壳内,并应采取内部措施(例如,入口进入许可和联锁)防止此类情况发生。

HRD抑制器的处理和检查只应由生产商或供应商有资质的人员进行,或者由同一系统的设计机构事先指导或授权的人员进行。

8.5 维护

8.5.1 概述

抑爆系统每年应由有资质的人员至少检查一次。根据加工和/或环境条件可进行多次检查。

8.5.2 维护

维护包括:

a) 养护装置部件,更换使用寿命到期的元件,元件与装置的校准、重新校准和平衡,进行功能试验。
b) 发生的所有事故及起因征兆、(如有可能)原因,以及维护和改动采取的所有措施,应在永久供设备操作人员使用的运行日志中连续报告。这份报告应由负责操作的用户或者用户指导的人员记录。

9 标志和包装

9.1 概述

除9.4允许之外,抑爆系统的每个元件都应按照9.2进行标志。

抑爆系统应按照9.3进行唯一性编号。

标志应持久且不影响抑爆系统的性能,如果可行在安装后应能看到。

抑爆系统的元件的包装应能防止影响其性能的损害。

9.2 抑爆系统元件

抑爆系统的每个元件都应有永久标志,最好是牢固固定在元件上的标牌上,并且应清晰可见。

标志应至少包括下列内容:

a) 探测器/感应传感器:
    1) 额定运行温度;
    2) 部件编码和类型;
    3) 序列号;
    4) 设备级别;
    5) 外壳防护等级;

6） 防爆合格证。

b） HRD 抑制器：

1） 额定运行温度；

2） 额定压力及设置压力；

3） HRD 抑制器填充料(粉的类型和气的类型)；

4） 表示“正压外壳”的标签，包括防爆合格证；

5） 部件编号和类型；

6） 序列号；

7） 用于分类场所的标志；

8） IP 等级。

c） 和显示设备(CIE)：

1） 额定运行温度；

2） 部件编号和类型；

3） 序列号；

4） 适用时用于分类场所的标志；(如适用)

5） IP 等级；

6） 防爆合格证。

9.3 抑爆系统

工作编号应参照现有操作指南。

整个系统也应有防爆合格证。标识至少应包含下列内容：

——供应商名称和地址；

——系统防爆合格证号；

——抑爆系统的信息。

标志示例如下：

抑爆系统型号、名称
抑爆系统的防爆标志： 防爆检验机构代码及防爆合格证证书编号： 产品编号或年月： 特殊条件：
制造商名称和地址

9.4 省略标志

当抑爆系统元件的尺寸和外形不允许标识所有要求的标志内容，或者标志可能影响性能时，应根据实际情况尽可能满足标志要求。

标志通常应包含一个唯一性编号，通过该编号可把产品、防爆合格证和的相关文件(含标志中省略的信息)编号相联系。

附 录 A
（资料性附录）
形成列线图型设计指南

A.1 概述

生产商利用系统设计指南预测某一特定应用中抑爆系统的技术要求。例如，在评估实际情况时，HRD 抑制器的最少数量是保证系统功效的基本安全要求。最常用的设计指南是简单的列线图型外壳。在本附录中介绍了如何形成这种列线图。

A.2 设计列线图

对于这种设计列线图，例如，在容积为 V 的紧凑外壳中，抑制规定爆炸强度的爆炸要求的某类型 HRD 抑制器的最少数量，可参考下列等式确定：

$$N_s = c \times V_{2/3} \qquad \cdots\cdots\cdots\cdots (A.1)$$

式中：

N_s——HRD 是某类型抑制器的最少数量；

c——常量，单位：m^{-3}；

V——容器容积，单位：m^3。

应使用一系列特定 HRD 抑制器进行大量连续试验确立等式，从而确定常量 c。

图 A.1 所示为这种列线图的一个例子。

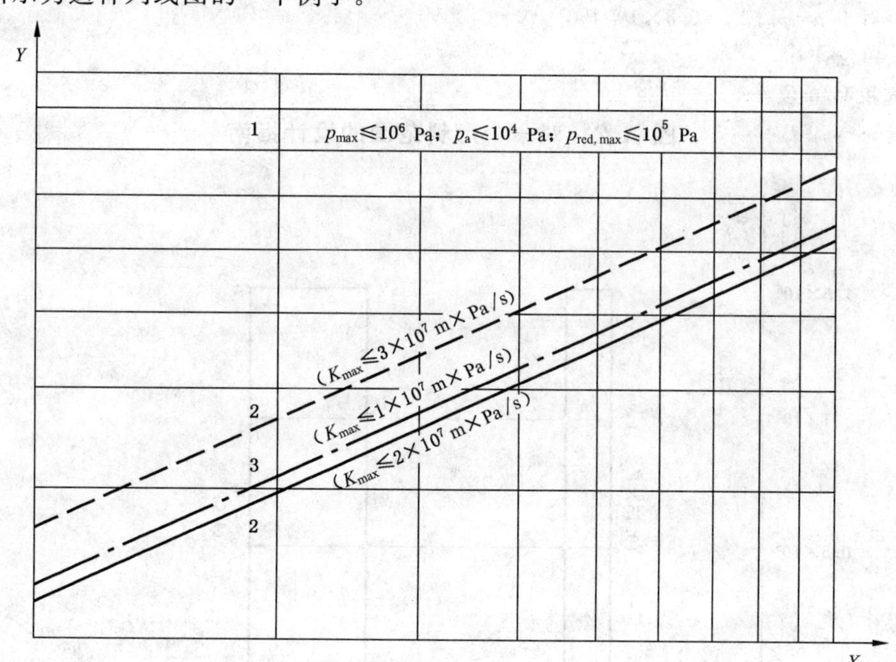

图解：

1——特定类型的 HRD 抑制器；

2——有机粉尘；

3——静止气体；

Y——HRD 抑制器的最少数量 N_s；

X——容器容积 V，单位 m^3。

图 A.1 特定抑爆系统的设计列线图

如果通过试验已经证明最大降低的爆炸过压 $p_{red,max}$ 测量值不大于由设计列线图得出的 $p_{red,max}$，则对于给定设备强度 p 和给定 HRD 抑制器类型及恒定触发压力 p_a，可用设计列线图(见图 A.1)预测 HRD 抑制器的最少数量。应进行试验形成列线图，每个列线图等式要用至少两个不同容积的外壳，在下列每组燃料范围内，对于一种气体类型应在最佳浓度下进行至少 5 次爆炸试验(见图 A.2)，或者对于具有不同爆炸指数(p_{max}，K_{max})的每种粉尘在最佳浓度下进行两次试验。

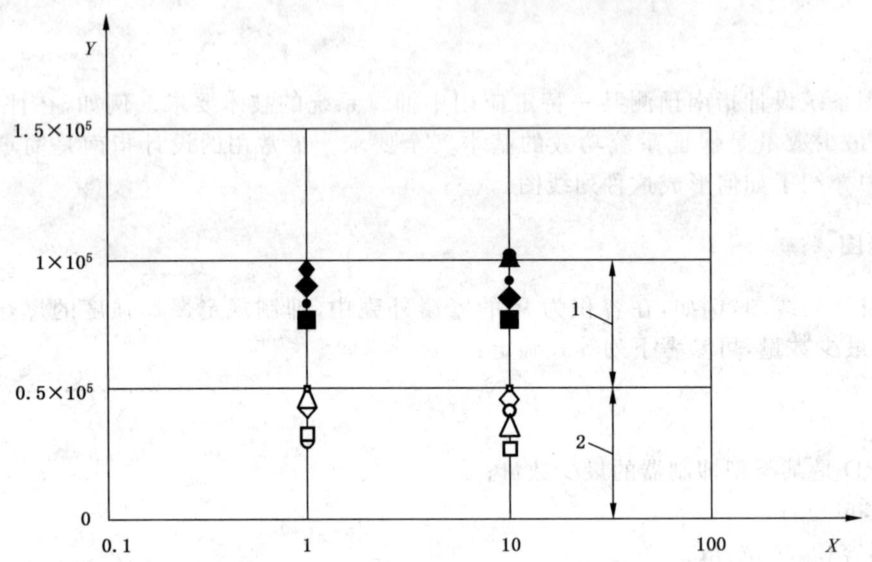

图解：

1——范围 2：对于 $p = p_{red,max} = 1\times10^5$ Pa，$N = C_2 \times V_{2/3}$；

2——范围 1：对于 $p = p_{red,max} = 0.5\times10^5$ Pa，$N = C_1 \times V_{2/3}$；

Y——$p_{red,max}$，单位：Pa；

X——容器容积 V，单位：m^3。

图 A.2　对一个燃料范围的设计指南

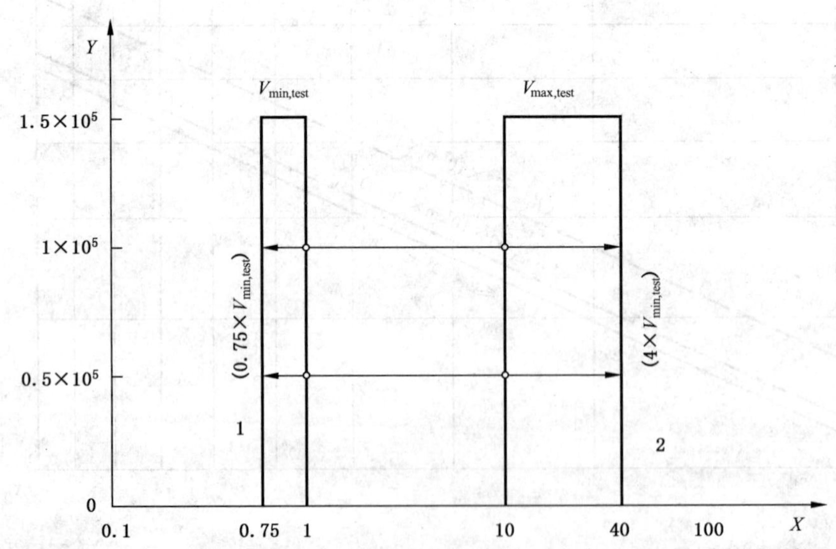

图解：

1——外壳容积下限；

2——外壳容积上限；

Y——$p_{red,max}$，单位：Pa；

X——容器容积 V，单位：m^3。

图 A.3　单个燃料范围容积限值设计指南

a) 粉尘燃料：

——范围 1：$K_{max} \leqslant 2\times10^7$ m·Pa·s^{-1}；

——范围 2：2×10^7 m·Pa·$s^{-1} < K_{max} \leqslant 3\times10^7$ m·Pa·s^{-1}；

——范围 3：3×10^7 m·Pa·$s^{-1} < K_{max} \leqslant 8\times10^7$ m·Pa·s^{-1}；

验证使用的粉尘数量取决于使用范围：

——范围 1：三种化学成分完全不同的粉尘，如 $p_{max}=1\times10^6$ Pa$\pm2\times10^5$ Pa 和 $K_{max}=2\times10^7$ m·Pa·$s^{-1}\pm4\times10^6$ m·Pa·s^{-1}的自然粉尘、塑料和染料；

——范围 2：$p_{max}=1\times10^6$ Pa$\pm2\times10^5$ Pa 和 $K_{max}=3\times10^7$ m·Pa·$s^{-1}\pm6\times10^6$ m·Pa·s^{-1}的两种不同粉尘；

——范围 3：p_{max}和 K_{max}值取决于使用目的的两种不同粉尘。

b) 气体燃料：

当气体或蒸气的 K_{max}值或基本燃烧速率大于丙烷的这些参数时，应使用具有等同或更高爆炸特性的气体或蒸气对抑爆系统的性能进行评定(见 GB/T 16426)。

对于有涡流的情况下，应采用标准涡流试验方法，但要通过改变点燃延迟改变涡流，见 EN 26184-3)。

c) 异态混合物燃料：

对于异态混合物，涡流条件件的气体和粉尘要分别试验，最不利的情况作为抑制系统的功效标准(也参见 EN 26184-3)。

如果拟爆系统不能抑制上述所有燃料类型爆炸范围内的爆炸，则拟爆系统的有效性可限定在具体范围内。

用二个选定的试验容积和上述燃料范围，验证试验抑制系统列线图等式的实际方法如下：

1) 爆炸抑制的最不利条件，应依据抑制系统和所选的测试燃料，在两个所选试验容积中的较小者内确定。这些试验将利用被测试的抑制系统确定燃料范围中最难抑制的燃料。

2) 然后在两个所选试验容积中的较大者内，用每个燃料范围内最难抑制的燃料，完成试验抑制系统的列线表等式的验证。

此类设计列线表以及用于所有燃料的等式，仅应认为对试验外壳容积及确认的参数范围有效(燃料类型，p_{max}，K_{max}，p_a, $p=p_{red,max}$)，容积值之间可以内插，仅在下列条件下容积值可以外推：

最小容积 $V_{min}=0.75\times V_{min,test}$

最大容积 $V_{max}=4.00\times V_{max,test}$

若应用范围超出这些限值，应咨询专家意见。在某些情况下，允许超过上述容积范围限值，但应能有准确的科学解释证明其有效性。

ICS 29.180
K 41

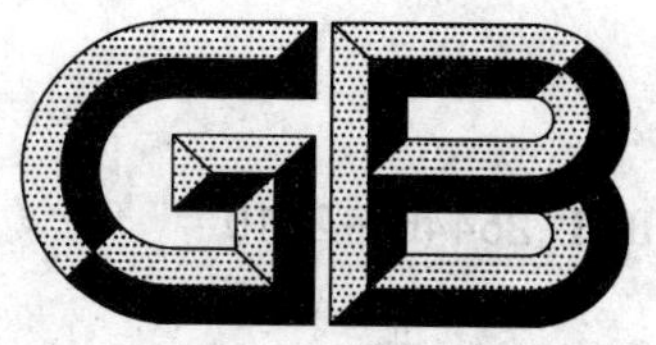

中华人民共和国国家标准

GB/T 25446—2010

油浸式非晶合金铁心配电变压器技术参数和要求

Specification and technical requirements for oil-immersed amorphous alloy core distribution transformers

2010-11-10 发布　　　　2011-05-01 实施

中华人民共和国国家质量监督检验检疫总局
中国国家标准化管理委员会　发布

前　言

本标准的附录A为规范性附录。

本标准由中国电器工业协会提出。

本标准由全国变压器标准化技术委员会(SAC/TC 44)归口。

本标准起草单位:沈阳变压器研究院、上海置信电气股份有限公司、广州市番禺明珠电器有限责任公司、国网电力科学研究院、广东钜龙电力设备有限公司、吴江市变压器厂有限公司、广东电网公司电力科学研究院、中电电气集团有限公司、三变科技股份有限公司、江苏帕威尔电气有限公司、山东鲁能泰山电力设备有限公司、天威华瑞变压器电气股份有限公司、宁波奥克斯高科技有限公司。

本标准主要起草人:郭振岩、孙军、凌健、项阳、蔡定国、付超、王文光、林灿华、徐林峰、徐子宏、林日磊、傅长祥、周广宇、孙新忠、王永法。

油浸式非晶合金铁心配电变压器技术参数和要求

1 范围

本标准规定了油浸式非晶合金铁心配电变压器的术语和定义、产品型号、性能参数、技术要求、测试项目、标志、起吊、包装、运输和贮存。

本标准适用于：

——电压等级为 6 kV、10 kV 级、额定频率为 50 Hz、额定容量为 5 kVA～160 kVA 的单相油浸式无励磁调压非晶合金铁心配电变压器(以下简称"单相变压器")；

——电压等级为 6 kV、10 kV、20 kV 级、额定频率为 50 Hz、额定容量为 30 kVA～2 500 kVA 的三相油浸式无励磁调压非晶合金铁心配电变压器(以下简称"三相变压器")；

——电压等级为 35 kV 级、额定频率为 50 Hz、额定容量为 50 kVA～2 500 kVA 的三相油浸式无励磁调压非晶合金铁心配电变压器(以下简称"三相变压器")。

注 1：其他额定容量的产品可参考使用本标准。

注 2：自第 6 章起，术语"变压器"均指三相变压器。

2 规范性引用文件

下列文件中的条款通过本标准的引用而成为本标准的条款。凡是注日期的引用文件，其随后所有的修改单(不包括勘误的内容)或修订版均不适用于本标准，然而，鼓励根据本标准达成协议的各方研究是否可使用这些文件的最新版本。凡是不注日期的引用文件，其最新版本适用于本标准。

GB 1094.1 电力变压器 第 1 部分：总则(GB 1094.1—1996，eqv IEC 60076-1：1993)

GB 1094.2 电力变压器 第 2 部分：温升(GB 1094.2—1996，eqv IEC 60076-2：1993)

GB 1094.3 电力变压器 第 3 部分：绝缘水平、绝缘试验和外绝缘空气间隙(GB 1094.3—2003，eqv IEC 60076-3：2000)

GB 1094.5 电力变压器 第 5 部分：承受短路的能力(GB 1094.5—2008，IEC 60076-5：2006，MOD)

GB/T 1094.7 电力变压器 第 7 部分：油浸式电力变压器负载导则(GB/T 1094.7—2008，IEC 60076-7：2005，MOD)

GB/T 1094.10 电力变压器 第 10 部分：声级测定(GB/T 1094.10—2003，IEC 60076-10：2001，MOD)

GB/T 2900.15—1997 电工术语 变压器、互感器、调压器和电抗器(neq IEC 60050-421：1990；IEC 60050-321：1986)

JB/T 3837 变压器类产品型号编制方法

3 术语和定义

GB 1094.1 和 GB/T 2900.15 中确立的以及下列术语和定义适用于本标准。

3.1

非晶合金 amorphous alloy

以铁、硅、硼、碳、钴等元素为原料，用急速冷却等特殊工艺使内部原子呈现无序化排列的合金。

3.2

非晶合金铁心　amorphous alloy core

用具有软磁特性的非晶合金带材制成的变压器铁心。

3.3

非晶合金铁心配电变压器　amorphous alloy core distribution transformer

采用非晶合金铁心的配电变压器。

4　产品型号

变压器的产品型号应符合 JB/T 3837 的规定。

变压器的产品型号示例如下：

示例：一台三相、油浸、自冷、双绕组、无励磁调压、铜导线、铁心材质为非晶合金、损耗水平代号为“15”、额定容量为 500 kVA、高压为双电压 20(10)kV 的配电变压器的产品型号为：

SH15-500/20(10)

5　6 kV、10 kV 电压等级

5.1　性能参数

5.1.1　单相变压器的额定容量、电压组合、分接范围、联结组标号、空载损耗、负载损耗、空载电流及短路阻抗应符合表 1 的规定。

表 1　5kVA～160 kVA 单相双绕组无励磁调压配电变压器

额定容量/kVA	电压组合及分接范围			联结组标号	空载损耗/W	负载损耗/W	空载电流/%	短路阻抗/%
	高压/kV	高压分接范围/%	低压/kV					
5	6 6.3 10 10.5 11	±2×2.5 ±5	2×(0.22～0.24) 或 0.22～0.24	Ii0	15	130	2.00	3.5
10					18	235	2.00	
16					22	330	1.80	
20					25	385	1.80	
30					30	560	1.40	
40					35	700	1.40	
50					40	855	1.00	
63					50	1 020	1.00	
80					60	1 260	0.80	
100					70	1 485	0.80	
125					85	1 755	0.60	
160					100	2 130	0.60	

注 1：其他容量的产品性能参数由制造方与用户协商确定。

注 2：对低压为 2×(0.22～0.24)kV 组合的单相变压器，当低压为(0.22～0.24)kV 时，容量减半(并联使用时除外)。

注 3：对于其他的短路阻抗值，由用户与制造方协商确定。

注 4：如果用户需要，也可选用其他损耗值。

5.1.2　三相变压器的额定容量、电压组合、分接范围、联结组标号、空载损耗、负载损耗、空载电流及短路阻抗应符合表 2 的规定。

表 2　30 kVA～2 500 kVA 三相双绕组无励磁调压配电变压器

<table>
<tr><th rowspan="2">额定容量/
kVA</th><th colspan="3">电压组合及分接范围</th><th rowspan="2">联结组
标号</th><th rowspan="2">空载损耗/
W</th><th rowspan="2">负载损耗/
W</th><th rowspan="2">空载电流/
%</th><th rowspan="2">短路阻抗/
%</th></tr>
<tr><th>高压/
kV</th><th>高压分接范围/
%</th><th>低压/
kV</th></tr>
<tr><td>30</td><td rowspan="20">6
6.3
10
10.5
11</td><td rowspan="20">±2×2.5
±5</td><td rowspan="20">0.4</td><td rowspan="20">Dyn11</td><td>33</td><td>630/600</td><td>1.50</td><td rowspan="14">4.0</td></tr>
<tr><td>50</td><td>43</td><td>910/870</td><td>1.20</td></tr>
<tr><td>63</td><td>50</td><td>1 090/1 040</td><td>1.10</td></tr>
<tr><td>80</td><td>60</td><td>1 310/1 250</td><td>1.00</td></tr>
<tr><td>100</td><td>75</td><td>1 580/1 500</td><td>0.90</td></tr>
<tr><td>125</td><td>85</td><td>1 890/1 800</td><td>0.80</td></tr>
<tr><td>160</td><td>100</td><td>2 310/2 200</td><td>0.60</td></tr>
<tr><td>200</td><td>120</td><td>2 730/2 600</td><td>0.60</td></tr>
<tr><td>250</td><td>140</td><td>3 200/3 050</td><td>0.60</td></tr>
<tr><td>315</td><td>170</td><td>3 830/3 650</td><td>0.50</td></tr>
<tr><td>400</td><td>200</td><td>4 520/4 300</td><td>0.50</td></tr>
<tr><td>500</td><td>240</td><td>5 410/5 150</td><td>0.50</td></tr>
<tr><td>630</td><td>320</td><td>6 200</td><td>0.30</td></tr>
<tr><td>800</td><td>380</td><td>7 500</td><td>0.30</td></tr>
<tr><td>1 000</td><td>450</td><td>10 300</td><td>0.30</td><td rowspan="4">4.5</td></tr>
<tr><td>1 250</td><td>530</td><td>12 000</td><td>0.20</td></tr>
<tr><td>1 600</td><td>630</td><td>14 500</td><td>0.20</td></tr>
<tr><td>2 000</td><td>750</td><td>18 300</td><td>0.20</td></tr>
<tr><td>2 500</td><td>900</td><td>21 200</td><td>0.20</td><td>5</td></tr>
<tr><td colspan="9">注 1：当铁心为三相三柱时，根据需要也可采用 Yyn0 联结组。
注 2：对于额定容量为 500 kVA 及以下的三相变压器，表中斜线上方的负载损耗值适用于 Dyn11 联结组，斜线下方的负载损耗值适用于 Yyn0 联结组。
注 3：如果用户需要，也可选用其他损耗值。
注 4：根据用户需要，可提供其他高压分接范围的三相变压器。</td></tr>
</table>

5.2　技术要求

5.2.1　基本要求

5.2.1.1　按本标准制造的单相、三相变压器应符合 GB 1094.1、GB 1094.2、GB 1094.3、GB 1094.5 和 GB/T 1094.7 的规定。

5.2.1.2　单相、三相变压器组、部件的设计、制造及检验等应符合相关标准及法规的要求。

5.2.1.3　单相、三相变压器的声级水平应符合表 3 的规定，声级测定方法按 GB/T 1094.10。

表 3　5 kVA～2 500 kVA 油浸式非晶合金铁心配电变压器声功率级限值

额定容量/ kVA	声功率级/ dB(A)	额定容量/ kVA	声功率级/ dB(A)
5	50	200	61
10		250	
16		315	64
20		400	
30	52	500	66
40		630	
50	53	800	68
63		1 000	
80	55	1 250	72
100		1 600	
125	59	2 000	73
160		2 500	

5.2.2　安全保护装置

800 kVA 及以上的三相变压器宜装有气体继电器。

气体继电器的接点容量在交流 220 V 或 110 V 时不小于 66 VA,直流有感负载时,不小于 15 W。积聚在气体继电器内的气体数量达到 250 mL～300 mL 或油速在整定范围内时,应分别接通相应的接点。气体继电器的安装位置及其结构应能观察到分解气体的数量和颜色,而且应便于取气体。

注 1:根据用户与制造方协商,800 kVA 以下的单相、三相变压器也可供应气体继电器。

注 2:对于波纹式油箱、带有弹性片式散热器或油箱内部充有气体的密封式单相、三相变压器,是否装有气体继电器,由制造方和用户协商确定。

800 kVA 及以上的三相变压器应装有压力保护装置。

注 3:对于密封式单相、三相变压器,均应装有压力保护装置。

单相变压器一般不安装压力保护装置。但对于额定容量较大的单相变压器,根据用户需要,亦可安装。

对于密封式单相、三相变压器,应保证在最高环境温度与允许负载状态下,压力保护装置不动作,在最低环境温度与单相、三相变压器空载状态下,单相、三相变压器能正常运行。

5.2.3　油保护装置

5.2.3.1　单相变压器如装有储油柜(密封式变压器除外),其结构应便于清理内部。若用户无特殊要求,储油柜一般不安装油位计。

单相密封式变压器(波纹式油箱、带膨胀式散热器或油箱上部带气隙的变压器),若用户无特殊要求,一般不安装油位计。但对于带气隙的变压器,应在油箱内壁上设一个能正确指示 25 ℃时油面位置的标记。

5.2.3.2　三相变压器应装有储油柜(波纹式油箱、带有弹性片式散热器或油箱内部充有气体的密封式变压器除外),其结构应便于清理内部。储油柜的一端应装有油位计,储油柜的容积应保证在最高环境温度与允许负载状态下油不溢出,在最低环境温度与变压器未投入运行时,应能观察到油位指示。

5.2.3.3　储油柜应有注油、放油和排污油装置。

5.2.3.4　单相、三相变压器储油柜(如果有)上均应加装带有油封的吸湿器。

5.2.4　油温测量装置

5.2.4.1　单相、三相变压器应有供温度计用的管座。管座应设在油箱的上部,并伸入油内 120 mm±

10 mm。

5.2.4.2　1 000 kVA 及以上的三相变压器，须装设户外测温装置，其接点容量在交流 220 V 时，不低于 50 VA，直流有感负载时，不低于 15 W。测温装置的安装位置应便于观察，且其准确度应符合相应标准。

5.2.5　单相、三相变压器油箱及其附件的技术要求

5.2.5.1　单相、三相变压器一般不供给小车，如箱底焊有支架，其焊接位置一般应符合图 1 的规定。

注：根据用户需要也可供给小车。

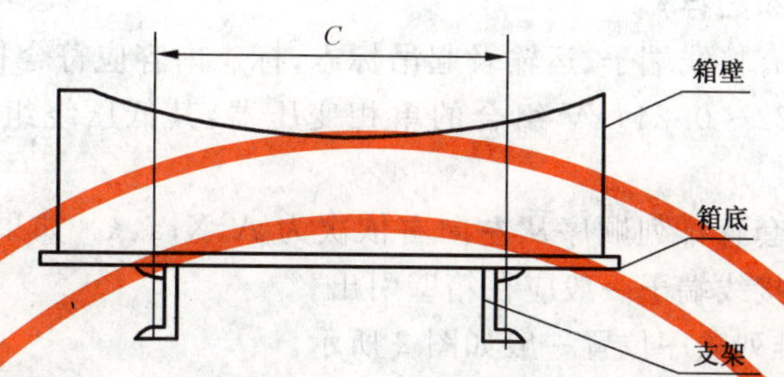

C 尺寸可按单相、三相变压器大小选择为 200 mm、300 mm、400 mm、550 mm、660 mm、820 mm、1 070 mm。

图 1　箱底支架焊接位置(面对长轴方向)

5.2.5.2　在油箱的下部壁上可装有取油样或放油用阀门。

5.2.5.3　套管接线端子连接处，在环境空气中对空气的温升应不大于 55 K，在油中对油的温升应不大于 15 K。

5.2.5.4　套管的安装位置和相互距离应便于接线，且其带电部分的空气间隙应能满足 GB 1094.3 的要求。

5.2.5.5　单相、三相变压器结构应便于拆卸和更换套管。

5.2.5.6　单相、三相变压器铁心和金属结构零件均应通过油箱可靠接地。

5.3　测试项目

5.3.1　单相、三相变压器除应符合 GB 1094.1 所规定的试验项目外，还应符合 5.3.2～5.3.6 的规定。

5.3.2　单相、三相变压器绕组直流电阻应符合设计要求，并提供实测值。

5.3.3　对于三相变压器，绕组直流电阻不平衡率：相为不大于 4%，线为不大于 2%。如果由于线材及引线结构等原因而使绕组直流电阻不平衡率超过上述值时，除应在例行试验记录中记录实测值外，尚应写明引起这一偏差的原因。用户应与同温度下的例行试验实测值进行比较，其偏差应不大于 2%。

注 1：绕组直流电阻不平衡率应以三相实测最大值减最小值作分子，三相实测平均值作分母计算。

注 2：对所有引出的相应端子间的电阻值均应进行测量比较。

5.3.4　应提供单相、三相变压器绝缘电阻的实测值，测试通常在 5 ℃～40 ℃和相对湿度小于 85%时进行。当测量温度不同时，绝缘电阻可按下式换算：

$$R_2 = R_1 \times 1.5^{(t_1 - t_2)/10} \qquad \cdots\cdots(1)$$

式中：R_1、R_2 分别为温度 t_1、t_2 时的绝缘电阻值。

5.3.5　单相、三相变压器须进行密封试验，历经 12 h 应无渗漏和损伤。其试验压力如下：

a)　一般结构油箱的单相、三相变压器(包括储油柜带隔膜的密封式单相、三相变压器)应承受 40 kPa 的试验压力；

b)　波纹式油箱(包括带有弹性片式散热器油箱)的单相、三相变压器：315 kVA 及以下者应承受 20 kPa 的试验压力；400 kVA 及以上者应承受 15 kPa 的试验压力；

c)　油箱内部充有气体的密封式单相、三相变压器，油面上部应承受 60 kPa 的试验压力(波纹式油箱除外)。

其剩余压力不得小于规定值的 70%。

5.3.6 单相、三相变压器油箱及储油柜(如果有)应进行机械强度(正压)试验,历经 5 min 应无损伤及不得出现不允许的永久变形。本试验为型式试验,其试验压力如下:

a) 一般结构油箱的试验压力为 50 kPa;

b) 波纹式油箱(包括带有弹性片式散热器油箱):对于 315 kVA 及以下者,试验压力为 25 kPa;对于 400 kVA 及以上者,试验压力为 20 kPa;

c) 内部充有气体的密封式单相、三相变压器油箱,油面上部应承受的试验压力为 70 kPa(波纹式油箱除外)。

5.4 标志、起吊、包装、运输和贮存

5.4.1 单相、三相变压器应有接线端子、运输及起吊标志,标志内容应符合相关标准规定。

5.4.2 对于低压为 2×(0.22～0.24)kV 组合的单相变压器,其低压绕组内部接线图应在铭牌中表示出。

5.4.3 单相变压器高、低压套管排列顺序从左向右依次为 A、X;a、x_1(如果有)、x(面向高压侧),带气隙的密封式单相变压器低压接线端子一般应在箱壁引出。

5.4.4 三相变压器的套管排列顺序位置一般如图 2 所示。

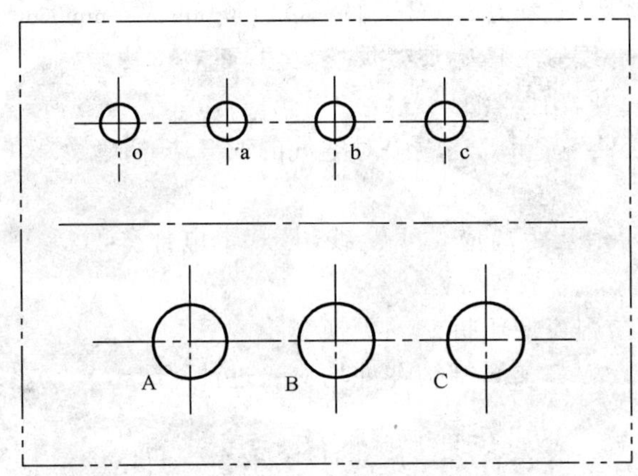

图 2 三相变压器套管排列顺序位置

5.4.5 单相、三相变压器须具有承受变压器总重的起吊装置及起吊标志。单相、三相变压器器身、油箱、可拆卸结构的储油柜(如果有)、散热器等均应有起吊装置。

5.4.6 单相、三相变压器内部结构应在经过正常的铁路、公路及水路运输后相互位置不变,紧固件不松动。单相、三相变压器的组、部件如套管、散热器(管)、阀门和储油柜(如果有)等的结构及布置位置,应不妨碍吊装、运输及运输中紧固定位。

5.4.7 整体运输时,应保护单相、三相变压器的所有组、部件如储油柜(如果有)、套管、阀门及散热器(管)等不得损坏和受潮。

5.4.8 成套拆卸的组件和零件(如气体继电器、套管、测温装置及紧固件等)的包装应保证经过运输、贮存直到安装前不得损伤和受潮。

5.4.9 单相、三相变压器本体及成套拆卸的大组件(如散热器和储油柜等)运输时一般不装箱,但应保证不受损伤,根据用户的要求也可装箱运输。在整个运输与贮存过程中不得进水和受潮。

6 20 kV 电压等级

6.1 性能参数

6.1.1 变压器的额定容量、电压组合、分接范围、联结组标号、空载损耗、负载损耗、空载电流及短路阻抗应符合表 4 的规定。

表 4 30 kVA～2 500 kVA 三相双绕组无励磁调压配电变压器

额定容量/kVA	电压组合及分接范围			联结组标号	空载损耗/W	负载损耗/W	空载电流/%	短路阻抗/%
	高压/kV	高压分接范围/%	低压/kV					
30	20	±2×2.5 ±5	0.4	Dyn11	40	690/660	1.50	5.5
50					55	1 010/960	1.20	
63					65	1 200/1 150	1.10	
80					75	1 440/1 370	1.00	
100					90	1 730/1 650	0.90	
125					100	2 080/1 980	0.80	
160					120	2 540/2 420	0.60	
200					145	3 000/2 860	0.60	
250					165	3 520/3 350	0.60	
315					200	4 210/4 010	0.50	
400					240	4 970/4 730	0.50	
500					290	5 940/5 660	0.50	
630					370	6 820	0.30	6.0
800					450	8 250	0.30	
1 000					530	11 330	0.30	
1 250					620	13 200	0.20	
1 600					750	15 950	0.20	
2 000					900	19 140	0.20	
2 500					1 080	22 220	0.20	

注 1：当铁心为三相三柱时，根据需要也可采用 Yyn0 联结组。

注 2：对于额定容量为 500 kVA 及以下的变压器，表中斜线上方的负载损耗值适用于 Dyn11 联结组，斜线下方的负载损耗值适用于 Yyn0 联结组。

注 3：如果用户需要，也可选用其他损耗值。

注 4：根据用户需要，可提供其他高压分接范围的变压器。

注 5：表中的性能参数也适用于高压为双电压 20(10)kV 的变压器。

6.2 技术要求

6.2.1 基本要求

6.2.1.1 按本标准制造的变压器应符合 GB 1094.1、GB 1094.2、GB 1094.3、GB 1094.5 和 GB/T 1094.7 的规定。

6.2.1.2 变压器组、部件的设计、制造及检验等应符合相关标准及法规的要求。

6.2.1.3 变压器的声级水平应符合表 3 的规定，声级测定方法按 GB/T 1094.10。

6.2.2 安全保护装置

800 kVA 及以上的变压器宜装有气体继电器。

气体继电器的接点容量在交流 220 V 或 110 V 时不小于 66 VA，直流有感负载时，不小于 15 W。积聚在气体继电器内的气体数量达到 250 mL～300 mL 或油速在整定范围内时，应分别接通相应的接点。气体继电器的安装位置及其结构应能观察到分解气体的数量和颜色，而且应便于取气体。

注1：根据用户与制造方协商，800 kVA以下的变压器也可供应气体继电器。

注2：对于波纹式油箱、带有弹性片式散热器或油箱内部充有气体的密封式变压器，是否装有气体继电器，由制造方和用户协商确定。

800 kVA及以上的变压器应装有压力保护装置。

注3：对于密封式变压器，均应装有压力保护装置。

对于密封式变压器，应保证在最高环境温度与允许负载状态下，压力保护装置不动作，在最低环境温度与变压器空载状态下，变压器能正常运行。

6.2.3 油保护装置

6.2.3.1 变压器应装有储油柜（波纹式油箱、带有弹性片式散热器或油箱内部充有气体的密封式变压器除外），其结构应便于清理内部。储油柜的一端应装有油位计，储油柜的容积应保证在最高环境温度与允许负载状态下油不溢出，在最低环境温度与变压器未投入运行时，应能观察到油位指示。

6.2.3.2 储油柜应有注油、放油和排污油装置。

6.2.3.3 变压器储油柜（如果有）上均应加装带有油封的吸湿器。

6.2.4 油温测量装置

6.2.4.1 变压器应有供温度计用的管座。管座应设在油箱的上部，并伸入油内120 mm±10 mm。

6.2.4.2 1 000 kVA及以上的变压器，须装设户外测温装置，其接点容量在交流220 V时，不低于50 VA，直流有感负载时，不低于15 W。测温装置的安装位置应便于观察，且其准确度应符合相应标准。

6.2.5 变压器油箱及其附件的技术要求

6.2.5.1 变压器一般不供给小车，如箱底焊有支架，其焊接位置一般应符合图3的规定。

注：根据用户需要也可供给小车。

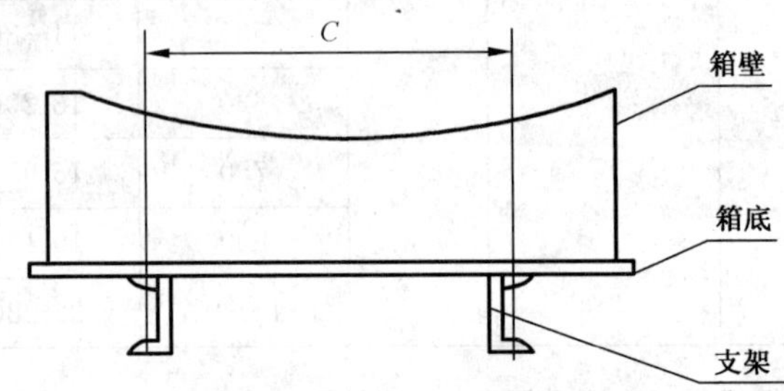

C尺寸可按变压器大小选择为300 mm、400 mm、550 mm、660 mm、820 mm、1 070 mm。

图3 箱底支架焊接位置（面对长轴方向）

6.2.5.2 在油箱的下部壁上可装有取油样或放油用阀门。

6.2.5.3 套管接线端子连接处，在环境空气中对空气的温升应不大于55 K，在油中对油的温升应不大于15 K。

6.2.5.4 套管的安装位置和相互距离应便于接线，且其带电部分的空气间隙应能满足GB 1094.3的要求。

6.2.5.5 变压器结构应便于拆卸和更换套管。

6.2.5.6 变压器铁心和金属结构零件均应通过油箱可靠接地。

6.2.5.7 对于高压为双电压（如为20 kV和10 kV或其他电压）的变压器，如需要，可装有双电压切换装置。

6.3 测试项目

6.3.1 变压器除应符合GB 1094.1所规定的试验项目外，还应符合6.3.2～6.3.5的规定（高压为双电压的变压器试验项目，见附录A）。

6.3.2 绕组直流电阻不平衡率：相为不大于4%，线为不大于2%；如果由于线材及引线结构等原因而使绕组直流电阻不平衡率超过上述值时，除应在例行试验记录中记录实测值外，尚应写明引起这一偏差的原因。用户应与同温度下的例行试验实测值进行比较，其偏差应不大于2%。

注1：绕组直流电阻不平衡率应以三相实测最大值减最小值作分子，三相实测平均值作分母计算。

注2：对所有引出的相应端子间的电阻值均应进行测量比较。

6.3.3 应提供变压器绝缘电阻的实测值，测试通常在5 ℃～40 ℃和相对湿度小于85%时进行。当测量温度不同时，绝缘电阻可按下式换算：

$$R_2 = R_1 \times 1.5^{(t_1-t_2)/10}$$

式中：R_1、R_2 分别为温度 t_1、t_2 时的绝缘电阻值。

6.3.4 变压器须进行密封试验，历经12 h应无渗漏和损伤。其试验压力如下：

a) 一般结构油箱的变压器（包括储油柜带隔膜的密封式变压器）应承受40 kPa的试验压力；

b) 波纹式油箱（包括带有弹性片式散热器油箱）的变压器：315 kVA及以下者应承受20 kPa的试验压力；400 kVA及以上者应承受15 kPa的试验压力；

c) 油箱内部充有气体的密封式变压器，油面上部应承受60 kPa的试验压力（波纹式油箱除外）。

其剩余压力不得小于规定值的70%。

6.3.5 变压器油箱及储油柜（如果有）应进行机械强度（正压）试验，历经5 min应无损伤及不得出现不允许的永久变形。本试验为型式试验，其试验压力如下：

a) 一般结构油箱的试验压力为50 kPa；

b) 波纹式油箱（包括带有弹性片式散热器油箱）：对于315 kVA及以下者，试验压力为25 kPa；对于400 kVA及以上者，试验压力为20 kPa；

c) 内部充有气体的密封式变压器油箱，油面上部应承受的试验压力为70 kPa（波纹式油箱除外）。

6.4 标志、起吊、包装、运输和贮存

6.4.1 变压器应有接线端子、运输及起吊标志，标志内容应符合相关标准规定。

6.4.2 变压器的套管排列顺序位置一般如图4所示。

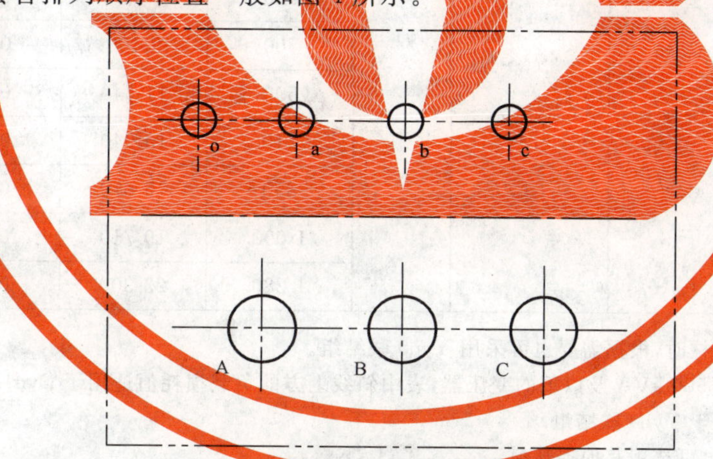

图4 变压器套管排列顺序位置

6.4.3 变压器须具有承受变压器总重的起吊装置及起吊标志。变压器器身、油箱、可拆卸结构的储油柜（如果有）、散热器等均应有起吊装置。

6.4.4 变压器内部结构应在经过正常的铁路、公路及水路运输后相互位置不变，紧固件不松动。变压器的组、部件如套管、散热器（管）、阀门和储油柜（如果有）等的结构及布置位置，应不妨碍吊装、运输及运输中紧固定位。

6.4.5 整体运输时，应保护变压器的所有组、部件如储油柜（如果有）、套管、阀门及散热器（管）等不得损坏和受潮。

6.4.6 成套拆卸的组件和零件（如气体继电器、套管、测温装置及紧固件等）的包装应保证经过运输、贮存直到安装前不得损伤和受潮。

6.4.7 变压器本体及成套拆卸的大组件（如散热器和储油柜等）运输时一般不装箱，但应保证不受损伤，根据用户的要求也可装箱运输。在整个运输与贮存过程中不得进水和受潮。

7 35 kV 电压等级

7.1 性能参数

7.1.1 额定容量、电压组合、分接范围、联结组标号、空载损耗、负载损耗、空载电流及短路阻抗应符合表5的规定。

表5 50 kVA～2 500 kVA 三相双绕组无励磁调压配电变压器

额定容量/kVA	电压组合及分接范围			联结组标号	空载损耗/W	负载损耗/W	空载电流/%	短路阻抗/%
	高压/kV	高压分接范围/%	低压/kV					
50	35	±2×2.5 ±5	0.4	Dyn11	85	1 210/1 140	1.50	6.5
100					120	2 010/1 910	1.20	
125					135	2 370/2 260	1.10	
160					150	2 820/2 680	0.90	
200					175	3 320/3 160	0.90	
250					205	3 950/3 760	0.90	
315					245	4 760/4 530	0.70	
400					295	5 750/5 470	0.70	
500					345	6 920/6 580	0.70	
630					420	7 870	0.50	
800					500	9 400	0.50	
1 000					590	11 540	0.50	
1 250					710	13 940	0.40	
1 600					850	16 670	0.40	
2 000					1 090	19 710	0.40	
2 500					1 280	23 300	0.40	

注1：当铁心为三相三柱时，根据需要也可采用 Yyn0 联结组。

注2：对于额定容量为500 kVA及以下的变压器，表中斜线上方的负载损耗值适用于 Dyn11 联结组，斜线下方的负载损耗值适用于 Yyn0 联结组。

注3：如果用户需要，也可选用其他损耗值。

注4：根据用户需要，可提供其他高压分接范围的变压器。

7.2 技术要求

7.2.1 基本要求

7.2.1.1 按本标准制造的变压器应符合 GB 1094.1、GB 1094.2、GB 1094.3、GB 1094.5 和 GB/T 1094.7 的规定。

7.2.1.2 变压器组、部件的设计、制造及检验等应符合相关标准及法规的要求。

7.2.1.3 变压器的声级水平应符合表3的规定，声级测定方法按 GB/T 1094.10。

7.2.2 安全保护装置

800 kVA 及以上的变压器宜装有气体继电器。

气体继电器的接点容量在交流 220 V 或 110 V 时不小于 66 VA，直流有感负载时，不小于 15 W。积聚在气体继电器内的气体数量达到 250 mL～300 mL 或油速在整定范围内时，应分别接通相应的接点。气体继电器的安装位置及其结构应能观察到分解气体的数量和颜色，而且应便于取气体。

注 1：根据用户与制造方协商，800 kVA 以下的变压器也可供应气体继电器。

注 2：对于油箱内部充有气体的密封式变压器，是否装有气体继电器，由制造方和用户协商确定。

800 kVA 及以上的变压器应装有压力保护装置。

注 3：对于密封式变压器，均应装有压力保护装置。

对于密封式变压器，应保证在最高环境温度与允许负载状态下，压力保护装置不动作，在最低环境温度与变压器空载状态下，变压器能正常运行。

7.2.3 油保护装置

7.2.3.1 变压器应装有储油柜（油箱内部充有气体的密封式变压器除外），其结构应便于清理内部。储油柜的一端应装有油位计，储油柜的容积应保证在最高环境温度与允许负载状态下油不溢出，在最低环境温度与变压器未投入运行时，应能观察到油位指示。

7.2.3.2 储油柜应有注油、放油和排污油装置。

7.2.3.3 变压器储油柜（如果有）上均应加装带有油封的吸湿器。

7.2.4 油温测量装置

7.2.4.1 变压器应有供温度计用的管座。管座应设在油箱的上部，并伸入油内 120 mm±10 mm。

7.2.4.2 1 000 kVA 及以上的变压器，须装设户外测温装置，其接点容量在交流 220 V 时，不低于 50 VA，直流有感负载时，不低于 15 W。测温装置的安装位置应便于观察，且其准确度应符合相应标准。

7.2.5 变压器油箱及其附件的技术要求

7.2.5.1 变压器一般不供给小车，如箱底焊有支架，其支架焊接位置一般应符合图 5 的规定。

注：根据用户需要也可供给小车。

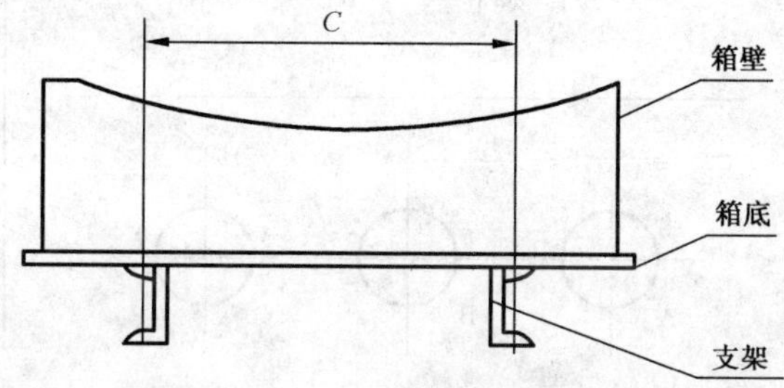

C 尺寸可按变压器大小选择为 300 mm、400 mm、550 mm、660 mm、820 mm、1 070 mm、1 475 mm、2 040 mm。

图 5 箱底支架焊接位置（面对长轴方向）

7.2.5.2 在油箱的下部壁上可装有取油样或放油用阀门。

7.2.5.3 套管接线端子连接处，在环境空气中对空气的温升应不大于 55 K，在油中对油的温升应不大于 15 K。

7.2.5.4 套管的安装位置和相互距离应便于接线，且其带电部分的空气间隙应能满足 GB 1094.3 的要求。

7.2.5.5 变压器结构应便于拆卸和更换套管。

7.2.5.6 变压器铁心和金属结构零件均应通过油箱可靠接地。

7.3 测试项目

7.3.1 变压器除应符合 GB 1094.1 所规定的试验项目外，还应符合 7.3.2～7.3.6 的规定。

7.3.2 绕组直流电阻不平衡率：相为不大于 4%，线为不大于 2%。如果由于线材及引线结构等原因而使绕组直流电阻不平衡率超过上述值时，除应在例行试验记录中记录实测值外，尚应写明引起这一偏差的原因。用户应与同温度下的例行试验实测值进行比较，其偏差应不大于 2%。

注 1：绕组直流电阻不平衡率应以三相实测最大值减最小值作分子，三相实测平均值作分母计算。

注 2：对所有引出的相应端子间的电阻值均应进行测量比较。

7.3.3　应提供变压器绝缘电阻的实测值，测试通常在 5 ℃～40 ℃和相对湿度小于 85%时进行。当测量温度不同时，绝缘电阻可按下式换算：

$$R_2 = R_1 \times 1.5^{(t_1 - t_2)/10}$$

式中：R_1、R_2 分别为温度 t_1、t_2 时的绝缘电阻值。

7.3.4　变压器须进行密封试验，历经 24 h 应无渗漏和损伤。其试验压力如下：

a)　一般结构油箱的变压器应承受 50 kPa 的试验压力；

b)　油箱内部充有气体的密封式变压器，油面上部应承受 60 kPa 的试验压力。其剩余压力不得小于规定值的 70%。

7.3.5　变压器油箱及储油柜(如果有)应进行机械强度(正压)试验，历经 5 min 应无损伤及不得出现不允许的永久变形。其试验压力如下：

a)　一般结构油箱的试验压力为 60 kPa；

b)　内部充有气体的密封式变压器油箱，油面上部应承受的试验压力为 70 kPa。

7.3.6　变压器如果进行温升试验或过电流(施加 1.1 倍额定电流，持续时间不少于 4 h)试验，则试验前后应取油样进行气相色谱分析试验，试验结果应符合相关标准规定。

7.4　标志、起吊、包装、运输和贮存

7.4.1　变压器应有接线端子、运输及起吊标志，标志内容应符合相关标准规定。

7.4.2　变压器的套管排列顺序位置一般如图 6 所示。

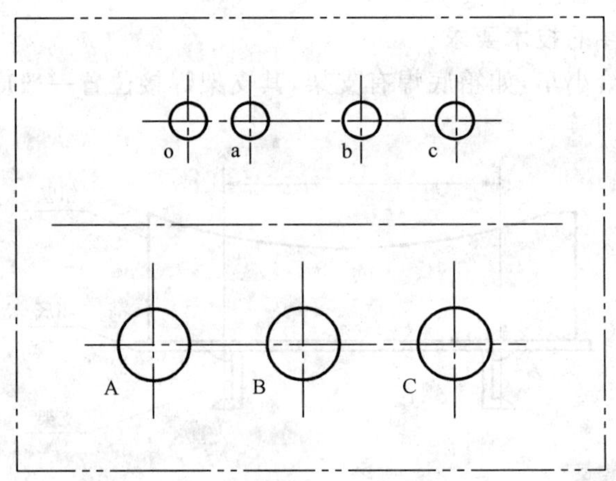

图 6　变压器套管排列顺序位置

7.4.3　变压器须具有承受变压器总重的起吊装置。变压器器身、油箱、可拆卸结构的储油柜(如果有)、散热器等均应有起吊装置。

7.4.4　变压器内部结构应在经过正常的铁路、公路及水路运输后相互位置不变，紧固件不松动。变压器的组、部件如套管、散热器(管)、阀门和储油柜(如果有)等的结构及布置位置，应不妨碍吊装、运输及运输中紧固定位。

7.4.5　整体运输时，应保护变压器的所有组、部件如储油柜(如果有)、套管、阀门及散热器(管)等不得损坏和受潮。

7.4.6　成套拆卸的组件和零件(如气体继电器、套管、测温装置及紧固件等)的包装应保证经过运输、贮存直到安装前不得损伤和受潮。

7.4.7　变压器本体及成套拆卸的大组件(如散热器和储油柜等)运输时可不装箱，但应保证不受损伤，在整个运输与贮存过程中不得进水和受潮。

附 录 A
（规范性附录）
高压为双电压的变压器试验项目

A.1 例行试验

例行试验项目如下：
——绕组电阻测量(10 kV 和 20 kV)；
——电压比测量和联结组标号检定(10 kV 和 20 kV)；
——短路阻抗和负载损耗测量(10 kV 和 20 kV)；
——空载电流和空载损耗测量(20 kV)；
——绕组对地绝缘电阻测量(10 kV 和 20 kV)；
——绝缘例行试验(10 kV 和 20 kV)；
——绝缘油试验(20 kV)；
——密封试验。

A.2 型式试验

型式试验项目如下：
——温升试验(20 kV)；
——绝缘型式试验(10 kV 和 20 kV)；
——机械强度试验；
——声级测定(20 kV)。

A.3 特殊试验

特殊试验项目如下：
——绝缘特殊试验(20 kV)；
——变压器零序阻抗测量(20 kV)；
——短路承受能力试验(20 kV)；
——空载电流谐波测量(20 kV)。

ICS 27.120
F 48

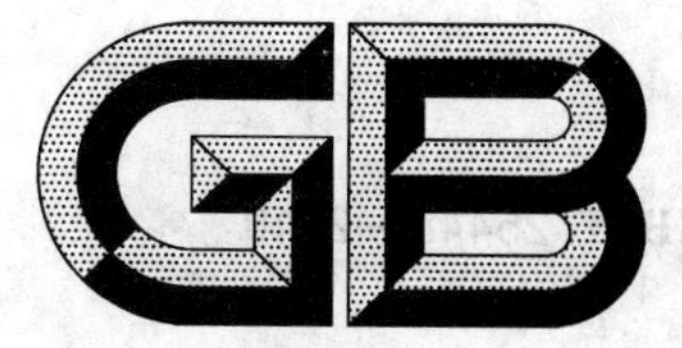

中华人民共和国国家标准

GB/T 25448—2010

重水堆核电厂燃料棒束氦质谱泄漏检测

Helium leak testing of PHWR nuclear fuel bundles

2010-11-10 发布　　　　2011-05-01 实施

中华人民共和国国家质量监督检验检疫总局
中国国家标准化管理委员会　发布

前　言

本标准由中国核工业集团公司提出。

本标准由全国核能标准化技术委员会归口。

本标准起草单位:中核北方核燃料元件有限公司。

本标准主要起草人:景磊、王春霞、迟新国、张杰、韩平山。

重水堆核电厂燃料棒束氦质谱泄漏检测

1 范围

本标准规定了重水堆核电厂燃料棒束(简称“棒束”)的密封性能无损检测的方法提要、材料与设备、检测条件、检测步骤和检测结果判定等内容。

本标准适用于重水堆核电厂燃料棒束密封性能的检测,也适用于重水堆核电厂燃料元件密封性能的检测。可检测泄漏率范围为 1×10^{-11} Pa·m^3/s~1×10^{-7} Pa·m^3/s。

2 规范性引用文件

下列文件中的条款通过本标准的引用而成为本标准的条款。凡是注日期的引用文件,其随后所有的修改单(不包括勘误的内容)或修订版均不适用于本标准,然而,鼓励根据本标准达成协议的各方研究是否可使用这些文件的最新版本。凡是不注日期的引用文件,其最新版本适用于本标准。

GB/T 12604.7 无损检测术语 泄漏检测

3 术语和定义

GB/T 12604.7 中确立的以及下列术语和定义适用于本标准。

3.1

直接检漏法 direct helium leak testing

利用棒束或元件制造时所充氦气作为示漏气体进行密封性能检测的方法。

3.2

背压检漏法 immersed helium leak testing

棒束或元件置于真空容器内,充入一定压力的氦气,使氦气从棒束或元件漏孔或缝隙处进入内部后,再进行氦质谱检漏的方法。

3.3

最长泄漏时间 the maximum time of leaking

当棒束或包壳管和端塞存在穿透性缺陷时,自充氦密封焊接起到氦质谱检漏仪能探测到的泄漏率判废限为止所经历的时间。

4 方法提要

采用氦质谱检漏仪、检测装置及真空系统、标准漏孔等,对棒束或元件的密封性能进行检漏。当泄漏率小于系统本底与最小可检信号之和时为合格,否则不合格。

5 材料与设备

5.1 氦气,纯度不小于99.995%。

5.2 标准漏孔,采用带氦室的石英薄膜渗氦型系列标准漏孔,其标称漏率不大于 1×10^{-8} Pa·m^3/s。

5.3 氦质谱检漏仪,灵敏度优于 1×10^{-11} Pa·m^3/s。

5.4 复合式真空规(计),10^5 Pa~10^{-4} Pa。

5.5 检漏容器,真空度不大于 1×10^{-3} Pa。

5.6 充氦密封容器,连接有低真空泵、压力计和氦气源。

6 检测条件

检验环境温度为(25±5)℃。

7 检测步骤

7.1 校准和灵敏度调整

7.1.1 内置校准

设定内置校准模式和内置漏孔值，执行系统自动校准。校准后，读标准漏孔，若显示值大于标准漏孔标称值，校准完毕；否则重新校准。记录校准时间。

7.1.2 外置校准

设定外置校准模式和外置漏孔值，将外置标准漏孔装入测试端口上，执行外置自动校准。校准后，读标准漏孔，若显示值大于标准漏孔标称值，校准完毕；否则重新校准。

7.1.3 灵敏度调整

在测试状态下，若显示漏率值低于设定漏率值，则打开设置参数界面，调节灵敏度，直到显示漏率值大于或等于设定漏率值，调零后读显示漏率值，在读漏率值之前稳定至少90%满刻度。每隔30 min检查校准值。

7.2 系统本底检查

校准结束后，保证真空容器盖关闭，进行泄漏检测，稳定后，记录系统本底值。

7.3 棒束(或元件)检测

7.3.1 直接检漏法

7.3.1.1 打开检漏容器，将棒束或元件放入容器中，关闭检漏容器。

7.3.1.2 对真空系统抽真空，当真空系统真空度达到 5×10^{-3} Pa时，进行泄漏检测。

7.3.1.3 检测时间不低于内置校准时间后读取漏率显示值。

7.3.1.4 打开检漏容器，取出棒束(或元件)。

7.3.1.5 记录检测结果。

7.3.2 背压检漏法

7.3.2.1 对于超过最长泄漏时间(48 h)的棒束或元件使用背压检漏法。

7.3.2.2 将棒束或元件放入一个专用的充氦密封容器内，对其施加最大为13 kPa的外部真空，维持时间至少2 h，向容器内充入不低于170 kPa的氦气，保持时间至少10 h。

7.3.2.3 从容器中取出棒束或元件进行表面除氦净化处理，采用电风扇或清洁的压缩空气吹拂棒束或元件表面至少10 min。从充氦密封容器中取出棒束或元件到泄漏检测时间不超过5 h。

7.3.2.4 按7.3.1.1～7.3.1.2步骤对棒束或元件进行检漏。

8 检测报告

检测报告包含但不限于以下内容：

a) 氦质谱检漏仪型号；

b) 标准漏孔编号和漏率；

c) 棒束或元件标识号和数量；

d) 棒束或元件输出信号判废限值；

e) 标准漏孔的输出信号值；

f) 检漏系统的本底输出值；

g） 棒束或元件检漏输出值；

h） 棒束或元件是否合格；

i） 氦质谱检漏仪校验输出值；

j） 操作者签名、检测日期。

ICS 27.120.30
F 46

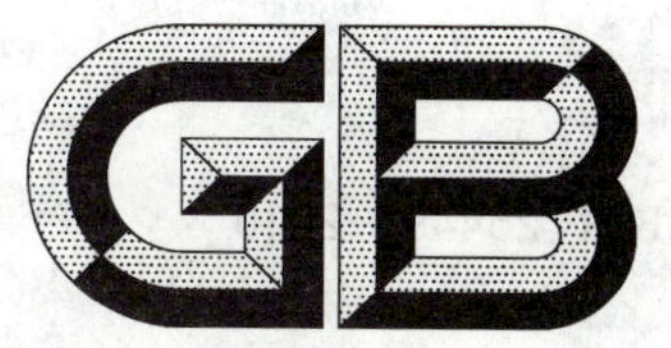

中华人民共和国国家标准

GB/T 25449—2010

重水堆核电厂燃料棒束技术条件

Specification for fuel bundles of PHWR plant

2010-11-10 发布　　2011-05-01 实施

中华人民共和国国家质量监督检验检疫总局
中国国家标准化管理委员会　发布

前　言

本标准的附录 A 是规范性附录。

本标准由中国核工业集团公司提出。

本标准由全国核能标准化技术委员会归口。

本标准起草单位:中核北方核燃料元件有限公司。

本标准主要起草人:冯素贞、郭吉龙、迟新国、白日明、王军。

重水堆核电厂燃料棒束技术条件

1 范围

本标准规定了重水堆核电厂燃料棒束的技术要求、检验方法、检验规则与包装、标志、贮存、运输等要求。

本标准适用于重水堆核电厂燃料棒束。

2 规范性引用文件

下列文件中的条款通过本标准的引用而成为本标准的条款。凡是注日期的引用文件，其随后所有的修改单(不包括勘误的内容)或修订版均不适用于本标准，然而，鼓励根据本标准达成协议的各方研究是否可使用这些文件的最新版本。凡是不注日期的引用文件，其最新版本适用于本标准。

GB 11806 放射性物质安全运输规定

GB/T 25448 重水堆核电厂燃料棒束氦质谱泄漏检测

GB/T 25450 重水堆核电厂燃料元件端塞焊缝涡流检测

GB/T 25451 重水堆核电厂燃料元件涂层厚度测量 β 射线背散射法

GB/T 25452 重水堆核电厂燃料元件用烧结天然二氧化铀芯块技术条件

EJ/T 564 核电厂物项包装、运输、装卸、接收、储存和维护要求

3 术语和定义

下列术语和定义适用于本标准。

3.1

燃料棒束 fuel bundle

作为一个整体装入和卸出堆芯的燃料元件组。

4 技术要求

4.1 燃料棒束

4.1.1 结构及尺寸

燃料棒束结构及尺寸应满足图纸的要求。

4.1.2 表面质量

棒束表面应：

a) 无油污、锈迹、手印及各种碎屑；

b) 包壳上凹痕、划伤、印记深度应小于最小壁厚的10%，其他部件上凹痕、划伤、印记深度不大于0.25 mm，端塞的表面不能有深度超过0.25 mm的电弧坑；

c) 燃料棒束表面放射性沾污不大于 2.8×10^{-8} gU/cm^2。

4.1.3 强度要求

端板和燃料元件之间的焊接扭矩强度要求为：外环不小于6.8 N·m，非外环不小于4.5 N·m。

4.1.4 腐蚀性

燃料棒束高压腐蚀性试验后应具有一层黑色的光亮表面，无肉眼可见白色或褐色腐蚀物。

4.2 烧结天然二氧化铀芯块

烧结天然二氧化铀芯块，应满足GB/T 25452的要求。

4.3 包壳管内壁石墨涂层

4.3.1 石墨涂层厚度为2.5 μm～20 μm，平均厚度为5 μm～15 μm；涂层应附着均匀、完整（涂覆面积不小于内壁总面积的98%）。

4.3.2 每根包壳管内壁石墨涂层中氢含量不大于500 μg。

4.4 支承垫、隔离块铍涂层

4.4.1 铍涂层应均匀、完整，不允许有污迹。

4.4.2 铍涂层厚度应符合表1的规定。

表1 铍涂层的厚度要求

单位为微米

项　目	薄隔离块	厚隔离块	支承垫
平均值	14.50～16.50	12.50～15.00	11.50～14.00
单个最小值	13.75	11.50	10.75
最大值与最小值之差	5.00	7.50	6.00

4.5 结构件

4.5.1 结构件材料

结构件（包壳管、薄隔离块、厚隔离块、支承垫、端塞和端板）材料均为锆-4合金，其化学成分、力学性能应满足附录A的要求。

4.5.2 包壳管

包壳管应满足：

a) 包壳管表面要求洁净，不允许有可见的黄色或蓝色氧化物；

b) 表面划伤或凹坑等缺陷深度应小于最小壁厚的10%。

4.5.3 支承垫和隔离块

支承垫和隔离块应满足：

a) 表面应无毛刺、裂纹、撕裂、擦伤、砂眼等缺陷，表面粗糙度 *Ra* 不大于1.6 μm。

b) 表面上凹点数量不能超过3个，直径不能超过1.5 mm，最大深度不能超过0.13 mm。

4.5.4 端塞

表面应洁净，无油污、毛刺、划伤，表面粗糙度 *Ra* 不大于1.6 μm。

4.5.5 端板

端板应满足：

a) 端板表面无大于0.05 mm的毛刺，表面粗糙度 *Ra* 不大于1.6 μm。

b) 端板表面划痕、凹坑的深度应不大于0.15 mm（焊接区不大于0.08 mm，且小于0.08 mm的上述缺陷不超过2个）。

c) 端板打号深度不超过0.15 mm，打号区域不允许有划痕和凹坑。

4.5.6 燃料元件

燃料元件应满足以下要求：

a) 表面质量应满足：

——钎焊面不允许有肉眼可见的未焊透或未焊接的支承垫和隔离块存在；

——焊瘤去除后的元件端头表面不允许咬边；

——端塞焊后电弧不能延伸到焊缝；

——包壳表面的划痕、凹坑等缺陷的深度应小于最小壁厚的10%。

b) 焊缝要求应满足：

——端塞与包壳管的整个环焊缝内任一垂直截面上，合格焊缝在包壳管壁厚上的投影长度应大于包壳管最小壁厚的90%；

——端塞与包壳间的焊缝，其拉伸强度、爆破强度及剥离强度应大于与其相连的包壳材料的强度，内部焊缝镦粗应被包容在端塞凹槽内。焊缝剥离实验不允许有大于 0.25 mm 的缺陷；

——端塞焊缝去除焊瘤后经涡流检查焊缝内部不允许有大于 0.20 mm 的缺陷；

——应在端塞焊接完成后 48 h 之内对燃料元件或燃料棒束进行氦质谱泄漏检测。

c) 内部气体应满足：

——成品燃料元件内部气体绝对压强应为(100±30)kPa；

——每支成品燃料元件中氦气含量最少 80%；

——每支成品燃料元件中空气含量最多 20%；

——每支成品燃料元件中氢的最大含量为 1.0 mg。

5 检验方法

5.1 包壳管内石墨涂层中氢含量分析用惰性熔融热导法分析。

5.2 包壳管内石墨涂层附着性采用专用塞规通过时带出的石墨不大于 2 mg 的方法进行检验。

5.3 支承垫和隔离块附着性采用专用划痕试验针划试后铍涂层不能有层状脱落现象的方法进行检验。

5.4 石墨涂层厚度、铍涂层厚度按 GB/T 25451 进行测量。

5.5 元件内气体化学成分、气体含量用气相色谱法分析。

5.6 外观和表面质量采用目测检查。

5.7 燃料棒束表面放射性沾污用擦拭法测量。

5.8 尺寸检查采用相应量具或专用测量设备检查。

5.9 端塞焊缝检测采用金相分析法和 GB/T 25450 方法检测。

5.10 棒束密封性采用 GB/T 25448 进行检测。

5.11 结构件材料的化学成分、力学性能检测按供需双方商定的方法进行。

5.12 高压腐蚀实验后的棒束用目测法进行检查。

6 检验规则

6.1 抽样方案

6.1.1 对于下列要求，每生产 15 只棒束抽取 1 只样品，当连续 10 只样品检验合格之后，可放宽抽样量为每 45 只棒束抽取 1 只样品：

a) 棒束长度；

b) 棒束端面垂直度；

c) 棒束端部尺寸(不包括端塞的角度和端塞到端板的轴向距离)；

d) 外环元件到半壳的间隙；

e) 支承垫的位置和平行度；

f) 隔离块的位置；

g) 元件之间的间隙。

6.1.2 对于下列要求，每生产 90 只棒束抽取 1 只样品：

a) 元件长度偏差；

b) 端板的平面度；

c) 端塞角度；

d) 端塞到端板的轴向距离。

6.1.3 每月抽取 1 只燃料棒束进行高压腐蚀性试验。

6.1.4 以上项目或其他检验项目抽样量按供需双方商定执行。

6.2 检查与验收

6.2.1 产品应成批提交验收,一般每批为20箱,每箱为36只棒束。

6.2.2 产品提交前,由供方进行出厂检验,需方监督和见证。

6.2.3 需方可对收到的燃料棒束进行外观、外形尺寸、表面状态等进行检查。若发现与本标准不符时,由供需双方协商解决或请第三方仲裁。

7 包装、标志、贮存、运输

7.1 包装

包装方式由供需双方商定,包装箱内应附有装箱单和产品合格证。

7.2 标志

7.2.1 对每只棒束应记录如下内容:

a) 棒束标识号及型号;
b) 棒束质量,以kg为单位,精确到10 g;
c) 二氧化铀质量,以kg为单位,精确到10 g;
d) 铀的质量,以kg为单位,精确到10 g;
e) 锆合金的质量,以kg为单位;
f) 包壳、端塞和端板材料批号及二氧化铀的检验批标识;
g) 棒束组装完成的日期。

7.2.2 产品包装箱上应注明:

a) 制造厂名称;
b) 产品名称;
c) 放射性标志;
d) 包装箱编号;
e) 棒束数量;
f) 毛重、皮重和净重;
g) 目的地;
h) 发货方;
i) 收货方;
j) 发货地;
k) 外形尺寸;
l) 注明“防潮”、“防震”和“小心轻放”等字样。

7.3 贮存

本产品应存放在清洁、干燥和无腐蚀性物质的环境中,禁止露天存放。

7.4 运输

本产品运输应符合GB 11806和EJ/T 564。

8 质量证明文件

供方应向需方提交符合本标准质量检验报告、质量证明书以及供需双方商定的其他文件。

附　录　A
（规范性附录）
锆-4 合金化学成分、杂质元素、力学性能要求

锆-4 合金化学成分、杂质元素、力学性能要求见表 A.1～表 A.5。

表 A.1　锆-4 合金包壳管元素化学成分

序　号	元　　素	范　　围
1	Sn	1.20%～1.70%
2	Fe	0.18%～0.24%
3	Cr	0.07%～0.13%
4	Fe+Cr	0.28%～0.37%
5	C	0.008%～0.03%
6	O	0.09%～0.15%
7	Si	0.005%～0.03%

表 A.2　锆-4 合金包壳管杂质元素最大含量

序号	元素	最大含量/(μg/g)	序号	元素	最大含量/(μg/g)
1	Al	75	11	Mo	50
2	B	0.5	12	Ni	70
3	Cd	0.5	13	Nb	100
4	Co	20	14	N	65
5	Cu	50	15	Ta	200
6	Hf	100	16	Ti	50
7	H	25	17	W	100
8	Pb	130	18	U	3.5
9	Mg	20	19	V	50
10	Mn	50	20	Cl	20

表 A.3　锆-4 合金棒、线材、板材元素化学成分

序　号	元　　素	含量/(μg/g)
1	Sn	1.20～1.70
2	Fe	0.18～0.24
3	Cr	0.07～0.13
4	Fe+Cr	0.28～0.37
5	O	0.09～0.16

表 A.4 锆-4 合金棒、线材、板材杂质元素最大含量

序号	元素	最大含量/(μg/g)	序号	元素	最大含量/(μg/g)
1	Al	75	12	Mo	50
2	B	0.5	13	Ni	70
3	Cd	0.5	14	Nb	100
4	C	400	15	N	80
5	Co	20	16	Si	120
6	Cu	50	17	Ta	200
7	Hf	100	18	Ti	50
8	H	25	19	W	100
9	Pb	130	20	U	3.5
10	Mg	20	21	V	50
11	Mn	50	22	Cl	20
注：氯含量为推荐值。					

表 A.5 锆-4 合金室温下拉伸和爆破试验

材料名称	试验类型	特　性	最小值或要求
包壳管	拉伸试验	抗拉强度 0.2%屈服强度 50 mm 内的延伸率	450 MPa 385 MPa 21%
	爆破试验	最大周向应力	585 MPa
		周向总延伸率 $n=4-9,(\bar{x}-2.0s)$ $n=10-29,(\bar{x}-1.8s)$ $n\geqslant 30,(\bar{x}-1.7s)$ 其中：$\bar{x}$ 为平均值；s 为标准偏差；n 为试验样品数量	10%
棒材	拉伸试验	抗拉强度 0.2%屈服强度 50 mm 内的延伸率	410 MPa 240 MPa 14%
板材		抗拉强度 0.2%屈服强度 50 mm 内的延伸率	515 MPa 450 MPa 15%
线材	弯曲试验	在直径为 3T(对于圆形线材 T 为线材直径，对于矩形线材 T 为线材宽度或厚度中数值较小的那个尺寸)的心轴上缠绕至少 180°	不产生裂纹

ICS 27.120
F 48

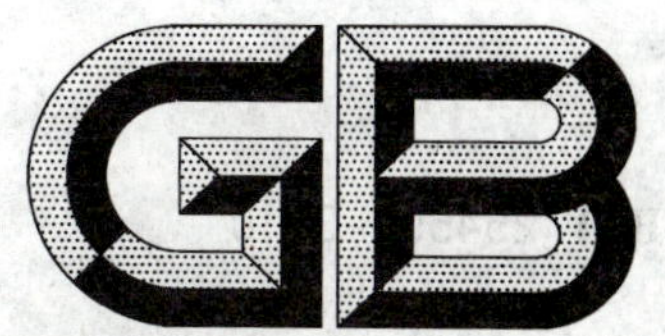

中华人民共和国国家标准

GB/T 25450—2010

重水堆核电厂燃料元件端塞焊缝涡流检测

Eddy current testing of fuel element end cap weld for PHWR

2010-11-10 发布　　2011-05-01 实施

中华人民共和国国家质量监督检验检疫总局
中国国家标准化管理委员会　发布

前　言

本标准由中国核工业集团公司提出。

本标准由全国核能标准化技术委员会归口。

本标准起草单位：中核北方核燃料元件有限公司。

本标准主要起草人：张俊捷、李爱军、王军、张杰、韩平山。

重水堆核电厂燃料元件
端塞焊缝涡流检测

1 范围

本标准规定了重水堆核电厂燃料元件端塞焊缝涡流检测的方法原理、标准伤、设备、检测步骤等内容。

本标准适用于重水堆核电厂燃料元件焊瘤加工后焊缝的无损探伤。

2 术语和定义

下列术语和定义适用于本标准。

2.1

标准伤 standard flaw

在端塞焊缝的表面人工制作的锥形盲孔，包括灵敏度测试标准伤和对比标准伤。

2.2

灵敏度测试标准伤 sensitive standard flaw

用来测试涡流检测系统灵敏度的标准伤。

2.3

对比标准伤 reference standard flaw

用来评价元件合格与否的标准伤。

3 方法原理

根据电磁感应定律的原理，以一定频率的电流激励线圈，使线圈中产生交变电流，交变电流产生交变磁场，进而在工件内产生涡流，涡流产生的交变磁场感应检测线圈，在检测线圈中产生感应电动势和感应电流。当被检工件的表面或近表面有缺陷时，检测线圈的阻抗发生变化，可通过测量检测线圈的阻抗或电压的变化来检测缺陷。

4 标准伤

4.1 尺寸

灵敏度测试标准伤：锥度为60°±1°，深度为0.15 mm±0.01 mm的盲孔。

对比标准伤：锥度为60°±1°，深度为0.20 mm±0.01 mm的盲孔。

4.2 制作

在端塞焊接正常生产过程中选取焊缝无缺陷元件，用锥度为60°±1°的硬度计压头在端塞焊焊接处制作标准伤，或者用其他等效的方法制作符合要求的标准伤。

4.3 评定

标准伤的锥度和深度是用已定锥度的压头来控制的，因此，用投影仪测量压头的锥度，用测量显微镜测量盲孔深度，只要锥度和深度满足要求，则标准伤符合要求。

4.4 保存

标准伤的保存应避免端塞焊缝处磕碰及元件弯曲变形。

5 设备

5.1 涡流探伤仪，频率范围 50 Hz～2 MHz，相位调节范围 0°～359°，增益不小于 45 dB，具有信号报警功能。

5.2 探头，采用差分式。

6 检测环境条件

6.1 工作温度范围为 0 ℃～40 ℃。

6.2 空气相对湿度不大于 80%。

6.3 电源电压波动不得超过额定电源电压的±10%。

6.4 周围环境应保持清洁，无腐蚀性气体。

7 检测步骤

7.1 准备工作

7.1.1 涡流探伤仪的调试

按照操作说明书的步骤启动探伤仪，调试到工作状态。

7.1.2 探头的安装与调节

7.1.2.1 探头的安装

固定探头，使探头上的基线与元件的轴线平行。

7.1.2.2 垂直位置调节

调节探头的垂直位置，使探头尽量靠近端塞，但不能与端塞接触。

7.1.2.3 水平位置调节

在有对比标准伤的元件旋转的情况下，调节探头的水平位置，使对比标准伤信号幅值最大。

7.1.3 报警参数的设置

把相应的报警框打开，调节信号位置，使其位于报警框中心，根据对比标准伤的信号幅值的大小来调节增益、报警框和相位角的大小，使得对比标准伤恰好报警即可。

7.1.4 检测系统的校验

分别用灵敏度测试标准伤和对比标准伤校验系统，当涡流探伤仪检测到灵敏度测试标准伤时应不报警，检测到对比标准伤时应报警。否则按 7.1.2～7.1.3 重新进行调节，直到满足上述要求为止。

设备在连续使用中，每隔 3 h 应校验一次，如符合要求可继续检测，否则应重新调试，并对可疑的元件重新检测，工作结束时应校验系统。

7.2 检测

7.2.1 受检元件的端塞焊缝表面应满足 $Ra \leqslant 1.6\ \mu m$ 的要求。

7.2.2 放置受检元件，并使受检元件与标准伤的测量条件一致。

7.2.3 启动测量系统，受检元件在检测工位应旋转 2 圈～3 圈，以保证不漏检。只要涡流探伤仪报警，则涡流检测系统报警并停止工作。

7.2.4 如果涡流检测系统报警，应取下受检元件查看端塞焊缝处的表面状况，必要时应对表面进行处理后再重新检测。

8 检测结果的评定

8.1 元件经检测无缺陷信号或缺陷信号小于对比标准伤信号，则判为合格。

8.2 元件经检测如发现大于或等于拒收标准伤的信号，则应对该元件的端塞焊缝外表面处理后再进行检测。

8.3 重复3次后,缺陷信号仍大于或等于对比标准伤的信号则判为不合格;如无缺陷信号或缺陷信号小于对比标准伤的信号则判为合格。

9 检测报告

检测报告应包括但不限于以下内容:

a) 涡流探伤仪型号、探头型号;

b) 灵敏度测试标准伤和对比标准伤的编号;

c) 检测系统的校验时间;

d) 元件包号、元件的合格数量和不合格数量;

e) 检验人员和日期。

ICS 27.120
F 48

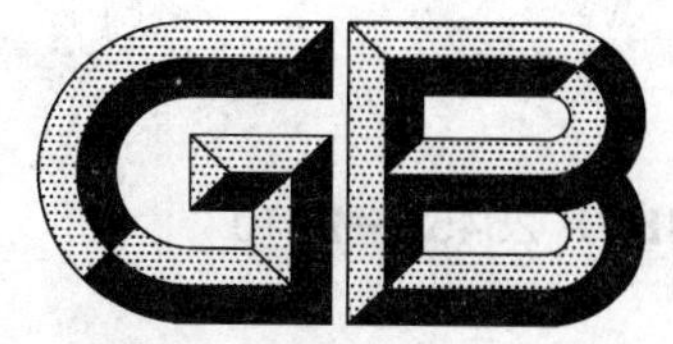

中华人民共和国国家标准

GB/T 25451—2010

重水堆核电厂燃料元件涂层厚度测量 β射线背散射法

PHWR fuel element coating-measurement of thickness—Beta backscatter method

2010-11-10 发布　　2011-05-01 实施

中华人民共和国国家质量监督检验检疫总局
中国国家标准化管理委员会　发布

前　言

本标准由中国核工业集团公司提出。

本标准由全国核能标准化技术委员会(SAC/TC 58)归口。

本标准起草单位:中核北方核燃料元件有限公司。

本标准主要起草人:张俊捷、李爱军、祁俊英、张杰、韩平山。

重水堆核电厂燃料元件涂层厚度测量 β射线背散射法

1 范围

本标准规定了重水堆核电厂测量燃料元件包壳管内壁石墨涂层厚度和支承垫底面、隔离块侧面的铍涂层厚度的方法提要、标准样品、设备及装置、测量环境条件、测量步骤等内容。

本标准适用于重水堆核电厂燃料元件包壳管内壁石墨涂层厚度测量和支承垫底面、隔离块侧面的铍涂层的厚度测量，可测量的范围为(0～30)μm。

2 术语和定义

下列术语和定义适用于本标准。

2.1

厚度等效标准 thickness equivalent standard

在相同条件下，某物质的β射线背散射计数率与锆管内壁一定厚度的石墨涂层的β射线背散射计数率相等，则该物质为石墨涂层厚度等效标准。

2.2

基体 substrate

被涂层直接涂覆的材料。

3 方法提要

射线源发出的β射线进入涂层后，分别由基体和涂层反向散射一部分射线，这些射线被盖革-弥勒计数器接收后会因涂层厚度的不同而有不同的计数率，测厚仪根据接受到的散射计数率来显示相应的涂层厚度。

4 标准样品

4.1 标准样品的制作和标定

4.1.1 铍涂层的标准样品

4.1.1.1 制作不同厚度的铍涂层样品(可以是支承垫涂铍样品，也可以是锆板上涂铍样品)8个～10个和1个无涂层的支承垫。

4.1.1.2 在相同条件下，用涂层厚度测量仪分别测量样品的散射计数率。

4.1.1.3 选择其中2个样品作为测量标准，剩余样品采用其他方法(如金相显微镜测量)测量涂层厚度。

4.1.1.4 根据测试结果，作出散射计数率与涂层厚度的对应曲线。

4.1.1.5 根据曲线得出2个测量标准的涂层厚度，其中一个作为使用标准，另一个作为验证标准。

4.1.2 石墨涂层的标准样品

4.1.2.1 制作不同厚度的石墨涂层样品(用氧化锆的涂层作为石墨涂层厚度等效标准，也可用不锈钢等材料作为厚度等效标准)8个～10个和1个无涂层的锆管。

4.1.2.2 按4.1.1.2～4.1.1.5执行。

4.2 标准样品的校准

用验证标准校验设备后，再测量使用标准的厚度值，如果使用标准的厚度测量值与标称值的偏差在3μm的范围内，使用标准即可使用。

4.3 标准样品的保存

标准样品的保存应避免磨损涂层。

5 设备及装置

5.1 涂层厚度测量仪

最小分度值为 0.01 μm。

5.2 探头

探头由钷(^{147}Pm)射线源、孔眼和检测器组成。测量范围为(0～0.1)mm。

测量石墨涂层的探头，计数率≥1 kCps。

测量铍涂层的探头，计数率≥1 kCps。

6 测量环境条件

6.1 空气相对湿度不大于 80%。

6.2 电源电压波动不得超过额定电源电压的±10%。

6.3 周围环境应保持清洁，无腐蚀性气体。

7 测量步骤

7.1 准备工作

测厚仪在调试前应预先通电、预热，以确保仪器使用中性能稳定，连续测量基体的计数率 5 次相互之间差值不大于 0.3 kCps。

7.2 校准曲线建立

在每次工作前用基体和 1 个已知厚度的标准样品对设备进行校准。按照设备的提示放置基体和使用标准并输入测量时间(测量时间至少选 5 s)和已知涂层厚度的标准的标称值，在设备内自动生成一条校准直线。

7.3 样品测量

7.3.1 根据测量对象选择相应的探头。

7.3.2 放置样品，使涂层一侧正对探头，并使样品与标准样品的测量条件一致。

7.3.3 启动测量系统，读取测厚仪屏上的示值。每个样品测 2 个值：对于石墨涂层厚度，在每个样品的两端各测一个值；对于铍涂层厚度，在每个样品长度大约 1/4 的位置各测一个值。

7.3.4 每测量 80 个涂层厚度，应验证仪器的稳定性，当仪器显示的不确定度不大于 5%时，继续测量，否则延长测量时间。

8 测量结果

直接读取测量结果，与技术要求相比较和评判。

9 测量报告

测量报告应包括但不限于以下内容：

a) 测厚仪型号、探头型号；

b) 标准样品的编号；

c) 执行的文件编号；

d) 产品的名称、批号、样品量；

e) 对检测结果的评定；

f) 检验人员和日期。

ICS 27.120.30
F 46

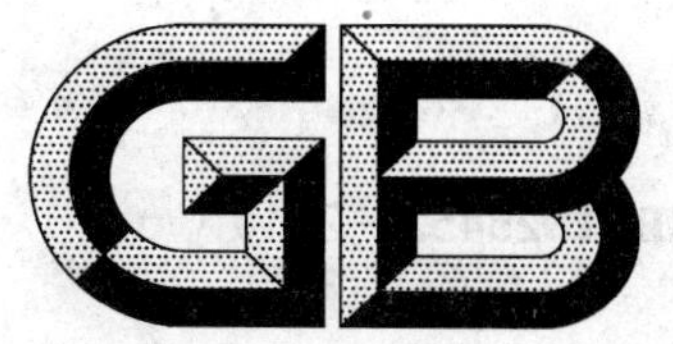

中华人民共和国国家标准

GB/T 25452—2010

重水堆核电厂燃料元件用烧结天然二氧化铀芯块技术条件

Specification for sintered natural uranium dioxide pellets for PHWR plant

2010-11-10 发布　　　　2011-05-01 实施

中华人民共和国国家质量监督检验检疫总局
中国国家标准化管理委员会　发布

前　言

本标准的附录 A 为规范性附录，附录 B 为资料性附录。

本标准由中国核工业集团公司提出。

本标准由全国核能标准化技术委员会归口。

本标准起草单位：中核北方核燃料元件有限公司。

本标准主要起草人：李银些、范春生、迟新国、朱亚静、王军。

重水堆核电厂燃料元件用烧结天然二氧化铀芯块技术条件

1 范围

本标准规定了重水堆核电厂燃料元件用烧结天然二氧化铀芯块的技术要求、检验方法、检验规则和包装、贮存、运输、标志等要求。

本标准适用于重水堆核电厂燃料元件用烧结天然二氧化铀芯块。

2 规范性引用文件

下列文件中的条款通过本标准的引用而成为本标准的条款。凡是注日期的引用文件，其随后所有的修改单(不包括勘误的内容)或修订版均不适用于本标准，然而，鼓励根据本标准达成协议的各方研究是否可使用这些文件的最新版本。凡是不注日期的引用文件，其最新版本适用于本标准。

GB 11806 放射性物质安全运输规定

3 技术要求

3.1 化学要求

3.1.1 氧铀比

氧铀比为1.995～2.015。

3.1.2 杂质元素和含量限值

单个杂质元素含量不应超过表1规定的限值2，表1中氮和氯的限值为推荐值。

3.1.3 当量硼含量

3.1.3.1 表1中杂质含量的总当量硼含量不应超过1.38 μg/gU。总当量硼含量是单个杂质元素当量硼含量的和，单个杂质元素当量硼含量等于该元素的当量硼因子与其含量之积(μg/gU)，各元素的当量硼因子见表2。

3.1.3.2 所有的杂质元素含量都在表1中限值1的范围内，则不计算总当量硼含量。

3.1.3.3 除C、F、S、K、P、Na外，任何一种杂质元素超过表1中限值1的范围，则应计算总当量硼含量，对含量低于方法检测下限的元素，取检测下限值进行计算。

3.1.3.4 表1中未含的其他元素及其当量硼含量由供需双方商定。

表1 烧结天然二氧化铀芯块中的杂质元素和限值

单位为微克每克铀

元素	限值1	限值2	元素	限值1	限值2
Al	50	100	Dy	0.15	0.3
B	0.3	0.6	F	15	15
Cd	0.2	0.4	Gd	0.10	0.2
Ca	50	100	Fe	200	250
C	200	200	Mg	30	60
Cr	25	50	Mn	10	20
Cu	10	20	Mo	10	20

表 1（续）

单位为微克每克铀

元素	限值 1	限值 2	元素	限值 1	限值 2
Ni	30	60	P	35	35
Si	60	120	K	20	20
Th	300	500	Na	20	20
Cl	8	15	S	20	20
N	20	40	—	—	—

表 2　当量硼因子

元素	原子量	吸收截面/b	当量硼因子	元素	原子量	吸收截面/b	当量硼因子
Al	26.98	0.23	0.000 1	Mn	54.94	13.3	0.003 4
B	10.81	760	1.000 0	Mo	95.94	2.5	0.000 4
Cd	112.40	2 520	0.318 9	Ni	58.69	4.5	0.001 1
Ca	40.08	0.43	0.000 2	Si	28.09	0.17	0.000 1
C	12.01	0.003 5	0.000 004	Th	232.12	7.0	0.000 4
Cr	52.00	3.07	0.000 8	Cl	35.45	33.6	0.013 5
Cu	63.55	3.8	0.000 9	N	14.01	1.91	0.001 9
Dy	162.50	940	0.082 3	P	30.97	0.16	0.000 07
F	19.00	0.009 5	0.000 007	K	39.10	2.1	0.000 8
Gd	157.25	48 800	4.414 1	Na	22.99	0.525	0.000 3
Fe	55.85	2.56	0.000 7	S	32.07	0.54	0.000 2
Mg	24.31	0.063	0.000 04	—	—	—	—
注：b(靶恩)，1 b=10^{-28} m^2。							

3.2　物理要求

3.2.1　几何参数

芯块的几何参数包括芯块直径、高度、垂直度、圆度等，应满足供需双方认可的要求。

3.2.2　密度

芯块密度由供需双方协商确定，天然二氧化铀芯块的理论密度为 10.96 g/cm^3。芯块实际密度一般为(10.60±0.15)g/cm^3。

3.2.3　微观组织

芯块微观组织应满足：

a）无可见二氧化铀粉末颗粒边界存在；

b）平均晶粒尺寸为(5～30)μm。

3.3　表面质量

3.3.1　表面粗糙度

成品芯块表面粗糙度 Ra 不大于 0.8 μm，表面无肉眼可见夹渣和异物(如磨削介质或油污)。

3.3.2　掉块

芯块掉块应满足：

a）芯块端面单个掉块主尺寸不能超过芯块直径的 30%；

b）芯块端面掉块主尺寸总长度不能超过芯块的直径；

c） 芯块柱面掉块总长度不能超过芯块直径的75%；

d） 芯块端面深度不超过0.1 mm的掉块忽略不计；

e） 芯块端面间隔小于3 mm的掉块作为一个掉块评价；

f） 距芯块端角0.5 mm之内的掉块忽略不计；

g） 芯块柱面掉块主尺寸不超过0.5 mm的忽略不计。

3.3.3 裂纹

芯块裂纹应满足：

a） 距芯块端部2 mm以外的周向裂纹长度(单个或累加)不超过芯块周长的50%；

b） 距芯块端部2 mm以内的裂纹长度(单个或累加)不应超过芯块周长的25%；否则应进行至少150 mm高度的自由落体试验，未发生掉块的认为合格，小于0.5 mm的掉块忽略不计，不作为掉块考虑。

3.3.4 孔洞

芯块孔洞应满足：

a） 大于2.5 mm的孔洞不允许存在；

b） 大于1.0 mm的孔洞不得超过2个；

c） 大于0.5 mm的孔洞不得超过15个。

3.3.5 夹杂

芯块夹杂应满足：

a） 主尺寸不超过0.2 mm的夹杂忽略不计；

b） 夹杂不大于0.6 mm且在芯块表面不超过两处；

c） 带夹杂的芯块的杂质含量应满足表1中规定的限值2；

d） 若夹杂被取出，则使用掉块和孔洞的要求进行评价。

3.3.6 磨痕

芯块柱面磨痕深度不大于0.05 mm，磨痕数量不能超过2圈。

3.3.7 未磨削

芯块柱面两端各有至少为芯块高度20%的部分充分磨削到了所要求的直径，且含有未磨削部分的芯块数量不超过芯块批量的5%。

4 检验方法

4.1 化学成分的测定按照供需双方商定的方法进行。

4.2 芯块的几何参数采用常规方法测量。

4.3 芯块微观组织的检测按附录A执行。

4.4 芯块密度测定按附录B的方法执行，也可由供需双方商定。

4.5 芯块粗糙度采用粗糙度仪进行检测。

5 芯块批要求

5.1 产品应成批提交验收，每批由同批原材料、相同的生产设备、同一组工艺条件制备的芯块组成。

5.2 同批的标识应在整个生产过程中保留，在整个工艺过程中应保证批料的同一性，不得混淆。

6 检验规则

6.1 取样

6.1.1 芯块检验应以批为验收单位进行抽样检验。芯块密度、平均晶粒度检测和化学分析应在烧结后取样。芯块尺寸测量和表面粗糙度测量应在芯块磨削后取样，以确保样品可代表该批的条件。

6.1.2 供方应保证样品数量，以便需方进行质量检查、验收试验和必要情况下的仲裁试验。

6.1.3 取样、称重以及样品处理都必须在确保样品可代表该批的条件下进行。满足验收准则的取样计划应经供需双方商定。

6.2 判定

抽样方案和判定规则由供需双方商定。需方有权从每一个芯块批中选取一个代表性的样品，并测定其化学性能或物理性能。

6.3 仲裁

供需双方对检验结果有争议时，由供需双方协商解决或选定双方认定的第三方仲裁。

7 标志、包装、贮存、运输

7.1 标志

包装的两侧作如下标识，其内容至少包括：

a) 产品名称；

b) 供方名称；

c) 合同号；

d) 批号、包装编号；

e) 毛重、净重；

f) 放射性运输标志；

g) 供需双方商定的其他标识。

7.2 包装

包装材料、包装方式、每件包装数量、重量或体积等由供需双方商定。

7.3 贮存

二氧化铀芯块贮存在专用库房，贮存期限由供需双方商定。

7.4 运输

二氧化铀芯块的运输应符合 GB 11806 有关规定。

8 质量证明文件

供方应向需方提交符合本标准质量检验报告、质量证明书以及供需双方商定的其他文件。

附 录 A
（规范性附录）
微观组织检测

A.1 样品的制备

芯块沿纵向切开，露出纵向截面，使用标准金相技术对纵向截面磨制和抛光，对抛光后的样品进行浸蚀，使其显示出晶粒结构。通常使用的浸蚀剂的配比为 30 g 酪酸酐、150 mL 水、50 mL HF 配制的混合液。

A.2 测量晶粒度

A.2.1 采用直线截取法测量晶粒度。测量晶粒度时，截距长度为测试线总长度减去测试线所截取气孔的总宽度，不包括整体位于单个晶粒中的气孔。

A.2.2 如图 A.1 所示，在截面上选取下述 5 点进行测量：

a) 接近中心点的位置上取 1 点；

b) 在一条通过中心并垂直于纵轴的直线上，从中心点算起，在长度大于或等于芯块直径 1/3 的位置上各取 1 点；

c) 沿着纵轴，从中心点算起，在长度大于或等于芯块高度的 1/3 的位置上各取 1 点；

d) 记录在上述 5 点测出的晶粒度值，芯块的平均晶粒度为上述 5 个值的平均数。

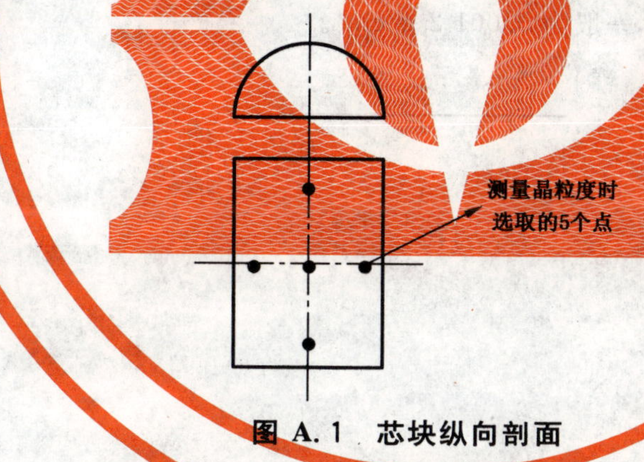

图 A.1 芯块纵向剖面

A.3 可见边界检验方法

A.3.1 选用显微镜观测有无二氧化铀粉末颗粒边界。

附 录 B
（资料性附录）
水浸法测量芯块密度

B.1 样品称重

B.1.1 将芯块放入天平内称量芯块干重，记录干重数据，精确至 0.001 g。

B.1.2 将称过干重的芯块放入水中浸泡，再滴加两滴润湿剂，至少浸泡 2 h。

B.1.3 称量浸泡过的芯块的浮重，记录浮重数据，精确至 0.001 g。

B.1.4 用温度计测量水温，从密度表中查出此温度下对应水的密度。

B.2 样品密度的计算

用式(B.1)计算芯块的密度：

$$\rho = m_1 \times \rho_1 / (m_1 - m_2) + k \qquad \text{(B.1)}$$

式中：

ρ——芯块密度，单位为克每立方厘米(g/cm^3)；

m_1——芯块干重，单位为克(g)；

m_2——芯块浮重，单位为克(g)；

ρ_1——测量温度下对应水的密度，单位为克每立方厘米(g/cm^3)；

k——对空气密度的修正系数，一般为 0.001 2 g/cm^3。

ICS 27.120.30
F 46

中华人民共和国国家标准

GB/T 25453—2010

重水堆核电厂燃料元件用天然二氧化铀粉末技术条件

Specification for natural uranium dioxide powder for PHWR plant

2010-11-10 发布

2011-05-01 实施

中华人民共和国国家质量监督检验检疫总局
中国国家标准化管理委员会 发布

前　言

本标准的附录 A 为规范性附录。

本标准由中国核工业集团公司提出。

本标准由全国核能标准化技术委员会归口。

本标准起草单位:中核北方核燃料元件有限公司。

本标准主要起草人:屈晓刚、赵志国、李爱军、龚树河、刘秀。

重水堆核电厂燃料元件用天然二氧化铀粉末技术条件

1 范围

本标准规定了重水堆核电厂燃料元件用天然二氧化铀粉末的技术要求、检验方法、检验规则和标志、包装、贮存、运输等要求。

本标准适用于重水堆核电厂燃料元件用天然二氧化铀粉末。

2 规范性引用文件

下列文件中的条款通过本标准的引用而成为本标准的条款。凡是注日期的引用文件，其随后所有的修改单(不包括勘误的内容)或修订版均不适用于本标准，然而，鼓励根据本标准达成协议的各方研究是否可使用这些文件的最新版本。凡是不注日期的引用文件，其最新版本适用于本标准。

GB 11806 放射性物质安全运输规定

GB 18871 电离辐射防护与辐射源安全基本标准

EJ/T 564 核电厂物项包装、运输、装卸、接收、贮存和维护要求

3 技术要求

3.1 化学要求

3.1.1 铀含量

铀含量为87.2%～87.9%(质量分数，干基)。

3.1.2 氧铀比

氧铀比为2.05～2.18。

3.1.3 水分含量

水分含量不大于二氧化铀粉末质量的0.4%。

3.1.4 杂质元素和含量限值

杂质元素和含量限值见表1，单个杂质元素含量不应超过表1中的限值2，表1中氮和氯的限值为推荐值。

表1 重水堆核电厂燃料元件用二氧化铀粉末杂质元素和限值 单位为微克每克铀

元素	限值1	限值2	元素	限值1	限值2
Al	25	50	Mg	10	20
B	0.3	0.6	Mn	5	10
C	200	200	Mo	5	10
Ca	50	100	Ni	20	40
Cd	0.2	0.4	N	40	80
Cr	15	30	Si	30	60
Cl	15	30	Th	250	500
Cu	10	20	P	35	35
Dy	0.15	0.30	Na	20	20
F	30	30	S	20	20
Fe	75	150	K	20	20
Gd	0.10	0.20	—	—	—

3.1.5 当量硼含量

3.1.5.1 表1中杂质含量的总当量硼含量不应超过1.36 μg/gU。总当量硼含量是单个杂质元素当量硼含量的和，单个杂质元素当量硼含量等于该元素的当量硼因子与其含量之积(μg/gU)，各元素的当量硼因子见表2。

3.1.5.2 所有杂质元素含量都在表1中限值1的范围内，则不计算总当量硼含量。

3.1.5.3 除C、F、S、K、P、Na外，任何一种杂质元素超出表1中限值1的范围，则应计算总当量硼含量，对含量低于方法检测下限的元素，取检测下限值进行计算。

3.1.5.4 表1中未含的其他元素及其当量硼含量由供需双方商定。

表2 当量硼因子

元素	原子量	中子吸收截面/b	当量硼因子	元素	原子量	中子吸收截面/b	当量硼因子
Al	26.98	0.23	0.000 1	Mg	24.31	0.063	0.000 04
B	10.81	760	1.000 0	Mn	54.94	13.3	0.003 4
C	12.01	0.003 5	0.000 004	Mo	95.94	2.5	0.000 4
Ca	40.08	0.43	0.000 2	Ni	58.69	4.5	0.001 1
Cd	112.41	2 520	0.318 9	N	14.01	1.91	0.001 9
Cl	35.45	33.6	0.013 5	Si	28.09	0.17	0.000 1
Cr	52.00	3.07	0.000 8	Th	232.04	7.0	0.000 4
Cu	63.55	3.8	0.000 9	P	30.97	0.16	0.000 07
Dy	162.50	940	0.082 3	Na	22.99	0.525	0.000 3
F	19.00	0.009 5	0.000 007	S	32.07	0.54	0.000 2
Fe	55.85	2.56	0.000 7	K	39.10	2.1	0.000 8
Gd	157.25	48 800	4.414 1	—	—	—	—
注：b(靶恩)，1 b=10^{-28} m^2。							

3.2 物理要求

3.2.1 颗粒尺寸

至少95%(质量分数)二氧化铀粉末通过425 μm标准筛。

3.2.2 松装密度

松装密度为(0.75～1.25)g/cm^3。

3.2.3 比表面积

比表面积为(5～7.5)m^2/g。

3.2.4 可烧结性

二氧化铀粉末可烧结性能应满足附录A的要求。

4 检验方法

4.1 二氧化铀粉末的化学成分和物理要求的检验方法应按国家有关标准方法或供需双方商定的方法进行。

4.2 可烧结性试验方法见附录A。

5 粉末批要求

5.1 批定义为化学和物理性能都均匀一致的一定数量的二氧化铀粉末。

5.2 批量由供需双方协商决定。

6 检验规则

6.1 取样

6.1.1 取样方案应以批次粉末为基础。

6.1.2 取样方案和程序由供需双方协商确定。通常按每批包装容器总数(n)取样，当 $n \leqslant 5$ 时，则逐个包装容器取样；当 $n > 5$ 时，则随机抽取的容器数不少于 $5+\frac{n}{10}$ 的整数。

6.1.3 二氧化铀粉末暴露在潮湿空气中可能会吸湿含有大量水分而导致可察觉的缺陷，因此取样、称量和样品处理都要确保在具有批次代表性的条件下进行。

6.2 产品判定

6.2.1 产品应按批提交验收。

6.2.2 供方应向需方提供质量证明文件，内容应符合第3章所列技术要求的条款。

6.2.3 需方可对收到的产品进行复验，复验结果与本标准不符时，由供需双方协商解决。

6.3 仲裁

供需双方对产品检验结果有争议时，由供需双方协商解决或选定双方认定的第三方仲裁。

7 标志、包装、贮存、运输

本产品的标志、包装、贮存、运输应符合 GB 11806、GB 18871 和 EJ/T 564 的规定，其中每个包装容器或包装箱的盖子和侧面应当至少注明下列内容：

a) 卖方名称；

b) 产品名称；

c) 包装容器材料；

d) 批次号；

e) 出厂编号(或合同号)及包装容器编号(或箱号)；

f) 包装容器(或箱体)尺寸；

g) 毛重、皮重、净重；

h) 出厂日期；

i) 放射性标志。

8 质量证明文件

供方应向需方提交符合本标准质量检验报告、质量证明书以及供需双方商定的其他文件。

附　录　A
（规范性附录）
可烧结性试验

A.1　目的

可烧结性试验的目的是为了验证每批粉末的可烧结性。

A.2　试验用芯块的制备

A.2.1　按6.1取样规则进行取样，每批至少压制3块生坯进行试验，每块生坯密度应达到(5～6)g/cm³。每个生坯的密度值不能偏离所有样品生坯密度平均值的±0.05 g/cm³。记录压机类型、压制条件（包括压制压力、保压时间、模具锥度、润滑情况）及每个生坯的密度。

A.2.2　在氢气或裂解氨的气氛下将生坯样品进行烧结，以每小时200 ℃～300 ℃的升温速率从室温加热到(1 625±25)℃，在此温度下保温2 h。记录烧结炉类型、烧结气氛、烧结温度、时间及温度-时间曲线。

A.3　芯块检测

A.3.1　生坯芯块的几何尺寸及密度

a)　直径——用千分尺沿生坯轴向均等的位置分别测量5点，精确到0.01 mm，记录取平均值；

b)　高度——用游标卡尺沿生坯轴向垂直面均等的位置测量3点，精确到0.01 mm，记录取平均值；

c)　质量——用天平称量生坯质量，精确到0.001 g；

d)　密度——计算每个生坯的密度，精确到0.01 g/cm³。

A.3.2　烧结芯块的密度

烧结芯块的密度采用水浸法测量，计算公式如式(A.1)所示：

$$\rho = m_1 \times \rho_1 / (m_1 - m_2) + k \qquad \cdots\cdots\cdots\cdots(A.1)$$

式中：

ρ——芯块密度，单位为克每立方厘米(g/cm³)；

m_1——芯块干重，单位为克(g)；

m_2——芯块浮重，单位为克(g)；

ρ_1——测量温度下对应水的密度，单位为克每立方厘米(g/cm³)；

k——对空气密度的修正系数，一般为0.001 2 g/cm³。

A.4　烧结芯块密度的技术要求

每个烧结芯块样品的水浸密度值不小于理论密度的96%（理论密度为10.96 g/cm³），并且每个芯块样品的水浸密度不能偏离所有试验芯块水浸密度平均值±0.05 g/cm³。

ICS 97.200.20
Y 58

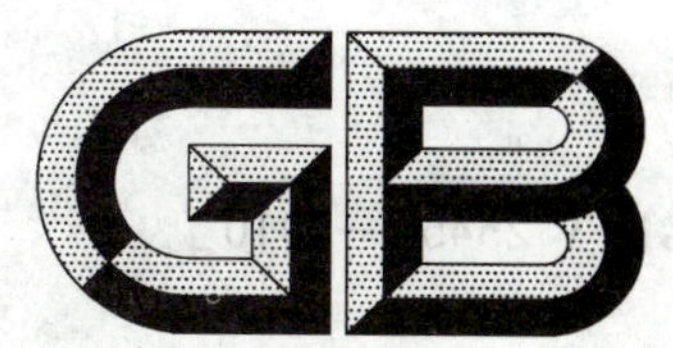

中华人民共和国国家标准

GB/T 25454—2010

电鸣乐器均衡类音效装置通用技术条件

General specification for equalization equipment of electrophones musical instruments

2010-11-10 发布　　2011-05-01 实施

中华人民共和国国家质量监督检验检疫总局
中国国家标准化管理委员会　发布

前　言

本标准由中国轻工业联合会提出。

本标准由全国乐器标准化技术委员会(SAC/TC 371)归口。

本标准起草单位:武汉艾立卡电子有限公司、北京乐器研究所。

本标准主要起草人:张鉴堂、屠淑珍、庄严、吴东亮、李健、张振启、王伟。

电鸣乐器均衡类音效装置
通用技术条件

1 范围

本标准规定了电鸣乐器均衡类音效装置的术语和定义、要求、试验方法、检验规则和标志、包装、运输、贮存。

本标准适用于电鸣乐器均衡类音效装置(以下简称装置)。

2 规范性引用文件

下列文件中的条款通过本标准的引用而成为本标准的条款。凡是注日期的引用文件,其随后所有的修改单(不包括勘误的内容)或修订版均不适用于本标准,然而,鼓励根据本标准达成协议的各方研究是否可使用这些文件的最新版本。凡是不注日期的引用文件,其最新版本适用于本标准。

GB/T 191 包装储运图示标志(GB/T 191—2008,ISO 780:1997,MOD)

GB/T 2828.1—2003 计数抽样检验程序 第1部分:按接收质量限(AQL)检索的逐批检验抽样计划(ISO 2859-1:1999,IDT)

GB/T 2829 周期检验计数抽样程序及表(适用于对过程稳定性的检验)

GB/T 3240 声学测量中的常用频率

GB/T 5465.2 电气设备用图形符号 第2部分:图形符号(GB/T 5465.2—2008,IEC 60417 DB:2007,IDT)

GB 8898 音频、视频及类似电子设备 安全要求(GB 8898—2001,eqv IEC 60065:1998)

GB/T 9384—1997 广播收音机、广播电视接收机、磁带录音机、声频功率放大器(扩音机)的环境试验要求和试验方法

GB 13837 声音和电视广播接收机及有关设备无线电骚扰特性限值和测量方法(GB 13837—2003,IEC/CISPR 13:2001,MOD)

GB 17625.1 电磁兼容 限值 谐波电流发射限值(设备每相输入电流≤16 A)(GB 17625.1—2003,IEC 61000-3-2:2001,IDT)

SJ/T 11363 电子信息产品中有毒有害物质的限量要求

SJ/T 11364—2006 电子信息产品污染控制标识要求

SJ/T 11365 电子信息产品中有毒有害物质的检测方法

3 术语和定义

下列术语和定义适用于本标准。

3.1

增益频率响应 gain frequency response

被测装置的增益与频率的函数关系。

3.2

总谐波失真加噪声 total harmonic distortion and noise

经滤除基波分量后的输出信号有效值与其总输出信号的有效值之比。

3.3

最大输出电压　maximum output voltage

在标准测试条件下，各**中心频率**（3.7）电平控制器置于增益最大，满足**总谐波失真加噪声**（3.2）要求的输出电压。

3.4

最大源电动势　maximum source e. m. f.

音量控制器置于标准测试位置，使输出电压满足**总谐波失真加噪声**（3.2）要求的源电动势。

3.5

电动势增益　e. m. f. gain

装置在音量控制器置于最大增益条件下所测输出电压与源电动势之比，用 dB 表示。

3.6

输出源阻抗　output source impedance

在规定条件下从输出端子之间测得的内阻抗。

3.7

中心频率　center frequency

在被测频率电平控制器置于增益最大（最小）条件下，输出电平产生峰点（谷点）所对应的频率。

3.8

频段范围　frequency range

参量均衡器的**中心频率**（3.7）可调范围。

3.9

控制范围　control range

在被测频率电平控制器置于增益最大（最小）条件下，输出电压与对应参考输出电压之比，用 dB 表示。

3.10

频率带宽　frequency bandwidth

在被测频率电平控制器置于增益最大（最小）条件下，相对**中心频率**（3.7）的增益变化 3 dB 所对应的频率范围。

3.11

直通增益　bypass gain

装置在直通控制器置于直通时，所测输出电压与源电动势之比，用 dB 表示。

3.12

通道间增益差　gain inequality between channels

装置在标准测试条件下，各通道接相同源电动势，通道间输出电压之比，用 dB 表示。

3.13

串音衰减　cross talk attenuation

在 A 通道输入额定源电动势时，A 通道中的额定输出电压与 A 通道输入在 B 通道产生的输出电压之比，用 dB 表示。

4　要求

4.1　使用环境

装置在以下条件下应能正常工作：

——环境温度：−10 ℃～40 ℃；

——相对湿度：≤90％；

——大气压力：86 kPa～106 kPa。

4.2 电性能

电鸣乐器均衡类音效装置电性能基本参数应符合表1的规定。

表1 电鸣乐器均衡类音效装置电性能基本参数要求

序号	基本参数名称		单位	基本参数要求			
				图示均衡器		参量均衡器	
				A级品	B级品	A级品	B级品
1	增益频率响应		Hz	不窄于20～20 k ±1 dB	不窄于20～20 k ±3 dB	不窄于20～20 k ±1 dB	不窄于20～20 k ±3 dB
2	总谐波失真加噪声		%	≤0.01(1.00)[a]	≤0.10(4.00)[a]	≤0.01(1.00)[a]	≤0.10(4.00)[a]
3	最大输出电压		V	≥3	≥0.5	≥3	≥0.5
4	静态噪声输出电压		mV	≤0.1	≤0.2	≤0.1	≤0.2
5	信噪比(A计权)		dB	≥96	≥90	≥96	≥90
6	最大源电动势		V	≥5	≥1	≥5	≥1
7	电动势增益		dB	不小于标称值			
8	平衡输入阻抗		Ω	不小于标称值			
9	不平衡输入阻抗	线路输入	Ω	≥10 k			
		电鸣乐器输入	Ω	≥470 k			
10	输出源阻抗		Ω	≤1 k			
11	中心频率		Hz	不超过标称值±5%	—	—	
12	频段范围		Hz	—		不窄于标称值	
13	控制范围		dB	不小于标称值			
14	频率带宽		Hz	不超过标称值±5%	—	不窄于标称值	
15	直通增益		dB	≤1	≤2	≤1	≤2
16	通道间增益差		dB	≤1	≤2	≤1	≤2
17	串音衰减(10 kHz)		dB	≥60	≥40	≥60	≥40
18	额定功耗		W	不大于标称值			

注：根据产品的电性能参数不同分为A级品、B级品。

[a] 括号内数据为含电子管的装置要求。

4.3 电源适应性

4.3.1 交流供电：在频率为(50±2)Hz，电压为(220±22)V范围时，装置应能正常工作。

4.3.2 直流供电：在额定工作电压产生±10%偏差的情况下，装置应能正常工作。

4.4 安全要求

应符合GB 8898的要求。

4.5 电源端骚扰电压以及骚扰功率

应符合GB 13837的要求。

4.6 谐波电流限值

应符合GB 17625.1的要求。

4.7 有害物质的限量要求

应符合 SJ/T 11363 的要求。

4.8 外观与机械性能

4.8.1 金属件不应有锈蚀、机械损伤。灌注物不应外溢。

4.8.2 产品外观应整洁，表面不应有明显的划伤、变形、霉斑、开裂、毛刺等缺陷。表面覆层不应起泡、脱落、破裂。

4.8.3 开关、按键、旋钮等控制操作应灵活可靠，零部件应紧固无松动，结构与机械性能稳定。功能标志的字样或符号应准确、清晰、端正、牢固，图形符号应符合 GB/T 5465.2 的规定。

4.8.4 指示器和各种功能应正常工作。

4.9 几何尺寸

产品外形尺寸、安装尺寸应符合产品使用说明书中的规定。

4.10 环境适应性要求

被测装置经过 5.10 的方法试验后，应符合本标准规定的相应要求。

4.11 踏板开关耐久性要求

在踏板开关上施加 50 N 的力，以 70 次/min～80 次/min 的速度开、关。经过 2 万次后应符合本标准规定的要求。

5 试验方法

5.1 试验条件

5.1.1 除 5.10 试验环境应满足 GB/T 9384—1997 的要求外，其他测量环境条件应满足以下要求：

——环境温度：(23±2)℃；

——相对湿度：(60±15)%；

——大气压力：86 kPa～106 kPa。

5.1.2 交流供电：电压(220.0±4.4)V，频率(50±1)Hz，电源波形失真≤5%。

5.1.3 直流供电：额定工作电压±2%，纹波电压≤10 mV。

5.1.4 当满足下列条件时，被测装置被认为在标准测试条件下工作：

a) 被测装置接在额定电源上；

b) 信号源与额定源阻抗串联，再接到被测装置输入端上；

c) 测试电性能指标时，输出端接额定负载阻抗；

d) 不用的端子按规定连接；

e) 各中心频率电平控制器置于 0 dB；

f) 在没有其他特殊理由时，将 1 kHz 正弦波信号源电动势调整到等于额定信号源电动势，其他优选频率应满足 GB/T 3240 的规定；

g) 在没有其他特殊理由时，音量控制器调整到使输出端电压等于额定信号源电动势；

h) 在没有其他特殊理由时，参量均衡器的各频段中心频率控制器、频率带宽控制器置于使增益频率响应平直的位置；

i) 如果内置多种音效类模块，除特殊要求外，应将不用的音效类模块关闭。

5.1.5 电性能测量可分为自动测量和手动测量，除个别电性能外，应优先选用自动测量仪器和自动测量技术。

5.2 电性能测试方法

5.2.1 增益频率响应

5.2.1.1 测试连接

测试连接示意图按图 1 所示。

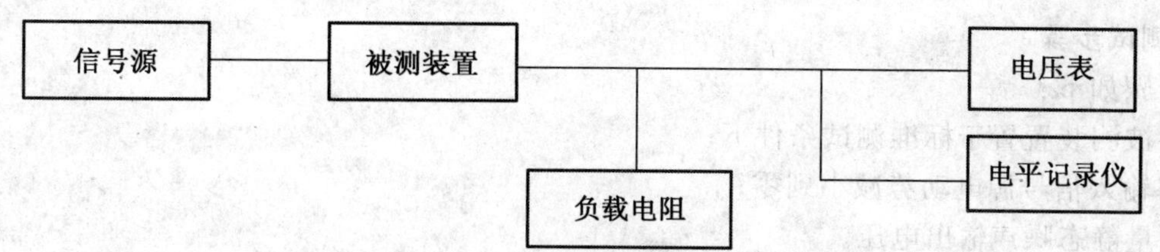

图1 增益频率响应测试连接示意图

5.2.1.2 测试步骤

测试步骤如下：

a) 将被测装置置于标准测试条件下；

b) 测量输出电压，以此电压为参考电平；

c) 连续或步进地改变信号源频率并保持源电动势不变；

d) 用电压表或电平记录仪测量并记录各频率的输出电平与参考电平的偏差，电平偏差所对应的频率偏差应满足表1的要求。

5.2.2 总谐波失真加噪声

5.2.2.1 测试连接

测试连接示意图按图2所示。

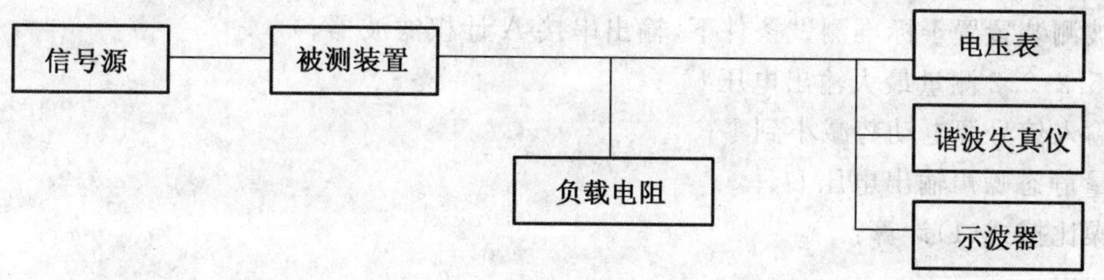

图2 总谐波失真加噪声测试连接示意图

5.2.2.2 测试步骤

测试步骤如下：

a) 将被测装置置于标准测试条件下；

b) 用谐波失真仪测量输出电压总谐波失真加噪声。

5.2.3 最大输出电压

5.2.3.1 测试连接

测试连接示意图按图2所示。

5.2.3.2 测试步骤

测试步骤如下：

a) 将被测装置置于标准测试条件下；

b) 将各中心频率电平控制器置于最大增益；

c) 逐步调整输入源电动势，直到输出电压的总谐波失真加噪声达到额定值；

d) 测得输出电压值U_2；

e) 在其他优选频率上重复以上测量；

f) 在上述测量中取最大值为最大输出电压。

5.2.4 静态噪声输出电压

5.2.4.1 测试连接

测试连接示意图按图1所示。

5.2.4.2 测试步骤

测试步骤如下：

a) 将被测装置置于标准测试条件下；

b) 将输入信号源电动势减小到零；

c) 测量静态噪声输出电压。

5.2.5 信噪比

5.2.5.1 测试连接

测试连接示意图按图3所示。

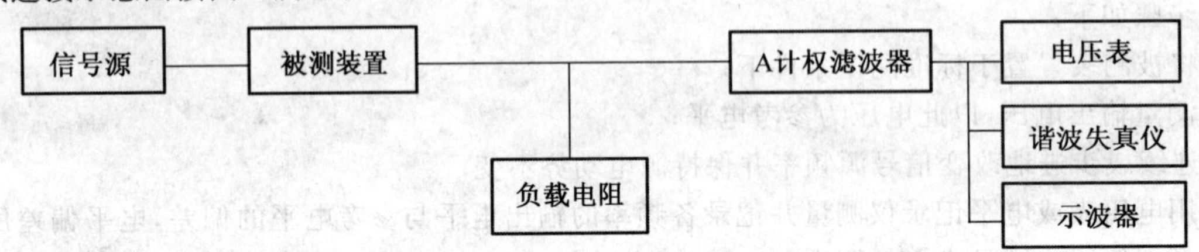

图3 信噪比测试连接示意图

5.2.5.2 测试步骤

测试步骤如下：

a) 将被测装置置于标准测试条件下，输出串接A计权滤波器；

b) 按5.2.3.2测量最大输出电压U_2；

c) 将输入信号源电动势减小到零；

d) 测量静态噪声输出电压U_n；

e) 信噪比按式(1)计算：

$$信噪比(A计权) = 20\lg\frac{U_2}{U_n} \quad \cdots\cdots(1)$$

式中：

U_2——最大输出电压，单位为伏特(V)；

U_n——A计权静态噪声输出电压，单位为伏特(V)。

5.2.6 最大源电动势

5.2.6.1 测试连接

测试连接示意图按图2所示。

5.2.6.2 测试步骤

测试步骤如下：

a) 将被测装置置于标准测试条件下；

b) 增加输入源电动势，直到其总谐波失真加噪声达到额定值；

c) 测量源电动势E_s'；

d) 在其他优选频率上重复以上测量；

e) 在上述测量中取最大值为最大源电动势。

5.2.7 电动势增益

5.2.7.1 测试连接

测试连接示意图按图1所示。

5.2.7.2 测试步骤

测试步骤如下：

a) 将被测装置置于标准测试条件下；

b) 将音量控制器置于最大增益；

c) 减小输入源电动势，使输出电压恢复到额定输出电压 U_2；

d) 测量源电动势 E_s'；

e) 电动势增益按式(2)计算：

$$电动势增益 = 20\lg\frac{U_2}{E_s'} \qquad (2)$$

式中：

U_2——额定输出电压，单位为伏特(V)；

E_s'——输入源电动势，单位为伏特(V)。

5.2.8 平衡输入阻抗

5.2.8.1 测试连接

测试连接示意图按图4所示。

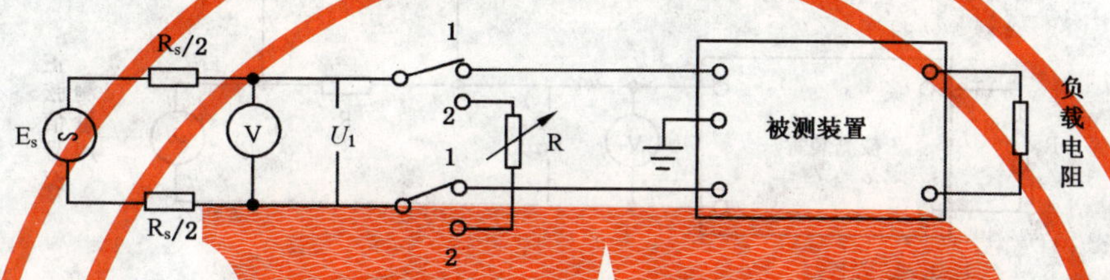

图4 平衡输入阻抗测试连接示意图

5.2.8.2 测试步骤

测试步骤如下：

a) 将被测装置置于标准测试条件下；

b) 信号源不接地(或不接外壳)；

c) 将两个适当的电阻 $R_s/2$ 与测量用正弦波信号源信号端和信号源地端分别串联，再接到被测装置输入端；

d) 用不接地(或不接外壳)的电压表测量输入电压 U_1，电压表输入阻抗应远大于被测装置输入阻抗；

e) 以一个经校正的可变电阻器R代替被测装置的输入阻抗，调整电阻器R使电压表读数恢复到 U_1；

f) 电阻器R的阻值即为被测装置在标准测试条件下的输入阻抗模数；

g) 可在其他优选频率上重复以上测量。

5.2.9 不平衡输入阻抗

5.2.9.1 测试连接

测试连接示意图按图5所示。

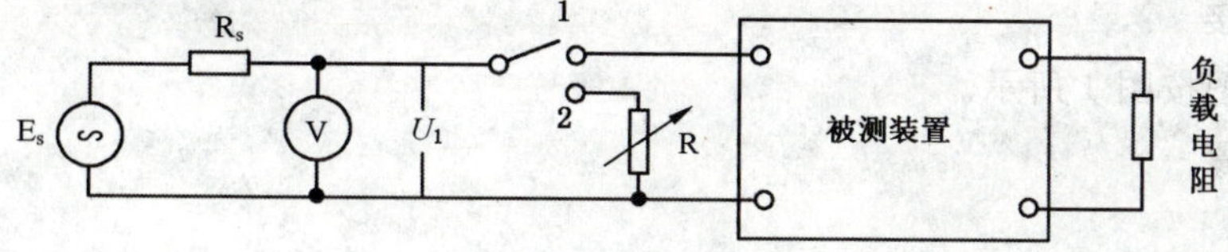

图5 不平衡输入阻抗测试连接示意图

5.2.9.2 测试步骤

测试步骤如下：

a) 将被测装置置于标准测试条件下；

b) 将一个适当的电阻 R_s 与测量用正弦波信号源相串联，再接到被测装置输入端；

c) 用电压表测量输入电压 U_1，电压表输入阻抗应远大于被测装置输入阻抗；

d) 以一个经校正的可变电阻器 R 代替被测装置的输入阻抗，调整电阻器 R 使电压表读数恢复到 U_1；

e) 电阻器 R 的阻值即为被测装置在标准测试条件下的输入阻抗模数；

f) 可在其他优选频率上重复以上测量。

5.2.10 输出源阻抗

5.2.10.1 测试连接

测试连接示意图按图 6 所示。

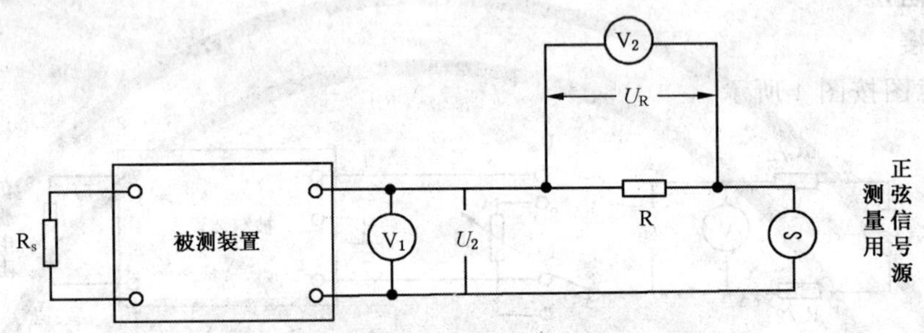

图 6 输出源阻抗测试连接示意图

5.2.10.2 测试步骤

测试步骤如下：

a) 将被测装置置于标准测试条件下，将输入信号源电动势减小到零，负载电阻不接；

b) 将一个适当的电阻与测量用正弦波信号源相串联，再接到被测装置输出端；

c) 调整测量用信号源输出，并且不使测量用信号源过载，直到被测装置的输出电压达到额定输出电压 U_2；

d) 用电压表测量电阻器 R 上的电压降 U_R；

e) 输出源阻抗按式(3)计算：

$$\text{输出源阻抗} = \frac{U_2}{U_R} \times R \qquad (3)$$

式中：

U_2——额定输出电压，单位为伏特(V)；

U_R——串联电阻器 R 上的电压降，单位为伏特(V)；

R——串联电阻器阻值，单位为欧姆(Ω)。

5.2.11 中心频率

5.2.11.1 测试连接

测试连接示意图按图 1 所示。

5.2.11.2 测试步骤

测试步骤如下：

a) 将被测装置置于标准测试条件下；

b) 将所需测量中心频率的电平控制器置于增益最大(最小)，其他频率电平控制器置于 0 dB 处；

c) 连续或步进地改变信号源频率并保持源电动势不变；

d) 用电压表或电平记录仪测量并记录不同频率的输出电平；

e) 在测量结果中，最大(最小)电平所对应的频率为该频段的中心频率。

5.2.12　**频段范围**

5.2.12.1　**测试连接**

测试连接示意图按图1所示。

5.2.12.2　**测试步骤**

测试步骤如下：

a)　将被测装置置于标准测试条件下；

b)　将所需测量频段电平控制器置于增益最大(最小)，其他频段电平控制器置于0 dB处；

c)　调整中心频率控制器，测量并记录中心频率控制器置于最高和最低处对应的中心频率；

d)　在测量结果中最高中心频率与最低中心频率之间频率范围，为被测频段范围。

5.2.13　**控制范围**

5.2.13.1　**测试连接**

测试连接示意图按图1所示。

5.2.13.2　**测试步骤**

测试步骤如下：

a)　将被测装置置于标准测试条件下，信号源频率置于所测频带中心频率 F_a；

b)　测量输出电压 U_2；

c)　将所需测量中心频率的电平控制器置于增益最大(最小)，其他频率电平控制器置于0 dB处；

d)　测量输出电压 U_2'；

e)　控制范围按式(4)计算：

$$控制范围=20\lg\frac{U_2'}{U_2} \quad \cdots\cdots(4)$$

式中：

U_2——输入信号源频率为 F_a 时的输出电压，单位为伏特(V)；

U_2'——输入信号源频率为 F_a 时，对应中心频率电平控制器置于增益最大(最小)时的输出电压，单位为伏特(V)。

5.2.14　**频率带宽**

5.2.14.1　**测试连接**

测试连接示意图按图1所示。

5.2.14.2　**测试步骤**

测试步骤如下：

a)　将被测装置置于标准测试条件下，信号源置于所测频带中心频率 F_a；

b)　将所需测量中心频率电平控制器置于增益最大(最小)；

c)　测量输出电压 U_2，以此电压为参考电平；

d)　连续或步进地改变信号源频率并保持源电动势不变；

e)　用电压表或电平记录仪测量并分别记录不同频率时的输出电平；

f)　中心频率带宽按式(5)计算：

$$中心频率带宽=F_2-F_1 \quad \cdots\cdots(5)$$

式中：

F_2——与参考电平相差3 dB的输出电平所对应的上限频率，单位为赫兹(Hz)；

F_1——与参考电平相差3 dB的输出电平所对应的下限频率，单位为赫兹(Hz)。

5.2.15　**直通增益**

5.2.15.1　**测试连接**

测试连接示意图按图1所示。

5.2.15.2 **测试步骤**

测试步骤如下：

a) 将被测装置置于标准测试条件下；

b) 将直通控制器置于直通状态；

c) 测量输出电压 U_2；

d) 测量源电动势 E_s；

e) 直通增益按式(6)计算：

$$直通增益\ |A| = 20\lg\frac{U_2}{E_s} \quad\cdots\cdots(6)$$

式中：

A——直通增益，单位为分贝(dB)；

U_2——直通状态下输出电压，单位为伏特(V)；

E_s——额定源电动势，单位为伏特(V)。

5.2.16 **通道间增益差**

5.2.16.1 **测试连接**

测试连接示意图按图1所示。

5.2.16.2 **测试步骤**

测试步骤如下：

a) 将被测装置置于标准测试条件下，两通道输入相同信号源；

b) 连续或步进地改变信号源频率并保持源电动势不变；

c) 用电压表或电平记录仪测量并分别记录每个频率时的输出电压 U_A' 和 U_B'；

d) 通道间增益差按式(7)计算：

$$通道间增益差\ |A| = 20\lg\frac{U_A'}{U_B'} \quad\cdots\cdots(7)$$

式中：

A——通道间增益差，单位为分贝(dB)；

U_A'——A通道输出电压，单位为伏特(V)；

U_B'——B通道输出电压，单位为伏特(V)。

e) 在上述测量中取最大值为通道间增益差。

5.2.17 **串音衰减**

5.2.17.1 **测试连接**

测试连接示意图按图1所示。

5.2.17.2 **测试步骤**

测试步骤如下：

a) 将被测装置置于标准测试条件下，信号源频率置于10 kHz；

b) 加大A通道输入源电动势，直到A通道输出电压达到额定总谐波失真加噪声，测量输出电压 U_{AA}；

c) 将B通道输入源电动势减小到零，在B通道输出端测量输出电压 U_{BA}；

d) A通道对B通道的串音衰减按式(8)计算：

$$A通道对B通道的串音衰减 = 20\lg\frac{U_{AA}}{U_{BA}} \quad\cdots\cdots(8)$$

式中：

U_{AA}——A通道输出电压，单位为伏特(V)；

U_{BA}——由于加到A通道的输入信号，在B通道产生的输出电压，单位为伏特(V)。

e) 用以上方法可测量B通道输出电压达到额定总谐波失真加噪声时的输出电压U_{BB}时，在A通道产生的输出电压U_{AB}；

f) B通道对A通道的串音衰减按式(9)计算：

$$B\text{ 通道对 }A\text{ 通道的串音衰减}=20\lg\frac{U_{BB}}{U_{AB}} \qquad \cdots\cdots(9)$$

式中：

U_{BB}——B通道输出电压，单位为伏特(V)；

U_{AB}——由于加到B通道的输入信号，在A通道产生的输出电压，单位为伏特(V)。

g) 在上述测量中取最小值为串音衰减。

5.2.18 额定功耗

将被测装置置于标准测试条件下，输入额定源电动势，用功率计测量被测装置从电源汲取的功率。此功率为标准测试条件下额定功耗。

5.3 电源适应性

5.3.1 测试连接

测试连接示意图按图7所示。

图7 电源适应性测试连接示意图

5.3.2 交流供电

用调压器将(50±2)Hz的交流电源分别调到198 V和242 V，按图7所示，将电鸣乐器线路输出端电信号输入被测装置，用电鸣乐器演奏，经电鸣乐器有源音箱听音检查，应无明显失真及其他异常声。

5.3.3 直流供电

用调压器使额定工作电压产生±10%的偏差，按图7所示，将电鸣乐器线路输出端电信号输入被测装置，用电鸣乐器演奏，经电鸣乐器有源音箱听音检查，应无明显失真及其他异常声。

5.4 安全要求

按GB 8898中有关规定进行。

5.5 电源端骚扰电压以及骚扰功率

按GB 13837中有关规定进行。

5.6 谐波电流限值

按GB 17625.1中有关规定进行。

5.7 有害物质的限量

按SJ/T 11365中有关规定进行。

5.8 外观与机械性能

用目测和手感等感官检查4.8的内容，不合格判据按表3的规定。

5.9 几何尺寸

用量具测量产品外形尺寸、安装尺寸，应符合产品说明书的规定。

5.10 环境适应性试验

5.10.1 环境试验

5.10.1.1 试验项目

试验应在同一装置上进行。试验项目如下：

a) 高温负荷试验；

b) 高温贮存试验；

c) 恒定湿热试验；

d) 低温负荷试验；

e) 低温贮存试验；

f) 扫频振动(正弦)试验；

g) 碰撞试验；

h) 自由跌落试验。

5.10.1.2 **试验顺序**

试验顺序见图 8。

图 8 环境试验顺序

5.10.1.3 **试验方法**

环境适应性试验方法按 GB/T 9384—1997 中的 3.2、3.3 的规定进行。

5.10.2 **最后检测的项目及方法**

5.10.2.1 外观与机械性能检测用目测及手感检查。

5.10.2.2 环境适应性试验主要电性能测量项目及方法见表 2。

表 2 环境适应性试验主要电性能测量项目及方法

主要电性能测量项目	要求	测试方法
中心频率	见表 1	见 5.2.11
频段范围	见表 1	见 5.2.12
控制范围	见表 1	见 5.2.13

5.10.3 **环境适应性试验不合格判据**

5.10.3.1 环境试验每项条件试验后检查外观、结构和功能，不合格判据按表 3 的有关规定。电性能参数不合格但功能正常，均判为 C 类不合格。

5.10.3.2 在环境试验的每项条件试验后的检测中，如发现样品 B 类、C 类不合格品数已经能够判断环境试验项目不合格，则可终止试验。

注：在环境试验过程中检测发现的 B 类不合格，如会影响到下一项条件试验结果的判定，允许在记录和分析后予以修复，用该样品继续下一项条件试验。修复时只限于判定不合格部分，不允许对其他部分进行调整或更换。

5.11 **踏板开关耐久性试验**

在踏板上施加 50 N 的力，以 70 次/min～80 次/min 的速度，使踏板开关正常工作，经过 2 万次试验后，按图 7 所示，将电鸣乐器线路输出端电信号输入被测装置，用电鸣乐器演奏，经电鸣乐器有源音箱听音检查，应无明显失真及其他异常声，并在踏板开关正常工作时不应有异常阻力。

6 检验规则

检验分为出厂检验和型式检验。

6.1 出厂检验

6.1.1 **出厂检验项目**

6.1.1.1 由收购部门验收或委托生产厂家质量管理部门检验。

6.1.1.2 对产品有特殊要求时，应由供需双方根据合同协商具体的检验项目。

6.1.2 **不合格分类**

6.1.2.1 **A 类不合格**

最被关注的或对使用、维修、保管产品的人有危险的不合格。

6.1.2.2 **B 类不合格**

不构成 A 类不合格，但能够造成故障或严重降低产品的实用性能的不合格。

6.1.2.3 C类不合格

不构成A类或B类不合格，只对产品的实用性能有轻微影响或几乎没有影响的不合格。

6.1.3 直观检查内容及不合格判据

直观检查内容及不合格判据见表3。

表3 直观检查内容及不合格判据表

序号	检查项目	不合格内容	不合格分类		
			A	B	C
1	运输包装	1) 包装箱上无中文标明的产品名称(型号)、生产厂厂名和厂址	○	—	—
		2) 包装箱内产品数量短缺	○	—	—
		3) 包装箱与箱内所装产品不符	○	—	—
		4) 包装箱内缺少合格证、使用说明书及规定的配件	○	—	—
		5) 内包装衬垫短缺	—	○	—
		6) 包装箱严重破损或潮湿	—	○	—
		7) 大包装箱内的小包装箱严重破损开裂	—	○	—
		8) 包装箱用材与防震衬垫与规定不符	—	○	—
		9) 包装箱脏污、标志不清或不全	—	—	○
		10) 内包装衬垫破损	—	—	○
		11) 包装箱内有不该装入的物件	—	—	○
		12) 产品放置与标志不符(倒装)	—	○	—
		13) 包装箱所标质量与实际不符	—	○	—
		14) 缺少国家规定的认证标志	○	—	—
		15) 缺少生产日期	—	—	○
2	外观	1) 电源与电源转换器等指示标志不正确或容易擦除	○	—	—
		2) 表面有足以伤害使用者的尖锐部分	○	—	—
		3) 表面覆层有明显锈蚀、脱落和斑痕划伤	—	○	—
		4) 铭牌、商标、旋钮、装饰件等漏装或错装	—	○	—
		5) 铭牌、标记明显移位、松动或模糊不清	—	—	○
		6) 任一按键帽或旋钮脱落	—	○	—
		7) 机壳和铭牌上均无生产厂名	○	—	—
		8) 表面脏、不清洁，但可擦除	—	—	○
		9) 外表有明显疤瘤	—	○	—
		10) 有超出正常的缝隙和凸凹不平	—	—	○
		11) 外壳有严重损伤、划伤、开裂和变形	○	—	—
		12) 外壳有一般划伤和变形	—	—	○
3	功能操作	1) 不能正常供电	○	—	—
		2) 任一功能件(开关、旋钮、插孔等)不起作用	○	—	—
		3) 任一功能件(开关、旋钮、插孔等)松动、手感差	—	○	—
		4) 可调元器件有较大机械转动摩擦声或杂音	—	—	○
		5) 电位器有间断点或死点	○	—	—
		6) 电源指示灯不亮	—	○	—
		7) 其他指示灯、照明灯、发光管不亮	—	—	○
		8) 切换开关失效	—	○	—
		9) 液晶屏不显示、显示不完整、屏显乱	—	○	—
		10) 保险丝连续两次熔断	○	—	—
		11) 电源开关通断不正常，有第三状态	—	○	—

表 3（续）

序号	检查项目	不合格内容	不合格分类 A	B	C
4	结构装置	1） 电源线、电源插头绝缘破损外露金属	○	—	—
		2） 用电网供电的产品机内有多余的金属异物（≥3 mm）	○	—	—
		3） 用电网供电的产品机内有多余的金属异物（<3 mm）	—	○	—
		4） 产品内有≥30 mm 非金属异物	—	—	○
		5） 固定元器件、整件或部件的紧固件缺装或脱落	—	○	—
		6） 元器件、整件或部件松动或过紧，但不影响正常工作	—	—	○
		7） 固定元器件、整件或部件的紧固件松动	—	—	○
		8） 任一元器件、整件或部件有裂痕、严重锈蚀或大面积氧化起皮	○	—	—
		9） 任一按键帽、旋钮轻动可取下	—	—	○
		10） 元器件、整件或结构件表面有一般锈蚀、氧化和斑痕	—	—	○
		11） 电源线插头夹于机内或导线被压	—	○	—
		12） 缺减震橡皮	—	○	—
		13） 元器件、整件或部件脱落	—	○	—
		14） 电源线穿过金属板，缺保护装置或保护装置不牢	—	○	—
		15） 电源线两端能承受的拉力不够（<40 N）	—	○	—

注 1：“○”表示属于该类不合格；“—”表示不属于该类不合格。

注 2：若制造商有补充的检验项目时，可参照以上内容确定相应的要求。

6.1.4 常温性能测试

6.1.4.1 测试内容

测试内容如下：

a） 按产品标准所列项目；

b） 供需双方合同所规定的检验项目。

6.1.4.2 测试要求及方法

电性能参数按 4.2 的要求，测试方法按 5.2 的规定进行。

6.1.5 安全检查内容及判据

检查项目和判据见表 4。

表 4 出厂检验安全检查不合格判据

序号	不合格内容	测试方法	不合格分类
1	交流 3 000 V（有效值），50 Hz，1 min 击穿或飞弧	按 5.4	A
2	直流 500 V，绝缘电阻小于 4 MΩ	按 5.4	A
3	通电后着火冒烟	目测法	A

注：若觉察到飞弧，分析原因后再作判定。

6.1.6 出厂检验方案

6.1.6.1 在进行直观检查的同时应对所抽样品进行安全检查。当有一个安全检查不合格品，应判此批产品不合格。

6.1.6.2 出厂检验抽样方案按 GB/T 2828.1—2003 的有关规定进行，各检查项目、不合格类别、接收质量限（AQL）、检验水平、抽样方案类型应符合表 5 的规定。

表 5 出厂检验方案

检查项目	接收质量限(AQL)		检验水平	抽样方案类型
	B类不合格品	C类不合格品		
直观检查	1.5	4.0	一般检验水平Ⅱ	一次
常温性能测试	B类不合格品+C类不合格品		特殊检验水平 S-1	二次
	10			
注：非电网电源供电的产品不做安全检查，常温性能测试第二样本仅对第一样本中存在的不合格项目进行测试。				

6.1.7 **不合格判据**

各项检查中有A类不合格品，应判此批产品为不合格品。性能参数测量中，低于指标规定值，差幅大于10%为B类不合格品，不大于10%为C类不合格品。

6.1.8 **复验规则**

出厂检验不合格，该批退回生产厂，将不合格项目进行整理和调整。整理、调整后的产品可再次提交检验。不合格批的再提交按 GB/T 2828.1—2003 中 7.6 的规定进行。

6.2 型式检验

6.2.1 有下列情况之一时应进行型式检验：

a) 正常生产时，每年进行一次；

b) 在结构、制造工艺及主要原材料发生更改可能影响到产品功能及性能时；

c) 停产六个月以上恢复生产时；

d) 新产品试制定型鉴定时；

e) 质量监督部门提出要求时。

6.2.2 检验项目及不合格分类见表 6。

表 6 型式检验项目和不合格分类

序号	检验项目	检验要求	测试方法	不合格分类
1	直观检查	按表 3	按表 3	按表 3
2	电性能测量	按 4.2	按 5.2	低于指标规定值：差幅>10%为B类，差幅≤10%为C类。
3	安全要求	按 4.4	按 5.4	A类
4	电源端骚扰电压以及骚扰功率	按 4.5	按 5.5	A类
5	谐波电流限值	按 4.6	按 5.6	A类
6	有害物质限量	按 4.7	按 5.7	A类
7	环境适应性	按 4.10	按 5.10	按 5.10.3
8	踏板开关耐久性	按 4.11	按 5.11	A类
注：若制造商有补充的检验项目时，可参照以上内容确定相应的要求。				

6.2.3 型式检验的样品应从当前生产的、经出厂检验合格的产品中随机抽取。

6.2.4 电性能测量和环境适应性试验的抽样方案按 GB/T 2829 的判别水平Ⅰ、二次抽样方案进行，二次抽样方案的样本要一次抽齐。抽样数、不合格质量水平(RQL)对应的判定数组见表 7。

表 7　型式检验电性能测量和环境适应性试验的抽样方案

序号	试验项目	抽样数	不合格质量水平(RQL)		判定数组	
			B类不合格品	C类不合格品	B类不合格品 Ac Re	C类不合格品 Ac Re
1	电性能测量	$n_1=3$ $n_2=3$	40	80	$\begin{bmatrix}0 & 2\\1 & 2\end{bmatrix}$	$\begin{bmatrix}1 & 3\\4 & 5\end{bmatrix}$
2	环境适应试验	$n_1=3$ $n_2=3$	40	80	$\begin{bmatrix}0 & 2\\1 & 2\end{bmatrix}$	$\begin{bmatrix}1 & 3\\4 & 5\end{bmatrix}$

6.2.5　除 6.2.4 试验项目外，其他型式检验样本数见表 8。

表 8　其他型式检验样本数

序号	试验项目	样本数/台
1	安全要求试验	1
2	电磁兼容试验	3
3	有害物质限量试验	1
4	踏板开关耐久性试验	3

6.2.6　按表 6 各项检查中如有 A 类不合格品，则本周期产品为不合格品。

6.2.7　型式检验合格，则本周期生产的产品为合格品。

6.2.8　经型式检验的样品，不得作为合格品出厂。

7　标志、包装、运输、贮存

7.1　产品出厂时应附有产品合格证及使用说明书。合格证或使用说明书上应写明产品符合所执行本标准的编号，合格证上应有检验员盖章，使用说明书内应有符合 SJ/T 11364—2006 中第 6 章要求的有毒有害物质或元素标志。

7.2　每台产品上应附有生产厂名、生产日期、商标、型号、电源性质、额定电源电压或工作电压范围、电源频率及功耗等字样或标志。

7.3　每台产品上应标有国家规定的认证标志。

7.4　产品的外包装箱上应标有下列字样或符号：

——生产厂名、地址；

——产品的名称、商标和型号；

——质量(含包装)；

——包装体积；

——安全认证标志；

——印有“易碎物品”、“怕雨”、“堆码层数极限”、“向上”等储运符号或标志，应符合 GB/T 191 的有关规定。

7.5　产品在运输过程中防止日晒、雨淋，外包装应能满足中、长途运输的需要。

7.6　产品应放置在相对湿度不大于 85%、温度 0 ℃～40 ℃的室内，防止雨淋、日晒，距热源及有机溶剂

2 m 以上,距地面、墙壁 0.1 m 以上。

7.7 产品在装卸和堆码时小心轻放,不应压以重物。

7.8 产品在符合上述运输、贮存的条件下,一年内如发现因制造原因造成的质量问题,则由制造商负责。

ICS 97.200.20
Y 58

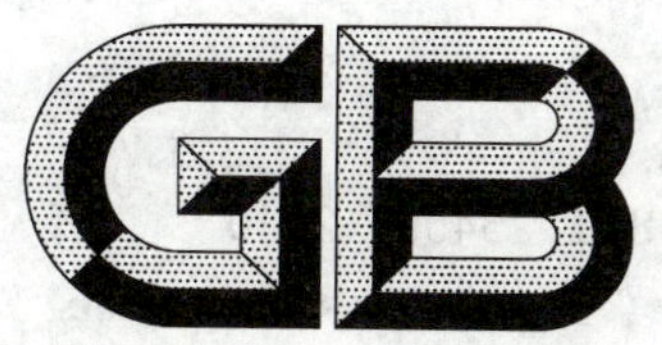

中华人民共和国国家标准

GB/T 25455—2010

电鸣乐器放音设备设备音乐性能评价规范

Electrophones musical instruments playback equipment—Specification of assessment for musical performance

2010-11-10 发布 2011-05-01 实施

中华人民共和国国家质量监督检验检疫总局
中国国家标准化管理委员会 发布

前　言

本标准的附录A为规范性附录，附录B为资料性附录。

本标准由中国轻工业联合会提出。

本标准由全国乐器标准化技术委员会(SAC/TC 371)归口。

本标准起草单位:武汉艾立卡电子有限公司、北京乐器研究所。

本标准主要起草人:张鉴堂、屠淑珍、庄严、吴东亮、李健、张振启、王伟。

电鸣乐器放音设备
设备音乐性能评价规范

1 范围

本标准规定了电鸣乐器放音设备的术语和定义、分类、听音条件、评价原则、评分方法和评价程序。

本标准适用于电鸣乐器放音设备音乐性能的评价。

2 规范性引用文件

下列文件中的条款通过本标准的引用而成为本标准的条款。凡是注日期的引用文件，其随后所有的修改单(不包括勘误的内容)或修订版均不适用于本标准，然而，鼓励根据本标准达成协议的各方研究是否可使用这些文件的最新版本。凡是不注日期的引用文件，其最新版本适用于本标准。

GB/T 4854.1 声学 校准测听设备的基准零级 第1部分：压耳式耳机纯音基准等效阈声压级(GB/T 4854.1—2004,ISO 389-1:1998,IDT)

GB/T 16518—1996 电子琴音乐性能评价规范

3 术语和定义

下列术语和定义适用于本标准。

3.1

电鸣乐器放音设备 electrophones musical instruments playback equipment

对电鸣乐器信号进行放大、控制、处理的放音设备，是**电鸣乐器放大器**(3.2)、**电鸣乐器有源音箱**(3.3)、**电鸣乐器无源音箱**(3.4)和**电鸣乐器音效装置**(3.5)的总称。

3.2

电鸣乐器放大器 electrophones musical instruments amplifier

对电鸣乐器信号进行处理、控制并将其放大到足够的功率以便驱动扬声器的装置。

3.3

电鸣乐器有源音箱 electrophones musical instruments active speaker

将扬声器与**电鸣乐器放大器**(3.2)共同置于箱体中，对电鸣乐器信号进行处理并向周围辐射电鸣乐器声功率的装置。

3.4

电鸣乐器无源音箱 electrophones musical instruments passive speaker

将扬声器置于箱体中，接收**电鸣乐器放大器**(3.2)输出的电功率并向周围辐射电鸣乐器声功率的装置。

3.5

电鸣乐器音效装置 electrophones musical instruments effects equipment

对电鸣乐器信号进行后期修饰、加工、处理的装置。

4 分类

电鸣乐器放音设备按产品型式分为：电鸣乐器放大器、电鸣乐器有源音箱、电鸣乐器无源音箱、电鸣乐器音效装置等四类。

5 听音条件

5.1 试听室要求

试听室应满足 GB/T 16518—1996 中 4.1 的要求。

5.2 参评设备放置位置

5.2.1 所有包含扬声器的设备，其扬声器的参考轴应位于室内地面 1.25 m 高的水平面上，并指向靠近评价人员听音区的中央点。其扬声器定向放置后的指向性，在通过参考轴的水平面内应使其声音产生最宽阔的离散性。

5.2.2 被评设备和参考设备的音箱，应按制造商的技术规范放置，但距侧墙至少 1 m，距后墙至少 1 m，距最前排中间位置的评价人员 1.6 m～2.0 m，见图 1。这些距离都是从以扬声器参考点为基准点起测量的。

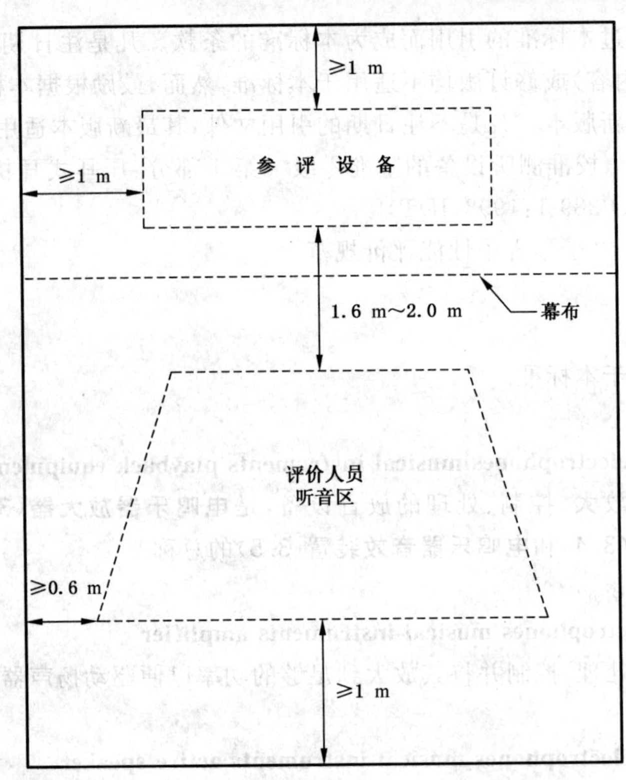

图 1 参评设备的音箱及评价人员位置图

5.2.3 单通道被评设备音箱的位置可在上述范围内调整。其与参考设备的音箱至少相隔 0.5 m。

5.2.4 多通道被评设备音箱应对称放置。在进行评价时，被评设备与其参考设备应尽可能按上下放置，分离式多通道设备的音箱应相隔 2 m。一般最小听音距离应为音箱之间距离的 1.0～0.8 倍，即两音箱与最前排中间位置的评价人员夹角为 55°～65°。

5.2.5 无扬声器的被评设备应置于坚实的平面上。

5.2.6 进行声学品质评价时，被评设备和参考设备应置于透声幕布后面，幕布应是透声性能好且不透光的，在 8 kHz 以下的频率范围内，声传输损失应小于 1 dB(测量声传输损失时，扬声器与传声器相距 2 m，幕布置于中间位置)。

5.3 听音仪器设备的连接及要求

5.3.1 听音设备连接示意图如下：电鸣乐器放大器评价连接图见图 2 所示，电鸣乐器有源音箱评价连接图见图 3 所示，电鸣乐器无源音箱评价连接图见图 4 所示，电鸣乐器音效装置评价连接图见图 5 所示。

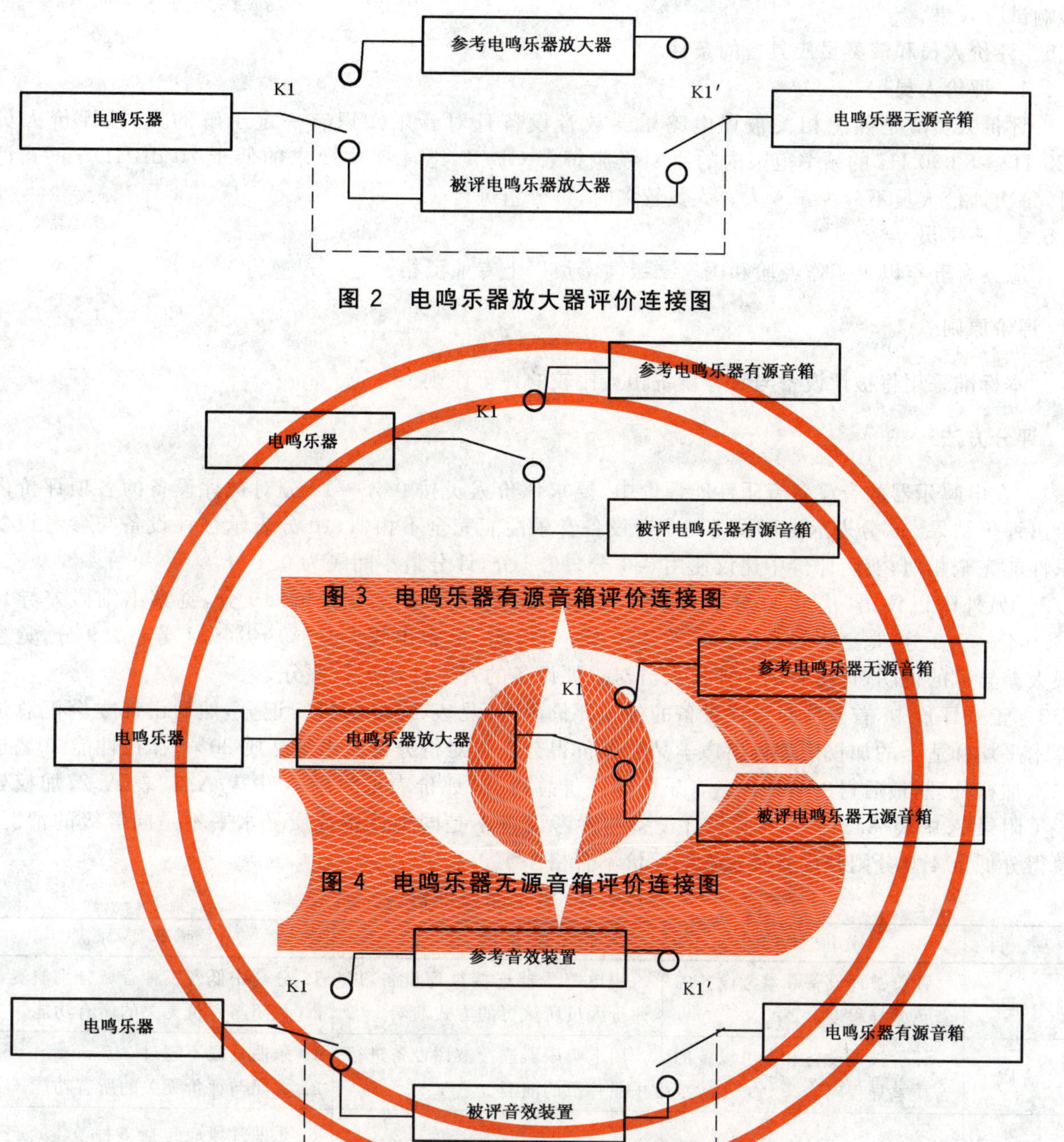

图 2　电鸣乐器放大器评价连接图

图 3　电鸣乐器有源音箱评价连接图

图 4　电鸣乐器无源音箱评价连接图

图 5　电鸣乐器音效装置评价连接图

5.3.2　转换开关装置 K1 应能迅速转接参考设备及被评设备与音源间的连接，转换的寂静时间应小于 0.5 s，转换时不应出现明显的干扰声。各连接线应尽可能地短。从电鸣乐器放大器输出端到电鸣乐器无源音箱的连接线总电阻应不超过 0.2 Ω(包含转换开关装置)。

5.3.3　评价中所用的电鸣乐器及放音设备(非参考设备)应采用业内的优质品，且音质、音色及性能为评价人员所共同认可，并在评价报告中加以说明。

5.3.4　被评设备应是经出厂检验合格的产品，参考设备应是同类设备中质量水平同等级的优质设备。

5.4　评价人员的位置

5.4.1　进行音乐性能评价时，评价人员应坐在图 1 所示的听音区内。

5.4.2　各评价人员距侧墙至少 0.6 m，距后墙至少 1 m。评价人员之间的间隔至少 0.8 m。试听室内评价人员的座位安排应使前后排位置错开，评价人员的座椅应是软椅，并且座椅靠背应不高于肩，以免影响试听效果。

5.5 评价人员和演奏员应具备的条件

5.5.1 评价人员

评价人员应是熟悉相关被评电鸣乐器放音设备且对音乐知识有一定了解的人员，评价人员在125 Hz～8 000 Hz的频率范围内的听阈级应符合GB/T 4854.1中要求的低于20 dBHL。正式评价时，每次评价人员不应少于5人。人数较多时，可分组进行。

5.5.2 演奏员

应具有五年以上工作经验和国家二级演奏员以上专业资格。

6 评价原则

本标准采用将被评设备与参考设备相互比较的评价原则。

7 评分方法

7.1 在电鸣乐器放音设备音乐性能评价中，要求评价人员按0分～10分对被评设备的各项评价内容给出评价结果。0分表示被评设备与参考设备音乐性能完全不相似，10分表示被评设备与参考设备音乐性能完全相似，实际评价中建议使用0.1分～9.9分，评分最小间隔为0.1分。

7.2 另外附以评语“优(8.0分～9.9分，觉察不出差异)、良(6.0分～7.9分，觉察出细微差异)、中(4.0分～5.9分，觉察出轻微差异)、差(2.0分～3.9分，觉察出较大差异)、劣(0.1分～1.9分，觉察出很大差异)”的说明，这将有助于评价人员对被评设备的音乐性能进行评分。

7.3 正式评价中，首先应对被评设备的各项评价内容(见表1、表2)进行记分，然后由评委会汇总进行算术平均和适当的加权处理得出声学品质评价得分。再对得分按照声学品质80%、操控性能20%进行二次加权处理，最后得出被评设备音乐性能评价总得分(评价表见附录A中表A.1、表A.2，加权处理表见附录A中表A.3)。在排除被评设备与参考设备不是同类设备或质量水平不是同等级的情况下，总得分低于4.0分则判设备音乐性能评价不合格。

表1 声学品质评价

项目	评价目的	评价方式	演奏要求
音色	评价被评设备和参考设备的音色差异程度。	用电鸣乐器连接被评设备，以评价人员所认可的方式演奏。	1. 分高中低音三种音域分别演奏。 2. 关闭与评价无关的所有功能。
音质	评价被评设备和参考设备的音质差异程度。	用电鸣乐器连接被评设备进行乐曲片段的演奏。	1. 乐曲片段不超过0.5 min。 2. 关闭与评价无关的所有功能。
综合性能	评价被评设备的整体音乐效果、协和程度和音质总体印象，并检查被评设备的本底噪声及机震。	用电鸣乐器连接被评设备，使用被评设备的全部操作功能演奏乐曲片段。	1. 乐曲片段应包括多种节奏、演奏方法及不同响度。 2. 乐曲片段演奏时间不超过3 min。 3. 乐曲的选择应适合被评设备所有音效的发挥。

表2 操控性能评价

项目	操作要求	评价目的
操控性能	评价人员亲自操作被评设备，并分别操作被评样品的各个功能键、开关、按钮、旋钮等控制件。	考察被评设备各功能键、钮、开关等操作是否灵活舒适，有无转换噪声，布局是否合理。

8 评价程序

8.1 预备工作

8.1.1 首先将被评设备和参考设备经通电、开机预热(不少于5 min)后再进行正式评价。正式评价前，评价人员和演奏员可进行模拟评分训练，并应明确评价目的、方法和要求。

8.1.2 评价时被评设备和参考设备输出应不失真，音量应相同并调整到评价人员认为满意的声压级。

8.1.3 音调设置可按制造商的说明调整。若无说明，应调整在机械平直的位置。若有必要也可由演奏员对音调设置进行调整，直到评价人员满意为止。一旦调整完毕，不应变动。具体情况应在评价报告中说明。

8.2 评价方法

8.2.1 在试听室内应将被评设备和参考设备置于幕后，使评价人员看不见设备的制造商和商标牌号。演奏员在幕后按规定的要求演奏所有评价人员认可的熟悉乐曲。同一段乐曲至少演奏三遍。

8.2.2 进行操控性能评价时应遮盖参评设备的制造商和商标牌号。

注：在评价时，为了比较被评设备与其同类产品质量的差异或比较两次不同评价的评价结果，在评价中可掺入一台或几台预先指定的产品，用同样的方法和条件同被评设备进行评价，然后比较分析结果，指定样品的质量水平应根据预定目的确定。

8.3 评价基本用语

为方便分析评价结果，评价人员应对被评设备音乐性能的各项内容给出评语，并给出被评设备的总印象，所采用的用语宜采用表3所列的基本用语。用语的含义参见附录B。

表3 电鸣乐器放音设备音乐性能评价基本用语

项目	评价基本用语
声学品质评价	明亮—灰暗
	丰满—单薄
	清晰—模糊
	平衡—不平衡
	柔和—尖、硬
	坚实有力—力度不足
	真实—不真实
操控性能评价	舒适—不舒适
	灵敏—不灵敏
注：可使用中间等级的评价用语。	

8.4 试验持续时间

评价人员和演奏员连续工作时间不宜太长，一次评价活动时间不宜超过1.5 h，在评价0.75 h后应适当休息，评价人员一天的总试听时间不宜超过3 h。

8.5 评价报告内容

对被评设备音乐性能评价的结果应写出报告，报告原则上应包含下列主要内容：

a) 评价目的；
b) 被评设备的制造商、商标、型号、类型及出厂日期；
c) 试听室及其特性(尺寸、混响时间、本底噪声、气候条件等)；
d) 评价中所用的电鸣乐器及放音设备(非参考设备)的制造商、商标、型号、类型；
e) 参考设备的制造商、商标、型号、类型及出厂日期；
f) 听音仪器设备连接示意图；
g) 评价人员和演奏员(数量、姓名、性别、听力状况、职业、专业等级、工作单位等)；
h) 被评设备的得分及其音乐性能的总评语；
i) 评价结果的分析；
j) 引用本标准。

附　录　A
（规范性附录）
电鸣乐器放音设备音乐性能评价表及得分表

A.1　电鸣乐器放音设备声学品质性能评价表（表 A.1）

表 A.1　电鸣乐器放音设备声学品质性能评价表

被评设备编号：

评价内容	评　语	得分
音色		
音质		
综合性能		

评价人签名：　　　　座位号：　　　　评价日期：

A.2　电鸣乐器放音设备操控性能评价表（表 A.2）

表 A.2　电鸣乐器放音设备操控性能评价表

被评设备编号：

评价内容	评　语	得分
操控性能		

评价人签名：　　　　座位号：　　　　评价日期：

A.3　电鸣乐器音乐性能得分加权处理表（表 A.3）

表 A.3　电鸣乐器音乐性能得分加权处理表

被评设备编号：

评价内容		分项平均分 $P=\sum_{i=1}^{n}P_i/n$	分项加权系数	加权后得分	单项得分	单项加权系数	加权后得分	总得分
声学品质	音色		30%			80%		
	音质		30%					
	综合性能		40%					
操控性能			100%			20%		

注 1：在分项平均分中，n 代表评价人员总人数，P_i 代表一个评价人员在分项中评价分数，P 代表 n 个评价人员对该分项评价的平均分数。

注 2：在进行加权处理之前，先对各评价人员的声学品质性能评价表、操控性能评价表进行小项分数平均，如在声学品质性能评价表中，音色评价的分数算为一个分项分数，音质评价的分数算为一个分项分数，综合性能也为一个分项分数，然后再将以上三个分项分数按表 A.3 规定求分项平均分数以及进行加权处理。

注 3：本表加权系数可根据实际情况进行调整。

附　录　B
（资料性附录）
听音评价用语及含义

B.1　明亮

低音浑厚，中音丰满而有力度，高音充分，声音宏亮。
（明亮—灰暗）

B.2　丰满

中、低音充分，高音适度，响度合宜，听感温暖、舒适、有弹性。
（丰满—单薄）

B.3　清晰

音域层次分明，有清澈见底之感。
（清晰—模糊）

B.4　平衡

各声部的比例协调，各声道的一致性较好。
（平衡—不平衡）

B.5　柔和

声音松弛不紧，高音不刺耳，听感悦耳、舒服。
（柔和—尖、硬）

B.6　力度

声音坚实有力，能反映声源的动态范围。
（坚实有力—力度不足）

B.7　真实

能保持原有声音特点。
（真实—不真实）

B.8　舒适

给人以安乐舒服的感觉。
（舒适—不舒适）

B.9　灵敏

对操作具有敏锐快速的响应能力。
（灵敏—不灵敏）

ICS 97.200.20
Y 58

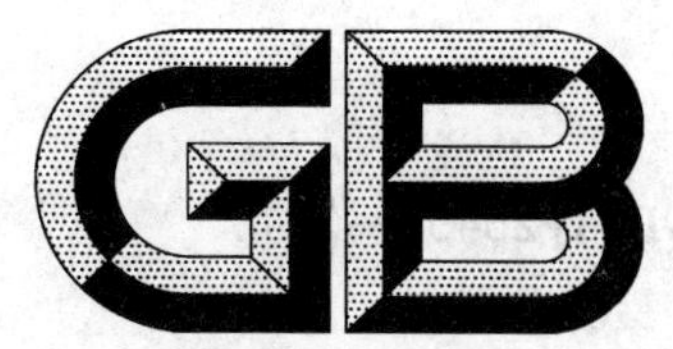

中华人民共和国国家标准

GB/T 25456—2010

钢 琴 用 毡

Felt of piano

2010-11-10 发布　　2011-05-01 实施

中华人民共和国国家质量监督检验检疫总局
中国国家标准化管理委员会　发布

前　言

本标准由中国轻工业联合会提出。

本标准由全国乐器标准化技术委员会(SAC/TC 371)归口。

本标准起草单位:广州珠江钢琴集团股份有限公司、北京华泰尔毛纺新技术有限责任公司、国家毛纺织产品质量监督检验中心(北京)、国家轻工业乐器质量监督检测中心(广州)。

本标准主要起草人:梁志伟、赵志华、潘绮珊、马力、肖巍、赵文、何建文、卢奇剑。

钢 琴 用 毡

1 范围

本标准规定了钢琴用毡的术语和定义、要求、试验方法、检验规则、标志、包装、运输和贮存。

本标准适用于钢琴使用的毡类产品。

2 规范性引用文件

下列文件中的条款通过本标准的引用而成为本标准的条款。凡是注日期的引用文件，其随后所有的修改单(不包括勘误的内容)或修订版均不适用于本标准，然而，鼓励根据本标准达成协议的各方研究是否可使用这些文件的最新版本。凡是不注日期的引用文件，其最新版本适用于本标准。

GB/T 2828.1—2003 计数抽样检验程序 第1部分:按接收质量限(AQL)检索的逐批检验抽样计划(ISO 2859-1:1999)

GB/T 2910(所有部分) 纺织品 定量化学分析

GB/T 3920 纺织品 色牢度试验 耐摩擦色牢度(GB/T 3920—2008，ISO 105-X12:2001，MOD)

GB/T 5706 纺织名词术语(毛部分)

GB/T 7573 纺织品 水萃取液pH值的测定(GB/T 7573—2009，ISO 3071:2005，MOD)

FZ/T 01057(所有部分) 纺织纤维鉴别试验方法

FZ/T 20008—2007 毛纺织品中防虫蛀剂含量化学分析方法

FZ/T 25001—1992 工业用毛毡

QB/T 2444 钢琴零部件名称

3 术语和定义

GB/T 5706和QB/T 2444中确立的以及下列术语和定义适用于本标准。

3.1

钢琴用毡 felt of piano

钢琴制造中所使用的毡类产品，在钢琴中起衬、垫、消音、减震、敲击等作用。

3.2

平面毡 flat felt

表面平整，厚度一致，成匹(5 m以上)或成块(张)的毛毡。

[GB/T 5706—1985，定义1.4.9.1]

3.3

平面度公差 flatness tolerance

同一块毡上厚度的公差。

4 要求

4.1 钢琴用毡的技术指标

4.1.1 弦槌毡技术指标见表1。

4.1.2 平面毡技术指标见表2。

4.1.3 平音头毡技术指标见表3。

4.1.4 制音毡技术指标见表 4。

表 1

名称		测量点						纤维含量/%	pH 值	长度 L/mm	块毡宽度 W/mm
		T1		T4		T5					
		规格	公差	规格	公差	规格	公差				
弦槌毡	厚度/mm	22.0～28.0	$^{+1.5}_{-0.5}$	—	—	3.5～8.0	$^{+0.6}_{-0.3}$	羊毛 100	2.5～7.5	980～1 080	980～1 050
	硬度/HA	50.0	±5	75.0	±5	85.0	±5				
	密度/(g/cm^3)	0.4	$^{+0.1}_{0}$	—	—	0.6～0.7	$^{+0.1}_{0}$				
弦槌芯毡	厚度/mm	5.0～8.0	$^{+0.4}_{0}$	—	—	1.2～1.5	$^{+0.8}_{0}$			750～800	750～1 000
	硬度/HA	58	±6	74	±6	80	±6				
	密度/(g/cm^3)	0.4	—	—	—	0.5～0.7	—				
注：测量点 T1、T4、T5 见图 1。											

单位为毫米

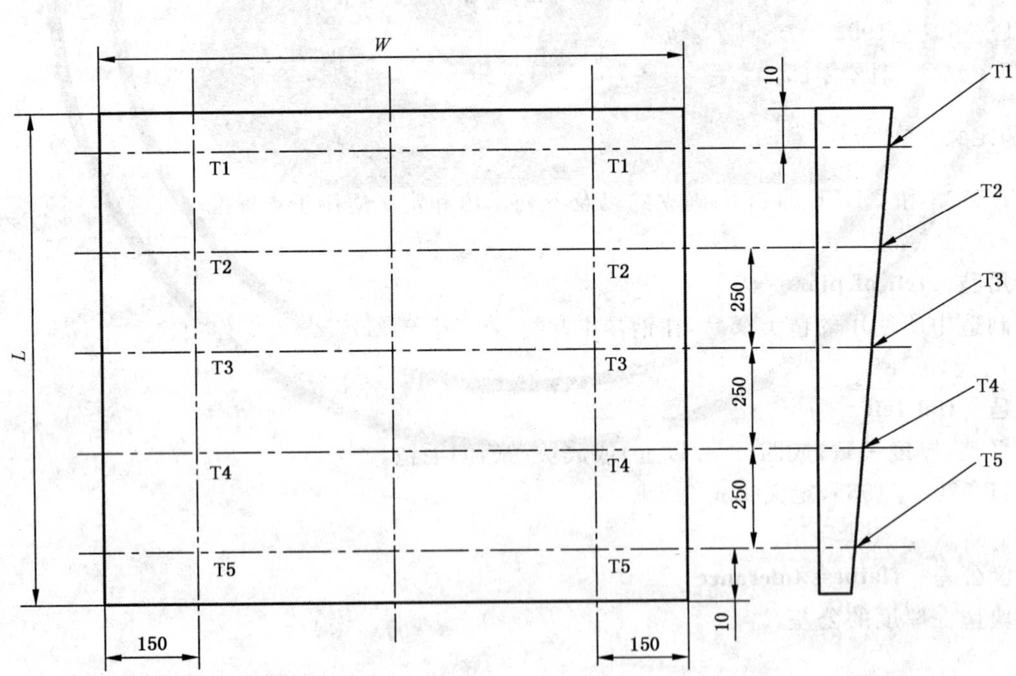

W——宽度；

L——长度；

T——测量点。

图 1

表 2

<table>
<tr><th rowspan="2" colspan="2">名称</th><th colspan="2">厚度/mm</th><th colspan="2">密度/(g/cm³)</th><th colspan="2">长度公差/mm</th><th colspan="2">宽度公差/mm</th><th rowspan="2">纤维含量/%</th><th rowspan="2">平面度公差/mm</th><th rowspan="2">pH 值</th></tr>
<tr><th>规格</th><th>公差</th><th>规格</th><th>公差</th><th>匹毡</th><th>块毡</th><th>匹毡</th><th>块毡</th></tr>
<tr><td colspan="2">托木毡</td><td>3.0～8.0</td><td>±0.5</td><td>0.44</td><td>$^{+0.03}_{-0.02}$</td><td rowspan="8">≤0.6%</td><td rowspan="8">$^{+5}_{0}$</td><td rowspan="8">$^{+30}_{0}$</td><td rowspan="8">$^{+5}_{0}$</td><td rowspan="5">羊毛 100</td><td>0.7</td><td>3.0～7.5</td></tr>
<tr><td colspan="2">可松毡</td><td>2.5～5.0</td><td>±0.8</td><td>0.22～0.25</td><td>±0.02</td><td>0.8</td><td>3.0～7.5</td></tr>
<tr><td colspan="2">压键档毡</td><td>1.0～2.0</td><td>$^{+0.3}_{-0.1}$</td><td>0.36</td><td>$^{+0.03}_{-0.02}$</td><td>—</td><td>4.8～7.5</td></tr>
<tr><td rowspan="2">弱音毡</td><td>厚端</td><td>2.0～2.5</td><td>±0.4</td><td rowspan="2">0.16～0.20</td><td rowspan="2">±0.02</td><td rowspan="2">—</td><td rowspan="5">3.0～7.5</td></tr>
<tr><td>薄端</td><td>1.0～1.5</td><td>±0.3</td></tr>
<tr><td colspan="2">后档毡</td><td>5.0～8.0</td><td>±0.3</td><td>0.18</td><td>$^{+0.03}_{-0.01}$</td><td rowspan="3">腈纶 60 涤纶 40</td><td rowspan="3">0.4</td></tr>
<tr><td colspan="2">垫圈毡</td><td>5.0～7.0</td><td>±0.5</td><td>0.20～0.50</td><td>$^{+0.03}_{-0.02}$</td></tr>
<tr><td colspan="2">背档毡</td><td>8.0</td><td>±0.5</td><td>0.12</td><td>$^{+0.03}_{-0.02}$</td></tr>
</table>

表 3

<table>
<tr><th rowspan="2">名称</th><th colspan="2">厚度/mm</th><th colspan="2">密度/(g/cm³)</th><th rowspan="2">长度公差/mm</th><th rowspan="2">宽度公差/mm</th><th rowspan="2">纤维含量/%</th><th rowspan="2">平面度公差/mm</th><th rowspan="2">pH 值</th></tr>
<tr><th>规格</th><th>公差</th><th>规格</th><th>公差</th></tr>
<tr><td>平音头毡</td><td>6.0～10.0</td><td>±0.5</td><td>0.13～0.20</td><td>±0.02</td><td>$^{+5}_{0}$</td><td>$^{+5}_{0}$</td><td>羊毛 100</td><td>0.8</td><td>3.0～7.5</td></tr>
</table>

表 4

<table>
<tr><th rowspan="2" colspan="2">名称</th><th colspan="2">高度 H/mm</th><th colspan="2">底宽 B/mm</th><th colspan="2">密度 ρ/(g/cm³)</th><th rowspan="2">纤维含量/%</th><th rowspan="2">pH 值</th><th rowspan="2">长度公差/mm</th></tr>
<tr><th>规格</th><th>公差</th><th>规格</th><th>公差</th><th>规格</th><th>允差</th></tr>
<tr><td rowspan="3">立式琴</td><td>三角毡</td><td rowspan="2">9.5～10.0</td><td rowspan="2">±0.5</td><td rowspan="6">8.50～10.00</td><td rowspan="6">±0.25</td><td rowspan="4">0.27</td><td rowspan="4">$^{+0.03}_{-0.02}$</td><td rowspan="6">羊毛 100</td><td rowspan="6">3.0～7.5</td><td rowspan="6">$^{+5}_{0}$</td></tr>
<tr><td>落槽毡</td></tr>
<tr><td>开花毡</td><td>10.00～10.50</td><td>±0.25</td></tr>
<tr><td rowspan="3">三角琴</td><td>落槽毡</td><td rowspan="3">9.50～11.00</td><td rowspan="3">±0.25</td></tr>
<tr><td>三角毡</td><td rowspan="2">0.30</td><td rowspan="2">$^{+0.02}_{-0.01}$</td></tr>
<tr><td>开花毡</td></tr>
<tr><td colspan="11">注：表中 H、B 的位置见图 2。</td></tr>
</table>

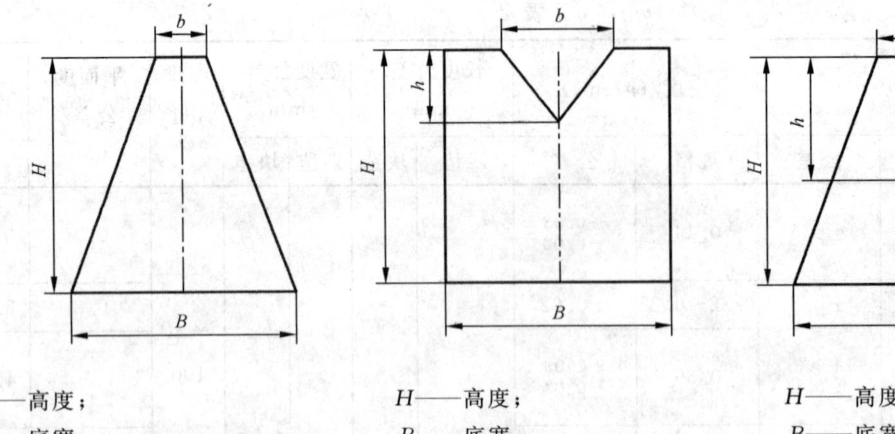

H——高度；
B——底宽；
b——顶宽，2.0 mm～2.5 mm。

a）三角毡

H——高度；
B——底宽；
b——槽宽，(4.5 ±0.2)mm；
h——开口深，3.0 mm～4.5 mm。

b）落槽毡

H——高度；
B——底宽；
b——顶宽，$3.6^{+0.2}_{-0.5}$ mm；
h——开口深，4 mm～5 mm。

c）开花毡

图 2

4.2 回潮率

钢琴用毛毡的成品回潮率应控制在15%以内。

4.3 防虫蛀

应符合 FZ/T 20003—2007 中防虫蛀剂强度等级≥2 级的规定。

4.4 纤维含量允许公差

多组分产品中标定的纤维含量允许公差为±5%。

4.5 染色牢度

耐摩擦色牢度不低于 3 级。

4.6 外观质量

4.6.1 不应有裂纹、断裂、破洞、分层等缺陷。

4.6.2 块毡油渍、污渍在 10 cm×10 cm 范围内，单个面积小于 0.5 cm^2 的油渍、污渍不应超过 2 个。

4.6.3 可有轻微的毛粒。

4.6.4 轻微楞条不应超过整张面积的八分之一。

4.6.5 密度在 0.30 g/cm^3 以上的产品可有轻微折痕，在 0.30 g/cm^3 以下(包括 0.30 g/cm^3)的产品可有明显折痕。

4.6.6 颜色均匀一致。

4.6.7 毡制品零件不应有分层、撕裂及机械损伤，加工面应平整、无切伤痕。

5 试验方法

5.1 钢琴用毡的技术指标

5.1.1 长度

按 FZ/T 25001—1992 中 3.6.1 的规定进行测量。

5.1.2 宽度

按 FZ/T 25001—1992 中 3.6.2 的规定进行测量。

5.1.3 厚度

5.1.3.1 测量用具

测厚仪(由供需双方约定)、直尺、铅笔。

5.1.3.2 测量方法

5.1.3.2.1 块毡和匹毡厚度按 FZ/T 25001—1992 中 3.6.4.2.1 和 3.6.4.2.2 的规定进行测量。

5.1.3.2.2 弦槌毡、弦槌芯毡的厚度按图1所示每块取T1、T4、T5各两点进行测量。

5.1.3.2.3 异形毡(加工的毡件)的尺寸用长度量具测量。

5.1.4 密度

按FZ/T 25001—1992中3.6.7的规定进行测量并计算。

5.1.5 pH值

按GB/T 7573的规定进行检验。

5.1.6 硬度

5.1.6.1 测量工具

邵氏橡胶硬度仪、直尺、铅笔。

5.1.6.2 测量精度

每次测量精确到0.5 HA。

5.1.6.3 测量方法

按图1所示,每块取T1、T4、T5各两点进行测量。

5.1.7 平面度

按厚度的测量方法,分别测量不少于5个点的厚度,将其最大值减去最小值求得平面度的误差值。

5.2 回潮率

按FZ/T 25001—1992中3.6.6的规定进行检验。

5.3 防虫蛀

按FZ/T 20003的规定进行检验。

5.4 纤维含量

依照产品纤维含量不同分别按FZ/T 01057、GB/T 2910的规定进行检验。

5.5 染色牢度

按GB/T 3920的规定进行检验。

5.6 外观质量

采用感官检查。

6 检验规则

6.1 检验项目

应检验产品的长度、宽度、厚度、平面度、密度、硬度、pH值、回潮率、颜色、防虫蛀、染色牢度、纤维含量等。

6.2 抽样方案

6.2.1 长度、宽度、密度、厚度、硬度、平面度的抽样方案见表5。

表5

单位为块

批量		样本量
块毡面积>500 mm×500 mm	块毡面积≤500 mm×500 mm	
≤15	≤100	2
16~50	101~250	3
51~300	251~750	5
301~1 000	751~1 500	8
1 001~1 300	1 501~2 000	13
≥1 301	≥2 001	20

6.2.2 pH 值、回潮率、防虫蛀、染色牢度、纤维含量的抽样方案见表 6。

表 6 单位为块

批 量		样本量
块毡面积＞500 mm×500 mm	块毡面积≤500 mm×500 mm	
＜500	≤100	1
500～1 000	101～2 000	2
＞1 000	＞2 000	3

6.3 判定规则

供需双方应按 6.1、6.2 和 GB/T 2828.1—2003 中表 2-A 的规定，协商确定接收质量限(AQL)。

7 标志、包装、运输和贮存

7.1 标志

外包装上应标明生产厂名、产品名称、编号、规格(厚度、体积、质量、纤维含量、长度、宽度)、数量及生产日期，同时应注明防雨、防潮、防火、防腐蚀、防虫蛀。

7.2 包装

7.2.1 各种包装应具有保护和防潮的作用。平面毡包装应卷成卷状或平装，平装时应采用纸箱包装。

7.2.2 包装时应随同每批或每箱产品附经检验部门盖章的合格证，同时还应注明产品的规格、数量及生产日期。

7.3 运输

7.3.1 应置于有遮盖物或封闭体的运输装置中，避免周围气候环境的直接影响。

7.3.2 运输装卸过程中不应损坏包装，特别是内包装。

7.4 贮存

7.4.1 毛毡应贮存在温度不高于 40 ℃，相对湿度不大于 70%的室内架子上，并与其他材料隔开。

7.4.2 架子与仓库内墙之间的距离不少于 0.5 m，与地板的距离不少于 0.2 m，并有防虫设施。

7.4.3 仓库内不应同时存放易燃或有腐蚀性的化学物品。

7.4.4 仓库内应有“禁止烟火”的安全标志牌。

ICS 97.200.20
Y 58

中华人民共和国国家标准

GB/T 25457—2010

钢琴弦轴板

Piano pin block

2010-11-10 发布　　2011-05-01 实施

中华人民共和国国家质量监督检验检疫总局
中国国家标准化管理委员会　发布

前言

本标准由中国轻工业联合会提出。

本标准由全国乐器标准化技术委员会(SAC/TC 371)归口。

本标准起草单位:杭州嘉德威钢琴有限公司、宁波森隆乐器股份有限公司、北京乐器研究所。

本标准主要起草人:崔明琦、陈莲琴、罗建峰、张振启、王伟。

钢 琴 弦 轴 板

1 范围

本标准规定了弦鸣乐器钢琴部件弦轴板的术语和定义、要求、试验方法、检验规则和标志、包装、运输、贮存。

本标准适用于制造立式钢琴和三角钢琴用的弦轴板。

2 规范性引用文件

下列文件中的条款通过本标准的引用而成为本标准的条款。凡是注日期的引用文件，其随后所有的修改单(不包括勘误的内容)或修订版均不适用于本标准，然而，鼓励根据本标准达成协议的各方研究是否可使用这些文件的最新版本。凡是不注日期的引用文件，其最新版本适用于本标准。

GB/T 2828.1—2003 计数抽样检验程序 第1部分：按接收质量限(AQL)检索的逐批检验抽样计划(ISO 2859-1:1999,IDT)

GB/T 2829—2002 周期检验计数抽样程序及表(适用于对过程稳定性的检验)

GB/T 6388 运输包装收发货标志

GB/T 17657—1999 人造板及饰面人造板理化性能试验方法

GB/T 19367 人造板的尺寸测定(GB/T 19367—2009,ISO 9426:2003,MOD)

QB/T 2979—2008 乐器用材 钢琴锯材

3 术语和定义

QB/T 2979—2008 中确立的以及下列术语和定义适用于本标准。

3.1

弦轴 tuning pin

用于稳固琴弦和调整音律的金属销。

3.2

弦轴板 pin block

用于稳固弦轴的多层胶合板。

3.3

扭矩 torque

弦轴与弦轴板发生转动的力。

4 要求

4.1 等级

根据产品的用材质量分为A级、B级。

4.2 用材树种

槭木、山毛榉、枫木或阔叶树种中与此性能类似甚至更好的材料。

4.3 芯板

材质应符合表1规定的要求。

表 1 芯板材质要求

项目	单位	允许限度	
		A 级	B 级
直径小于 1 mm 的虫眼	个/单板	不应有	1～5
直径小于 1 mm 的活节		1	1～2
直径小于 5 mm 的死节	个/单板	不应有	1～2
腐朽	—	不应有	不应有
小于 60 mm×1 mm 的开裂	个/单板	不应有	1～2
挖补	个/单板	1	1～2

4.4 表板

材质应符合表 2 规定的要求。

表 2 表板材质要求

项目	单位	允许限度	
		A 级	B 级
直径小于 1 mm 的虫眼	个/单板	不应有	
直径小于 8 mm 的活节	个/单板	1	2
直径小于 5 mm 的死节	个/单板	不应有	
腐朽	—	不应有	
50 mm×1 mm 的开裂	个/单板	不应有	
挖补	个/单板	不应有	

4.5 粘结剂

采用酚醛树脂胶或与此性能相同甚至更好的粘结剂。

4.6 整板

4.6.1 尺寸与公差

4.6.1.1 厚度应符合表 3 规定的要求。

表 3 厚度要求

单位为毫米

规　格	厚　度	允　差
立式钢琴	≥28	$^{+1.0}_{0}$
三角钢琴	≥30	

4.6.1.2 垂直度为 1 mm/m。

4.6.2 密度

密度不小于 0.76 g/cm³。

4.6.3 含水率

含水率不大于 10%。

4.6.4 扭矩

扭矩不小于 15 N·m。

4.6.5 层数

层数少于 19 层。

4.6.6 甲醛释放量

甲醛释放量小于 0.5 mg/mL。

4.6.7 胶合强度

胶合强度大于 0.8 MPa。

4.6.8 结构

4.6.8.1 各层芯板、芯板与表板之间的纹理纵横交错叠放。

4.6.8.2 各层单板的拼缝、开裂口不叠放。

4.6.9 外观

无脱胶、鼓泡、开裂、透胶、污染；表面光洁、平整，无明显毛刺、沟痕，应无明显波纹、砂痕、伤痕；没有影响使用功能的缺陷出现。

5 试验方法

5.1 试验条件

试样在(20±5)℃，相对湿度(55±5)%的环境中放置 48 h 后进行试验。

5.2 芯板、表板

5.2.1 用材树种

感官检查。

5.2.2 材质

可计量的项目用长度量具检查，其余项目用感官检查。

5.3 整板

5.3.1 尺寸与公差

按 GB/T 19367 规定的方法检查。

5.3.2 密度

5.3.2.1 出厂检验按 5.3.3 测量样品的含水率，称取整板质量，测量其长度、宽度和厚度，并按式(1)计算试样的密度。

$$\rho=\left(m\times\frac{1+X_1}{1+X_2}\right)/l\times w\times h \quad\cdots\cdots\cdots(1)$$

式中：

ρ——试样的密度，单位为克每立方厘米(g/cm^3)；

m——试样质量，单位为克(g)；

X_1——特定含水率为 10%；

X_2——实际含水率，%；

l——试样长度，单位为厘米(cm)；

w——试样宽度，单位为厘米(cm)；

h——试样厚度，单位为厘米(cm)。

5.3.2.2 型式检验按 GB/T 17657—1999 中 4.2 规定的方法检查。

5.3.3 含水率

出厂检验用精度为±1%的木材测湿仪检验，型式检验按 GB/T 17657—1999 中 4.3 规定的方法检查。

5.3.4 扭矩

用直径为 6.6 mm 的钻头在弦轴板样块上钻出通孔，锤击敲入直径为 7 mm 的弦轴，弦轴的螺纹与弦轴板的表面平齐，用精度为 5%的扭矩扳手逆时针匀力扳动弦轴，读取弦轴首次转动时的最大扭矩。

5.3.5 层数

感官检查。

5.3.6 甲醛释放量

按 GB/T 17657—1999 中 4.12 规定的方法检查。

5.3.7 胶合强度

按 GB/T 17657—1999 中 4.15 和 4.16 规定的方法检查。

5.3.8 结构

感官检查。

5.3.9 外观

感官检查。

6 检验规则

6.1 产品应由收购部门验收或委托生产厂质量管理部门检验。

6.2 当对产品有特殊要求时，应由供需双方根据合同协商具体的检验项目。

6.3 检验分为出厂检验和型式检验。

6.3.1 出厂检验

6.3.1.1 出厂检验的抽样方案应符合 GB/T 2828.1—2003 中关于正常检验一次抽样方案的规定。

6.3.1.2 出厂检验的项目、正常检查水平、接收质量限(AQL)应符合表 4 的规定。

表 4 抽样方案

检验项目	本标准章条编号	正常检查水平	接收质量限(AQL)
材质	5.2.2	Ⅱ	4.0
尺寸与公差	5.3.1		
密度	5.3.2.1		
含水率	5.3.3		
结构	5.3.8		
外观	5.3.9		

6.3.1.3 出厂检验不合格，该批产品退回生产厂，并将不合格项目进行调整。调整后的产品可再次提交检验。不合格批的再提交按 GB/T 2828.1—2003 中 7.6 的规定进行。

6.3.2 型式检验

6.3.2.1 有下列情况之一时应进行型式检验：

a) 产品的型式检验每半年进行一次；

b) 在更改结构、制造工艺及主要原材料；

c) 停产三个月以上恢复生产时；

d) 质量监督部门提出要求时。

6.3.2.2 型式检验的样品应从当前生产的、经出厂检验合格的产品中随机抽取。

6.3.2.3 型式检验的抽样方案，应符合 GB/T 2829—2002 中一次抽样方案的规定。

6.3.2.4 型式检验所抽取的全部样品应先按出厂检验的项目检验，若有不合格品，应以合格品换取，同时分析原因，但不作为型式检验结果的依据。

6.3.2.5 型式检验按全部技术指标进行，判别水平Ⅰ，不合格质量水平(RQL)为 40，判定数组为(0,1)。

6.3.2.6 型式检验合格，则本周期生产的产品为合格品。

6.3.2.7 经型式检验的样品，不得作为合格品出厂。

7 标志、包装、运输、贮存

7.1 标志

7.1.1 产品出厂时应附有产品合格证。合格证应注明本产品所执行的标准编号，并有检验员盖章。

7.1.2 产品外包装上应注明生产企业名称、地址、产品名称、商标、生产日期、规格、货号、数量、质量、等级、甲醛释放量等字样。

7.1.3 包装上应有轻放、防潮、防晒、防雨淋、防火等标志。

7.2 包装

7.2.1 产品出厂时,应按规格和等级分别进行包装。

7.2.2 产品包装应按 GB/T 6388 的规定执行。

7.2.3 如对包装有特殊要求,供需双方可根据合同另行规定。

7.3 运输

产品在运输过程中不得雨淋、日晒,外包装应能满足中、长途运输的需要。

7.4 贮存

7.4.1 产品不得与火种及腐蚀性物品共同存放,产品应防潮、防虫蛀,并不得日晒、雨淋。

7.4.2 产品应在温度−5 ℃~40 ℃、相对湿度 20%~80%的室内存放,同时应距热源 1 m 以上,距地面、墙壁 0.2 m 以上。

ICS 27.180
F 11

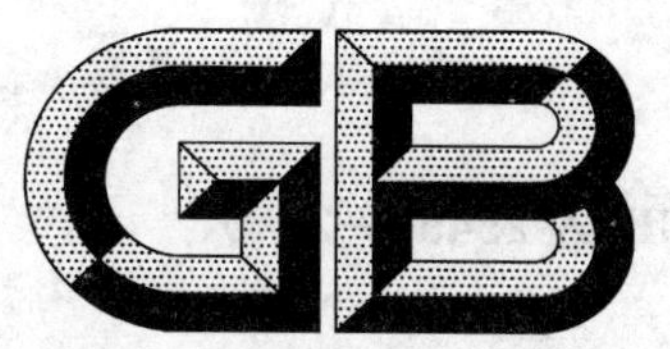

中华人民共和国国家标准化指导性技术文件

GB/Z 25458—2010

风力发电机组 合格认证规则及程序

Rules and procedures for conformity testing and certification of wind turbine generator system

[IEC WT 01:2001,IEC System for Conformity Testing and Certification of Wind Turbines Rules and procedures,NEQ]

2010-11-10 发布 2011-01-01 实施

中华人民共和国国家质量监督检验检疫总局
中国国家标准化管理委员会 发布

前 言

本指导性技术文件使用重新起草法参考了 IEC WT 01:2001《风力发电机组合格测试与认证体系》(英文版)编制。与 IEC WT 01:2001 的一致性程度为非等效。

本指导性技术文件与 IEC WT 01:2001 的主要差别如下:

——删除了 IEC WT 01:2001 中的“IEC 前言”和“引言”,并增加了本指导性技术文件的“前言”;

——删除了 IEC WT 01:2001 中的“1 名称”、“2 宗旨”、“3 指导性文件”和“4 组织”的内容;

——用国家标准补充和替代了 IEC WT 01:2001 中涉及的 IEC 和 ISO 系列标准;

——在“定义”中增加了设计认证证书和设计认证的概念;

——在“认证内容”中增加了设计认证的内容,基本等同于 IEC WT 01:2001 中的设计评估;

——“认证内容”之后的所有内容,均用 IEC WT 01:2001 的修订报批稿 IEC 61400-22:2007(过程稿)替代了原先 IEC WT 01:2001 的内容,并删除了其中“样机认证”的内容。

本指导性技术文件由中国机械工业联合会提出。

本指导性技术文件由全国风力机械标准化技术委员会(SAC/TC 50)归口。

本指导性技术文件起草单位:北京鉴衡认证中心、中国船级社、新疆金风科技股份有限公司、国华能源投资有限公司、全国风力机械标准化技术委员会秘书处、中航惠腾风电设备股份有限公司。

本指导性技术文件主要起草人:秦海岩、王巍、王相明、庄岳兴、高辉、王建平、田野、方闯、陈雷杰、王艳、张宇。

风力发电机组　合格认证规则及程序

1　范围

本指导性技术文件规定了风力发电机组认证规则和程序要求，对实施风力发电机组合格评估的程序和管理的原则进行了详细说明。合格评估将依照有关标准和相关技术要求，对风力发电机组的安全性、可靠性、性能、测试以及与电网的相容性等方面进行认证。

本指导性技术文件适用于任何型号和规格的风力发电机组。

2　规范性引用文件

下列文件中的条款通过本指导性技术文件的引用而成为本指导性技术文件的条款。凡是注日期的引用文件，其随后所有的修改单（不包括勘误的内容）或修订版均不适用于本指导性技术文件，然而，鼓励根据本指导性技术文件达成协议的各方研究是否可使用这些文件的最新版本。凡是不注日期的引用文件，其最新版本适用于本指导性技术文件。

GB 1094.1—1996　电力变压器　第1部分：总则（eqv IEC 60076-1:1993）

GB/T 2900.53　电工术语　风力发电机组（GB/T 2900.53—2001，idt IEC 60050-415:1999）

GB/T 14481—2008　单相同步电机试验方法

GB 17646　小型风力发电机组安全要求（GB/T 17646—1998，eqv IEC 61400-2:1996）

GB/T 18346　各类检查机构能力的通用要求（GB/T 18346—2001，idt IEC/ISO 17020:1998）

GB 18451.1　风力发电机组　安全要求（GB 18451.1—2001，idt IEC 61400-1:1999）

GB/T 18451.2　风力发电机组　功率特性试验（GB/T 18451.2—2003，IEC 61400-12:1998，Wind turbine generator systems—Part 12:Wind turbine power performance testing，IDT）

GB/T 19000　质量管理体系　基础和术语（GB/T 19000—2008，ISO 9000:2005，IDT）

GB/T 19001　质量管理体系　要求（GB/T 19001—2008，ISO 9001:2008，IDT）

GB/T 19073　风力发电机组　齿轮箱

GB/T 20319　风力发电机组　验收规范

GB/T 20320　风力发电机组　电能质量测量和评估方法（GB/T 20320—2006，IEC 61400-21:2001，Measurement and assessment of power quality characteristics of gird connected wind turbines，IDT）

GB/T 22516　风力发电机组　噪声测量方法（GB/T 22516—2008，IEC 61400-11:2002，Wind turbine generators systems—Part 11:Acoustic noise measurement techniques，IDT）

GB/T 25383　风力发电机组　风轮叶片

GB/T 25384　风力发电机组　风轮叶片全尺寸结构试验（GB/T 25384—2010，IEC TS 61400-23 Ed 1:2001，IDT）

GB/Z 25426　风力发电机组　机械载荷测量（GB/Z 25426—2010，IEC TS 61400-13:2001 Ed 1，MOD）

GB/T 27025　检测和校准实验室能力的通用要求（GB/T 27025—2008，ISO/IEC 17025:2005，IDT）

GB/T 27065　产品认证机构通用要求（GB/T 27065—2004，ISO/IEC Guide 65:1996，IDT）

IEC 60034　电机系列标准

IEC 61400-3　风力发电机组　第3部分:海上风力发电机组的设计要求

3　术语和定义

GB/T 2900.53 和 GB/T 19000 中确立的以及下列术语和定义适用于本指导性技术文件。

3.1

认可　accreditation

权威组织正式承认某机构能公正地且技术上有能力完成指定任务,如认证、检测以及特定型式的试验。

注:认可的获得需通过能力评估,并接受跟踪监督。

3.2

申请人　applicant

申请认证的实体。

3.3

证书持有人　certificate holder

证书签发后,持有认证证书的实体。

注:该实体可能不是原始申请人,尽管如此持有人应对保持证书的有效性负责。

3.4

认证　certification

第三方对其产品、过程或服务符合指定要求而出具书面证明的程序,属于合格评估的一种。

3.5

认证机构　certification body

实施认证的机构。

3.6

认证体系　certification system

具备实施认证的程序和管理规则的规定。

3.7

合格评估　evaluation for conformity

对产品、过程或服务满足特定要求程度的系统审查。

3.8

最终评估报告　final evaluation report

包含与设计认证或型式认证相关的合格评估的结论的报告,它是决定签发设计认证证书或型式认证证书的基础。

3.9

检查　inspection

通过测量、观测、试验或度量有关特性参数,对产品、过程或服务满足指定要求的程度的系统考核。

3.10

安装　installation

包括在场址进行的制造、组装、立起以及试运行。

3.11

制造　manufacture

包括在车间里进行的制造和组装的过程。

3.12

制造商 manufacturer

从事风力发电机组制造或风力发电机组主要零部件制造的实体。

3.13

执行机构 operating body

实施认证、测试和检查的机构。

3.14

监督检查 surveillance

通过对程序、产品和服务的状态进行持续监控、验证和分析有关文件记录,以保证特定要求得到满足。

3.15

设计认证证书 design certificate

成功地完成了设计认证后签发的证书。

3.16

设计认证 design certification

由认证机构对某一型号风力发电机组设计满足指定要求而出具书面保证的程序。

3.17

型式认证证书 type certificate

成功地完成了型式认证后签发的证书。

3.18

型式认证 type certification

由认证机构对某一型号风力发电机组满足指定要求而出具书面保证的程序。

3.19

型式试验 type testing

按照特定程序对某一型号风力发电机组进行的试验。

3.20

项目证书 project certificate

成功地完成了项目认证后签发的证书。

3.21

项目认证 project certification

由认证机构对具体指定的风力发电机组适合于某一特定场址要求而出具书面证明的程序。

3.22

风力发电机组型号 wind turbine type

具有相同设计、使用相同的材料和主要零部件,采用统一的制造工艺,且通过一定的机械参数值或范围和设计条件进行唯一描述的风力发电机组。

4 符号和缩写

4.1 符号

GB/T 19000 和 GB 18451.1 中确立的以及下列符号适用于本指导性技术文件。

g——重力加速度(=9.81 m/s^2)。

4.2 缩写

WT:风力发电机组。

RNA:塔头,即风轮和机舱的集成体。

SWT:小型风力发电机组。

5 执行机构的认可

5.1 通则

执行机构应满足 GB/T 27025、GB/T 18346、GB/T 27065 的有关要求，并有能力承担风力发电机组认证体系中的相应工作，同时保持公正性。

5.2 认可

执行机构应通过国家或国际认可机构的认可，从而可以促进认证证书及测试结果的国际互认，并且可以增强公众对该机构的能力和公正性的信心。

5.3 互认协议

执行机构间应尽可能就它们的工作结果达到互认协议，如测试结果，质量管理体系认证。这种互认协议的建立应参照本指导性技术文件的有关要求。

当执行机构由同一个认可机构认可，或虽然由不同的认可机构认可，但认可机构间存在互认协议时，这就为执行机构所开展的工作的互认奠定了基础。

如果互认协议的建立不能基于认可工作的互认时，执行机构间互认协议应包括：

——协议适用范围；

——风力发电机组认证体系中无限制接受部分的详细说明；

——签署人的身份和法律地位；

——互相进行工作监督的协议；

——处理投诉和申诉的程序；

——责任规定；

——信息交流途径；

——安全和保密措施；

——双方签发的注册证书、符合证明、测试报告的管理程序。

6 认证体系的管理

6.1 通则

本认证体系应按照 GB/T 27065 的要求进行管理和运行。

6.2 认证协议

在认证工作开始前，申请人和认证机构应签订认证协议，协议除了财务和其他通常合同条款外，还应包括：

——认证的范围；

——协作机构（检查机构、测试机构）的名称、其认可机构及其责任；

——合格评估所依据的标准、技术要求；

——申请人应提交供评估使用的文件清单，如本指导性技术文件附录 A：设计文件清单；

——对事故报告和进行调查的要求。

6.3 证书和符合证明的签发

本认证体系包括证书和符合证明的签发。

证书和符合证明是基于对风力发电机组技术文件的评估以及检查、监督或试验（如适用）的结果，评估的结果应形成最终报告。证书和符合证明应在对评估报告的完整性和正确性进行评定的基础上签发。

证书和符合证明应明确评估的范围、风力发电机组、供应商、设计条件和依据的规范（即标准和相关技术要求）。附录 B 中的样本提供了一种适用的格式和至少应包含的内容。

6.4 相关文件的保存

认证机构应将所有接受的用于认证或合格评估的资料建立档案，该档案应予以妥善保管，保存时间至少为5年。随后所有资料和复印件应退回申请人或进行登记标注后销毁。

6.5 证书的保持和有效期

证书的有效期和/或被认证对象的复评期限应不超过5年并应在证书上清楚地注明。为了保持证书的有效性,被认证对象应在有效期内接受定期监督。

6.6 纠正措施

如果日志数据或其他信息显示风力发电机组不能按照设计参数和与认证证书有关的其他准则要求工作时,应及时通知认证机构。

证书持有人得知涉及到风力发电机组或周围环境的安全事故应及时报告认证机构。

初次评估后,如果认证机构确定有一系列影响风力发电机组安全运行的缺陷存在时,证书应立即暂停。待认证机构对缺陷进行充分评估后决定是否重新确认证书有效或取消证书。

7 认证内容

7.1 通则

本指导性技术文件规定的认证程序包含了由第三方对风力发电机组型式、主要部件型式或特定风电场的一台或多台风力发电机组的合格评估工作,包括了从设计评估开始到交付使用及运行过程中的监督检查。评估的最终结果可签发下述证书之一:

——设计认证证书;

——型式认证证书;

——项目认证证书;

——部件认证证书。

设计认证证书是针对准备批量生产的某一型号风力发电机组签发的,证明主要评估了包含塔架在内的风力发电机组的设计和按设计进行批量生产的能力。

型式认证证书涉及到了风力发电机组产品本身的各个方面,包括塔架和地基之间的连接型式。它还包括了在风力发电机组设计时提出的对地基的要求,甚至可能包括一个或多个地基设计方案,且该型号风力发电机组所采用的叶片、齿轮箱、发电机等重要零部件必须获得部件认证。型式认证是在设计认证的基础上,加上必要的型式试验。

项目认证证书是针对一台或多台包含地基在内的风力发电机组签发的,用以证明其经过了针对特定安装场址外部条件的评估。项目认证证书的签发是在型式认证的基础上,加上必需的场址评估和地基设计评估。

部件认证证书是针对风力发电机组的主要零部件签发的,如叶片、齿轮箱或发电机。

本指导性技术文件采取模块结构,以满足获得单项符合证明的需求,如:设计评估。

认证的依据(如:标准和相关技术要求)在可行时应尽量采用国家标准或行业标准。

7.2 设计认证

设计认证的目的是确认风力发电机组的设计符合设计条件、指定标准和相关技术要求。设计认证适用于一系列具有相同设计和制造工艺的风力发电机组。

设计认证由以下模块组成:

——设计基础评估;

——设计评估;

——安全及功能试验;

——制造能力评估;

——最终评估;

——获证后监督检查。

设计认证可以用图1的框图表示。

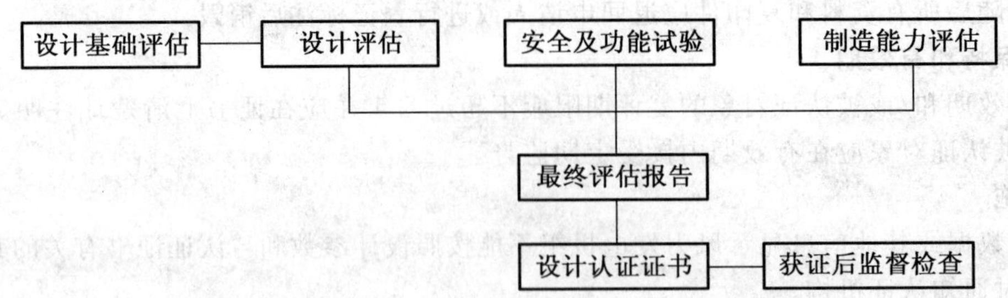

图 1 设计认证模块图

每个模块完成后，如果结果满足相关技术要求，可以出具相应的评估报告和符合证明。设计认证证书样本参见 B.1。

7.3 型式认证

型式认证的目的是确认某一型式风力发电机组的设计和制造符合设计条件、指定标准和其他技术要求。应有证据表明该风力发电机组可以按照设计文件进行安装、运行和维修。型式认证适用于一系列具有相同设计和制造工艺的风力发电机组。

获得设计认证证书是型式认证的基础，对获得设计认证证书的风力发电机组，型式认证由以下必选模块和可选模块组成：

必选模块：

——型式试验；

——最终评估；

——获证后监督。

可选模块：

——塔基设计评估；

——性能测试。

型式认证可由图 2 来表示。

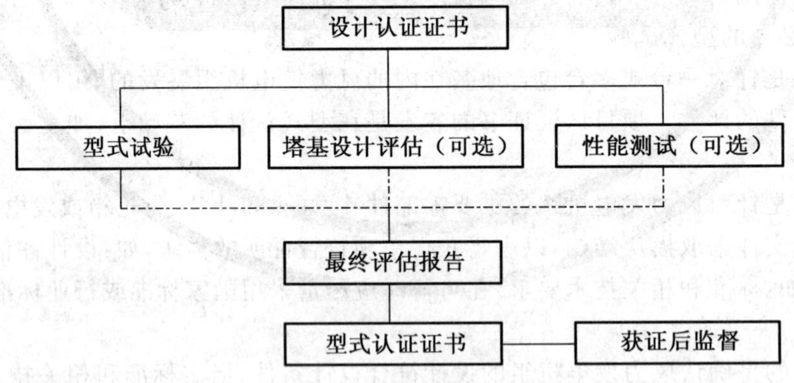

图 2 型式认证模块图

每个模块评估结果满足相关技术要求后，均可出具相应的评估报告和符合证明。

风力发电机组依据本指导性技术文件认证评估确认满足 GB 18451.1、GB 17646 或 IEC 61400-3 以及其他技术要求，并在最终评估报告完整无误的基础上，可签发相应的型式认证证书。

上述必选模块符合要求是型式认证证书签发的基础，可选模块的符合情况应在证书中注明。

各模块的详细要求见第 9 章。

7.4 项目认证

项目认证的目的是确认已通过型式认证的风力发电机组和对应的塔基设计是否能满足特定场址的外界条件、适用的建筑和电力法规及其他相关要求。认证机构应评估确认场址的风况和其他环境条件、电网条件以及土壤特性是否和准备安装的风力发电机组型号的设计条件以及塔基设计条件一致。

对于没有获得型式认证的风力发电机组，要完成项目认证，应完成图2型式认证模块中的必选模块；对获得型式认证的风力发电机组，项目认证由如下必选模块和可选模块组成：

——场址评估；

——设计基础评估；

——整体载荷分析；

——特定场址的风力发电机组/塔头设计评估；

——支撑结构（包含塔架与地基）设计评估；

——其他安装设施评估（可选）；

——风力发电机组/塔头工厂监督检查；

——支撑结构工厂监督检查；

——其他安装设施工厂监督检查（可选）；

——项目性能测试（可选）；

——运输和安装监督检查；

——试运行监督检查；

——最终评估；

——运行和维护的监督检查（可选）。

图3为项目认证模块图。

图3所述模块经认证评估满足相应要求，且在评估报告和符合证明完整无误的基础上，可签发相应的项目认证证书。

上述必选模块符合要求是项目认证证书签发的基础，可选模块的符合情况应在证书中注明。

各模块的详细要求见本指导性技术文件第10章的要求。

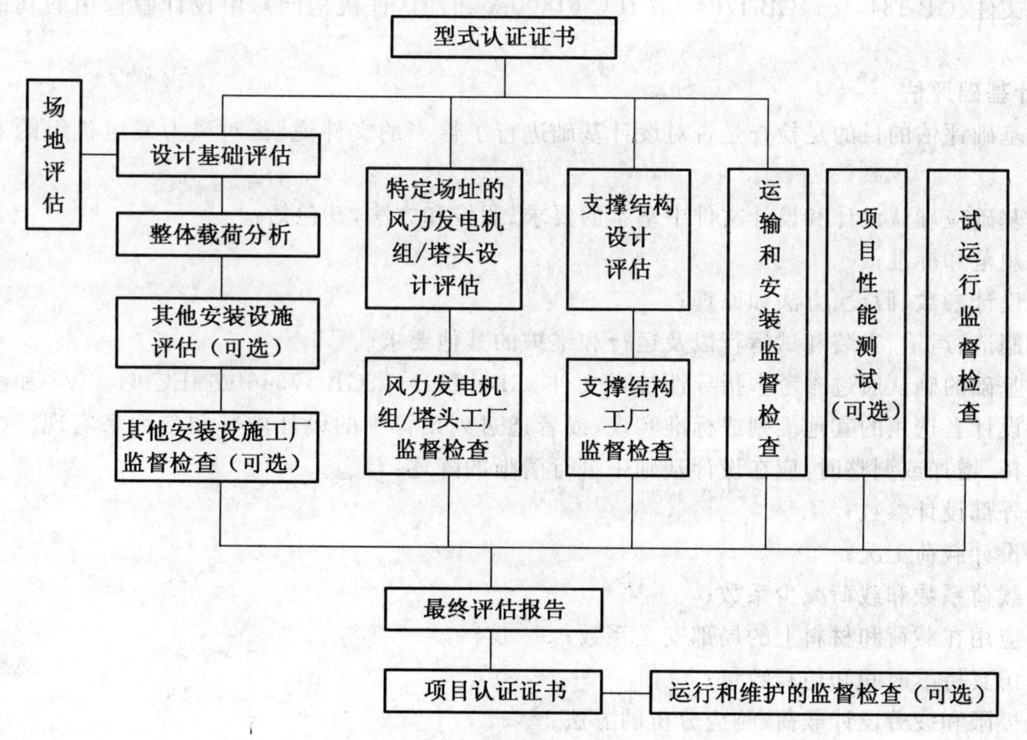

图3 项目认证模块图

7.5 部件认证

部件认证的目的是确认指定型号的风力发电机组所用的部件是按设计条件、指定标准和其他技术要求进行设计和制造的。

部件认证由以下模块组成：

——设计评估；

——型式试验；

——制造能力评估；

——最终评估。

上述模块均为必选模块。部件认证的程序应和本指导性技术文件中规定的型式认证程序相一致。

模块的具体内容取决于申请认证的具体部件。

每个模块的评估结果满足要求后均可出具符合证明。

风力发电机组所用的部件与风力发电机组其他部分相互配套的要求和极端条件的要求(如：运行条件、载荷和动力特性)应在设计文件中予以说明。

风力发电机组所用的部件依据本指导性技术文件认证评估确认满足 GB 18451.1、GB 17646 或 IEC 61400-3 及有关技术要求，并在最终评估报告完整无误的基础上，可以签发相应的部件认证证书，部件认证证书样本参见 B.13。

所有上述必选模块均满足要求是部件认证证书签发的基础。

8 设计认证

8.1 通则

设计认证是通过对指定风力发电机组型号的图纸、技术文件的审查和有关试验，确认其设计符合设计条件以及有关标准和/或其他技术条件要求。设计认证适用于一系列具有相同设计和制造工艺的风力发电机组。

认证机构应要求申请人提供满足本条款要求的全部技术文件。风力发电机组设计认证应依据本指导性技术文件、GB 18451.1、GB 17646 或 IEC 61400-3 和经认证机构同意由设计者选用的其他准则或标准进行。

8.2 设计基础评估

设计基础评估的目的是检查是否对设计基础进行了恰当的文件说明，对风力发电机组的安全设计是否充分。

设计基础应确认设计和设计文件中基本的要求、假设和方法，其包括：

——规范和标准；

——设计参数、假设、方法和原理；

——制造、运输、安装和试运行以及运行和维护的其他要求。

设计基础的确认通过参考本指导性技术文件、GB 18451.1、GB 17646 或 IEC 61400-3 和经认证机构同意由设计者选用的其他准则或标准实现，或者通过列出详细的设计内容和参数来实现。在对下列内容的选择、增加或调整时，应在设计基础中进行清晰的陈述：

——外部设计参数；

——设计载荷工况；

——载荷系数和载荷减少系数；

——应用在载荷和材料上的局部安全系数；

——仿真持续时间和仿真数量；

——极限和疲劳设计载荷/响应分析的方法；

——相关的安装环境条件；

——检查范围和周期；

——部件，系统和结构的目标寿命；

——监控系统的要求。

8.3 设计评估

8.3.1 通则

设计评估的目的是检查风力发电机组是否按设计条件、指定标准和其他技术要求进行设计。通常情况下设计评估包含图4所示的所有的内容。对于按GB 17646设计的小型风力发电机组，最少要对下列内容进行评估：

——控制和保护系统；

——载荷和载荷工况；

——结构部件；

——机械部件和电气部件。

认证机构应要求申请人提供设计评估所需的所有文件。附录A中提供了设计文件清单。依据风力发电机组的特点和设计复杂程度，可对该清单要求内容适当增加和减少。

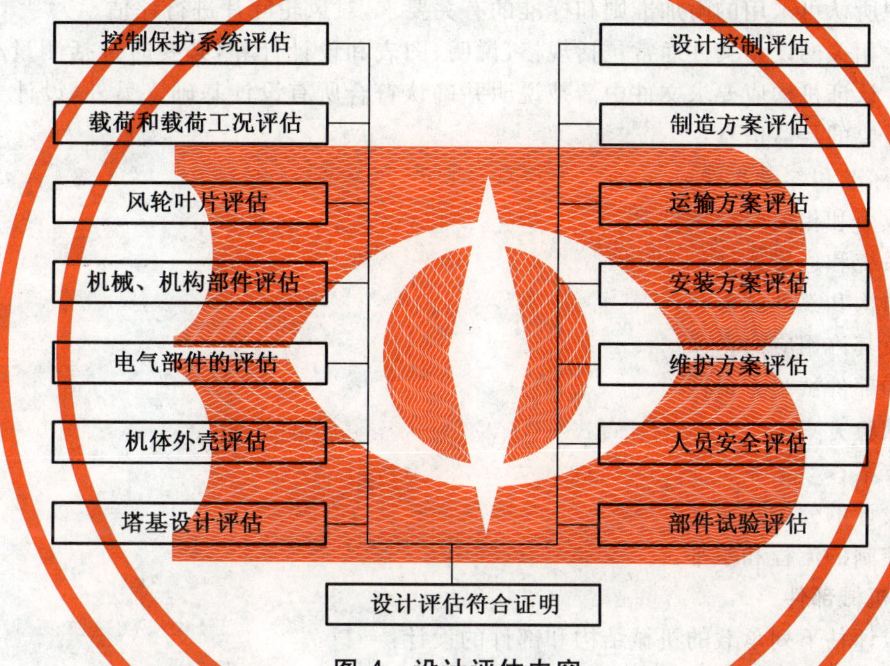

图4 设计评估内容

8.3.2 设计控制

认证机构应对设计质量控制程序进行评估。设计质量控制程序应：

——满足GB/T 19001中的相关要求；

——包括文件控制，以保证每个成员都清楚每份文件的修订状态。

申请人获得GB/T 19001质量管理体系认证证书视为设计控制评估已满足要求。

8.3.3 控制和保护系统

认证机构应评估控制和保护系统，包括：

——风力发电机组运行模式的描述；

——所有模块的设计和功能；

——保护系统的失效安全设计；

——系统逻辑及其硬件实现；

——所有重要安全传感器可靠性的证明；

——刹车系统分析；

——状态监控；

——核查控制保护系统的试验大纲。

8.3.4 载荷和载荷工况

认证机构应依据 GB 18451.1、GB 17646 或 IEC 61400-3 有关要求，通过独立分析的方式评估载荷和载荷工况。

载荷的描述应以适当的格式提供，以便认证机构能够独立完成分析工作。

载荷值应与相应的载荷工况的描述、计算模型以及输入的数据（如下列参数）一起提供：

——空气动力参数；

——结构特性参数；

——与控制系统有关的参数。

8.3.5 风轮叶片

认证机构应对风轮叶片的设计进行评估。

认证机构应依据本指导性技术文件、GB 18451.1、GB 17646 或 IEC 61400-3、GB/T 25384 以及在设计基础评估中所认可采用的附加准则和标准的有关要求，对风轮叶片进行评估。

和风轮叶片相关的设计文件通常包括规格、说明、图表和设计计算，必要时包括测量/试验报告、图纸和零件清单。认证机构应要求文件中清楚说明并确认符合所有设计基础。另外，设计文件应包含如下设计评估所需要的足够信息：

——规范、标准和参考文件；

——设计载荷和相关外部条件；

——静态系统和边界条件；

——临近结构和部件的影响；

——材料及其许用应力；

——材料和部件试验方案；

——叶片试验方案；

——制造方案；

——影响设计的公差；

——质量控制的流程和水平。

8.3.6 结构和机械部件

认证机构应评估下列承载的机械结构和部件的设计：

——铸件、锻件或焊接结构；

——机舱座；

——塔架；

——变桨和偏航系统；

——轴承和轴承座；

——齿轮箱；

——制动器、联轴器和紧锁装置；

——连接结构和部件的螺栓；

——制冷和加热系统；

——液压系统。

认证机构应依据本指导性技术文件、GB 18451.1、GB 17646 或 IEC 61400-3 以及在设计基础评估中认可采用的附加准则和标准的有关要求，对结构和机械部件的设计进行评估。

齿轮箱应按照 GB/T 19073 的相关要求评估。齿轮箱在车间的试验结果和现场试验方案是设计评估的一部分。

部件在制造和组装生产中的试验要求应详细说明并加以评估。

与结构和机械部件有关的设计文件通常包括规格、说明、图表和设计计算，必要时包括测量/试验报告、图纸和零件清单。认证机构应要求文件中清楚说明并确认符合所有设计基础。另外，设计文件还应包含如下设计评估所需要的足够信息：

——规范、标准和参考文件；

——设计载荷和相关外部条件；

——静态系统和边界条件；

——临近结构和部件的影响；

——传动链动力学的影响；

——材料和许用应力；

——类型/数据清单(对批量生产而言)；和

——装配手册(对螺栓联接而言)。

8.3.7 电气部件

认证机构应评估风力发电机组下列电气部件的设计：

——发电机；

——变压器；

——变流器；

——中压和高压部件；

——电气驱动；

——充电设备和蓄电池；

——开关设备和保护装置；

——电缆和电气安装设备；

——防雷系统。

认证机构应依据本指导性技术文件、GB 18451.1、GB 17646 或 IEC 61400-3 以及在设计基础评估中认可采用的附加准则和标准的有关要求，对电气部件的设计进行评估。

发电机应按照 IEC 60034 系列或机组所用的其他发电机的相关要求进行车间试验并形成文件。车间试验的结果应在设计评估中考虑。

部件在制造和组装生产中的试验要求应详细说明并加以评估。

与电气部件有关的设计文件通常包括规格、说明、图表和设计计算，必要时包括测量/试验报告、图纸和零件清单。认证机构应要求文件中清楚说明并确认符合所有设计基础。另外，设计文件还应包含如下设计评估所需要的足够信息：

——规范、标准和参考文件；

——设计载荷和相关外部条件；

——边界条件；

——临近结构和部件的影响；

——材料。

8.3.8 外壳

认证机构应评估风力发电机组下列外壳的设计：

——导流罩；

——机舱。

认证机构应依据本指导性技术文件、GB 18451.1、GB 17646 或 IEC 61400-3 以及在设计基础评估中认可采用的附加准则和标准的有关要求，对机舱的设计进行评估。

与机舱有关的设计文件通常包括规格、说明、图表和设计计算，必要时包括测量/试验报告、图纸和零件清单。认证机构应要求文件中清楚说明并确认符合所有设计基础。另外，设计文件还应包含如下设计评估所需要的足够信息：

——规范、标准和参考文件；

——设计载荷和相关外部条件；

——静态系统和边界条件；

——临近结构和部件的影响；

——材料和许用应力。

8.3.9 **部件试验**

除对部件进行设计评估之外，还可能要求对部件进行试验。一些结构、机械或电气部件的强度和相关性能指标只有通过测量或试验才能得到验证。

当认证机构发现对部件的相关分析不够充分时，可要求对部件进行附加的试验和/或测量，以代替理论分析，并且确定试验结果可以应用于部件的设计。认证机构应要求在测量和试验报告中说明部件名称、试验标准或程序以及试验的条件。

8.3.10 **塔基设计要求**

风力发电机组的设计文档中应当详细描述对塔基设计的要求，认证机构应对此进行评估，并依据GB 18451.1、GB 17646 或 IEC 61400-3 以及相关结构规范对一个或多个塔基设计进行评估。另外，评估工作应确认塔基设计满足结合面几何特性要求(如：平面度、水平性、螺栓联接误差)和风力发电机设计文件中规定的强度要求。

对于海上风机，基础的设计要求应包含塔架和地基之间的水下结构的设计要求。

设计文件中标明的塔架连接截面、水下结构及地基的特性参数和设计载荷应作为评估的基础。这些载荷包括截面处的水平力和垂向力以及水平方向和垂直方向的弯矩。在设计评估中应考虑由于相关载荷工况的组合而引起的极端动态载荷和疲劳载荷。由于塔基的柔性可影响整机和支撑结构系统的固有频率和振动模态，因此在设计文件中应阐明塔架与地基(或水下结构)结合处在水平、垂直以及转动方向上可允许的挠动范围。应当根据适合安装地基的场址的典型土壤条件，对地基的抗倾覆能力和刚度进行评估。这些土壤条件应在设计文件中明确描述。

8.3.11 **制造方案**

制造方案的描述中应对制造工艺及流程进行明确，并足够详尽，以便认证机构确认风力发电机组能按设计文件中所标明的质量要求制造。

制造方案包括：

——制造的详细说明；

——所需工具及设备、工艺说明、采购规范；和

——质量控制程序。

而且，车间试验要求应详细说明。

最终制造方案文件的评估将作为最终评估报告的一部分。

8.3.12 **运输方案**

认证机构应确认风力发电机组能按设计文件规定的要求进行运输。

运输方案包括：

——针对运输的详细技术说明；

——环境限制条件；

——运输中的配置，包括需要的固定装置、工具和设备；

——运输过程中的载荷和载荷工况。

运输方案可以整理成初步的运输手册。

最终运输方案的评估将作为最终评估报告的一部分。

8.3.13　安装方案

认证机构应确认设计文件中规定的安装方案(包括试运行)详细、可行,并满足安装过程中质量控制要求,还需要考虑这些特定的安装方案与机组设计的适应性。为此,安装方案应足够详细地描述。安装方案包括:

——人员资格和技能要求;

——交结点和所有土木及电气构造详细技术要求的说明,包括接地系统;

——专用工具和起吊所需的固定装置和设备;

——设计要求的质量控制检测点、测量及检验;

——人员安全和环境保护计划措施;

——安装手册;

——试运行程序及检查清单;

——质量记录和质量记录保存程序。

安装方案可以整理成初步的安装/试运行手册。

最终安装方案的评估将作为最终评估报告的一部分。

8.3.14　维护方案

认证机构应确认维护方案详细、可行,并能满足风力发电机组在长期运行中保持设计性能稳定所需的维护要求,还需要考虑这些特定的维护方案与机组设计的适应性。为此,维护方案应足够详细地描述。维护方案包括:

——维护计划,包括检查间隔和日常维护项目;

——与运行程序或维护措施有关的安全要求;

——环境保护措施;

——所需专门工具和维护设备;

——人员资格和技能要求;

——操作指南及维护手册;

——质量记录和记录保存程序。

维护方案可以整理成初步的运行和维护手册。

最终维护方案的评估将作为最终评估报告的一部分。

8.3.15　人员安全

认证机构应依据 GB 18451.1、GB 17646 或 IEC 61400-3 以及接受的其他准则和标准,对设计文件中(如图纸、规格说明、指南)涉及人员安全的内容进行评估。需要考虑的人员安全内容包括:

——安全指南;

——攀登设施;

——出入口及通道;

——站立位置、平台和楼梯;

——扶手和支点;

——灯光;

——电气和接地系统;

——防火;

——应急制动按钮;

——多重选择的预备逃生路线;

——一周紧急停留的预备(海上风机);

——海上特殊的安全设备(海上风机)。

认证机构应要求申请人在设计文件中明确人员安全的内容。

8.3.16 设计评估符合证明

在对设计评估报告审查满意的基础上，认证机构可签发设计评估符合证明。该证明应包括下列内容：

——风力发电机组型号；

——申请人；

——采用的标准清单；

——与风力发电机组级别有关的外界条件及其他关键性数据的说明；

——与评估报告有关的参考文件。

设计评估符合证明的格式参见B.3。

8.3.17 安全及功能试验

安全及功能试验的目的是通过现场对样机试验确认风力发电机组控制及保护系统的动作表现与预期设计相符。

认证机构应认可控制和保护系统的性能。另外若在载荷测试中未对额定风速及额定风速以上时风力发电机组的动力特性进行验证，则应在试验中验证。

试验的保护功能应包含控制和保护系统中单一故障时的功能。

试验的相关要求参见附录D。

8.3.18 制造能力评估

制造能力评估的目的是确认风力发电机组是否按照设计要求进行制造。该评估应包含以下内容：

——质量管理体系评估；

——制造检查。

制造能力评估要求制造厂建立并运行一套质量管理体系。评估工作应结合制造厂至少生产制造一件可代表认证型号的产品进行。

8.3.19 质量管理体系评估

生产厂若获得GB/T 19001质量管理体系认证可视为已通过质量管理体系评估，颁发该认证证书的机构须通过了权威认可机构的认可。

工厂没有获得质量管理体系认证，认证机构应对工厂的质量管理体系进行评估，至少包括以下内容：

——职责分工；

——文件控制；

——分包；

——采购；

——过程控制；

——检验和试验；

——纠正措施；

——质量记录；

——培训；

——产品标识和可追溯性。

8.3.20 制造检查

制造检查的目的是确认设计评估中关键部件和关键生产工艺的要求在制造和组装过程中得到了实施。认证机构应至少在现场检验一个按照批准的图样制造的产品。

检查内容包括：

——核查详细的设计细节在车间得到了恰当的执行；

——车间说明书、采购规格书、安装说明书；

——对相关制造车间进行评估；

——确认组装方法、工艺及人员资格；

——复核材质证书；

——抽查采购的零部件，确认采购程序能有效实施；

——抽查组装工艺。

关键部件的检验应在风力发电机组制造厂进行，除非制造厂引进的产品已经进行的检验并确认符合设计评估的要求。一般应对下边的部件进行检查：

——风轮叶片；

——轮毂；

——主轴；

——主轴轴承、变桨和偏航轴承(变桨和偏航驱动)；

——主轴承座；

——齿轮箱；

——锁紧装置和机械刹车；

——发电机、变压器；

——机舱底座、发电机底座；

——塔架；

——水下结构(海上风力发电机组，可选)；

——地基(可选)；

——螺栓连接；

——轮毂和机舱组装(车间中)。

如果关键部件由不同的制造厂商生产，而且部件在说明或制造工艺上有重大不同，应分别做检查。

如果制造商的制造工艺改变影响到了部件的质量或特性，应通知认证机构。认证机构应对修改后的文件重新进行评估，如果有必要，重新进行制造检查。

重新进行制造检查作为证书更新的一部分。

8.3.21 制造能力符合证明

对制造能力评估满意后，认证机构可签发制造能力符合证明。

制造能力符合证明格式参见 B.5。

9 型式认证

9.1 通则

型式认证是对具体风力发电机组型式设计是否符合设计条件、指定标准和其他技术要求进行确认，同时确认其制造工艺、部件技术指标、检验和试验程序以及对应的技术文件是否和设计文件规定相符。

型式认证证书仅限于颁发给按照第 8 章具体要求已获得设计认证证书的风力发电机组。

9.2 型式试验

9.2.1 目的

型式试验的目的是为了获取确认功率特性和与安全性相关的数据，以及对通过分析方法不能可靠评估的项目进行验证。型式试验的项目见图 5。

认证机构对试验用风力发电机组或部件进行评估，以确定其能代表所认证型号。在试验前应进行检验并做好记录，以确认风力发电机组或部件与设计文件中技术参数一致。

申请人应制定详细的试验大纲并提交认证机构批准。

图 5 给出的试验项目和耐久试验可由认可的试验机构承担，否则认证机构应验证确认试验机构至少按 GB/T 27025 和 GB/T 18346 中的要求进行试验工作。

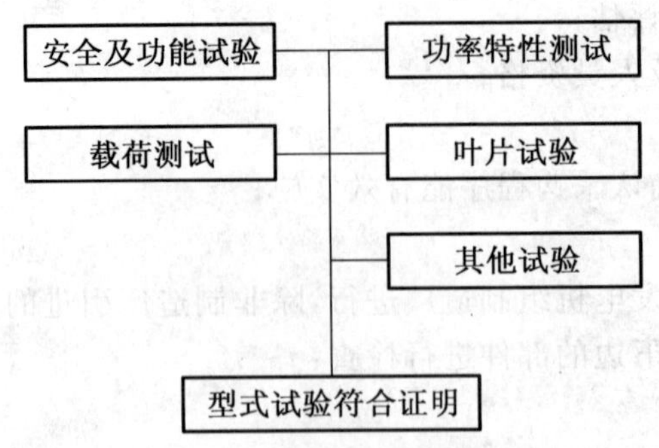

图5 型式试验项目

认证机构应要求试验及结果形成试验报告,报告应由认证机构审核,以确保其是按批准的试验大纲进行的,并且已覆盖认证所需的试验项目。认证机构应检查确认涉及人员安全的特性要求已在试验用风力发电机组上体现。

评估满意后可签发相应符合证明。符合证明应由试验报告负责人、试验人、实验室认可人等不同的人签字。

对于小型风力发电机组,载荷测试和叶片试验应由附录E中规定的耐久试验代替。

9.2.2 功率特性测试

功率特性测试的目的是为了获得功率特性曲线及预计风力发电机组的年均发电量,试验方法详见GB/T 18451.2。

认证机构应确认测试程序符合GB/T 18451.2的要求。测试条件、仪器、校准方法以及分析计算应符合GB/T 18451.2的要求并在测试报告中予以说明。

9.2.3 载荷测试

载荷测试的目的是为了验证设计计算的有效性及确定特殊状况下的载荷大小。

认证机构应对用于型式认证的载荷测试进行评估并对申请人提供的测量数据分析进行复核。

测试和分析参见附录C中的基本要求进行。

测试所用的风力发电机组与所提交认证的风力发电机组在动力特性及结构形式上应一致,但允许有细小差别。当两者不完全相同时,申请人应预先确定被测试风力发电机组的载荷及动力特性,并提交认证机构。

试验程序及试验结果满足GB/Z 25426的相关要求。

9.2.4 叶片试验

叶片试验的目的是确认叶片结构设计及制造工艺的合理性,对于每一种新型叶片应进行全尺度结构试验。对于一种叶片的描述不应停留在对其外形和尺寸上,还应包括其内部构造及成份。通常应进行疲劳试验和静力试验。试验程序及结果评估见GB/T 25383的有关要求。

试验叶片要求与经设计评估确认的叶片一致。若有不同应经认证机构批准。叶片设计若有改动,认证机构应与制造商协商以确定是否需重新试验。叶片设计如有重大更改应重新进行试验。如下设计更改可视为重大更改:

——结构形式,包括叶片内部加强方案;

——气动参数;

——主要受力部位的材料;

——叶片根部过渡区。

9.2.5 其他试验

认证机构可根据具体情况要求进行其他试验和测量,申请人也有权要求结合型式试验进行相关的其他试验。这些试验可包括:

——主要机械和电气部件的发热状况;

——主要电气部件的机械状况(振动、气隙、响应);

——电工环境条件试验;

——电磁兼容测试。

有齿轮箱的风力发电机组,齿轮箱应按照 GB/T 19073 的相关要求进行型式试验。

9.2.6 试验报告

试验报告应符合 GB/T 27025 试验引用的其他标准的要求。另外试验报告应包括下列内容:

——风力发电机组和部件编号(包括控制系统适用的软件版本号);

——试验用风力发电机组和部件与认证的风力发电机组和部件的差异说明;

——其他未预见的重要情况。

认证机构应对最终试验报告确认,并予清晰标识。

9.2.7 型式试验符合证明

认证机构对试验报告评估满意后应签发型式试验符合证明。该证明应包括下列内容:

——完成的试验项目;

——试验采用的标准;

——试验报告的标识。

型式试验符合证明的格式参见 B.4。

9.3 塔基设计评估

塔基设计评估的目的是确认申请人选择的一个或多个塔基设计方案的可行性。认证机构应评估提交的塔基设计方案是否满足已评估的风力发电机组设计文件规定的相关要求以及其他接受的标准或规则。

对于海上风力发电机组,应包含塔架和地基之间的水下结构的设计要求。

认证机构应要求提交的塔基设计文件包括混凝土基座设计及其施工方案。设计图样/资料应尽量详细,以使认证机构能确认塔基设计已考虑了特定的施工方案。

认证机构在对塔基设计评估报告审核满意后应签发符合证明。该符合证明应包括:

——风力发电机组型号;

——适用地点的地质及外界条件;

——塔架的结构;

——基础的构造;

——塔基的类型。

塔基设计评估符合证明的格式参见 B.6。

9.4 性能测试

9.4.1 通则

性能测试的目的是获得与风力发电机组运行有关的特性参数,与作为型式试验必选项目的功率特性测试 9.2.2 要求不同。测试内容可由申请人选择但应符合相关标准要求。性能测试可包含下列项目:

——电能质量测试;

——噪声测试。

如果没有适用的标准,测试方案应由申请人和认证机构协商确定。

认证机构应确认测试用风力发电机组可代表拟认证的风力发电机组型号。检验记录的格式应在测试之前制定,以利于检查是否与风力发电机组设计文件相符。

测试应由经认可的试验机构进行。

测试结果应整理成试验报告交由认证机构评估。认证机构应评估测试工作是否按照批准的试验程序进行、试验报告中记录的特性参数是否满足认证要求。

认证机构对测试结果评估满意后签发符合证明，以证明该测试符合批准的试验程序及相关标准要求。

性能测试符合证明的格式参见B.7。

9.4.2 电能质量测试

若型式认证中包含了电能质量测试，认证机构应确认测试程序满足GB/T 20320的要求，而且测试条件、仪器、校准及分析方法等应在试验报告中说明，并应符合GB/T 20320的要求。该项测试的目的是获得风力发电机组的电能质量特性数据。

9.4.3 噪声测试

若型式认证中包含了噪声测试，认证机构应确认该测试满足GB/T 25516的要求。该测试的目的是获得风力发电机组噪声的有关参数。噪声测试应至少包括GB/T 25516中规定的下列内容：

——风速8 m/s时的声功率级；

——三个选定位置的声音传播方向；

——最低音阈以上的音质。

测量条件、仪器、校准及分析方法等应符合GB/T 25516的要求并在测试报告中说明。

9.4.4 试验报告

性能测试的试验报告应符合GB/T 27025及试验所引用的其他相关标准的要求。另外还应包含以下内容：

——试验用风力发电机组编号及控制软件版本号；

——试验用风力发电机组与拟认证风力发电机组间的差异说明；

——其他重大异常情况。

认证机构应对最终的性能测试报告签字确认。

9.4.5 性能测试符合证明

认证机构在对试验报告评估合格后签发符合证明。该符合证明应包括：

——测试项目；

——测试采用的标准；

——试验报告的标识。

性能测试符合证明格式参见B.7。

9.5 最终评估

最终评估的目的是为型式认证涉及的各项内容做出结论的书面证据。

最终评估报告应包含下列内容：

——所有支持型式认证的文件资料清单；

——评估所有文件内容是否完整，型式试验结果是否符合相应设计文件的要求；

——复核产品完工文件，包括图样、零部件清单、技术条件、操作手册等(见以下段落)，并确认与制造能力评估报告、设计计算及相关设计条件相一致。

认证机构应确认安装操作指南及维护手册是按GB 18451.1中的相关要求制定的。应对照批准的图纸对这些手册进行复核。认证机构应确定：

——经过技术培训的工作人员应能看懂文件的格式及内容；

——在可能出现误操作之前，防止事故发生的警示性的标志应能及时提醒操作者；

——有关安全提示应清楚地进行标识。

最终评估报告应递交给申请人，认证机构作为保密文件保留一份副本。

9.6 型式认证证书

认证机构应在对最终评估报告的完整性及准确性审查满意后签发型式认证证书。该证书应包含必选模块的评估结果，如适用，还应包含可选的地基设计评估及性能测试的结果。

型式认证证书仅适用于证书中注明的风力发电机组型号。

证书中应注明可替换的部件和结构型式，允许的选择组合方式应予以注明。

型式认证证书应以适当的方式说明所引用的标准及规范文件，型式认证证书应包含 B.1 中给出的内容。

认证机构应在证书中注明下列要求以作为保持证书有效性的条件：

——证书持有者应编写年度报告并提交给认证机构审核。该报告中应包括使用中的异常状况、处理经验及小的修改情况；

——获得认证产品及其设计资料、工艺、程序等方面如有重大修改应及时向认证机构报告。证书持有者如果要保持和(或)延长证书有效期，应提交修改过的所有最新文件资料。

认证机构每年应对生产现场至少审核一次，以确认风力发电机组是否按照批准的设计文件进行生产制造。

型式认证证书的格式参见 B.2。

10 项目认证

10.1 通则

项目认证的目的是评估已通过型式认证的风力发电机组及其相应的地基设计是否与风电场的外部条件、当地法规及其他相关的要求相符。确认风电场选址处的风况及其他环境条件、电网条件、土壤条件是否与风力发电机组及地基设计文件的要求相一致。

项目认证还应评估安装和试运行是否符合指定的标准和技术要求，以及风力发电机组的运行和维护是否符合相关手册的要求。

项目认证的证书和符合证明的签发仅限于按照本指导性技术文件第 9 章要求已获得型式认证证书的风力发电机组。

认证机构应要求申请人提供本章所要求的所有文件资料。文件资料应满足本指导性技术文件、GB 18541.1、GB 17646 或 IEC 61400-3 以及经认证机构认可的其他标准或规范的要求。

10.2 场址评估

10.2.1 一般要求

场址评估的目的是检查当地的环境、电网及土壤条件是否与拟安装的风力发电机组设计文件中确定的技术参数相一致。

10.2.2 场址评估的要求

场址评估应考虑以下外部条件：

——风况条件；

——尾流影响；

——其他环境条件；

——地震条件；

——电网条件；

——地质条件。

对于海上的场址评估，外部条件还包括：

——海洋条件；

——气候窗口及停工期。

场址条件来自于对安装场址有效的模型和/或采用标准或方法对特定场址的测试。一般来说，特定场址的测量数据应与附近长期存在的测量数据相吻合。特定场址的测量应有充足的时间确保测量数据的可靠性。

根据提供的环境和地址数据，对选定的参数进行独立计算。

场址外部条件的测量应由符合GB/T 27025要求的试验机构进行，否则认证机构应对测量结果的质量和可靠性进行验证。验证应包含以下几个方面：

——试验和标定方法；

——设备；

——测试可追溯性；

——测试和标定的质量控制；

——报告。

认证机构应要求有资格的人员（如：气象专家、工程师或地质专家）对场址的外部条件进行数据采集和数据分析，并完成报告。

认证机构应评估相关报告是否如实记录了场址外部条件、数据的采集、统计方法以及外部条件的设计参数。

10.2.3 场址评估符合证明

场址评估符合要求后可签发场址评估符合证明。符合证明中应注明对应的评估报告。

场址评估符合证明的参考格式参见B.9。

10.3 设计基础评估

10.3.1 一般要求

设计基础评估的目的是检查设计基础是否对项目进行了恰当的文件说明，以及对项目的安全设计和实施是否准备充分。

10.3.2 设计基础评估要求

设计基础应包括：

——外部条件的设计参数；

——设计方法和原理；

——相关的规范和标准；

——其他法定的要求（如施工、援救和拆除）；

——制造、运输、安装和试运行的要求；

——运行和维护的要求；

——并网的要求，包括电缆铺设规划和电网运营商的要求；

——项目的其他要求，例如业主的要求。

设计基础应包括关于外部条件、设计载荷及工况、载荷和材料的局部安全系数、几何公差、腐蚀度余量等方面的所有设计内容和参数；

设计基础应明确设计方法和原理，包括下述内容如何确定：

——规范和标准；

——外部设计参数；

——设计载荷工况；

——载荷系数和载荷折减系数；

——仿真持续时间和仿真数量；

——极限和疲劳设计载荷/响应分析。

设计基础应明确相关的制造、运输、安装和试运行要求，如：

——规范和标准；

——质量管理体系；

——与安装相关的环境条件；

——制造、运输、安装和试运行手册的要求。

设计基础应明确相关的运行和维护要求，如：

——规范和标准；
——质量管理体系；
——检查范围和周期；
——部件、系统和结构的寿命；
——营运和维护手册要求；
——状态监控系统要求；
——人员安全要求。

10.3.3 设计基础评估符合证明

设计基础评估符合要求后可签发设计基础评估符合证明。符合证明中应注明对应的评估报告。

10.4 整体载荷分析

10.4.1 一般要求

整体载荷分析的目的是检查特定场址的载荷和载荷对塔头、支撑结构以及地基土壤整体的效应是否满足设计基础的要求。

10.4.2 整体载荷分析评估的要求

如果设计基础中关于载荷和载荷影响的条件和要求比型式认证中对风力发电机组的假定更为温和，同时支撑结构和风力发电机组的性能也与型式认证一致，那么不需要再做进一步的载荷分析。

如果需要进一步载荷分析，申请人在计算分析时应考虑结构的动态特性，同时应提供全部的载荷计算报告和与型式认证中假定的载荷的对比报告。

认证机构应评估：
——外部条件和设计工况的对比(例如正常、故障、运输、安装)；
——局部载荷安全系数；
——计算方法，例如仿真过程，仿真数量，风和波浪载荷的组合；
——由场址条件和风力发电机组的操作和安全系统定义的决定性设计载荷工况；
——特定场址载荷和型式认证中假定载荷的任何差异比较。

10.4.3 整体载荷分析评估符合证明

在对整体载荷分析评估报告评估满意的基础上，认证机构可签发整体载荷分析评估符合证明。

10.5 特定场址风力发电机组/塔头的设计评估

10.5.1 一般要求

特定场址的风力发电机组的设计应与设计基础一致。当支撑结构是一个特定场址的设计时，该部分评估则仅指对塔头的评估。

除风况条件和海洋条件外的其他外部条件可能影响特定场址的风力发电机组的整体性和安全性，例如热作用、光化作用、腐蚀、机械作用、电作用以及其他物理作用等。

10.5.2 特定场址风力发电机组设计要求

风力发电机组型式认证的前提和限制条件应同设计基础中给定的实际的场址条件作对比，并作为设计文件的一部分。除对比载荷条件外，还应比较如下相关条件：
——温度；
——湿度；
——太阳辐射；
——降雨、冰雹、积雪和覆冰；
——化学活性物质；
——机械活性颗粒；
——盐雾；
——电气条件；

——闪电等。

如上相关条件应在设计文件中阐明。

结构、机械和电气部件的设计应符合场址条件。认证机构应评估防腐系统是否符合特定场址的环境条件。另外，特定场址对电气部件，如发电机、变流器、变压器、开关装置和外罩的影响应专门考虑。

通过整体载荷分析得出的特定场址载荷结果应参照型式认证中的相应设计载荷及工况进行评估。载荷结果的任何增加和振动模式/固有频率的任何变化都应在报告中指出，并仔细评估。评估应考虑载荷测量、功能测试和部件（如叶片）测试的关联性和有效性。而且，评估应明确相关部件需要的加强或修改。

对风力发电机组型式认证证书中没有完全覆盖的任何新的、修改的或加强的部件及系统，应提交相应的设计文件。

新的或修改的电气部件或系统的设计文件应符合设计基础和型式认证（如果适用）的要求。

10.5.3 特定场址风力发电机组设计符合证明

在对特定场址的风力发电机组设计评估满意的基础上，认证机构可签发特定场址风力发电机组设计符合证明。

10.6 特定场址支撑结构设计评估

10.6.1 一般要求

特定场址的支撑结构（塔架、水下结构和地基）的设计应与已接受的设计基础一致。如果设计基础没有涵盖支撑结构，那么将参照申请人提供且被认证机构接受的公认的标准或设计方法。同时，其安全水平至少应和 GB 18541.1、GB 17646 或 IEC 61400-3 的要求相一致。

10.6.2 特定场址支撑结构设计评估的要求

特定场址支撑机构的设计评估至少包括：

——根据整体载荷分析的结果评估支撑结构的设计；

——计算支撑结构的刚度和阻尼并同载荷计算时对其做出的假定作对比评估；

——根据设计基础评估地质设计文件；

——评估支撑机构的设计文件；

——从最终安装（永久）支撑结构的结构完整性，评估生产计划、运输计划、安装计划和维护计划；

——防腐系统的评估。

支撑结构的设计文件应至少包括设计图表、部件清单、地质状况文件、制造细节和设计计算，必要时包括测量/试验报告。提交的文件应明确地阐明设计基础、认可的规范和标准以及载荷和相关外部条件。

10.6.3 支撑结构设计符合证明

在对支撑结构设计评估满意的基础上，认证机构可签发支撑结构设计符合证明。

10.7 其他安装设施设计评估

10.7.1 一般要求

一个风电场项目可包括变电站、电缆等其他安装设施项目，这些安装项目可以选择地进行评估。此类安装设计应同标准、设计基础认可的其他规范以及特定场址的载荷和各种条件相符。如果设计基础没有涵盖其他安装设施，那么将参照申请人提供且被认证机构接受的公认的标准或设计方法。同时，安全水平至少应和 GB 18541.1、GB 17646 或 IEC 61400-3 的要求相一致。

10.7.2 其他安装设施设计评估的要求

对于每种需要进行设计评估的其他安装设施，认证机构应按照委托方的要求确定评估范围。其他安装设施设计评估的内容至少包括：

——设计文件的评估；

——根据整体载荷分析（如相关）结果，对其他安装设施设计的评估；

——根据设计基础(如相关),对地质设计文件的评估;

——防腐系统的评估。

其他安装设施的设计文件应至少包括设计图表、部件清单、地质状况文件、制造细节和设计计算,必要时包括测量/试验报告。提交的文件应明确地阐明设计基础,认可的规范和标准,以及载荷和相关外部条件。

10.7.3 其他安装设施设计符合证明

对其他安装设施设计评估满意的基础上,认证机构可签发其他安装设施设计符合证明。

10.8 风力发电机组/塔头监督检查

10.8.1 一般要求

风力发电机组型式认证建立在设计评估、型式试验和制造能力评估的基础上。其中,制造能力评估主要包括质量体系评估和制造检查。质量体系的评估主要是基于 GB/T 19001 体系;制造检查是基于对一个样品检查。项目认证是在此基础上增加检查/审核,目的是确认特定场址的风力发电机组的制造满足设计条件和质量要求。

10.8.2 监督检查的要求

认证机构应对项目中涉及的单一项目和每种型号风力发电机组进行监督检查。

认证机构应根据实际情况制定监督检查的范围,范围包括国际标准的应用和设计评估的输入。设计评估的输入可包括:

——设计评估中的关键项目/过程;

——系列产品的试验大纲/流程;

——已批准的设计文件(如:图表和说明);

——样机试验的细节。

下边的项目将明显地影响检查的具体范围:

——制造商关于风力发电机组特定组件的交付经验;

——认证机构对制造商的经验;

——交付的时间表和项目;

——生产工厂的数量;

——制造工艺的类型,如手工或真空碾压,手动或自动焊接等;

——质量控制的类型,如无损检验或目击检查,统计方法或逐一试验等;

——制造商的质量体系与具体的制造工艺和质量控制的适合性;

——采购商的检查范围,如制造商对供应的检查;

——详细阐述质量要求文件的有效性;

——采用的制造规范和标准,如国内的和国际的;

——质量控制文件的有效性,如最终的制造文件的要求、试验项目、认可的试验流程、无损试验流程、焊接流程、防腐保护、操作、加工、热处理、机械试验的要求等;

——制造厂的供应商和制造文档的获得途径;

——处理与要求偏离的流程,如弃权流程。

10.8.3 风力发电机组/塔头制造能力监督检查符合证明

在对风力发电机组/塔头制造能力监督检查满意的基础上,认证机构可签发风力发电机组/塔头制造能力监督检查符合证明。

10.9 支撑结构制造监督检查

10.9.1 一般要求

项目认证应对支撑结构进行检查/审核,目的是确认支撑结构的制造满足设计条件和质量要求。

支撑结构制造监督检查是检查支撑结构或主要部件的生产是否按照质量体系的规定操作。检查/

审核应集中在制造时对质量体系的执行情况，同时评估质量体系是否合适。

10.9.2 监督检查的要求

检查和审核的范围根据不同项目分别进行确定。根据结构型式，应评估下边的制造过程：

——钢板的制造；

——主要钢结构的制造；

——次要钢结构的制造；

——混凝土结构的建造。

对于每个流程，认证机构应根据实际情况制定检查的范围。范围包括国际标准的应用和设计评估的输入。设计评估的输入可以是：

——设计评估中的关键项目/过程；

——系列产品的试验大纲/流程；

——已批准的设计文件(如：图表和说明)。

下边的项目将明显地影响检查的具体范围：

——制造商关于风力发电机组特定组件的交付经验；

——认证机构对制造商的经验；

——交付的时间表和项目；

——生产工厂的数量；

——制造工艺的类型，如手工或真空碾压，手动或自动焊接等；

——质量控制的类型，如无损检验或目击检查，统计方法或逐一试验等；

——制造商的质量体系与具体的制造工艺和质量控制的适合性；

——采购商的检查范围，如制造商对供应的检查；

——详细阐述质量要求文件的有效性；

——采用的制造规范和标准，如国内的和国际的；

——质量控制文件的有效性，如最终的制造文件的要求、试验项目、认可的试验流程、无损试验流程、焊接流程、防腐保护、操作、加工、热处理、机械试验的要求等；

——制造厂的供应商和制造文档的获得途径；

——处理与要求偏离的流程，如弃权流程。

10.9.3 支撑结构制造能力监督检查符合证明

在对支撑结构制造能力监督检查满意的基础上，认证机构可签发支撑结构制造能力监督检查符合证明。

10.10 其他安装设施制造监督检查

10.10.1 一般要求

项目认证应对其他安装设施的制造进行检查/审核，目的是确认其他安装设施的制造满足设计条件和质量要求。

其他安装设施制造监督检查是检查其他安装设施的主要部件是否按照质量体系的规定操作。检查/审核应集中在制造时质量体系的执行情况，同时评估质量体系的是否合适。

10.10.2 监督检查的要求

检查和审核的范围根据不同项目分别进行确定。认证机构应根据实际情况制定检查的范围。范围包括国际标准的应用和设计评估的输入。设计评估的输入可以是：

——设计评估中的关键项目/过程；

——试验大纲/流程；

——已批准的设计文件(如：图表和说明)。

下边的项目将明显地影响检查的具体范围：

——制造商关于风力发电机组特定组件的交付经验；

——认证机构对制造商的经验；

——交付的时间表和项目；

——生产工厂的数量；

——制造工艺的类型，如手工或真空碾压，手动或自动焊接等；

——质量控制的类型，如无损检验或目击检查，统计方法或逐一试验等；

——制造商的质量体系与具体的制造工艺和质量控制的适合性；

——采购商的检查范围，如制造商对供应的检查；

——详细阐述质量要求文件的有效性；

——采用的制造规范和标准，如国内的和国际的；

——质量控制文件的有效性，如最终的制造文件的要求、试验项目、认可的试验流程、无损试验流程、焊接流程、防腐保护、操作、加工、热处理、机械试验的要求等；

——制造厂的供应商和制造文档的获得途径；

——处理与要求偏离的流程，如弃权流程。

10.10.3　其他安装设施制造能力监督检查符合证明

在其他安装设施制造能力监督检查满意的基础上，认证机构可签发其他安装设施制造能力监督检查符合证明。

10.11　项目性能测试

10.11.1　一般要求

项目性能测试的目的是除对型式认证的单台风力发电机组完成的测试外，确立特定场址的一台或多台风力发电机组与功率有关的性能。申请人可以选择进行这些测试，同时测试应符合相关国家标准以及 IEC 61400 系列标准。

测试包括以下一项或几项内容：

——依据电网标准，验证其与电网的相容性；

——验证功率特性；

——验证噪声辐射。

如果国家标准或 IEC 系列标准没有涉及该项内容，测试流程由申请人和认证机构共同确定。

测试必须由具有一定资质的实验室实施，或者认证机构确认测试至少符合 GB/T 18346 或 GB/T 27025 的相关规定。

测试和测试结果应形成测试报告，并提交认证机构评估。认证机构应评估测试报告是否按已认可的试验大纲实施，是否满足认证的要求。

在对测试报告评估满意的基础上，认证机构可签发项目性能测试符合证明。

10.11.2　电网相容性

电网相容性测试的目的是验证电网标准中规定特殊情况（如电网故障等）是否适用于该场址。认证机构应通过对比测试和电网标准中列明的条件进行相容性的评估。认证机构应确认测试流程符合国家标准或 IEC 61400 系列以及电网标准的规定，并确认测试报告中包括测试条件、测试的仪器和设备、标定和分析。

10.11.3　功率特性测试

功率特性测试的目的为了检验特定场址的一台或多台风力发电机组的发电量。在项目认证中，认证机构应通过参考的风力发电机组的功率和实际的测试结果进行对比，对功率特性进行评估。

认证机构应确认测试流程符合 GB/T 18451.2 的相关要求和/或客户确定的要求和流程。

认证机构签发的符合证明中应明确指明采用的标准或流程以及评估结果。

10.11.4 噪声测试

噪声测试的目的是确认辐射的噪声是否符合客户或当地法规的要求。

认证机构应确认测试流程符合国家标准或 IEC 61400 系列标准的相关要求和/或客户确定的要求和流程。

认证机构签发的符合证明中应明确指明采用的标准。

10.11.5 测试报告

测试报告应与 GB/T 27025 和测试要求中涉及的相关标准的要求一致,并包括以下内容:

——特定场址的一台或多台风力发电机组,包括测试的风力发电机组、风力发电机组编号、控制系统软件版本号;

——任何显著的非预期行为。

执行机构的证明应在最终项目性能测试报告中标注。

10.11.6 项目性能测试符合证明

在对测试报告审查满意的基础上,认证机构可签发项目性能测试符合证明。

符合证明应明确:

——测试的内容;

——测试采用的标准;

——测试报告的确认。

10.12 运输和安装监督检查

10.12.1 一般要求

运输和安装监督检查的目的是验证运输和安装是否符合设计基础的要求,验证部件以及风力发电机组子系统在运输和安装过程中受到的载荷没有超过设计范围,以及验证运输和/或操作过程中的可能损坏能够被检测。

10.12.2 运输和安装要求

如果运输和安装的过程有相应的质量管理体系的要求,那么监督检查就通过审核相应的记录来完成。如果没有适当的质量管理体系,认证机构应进行监督检查。

认证机构应结合相关文件评估风力发电机组的运输和安装方案是否满足设计基础和 IEC 61400 系列的要求。

认证机构应确信在运输和操作过程中造成损坏的部件被检查,包括但不限于腐蚀保护系统的损坏或实际腐蚀。完成安装后,应对所有相关部件做最终现场检查。

对于海上项目,监督检查还应包括监视如下内容:

——海上运输;

——与运输和安装过程中可接受天气条件相符合;

——支撑结构和风力发电机安装程序。

验证、检查和审核应形成报告,指明上述活动的实施情况。

10.12.3 运输和安装符合证明

在对验证、检查和审核报告审查满意的基础上,认证机构可签发运输和安装符合证明。

10.13 试运行监督检查

10.13.1 一般要求

试运行监督检查的目的是验证安装在特定场址的风力发电机组的试运行与设计文件和相关手册一致。

10.13.2 试运行监督检查的要求

认证机构应评估按照制造商提供的操作说明进行的试运行是否符合 GB/T 20319 相关部分的要求。试运行过程中增加的其他测试应与制造商认可的一般操作说明一致。

评估工作需要检查试运行记录。另外，认证机构至少应对项目的一台风力发电机组的试运行进行目击确认，同时保证每50台至少有一台进行目击确认。

10.13.3 试运行监督检查符合证明

在对试运行监督检查报告审查满意的基础上，认证机构可签发试运行监督检查符合证明。

10.14 最终评估

最终评估的目的是为项目认证提供文件，包括所有执行机构在评估各要素时的发现。

对评估报告和符合证明评估完成之后，应准备最终评估报告，最终评估报告包含以下内容：

——支持项目认证的所有资料清单；

——为项目认证的各模块签发的符合证明。

最终评估报告要交给申请人，认证机构作为保密文件保留一份复印件。

10.15 项目认证证书

在最终评估报告和各符合证明的完整性和正确性基础上，认证机构可签发项目认证证书。项目认证证书应包括所有必选模块和选择的可选模块的结果。

项目认证证书对证书签发日期时安装在特殊场址的风力发电机组和其他安装设施有效。

项目认证证书应采用合适的方式注明引用的标准和文件。

项目认证证书的格式参见B.8。

认证机构与申请人应在认证协议中明确运行和维护监督检查是否为项目认证证书有效的必要条件。如果是，对场址及风力发电机组的任何重大更改应及时向认证机构报告。监督检查工作应按10.16的要求进行。

10.16 运行和维护监督检查

10.16.1 一般要求

运行和维护监督检查的目的是确保特定场址的一台或多台风力发电机组在运行和维护过程中能满足相关操作手册及设计文件的要求。

监督检查应包括对运行和维护记录的检查，也包括对风力发电机组、其他安装设施以及项目认证证书中覆盖的其他部分进行检查。

运行和维护监督检查应按认证协议的约定执行。认证协议应详细约定检查周期和检查内容。运行和维护监督检查符合证明应与认证协议中的约定一致。

10.16.2 运行和维护监督检查要求

认证机构应对运行和维护记录及报告进行评估，至少对以下方面予以确认：

——风力发电机组的维护是由授权的或有资格的人员按照维护手册中的要求及期限进行；

——按照设计文件中规定的限制值检查控制参数的设置；

——所有的维修、更改和更换与证书一致。

除此之外，认证机构还应检查风力发电机组和证书覆盖的其他安装设施的总体状况。检查的内容建立在以下工作的基础上：

——对运行和维护记录和报告的评估；

——先前检查中发现问题；

——先前检查中对发现问题的纠正；

——当前正在进行的维修、更改和更换的项目内容。

操作指南及维护手册应采用相关人员能理解的文字。检查报告应附加在相应的维护手册中。特别注意的是对零部件的维修和/或更换应与型式认证证书中规定的型号一致。

10.16.3 运行和维护监督检查符合证明

认证机构对运行和维护监督检查评估合格后，可签发运行和维护监督检查符合证明。

符合证明的参考格式参见B.12。

附 录 A
（资料性附录）
设计文件清单

		图纸几何数据	分析计算	说明	规格参数	数据清单	图表	试验数据
1	**风力发电机组总体说明**							
	风力发电机组特性，构造和设计总体说明			√			√	
	风力发电机组总体说明书及技术参数	√		√	√			
	主要零部件重量及重心			√	√			
	运行限制			√	√			
	电力系统			√			√	
	外界条件及设计等级			√				
	规范及标准			√				
	坐标系	√		√				
2	**设计控制程序**							
	与 GB/T 19001 一致的文件及管理			√				
3	**控制和保护系统**							
	详细的逻辑控制流程图						√	
	控制和保护策略			√				
	操作模式			√				
	控制系统软件			√	√		√	
	软件发行及版本控制			√				
	设置点列表				√			
	远程遥控/监测			√	√		√	
	保护系统逻辑			√			√	
	控制系统（结构、启动和停止程序等）		√	√			√	
	失效分析			√				
	保护系统结构	√		√			√	
	安全概念描述，转换器和传感器等部件规格说明（设置、时间常数等）			√	√			
	刹车系统（结构、时间常数、特性、刹车扭矩曲线等）	√	√	√	√		√	
	电气和液压线路图			√			√	
	状态监控			√	√	√	√	
	安全说明			√				

表（续）

		图纸 几何数据	分析 计算	说 明	规格 参数	数据 清单	图 表	试验 数据
	超速传感器				√		√	
	过载/电流传感器				√		√	
	振动传感器				√		√	
	应急制动按钮			√			√	
	风电场监控系统（功率输出遥控，变桨/偏航控制参数等）			√				
	测试计划			√				
4	**载荷及载荷工况**							
	总体：							
	风电场结构图	√					√	
	场址数据（如环境和海洋条件，动态黏滞度、空气密度、盐度、土壤等）		√	√				
	所有结构部件的质量分布、刚度、固有频率和阻尼因子（风轮、叶片、传动链、支撑结构等）		√		√			
	切入/切出/额定风速				√			
	风轮/发电机转速				√			
	机械/电气损失				√			
	发电机数据（额定功率、同步转速、标称/最大滑差、相关时间常数等）					√		
	机舱/风轮数据（质量、尺度、重心等）	√	√		√			
	总体分析方法（如坐标系的应用）	√	√	√				
	系统的动力学模型说明：							
	自由度			√			√	
	质量及刚度分布				√			
	气动参数输入（翼型图、叶片的几何形状、升力和阻力系数等）		√		√		√	
	局部安全系数		√		√			
	计算模型的有效性：							
	分析		√					
	与试验数据比较		√					√
	系统及单个主要部件的动力学性能：							
	坎贝尔图（即共振图）		√				√	
	频谱图		√					√
	模态及频率		√					

表（续）

		图纸 几何数据	分析 计算	说 明	规格 参数	数据 清单	图 表	试验 数据
	预测与实测对比		√					√
	载荷工况（包括 GB/T 18451.1、GB 17646、IEC 61400-3 中规定的及其他特殊工况）：							
	塔架、主轴、轮毂、叶根和叶片的疲劳载荷工况		√					
	塔架、主轴、轮毂、叶根和叶片的极限载荷工况		√					
	传动链的马尔可夫矩阵和叶片的载荷		√					
	载荷持续时间的分布		√					
	传动链载荷谱和变桨轴承载荷		√					
	塔底载荷		√					
	最大叶片变形分析		√					
	临界塔架净空（叶片/塔架）		√					
	失效模式		√					
	风力发电机组控制器（闭环回路图、输入和输出信号等）			√			√	
5	**风轮叶片**							
	结构	√		√	√			
	叶片连接		√		√			
	所用材料资料（纤维、树脂、泡沫塑料等）				√			
	几何数据	√			√			√
	极端应力分析		√					
	疲劳应力分析		√					
	模态分析		√					
	静力分析		√					
	制造程序	√			√			
	叶根	√	√					
	叶片/轮毂连接	√	√					
	气动刹车装置	√	√		√			
	材料和叶片测试		√					√
6	**机械和机构部件**							
	总体：							
	组装图	√		√				
	材料数据		√		√			√

表（续）

	图纸几何数据	分析计算	说明	规格参数	数据清单	图表	试验数据
传达装置和传达链(包括发电机、制动器、联轴器、速比、惯量等)		√		√			
传动链动力学	√	√	√	√	√		
液压系统		√	√	√	√	√	
变桨系统：							
驱动	√	√		√	√	√	
动力供应	√	√		√			
轴承	√	√		√			
变桨锁	√	√		√			
连接	√	√		√			
轮毂：							
结构	√	√		√			
跷跷板结构	√	√		√			
变桨系统(包括动力供应)	√	√		√	√		
轮毂与低速传动轴连接	√	√		√			
低速传动轴：							
主轴	√	√		√			
主轴承	√	√		√			
轴承座	√	√		√			
风轮锁	√	√		√			
联轴器		√		√			
轴承润滑剂				√	√		
齿轮箱：							
齿轮箱	√	√		√			√
柔性支撑	√	√		√			
与主机架和轴承的连接	√	√		√	√		
冷却和加热系统	√	√		√	√		√
高速传达轴：							
机械刹车	√	√		√			
制动器	√	√		√			
机架：							
主机座	√	√		√			
发电机底座	√	√		√			
主机座和发电机底座连接	√	√		√			

表(续)

		图纸 几何数据	分析 计算	说 明	规格 参数	数据 清单	图 表	试验 数据
	偏航系统:							
	驱动	√	√		√	√	√	
	轴承	√	√		√			
	偏航锁	√	√		√			
	连接	√	√		√			
	塔架:							
	结构	√			√			
	连接	√	√					
	塔架动力学分析(与风力发电机组一起)		√					
	地震分析		√					
	塔架连接的焊缝和螺栓的极限和疲劳分析		√					
	门框和其他通道的有限元分析	√	√					
	防腐保护系统				√			
	防扭缆装置			√	√		√	
	电缆悬挂	√			√			
	梯子、平台、升降机	√	√		√			
7	**电气部件**							
	单线图(具有安全装置的基本电力线路)						√	
	定位驱动器和发电机等电气部件的性能参数			√	√			
	功能描述和维护指南			√				
	电力线路图	√					√	
	短路和过流保护装置数据						√	
	电气系统图(包括起重机、升降机等辅助装置)	√		√	√		√	
	部件清单(包括传感器、开关和其他重要电气部件)						√	
	紧急供电系统和火警系统	√		√			√	
	充电设备和蓄电池			√	√	√	√	
	电气测量仪器摘要	√		√			√	
	根据 GB/T 14481—2008 进行的常规测试记录			√	√			√
	电力变压器	√		√		√		
	高压电缆			√	√		√	√

表（续）

		图纸几何数据	分析计算	说明	规格参数	数据清单	图表	试验数据
	发电机	√	√		√			
	发电机底座连接	√	√		√			
	发电机轴承			√				
	气流处理,冷却系统			√		√		
	高压切断装置	√		√			√	
	低压切断装置	√		√			√	
	中等电压互感器	√		√	√		√	
	按照 GB 1094.1—1996 第一部分进行的变压器型式试验记录			√				√
	接地和防雷保护(包括防雷保护区域、避雷针、接地电极、粘合接点位置、隔离建筑物连接)	√			√		√	
8	**机体外壳**							
	导流罩和机舱罩	√	√		√			
	外壳(材料、设计细节、总图等)	√	√		√			√
	(对钢部件、螺栓和纤维增强塑料等)极限分析		√					
9	**部件设计评估试验**							
	试验报告							√
10	**基础**							
	结构	√			√			
	设计参数			√	√			
	材料			√	√			
	具体钢筋布置计划描述	√		√			√	
	钢筋(钢材型号、直径、外形、接点的位置和标号)	√	√	√	√			
	塔架与基础连接分析(嵌入式或锚定式)	√	√					
	承载混凝土部分的极限和疲劳分析		√					
	桩基的桩力确定(单桩、多桩等)		√					
	地址核查(滑动、沉降、承载能力)		√					
	建造、运输和安装			√				
11	**制造方案**							
	采购说明			√				
	制造说明				√			
	工作指南	√		√			√	

表（续）

		图纸 几何数据	分析 计算	说 明	规格 参数	数据 清单	图 表	试验 数据
	质量控制程序				√	√		
	制造手册	√		√	√	√	√	
12	**运输方案**							
	技术说明				√			
	限制环境条件			√	√			
	工作指南	√		√			√	
	质量控制程序				√	√		
	运输手册	√		√	√	√	√	
13	**安装方案**							
	安装说明				√			
	工作指南	√		√			√	
	质量控制程序				√	√		
	安装手册	√		√	√	√	√	
14	**维护方案**							
	工作指南	√		√			√	
	质量控制程序				√	√		
	维护手册	√		√	√	√	√	
15	**人员安全**							
	安全指南			√	√		√	
	攀登工具、出口、通道、平台、地面、扶手、固定点	√	√	√	√			
	雷电			√	√	√		
	防火			√	√	√		
	逃生路线			√	√		√	

注1：图纸：清晰地标明了构件尺寸或电气图表的典型工程图纸。图纸中也包括材料规格、组装指南或与图中特殊构件相关的说明。

注2：分析：常指工程计算，如应力分析或结构载荷计算或电载荷计算及统计分析。分析是制定结构、材料、电气和机械部件要求的基础，还包括计算结果与试验结果对比的图表。

注3：说明：对相关任务、功能、部件等进行的详细描述。

注4：规格参数：对风力发电机组某些部件提出的技术要求。这些要求包括齿轮箱、齿轮及轴承要求说明，电气元件的电气要求，机械部件的尺寸要求，液压辅助动力供给的详细说明及质量管理文件。

注5：数据清单：指与相应部件和细节等相关的数据列表。

注6：图表：诸如数据图、流程图及其他图表（电气、气动和液压）。

注7：试验数据：通常指试验和测量报告。

注8：符号“√”表示对文件中左栏所列项目是否需提供相应文件。

附 录 B
（资料性附录）
样本/格式

B.1 设计认证证书样本

DC—（编号）

设计认证证书

本证书颁发给：

××××
公司（地址）

的下列型号的风力发电机组：

××××

兹证明上述风力发电机组的设计及制造满足 GB 18451.1，级别××（或 GB 17646、IEC 61400-3）的相关要求。本证书系在下述文件的基础上签发：

DE—（编号）	设计评估符合证明
日　期	年、月、日
SF—（编号）	安全及功能试验符合证明
日　期	年、月、日
MC—（编号）	制造能力评估符合证明
日　期	年、月、日
ER—（编号）	最终评估报告
日　期	年、月、日

相关评估按照 GB/Z 25458 的要求进行。

上述风力发电机组型号在本证书第 2 页予以详细说明。

设计体系或制造商质保体系的改变应经认证方同意，否则本证书无效。

本设计认证证书有效期至：

（评估机构盖章）

签发：

DC—(编号)

设计认证证书(第2页)

风力发电机组型号说明:

技术参数:

型号机械参数:	
风力发电机组制造商及国家	
级别	
额定功率	kW
额定风速 v_t	m/s
风轮直径	m
轮毂高度(s)	m
轮毂高度运行风速范围 $v_{in}\sim v_{out}$	m/s
设计寿命	y
风况:	
v_{hub}=15 m/s时的典型湍流强度 L_{15}	
轮毂高度年均风速 v_{ave}	m/s
参考风速 v_{ref}	m/s
平均入流倾斜角	deg
轮毂高度50年一遇极端风速 v_{e50}	m/s
电网条件:	
正常供电电压及范围	V
正常供电频率及范围	Hz
电压不稳定性	V
电网中断最大持续时间	
电网中断次数	v/y
其他外部条件(适用时)	
海上风力发电机组的设计条件(水深、波浪等)	
正常与极端温度范围	℃
相对空气湿度	%
空气密度	kg/m^3
阳光辐射	W/m^2
防雷保护系统说明	
地震形式及参数	
盐度	g/m^3
主要部件:	
叶片型式	
齿轮箱型式	
发电机型式	
塔架型式	

B.2 型式认证证书样本

TC—(编号)

型式认证证书

本证书颁发给：

××××

公司(地址)

的下列型号的风力发电机组：

××××

兹证明上述风力发电机组的设计及制造满足 GB 18451.1，级别××(或 GB 17646、IEC 61400-3)的相关要求。本证书系在下述文件的基础上签发：

DE—(编号)	设计评估符合证明
日　期	年、月、日
TT—(编号)	型式试验符合证明
日　期	年、月、日
MC—(编号)	制造能力评估符合证明
日　期	年、月、日
FDE—(编号)	基础评估符合证明
日　期	年、月、日
TC—(编号)	性能测试评估符合证明
日　期	年、月、日
ER—(编号)	最终评估报告
日　期	年、月、日

相关评估按照 GB/Z 25458 的要求进行。

本证书第 2 页详述了上述风力发电机组的型号参数(见 B.1 中的技术参数)。

设计体系或制造商质保体系的改变应经认证方同意，否则本证书无效。

本型式认证证书有效期至：
(评估机构盖章)

签发：

B.3　设计评估符合证明样本

DE—(编号)

设计评估符合证明

本设计评估符合证明颁发给：

××××
公司(地址)

的下列型号的风力发电机组：

××××

兹证明上述风力发电机组的设计符合 GB 18451.1,级别××(或 GB 17646、IEC 61400-3)的相关要求。本证明系在下述评估报告的基础上签发：

评估报告	控制和保护系统
时间	(年、月、日)
编制人	姓名
评估报告	载荷和载荷工况
时间	(年、月、日)
编制人	姓名
评估报告	结构部件
时间	(年、月、日)
编制人	姓名
评估报告	机械和电气部件
时间	(年、月、日)
编制人	姓名

相关评估按照 GB/Z 25458 的要求进行。

任何设计上的更改需本认证机构批准,否则本符合证明失效。

本符合证明第 2 页详述了风力发电机组的型号参数(见 B.1 中的技术参数)。

签发地点、时间
(评估机构盖章)

签发：

B.4 型式试验符合证明样本

TT—(编号)

型式试验符合证明

本符合证明颁发给:

××××
公司(地址)

的下列型号的风力发电机组:

××××

兹证明上述风力发电机组的型式试验符合相关要求。本符合证明系在下述文件的基础上签发:

试验报告:	安全及功能试验
时间:	年、月、日
签发:	试验单位
试验报告:	功率特性测试
时间:	年、月、日
签发:	试验单位
试验报告:	载荷测试
时间:	年、月、日
签发:	试验单位
试验报告:	叶片试验
时间:	年、月、日
签发:	试验单位
试验报告:	其他部件的试验
时间:	年、月、日
签发:	试验单位

相关评估按照 GB/Z 25458 的要求进行。

本符合证明第 2 页详述了风力发电机组的型号参数(见 B.1 中的技术参数)。

任何设计上的更改需经本评估机构批准,否则本符合性证明失效。

签发地点、时间
(评估机构)

签发:

B.5　制造能力评估符合证明样本

MC—(编号)

制造能力评估符合证明

本制造能力符合证明颁发给：

××××
公司(地址)

的下列型号的风力发电机组：

××××

兹证明上述风力发电机组制造商的质量管理体系符合 GB/T 19001 的相关要求。本证明系在下述文件的基础上签发：

评估报告：	质量管理体系
时间：	年、月、日
编制人：	姓名
评估报告：	××
时间：	年、月、日
编制人：	姓名

相关评估按照 GB/Z 25458 的要求进行。

本符合证明第 2 页详述了风力发电机组的型号参数(见 B.1 中的技术参数)。

制造商质量管理体系的任何更改需经本机构批准，否则本符合证明失效。

本制造能力符合证明有效期至：

签发地点、时间
(评估机构盖章)

签发：

B.6 塔基设计评估符合证明格式

FDE—(编号)

塔基设计评估符合证明

本符合证明颁发给：

××××

公司(地址)

的下列型号的风力发电机组：

××××

兹证明上述风力发电机组的塔基设计符合 GB 18451.1,级别××(或 GB 17646、IEC 61400-3)的相关要求。本证明系在下列文件的基础上签发：

评估报告：塔基

时间：年、月、日

编制人：姓名

相关评估按照 GB/Z 25458 的要求进行。

设计上的任何更改需经本机构批准,否则本符合性证明失效。

本符合证明第 2 页详述了风力发电机组的型号参数(见 B.1 中的技术参数)。

签发地点、时间

(评估机构盖章)

签发：

B.7 性能测试符合证明格式

TCM—(编号)

性能测试符合证明

本符合证明颁发给:

××××
公司(地址)

的下列型号的风力发电机组:

××××

兹证明上述风力发电机组的性能测试经本机构评估合格。本符合证明系在下列文件的基础上签发:

测试报告:	电能质量测试
时间:	年、月、日
签发:	测试实验室
评估报告:	噪声测试
时间:	年、月、日
编制人:	测试实验室

相关评估按照GB/Z 25458的要求进行。
本符合证明第2页详述了风力发电机组的型号参数(见B.1中的技术参数)。
设计上的任何更改需经本机构批准,否则本符合证明失效。

签发地点、时间
(评估机构盖章)

签发:

B.8 项目认证证书样本

PC—(编号)

项目认证证书

本证书颁发给：

××××
公司(地址)

的××风电场的下列位置风力发电机组：

××××

兹证明上述风力发电场符合 GB 18451.1，级别××(或 GB 17646、IEC 61400-3)的相关要求。本证明在下述文件的基础上签发：

TC—(编号)：	型式认证证书
日期：	年、月、日
SC—(编号)：	场址评估符合证明
日期：	年、月、日
DB—(编号)：	设计基础评估符合证明
日期：	年、月、日
ILA—(编号)：	整体载荷分析符合证明
日期：	年、月、日
CO—(编号)：	试运行符合证明
日期：	年、月、日
OMS—(编号)：	运行和维修监督符合证明
日期：	年、月、日

相关评估按照 GB/Z 25458 的要求进行。

项目认证证书对证书签发日期时安装在特殊场址的风力发电机组和其他安装设施有效。

本符合证明第 2 页详述了风力发电机组的型号参数(见 B.1 中的技术参数)。

系统设计或制造厂的质量管理体系如有任何更改应经本机构批准。否则本证书失效。

本型式证书有效期：

签发地点、时间
(评估机构)

签发：

B.9　场址评估符合证明样本

SA—(编号)

场址评估符合证明

本符合证明颁发给：

××××

的下述位置的风力发电机组：

××××

兹证明上述风力发电机组符合 GB 18451.1，级别××(或 GB 17646、IEC 61400-3)关于场址的相关要求。本证明在下述评估报告的基础上签发：

评估报告：	风况条件
时间：	年、月、日
编制人：	姓名
评估报告：	其他环境条件
时间：	年、月、日
编制人：	姓名
评估报告：	电网条件
时间：	年、月、日
编制人：	姓名
评估报告：	土壤条件
时间：	年、月、日
编制人：	姓名

相关评估按照 GB/Z 25458 的要求进行。

本符合证明第 2 页详述了风力发电机组的型号参数(见 B.1 中的技术参数)。

关于场址的任何改变需经本机构批准，否则本符合证明失效。

签发地点、时间

(评估机构盖章)

签发：

B.10　地基设计符合证明格式

FD—(编号)

地基设计评估符合证明

本符合证明颁发给：

××××

公司(地址)

安装于××风电场的下列型号风力发电机组：

××××

兹证明上述风力发电机组符合 GB 18451.1，级别××(或 GB 17646、IEC 61400-3)关于地基设计的相关要求。本符合证明在下述文件的基础上签发：

评估报告：	型式认证证书
时间：	年、月、日
签发人：	姓名
评估报告：	塔基设计评估
时间：	年、月、日
签发人：	姓名
评估报告：	土壤条件
时间：	年、月、日
编制人：	姓名

相关评估按照 GB/Z 25458 的要求进行。

在设计上或土壤条件上的任何改变需经本机构批准，否则本符合证明失效。

本符合证明第 2 页详述了风力发电机组的型号参数(见 B.1 中的技术参数)。

签发地点、时间

(评估机构盖章)

签发：

B.11 安装符合证明样本

IN—(编号)

安装评估符合证明

本符合证明颁发给：

××××
公司(地址)

安装于××风电场的下列型号风力发电机组：

××××

兹证明上述风力发电机组符合 GB 18451.1,级别××(或 GB 17646、IEC 61400-3)关于安装及试运行的相关要求。本证明在下述文件的基础上签发：

TC—(编号)	型式认证证书
时间	(年、月、日)
签发人	姓名
FDC—(编号)	塔基设计符合证明
时间	(年、月、日)
签发人	姓名
评估报告	检验、监督和/或审查
时间	(年、月、日)
签发人	姓名

相关评估按照 GB/Z 25458 的要求进行。

本符合证明第 2 页详述了风力发电机组的型号参数(见 B.1 中的技术参数)。

签发地点、时间
(评估机构盖章)

签发：

B.12　运行和维护监督符合证明样本

OMS—(编号)

运行和维护监督符合证明

本符合证明颁发给：

××××

的下述位置的风力发电机组：

××××

兹证明上述风力发电机组符合 GB 18451.1，级别××(或 GB 17646、IEC 61400-3)关于运行和维护的相关要求。本证明在下述评估报告的基础上签发：

TC-(编号)：	型式认证证书
时间：	年、月、日
编制人：	姓名
手册：	运行和维护指南
时间：	年、月、日
编制人：	姓名
评估报告：	检验、监督和/或审核
时间：	(年、月、日)
编制人：	姓名

相关评估按照 GB/Z 25458 的要求进行。

本符合证明第 2 页详述了风力发电机组的型号参数(见 B.1 中的技术参数)。

签发地点、时间

(评估机构盖章)

签发：

B.13　部件认证证书样本

CC—(编号)

部件认证证书

本符合证明颁发给：

××××
公司(地址)

的下述型号的风力发电机组用部件：

××××

兹证明上述风力发电机组用部件的设计和制造符合 GB 18451.1,级别××(或 GB 17646、IEC 61400-3)关于设计及制造的相关要求。本证书系在下列文件的基础上签发：

DE—(编号)：	设计评估符合证明
时间：	年、月、日
TT—(编号)：	型式试验符合证明
时间：	年、月、日
MC—(编号)：	制造能力评估符合证明
时间：	年、月、日
ER—(编号)：	最终评估报告
时间：	年、月、日

相关评估按照 GB/Z 25458 的要求进行。
本认证证书第 2 页详述了该风力发电机组用部件的型号参数。
设计体系或制造商质保体系的改变应经认证方同意,否则本证书无效。

本认证证书的有效期至：
签发地点、时间
(评估机构盖章)

签发：

附 录 C
（规范性附录）
载荷测试的最低要求

C.1 一般要求

型式认证中，载荷测量的目的是要验证设计计算结果和直接确定特殊条件下的载荷，测量应满足下列的最低要求。

C.2 载荷测试程序

载荷测试程序应以 GB 18451.1 或 GB 17646 标准为依据，且测试的载荷工况应尽可能与标准中定义的设计载荷工况一致。测试的载荷工况应包括所有正常的、临界运行和故障条件、刹车性能（如偏离轨迹、紧急刹车、保护系统故障等）和偏航性能，测试应能足够地表现出在设计风速范围内典型的操作行为，应收集在统计学上有意义的数量的数据，这个数据是有关风速和湍流强度，数据的数量应足以用来进行推断。

C.3 测量的数据

测量的数据应至少包括载荷、气象参数和风力发电机组操作数据。应测量临界载荷线路上特定区域结构上的载荷。这载荷能够使我们与预计的载荷进行比较，并且能够表现风力发电机组的动力特性，这些载荷应包括叶根弯矩（挥舞方向与摆振方向）、主轴载荷（弯矩和扭矩）及塔顶和基础上载荷（在两个方向上）。气象条件应包括轮毂高度处的风速、风向和气压、气温。应测量相关的风力发电机组操作数据，包括风轮转速、电功率、桨距角、风轮方位角、偏航位置及发电机状态。

C.4 数据分析

数据的分析应使与计算载荷与频率的比较成为可能。最基本的，平均值、最小和最大值、标准偏差、循环的计数、动力光谱密度和适当载荷数据的柱状图，应估计出来，根据已记录的风速湍流范围和包括在测试报告中的相关数据。

附 录 D
（规范性附录）
安全和功能试验要求

D.1 一般要求

风力发电机组设计认证和型式认证中安全和功能试验的要素在8.3.17中已有叙述，这个附件讲述了进行这些试验的一般要求，这个要求分为下面三个主要部分。

D.2 试验方案

安全和功能试验方案应包括需试验验证的控制和保护系统在临界状态下的性能。这一点在设计文件中已注明，这些重要功能应包括：

—在运转时紧急刹车；

—功率和速度控制；

—偏航控制（包括电扭缆）；

—运转振动幅度和过振动保护；

—断网；

—额定风速以上的过速保护；及

—额定风速以上的启动与刹车。

由于部件失效，其他临界事件或运行的状况导致的任何附加保护系统功能也应被试验。试验应模拟临界事件或运行条件。每个试验应在试验方案中记录。在很多情况下，部件的失效模式或临界事件会导致控制和保护系统产生相似的后果，且能够被一个单独试验所囊括。认证书应核实：在试验方案中描述的试验包含所有临界控制和保护系统功能。

对于每个试验，试验方案应详述需测量的物理量，设备、数据采集系统、控制系统的校准及运行设置，任何需要的特殊仪器、螺旋管或电源开关，及与试验有关的额外条件需求。进行每次试验的程序，包括适当的安全措施，应在试验方案中言明，另外，作为试验方案的一部分，执行机构应确定风力发电机组适用的标准（包括动力特性）。这些从设计文件延伸而来的标准应得到认证机构和申请人的认可。认证机构应进一步确认它可以依照试验方案中的描述顺利的完成试验。

D.3 场址试验活动

试验应按照已批准的试验方案进行。任何对试验方案的修改（这个更改是在试验中发现有必要的），都应记录下来并经过批准。

D.4 分析和报告

应编制一个符合9.2.6要求的试验报告。数据分析应最低限度地对于所测得每一种重要的实验数据包括：所测量的极限物理量的时间序列图、一张反映数据变化在统计计算值的图表（包括最大值和最小值）或适宜的统计图如柱状图、超越曲线或功率谱密度。分析应包含数据中显示的，临界系统的自然频率。报告应表明试验的目标已达到，并满足适用的标准要求。

附　录　E
（规范性附录）
小型风力发电机组的耐久试验

对于小型风力发电机组，耐久试验可代替9.2.3及9.2.4中提及的叶片试验和载荷测试。试验的目的是查明：

——结构完整性及材料的老化（腐蚀、裂缝、变形）；

——风力发电机组环境保护的质量。

在试验期间风力发电机组任何部分的变形都应记录下来。

试验和报告的格式应满足GB 17646中规定的要求。

该试验至少持续6个月，在试验期间，风力发电机组应保证至少1 500 h内不用大修，且至少在90%时间内保证可用[1)]。如果90%时间内的可利用率不能达到，那么试验应继续进行直到达到90%的可利用率，或承诺进行一次新的试验以达到上述标准。

在试验期间，风力发电机组应至少有250 h在日常运转条件下：10 min轮毂高度处平均风速大于等于10 m/s；其中至少25 h，10 min平均风速大于等于15 m/s。上述风速指的都是轮毂高度处的风速。

对于可变的载荷，如蓄电池充电，风力发电机组应在满载荷及小于40%载荷下充电，模拟风电载荷的实际工作范围。在可能的风电载荷范围内每一种载荷都应进行试验，对于每一种充电条件，应确定一个合适的能够耐久进行的载荷条件。

风力发电机组的动力特性应根据实际结果来评估。以确定系统的固有频率与工作频率不会产生冲突。风力发电机组动力特性应在接近或超过10 m/s、15 m/s及20 m/s风速情况下观测1 min。试验中应记录最高的3 s平均风速及15 m/s风速下平均湍流强度。这些结果应在试验报告中和型号证书中写明，证书中亦应注明“记录风速不反映设计风速”。

1）对试验来说，可利用率被定义为一个性能指标，以时间效率的公式给出，在以百分比表示的评估期内，风力发电机组可用时间与总时间的比率。在某些时间段内，风力发电机组状态不明时，可利用率A以如下定义给出：

$$A=\frac{T_A}{T_T-T_U}\times100\%=\frac{T_T-T_N-T_U}{T_T-T_U}\times100\%$$

式中：

T_T——所考虑的总时间；

T_A——风力发电机组可用的时间；

T_N——风力发电机组不可用的时间；

T_U——风力发电机组状态不明的时间。

如果外部条件在正常运转范围内，风力发电机组能够运行（发电、启动、停机）或能够发电，那么它被认为是可利用的。

ICS 35.240.50
J 07

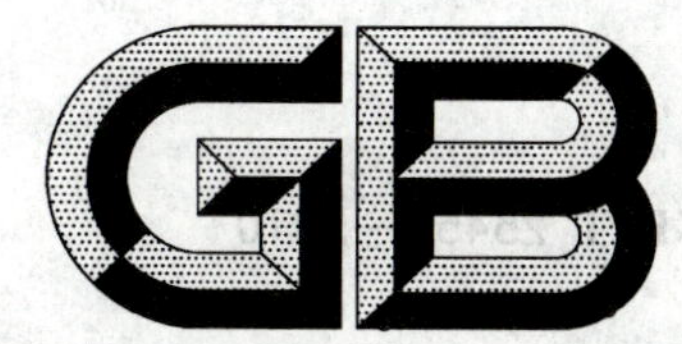

中华人民共和国国家标准

GB/T 25459—2010

面向制造业信息化的ASP平台测评规范

Specification of testing ASP platform for networked manufacturing

2010-12-01 发布　　2011-05-01 实施

中华人民共和国国家质量监督检验检疫总局
中国国家标准化管理委员会　发布

前　言

本标准的附录 A 为资料性附录。

本标准由中国机械工业联合会提出。

本标准由全国自动化系统与集成标准化技术委员会(SAC/TC 159)归口。

本标准起草单位:北京机械工业自动化研究所。

本标准主要起草人:黎晓东、王思斯。

面向制造业信息化的 ASP 平台测评规范

1 范围

本标准规定了面向制造业信息化的 ASP 平台的测评内容及测评指标、评定细则、测评组织机构、测评工作流程、测评申请、受理审查、测评实施、结果公告等方面的要求。其目的为面向制造业信息化的 ASP 平台的测评工作提供技术指导和技术规范支持，实现对 ASP 平台的公平、公正、科学、客观的评价。

本标准适用于我国面向制造业信息化的 ASP 平台的测评。

2 术语、定义和缩略语

2.1 术语和定义

下列术语和定义适用于本标准。

2.1.1

功能 function

程序中的一个算法的实现，利用该实现，用户或程序可以完成某一工作任务的全部或部分内容。

[GB/T 17544—1998 中 2.1]

2.1.2

易用性 usability

在指定条件下使用时，软件产品被理解、学习、使用和吸引用户的能力。

注 1：功能性、可靠性和效率的某些方面也会影响易用性。

注 2：用户可能包括操作员、最终用户和受该软件的使用影响或依赖于该软件使用的间接用户。易用性必须针对软件所影响的所有不同的用户环境，这可能包括对使用的准备和结果的评价。

[GB/T 16260.1—2008 中 6.3]

2.1.3

可靠性 reliability

在给定时段和给定条件下，功能单元履行所要求功能的能力。

[GB/T 5271.14—2008 中 14.01.03]

2.1.4

可扩展性 extendability

系统或部件能修订以增加它的存储或功能的情况。

参见：灵活性，可维护性

[GB/T 11457—2006 中 2.594]

2.1.5

效率 efficiency

系统或部件以最小的计算资源消耗实现其预定功能的能力。

[GB/T 11457—2006 中 2.535]

2.1.6

测试用例 test case

测试者使用的文档化的细则，其规定如何对某项功能或功能组合进行测试。测试用例包括下列内容的详细信息：

——测试目标；

——要测试的功能；

——测试数据；

——过程；

——系统的预期行为。

[GB/T 17544—1998 中 2.6]

2.1.7

评定 verdict

相对于测评项，对被测实现的结果给出定性或定量等结论性陈述的行为。

2.2 缩略语

下列缩略语适用于本标准

ASP 应用服务提供商(Application Service Provider)

SLA 服务品质协议(Service Level Agreement)

3 测评内容及测评指标

3.1 概述

3.1.1 测评阶段

面向制造业信息化的ASP平台的测评过程分为三个阶段：系统管理测评、工作流程测评和专业服务测评。

3.1.2 系统管理测评

系统管理测评的范围是ASP平台为保证平台本身正常运行而具备的系统管理的功能。

3.1.3 工作流程测评

工作流程测评对用户使用ASP平台的过程进行测评，以检验平台使用过程的合理性和科学性。

3.1.4 专业服务测评

专业服务测评以检验ASP平台为客户提供服务的能力和质量为目的，对专业服务的性能进行测评。

3.2 系统管理测评

3.2.1 系统操作

a) 数据存储与输出管理；

b) 软件分发管理；

c) 作业和工作量管理；

d) 业务连贯性管理。

3.2.2 系统监控和管理

a) 网络系统的监控和管理；

b) 应用程序的监控和管理；

c) Web的监控和管理：

——Web监控和管理提供的用户使用情况数据至少包括以下内容；

——总体响应时间；

——客户决策与浏览时间；

——网络交通；

——总服务器时间；

——单独应用和事务响应时间；

——页面查看频率；

——常用或最流行 Web 页的路径；

——查看一个单独页面所需时间。

d) 性能的监控和管理。

性能的监控和管理要向客户提供的报告客户系统结构中各个层次的性能和有效性报告，报告中的监控和管理对象至少包括以下内容：

——网络部分：带宽使用的分布模式、客户或应用系统的带宽利用率、信息包丢失率、错误率、延迟；

——服务器部分：处理器和内存利用情况、磁盘系统的性能、操作系统的性能(进程、服务、任务)；

——应用系统部分：应用响应(包括平均响应时间和标准偏离量，由此预测用户期望值)、应用程序自修复事件、日志以外的应用处理的原因；

——Web 应用部分：响应时间、网络时间、浏览时间和服务时间；

——防火墙部分：安全性事件和例外事件、安全日志及状态。

3.2.3 客户支持

a) 更改与请求管理：系统能够在单用户环境和多用户环境中按用户要求进行更改操作环境的处理活动；

b) 问题管理：两个基本功能是呼叫跟踪和问题跟踪。呼叫跟踪解决客户(用户)通过电话、Web 等方式报告的服务协议范围内应当解决的问题。问题跟踪包括对被管理的设备、服务、应用系统和客户的问题统计，以及相关性能检测的收集报告。

3.2.4 服务管理

a) 计量与会计：从客户的记账、性能报告检测客户对 ASP 的使用情况，并从客户资产和客户为未来活动与升级所订的计划中收集有用数据。计量与会计过程应当获取以下六种数据用于计算：

1) 应用系统事件：

——专用应用系统的用户，这类应用系统按客户或时间划分；

——共享应用系统的客户和最终用户；

——应用、客户机和服务器、时间段等事务计数；

——事务的货币价值和一个记账周期中的量；

——产品目录大小等。

2) 服务器使用日志：

——CPU 负荷和时间分配；

——进程、线程的 CPU 时间使用率等。

3) 网络使用情况：

——带宽使用率(通信量)；

——传输单元大小(如文件和事务大小)；

——时间使用率(时钟和周期，有无高峰时间)；

——时间和空间上的通信量分布(如路由器和中继线)；

——Web 站点访问统计(点击率、页面请求、点击和请求的分布)等。

4) 存储统计：

——HTML 页面、XML 脚本、JAVA 应用插件和服务器插件、用户注册、交付的内容、软件发布文件及数据库等的磁盘使用率；

——备份和恢复等。

5) 信息统计：

——E-mail 账号数；

——邮箱大小；
——信息的收发；
——信息的大小；
——主动提交的 E-mail 空间等。

6） 安全性事件：
——目录入口；
——已发证明；
——已有密码；
——防火墙、入侵监测系统的使用统计；
——杀毒软件的运行；
——按条目或字节统计的日志文件大小；
——日志文件分析软件的运行；
——每一时间周期安全报告的数目等。

b） 配置管理：监测和改变资源状态及其相互关系，功能如下：
——识别系统和网络资源(包括应用程序)；
——定义和命名这些资源；
——检测和控制这些资源；
——初始化、操作、重新配置、关闭和删除资源；
——收集有关资源操作的数据(如性能、有效性)。

c） 记账与报表：为客户准备报表和提交账单。记账应用系统支持三种基本活动：
——记账数据收集：ASP 将数据转化为记账数据，然后将数据打包供记账服务使用；
——记账生成：ASP 使用记账数据，以一定的规则和预先制定的费用形式为每一客户产生客户账单和发票；
——账单提交：ASP 产生账单，采用各类账单派发方法提交给客户。

ASP 平台应当支持的与记账有关的其他功能有：
——客户化账单；
——客户账号管理；
——通知能力：如向客户发送 E-mail、传呼、声音邮件和传真，用于账单的查验和递送；
——支付界面：使用户能够通过信用卡、支票等进行费用支付。

3.2.5 安全性管理

a） 安全性结构：
——系统安全：控制计算机的软、硬件安全，确保它们被有正确权限并通过鉴别的用户访问和使用；
——物理结构设施安全：处理对 ASP 数据中心及其他物理设施的访问；
——网络安全：包括所有在不同网络(即局域网和广域网)内流动的数据的安全。

b） 安全性措施：
——访问控制：定义使用者访问权限；
——鉴定：即身份验证，说明用户或访问者的身份及其对应的权限；
——数据完整性：现存的数据和原来的数据相比较是否完整；
——机密性：存储、处理及在网络通信时数据的保密性；
——非拒绝性：确保充分证据的有效性；
——有效性：防止对网络和系统组件及资源的破坏、乱用、滥用、误用；
——责任性：各个部门对日志记录系统记录的事件均有对应的责任措施。

3.3 工作流程测评

3.3.1 概述

用户使用 ASP 平台的过程应当遵循如图 1 所示的流程。

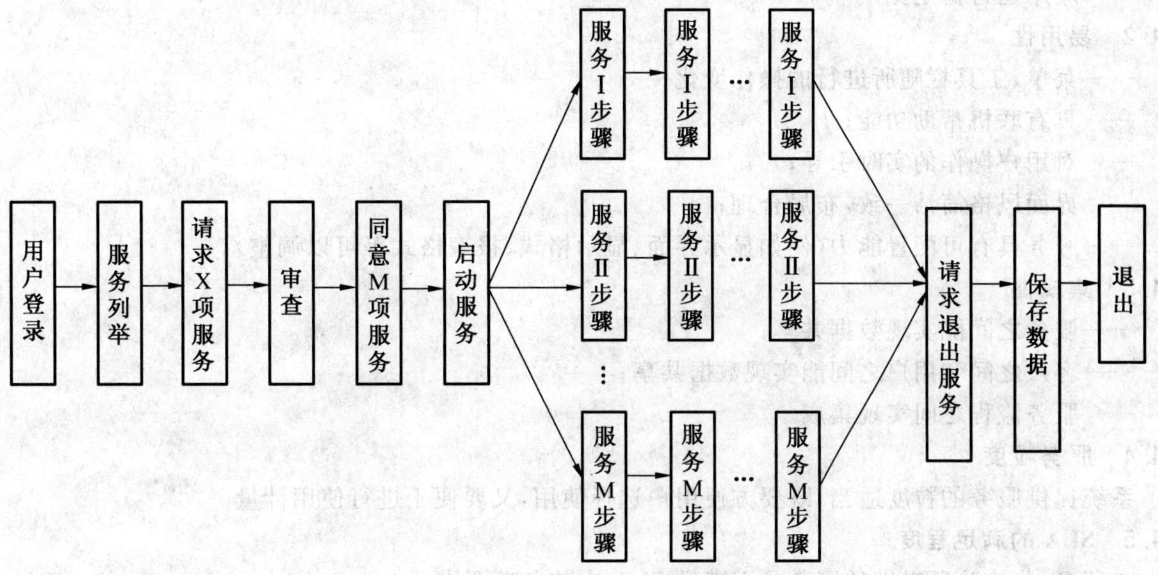

图 1 用户 ASP 平台的使用过程

3.3.2 用户登录

用户登录时，系统应当根据用户输入的用户名和口令确定用户的身份、权限及其订购的服务。

3.3.3 确定服务

确定服务包括以下步骤：

——服务列举：系统查询用户订购记录，列举并显示用户可以使用的服务，供用户选择；

——请求服务：用户从列举的服务中选择要使用的服务，并向系统提出使用请求；

——审查：系统审查用户提出的服务使用请求，确定可以提供的服务的种类、范围和功能；

——同意服务：通知用户可以提供的服务及相关信息。

3.3.4 服务运行

服务运行包括以下步骤：

——启动服务：根据审查同意提供的服务种类、范围和功能启动服务；

——使用服务功能：用户使用系统已经启动的各项服务；

——请求退出服务：用户向系统提出退出服务的请求；

——保存相关数据：系统保存用户使用过程的各类数据，包括用户运行应用服务的结果和记录用户使用情况的数据；

——退出服务：结束用户的全部服务，完成系统相关用户服务运行日志。

3.4 专业服务测评

3.4.1 可靠性

——能屏蔽用户操作错误；

——运行错误不会导致系统异常退出；

——操作权限控制安全可靠；

——具备数据备份及数据恢复能力；

——应用能进行输入有效性检查；

——无损坏数据软件的现象；

——提供运行日志管理；

——与其他软件的兼容性(运行时对系统中其他程序不产生破坏性的影响)；

——系统故障恢复(网络中断、断电后自动恢复)；

——应用运行稳定。

3.4.2 易用性

——菜单、工具栏随所进行的操作变化；

——具有联机帮助功能；

——对用户操作的实时引导；

——界面风格简洁一致，布局合理；

——服务具有可配置能力(例如显示界面、显示格式、报表格式等可以调整)。

3.4.3 集成性

——服务之间能实现数据共享；

——客户之间和用户之间能实现数据共享；

——服务流程之间实现集成。

3.4.4 服务粒度

系统提供服务的粒度适当，既要方便用户选择使用，又要便于进行使用计量。

3.4.5 SLA 的满足程度

参照 SLA 检验所提供的服务是否满足 SLA 中的各项要求。

从服务的有效性、响应性、完整性、安全性 4 个方面来确定服务质量考核指标。

——有效性：服务有效即服务可用。对于由应用系统构成的服务，服务的可用性即为系统的可用性。对于由人工形式提供的服务，其可用性可转化为在服务提供时间内的用户请求服务的成功率。

——响应性：客户能否在预期时间内享受到服务带来的价值，重点是服务的效率问题。

——完整性：服务是一个或者一系列的动作的组合，需要能完成与服务有关的所有动作才能视为有能力提供完整的服务。

——安全性：指服务交付的过程中客户资产的安全，强调客户在享受服务的同时尽量避免承担风险。

4 评定细则

4.1 测评关键因素

4.1.1 测评 ASP 平台的关键因素

下列三项为影响 ASP 平台测评结果的关键因素：

——被测平台不具备本标准规定的基本功能项；

——被测平台在基本功能的测评过程中发生了一项或多项可重复出现的严重问题；

——被测平台的性能指标评定值不能达到最低限度。

4.1.2 基本功能项

基本功能项是指本标准所规定的功能测评指标中带有★号的二级指标，参见附录 A 表 A.1。

测评基本功能指标是否通过，以其下属的三级指标为依据。三级指标中带有 * 号的为必备指标，只有三级指标中的必备指标全部具备并且可以正确实现，则该项基本功能指标为“通过”，否则为“不通过”。

4.1.3 重复出现的严重问题

重复出现的严重问题是指在测试过程中出现的、且在相同条件下可再现的下列问题：

——被测基本功能项不能正确实现；

——被测数据处理错误；

——主业务流程出现断点；

——应用错误导致死机；

——应用错误导致数据丢失；

——应用错误导致系统无法运行；

——应用操作响应时间过长，在 1 min 以上；

——应用存在严重的安全漏洞。

4.2 测评结果评定

ASP 平台测评的最终结果只能评定为下列两种结论中的一种：

——通过；

——不通过。

有下列情况之一者，评定为“不通过”：

——被测平台缺少规范规定的基本功能项；

——在基本功能的测评过程中，出现了一项或多项可重复出现的严重问题；

——一项或多项性能指标评定值不能达到最低限度。

未出现上述情况的，评定为“通过”。

4.3 功能指标测评结果评定

4.3.1 系统管理和工作流程的测评方式

系统管理和工作流程的测评采用功能指标测评方式。

4.3.2 基本功能指标测评结果评定

各项基本功能测评指标的结果只能评定为下列两种结论中的一种：

——通过；

——不通过。

在对某项基本功能测评指标进行测试的过程中，有下列情况之一者，判定该项指标为“不通过”：

——被测平台缺少该项指标对应的功能；

——出现了一项或多项可重复出现的严重问题。

未出现上述情况的，该项指标判定为“通过”。

4.3.3 扩展功能指标测评结果评定

各项扩展功能测评指标的结果只能评定为下列三种结论中的一种：

——“无此功能”；

——“通过”；

——“不通过”。

在对某项扩展功能测评指标进行测试的过程中，如被测平台缺少该项指标对应的功能，则判定该项指标为“无此功能”；如被测平台具有该项指标对应的功能且未出现可重复出现的严重问题，则判定该项指标为“通过”；如被测平台具有该项指标对应的功能，但出现了一项或多项可重复出现的严重问题，则判定该项指标为“不通过”。

4.4 性能指标测评结果评定

4.4.1 概述

专业服务的测评采用性能指标测评方式。

各级性能指标的测评采用评分方式，各级性能指标测评结果为 10 分制分值。

测评人员应对每一项无下级指标的性能指标进行测试，并依据测试完成情况与预期效果之间的差异，参见附录 A 表 A.3 中的评分细则的规定对该项性能指标进行评分。

上级指标的得分按如下公式计算得出：

上级指标的得分＝$\sum$（下级指标得分×下级指标权重）

4.4.2 权重分配

一级指标的权重分配参见附录A表A.2，二级指标的权重分配参见附录A表A.3。

4.4.3 评分方法

4.4.3.1 单项指标的评分方法

无下级指标的单项指标应在本标准第一部分规定的线性评分方法、减分式评分方法以及等级式评分方法中选用一种适合的方法进行评分，选用的具体规定参见附录A表A.3。

有下级指标的单项指标不进行直接评分，由下级指标汇总得出。

4.4.3.2 评分汇总方法

上级指标的得分按如下公式计算得出：

上级指标的得分＝$\sum$（下级指标得分×下级指标权重）

性能测评的总评分按如下公式计算得出：

性能测评的总评分＝$\sum$（一级指标得分×一级指标权重）

4.4.4 评分细则

性能测评的评分细则参见附录A表A.3所示。

5 测评组织机构

5.1 总述

为顺利实施平台测评，保证测评过程的公平、公正、科学、高效，应设立平台测评的组织管理机构、测评机构和监督机构。

5.2 组织管理机构

组织管理机构的职责：

——发布开展平台测评的通知、通告；

——负责受理平台测评的申请，并对送测单位提交的申请材料进行受理审查；

——组织相关技术领域的专家制定平台测评的统一测试用例（或测试题）；

——审查、选定合适的测试用例（或测试题）；

——发布测评结果。

组织管理机构可以是国家政府有关部门或得到其授权的组织和机构；也可以是行业协会或相关技术委员会等。

5.3 测评机构

测评机构的职责：

——负责实施平台测评；

——根据有关标准规范规定和测试用例（或测试题），做好各项测评准备工作；

——保持与测试用例一致的测试，并填写测试记录；

——整理、分析测试过程中出现的问题，编写测试问题报告；

——做出测评结果的判定，编写测评报告；

——及时向平台测评组织管理机构提供信息反馈。

测评机构应该是获得国家认证、认可的软件测评机构或专业测试实验室。

5.4 监督机构

监督机构的职责：

——对平台测评过程的各个环节进行监督和检查；

——受理对平台测评过程中发生的问题和测评结果的投诉和举报，并调查核实，提出处理意见；

——对平台测评的管理工作，提出合理化意见和建议。

监督机构可以是国家政府相关部门或得到其授权委托的机构组织，或为开展测评临时组建的测评监督委员会。

——对无署名、无联系方式或没有具体事实的投诉，监督委员会可不予处理。

——对办结的投诉和举报，监督委员会要将处理结果告知投诉者或举报者，并将有关材料归档。

6 测评工作基本步骤

6.1 概述

测评工作有四个基本步骤为：申请测评→审查申请→测评实施→测评结果公告。

全部测评工作都在监督机构的监督下执行。

6.2 申请测评

送测单位应实事求是地认真填写申请表，并提交相关材料。如：

——《面向制造业信息化的 ASP 平台测评申请表》；

——必要时提供足够的测评数据及相应的数据文档；

——测评组织管理机构规定的有关平台的登记证书和送测单位身份证明。

6.3 审查申请

有以下情况之一者，将不能通过受理审查：

——申请手续不完备，申请书填写不符合规定；

——申请测评的平台不具备规定的条件；

——送测单位不具备规定的资格。

通过资格审查的软件移交给第三方平台测评机构进行平台测评。

6.4 测评实施

6.4.1 测评准备

平台测评机构根据本标准规定的测评内容，选择合格的具有相关技术领域知识的测评技术人员组成软件测评组。需针对每一个被测平台成立测评组，每个测评组不得少于二人。

测评组织管理机构组织相关领域的技术专家按照本标准规定的测评内容，设计编制能够覆盖全部测评内容的测试用例（或测试题）。

测试用例应包括下列信息：测试目标；测试环境和条件（包括：配置细节和准备工作）；测试数据；过程；系统的预期行为。

测试用例应系统地构造，应覆盖本标准第 4 章、第 5 章中规定的功能指标和性能指标。

——被测方可提供反映自身特点、能覆盖本标准规定的各项基本功能和基础性能的测试用例，供平台测评机构参考。

——测评人员除使用给定的统一测试用例对平台进行测试外，也可适当增加其他测试用例。

6.4.2 测试运行

平台测评组依据测试用例对平台进行功能和性能的测试。

平台测评组依据本标准第 4 章、第 5 章为基础构造的统一测试用例和其他参考测试用例对被测平台进行测试。

对测试过程中出现的问题，应进行重复性核定测评。

平台测评组应填写测试记录。

测试记录应包括：

——测试计划及包含测试用例的测试说明与解释；

——与测试用例相关的所有结果，包括测试期间出现的所有偏离、失败情况；

——测试中涉及的人员身份。

6.4.3 问题分析

平台测评组根据测试过程中出现的问题记录，确定问题性质（包括：严重问题、一般性问题、建议性问题），并对问题原因进行初步分析，编制被测平台的测试问题报告。

平台评测机构应对被测平台测试问题报告进行评审。

如涉及严重问题，须将被测平台测试问题报告提交被测方确认。

问题报告应包括：

——问题统计；

——问题概述；

——问题详细描述；

——问题确认、审核人员签名及日期。

6.4.4 测评报告

平台测评机构以测试记录和问题报告为依据，编写测评报告。

测评报告的结构：

——平台标识：测评报告的标识（测评实验室、平台标识、测评报告日期）和页面总数应出现在测评报告的每页上；

——测试环境（硬件、软件及其配置）；

——功能和性能测评结果：测评报告应包括与测评项相关的测评结果有效性的说明；

——测评结束日期，未经批准，不得复印测评报告及其有关说明。

6.5 测评结果公布

组织管理机构依据平台测评机构提交的测评报告，本着实事求是的原则，起草测评结果公告，并向社会公开发布。

附　录　A
（资料性附录）
面向制造业信息化的 ASP 平台测评指标表

面向制造业信息化的 ASP 平台测评指标表包括表 A.1 系统管理和工作功能测评、表 A.2 一级指标权重分配、表 A.3 专业服务性能测评。

表 A.1 中，标有“★”的二级指标为基本功能指标，没有标“★”的二级指标为扩展功能指标；在三级指标中，标有“*”的表示该三级指标是该二级指标中的关键性指标，此指标的测试“通过”或“不通过”将影响其上级指标（即第二级指标）的“通过”与“不通过”。

表 A.1　系统管理和工作功能测评

一级指标	二级指标	三级指标	正确性（仅测试通过与否）	备注
1 系统操作	1.1　数据存储与输出管理★	数据备份与恢复、数据和软件建档 *		
		将输出数据传往多种目的地 *		
	1.2　软件分发管理★	安装和卸载软件 *		
		软件升级 *		
		识别和解决软件配置冲突		
	1.3　作业和工作量管理★	管理系统作业 *		
		统计系统工作量 *		
	1.4　业务连贯性管理	正常操作管理		
		灾难避免管理 *		
2 系统监控和管理	2.1　网络系统的监控和管理★	网络系统的监控和管理 *		
	2.2　应用程序的监控和管理★	应用程序的监控和管理		
	2.3　Web 的监控和管理★	总体响应时间		
		客户决策与浏览时间		
		网络交通		
		总服务器时间		
		单独应用和事务响应时间		
		页面查看频率		
		常用或最流行 Web 页的路径		
		查看一个单独页面所需时间		
	2.4　性能的监控和管理	网络部分 *		
		服务器部分 *		
		应用系统部分 *		
		Web 应用部分		
		防火墙部分		

表 A.1（续）

一级指标	二级指标	三级指标	正确性（仅测试通过与否）	备注
3 客户支持	3.1 更改与请求管理★	更改与请求管理		
	3.2 问题管理★	问题管理		
	3.3 客户培训	客户培训		
4 服务管理	4.1 计量与会计★	应用系统事件 *		
		服务器使用日志 *		
		网络使用情况 *		
		存储统计 *		
		信息统计 *		
		安全性事件		
	4.2 配置管理★	识别系统和网络资源 *		
		定义和命名资源 *		
		检测和控制资源 *		
		初始化、操作、重新配置、关闭和删除资源 *		
		收集有关资源操作的数据 *		
	4.3 记账与报表★	记账数据收集 *		
		记账生成 *		
		账单提交 *		
		客户化账单		
		客户账号管理		
		通知能力		
		支付界面		
	4.4 安全性管理★	安全性结构 *		
		安全性措施 *		
5 工作流程	5.1 基本步骤★	步骤顺序和内容 *		
	5.2 用户登录★	确定身份、权限和服务订购 *		
	5.3 确定服务★	服务列举		
		请求服务 *		
		服务审查 *		
		同意服务 *		
	5.4 服务运行★	启动服务 *		
		使用服务功能 *		
		请求退出服务 *		
		保存相关数据 *		
		退出服务		

表 A.2　一级指标权重分配

一级指标	满分	权重	测评总分
可靠性	10 分	0.4	10 分
易用性	10 分	0.3	
集成性	10 分	0.1	
服务粒度	10 分	0.1	
SLA 的满足程度	10 分	0.1	

表 A.3　专业服务性能测评

一级指标	二级指标	预期效果	评分细则	评分
可靠性（满分 10 分）	若出现死机、数据处理错误、主业务流程断点、软件错误导致数据丢失、软件错误导致系统无法运行，则可靠性为 0 分			
	屏蔽用户操作错误（权重 0.15）	可以屏蔽用户操作错误，不会引起系统异常退出	每出现一次未屏蔽用户操作错误，扣 1 分	初始分 10 分，满分 10 分
	运行操作错误不会导致系统异常退出（权重 0.2）	应该提示错误原因	每出现一次异常退出，扣 2 分	初始分 10 分，满分 10 分
	操作权限控制安全可靠（权重 0.1）	具有创建、删除、修改用户信息及口令管理的功能	只测是否通过，通过 10 分，不通过 0 分	
	具有数据备份和恢复手段（权重 0.1）	系统应提供数据备份和恢复手段	只测是否通过，通过 10 分，不通过 0 分	
	能进行输入有效性检查（权重 0.1）	能排除不符合要求的输入数据或给出提示	每出一次错误，扣 1 分	初始分 10 分，满分 10 分
	无损坏数据的现象（权重 0.1）	不会引起软件、系统的损毁	出现一次损坏现象，可靠性为零分	初始分 10 分，满分 10 分
	提供运行日志管理（权重 0.1）	是否具有运行日志管理功能，对日志可以进行查看分析、备份存档	只测是否通过，通过 10 分，不通过 0 分	
	与其他软件的兼容性（权重 0.05）	安装运行后对系统中其他程序不产生破坏性的影响	每出一次兼容性错误，扣 2 分	初始分 10 分，满分 10 分
	系统故障恢复（权重 0.05）	网络中断、断电后自动恢复	每出一次错误，扣 3 分	初始分 10 分，满分 10 分
	稳定性（权重 0.05）	是否出现死机、异常退出现象	死机一次可靠性为 0 分	初始分 10 分，满分 10 分

表 A.3（续）

一级指标	二级指标	预期效果	评分细则	评分
易用性（满分10分）	菜单,工具栏随所进行的操作变化（权重0.15）	无效的菜单项应变灰或隐藏	每出一次未变灰或隐藏现象,扣0.5分,扣完为止	初始分10分,满分10分
	应具有联机帮助功能（权重0.3）	功能所对应的操作都有相应的联机帮助	对"功能测试"所列的操作,如无联机帮助扣除0.5分,扣完为止	初始分10分,满分10分
	对用户操作的实时引导（权重0.05）	对用户的每一步关键性操作都有相应的提示	每出现一次未提示现象,扣0.5分	初始分10分,满分10分
	界面风格应该简洁一致,布局合理（权重0.2）	术语是否统一； 对话框颜色等是否一致； 按钮大小、颜色是否一致	每出现一次不一致的情况扣0.5分	初始分10分,满分10分
	服务具有可配置能力（权重0.15）	例如显示界面、显示格式、报表格式等可以调整	具有报表调整功能5分,格式调整3分,显示界面调整2分	
	服务易更改（权重0.15）	是否支持客户对订购服务的更改	不能更改0分,能更改10分	
服务粒度（满分10分）	服务可分解(权重0.5)	用户可以将平台提供的服务分解,订购其中的部分服务	能够10分,不能够0分	
	服务可组合(权重0.5)	用户可以将分解后的服务组合使用	能够10分,不能够0分	
SLA的满足程度（满分10分）	SLA的满足程度	参照ASP与客户签定的SLA检验其执行程度和状况	完全满足10分,否则适当减分	
注：表中给出权重均为针对上级指标的权重。				

参 考 文 献

[1] GB/T 11457—2006 信息技术 软件工程术语

[2] GB/T 16260—2006 软件工程 产品质量(ISO/IEC 9126:2001,IDT)

[3] GB/T 17544—1998 信息技术 软件包 质量要求和测试(idt ISO/IEC 12119:1994)

[4] GB/T 5271.14—2008 信息技术 词汇 第14部分:可靠性、可维护性与可用性(ISO/IEC 2382-14:1997,IDT)

ICS 25.040;35.240.50
J 07

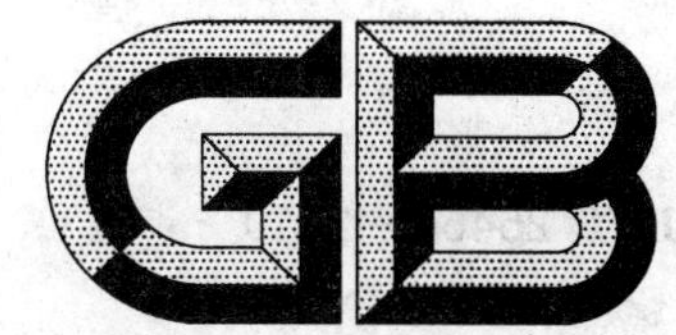

中华人民共和国国家标准

GB/T 25460—2010

面向制造业信息化的ASP平台功能体系结构

Functional architecture of ASP platform for networked manufacturing

2010-12-01 发布 2011-05-01 实施

中华人民共和国国家质量监督检验检疫总局
中国国家标准化管理委员会 发布

前　言

本标准由中国机械工业联合会提出。

本标准由全国工业自动化系统与集成标准化技术委员会(SAC/TC 159)归口。

本标准起草单位:北京机械工业自动化研究所。

本标准主要起草人:黎晓东、王思斯。

面向制造业信息化的ASP平台功能体系结构

1 范围

本标准给出了面向制造业信息化的ASP平台功能体系结构，内容包括基本功能概述、整体功能体系结构、各功能的基本要求。

本标准适用于我国面向制造业信息化的ASP平台的开发、应用和测评。

2 术语、定义和缩略语

2.1 术语和定义

下列术语和定义适用于本标准。

2.1.1

服务品质协议 Service Level Agreement（SLA）

是ASP与最终用户间的约定，规定ASP提供服务的品质。SLA应当包括服务的特定等级、支持选项、违约的处罚、停止和运行时间等系统性能指标，以及提供的软、硬件和相应的费用。

2.1.2

数据中心 data center

为网络用户提供整套结构和环境的服务，包括数据存储空间、网络带宽、网络和服务端口的监控、系统安全设施、电力供应等多种服务。服务的类型有主机托管、主机租用、虚拟主机等。

2.1.3

安全性 security

对计算机硬件、软件进行的保护，以防止其受到意外的或蓄意的存取、使用、修改、毁坏或泄密。安全性也涉及对人员的数据、通信以及计算机安装的物理保护。

[GB/T 11457—2006 中 2.1420]

2.1.4

可扩展性 extendability

系统或部件能修订以增加它的存储或功能的情况。

注：参见灵活性、可维护性。

[GB/T 11457—2006 中 2.594]

2.1.5

冗余 redundancy

在容错系统中存在辅助的部件执行像其他元素同样的功能以防止失败或从失败恢复。

注：参见活动冗余、多样性、同构冗余和备用冗余。

[GB/T 11457—2006 中 2.1323]

2.1.6

中间件 middleware

中间件是一个将数据与功能封装在一起以完成特定任务的计算机程序，它本身往往不能单独运行，要在其宿主程序中与其他程序一起协调地工作。中间件把应用程序与系统所依附软件的较低层细节和复杂性隔离开来，使应用程序开发者只处理某种类型的单个应用接口，其他细节则由中间件处理。这种将接口与实现分离的好处是可以采用灵活的、积木式的开发方法。

[GB/T 18725—2008 中 3.174]

2.2 缩略语

下列缩略语适用于本标准。

ASP 应用服务供应商(Application Service Provider)

API 应用程序接口(Application Program Interface)

SLA 服务品质协议(Service Level Agreement)

ERP 企业资源计划(Enterprise Resource Planning)

SCM 供应链管理(Supply Chain Management)

CRM 客户关系管理(Customer Relationship Management)

CAD 计算机辅助设计(Computer Aided Design)

CAM 计算机辅助制造(Computer Aided Manufacturing)

CAPP 计算机辅助工艺规划(Computer Aided Process Planning)

QoS 服务质量(Quality of Service)

3 基本功能要求

3.1 通过网络提供服务

通过网络(Internet 或各类专用网络)提供面向制造业的多种应用服务，对网络进行管理，维持正常网络运行状态。

3.2 面向多客户

有效地支持多客户(相对于单客户)，并保证客户之间的商业机密的安全性。

3.3 跟踪、计量、记账

对每一客户的应用服务和网络服务进行跟踪、计量、记账。

3.4 向客户提供确定的服务

在全面管理操作环境和服务的基础上，根据每个客户签订的 SLA 对每个客户进行服务质量界定并执行协议。

4 功能体系结构框架

图 1 的虚线框中的部分是面向制造业信息化的 ASP 平台应当具备的各类功能。管理功能部分是为保证 ASP 平台正常运行而为平台系统本身提供的，专业服务功能是 ASP 平台为制造领域提供的各类专业性服务。图 1 的左半部分是面向制造业信息化的 ASP 平台的分层结构，每层结构都应具备特定功能以实现平台的管理和专业服务功能目标。

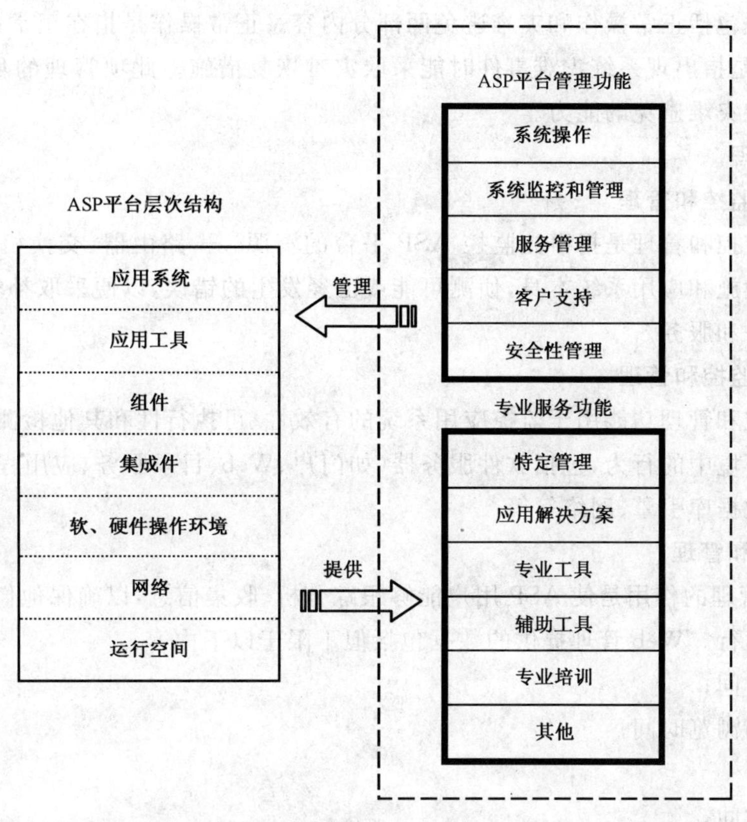

图1 面向制造业信息化的ASP平台功能体系结构框架

5 功能描述

5.1 管理功能

管理功能中的系统操作、系统监控和管理、服务管理、客户支持和安全性管理五部分功能都是ASP平台必须具有的基本功能。

5.2 系统操作

5.2.1 数据存储与输出管理

数据存储与输出管理是ASP的各数据中心应当具备的核心管理功能。

数据存储管理是系统对数据的备份与恢复，以及数据和软件的建档过程进行管理。在系统正常运行情况下，此项功能应自动完成。

数据输出管理是将客户的输出数据传递到多种目的地（如打印机、绘图仪、传真机、E-mail地址、物理媒体、网络端口和Web或企业内部网）或通用输出设施（如存储管理系统、报表生成系统），可以由客户驱动，还可以动态执行指令（如，根据发送对象、发送时间、发送形式的要求进行数据输出）。数据输出管理系统应当具有与应用解决方案（如ERP、CRM、SCM）集成的能力，并提供用户查看、排序、统计、控制输出功能和过程的界面。

5.2.2 软件分发管理

软件分发管理是在各种系统范围内安装和卸载软件，利用升级程序自动升级到新版本，能识别和解决软件配置的冲突。

5.2.3 作业和工作量管理

作业和工作量管理系统的功能是管理系统作业和统计系统工作量，它要有一定保密功能和侦测能力。

5.2.4 业务连贯性管理

业务连贯性管理包括正常操作和灾难避免两部分内容。正常操作是指在正常条件下成功完成操作任务需求;灾难避免是指出现系统灾难事件时能采取灾难恢复措施。此项管理的目的是使系统具有正常操作的能力和一定灾难避免的能力。

5.3 系统监控和管理

5.3.1 网络系统的监控和管理

网络与系统的监控和管理是指事先监控 ASP 平台的资源——路由器、交换机、服务器、存储系统、应用系统基础结构设施和应用系统本身,侦测可能或已经发生的错误,以便采取补救措施。该管理功能要同时管理多个设备和服务。

5.3.2 应用程序的监控和管理

应用程序的监控和管理功能用于监控应用系统的有效性、可执行性和其他检测特性,以便准确管理应用程序在其操作环境中的行为,包括软件服务器(如门户、Web、目录服务、应用程序)、其他应用程序、操作系统、中间件、数据库引擎、网络等等。

5.3.3 Web 的监控和管理

Web 的监控和管理的作用是使 ASP 用户能够跟踪分析、收集信息,以确保他们的 Web 应用能够按照他们的性能要求运行。Web 管理提供的数据包括但不限于以下内容:

——总体响应时间;

——客户决策与浏览时间;

——网络交通;

——总服务器时间;

——单独应用和事务响应时间;

——页面查看频率;

——指向常用或最流行 Web 页的路径;

——查看一个单独页面所需时间。

5.3.4 性能的监控和管理

性能的监控和管理的目的是向客户提供客户系统结构中各个层次的性能和有效性报告,以说明 ASP 对服务保证的满足情况。对系统与网络组件进行性能和有效性监控的对象包括但不限于以下内容:

——网络部分:宽带使用的分布模式、客户或应用系统的带宽利用率、信息包丢失率、错误率、延迟;

——服务器部分:处理器和内存利用情况、磁盘系统的性能、操作系统的性能(进程、服务、任务);

——应用系统部分:应用响应(包括平均响应时间和标准偏离量,由此预测用户期望值)、应用程序自修复事件、日志以外的应用处理的原因;

——Web 应用部分:响应时间、网络时间、浏览时间和服务时间;

——防火墙部分:安全性事件和例外事件、安全日志及状态。

5.3.5 环境的监控和管理

若 ASP 提供托管设备,则要确保托管环境满足多方面要求,以下是环境的本地或远程监控和管理主要内容:

——商业电力和偶发事件安排、电力接地系统等供电设施;

——供热、通风和冷却系统要具有冗余性及对偶发事件的处理能力;

——防火检测和监控系统、灭火设备;

——建筑通道、安全守卫、电视监控系统;

——防震支持。

5.4 客户支持

5.4.1 更改与请求管理

更改与请求管理提供更改操作环境的处理活动，这些操作环境包括：ASP 的数据中心、ASP 的网络、ASP 的应用基础结构设施和客户应用环境等。更改可以定义为任一改变配置、组成或操作环境处理的活动，这些活动在单用户环境和多用户环境中都可以采用。

5.4.2 问题管理

问题管理的两个基本功能是呼叫跟踪和问题跟踪。呼叫跟踪的目的是解决客户(用户)通过电话、Web 等方式报告的服务协议范围内应当解决的问题。问题跟踪包括对被管理的设备、服务、应用系统和客户的问题统计，以及相关性能检测的收集报告。

5.4.3 客户培训

ASP 的客户培训的目的是使客户正确理解和使用 ASP 系统和服务，从而提高系统的可用性和使用效率。可以用培训系统、当面授课等多种方式进行客户培训。客户培训包括以下三种类型：

——相关知识培训：使客户了解 ASP 的基本概念、运行模式、一般方法和过程。如，采用 ASP 的优势、ASP 客户的产品和服务定义、ASP 与客户间的服务品质协议及相关操作过程、风险分析与管理。

——技术培训：提高用户的使用技术水平，内容可以包括 ASP 的安全措施、ASP 的应用集成方法、相关开发技术、硬件和软件的扩展技术等等。

——应用和产品培训：分为应用解决方案培训(如 ERP、SCM、CRM、财务系统、电子商务与这些系统的集成)和特定产品培训(如来自 Oracle、Microsoft、Sun 的某种软件工具)。

5.5 服务管理

5.5.1 总述

ASP 平台的服务管理过程分两部分：实施和操作。实施功能包括商业计划、系统和服务定义、客户管理，它们用于制定托管环境，建立系统和服务，并制定 SLA 提供给用户。实施功能包括计量与会计、配置管理、记账与报表，它们用于检测服务消费和资源使用情况，以及配置或重新配置操作环境。

5.5.2 商业计划

商业计划的功能依赖于 ASP 的商业模式和财政能力，并使用来自检测和配置管理应用的经验数据。特定的商业计划包含以下内容：

——商业模式：市场定位、ASP 类型等；

——服务的市场特性：所提供应用服务和其他服务的类型，报价方式(如预付服务、柔性定价、基于使用量、价目表)，所开发市场渠道的类型等。

——投资计划：用于设备、系统和人员；

——规划实施：设备和系统的工程；

——反馈分析：以降低成本为目标的分析和设计；

——预防欺诈和扰乱管理。

5.5.3 系统与服务的定义

系统与服务定义设计了整个 ASP 基础结构设施和管理领域，依据服务品质协议保证提供服务的质量。服务定义把组成应用服务的所有部分汇聚在一起，包括：

——应用程序本身；

——应用系统基础结构设施(J2EE 容器、API、事务和数据库中间件等)；

——托管基础结构设施(如服务器、存储系统、路由器、交换机、安全系统和冗余组件等)；

——管理基础结构设施(如管理网络、控制台、服务器管理工具等);
——客户管理基础结构设施(如客户支持工具、客户合同等)。

5.5.4 客户管理

客户管理包括两部分:客户渠道和客户供应。

客户渠道是非客户转变为正式客户的过程,客户渠道管理分为以下六个步骤:

——托管请求:通过ASP销售人员或市场渠道接受期望的托管请求,这个过程中客户要完成初始资格审核过程,审核内容包括期望的财政稳定性、技术技能及全面适合ASP的程度。
——确定需求:为托管或(和)租赁的应用系统确定期望的技术和服务需求。技术需求可以包括CPU周期、磁盘容量、通信带宽、API、安全性,网络和系统管理需求以及中间件和服务器管理需求等。服务需求以QoS形式包括在SLA中。
——价值定位:确定各部分的价值定位和优先级,确定的部分包括:客户及其用户、提供托管或租赁应用程序的软件供应商、提供和使用渠道、ASP自身等。
——商业模式:帮助客户建立他们的商业模式并形成正式的定价。商业模式的基本要素包括伙伴关系和营销程序、定价和收入模式、SLA,也包括ASP涉及的所有系统成员的约定规则。
——实施计划:客户实施计划的要素包括事件进度表,各个项目活动,可交付使用的里程表,可认可或可接受的流程等。
——执行合同:实施合同内容,同时执行包括SLA全部内容的服务协议。

客户供应是帮助客户及其用户预定ASP服务,并向他们提供预定服务。这个过程要将客户的技术和服务需求及需求决策转化成条目,这些条目一般包括:

——应用选择(来自ASP提供的用于出租的栏目);
——与应用相关的组件(打印队列、共享文件夹、通知E-mail账号等);
——系统的质量(性能、可扩展性、有效性等);
——用户安全系统、体系、工具(访问、订购、自我管理等);
——定价和收费计划;
——客户支持级别等。

5.5.5 计量与会计

计量与会计的功能是从客户的记账、性能报告检测客户对ASP的使用情况,并从客户资产和客户为未来活动与升级所订的计划中收集有用数据。计量与会计的数据来源有以下六种:

a) 应用系统事件:
——专用应用系统的用户,这类应用系统按客户或时间划分;
——共享应用系统的客户和最终用户;
——应用、客户机和服务器、时间段等事务计数;
——事务的货币价值和一个记账周期中的量;
——产品目录大小等。

b) 服务器使用日志:
——CPU负荷和时间分配;
——进程、线程的CPU时间使用率等。

c) 网络使用情况:
——带宽使用率(通信量);
——传输单元大小(如文件和事务大小);
——时间使用率(时钟和周期,有无高峰时间);

——时间和空间上的通信量分布(如路由器和中继线);

——Web 站点访问统计(点击率、页面请求、点击和请求的分布)等。

d) 存储统计:

——HTML 页面、XML 脚本、JAVA 应用插件和服务器插件、用户注册、交付的内容、软件发布文件及数据库等的磁盘使用率;

——备份和恢复等。

e) 信息统计:

——E-mail 账号数;

——邮箱大小;

——信息的收发;

——信息的大小;

——主动提交的 E-mail 空间等。

f) 安全性事件:

——目录入口;

——已发证明;

——已有密码;

——防火墙、入侵监测系统的使用统计;

——杀毒软件的运行;

——按条目或字节统计的日志文件大小;

——日志文件分析软件的运行;

——每一时间周期安全报告的数目等。

5.5.6 配置管理

配置管理用来监测和改变资源状态及其相互关系,功能如下:

——识别系统和网络资源(包括应用程序);

——定义和命名这些资源;

——检测和控制这些资源;

——初始化、操作、重新配置、关闭和删除资源;

——收集有关资源操作的数据(如性能、有效性)。

5.5.7 记账与报表

记账与报表功能是 ASP 及其客户基本要求,该功能为客户准备报表和提交账单,也可以使用数据挖掘工具从报表中得到用于商业计划的使用趋势和增长需求模式。记账应用系统支持三种基本活动:

——记账数据收集:ASP 将数据转化为记账数据,然后将数据打包供记账服务使用;

——记账生成:ASP 使用记账数据,以一定的规则和预先制定的费用形式为每一客户产生客户账单和发票;

——账单提交:ASP 产生账单,采用各类账单派发方法提交给客户。

ASP 平台应当支持的与记账有关的其他功能有:

——客户化账单;

——客户账号管理;

——通知能力:如向客户发送 E-mail、传呼、声音邮件和传真,用于账单的查验和递送;

——支付界面:使用户能够通过信用卡、支票等进行费用支付。

5.6 安全性管理

5.6.1 安全性结构

安全性结构包括以下三部分内容：

——系统安全：控制计算机的软、硬件安全，确保它们被有正确权限并通过鉴别的用户访问和使用；

——物理结构设施安全：处理对ASP数据中心及其他物理设施的访问；

——网络安全：包括所有在不同网络（即局域网和广域网）内流动的数据的安全。

5.6.2 安全性措施

安全性措施包括以下七部分内容：

——访问控制。定义使用者访问权限；

——鉴定。即身份验证，说明用户或访问者的身份及其对应的权限；

——数据完整性。现存的数据和原来的数据相比较是否完整；

——机密性。存储、处理及在网络通信时数据的保密性；

——非拒绝性。确保充分证据的有效性；

——有效性。防止对网络和系统组件及资源的破坏、乱用、滥用、误用；

——责任性。各个部门对日志记录系统记录的事件均有对应的责任措施。

5.7 专业服务功能

5.7.1 专业服务功能概述

专业服务功能是实现面向制造业信息化的ASP平台实现最终目标的必备功能。主要的专业性服务功能分为以下五部分。

5.7.2 辅助工具

辅助工具是进行数据分析和统计、数据转换、文档编辑、E-mail管理、专业信息搜索等为制造业信息化提供辅助服务功能的工具软件。

5.7.3 专业工具

专业工具是制造企业进行产品研究开发、产品生产等活动所需的专业性工具软件，如CAD、CAM、CAPP等针对某一特定行业或区域专用的产品设计、工艺规划工具软件。

5.7.4 应用解决方案

应用解决方案为制造企业进行生产、营销等管理过程提供全面的支撑系统。在制造业中使用的应用解决方案有ERP、CRM、SCM、人力资源管理系统等多种。

5.7.5 特定管理

特定管理是针对特定区域、特定行业、特定产业等特定需求提供的动态管理功能，以下是制造业信息化中常用的特定管理系统：

——企业动态联盟支持系统：包括合作伙伴选择、动态联盟的组建、动态联盟的运行管理、合作伙伴评价等功能。

——制造系统资源系统：提供国内外信息动态、相关政策法规；企业产品、生产能力、制造资源、关键设备、技术特长、人才状态、市场状态、各项需求以及高校、科研院所的人才、技术、实验设备、科技成果等综合信息服务。为企业提供国内外信息资源挖掘、跟踪和监视服务，以便企业掌握市场动态。

——项目管理和过程控制系统：提供用户在整个ASP平台业务过程的项目管理和过程控制功能。

——协同产品开发支持系统：支持企业及高等院校、科研院所组成虚拟设计所和研究所，提供产品协同开发项目管理和过程管理，网络化的企业产品数据管理，企业协同产品开发支持工具（支持产品模型可视化）等，支持企业之间进行产品协同开发。

——设备资源共享支持系统：利用平台提供区域的设备资源网络化共享技术，使企业的闲置设备资源得到最大程度的利用。实现设备的远程管理、控制和监视，从而支持区域内企业设备资源共享和优化利用。

——网络化分销商管理系统：为企业提供一系列的分销管理服务，将企业异地分支机构的有关信息管理起来，并实现与公司总部的有效集成，从而实现对分支机构销售、库存、财务的高效管理和优化运行，并动态了解市场信息，掌握市场竞争主动权。

——网络化市场运作支持系统：企业可实现网络化市场信息跟踪、网络化销售与定制、网络化客户关系管理及电子攻关等，帮助企业快速实现电子商务和以客户为中心的生产销售模式。

5.7.6 **专业培训**

针对制造业信息化中所需的各类专业技术提供多种形式的培训，形式可以包括远程教学、模拟训练、专家咨询、网上讨论等等。

参 考 文 献

[1] GB/T 11457—2006 信息技术 软件工程术语
[2] GB/T 5271.8—2001 信息技术 词汇 第8部分:安全(idt ISO/IEC 2382-8:1998)
[3] GB/T 18725—2008 制造业信息化 技术术语

ICS 35.240.50
J 07

中华人民共和国国家标准

GB/T 25469—2010

制造业产业链协作平台功能规范

Cooperation platform function specification for manufacturing industrial chain

2010-12-01 发布　　　　2011-05-01 实施

中华人民共和国国家质量监督检验检疫总局
中国国家标准化管理委员会　发布

前　言

本标准由中国机械工业联合会提出。

本标准由全国自动化系统与集成标准化技术委员会(SAC/TC 159)归口。

本标准负责起草单位:北京机械工业自动化研究所、东南大学。

本标准主要起草人:王茜、黎晓东、杨书评、远铮。

引　言

制造业产业链上的各企业间的协同表现为业务过程间的协调，多种异构、分布式制造软件间的互操作和数据实时交换。

本标准针对我国制造业产业链协作的特点，规范了制造业产业链协作平台的相关术语，给出了制造业产业链协作平台的设计原则，明确了制造业产业链协作框架、给出了协作的过程、相应的过程模型、描述规范以及协作过程中交互信息的描述规范和传输过程的安全保密规范。

本标准的制定可以为我国企业实施基于制造业产业链协作平台的网络化制造系统提供参考指南：使企业明确企业之间协作时遵循的相关规范，指导制造业产业链协作平台的设计与开发。

制造业产业链协作平台功能规范

1 范围

本标准规定了制造业产业链协作平台的功能规范，它们包括：

a） 供应协作、销售定制（供/需）模式，这种采用供应商管理库存和协同规划、预测与补货模式，有效抑制了“牛鞭效应”，可降低产业链上各个环节的库存水平并保证供货的及时。

b） 服务协同、业务协作模式，这种模式给出了交互双方协作框架、协同的过程模型、描述规范以及交互信息的描述规范、传输过程的安全保密规范。

本标准适用于与制造业信息化技术相关的科研、生产、工程、管理、经营、教育等部门。

2 术语和定义

下列术语和定义适用于本标准。

2.1

产业链 Industrial Chain

一种或几种资源通过若干产业层次不断向下游产业转移直至到达消费者的路径。

2.2

供应链 Supply Chain

从采购原材料开始，到制成中间产品、最终产品，直至由销售网络把产品送到消费者手中的流程。供应链是将供应商、制造商、分销商、零售商、直到最终客户连成一个整体的功能网链结构。

[Oracle® Supply Chain Trading Connector for RosettaNet Implementation Guide Release 12.0 Part No. B40090-03 January 2007]

2.3

供应链管理 Supply Chain Management

供应链管理是计划、组织和控制从最初原材料到最终产品及其消费的整个业务流程，是对供应链过程中涉及的跨部门、跨企业、跨产业运作的物流、信息流、资金流、价值流、业务流进行整体规划设计与运作管理的活动。

[Oracle® Supply Chain Trading Connector for RosettaNet Implementation Guide Release 12.0 Part No. B40090-03 January 2007]

2.4

供应链管理系统 Supply Chain Management System

供应链管理系统是指采用系统工程的理论、技术与方法，借助于计算机技术、信息技术等建立的用于支持供应链管理的信息系统。

[Oracle® Supply Chain Trading Connector for RosettaNet Implementation Guide Release 12.0 Part No. B40090-03 January 2007]

2.5

流程 Process

为完成某项目标而进行的一系列活动。

[RosettaNet Implementation Framework: Core Specification Version v02.00.01 Revised 6 March 2002]

2.6

业务流程　Business Process

为完成企业业务目标而设定的特别流程。

[RosettaNet Implementation Framework: Core Specification Version v02. 00. 01 Revised 6 March 2002]

2.7

活动　Activity

流程中的单个步骤。

[RosettaNet Implementation Framework: Core Specification Version v02. 00. 01 Revised 6 March 2002]

2.8

核心企业　Core Enterprise

在由供应商、制造商、分销商等实体构成的供应链中，总有一个企业(或实体)处于主导地位，它是供应链的利益主体，称该实体为核心企业。

[RosettaNet Implementation Framework: Core Specification Version v02. 00. 01 Revised 6 March 2002]

2.9

供方　Supplier

需求项目的提供者。

[RosettaNet Implementation Framework: Core Specification Version v02. 00. 01 Revised 6 March 2002]

2.10

需方　Acquirer

需求项目的消费者。

[RosettaNet Implementation Framework: Core Specification Version v02. 00. 01 Revised 6 March 2002]

2.11

按订单生产　Make to Order

根据客户订单来安排生产的。

[Oracle® Supply Chain Trading Connector for RosettaNet Implementation Guide Release 12. 0 Part No. B40090-03　January 2007]

2.12

B to B (Business to Business)

A to A (Applicaton to Application)

两个业务(应用软件)之间直接交互信息，完成数据交换，而没有人的干预。

2.13

牛鞭效应　Bullwhip Effect

在供应链中，向供应商定货量的波动程度(方差)会大于向其顾客销售量的波动程度(方差)，并且这种波动程度沿着供应链向上游不断扩大。

[Oracle® Supply Chain Trading Connector for RosettaNet Implementation Guide Release 12. 0 Part No. B40090-03　January 2007]

2.14

库存　Inventory

以支持生产、维护、操作和客户服务为目的而存储的各种物料。广义的库存还包括处于制造加工状态和外购(协)运输状态的物品。

[Oracle® Supply Chain Trading Connector for RosettaNet Implementation Guide Release 12.0 Part No. B40090-03 January 2007]

2.15

配送 Distribution

在经济合理区域范围内,根据用户要求,对物品进行挑选、加工、包装、分割、组配等作业,并按时送达指定地点的物流活动。

[Oracle® Supply Chain Trading Connector for RosettaNet Implementation Guide Release 12.0 Part No. B40090-03 January 2007]

2.16

供应商管理的库存 VMI(Vendor Managed Inventory)

将企业的库存消耗状况和生产进度信息提供给产业链的上游供给方的合作伙伴,实现供需的紧密协作,增加整体联动效应的一种策略。

[Oracle® Supply Chain Trading Connector for RosettaNet Implementation Guide Release 12.0 Part No. B40090-03 January 2007]

2.17

协同规划、预测和补货 CPFR(Collaborative Planning、Forecasting and Replenishment)

基于信息共享,供应链上供应商、制造商、批发商及零售商之间合作制动共同计划,共同做出商品预测,并在此基础上实行连续补货。

[Oracle® Supply Chain Trading Connector for RosettaNet Implementation Guide Release 12.0 Part No. B40090-03 January 2007]

2.18

库存信息 Inventory Information

包括了库存状态信息和库存决策模型信息,直接影响着下游企业向上游企业订货的数量。

[Oracle® Supply Chain Trading Connector for RosettaNet Implementation Guide Release 12.0 Part No. B40090-03 January 2007]

2.19

需求预测信息 Demand Forecast Information

包括了需求预测的方法和预测结果信息,该信息的共享往往以销售信息的共享作为前提。

[Oracle® Supply Chain Trading Connector for RosettaNet Implementation Guide Release 12.0 Part No. B40090-03 January 2007]

2.20

协同 Coordination

协作双方通过接口通信达成合作关系。

[BPEL 2.0. Web Services Business Process Execution Language Version 2.0-OASIS Standard 11 April 2007,Available at:http://docs.oasis-open.org/wsbpel/2.0/OS/wsbpel-v2.0-OS.html]

2.21

协同过程 Coordination Process

协作双方为了达成合作关系的接口通信过程。

[BPEL 2.0. Web Services Business Process Execution Language Version 2.0-OASIS Standard 11 April 2007,Available at:http://docs.oasis-open.org/wsbpel/2.0/OS/wsbpel-v2.0-OS.html]

3 缩略语

ERP　　企业资源计划　Enterprise Resource Planning

SCM	供应链管理 Supply Chain Management
SOA	面向服务架构 Service-Oriented Architecture
CRFR	协同规划,预测和补货 Collaborative Planning,Forecasting Replenishment
POS	销售数据 Point of Sales

4 产业链协作平台设计

4.1 平台设计规范准则

平台应用于跨企业/组织的协作,使用开放的架构,遵循下列几项准则:

a) 标准化

平台能使用现有的标准,平台应能提供标准的各项协作流程。

b) 可扩展性

平台必须具有高度的可扩展性,在面临大量产品、交易伙伴、协同关系、使用者及协同互动时,仍可正常运作。

c) 安全性

在协同环境中数据安全是一项重要的议题,必须限制数据只让该看的人看,如交易、报价数据有时并不希望竞争对手看到。

d) 开放性

产业链中的每一家厂商,都应自行建立买、卖关系,所以在技术方面必须以开放性的设计为原则,建立起公开的标准,让每一家参与的厂商均可建立起自身的系统,并容易地建立与原有系统的连接。

e) 可管理性

平台所有的部分都必须易于管理维护,须考虑的包括客制化方案、软件升级、不兼容及故障停摆所造成的成本损失。

f) 可恢复性

平台必须在软件及通讯基础架构上具有快速恢复能力。

g) 可协同性

协同不只是指信息交换的部分,同时该解决方案必须要能支持交易伙伴间对等式的通讯架构,能和内部的信息系统(决策支持系统)作完整的衔接,让数据可以自动的进入内部的信息系统,以减少重复的人工操作输入。

4.2 产业链协作方法学

在产业链上资源通过若干产业层次不断向下游产业转移直至到达消费者的路径上,资源每一步的转移都包含着"产品设计"、"供应商"、"制造商"、"批发商"、"零售商"、"顾客"和"售后服务"之间进行的协作。如图1所示。

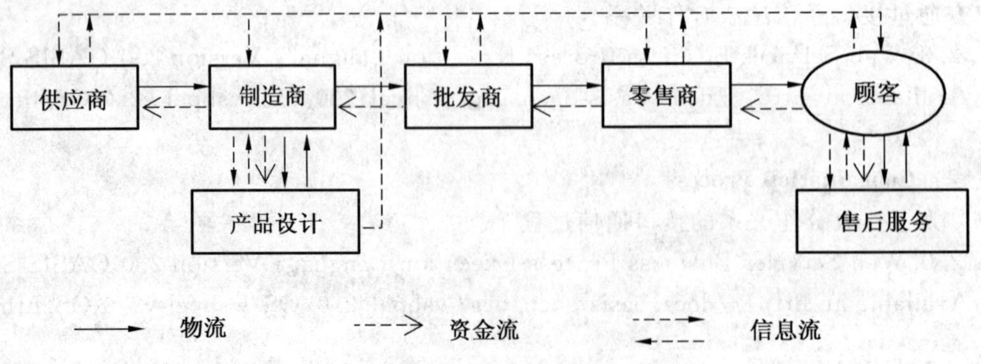

图1 产业链物流、信息流和资金流的关系

产业链合作伙伴间广泛深入的合作，主要体现在：

a) 围绕核心企业展开

- “制造商”与“产品设计”协同、交互信息、获取设计信息；或者“顾客”的生产订单提供了“产品设计”的信息；
- “制造商”与“供应商”协同、交互信息，按照产品订单产生对原材料、零配件或者协作件等供货的需求；
- “制造商”与“批发商”、“零售商”和“顾客”协同、交互信息，进行网络销售产品；
- “顾客”与“售后服务”协同、交互信息，进行售后服务。

b) 产业链不仅是一条联接供应商到客户的物流链、信息链，而且是一条增值链，物料在产业链上因加工、包装、运输等过程而增加其价值，给相关企业带来收益。

c) 产业链上的任何一个节点都是它上游节点的需求方、是它下游节点的供给方；任何相邻的节点又都是一对供需双方，如图1所示。由于市场的动态变化和各企业策略的动态变化，使得产业链上的供(卖)、需(买)匹配成为需要动态解决的问题。一个企业的产品和功能的多样化，决定了一个企业可以存在于多个产业链中；协作双方的协调、协同是经常的、必须的。

d) 在离散制造企业，零库存管理问题。如果销售商的订单所规定的交货日期与制造商生产这些产品所需的时间一致，那么制造商就可真正做到按订单生产(make to order)及零库存管理。这样可以提高企业的经济效益。但是，往往销售商的订单所规定的交货日期比制造商生产这些产品所需的时间要短。在这种情况下，制造商不得不保持一定的产品库存。

产业链上企业的生产计划基于同一销售预测报告。销售商直接和最终用户见面，他们可根据销售数据来推测消费者的需求，同时销售商也和若干制造商有联系，并可了解他们的市场销售计划。制造商和若干销售商联系，并了解他们的商业计划。根据这些不同，在没有泄露各自商业机密的前提下，销售商和制造商可交换他们的信息和数据，来改善他们的市场预测能力，使最终的预测报告更为准确、可信。产业链上的各公司则根据这个预测报告来制定各自的生产计划，从而使产业链的管理得到集成。协作流程图如图2所示。图2中的9大步骤分为3个阶段：协同规划、协同预测以及协同补货。其中图2中步骤1与步骤2属于协同规划，步骤3至步骤8属于协同预测，步骤9则为协同补货。

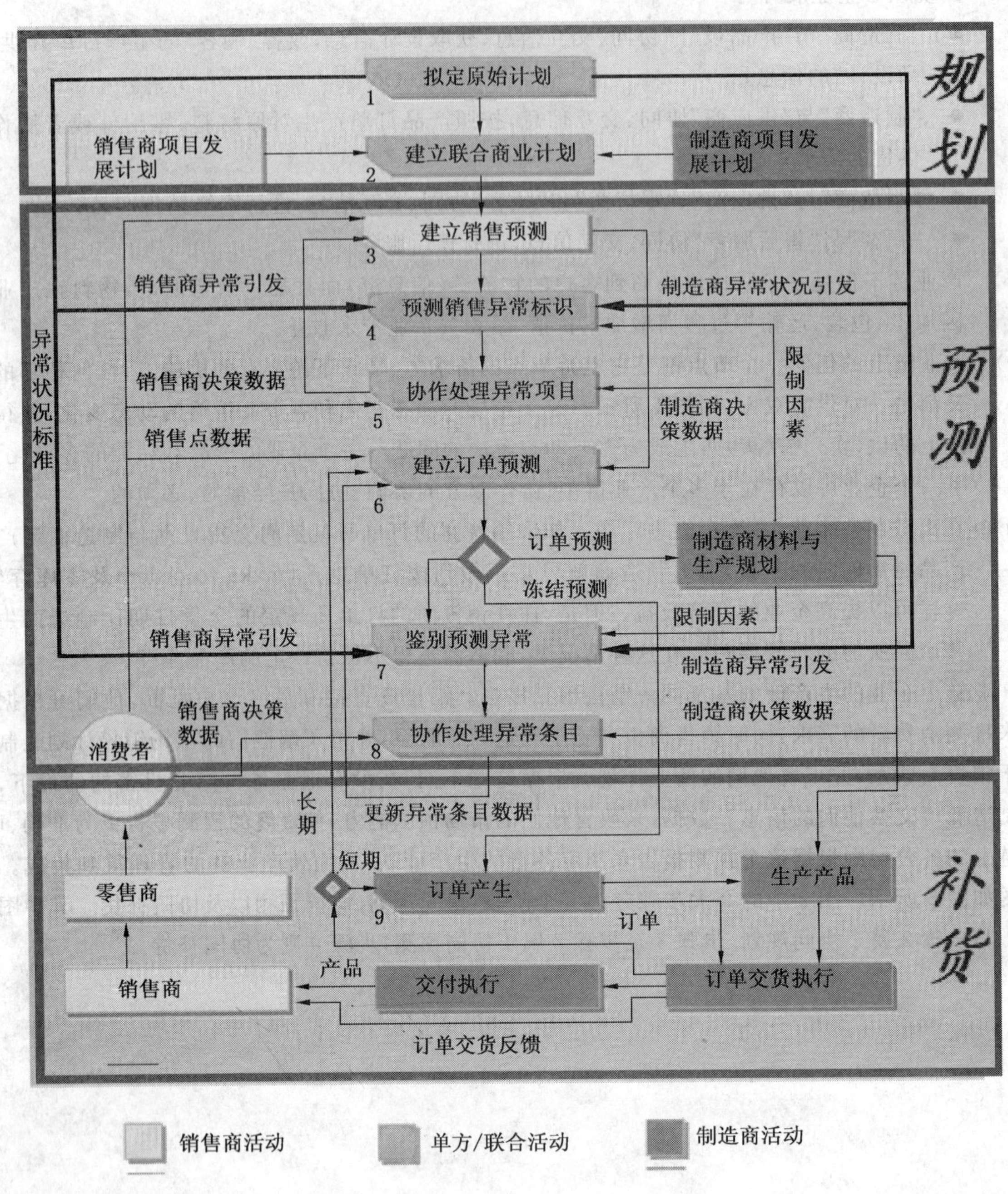

图 2　协同规划、预测和补货的基本流程

5　协同交互框架

业务协同分为两类：公共协同过程和私有协同过程，如图 3 所示：一个协同对象内部系统中执行的过程称之为私有过程，协同对象之间交互的过程称为公共协同过程。在协同过程中交互的信息分为两种：

a)　业务活动信息(Action)，它对应每种类型的协同活动信息；

b)　信号信息(Signal)，包括确认信号 Acknowledge 和异常信号 Exception。

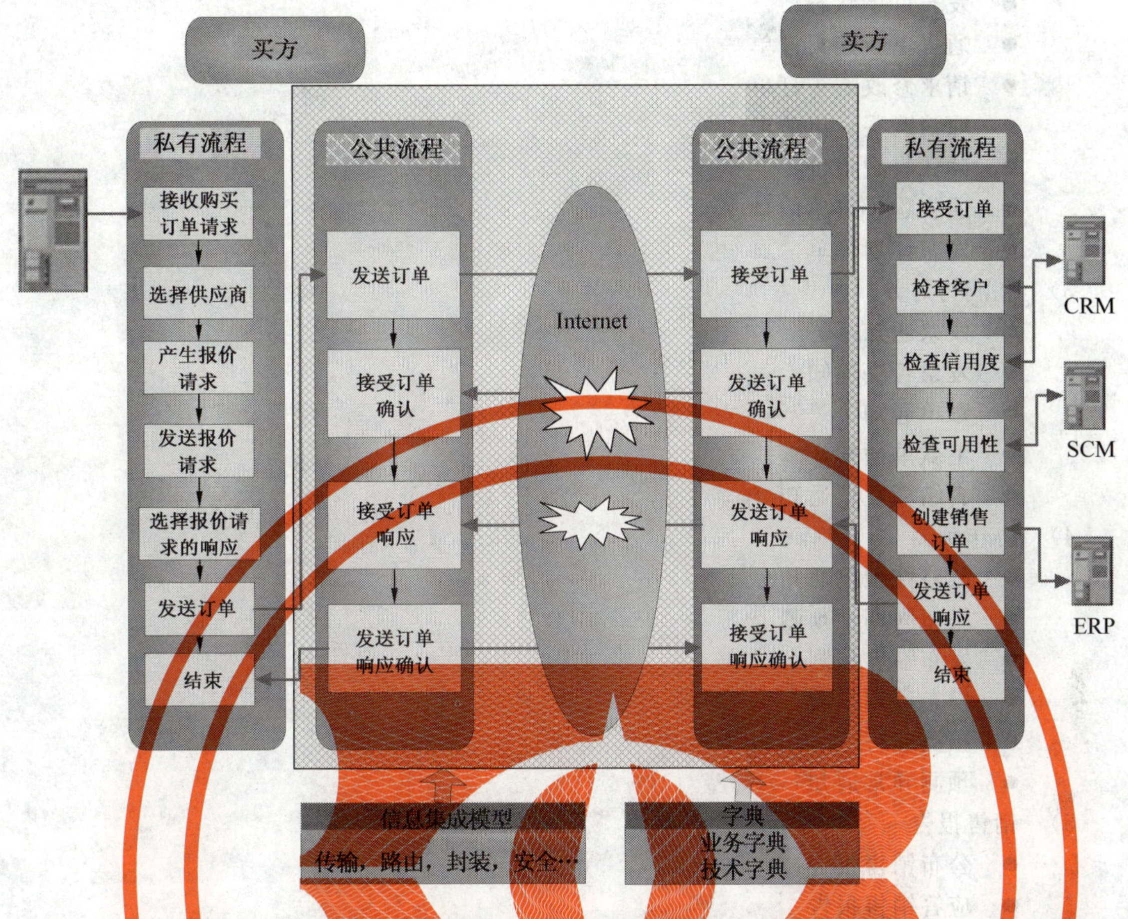

图 3 信息交换框架

产业链上各节点在 B to B 的公共协同过程中的信息交互必须遵照基于标准网络传输协议制定的信息交换协议(本标准中的第 7 章)。为了信息交互的双方能够实现软件互操作、数据实时交换、直接参与协作对方的运算的要求，除了定义过程模型、过程描述规范(本标准中的第 7 章)外，还需要定义一系列的全局标识码、必须制定统一的技术字典和业务字典，以便达到语义上的共识。

6 协作平台的功能

协作平台必须能够支持产业链上的协作双方实现协同工作：完成必要的协同过程，并保证业务信息和消息(确认消息/异常消息)能够安全、准确地传递到协作的对方。

6.1 协同过程

产业链上协作双方协同工作过程包括下列 4 大类。具体双方接口间协同交互的过程见附录 A。

a) 采购类：

1) 建立账号
   - 请求建立账号
   - 维护账号
2) 报价和输入订单
   - 请求报价
   - 请求价格和可用性
   - 请求购物车转移
   - 请求订单
   - 查询订单状态

- 发布订单状态
- 通告更新购买订单
- 请求修改购买订单
- 取消购买订单请求
- 确认收到报价
- 通告购买订单信息
- 发布计划订单

3） 利润与财务

- 发票通知
- 发票否决通知
- 账单通知
- 汇款单通知
- 自结算发票通知

4） 协作预测

- 战略性预测通知
- 发布周期性预测
- 发布临界预测
- 发布计划预测
- 预测应答
- 预测异常通知

5） 销售报告

- 公布销售报告
- 应答销售报告

b） 制造类

1） 发布准备

- 发布产品目录信息
- 查询市场信息
- 查询产品促销和折扣信息
- 查询产品生命周期信息
- 查询产品停产信息
- 查询产品技术资料信息
- 发布设计工程信息
- 发布产品主数据
- 发布材料成分信息
- 请求材料成分信息
- 请求发布工程信息
- 通知分析证明
- 分析证明书响应通知

2） 产品更改通知

- 发布更改产品基本资料
- 通告市场信息更改
- 通告更改产品促销和折扣信息
- 通告更改产品技术资料信息
- 通告更改产品生命周期信息

- 通告产品即将更改
- 请求提供更多产品信息
- 发布接受产品更改

3） 发布和更新产品设计信息
- 发布工程更改状态
- 请求工程变更
- 发布工程变更响应
- 批准工程变更的请求
- 发布工程变更命令
- 发布工程变更执行计划
- 请求物料清单
- 发布物料清单
- 请求已批准的制造清单
- 通知已批准的制造清单

4） 设计管理
- 发布产品清单
- 请求设计注册
- 批准新建设计
- 发布注册状态
- 查询注册状态

5） 管理制造生产任务单和在制品
- 通告产品在制状况
- 查询在制品状态
- 下达生产任务单
- 回复生产任务单

6） 发布生产信息
- 发布产品质量事件数据
- 通告测试数据

c） 配送类

1） 运输与分发
- 发布运输预估信息
- 发货前通告
- 发布发货状态
- 查询运输状态
- 修改发货请求
- 确认发货通知
- 发布运输订单
- 请求运输订单
- 确认运输订单
- 请求取消运输订单
- 运输文档公告

2） 货物配送
- 发货接收通知
- 损耗通知

- 产品退回

3) 库存报告

- 发布库存报告

4) 库存补给

- 送货通知

5) 根据借贷情况发货

- 请求借贷授权
- 经借贷授权后同意发货
- 经借贷授权后通告开放发货
- 查询借贷授权后发货状态
- 根据偿还声明建立发货
- 根据偿还声明发货通知

d) 服务支持类

1) 提供和管理售后保证、服务包和契约服务

- 请求更改服务合同
- 回复更改服务合同

2) 技术支持和服务管理

- 查询服务授权
- 请求保单的要求
- 情况报告
- 情况确认
- 筹资请求

6.2 协同过程描述专规

6.2.1 协同过程描述结构

协同过程描述的结构如图 4 所示。

```
协同过程
    协同过程名称
    过程的发起方
          联系信息
              名称
              E-mail 地址
              传真号
              电话号
        全局合作伙伴分类码
            合作伙伴描述
                业务描述
                    全局业务标识符
                    全局协同标识符
    全局文档功能码
    具体的过程活动
        活动的描述文档
    请求发生的时间
    请求文档的标识符
    响应文档的产生时间
    响应文档的标识符
    过程的响应方
```

图 4 协同过程描述的结构

6.2.2 协同过程描述模板

协同过程描述的模板以 XML 格式表示，详见附录 B。

6.3 协同交互信息协议

本节说明协同活动中协同对象之间交互信息的通信协议、安全传输规范（如 SSL 和数字签名）等。样例见附录 C。

6.3.1 交互信息的通信协议

信息交互的通信协议由两部分组成，如图 5 所示：

a) 业务信息规范，包括序头（Preamble Header），传送头（Dilivery Header），服务头（Service Header），以及信息内容（Service Content）和数字签名（Optional Digital Signture）；

b) 网络传输协议。

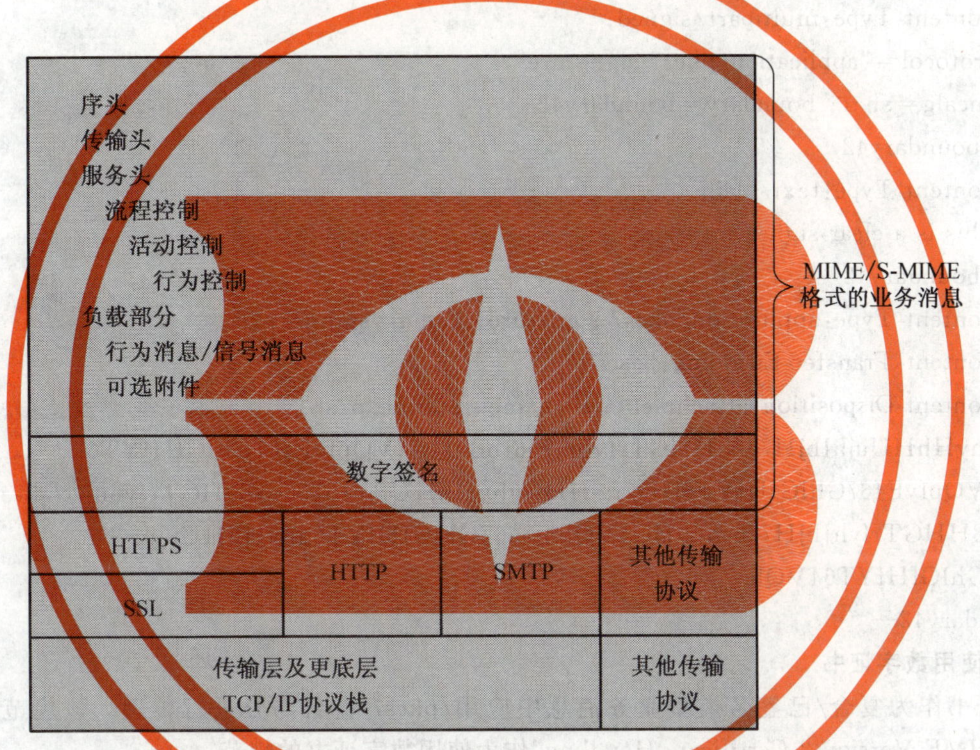

图 5 信息交互协议栈

6.3.1.1 安全传输规范

在这些头和信息主体组合并检查符合规定的格式之后，需要给整个信息文件加密处理。本节描述了使用 S/MIME 来进行加密、保证消息安全性并建立数字签名的规范。

6.3.1.2 使用 S/MIME

IETF RFC 2311 中定义的安全多功能互联网邮件扩展（S/MIME v. 2）用于提供数据保密、完整性保护、认证和鉴定服务等功能，这些数据类型包括“application/pkcs7-MIME”、“复合/已签名”（multipart/signed）和“application/pkcs7-signature”等。当消息包含附件时，使用复合/已签名（multipart/signed）的数据类型来封装消息，从而保证数据安全性。

根据 S/MIME 规定，消息封装过程分为如下三步：

a) 创建 MIME 实体；

b) MIME 实体与其他需要的数据被转换成“application/pkcs7-MIME”数据类型；

c) 对 MIME 实体进行加密。

不带附件的消息实例封装后如下：

Content-Type:application/pkcs7-mime;
smime-type=enveloped-data;
name=smime.p7m
Content-Transfer-Encoding:base64
Content-Disposition:attachment; filename=smime.p7m
rfvbnj756tbBghyHhHUujhJhjH77n8HHGT9HG4VQpfyF467GhIGfHfYT6
7n8HHGghyHhHUujhJh4VQpfyF467GhIGfHfYGTrfvbnjT6jH7756tbB9H
f8HHGTrfvhJhjH776tbB9HG4VQbnj7567GhIGfHfYT6ghyHhHUujpfyF4
0GhIGfHfQbnj756YT64V

带附件的消息实例封装后如下：

Content-Type:multipart/signed;
protocol="application/pkcs7-signature";
micalg=sha1; boundary=boundary42
--boundary42
Content-Type:text/plain
This is a clear-signed message.
--boundary42
Content-Type:application/pkcs7-signature; name=smime.p7s
Content-Transfer-Encoding:base64
Content-Disposition:attachment; filename=smime.p7s
ghyHhHUujhJhjH77n8HHGTrfvbnj756tbB9HG4VQpfyF467GhIGfHfYT6
4VQpfyF467GhIGfHfYT6jH77n8HHGghyHhHUujhJh756tbB9HGTrfvbnj
n8HHGTrfvhJhjH776tbB9HG4VQbnj7567GhIGfHfYT6ghyHhHUujpfyF4
7GhIGfHfYT64VQbnj756
--boundary42—

6.3.1.3 使用数字证书

数字证书作为复合/已签名类型业务消息中应用/pkcs7 签名部分进行传递。该规范利用 RFC 2312 “S/MIME Version 2 Certificate Handling”作为使用数字证书的规范。

6.3.1.4 消息封装和解封装

系统在交互过程中，主要涉及两类消息。一种是业务信息（行为），另外一种是回执确认或异常消息（信号）。在发送这两种消息之前，都需要按照信息集成专规对其进行封装；同样接收到这两种消息也要对其进行解封才能进一步利用消息中的业务数据。

封装过程为：根据业务描述构造服务内容，同时产生序头、传输头和服务头，然后对这些头及服务内容进行数字签名，最后将上述产生的全部打包成一个 MIME 格式文件。

消息的解封装则是消息封装的逆过程，它是指从接收到的 MIME 格式的业务消息中分离出各种头和服务内容。首先，对签名进行验证。然后逐步分离出各种头和服务内容，并且对每一部分，都要用相应的 schema 去验证其数据格式是否正确。流程图如图 6 所示。

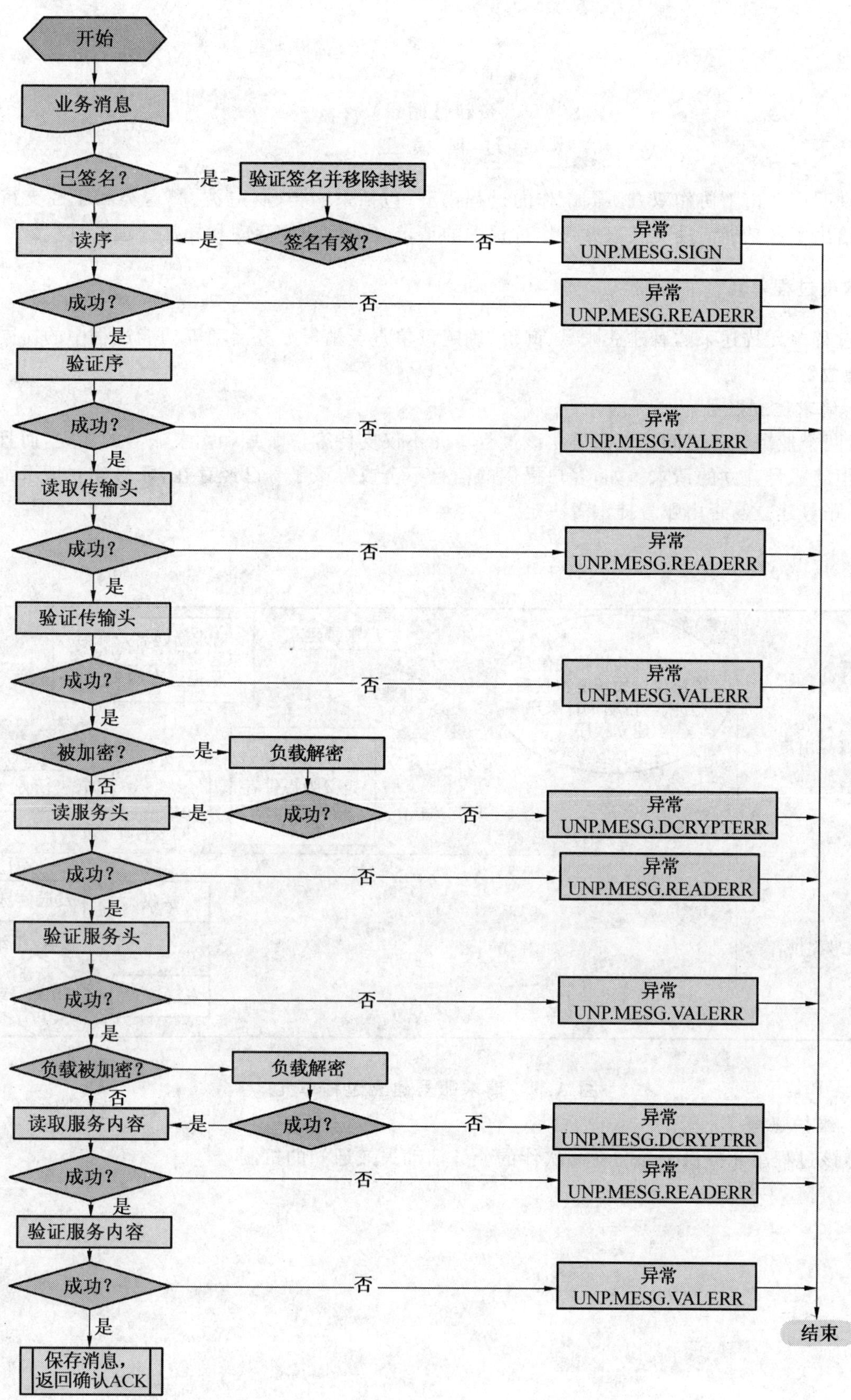
开始
业务消息
已签名?
是
验证签名并移除封装
读序
是
签名有效?
否
异常
UNP.MESG.SIGN
成功?
否
异常
UNP.MESG.READERR
是
验证序
成功?
否
异常
UNP.MESG.VALERR
是
读取传输头
成功?
否
异常
UNP.MESG.READERR
是
验证传输头
成功?
否
异常
UNP.MESG.VALERR
是
被加密?
是
负载解密
否
读服务头
是
成功?
否
异常
UNP.MESG.DCRYPTERR
成功?
否
异常
UNP.MESG.READERR
是
验证服务头
成功?
否
异常
UNP.MESG.VALERR
是
负载被加密?
负载解密
否
读取服务内容
是
成功?
否
异常
UNP.MESG.DCRYPTRR
成功?
否
异常
UNP.MESG.READERR
是
验证服务内容
成功?
否
异常
UNP.MESG.VALERR
是
结束
保存消息,
返回确认ACK

图 6　消息解封装的过程

附 录 A
（资料性附录）
过 程 模 型

本节说明产业链上协作双方协同工作的过程模型，包括采购类、制造类、配送类和服务支持类四大类。模型给出了各功能活动交互双方协作过程中的请求、应答、功能活动和异常处理的过程。

A.1 采购类过程单元

该类过程单元描述采购者建立账号、询价、确定订单直至销售账务活动等功能过程中的协同过程。

CG_ZH：建立账号

CG_ZH_1：请求建立账号

目的：两个业务伙伴之间建立账号。该过程单元不仅支持客户账号和卖主账号的建立，而且允许账号提供者拒绝账号建立的请求。如，客户提供的信息不全或者该账号已经存在，账号建立请求都会被拒绝。总之，账号建立与否由账号提供者决定。

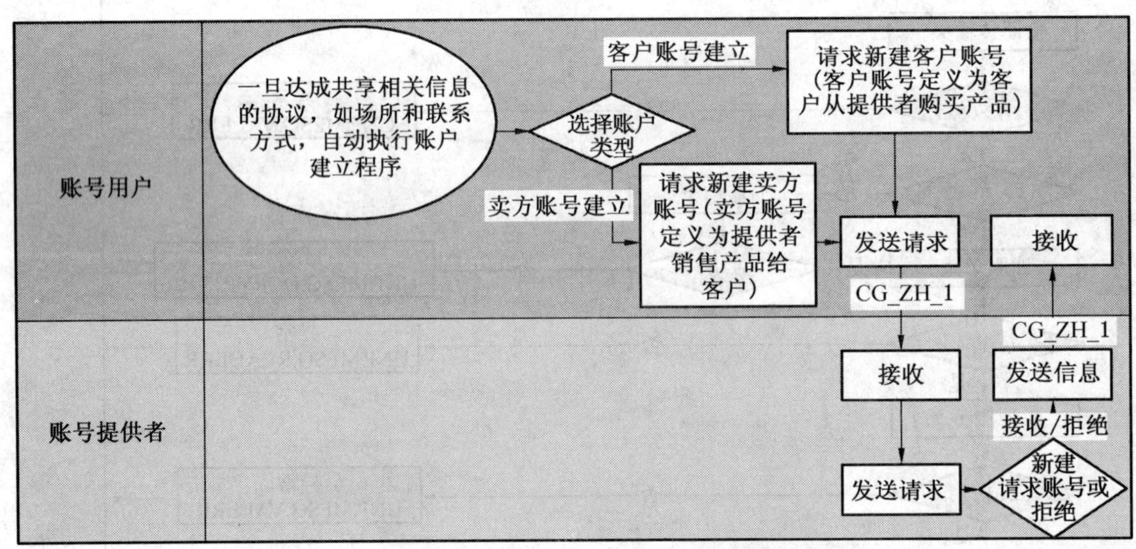

图 A.1 请求账号建立过程单元

CG_ZH_2：维护账号

目的：该过程单元提供了参与交易伙伴的业务活动失效通知的机制。

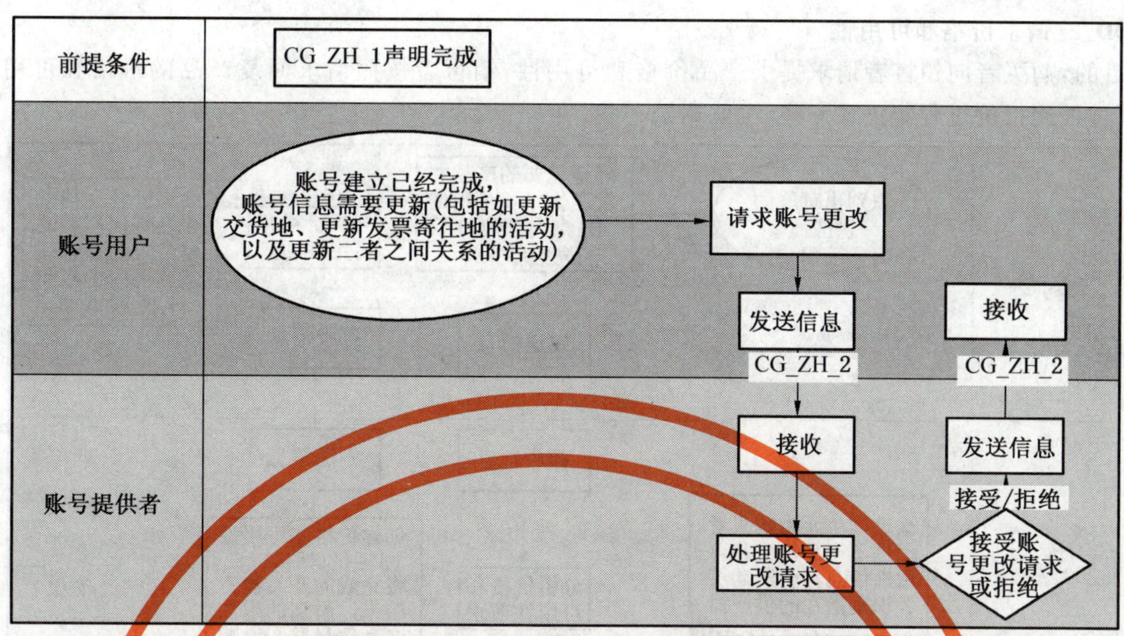

图 A.2　维护账号过程单元

CG_DD:报价和输入订单

该类过程单元负责提供对订单的全面管理,包括报价、报告订单状态、开具发票、付款和差额通知等方面的管理等。

CG_DD_1:请求报价

目的:购买者向销售者请求产品报价,销售者除了提供报价外还可以推荐其他供应商的信息给购买者,这样购买者就可以向其他供应商请求报价。

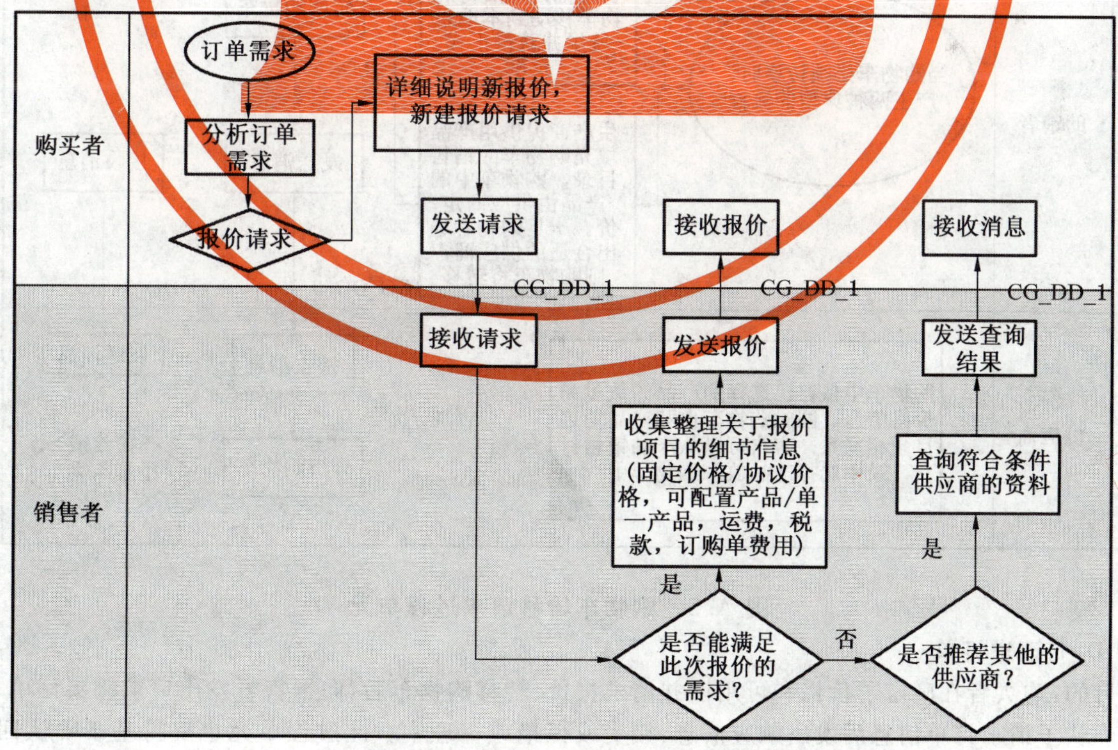

图 A.3　报价请求过程单元

CG_DD_2:请求价格和可用性

目的:购买者向销售者请求提供产品价格和可用性,销售者按照请求回复产品的价格和可用性状况,该过程比报价过程非正式一些、也就宽松一些。

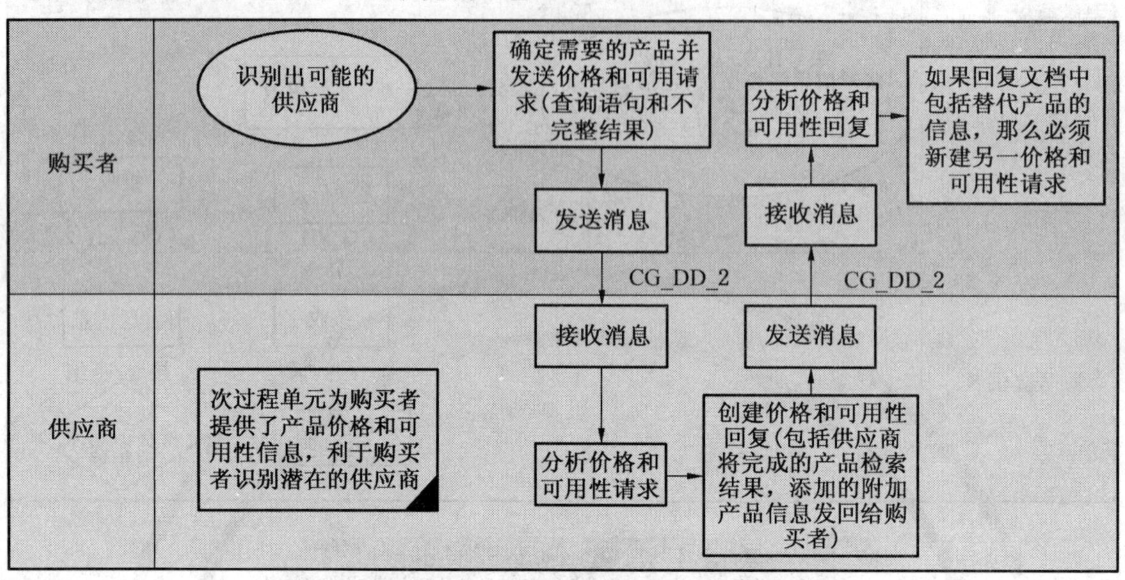

图 A.4　价格与可用性请求过程单元

CG_DD_3:请求购物车转移

目的:购买方转移购物车的内容,当供应商收到购物车内容后响应该请求:接收或拒绝。

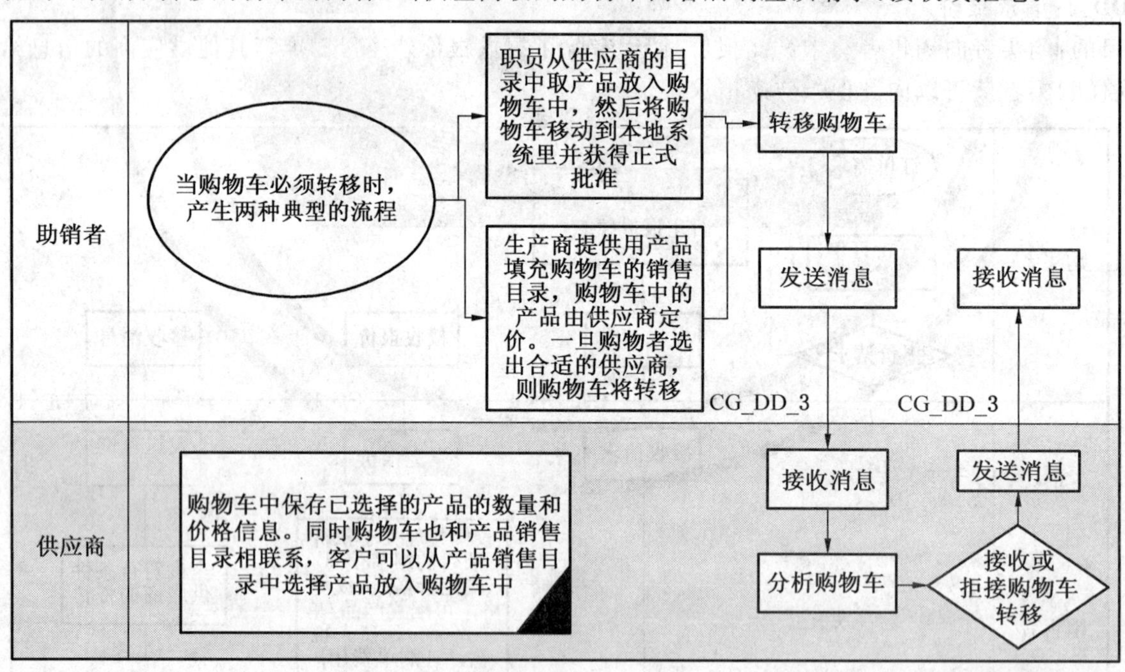

图 A.5　购物车转移请求过程单元

CG_DD_4:请求订单

目的:购买者在确定了价格和可用性并请求报价、转移购物车后,向销售者发出请求购买订单;销售者在确认了请求订单信息后发出响应信息:接受或拒绝或审理中。此过程单元也支持基于确认回复取消和修改购买订单,如果订单请求被接受、拒绝、审理中,同样也会产生确认信息。

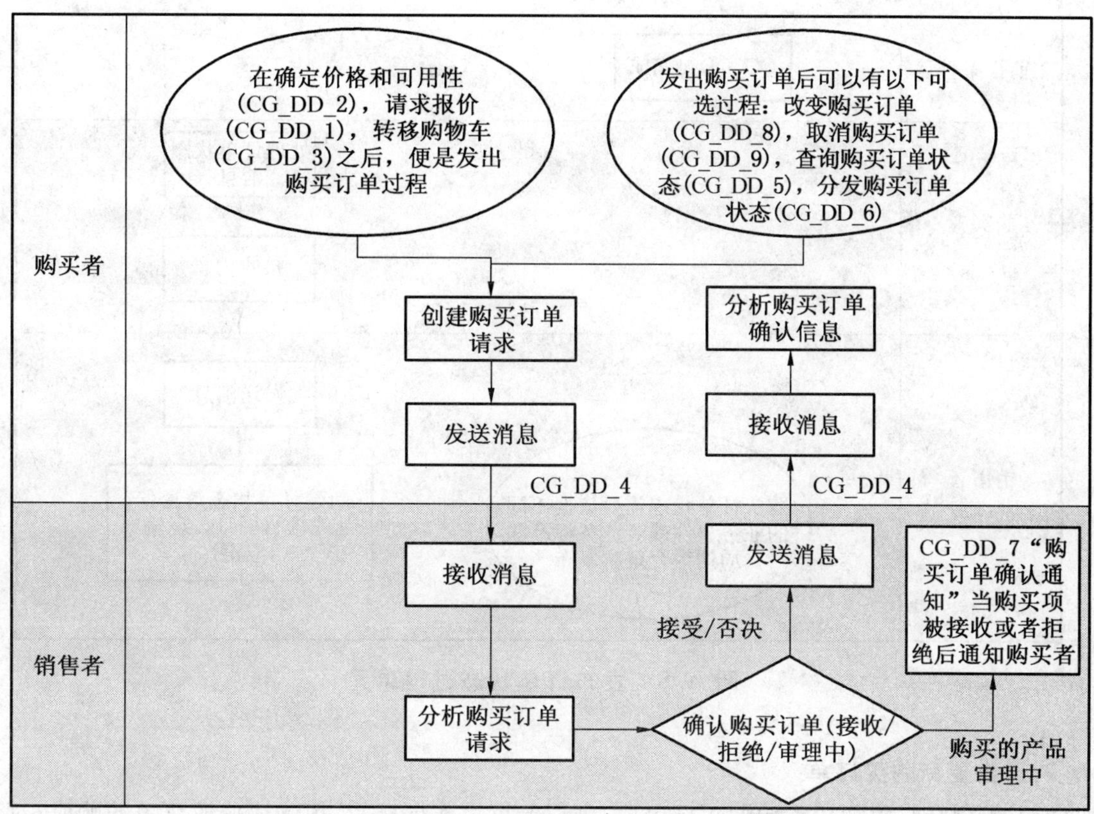

图 A.6 订单请求过程单元

CG_DD_5:查询订单状态

目的:购买者在发出订单后,可以向销售者查询订单状态。销售者反馈订单的执行状态:产品的完成状态或运输状态。当购买者接到订单的执行状态信息后,可以做出决定:取消订单或修改订单或继续执行。

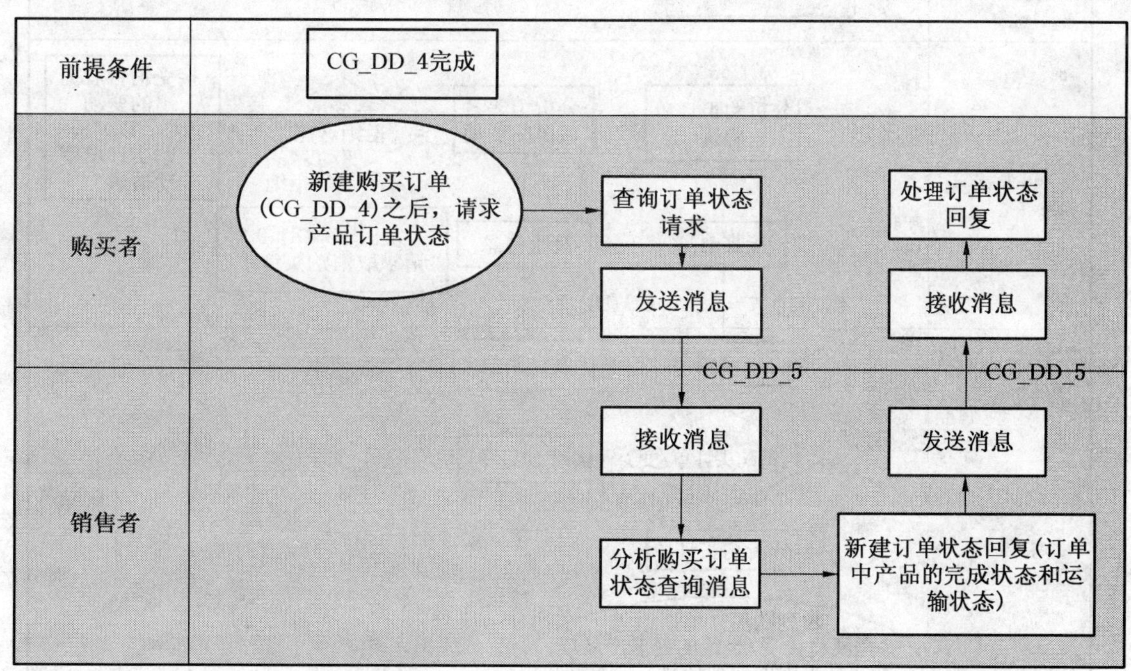

图 A.7 订单状态查询过程单元

CG_DD_6:发布订单状态

目的:销售者周期性地向购买者发布尚未发货订单的状态,报告周期的定义在交易伙伴协定中。

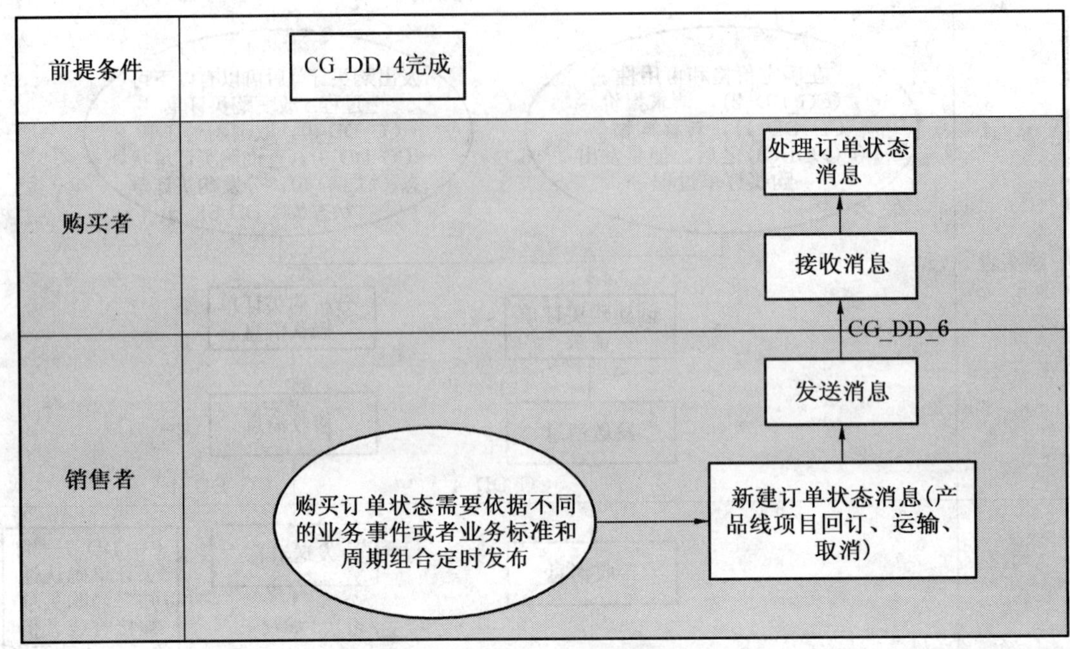

图 A.8 发布订单状态过程单元

CG_DD_7:通告更新购买订单

目的:销售者在收到购买者的购买订单后,进行分析后作出接受、拒绝或修改订单的响应;对于需要修改的订单给出修改的信息;当购买者收到修改信息后进行分析审查,做出响应:接受或拒绝。该过程可能要重复多次最后达成双方一致。

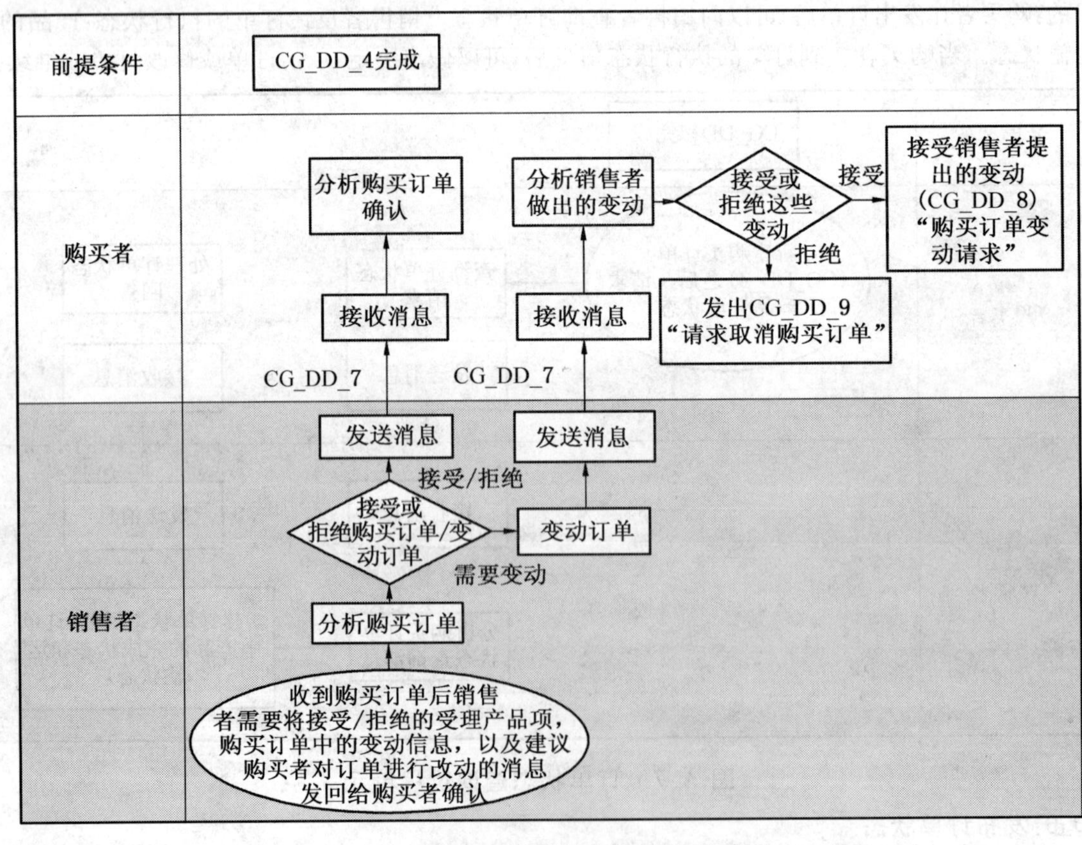

图 A.9 通告更新购买订单过程单元

CG_DD_8:**请求修改购买订单**

目的:购买者向销售者提出修改购买订单中的条目并获得销售者的回复:接受修改或拒绝修改或受理中。对购买订单的修改可以由购买者发起,也可以发生在CG_DD_7之后。

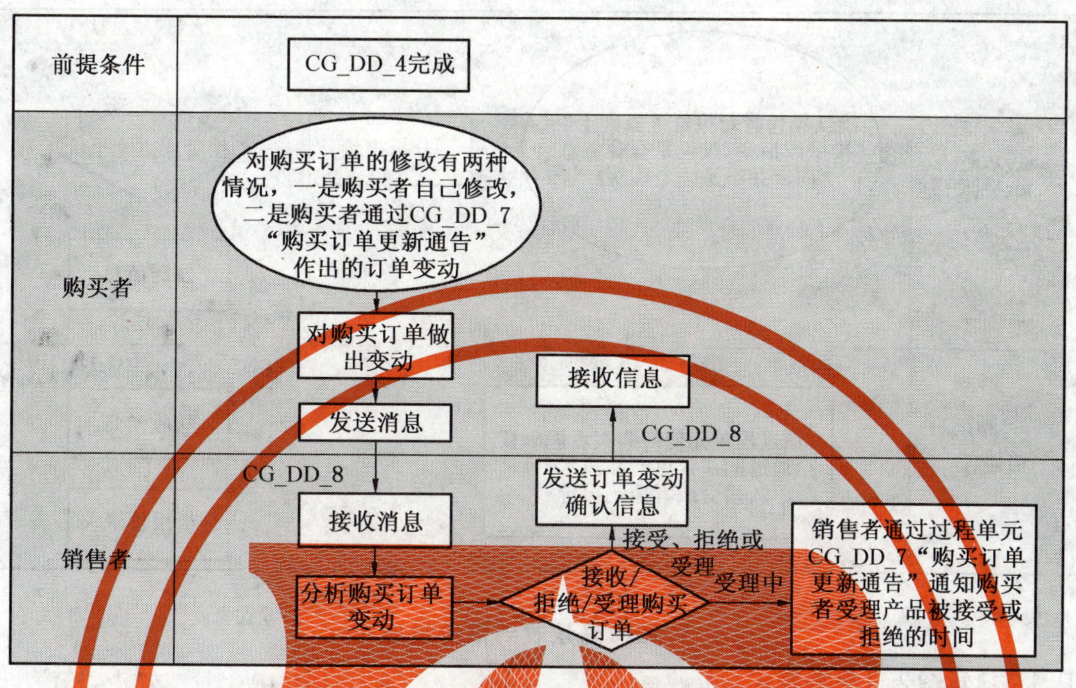

图 A.10 请求修改购买订单过程单元

CG_DD_9:**取消购买订单请求**

目的:购买者向销售者发出取消购买订单并收到销售者的回复:接受取消请求或拒绝取消请求。

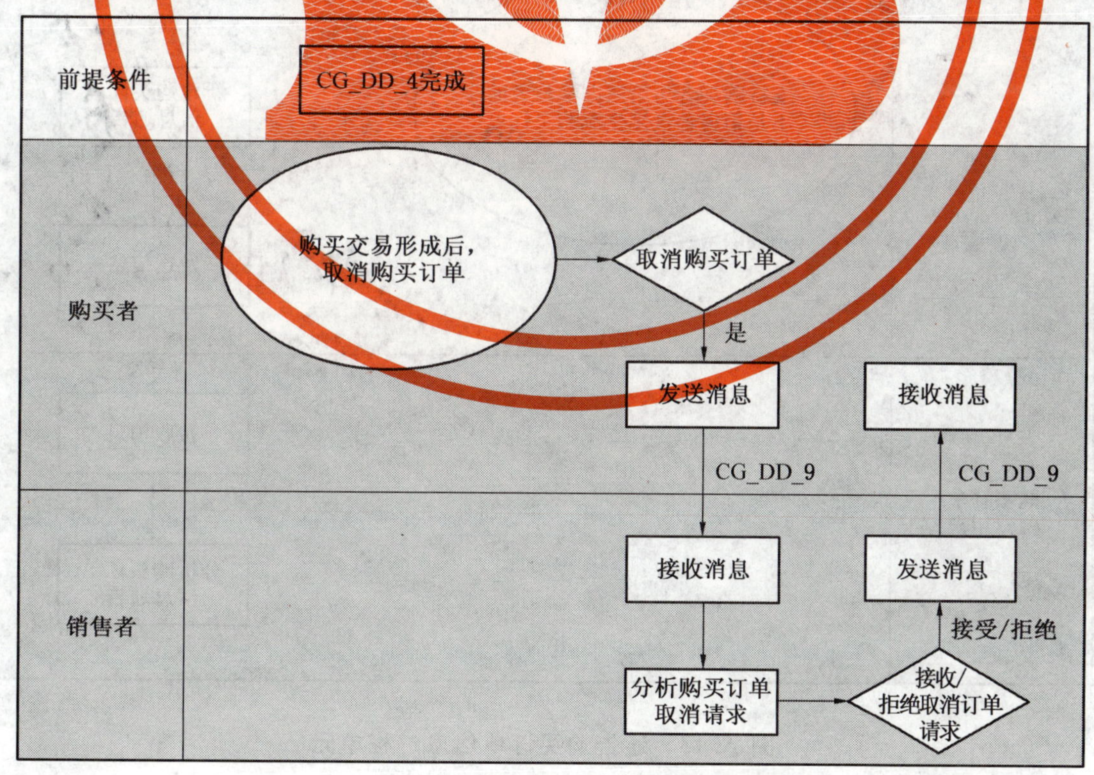

图 A.11 取消购买订单请求过程单元

CG_DD_10:确认收到报价

目的:购买者通过产品流水号向销售者确认接受或拒绝报价,回复接受或拒绝此报价,仅仅是有业务意向而不是确定购买。

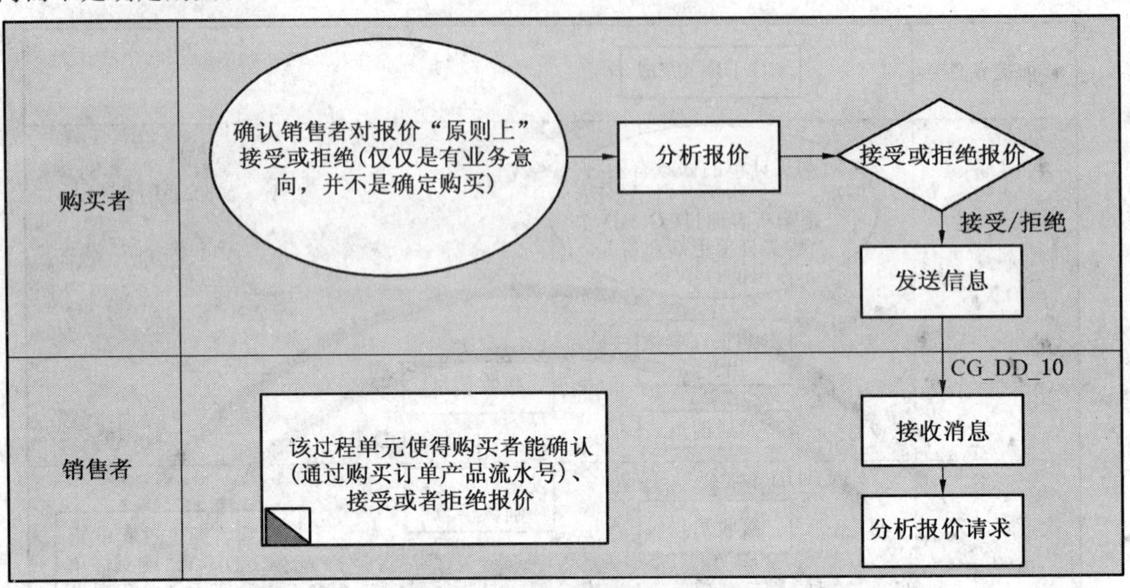

图 A.12 确认收到报价过程单元

CG_DD_11:通告购买订单信息

目的:购买者向第三方参与者(称为购买订单信息用户)发送购买订单信息。

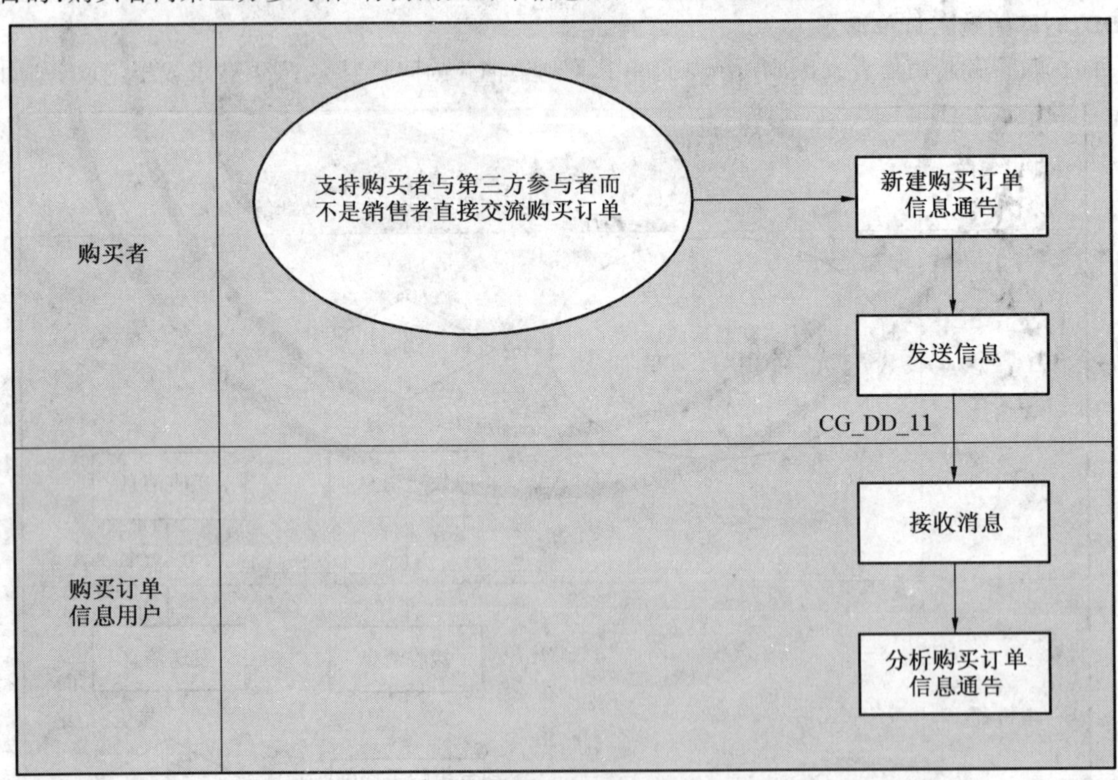

图 A.13 通告购买订单信息过程单元

CG_DD_12:发布计划订单

目的:购买者向第三方参与者(称为购买订单信息用户)发布预计购买的订单信息。

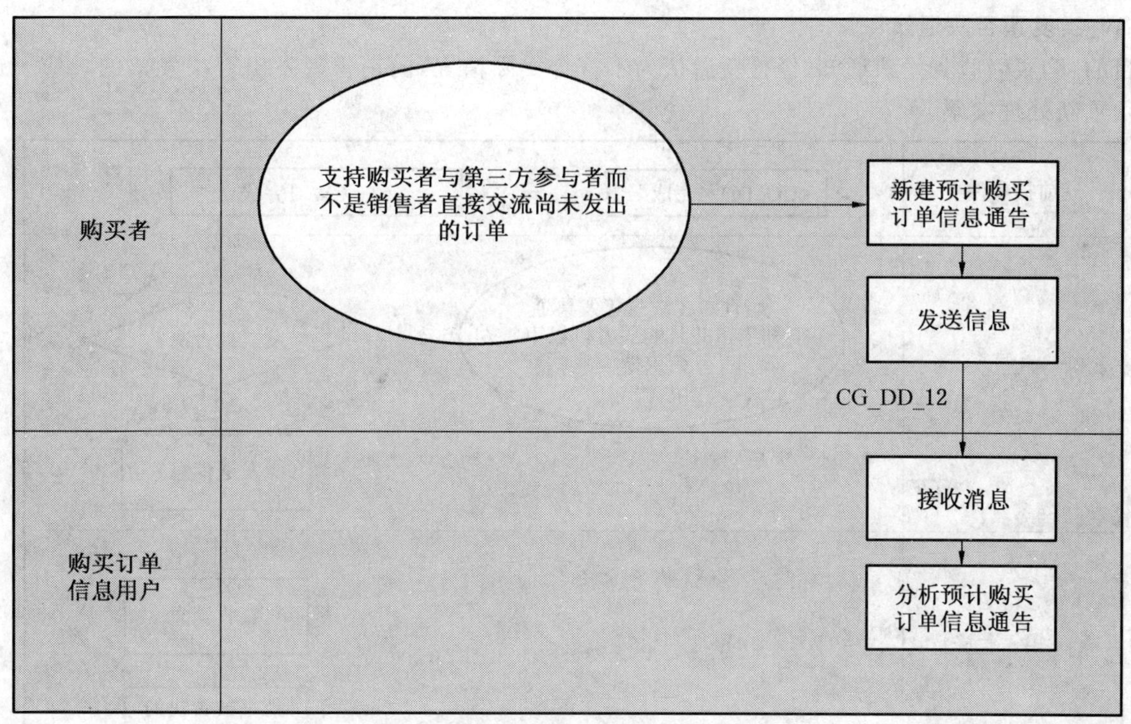

图 A.14 发布计划订单过程单元

CG_CW 利润与财务

CG_CW_1:发票通知

目的:销售者向购买者发送发票;购买者(或筹资处理者)接收并验证此发票;也可以通过融资处理者将发票转发给购买者。

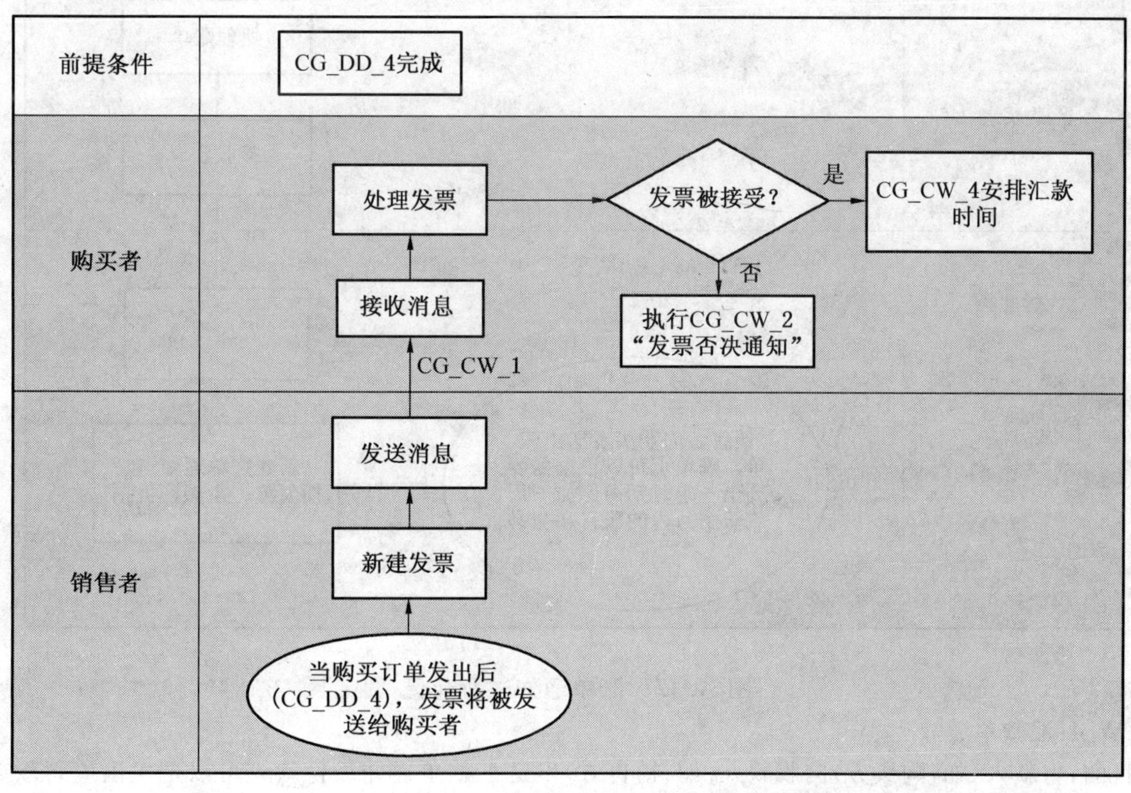

图 A.15 发票通知过程单元

CG_CW_2:发票否决通知

目的:购买者收到发票通知、经检验后认为不符合实际情况,向销售者发出否决发票的响应。销售者必须重新处理发票。

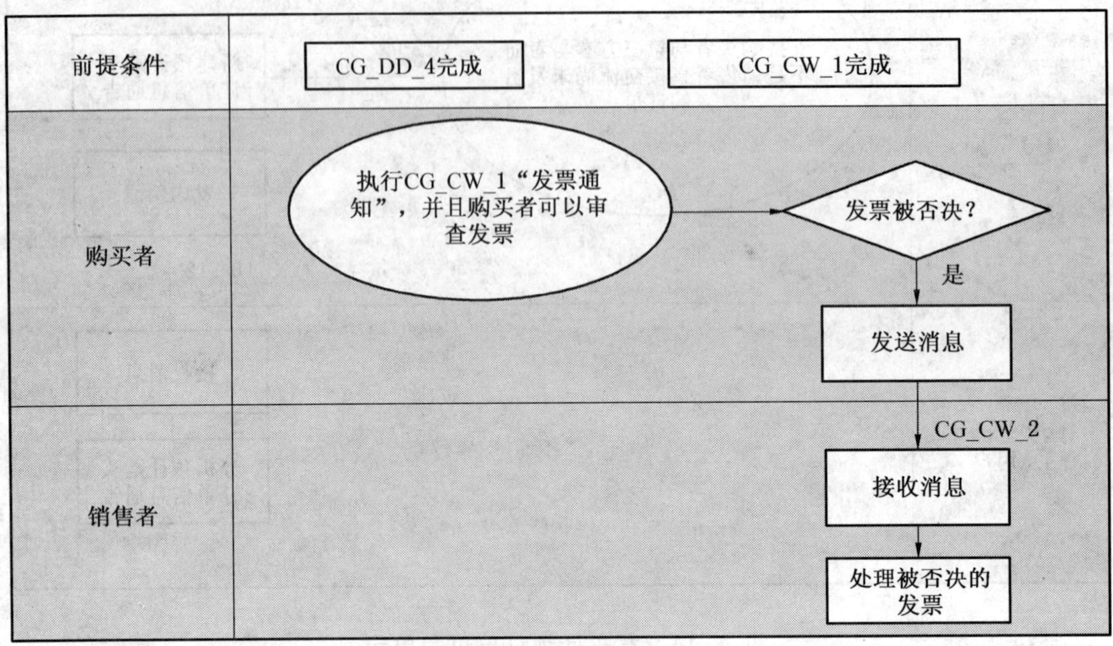

图 A.16　发票否决通知过程单元

CG_CW_3:账单通知

目的:销售方向购买方发送账单。

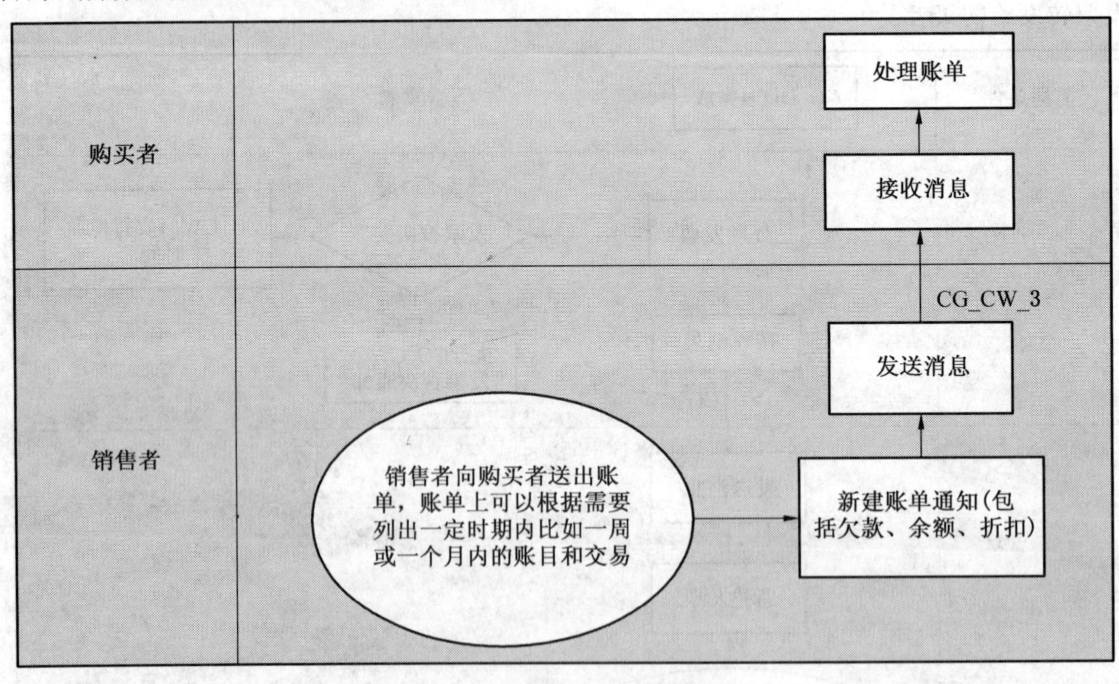

图 A.17　账单通知过程单元

CG_CW_4:汇款单通知

目的:付款人(如,购买方)向收款人(如,销售方)发送汇款单通知。付款人可以是发出应付款金额的银行。收款人能利用汇款单通知核实收到款项是否与发货单及账单一致;一旦出现不一致情况,收款人需人工决定该怎么处理。

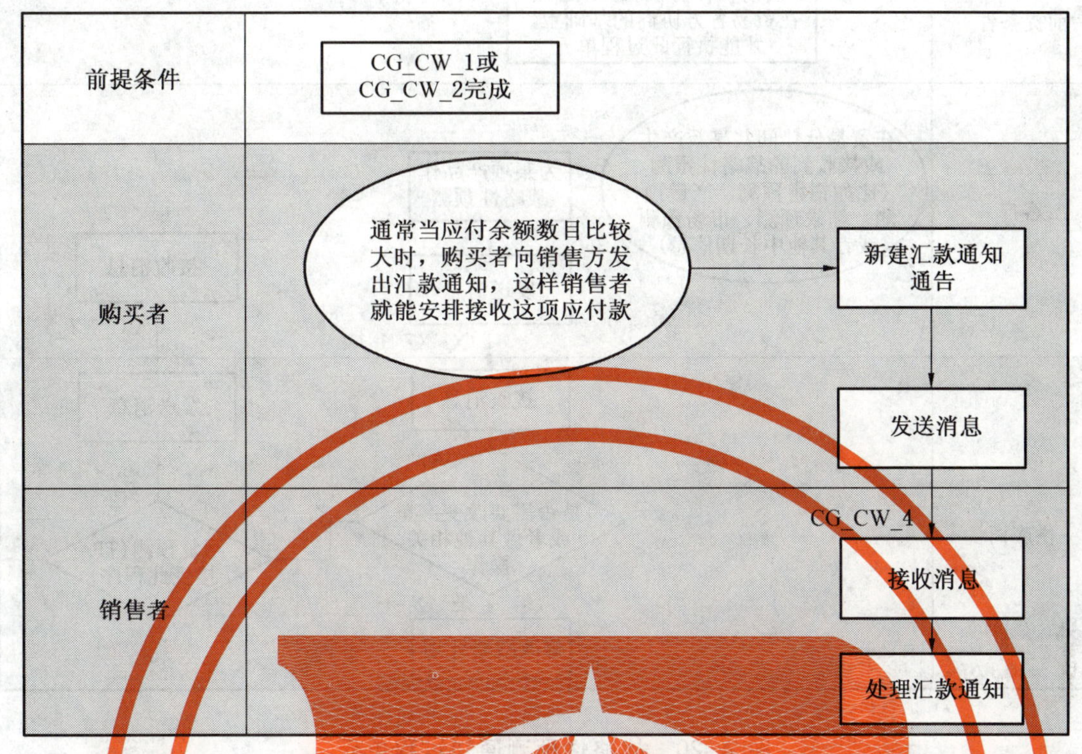

图 A.18 汇款单通知过程单元

CG_CW_5:自结算发票通知

目的:购买者根据发货通知发出发票通知,由销售者核实这些发票。

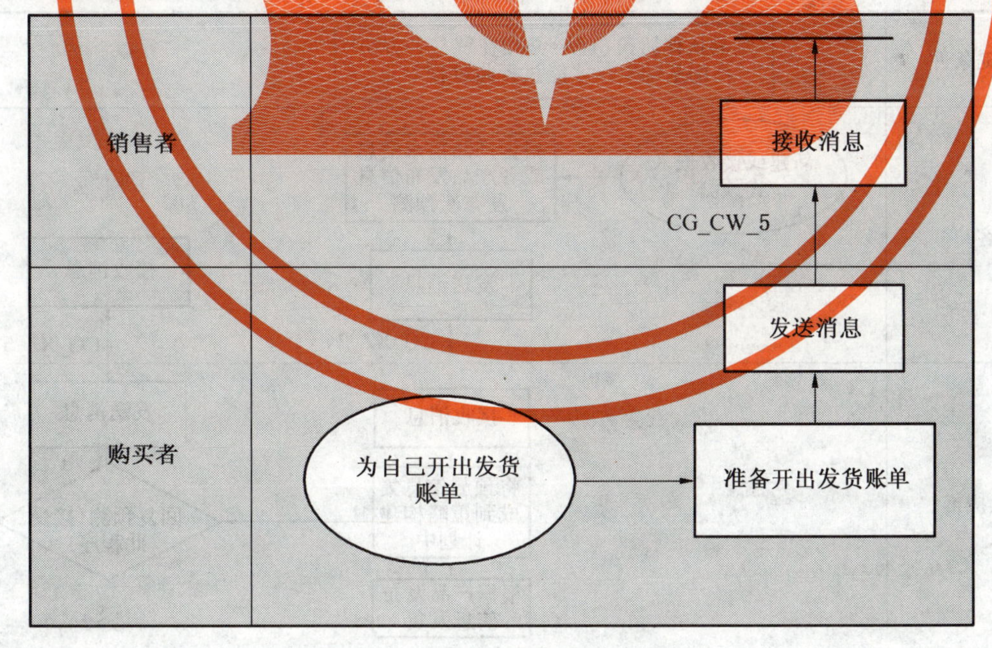

图 A.19 自结算发票通知过程单元

CG_XZ:协作预测

CG_XZ_1:战略性预测通知

目的:客户向供应商发出购买预测通知,此预测通知的周期、有效时间跨度以及其他参数在交易伙伴协定中有详细说明。预测接收者不一定能供应此预测通知中涉及的产品,仅仅作为参考。

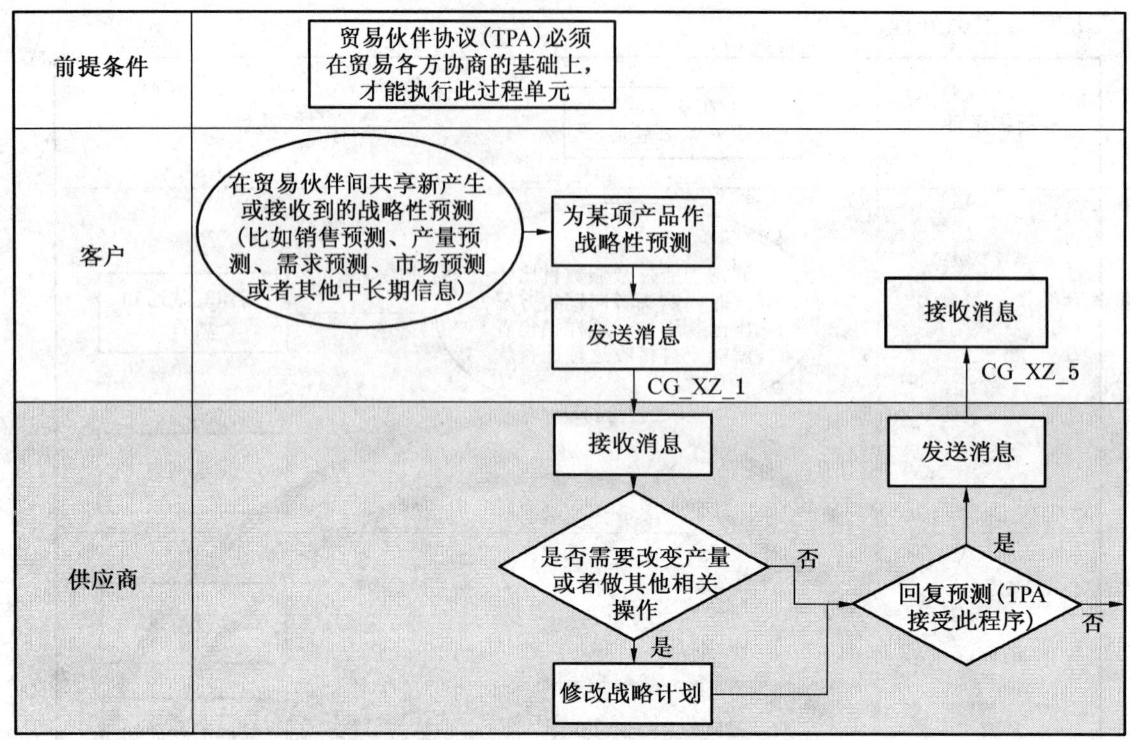

图 A.20 战略性预测通知过程单元

CG_XZ_2:发布周期性预测

目的:客户向供应商发出标准的协同订单预测通知,此预测通知的周期、有效时间跨度以及其他参数在交易伙伴协定中有详细说明。预测接收者不一定能供应此预测通知中涉及的产品,仅仅作为参考。

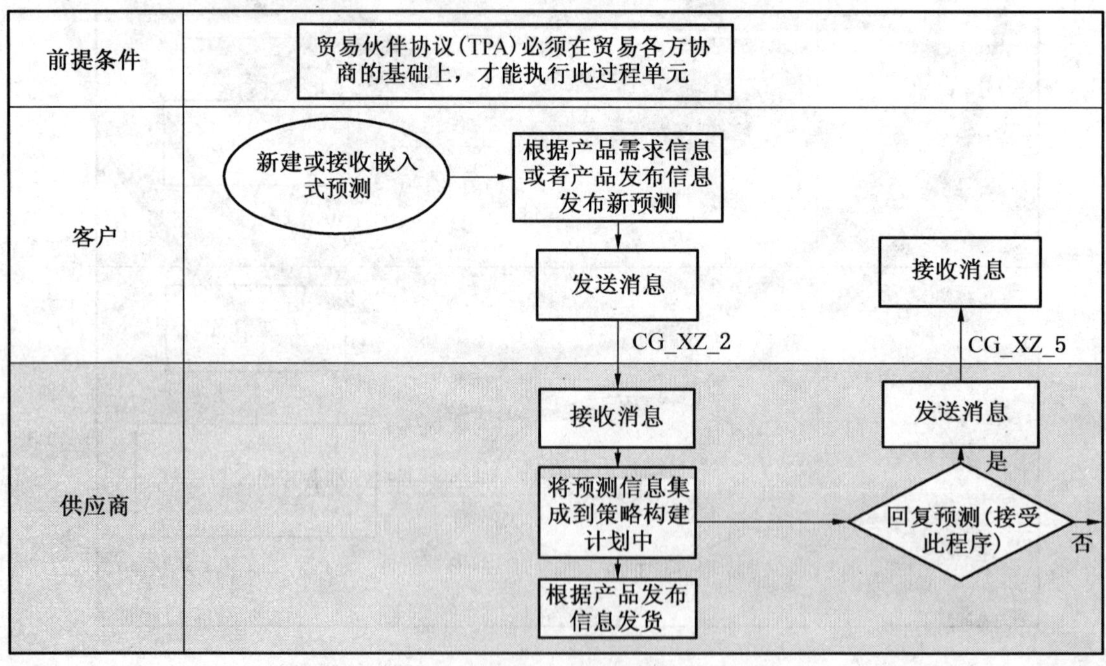

图 A.21 发布周期性预测通知过程单元

CG_XZ_3:发布临界预测

目的:客户向供应商提交临界性的预测,并收到预测接收者的确认回复。协同预测是指处理提交的预测时,以高级协同方式识别和处理异常。

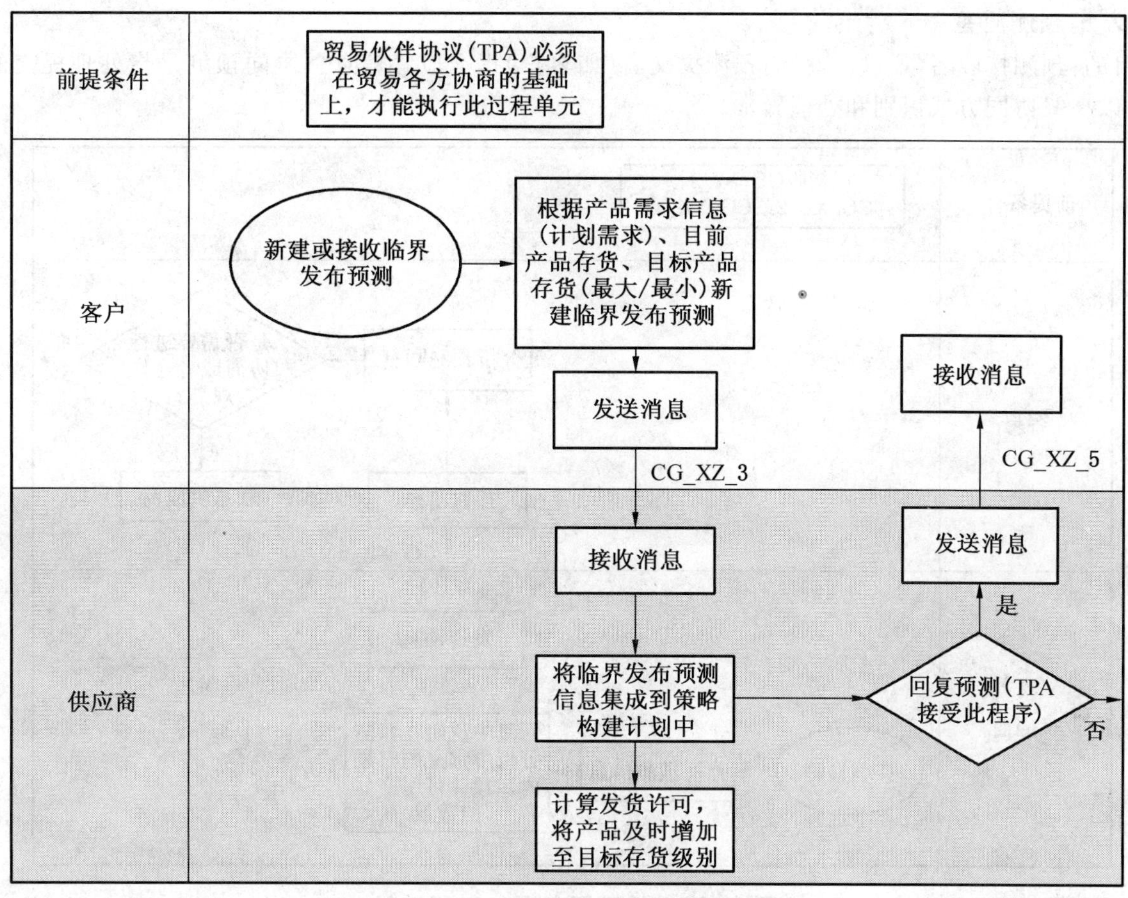

图 A.22　发布临界预测过程单元

CG_XZ_4:发布计划预测

目的:客户向供应商提交计划预测通告。

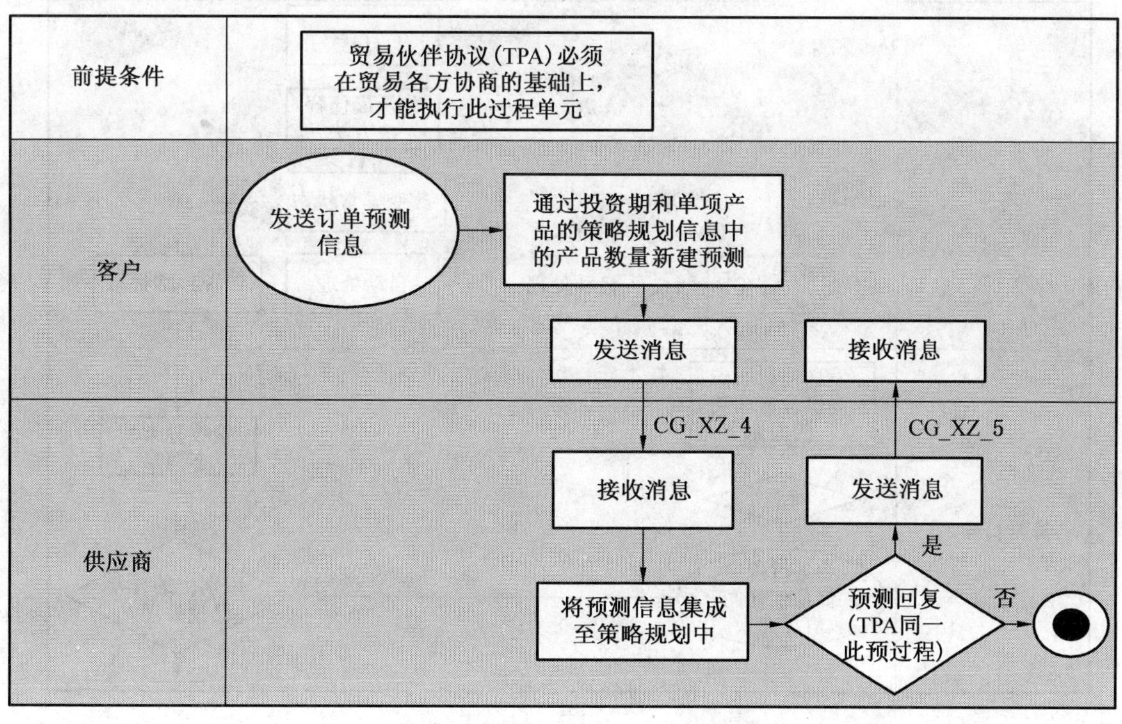

图 A.23　发布计划预测通知过程单元

CG_XZ_5:预测应答

目的:预测接收者(如供应商)向预测提交者(如客户)提交应答信息。协同预测是指处理提交的预测时,以高级协同方式识别和处理异常。

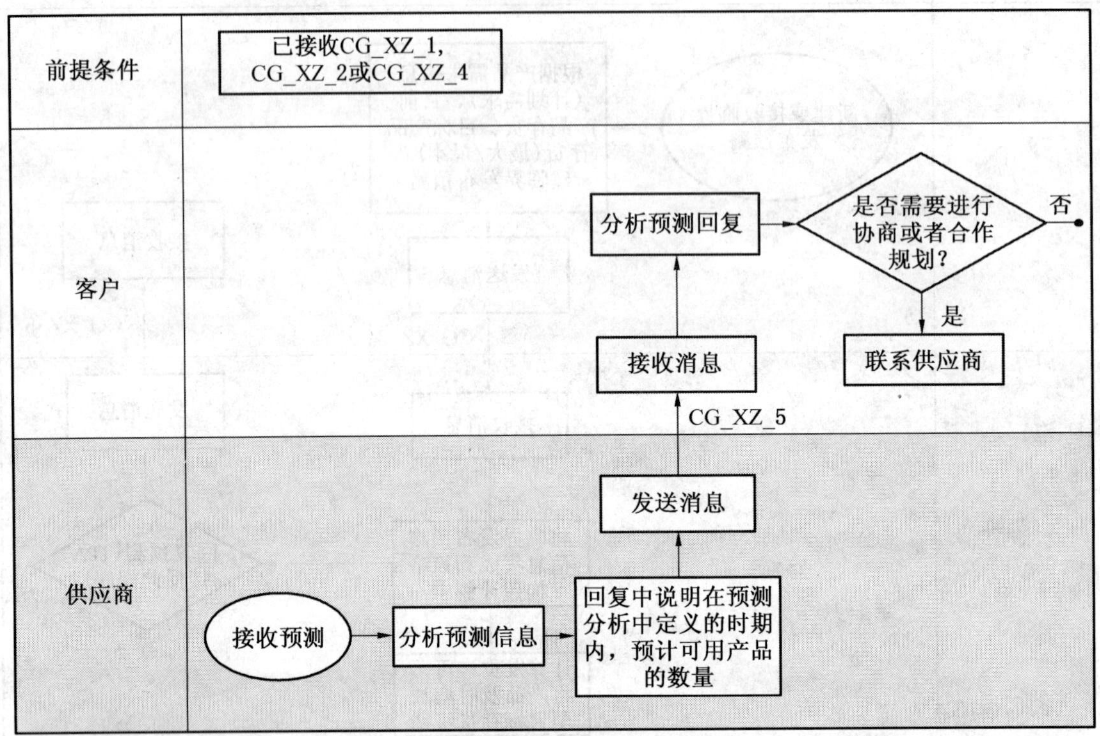

图 A.24 预测回复通知过程单元

CG_XZ_6:预测异常通知

目的:异常识别者在协同预测过程中向异常接收者发出已识别出的异常。

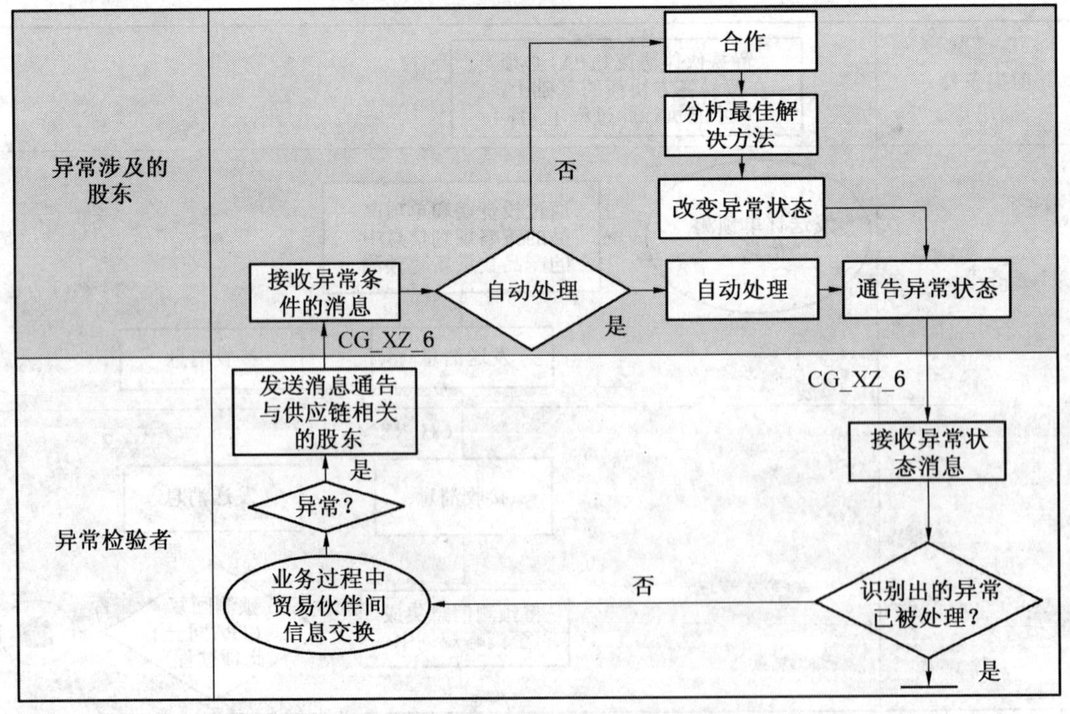

图 A.25 预测异常通知过程单元

CG_XS:销售报告

该类过程单元使得买方能够定期向供货方提供销售报告,以便提供方能够在不一致之处进行管理。

CG_XS_1:公布销售报告

目的:购买方向销售方通告具有有效全球贸易编码产品的销售状况。

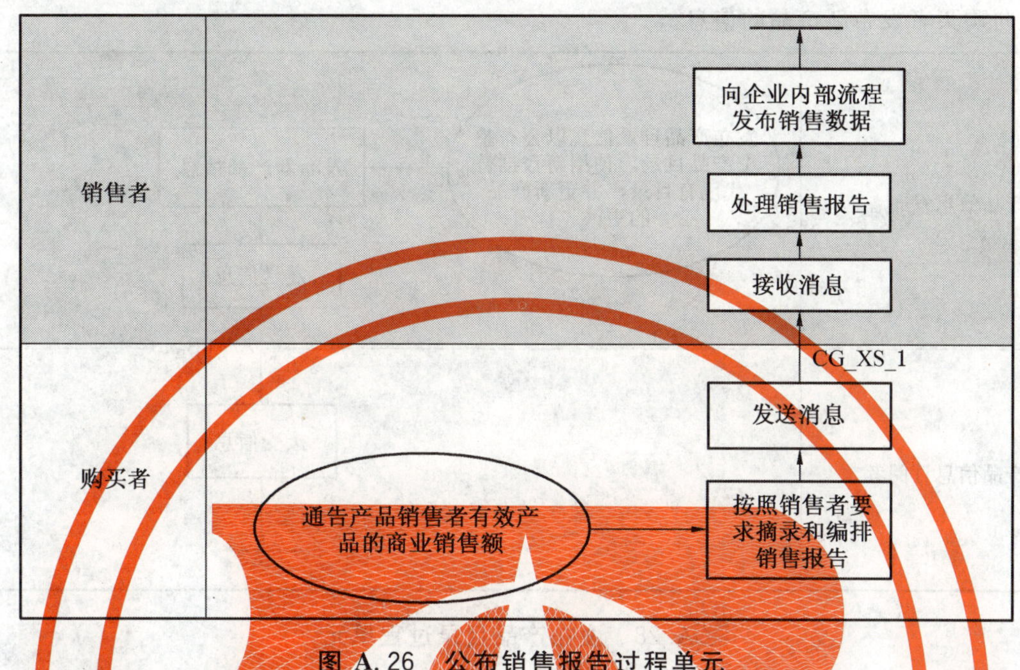

图 A.26 公布销售报告过程单元

CG_XS_2:应答销售报告

目的:销售方收到购买方发出的销售报告之后,给出确认应答。

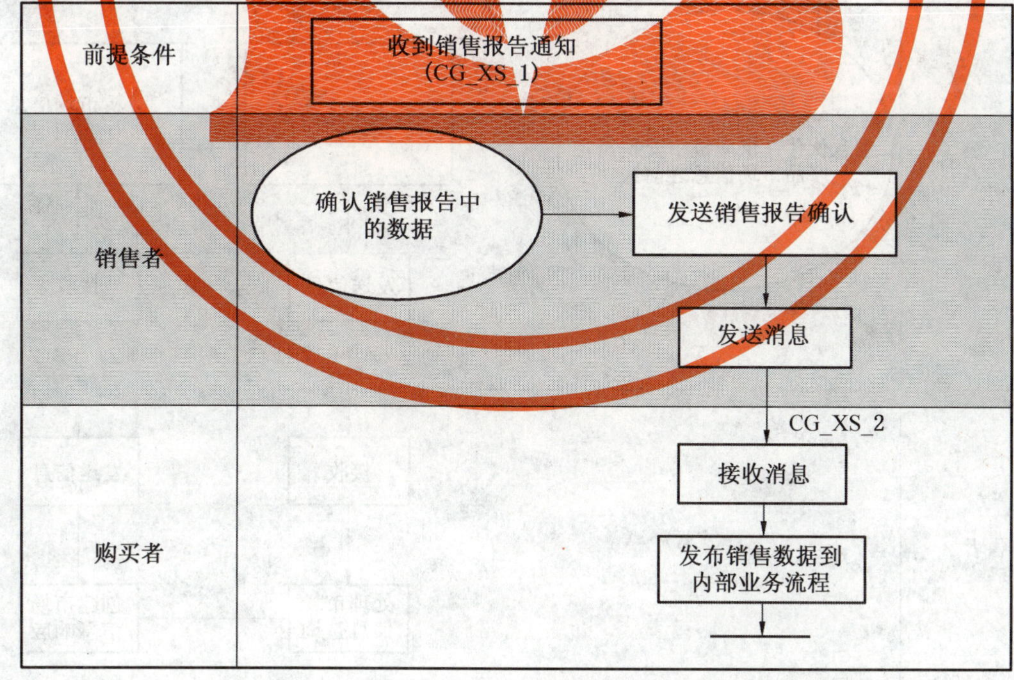

图 A.27 销售报告确认通知过程单元

A.2 制造类过程单元

该类过程单元描述产品信息和详细设计信息(包括产品更改通知和产品技术说明书)的发布和周期

性更新中购买者与销售者之间的协同过程。

ZZ_FB:发布准备

支持产品资源(包括销售目录和基本技术信息)的发布以及扩展产品信息的获取。

ZZ_FB_1:发布产品目录信息

目的:向购买者发布新产品的信息。

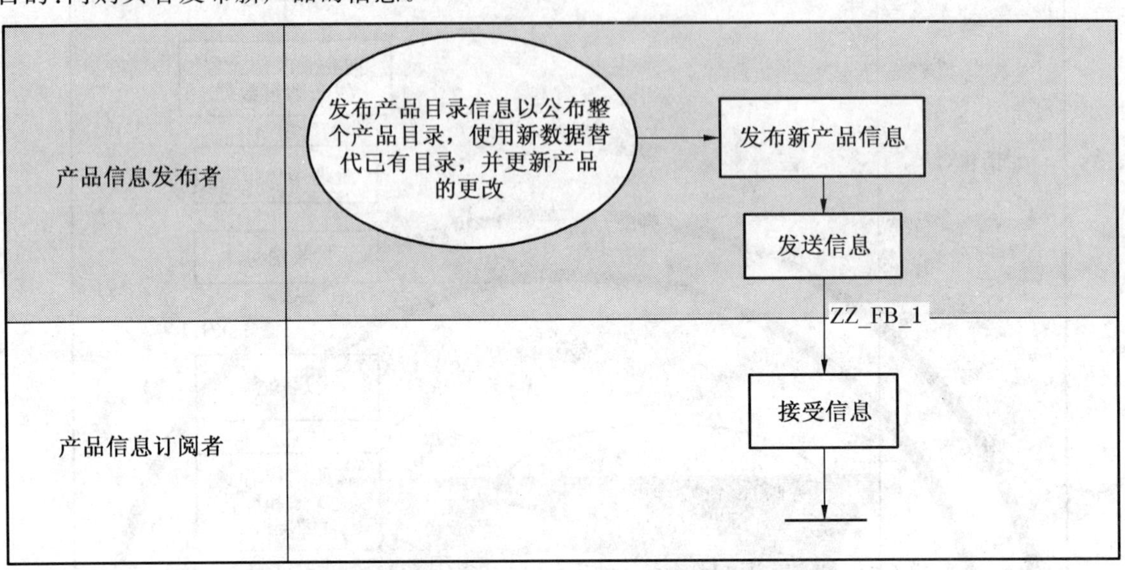

图 A.28 发布产品目录过程单元

ZZ_FB_2:查询市场信息

目的:购买者向销售者查询市场信息并接收响应信息。

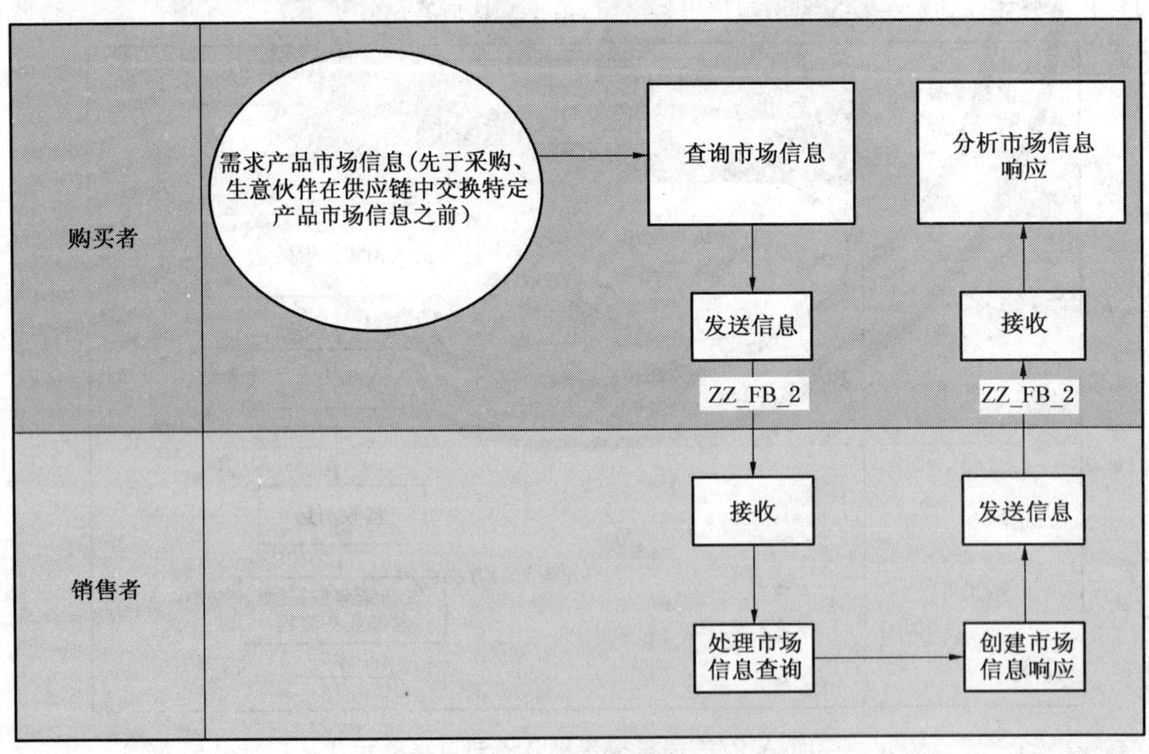

图 A.29 查询市场信息过程单元

ZZ_FB_3:查询产品促销和折扣信息

目的:购买者查询产品促销和折扣信息并接收响应信息。

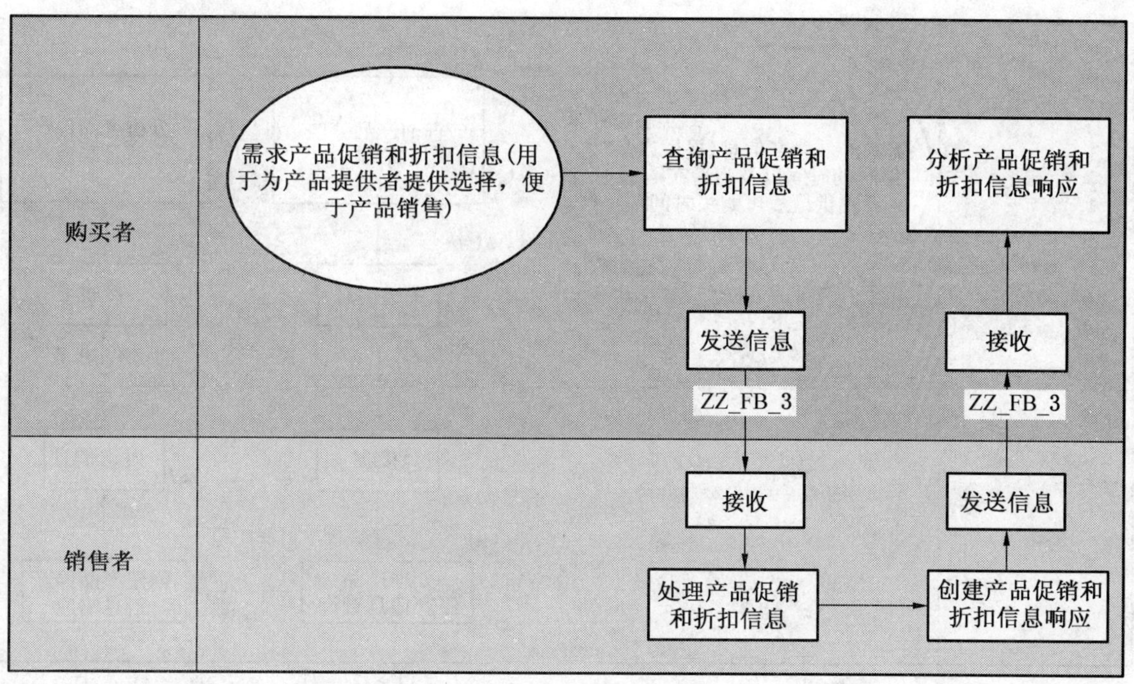

图 A.30　查询产品促销与折扣信息过程单元

ZZ_FB_4：查询产品生命周期信息

目的：购买者查询产品生命周期信息并接收响应信息。

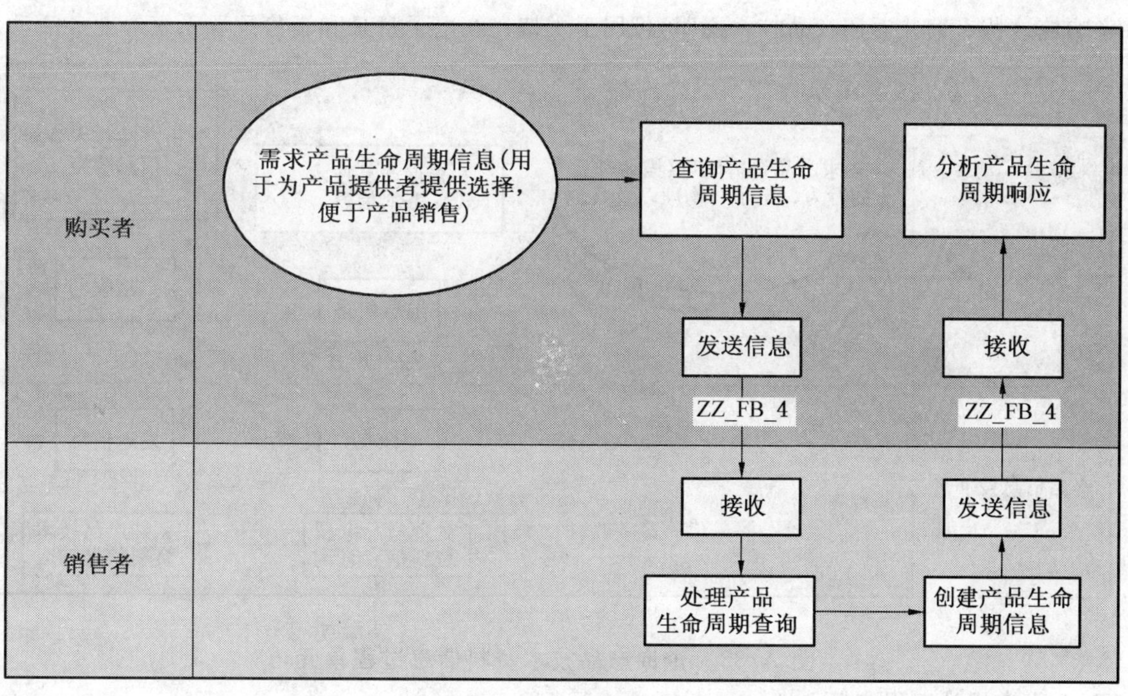

图 A.31　查询产品生命周期信息过程单元

ZZ_FB_5：查询产品停产信息

目的：购买者查询产品停产信息并接收响应信息。

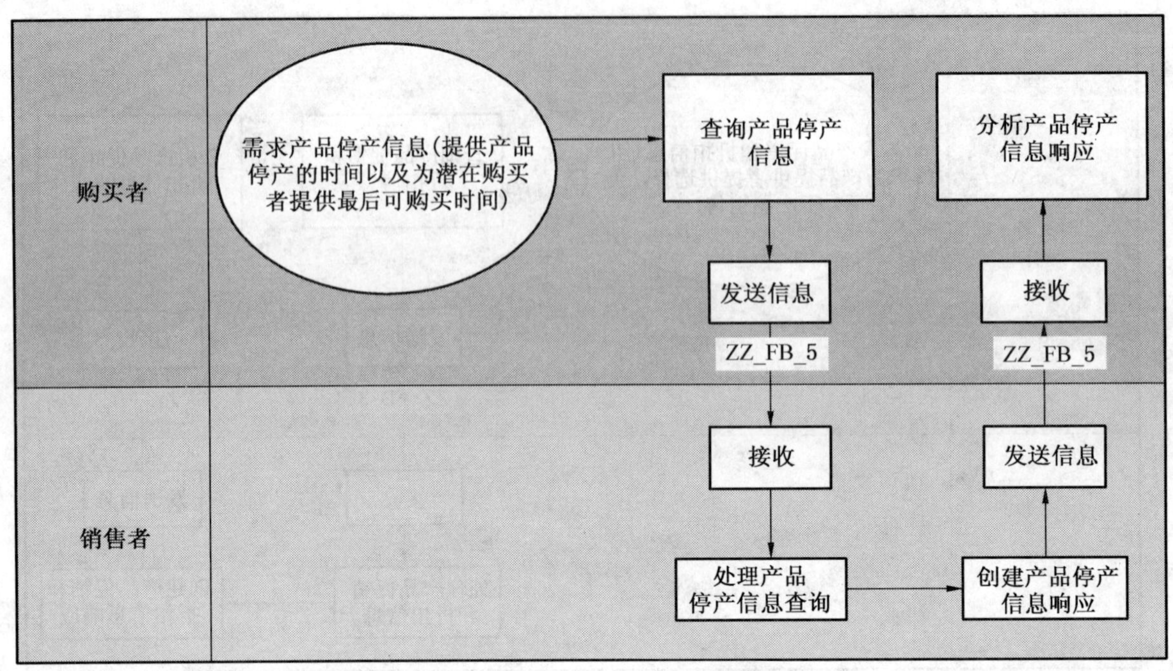

图 A.32　查询产品停产信息过程单元

ZZ_FB_6:查询产品技术资料信息

目的:购买者查询产品(如电子元件)资料信息。产品技术资料本质上就是描述产品的行为、电子、物理以及其他的属性的信息分类,不包含销售和订单属性,如在销售目录和订单承诺系统发现的部分。销售者响应这些查询并返回产品技术说明,可用于主持在线电子目录和销售配置系统等业务活动。

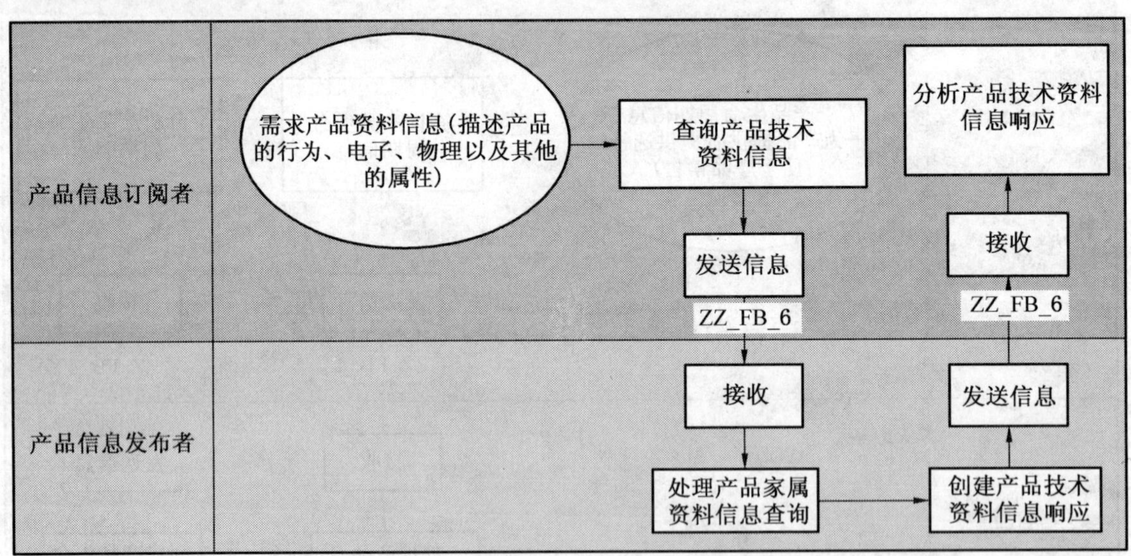

图 A.33　查询产品技术资料信息过程单元

ZZ_FB_7:发布设计工程信息

目的:发布者通过发布链向接收者发布产品工程信息,包括描述产品行为的、电子的、物理的以及其他属性的信息,也可以是那些影响设计决策的产品的相关业务信息,这些信息可以向设计者、产品工程人员提供产品计划、设计和产品工程过程中需求的信息。

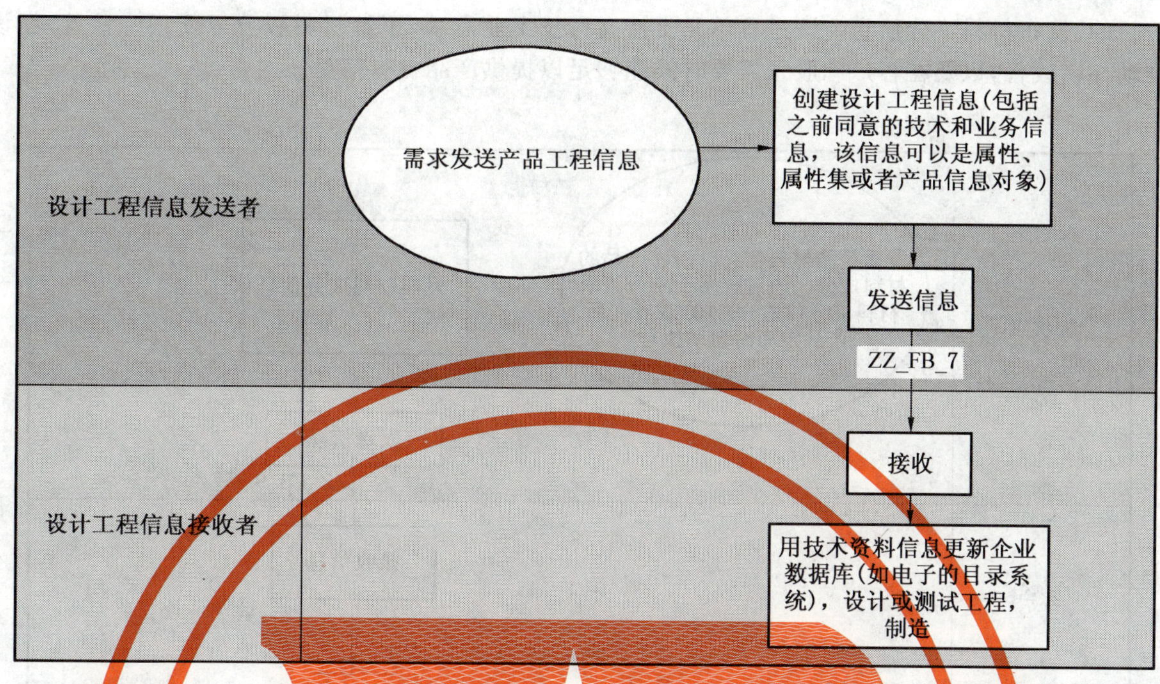

图 A.34　发布设计工程过程单元

ZZ_FB_8:发布产品主数据

目的:产品信息发布者(典型的发布者是产品提供者)发布产品主数据的过程,发布设备级产品的标识,包括产品族属性,特定位置数据,获取的数据以及有限的产品生命周期信息,这些是MRP系统的产品信息用户(典型的产品购买者)所需要的。

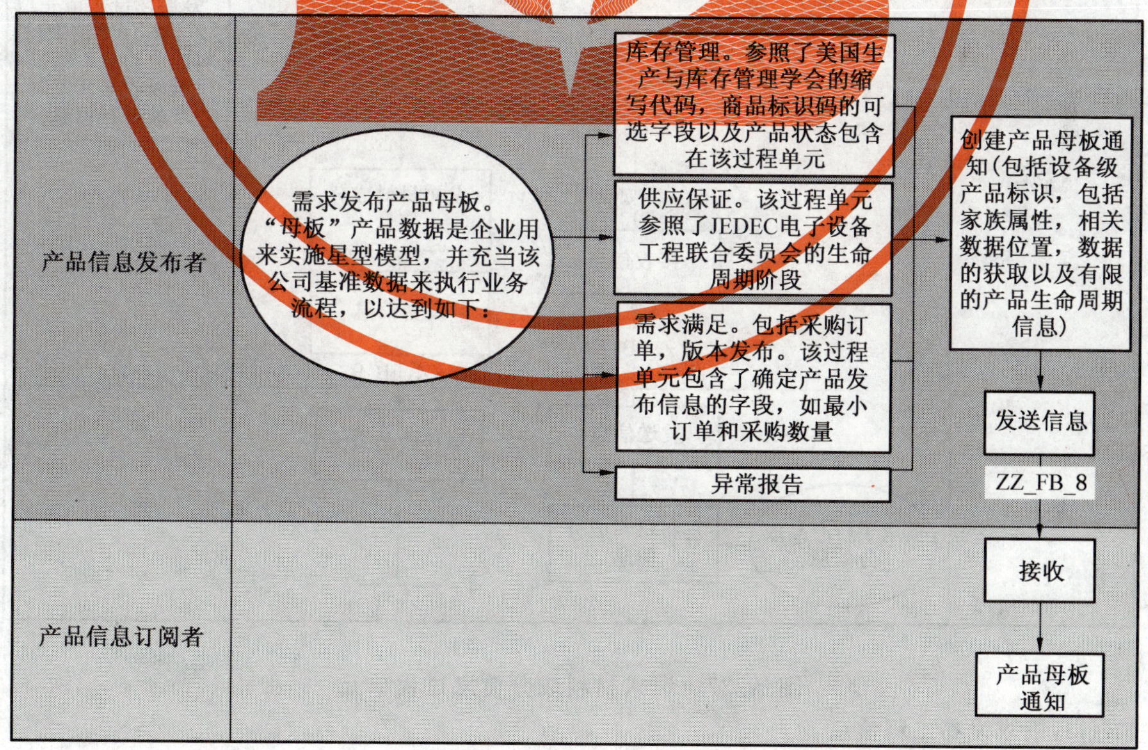

图 A.35　发布产品主数据过程单元

ZZ_FB_9:发布材料成分信息

目的:发布材料成分信息。该过程单元支持高科技工业需求,了解材料成分以便遵守法律,在设计上推动环境改善,以及在客户和股东需要时候能够足以提供产品材料信息。

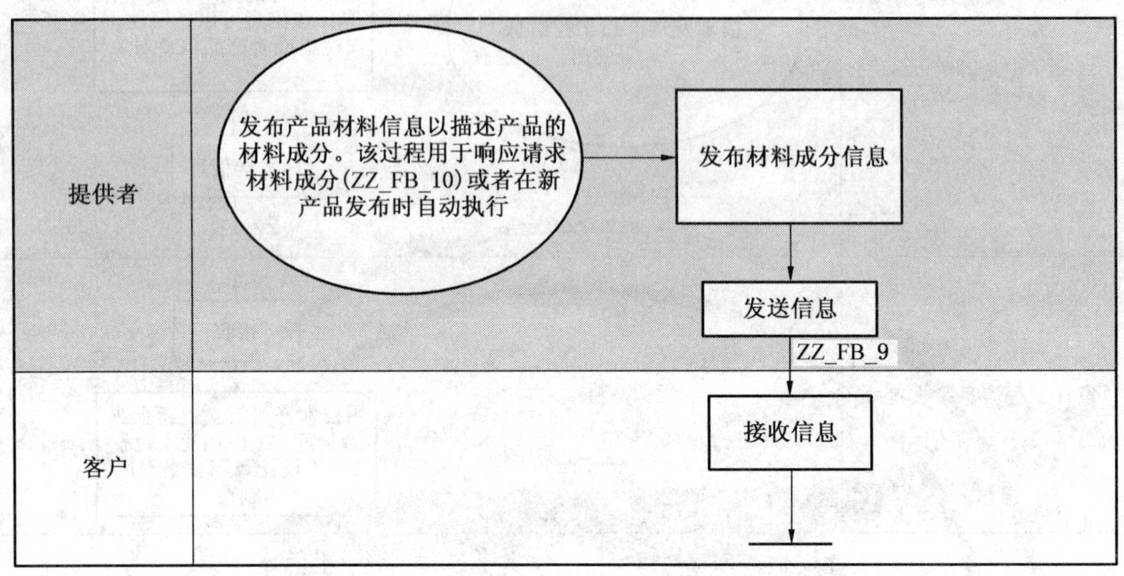

图 A.36　发布材料成分信息过程单元

ZZ_FB_10:请求材料成分信息

目的:客户向提供者请求给出产品的成分信息。

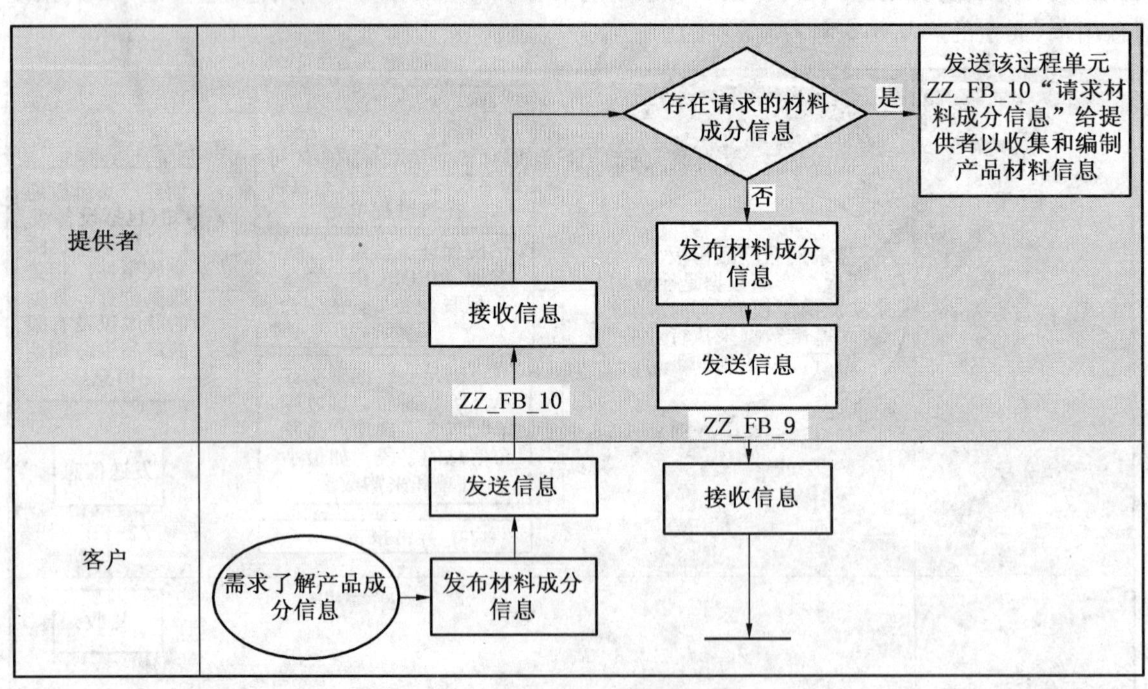

图 A.37　请求材料成分信息过程单元

ZZ_FB_11:请求发布工程信息

目的:客户向提供者请求发布工程信息。

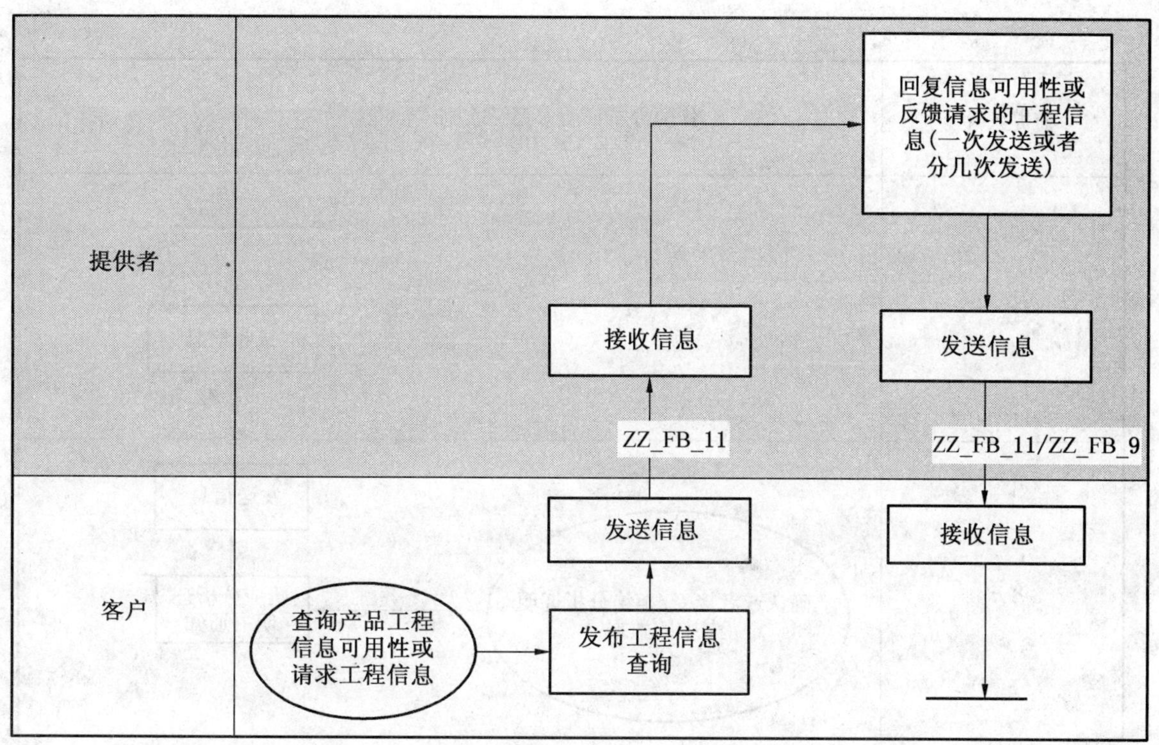

图 A.38 请求发布工程信息过程单元

ZZ_FB_12:通知分析证明

目的:提供者向客户提供证明书,证明已经装船材料的质量和检验无菌。

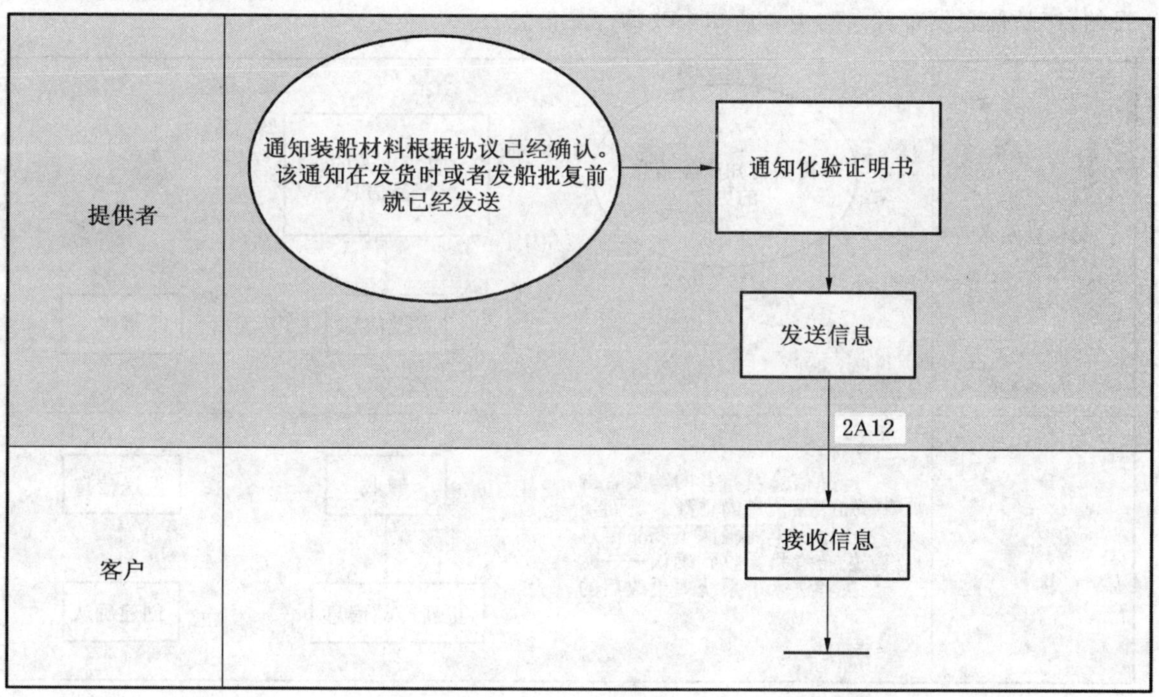

图 A.39 通知分析证明过程单元

ZZ_FB_13:分析证明书响应通知

目的:客户在收到分析证明书后的响应过程:"接受"或"拒绝";如果是"拒绝",则说明原因。

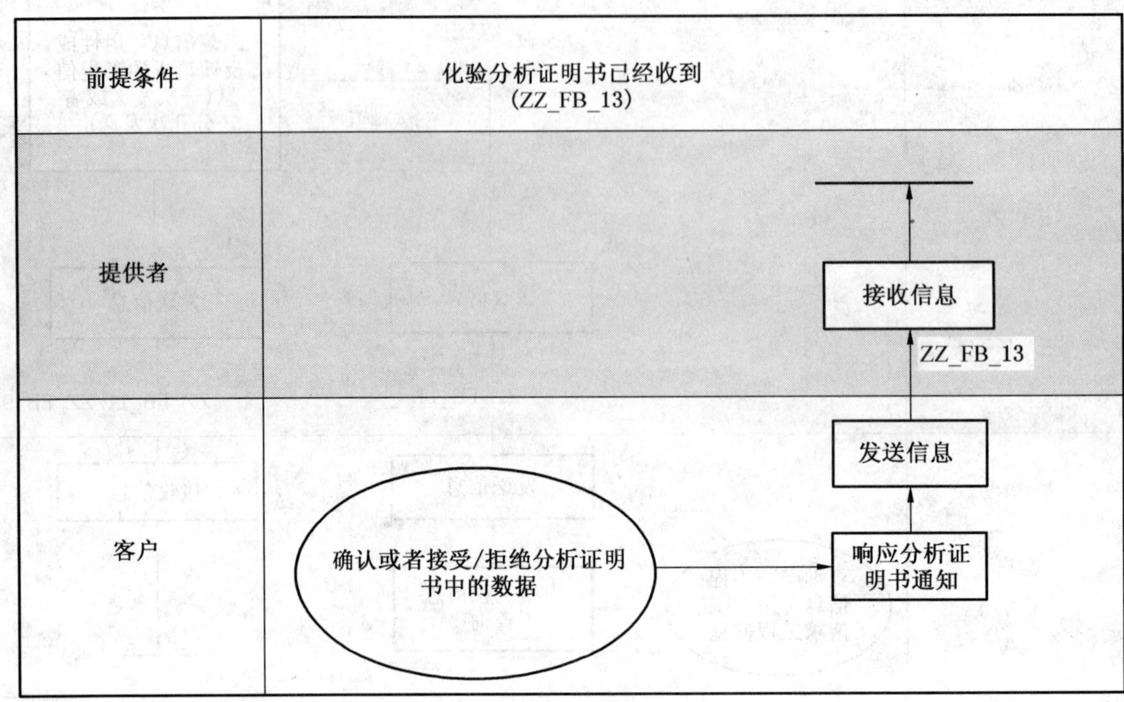

图 A.40 响应分析证明通知过程单元

ZZ_GG:产品更改通知

ZZ_GG_1:发布更改产品基本资料

目的:产品信息发布者向购买者通知更改的产品信息。

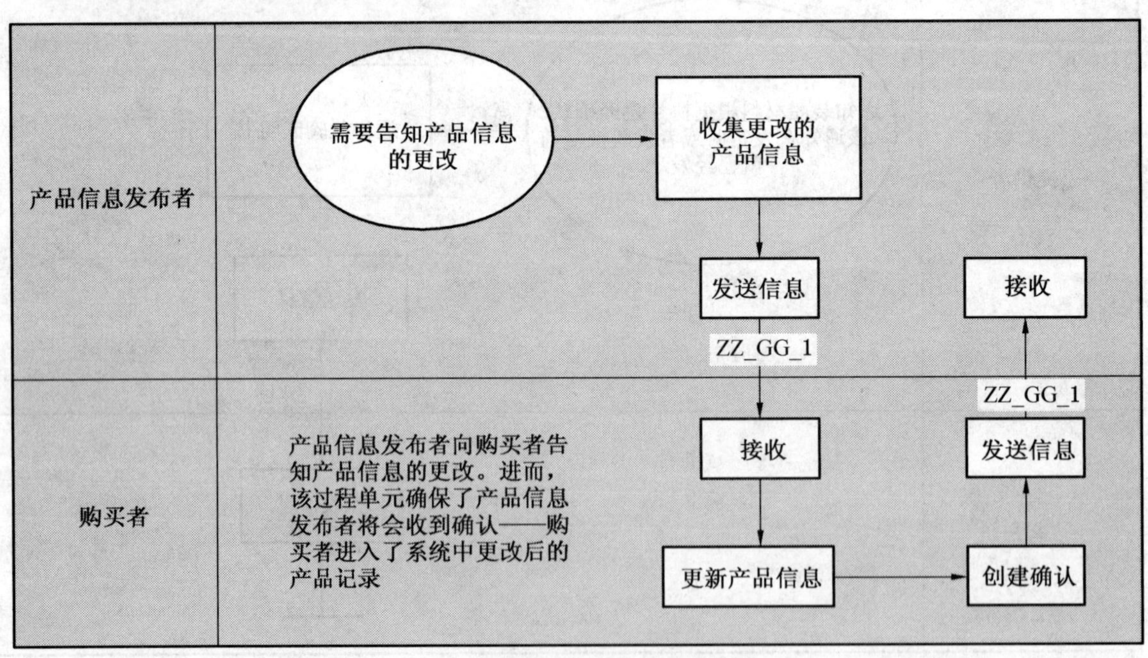

图 A.41 更改产品基本资料过程单元

ZZ_GG_2:通告市场信息更改

目的:产品信息发布者向购买者通告产品市场信息改变。

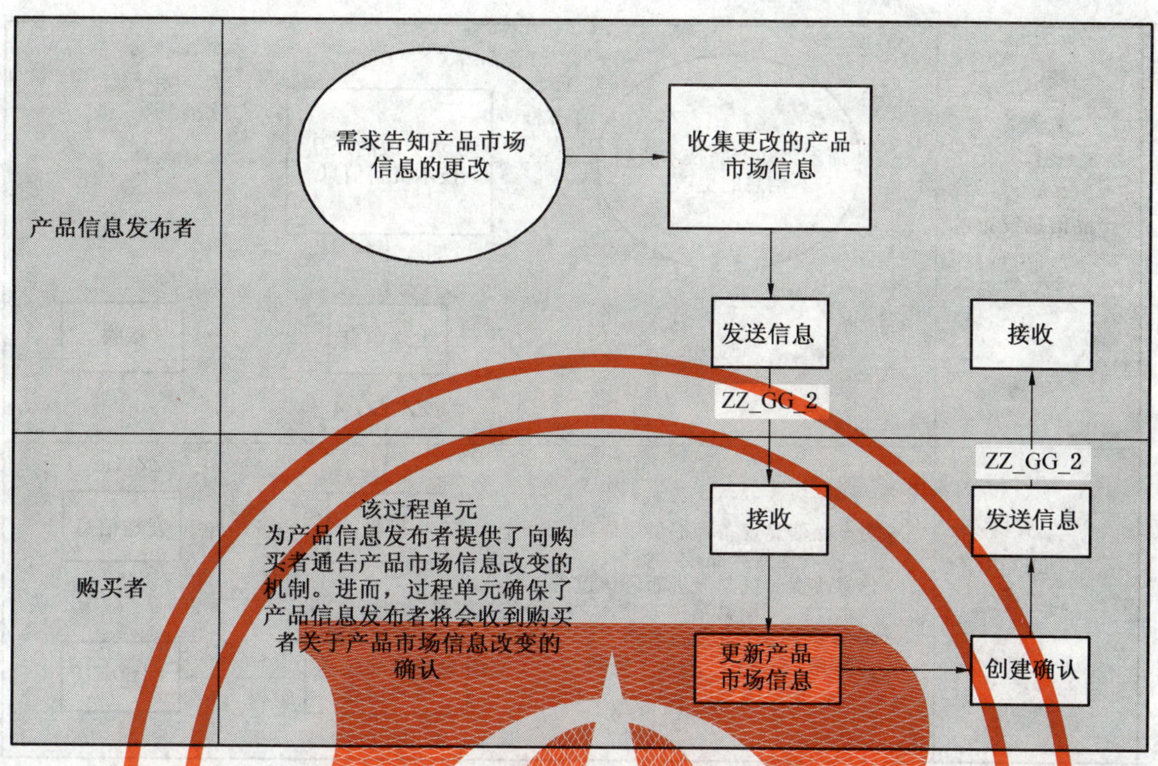

图 A.42　通告市场信息更改过程单元

ZZ_GG_3:通告更改产品促销和折扣信息

目的:产品信息发布者向购买者通告改变产品促销和折扣信息。

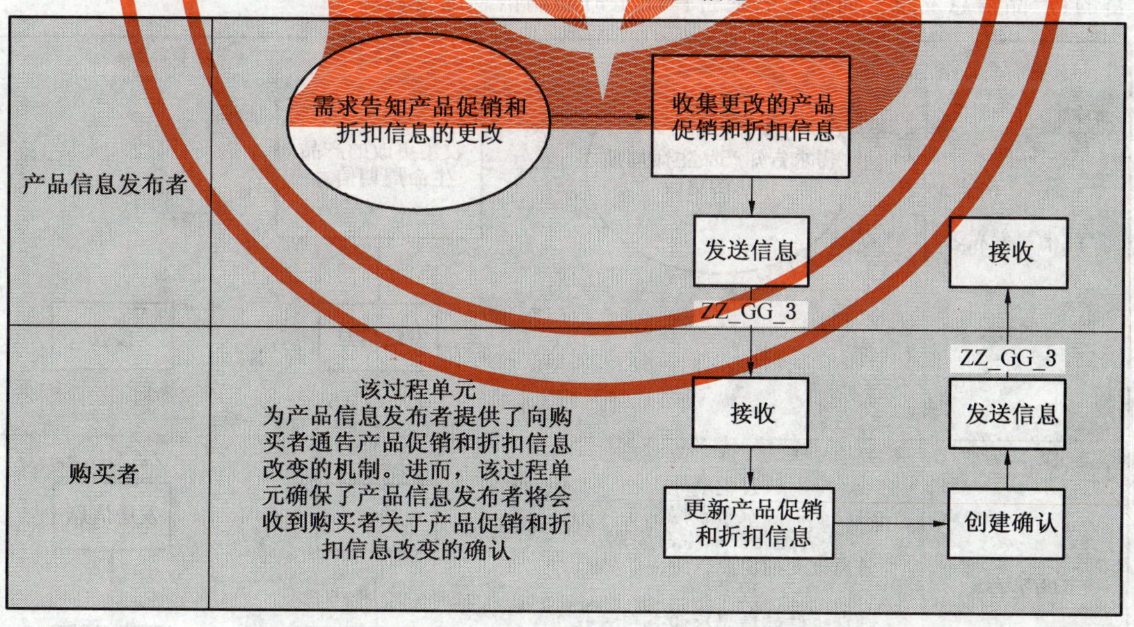

图 A.43　更改产品促销与折扣信息过程单元

ZZ_GG_4:通告更改产品技术资料信息

目的:产品信息发布者向购买者通告产品技术资料信息的改变。

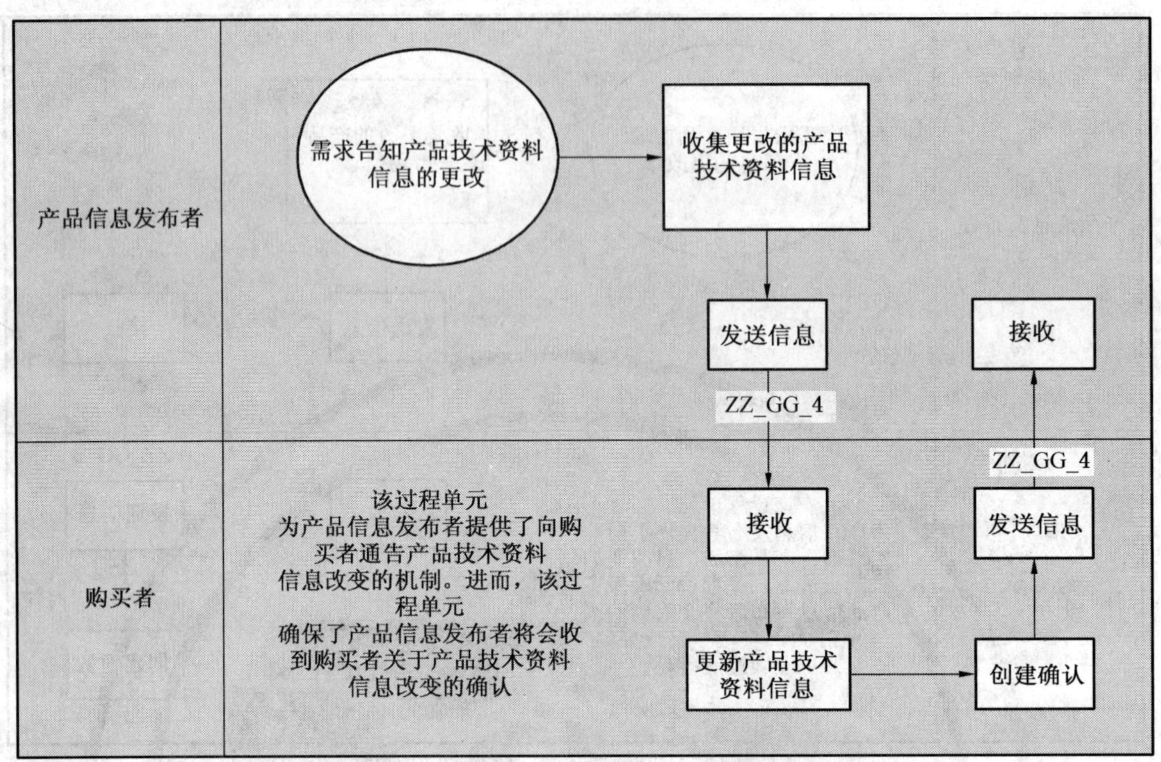

图 A.44 更改产品技术资料信息过程单元

ZZ_GG_5:通告更改产品生命周期信息

目的:产品信息发布者向购买者通告产品生命周期信息改变。

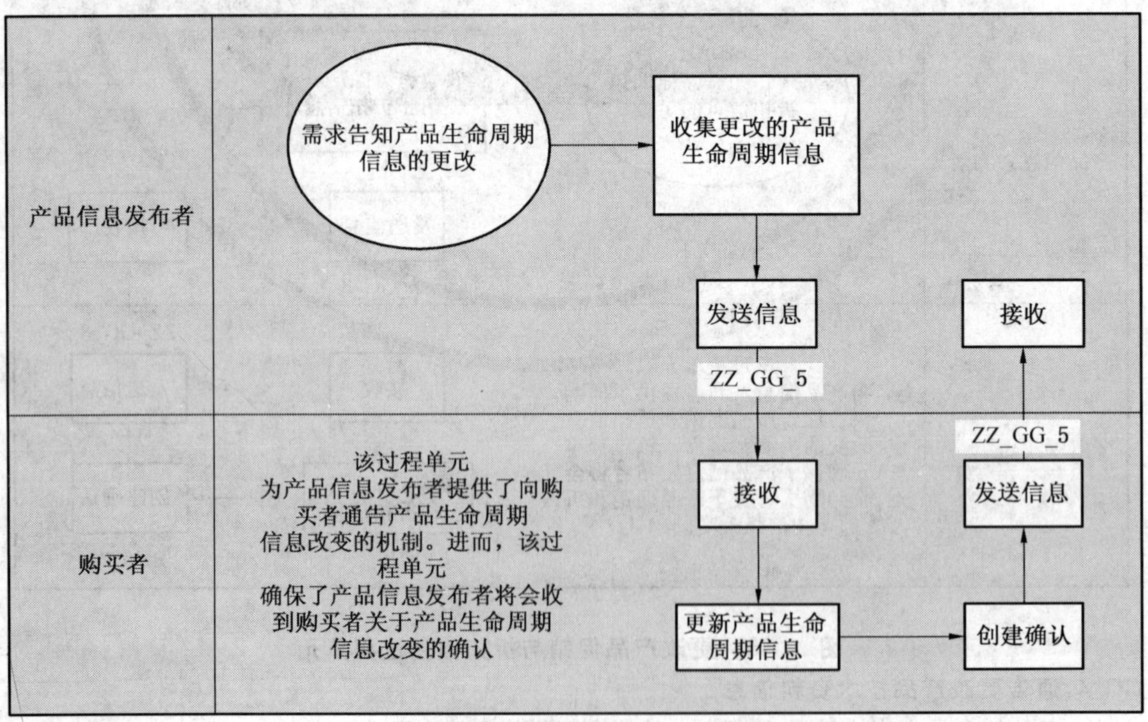

图 A.45 更改产品生命周期信息过程单元

ZZ_GG_6:通告产品即将更改

目的:提供者向客户告知产品即将更改或者过期。这是产品/生命到期(EOL)事件的开始或触发。该事件经常由产品提供者触发,接收的对象是客户或客户的代理。

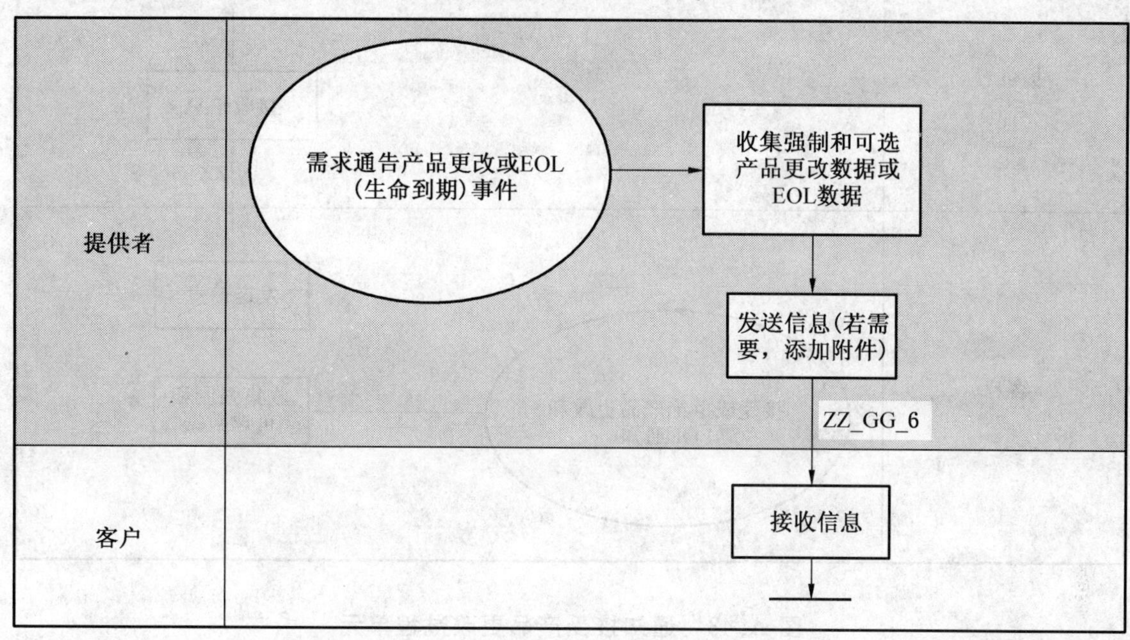

图 A.46 通告产品即将更改过程单元

ZZ_GG_7:请求提供更多产品信息

目的:客户向提供者请求更多的产品信息,以便他们获得足够的信息、做出接受或拒绝的决定。上述事件经常由客户或客户代理触发,需要提供者每次做出响应。

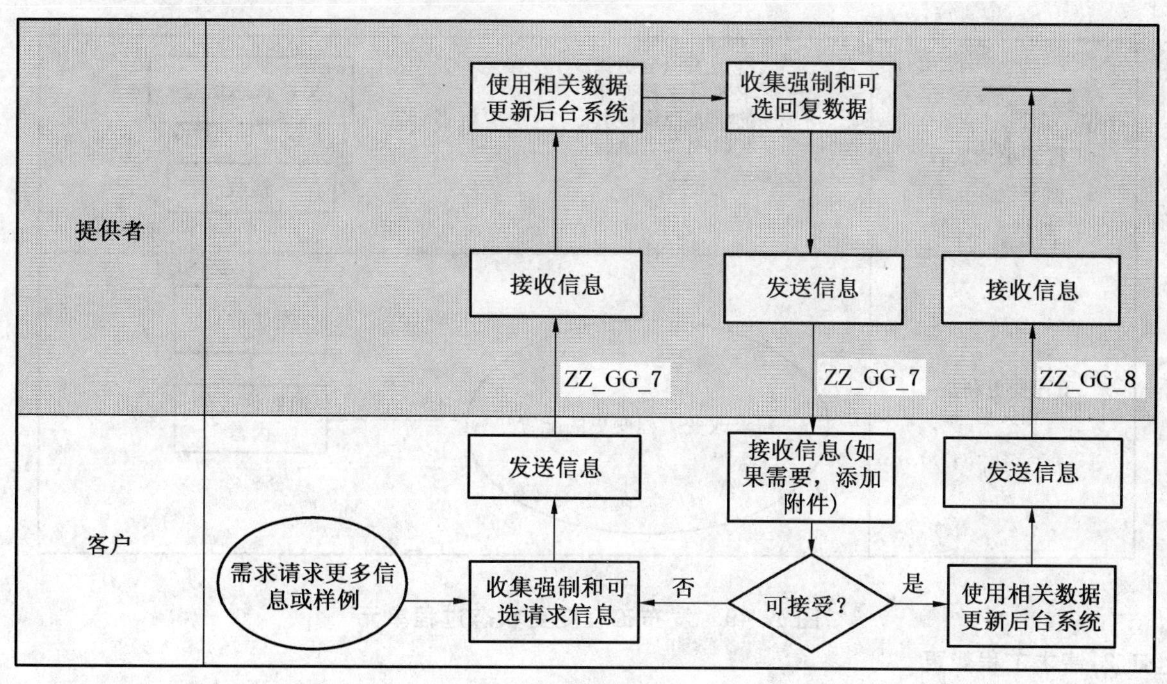

图 A.47 产品更改查询时通知过程单元

ZZ_GG_8:发布接受产品更改

目的:客户向提供者发出接受了产品更改信息。这是可选事件,在其用作接受时候,是无条件的。

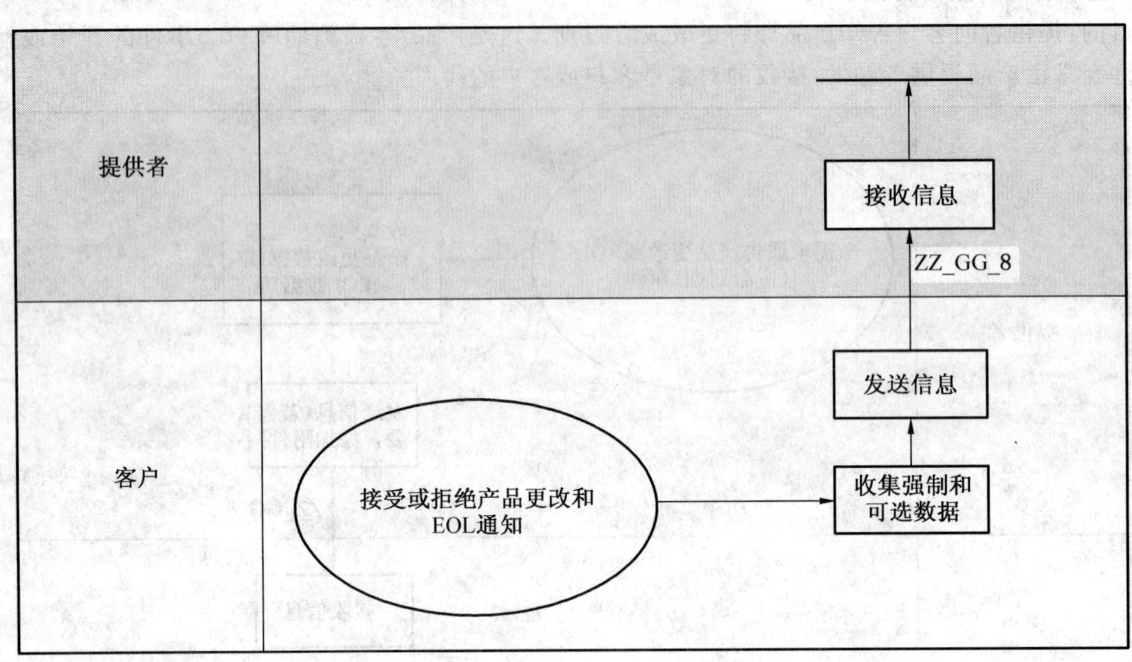

图 A.48 通知接受产品更改过程单元

ZZ_SJ:发布和更新产品设计信息

ZZ_SJ_1:发布工程更改状态

目的:工程变更利益相关者向请求工程变更人员通知更改状态。该更改状态可以随着业务流程中工程变更及时改变。工程变更状态一旦修改,必须在 3 d 内提供其安排。

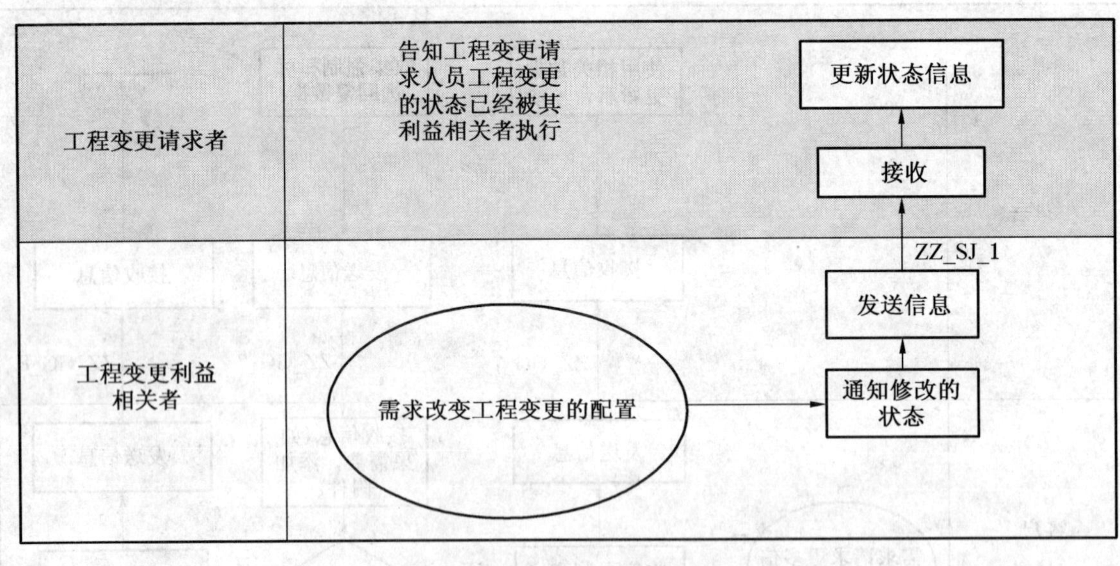

图 A.49 发布工程变更状态过程单元

ZZ_SJ_2:请求工程变更

目的:当工程变更利益相关者发现问题或机遇时,向请求变更方提出建议工程变更;而请求变更方则向工程变更审查委员提交变更请求。工程变更审查委员响应该请求:接受、拒绝或待决定工程变更请求。

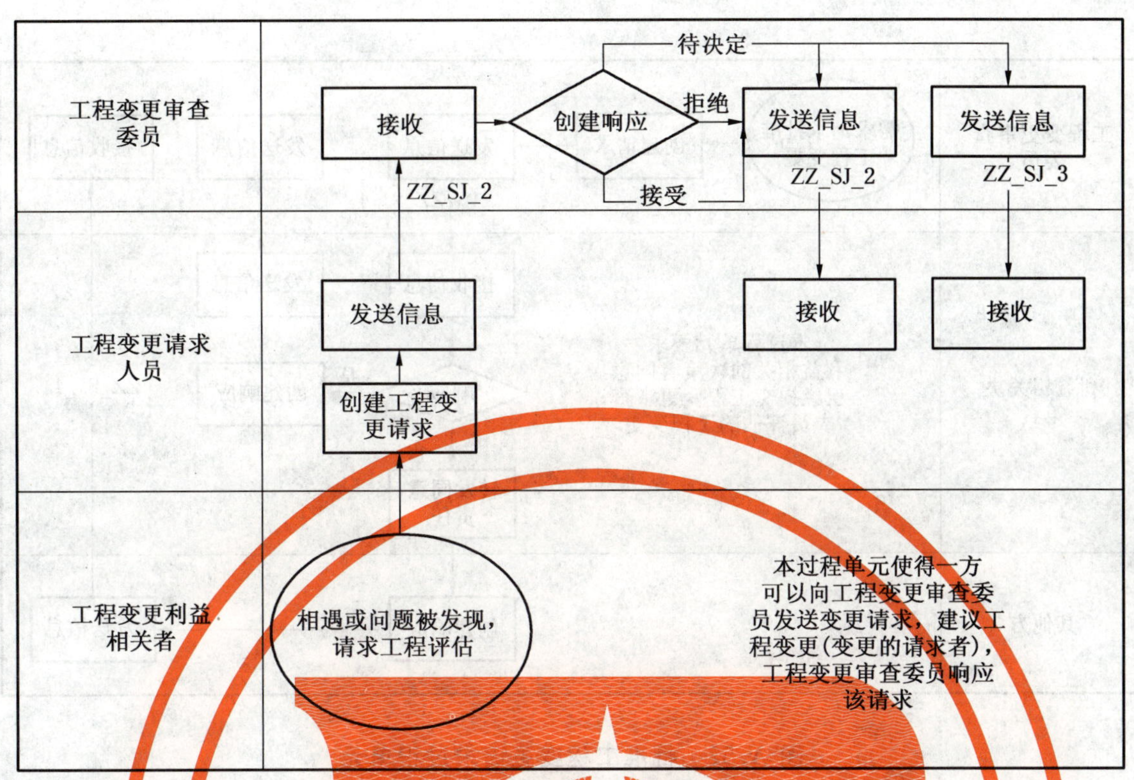

图 A.50 请求工程变更过程单元

ZZ_SJ_3:发布工程变更响应

目的:工程变更审查委员向变更申请方发送对“待决定”的工程变更请求的最终安排:接受或拒绝。

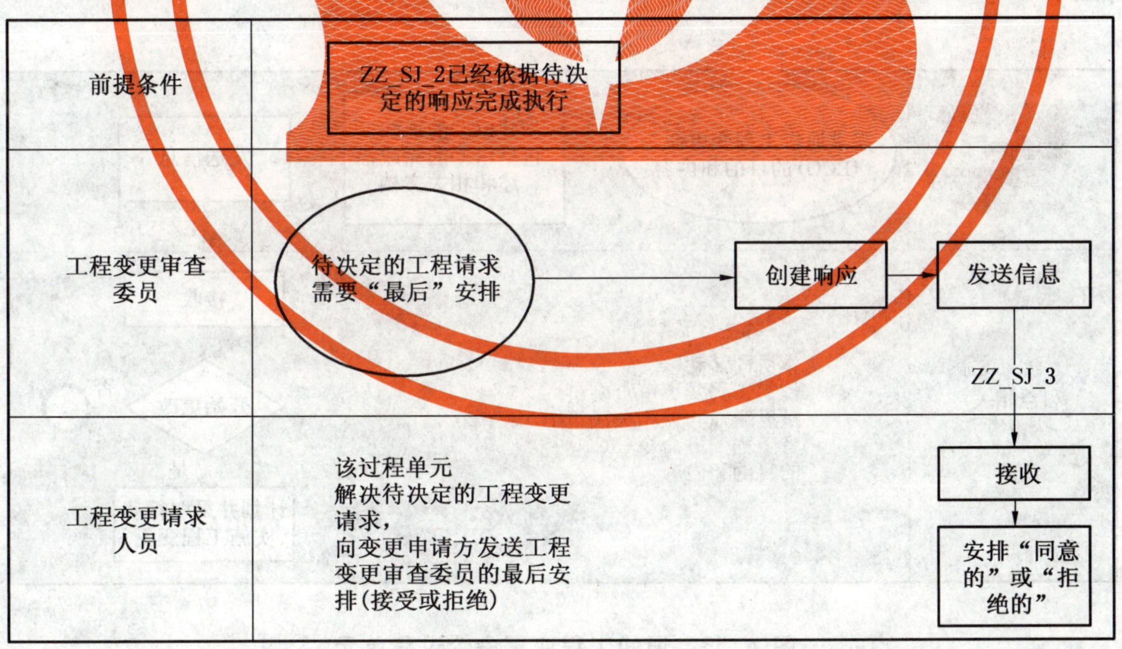

图 A.51 发布工程变更响应过程单元

ZZ_SJ_4:批准工程变更的请求

目的:工程变更审查委员向利益相关的决策者公布对所提交的工程变更请求的批准信息:同意、拒绝、弃权或其他。

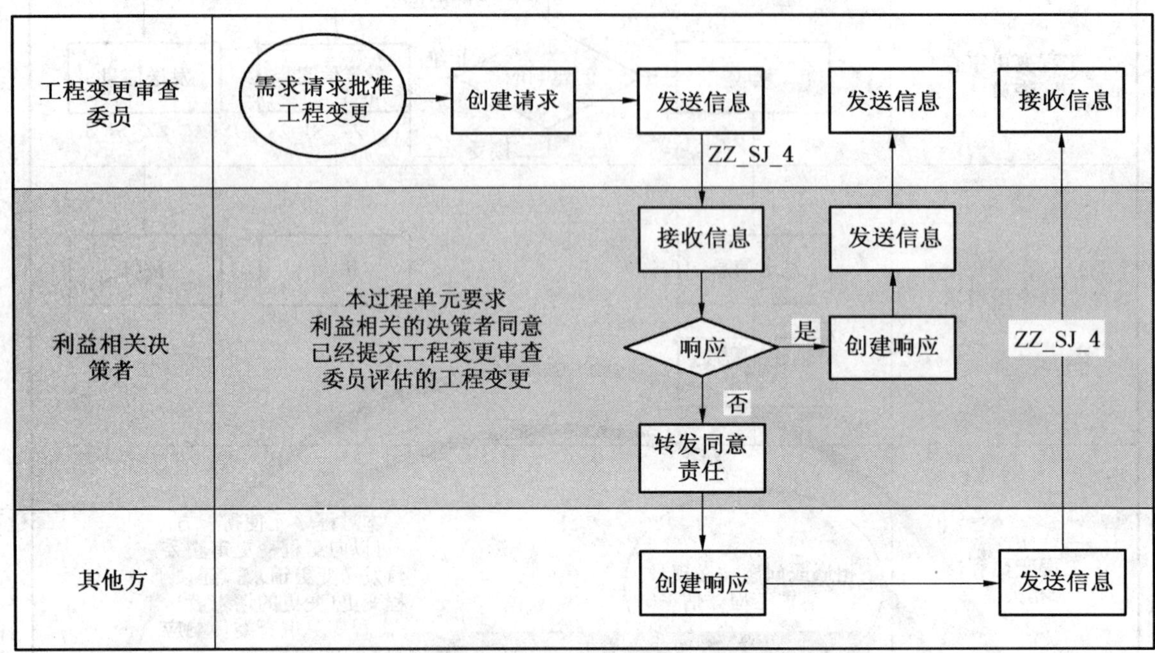

图 A.52 批准工程变更请求过程单元

ZZ_SJ_5:发布工程变更命令

目的:工程变更审查委员向利益相关决策者通知工程变更命令(ECO)的目的和内容。该命令包含ECO的完整描述以及任何相关的文档。可选文本和文档可以附在通知上或者以网络链接的形式在通知中给出。

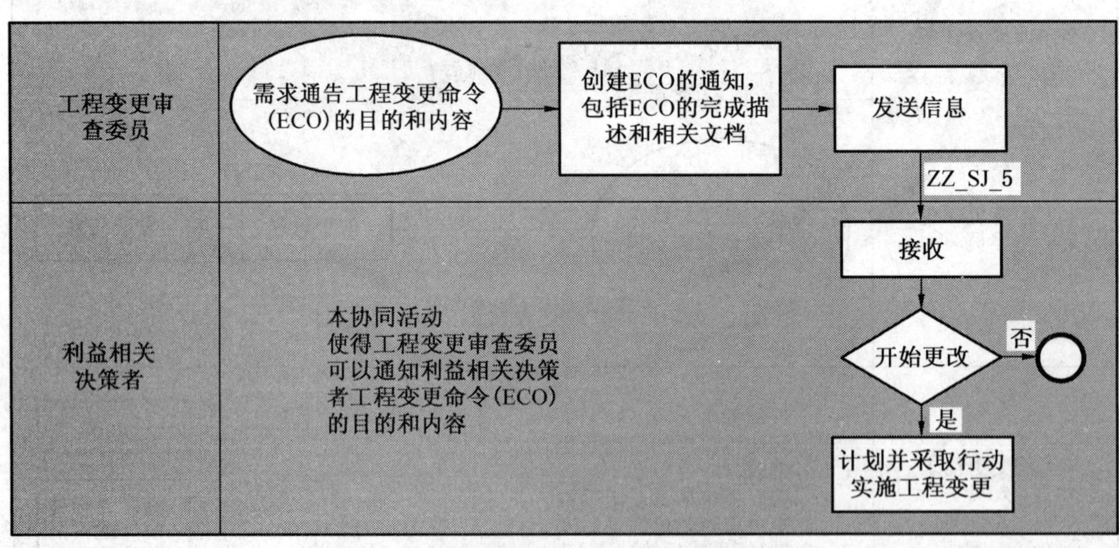

图 A.53 通知工程变更命令过程单元

ZZ_SJ_6:发布工程变更执行计划

目的:工程变更审查委员会和利益相关计划人员按照工程变更命令制定工程变更的执行计划,发送给负责执行人员、协调工程变动。工程变更执行计划是一个灵活的文档,既可以迭代更新,也可以追踪个人计划来执行工程变更命令。

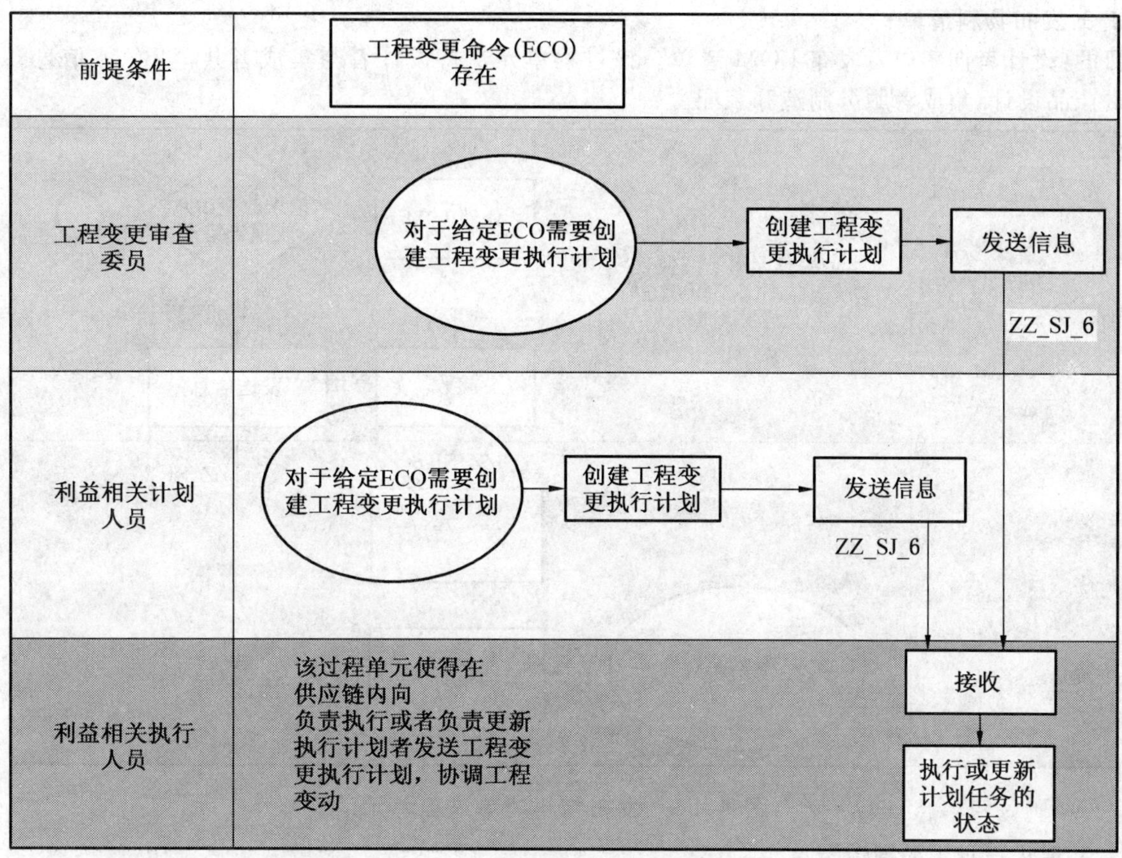

图 A.54　通知工程变更执行计划过程单元

ZZ_SJ_7:请求物料清单

目的:综合者向产品设计者请求产品 BOM(物料清单)信息,产品设计者返回 BOM 信息给综合者;综合者根据接收到的 BOM 信息,发出应答信息:接受或请求修改。

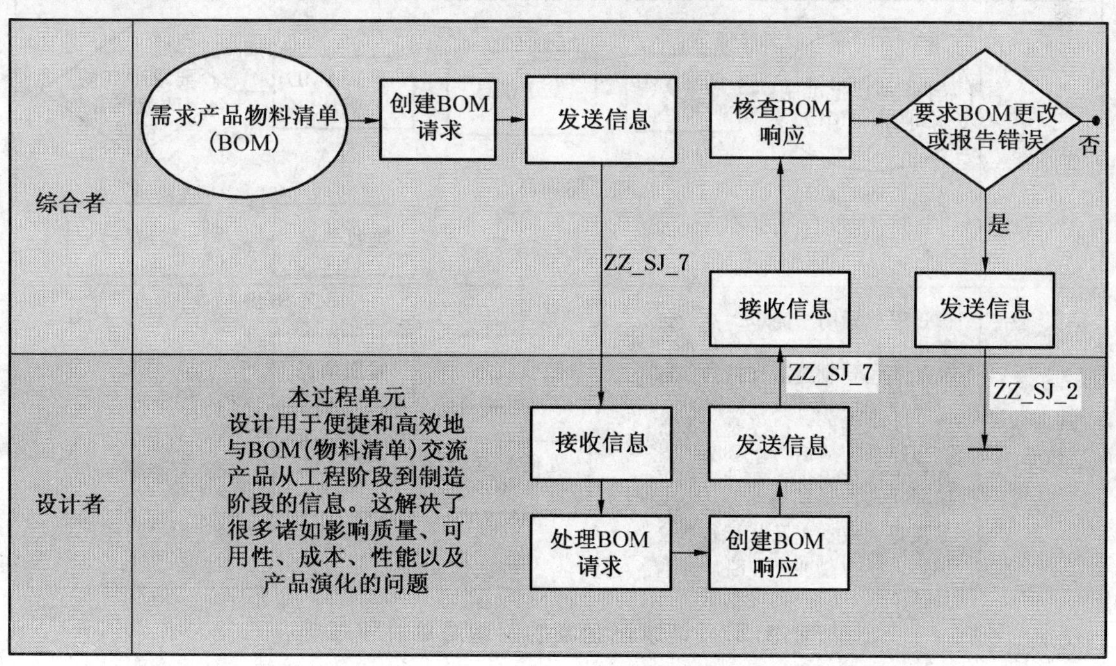

图 A.55　请求物料清单过程单元

ZZ_SJ_8:发布物料清单

目的:设计者向集成者发布BOM清单。该过程单元支持设计者与集成者共享BOM信息。设计者负责产品设计,集成者服务制造和装配。

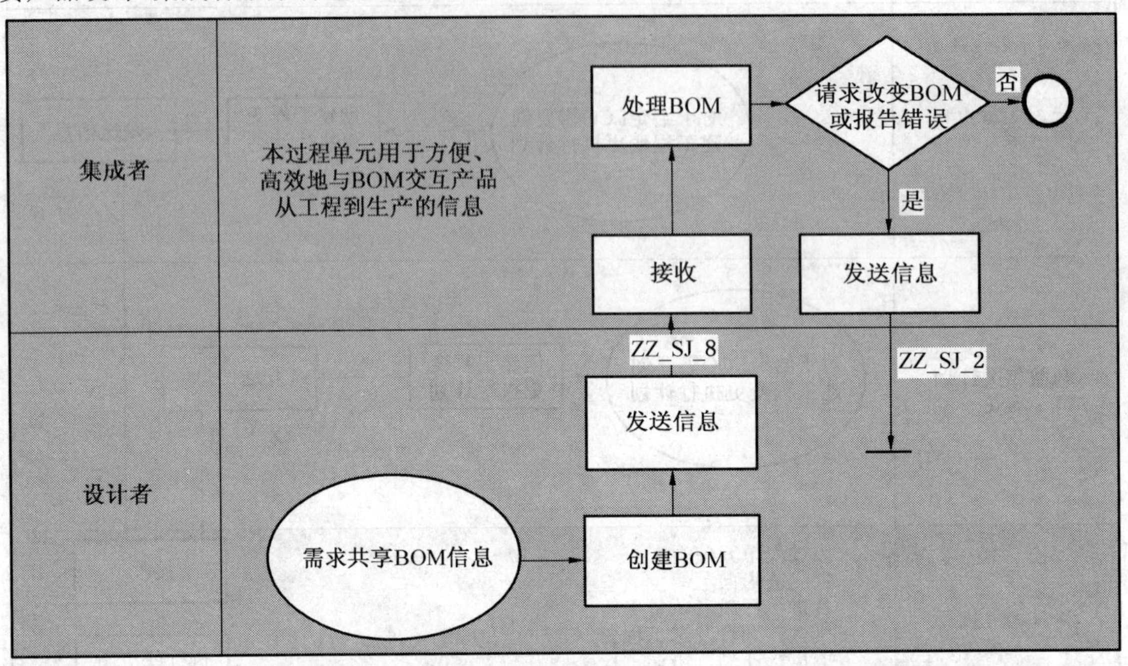

图 A.56 发布物料清单过程单元

ZZ_SJ_9:请求已批准的制造清单

目的:综合者向具有制造清单批准资格者请求已批准的制造清单(AML),并反馈接收或需要更改的信息。该过程单元使得已批准的产品从工程转到制造阶段。该过程支持内部部件条码与制造部件号码的映射,以及与提供者部件号码的映射。AML解决了很多影响产品质量、成本以及从订货到交货的时间等问题。AML具有追踪产品的获得过程的功能。

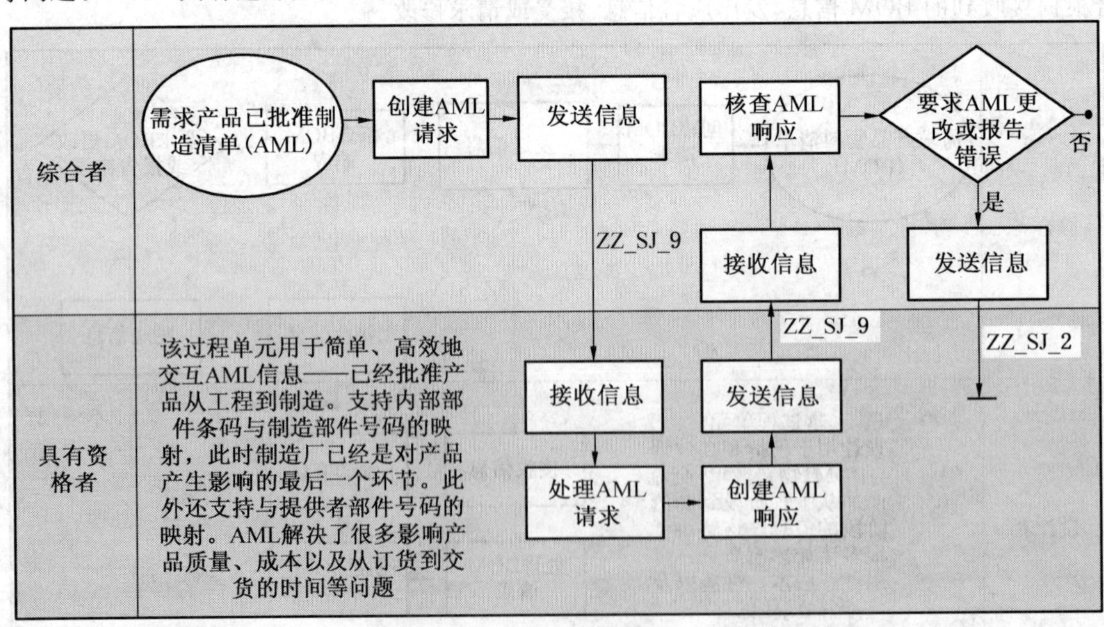

图 A.57 请求已批准的制造清单过程单元

ZZ_SJ_10:通知已批准的制造清单

目的:具有批准制造清单资格者向集成者发放AML。具有资格者负责批复用于产品生产的部分以及批准获得这些部分的供应商。集成者负责产品的制造或组装。

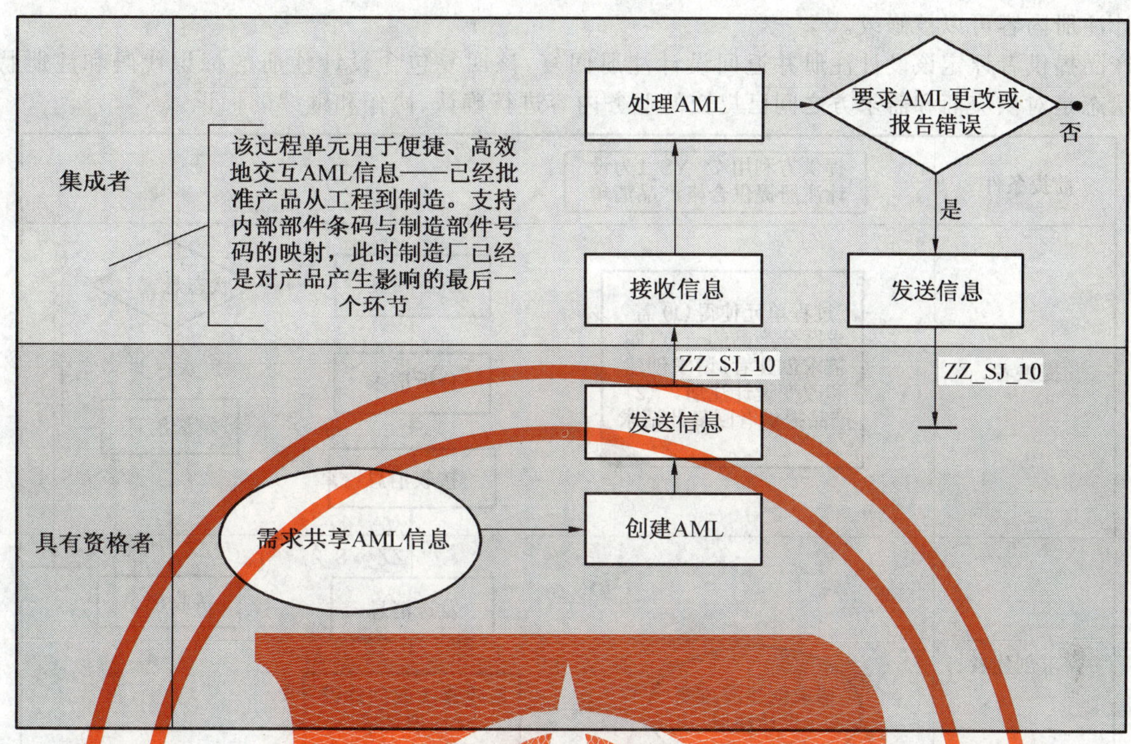

图 A.58　发放已批准的制造清单过程单元

ZZ_YS:设计管理

ZZ_YS_1:发布产品清单

目的:库存信息用户(如购买方)向库存信息提供方提供所需求的符合设计注册的产品清单;库存信息提供方确认该产品清单;对于需求方有差别的产品需求,供应方能够提供满足设计注册要求的产品。下列产品类型可能被注册:主要产品、辅助产品和开发工具。

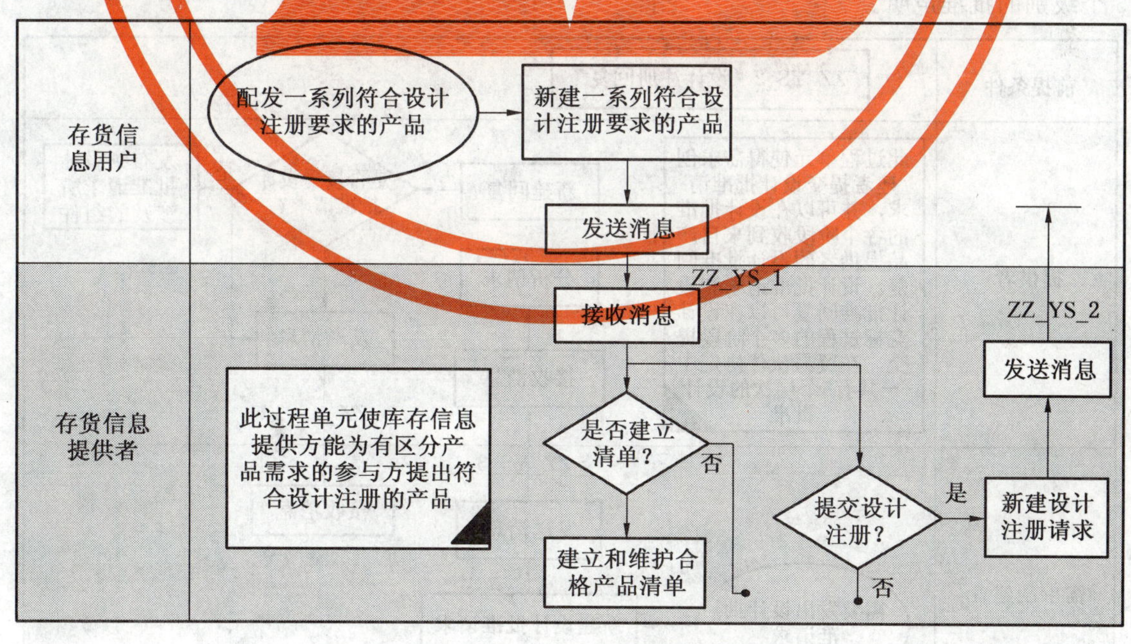

图 A.59　发布产品清单过程单元

ZZ_YS_2:请求设计注册

目的:需求创建者向提供方提交设计注册请求,提供方回复此设计注册请求。

设计注册请求可以是初始的设计注册文档或对现有注册的更新。日期、信任度以及详细技术信息等设计注册内容可以被修改。

产品提供者评定该设计注册并返回设计注册回复,该回复包含设计注册的标识代码和注册状态。注册状态是对供应商和需求方之间已提交的业务内容进行确认、协作和继续的标识。

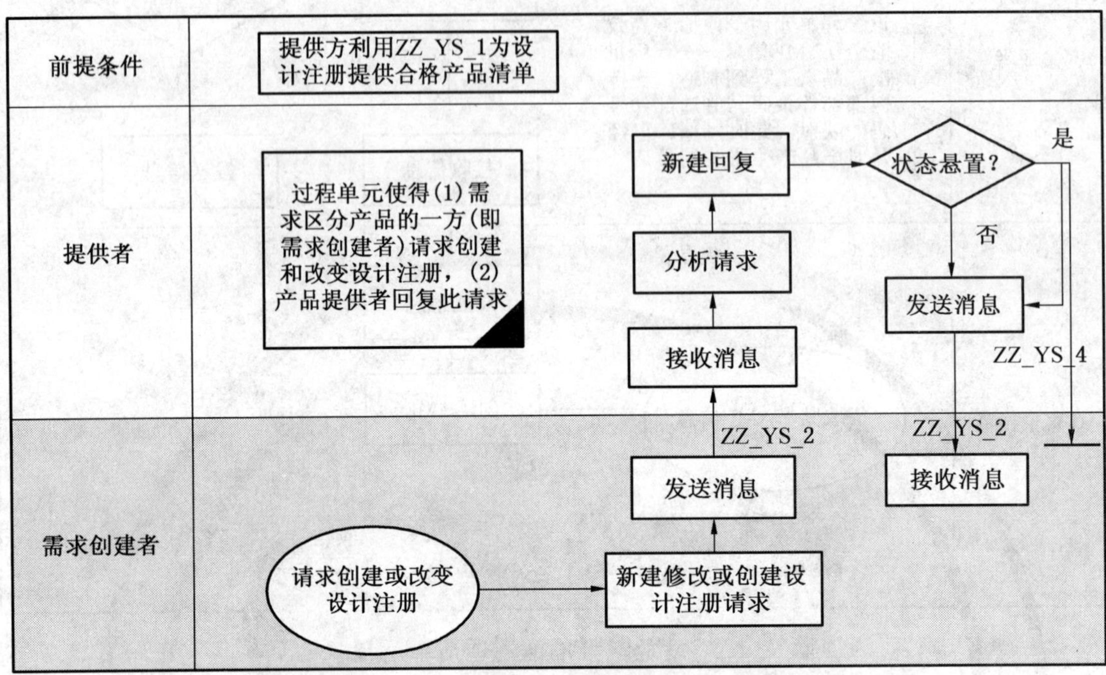

图 A.60 请求设计注册过程单元

ZZ_YS_3:批准新建设计

目的:需求创建者向产品提供者提交批准声明请求,并接收产品提供者回复的设计批准过程中各阶段状态信息。批准声明请求和批准声明回复可以在设计批准过程的多个阶段提交。交易伙伴协定中定义了5个级别的批准声明。

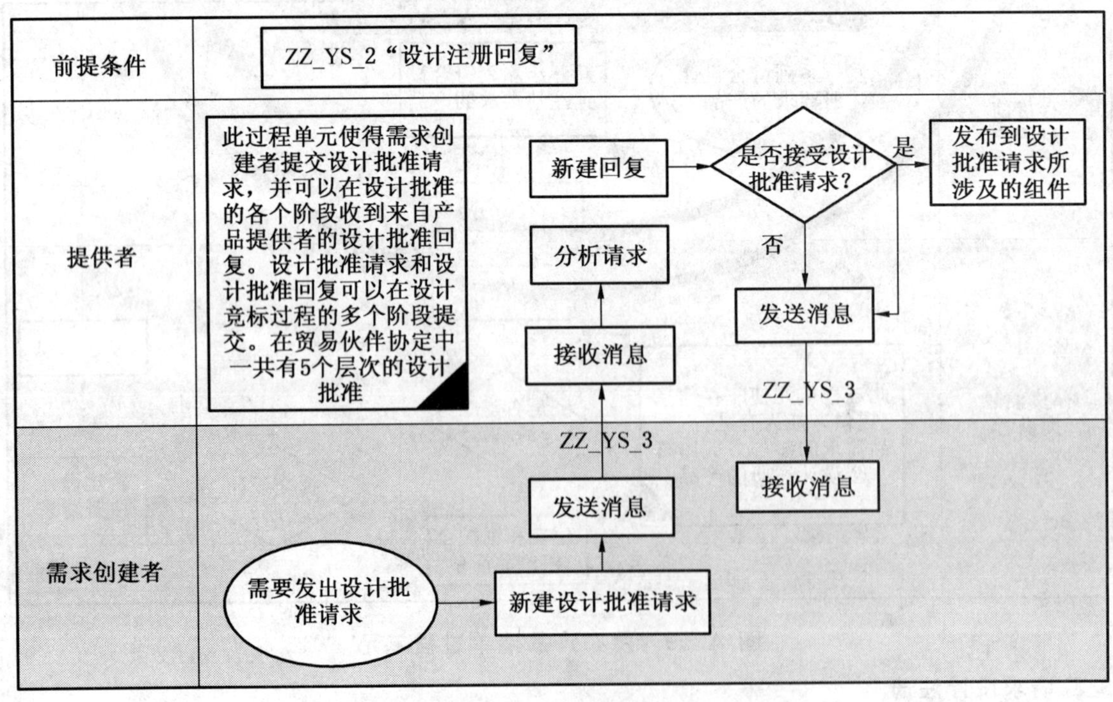

图 A.61 新建设计批准

ZZ_YS_4:发布注册状态

目的:提供者向需求创建者发送对未批准的设计注册的修改要求,比如,提供者可能要求更新某销售代表在某一领域内的所有注册。注册状态可以分为关键产品和完全产品级别。

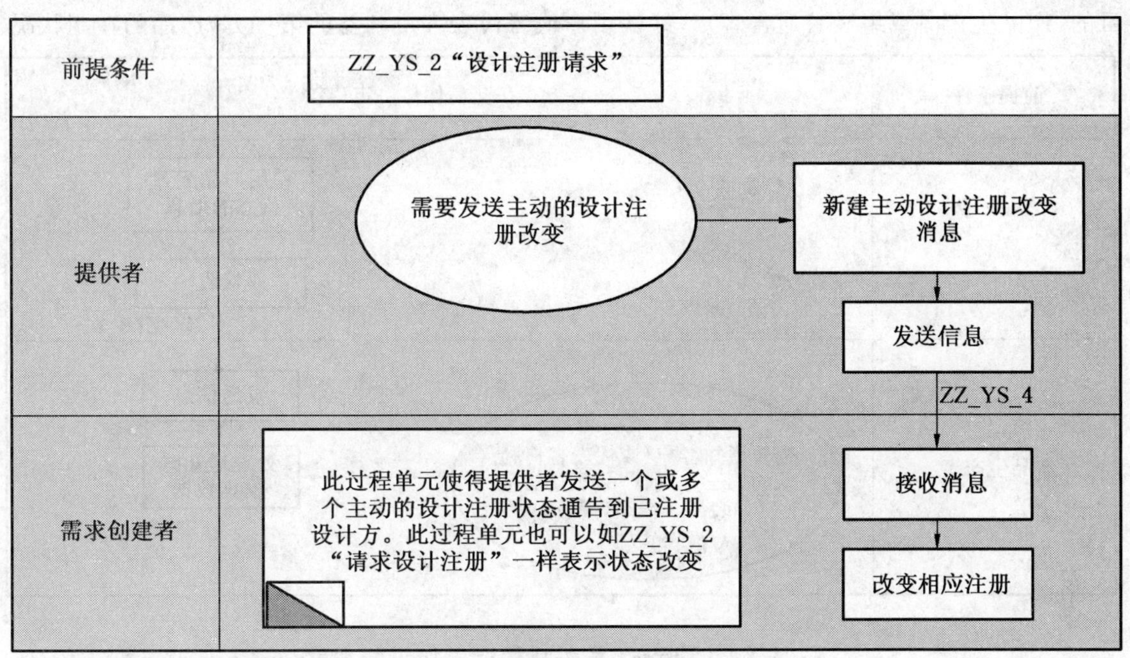

图 A.62　发布注册状态过程单元

ZZ_YS_5:查询注册状态

目的:状态请求者(产品提供者或需求创建者)请求查询设计注册的状态,也可以用注册状态查询业务文档来请求注册状态,注册状态是对供应者业务机会的确认、协作和延续。

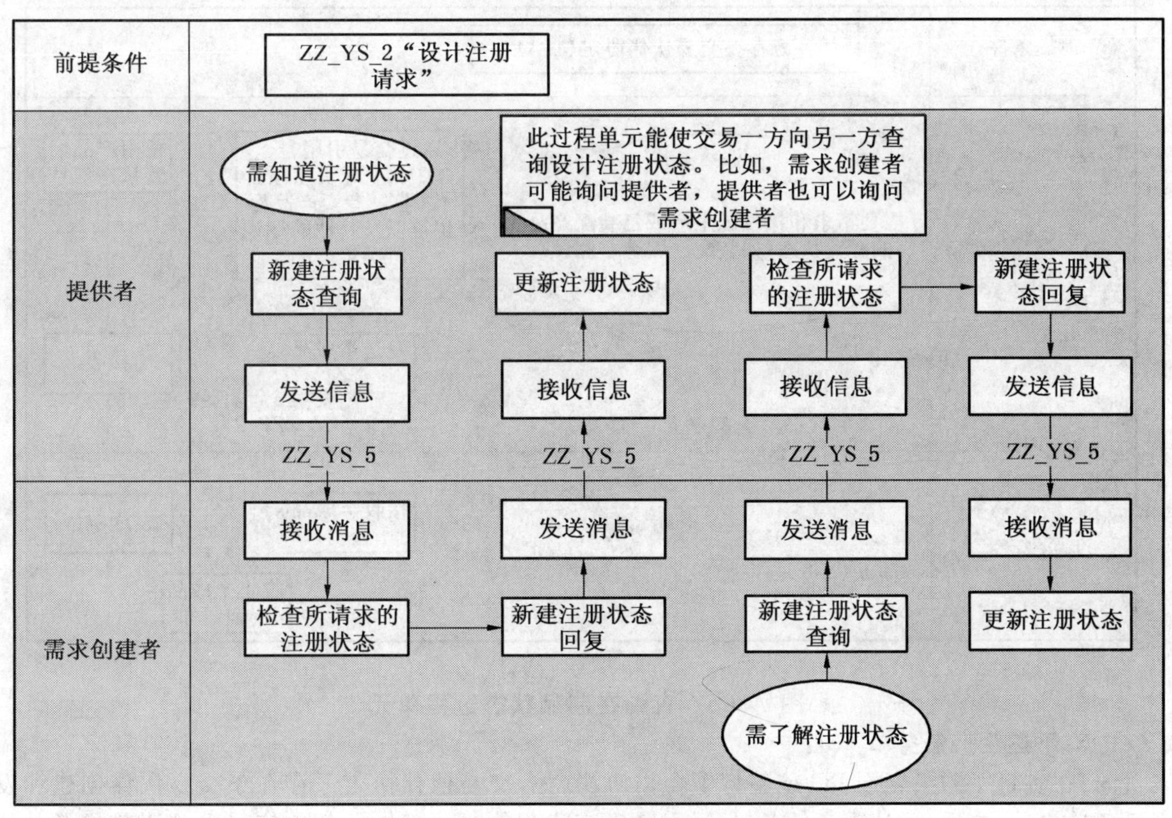

图 A.63　查询注册状态过程单元

ZZ_ZZP:管理制造生产任务单和在制品

该类过程单元提供发布、管理和交换企业生产信息功能。

ZZ_ZZP_1:通告产品在制状况

目的:产品生产者或组装者通告客户(终端用户或者代表客户利益的第三方)产品的在制状况。

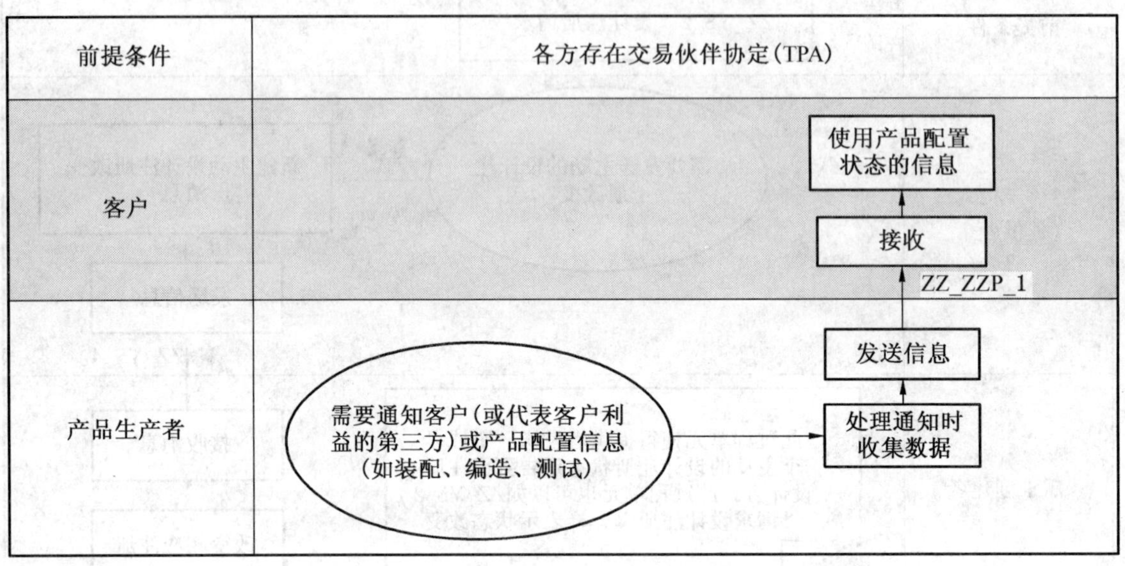

图 A.64 通告产品在制状况工作过程单元

ZZ_ZZP_2:查询在制品状态

目的:客户向产品制造者(生产者)查询产品在制(产品组装或生产)的状态(装配、测试或制造);生产者或装配者返回查询的信息。

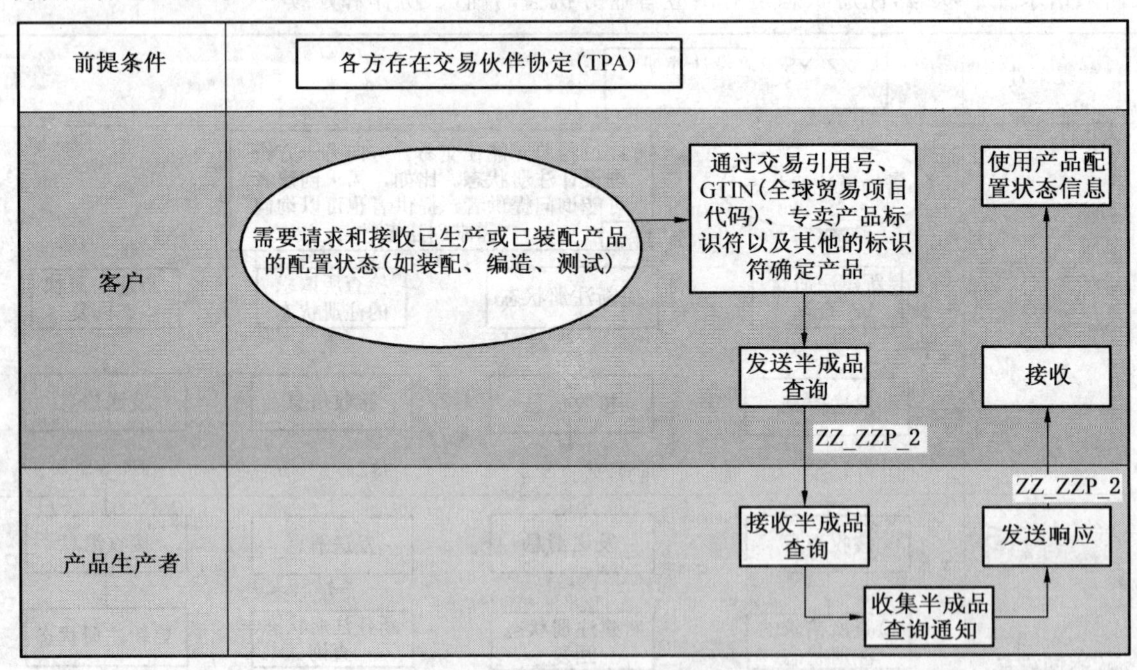

图 A.65 查询在制品状态过程单元

ZZ_ZZP_3:下达生产任务单

目的:在签订了购买合同 PO 或签订了合作协议(如,交易伙伴协定—存在于交易伙伴创建和发送生产任务单之前)之后,下达生产任务单、触发各生产流程执行。工作任务单依赖采购清单或者其他的合作协议。

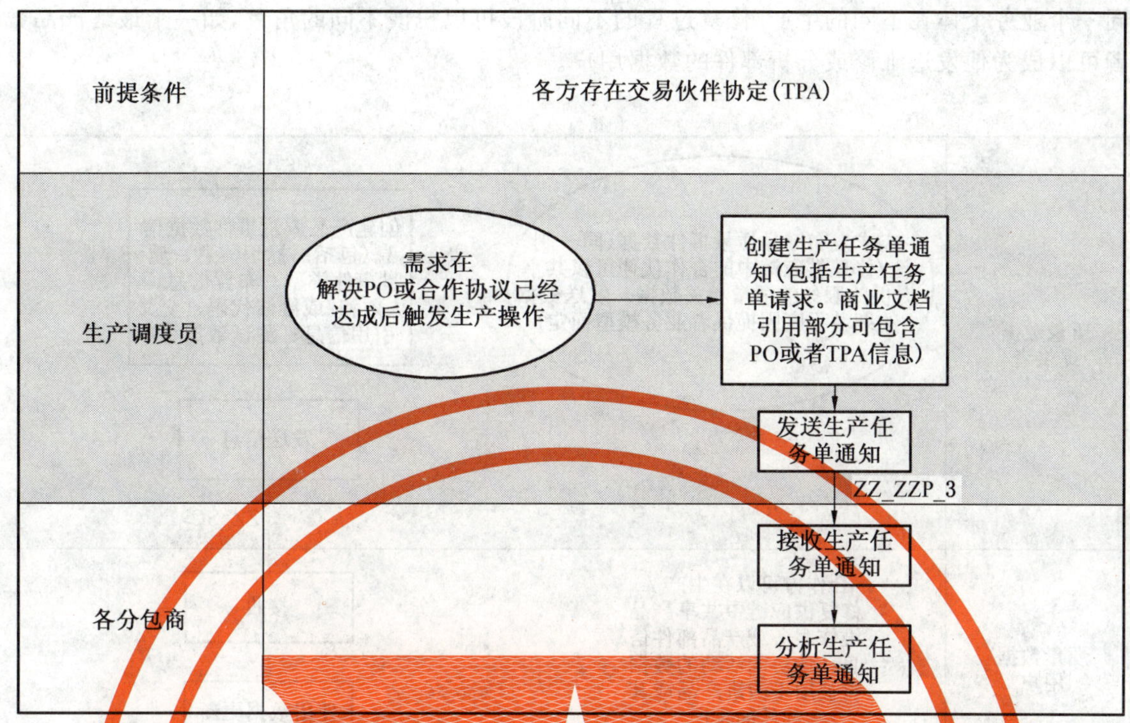

图 A.66　下达生产任务单过程单元

ZZ_ZZP_4:回复生产任务单

目的:各分包商在接到生产任务单后,对任务单进行修改并作出应答。

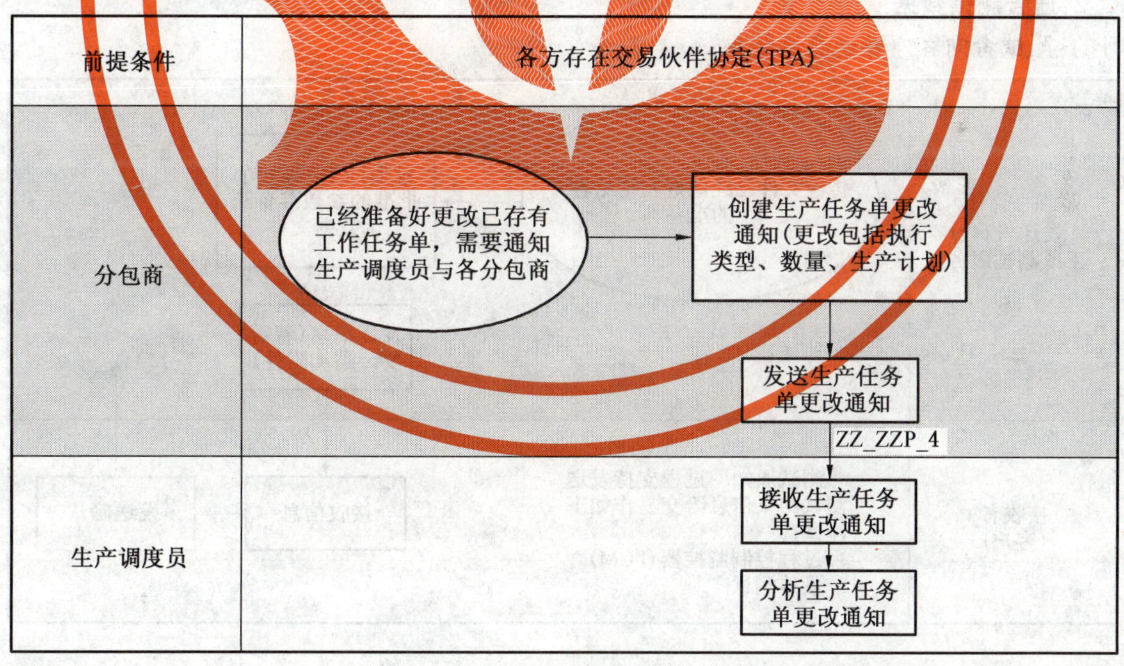

图 A.67　回复生产任务单过程单元

ZZ_SC:发布生产信息

发布生产信息以支持产品改进、下游生产、质量检测和担保授权。

ZZ_SC_1:发布产品质量事件数据

目的:质量数据提供者(提供者)向质量数据用户(用户)提供生产/修复过程中的质量事件的相关数

据。同一个业务个体在不同的生产/修复过程的不同阶段可以扮演不同的角色，如一个最终产品数据的提供者可以成为他发送维修或分析部件的数据用户。

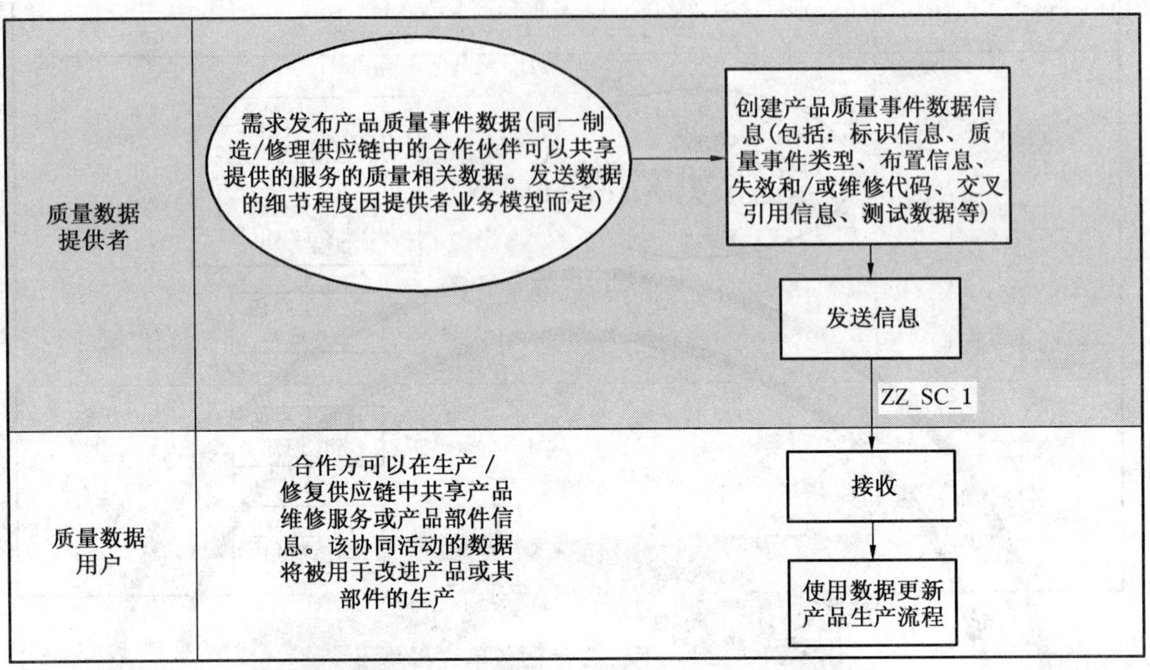

图 A.68　发布产品质量事件数据过程单元

ZZ_SC_2:通告测试数据

目的:测试者向客户发送测试结果。

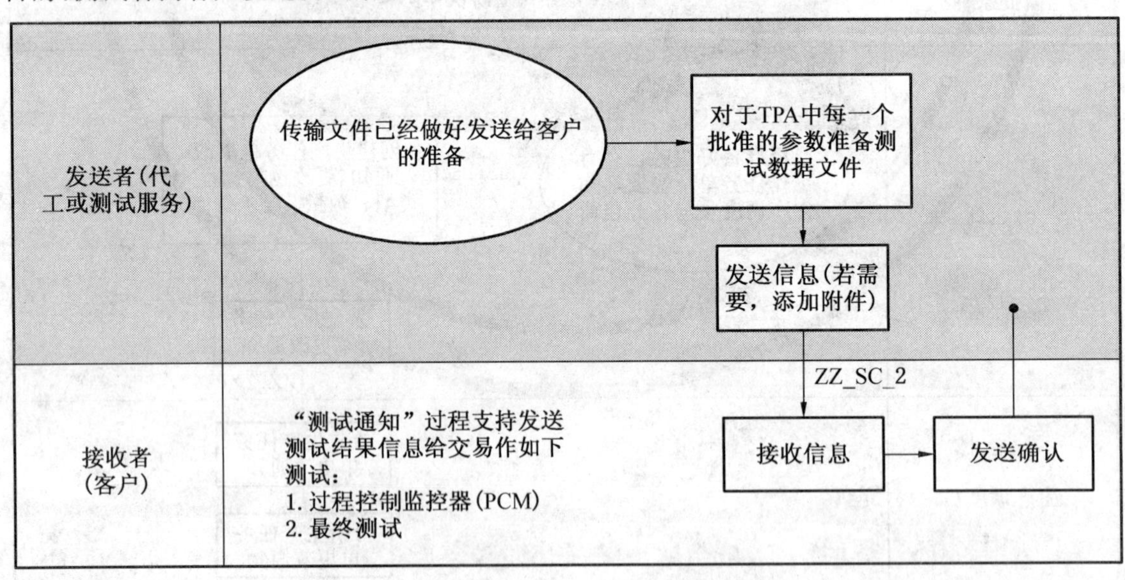

图 A.69　通告测试数据过程单元

A.3　配送类过程单元

该类过程单元描述产品库存、货物配送、运输与分发中的协同过程。

PS_YS:运输与分发

这类过程单元负责货物运输及分发相关的过程。

PS_YS_1:发布运输预估信息

目的:发货请求者向运输服务提供者通告预订发货,此通知不需要回复。运输服务提供者收到预定发货信息后进行日常发货管理,控制发货量的波动。对于特殊的发货服务或者远距离托运则需要特别的处理。

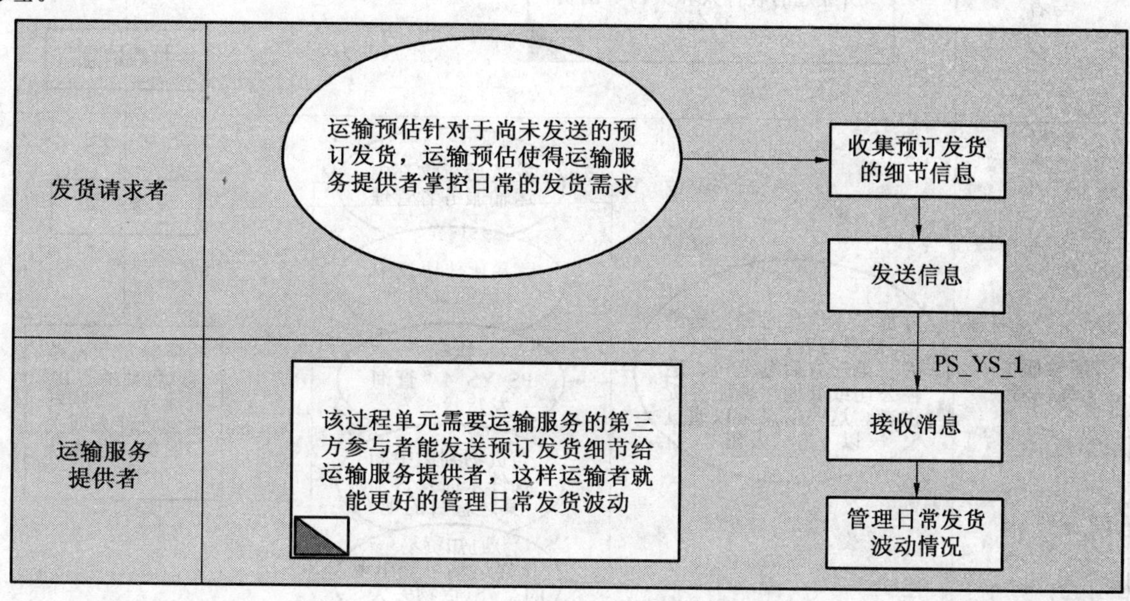

图 A.70　发布运输预估信息过程单元

PS_YS_2:发货前通告

目的:发货者通知接收者:发货已经安排。通告中描述发货产品的细节、货物预计到达的时间和其他发货信息。

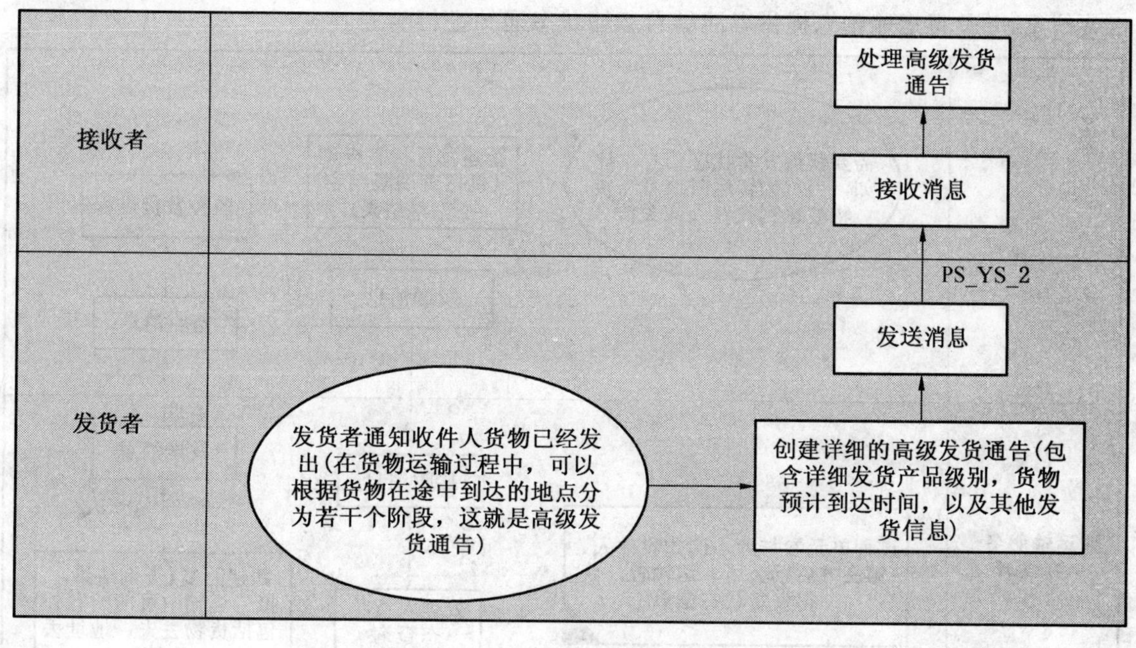

图 A.71　发货前通告过程单元

PS_YS_3:发布发货状态

目的:运输服务提供者向运输过程中的参与者(收件人、第三方后勤公司、运输公司或其他运输服务提供者)发布货物的运输状态:运输中、已到达收件人或中转过程中。一旦收件人收到货物,此过程单元便能通知货物运输中的意外。

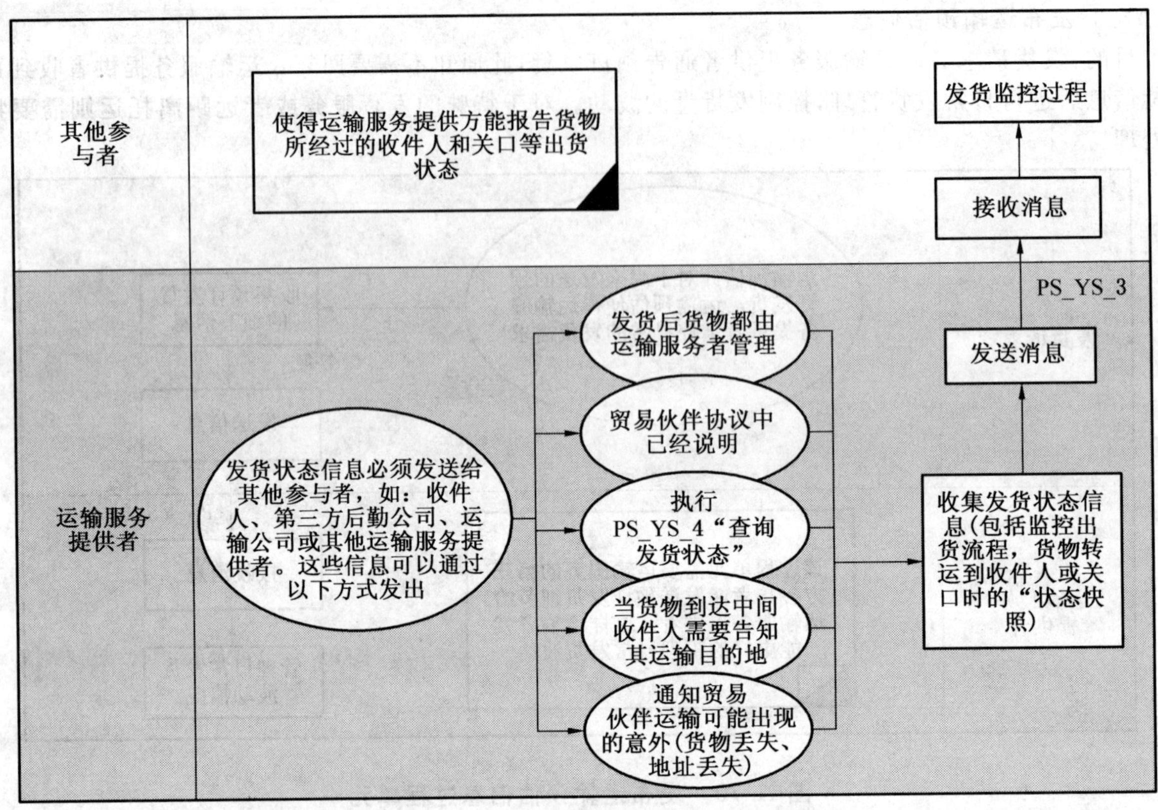

图 A.72　发布发货状态过程单元

PS_YS_4:查询运输状态

目的:运输过程中的参与者(收件人、第三方后勤公司、运输公司或其他运输服务提供者)查询产品运输相关信息,并使得运输信息提供者能够对运输状态通知进行响应。

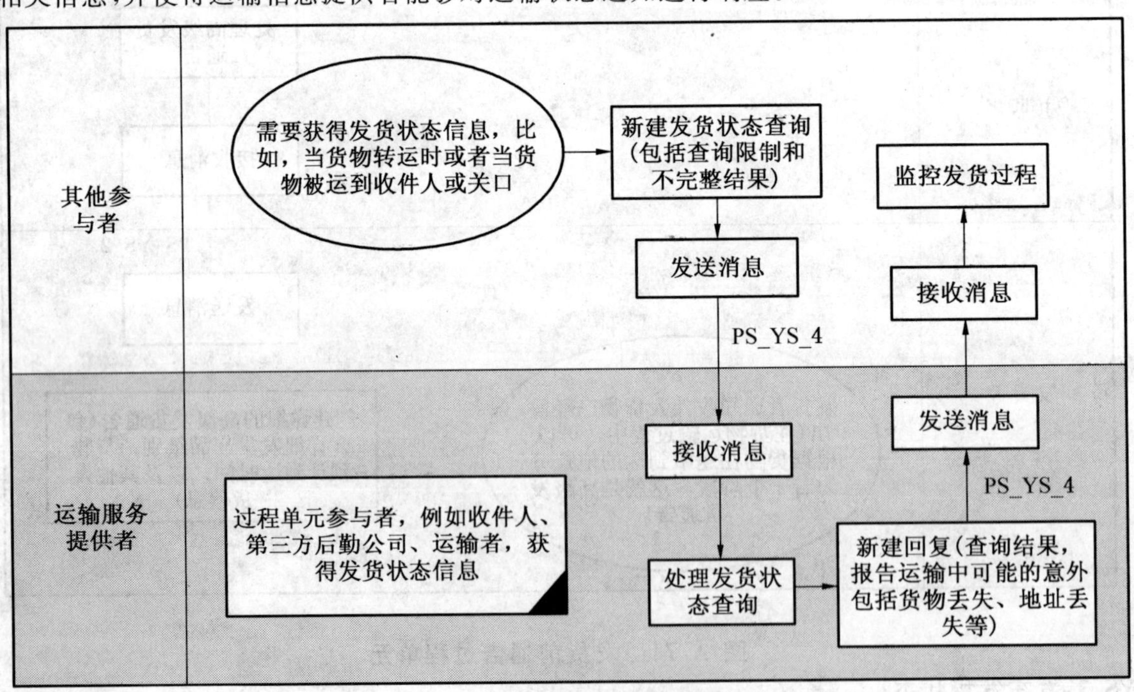

图 A.73　查询运输状态过程单元

PS_YS_5:修改发货请求

目的:发货控制者在货物到达终端收件人或中转站之前向运输服务提供者发出改变发货的请求。

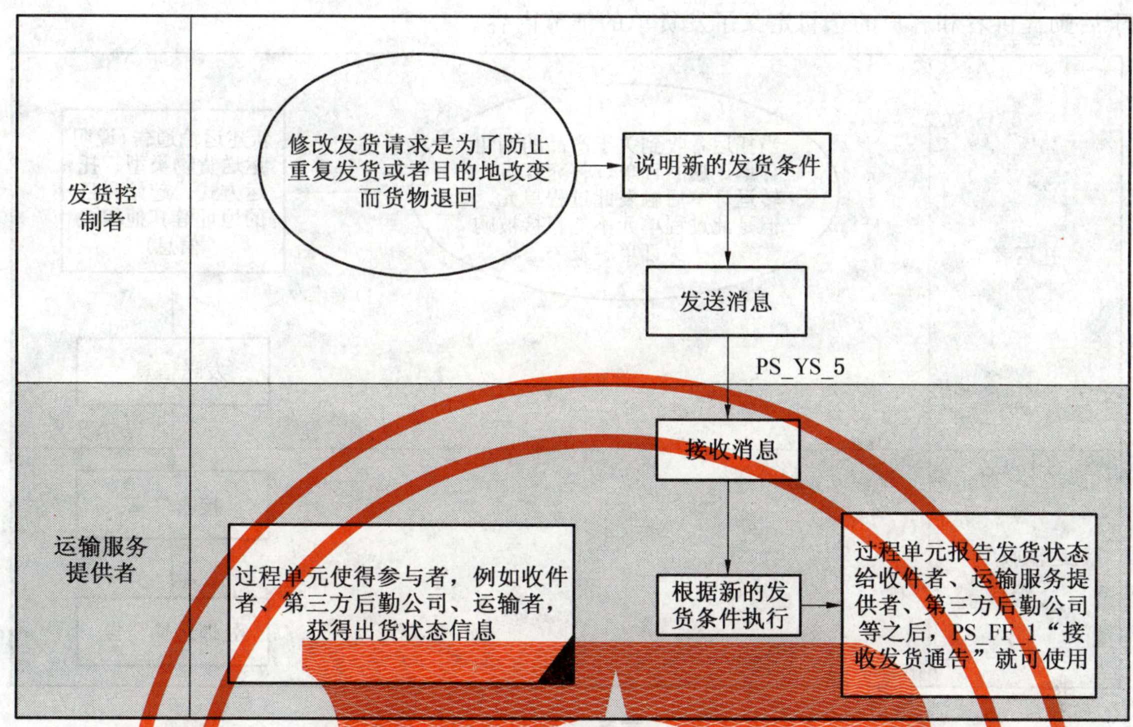

图 A.74 修改发货请求过程单元

PS_YS_6:确认发货通知

目的:发货者向另一方发出载货单,载货单确认了货物已经交给某运输服务提供者负责运输,载货单中还包括运输中用到的货盘和运输箱的信息。

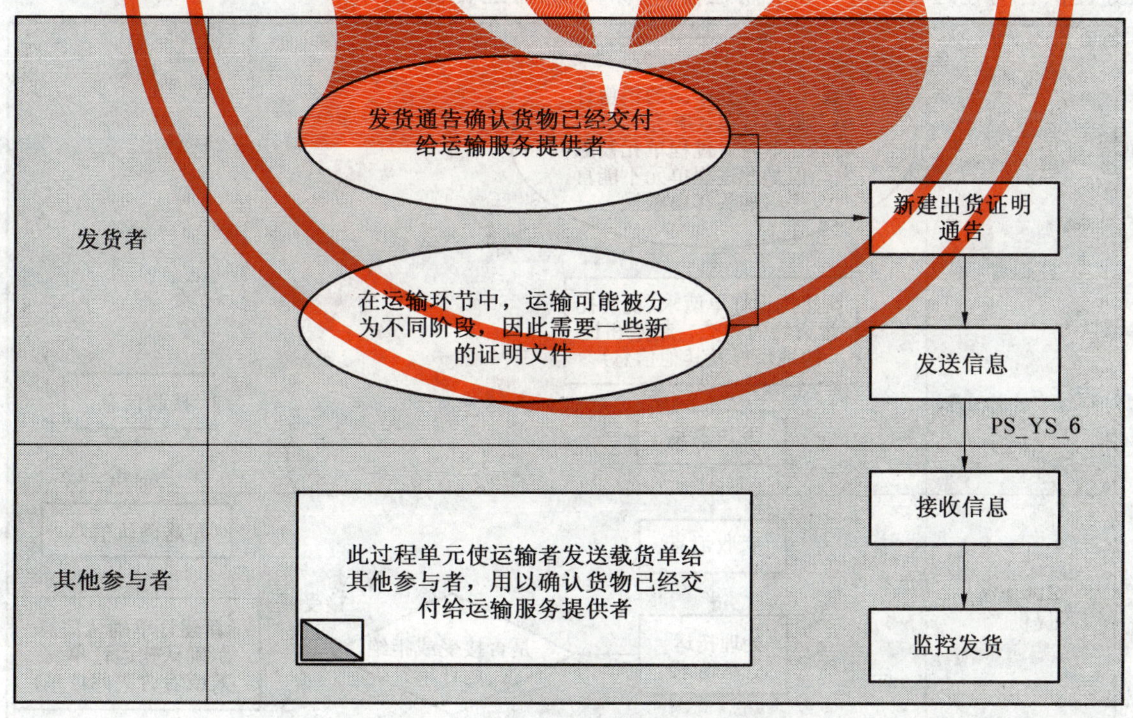

图 A.75 确认发货通知过程单元

PS_YS_7:发布运输订单

目的:发货者(例如,货物清单拥有者)向后勤服务提供者(例如,运输服务提供者)发出运货授权,发货清单不同于销售单、废料单、替代物清单、模型清单。发货单是可以审计追踪的文档。交易伙伴协定中关于后勤提供者和客户的条目定义了发货单的细节内容。

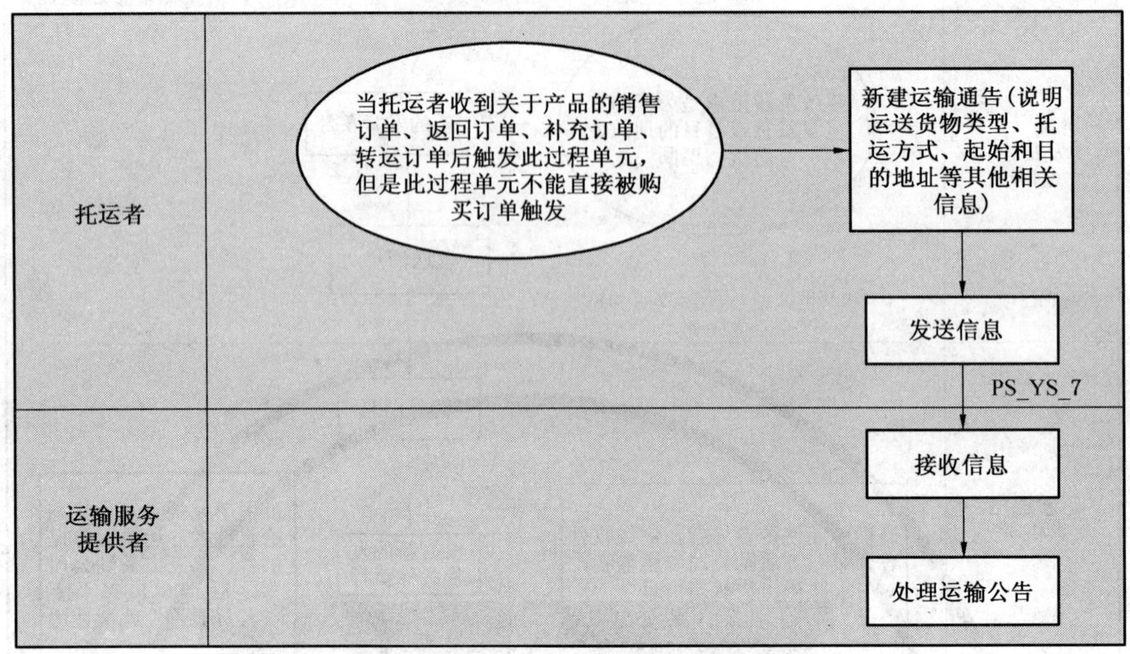

图 A.76 发布运输订单过程单元

PS_YS_8:请求运输订单

目的:发货者(可以是产品供应商)向运输服务提供者发出请求将产品从一个地方运送到另一个地方,产品的运输过程包括:销售者启动产品运输,购买者作为收件人接收商品,还有第三方甚至第四方后勤服务提供者为托运者提供引导货物运输、存储货物、搬运货物等。

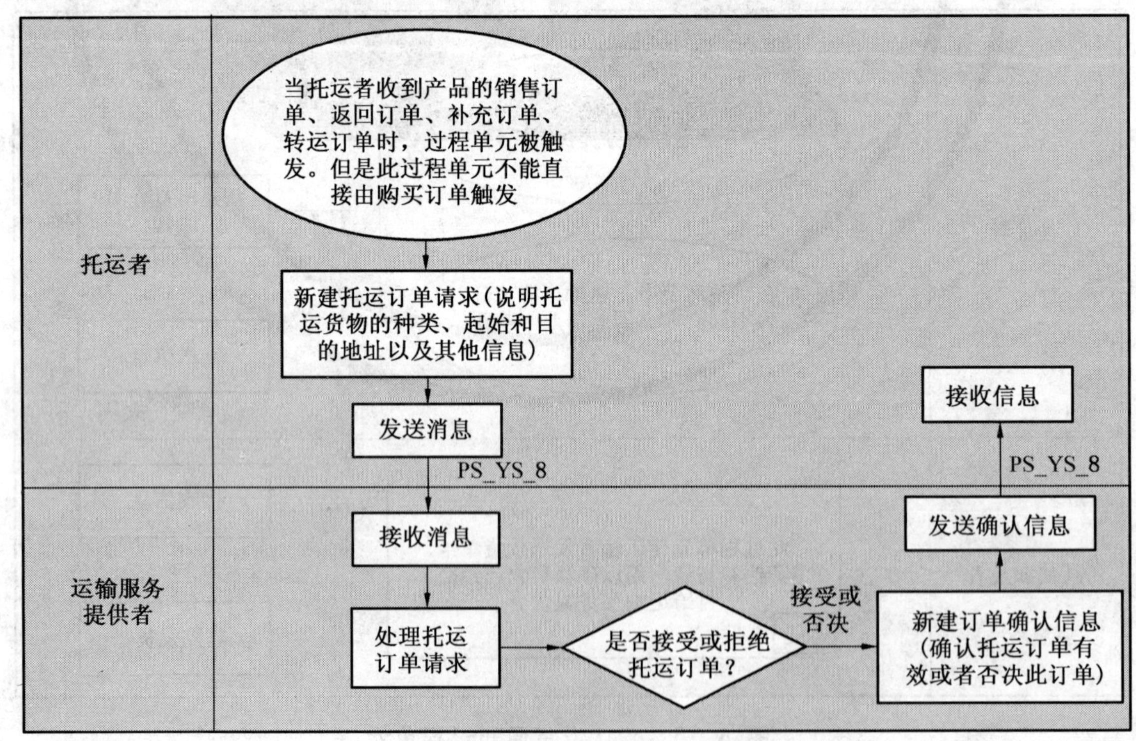

图 A.77 请求运输订单过程单元

PS_YS_9:确认运输订单

目的:运输服务提供者向托运者确认所请求的货物已经发出。

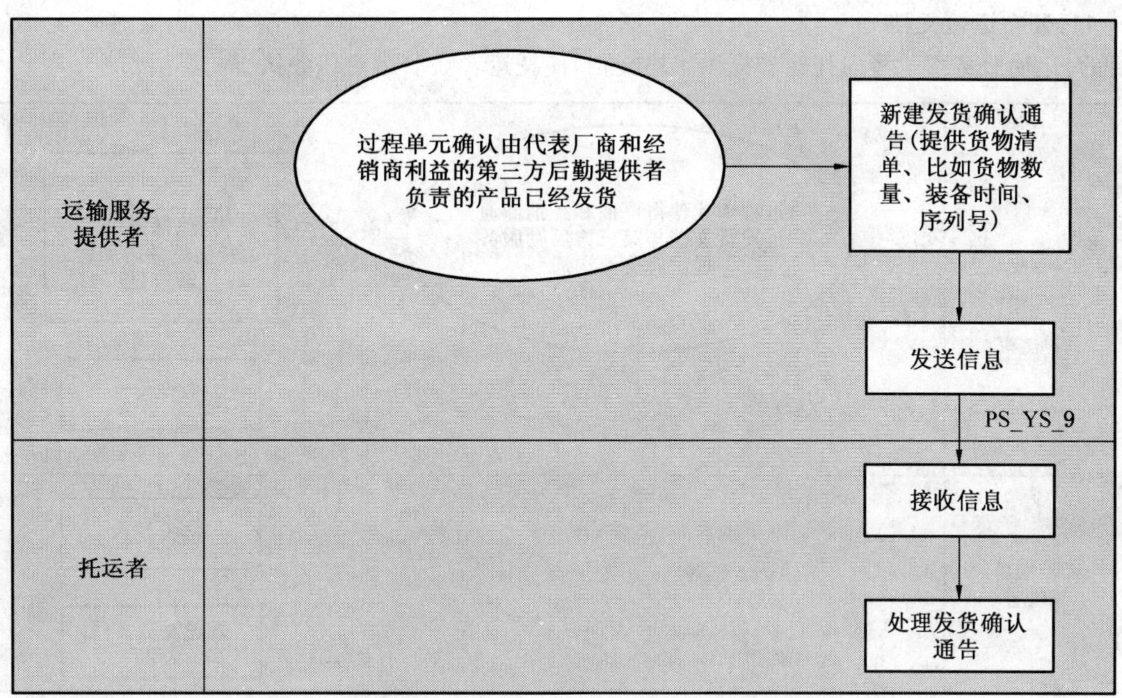

图 A.78 确认运输订单过程单元

PS_YS_10:请求取消运输订单

目的:托运者向运输服务提供者请求取消已经发出的运输订单。

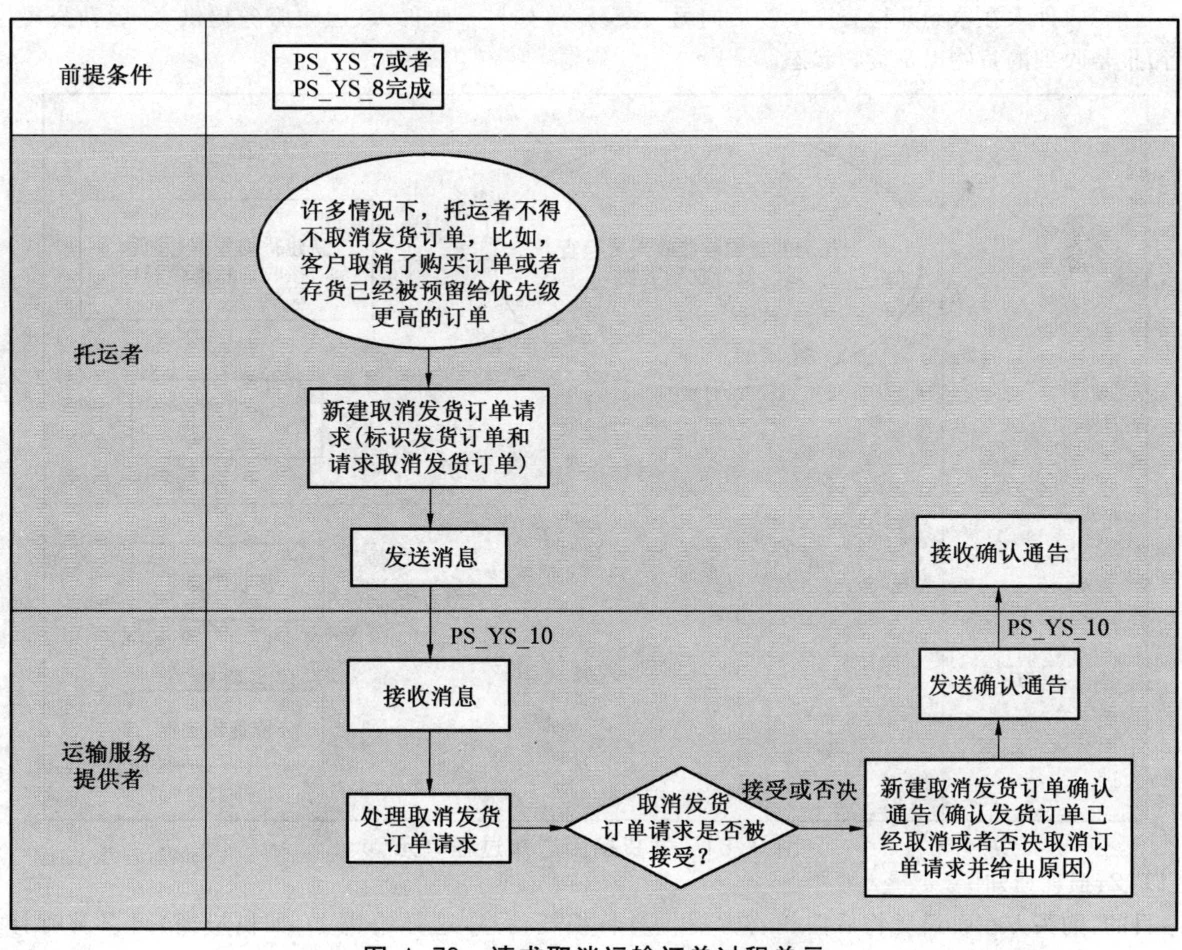

图 A.79 请求取消运输订单过程单元

PS_YS_11:公布运输文档

目的:运输服务提供者向托运者提供运输文档,使托运者获取运输任务执行的必要信息。

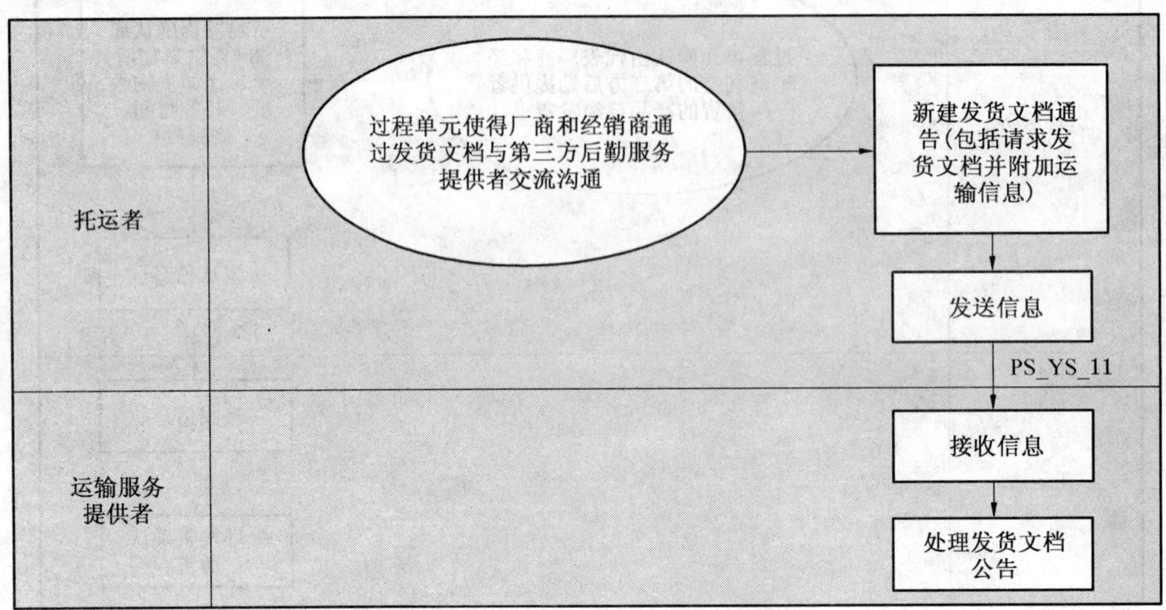

图 A.80 公布运输文档过程单元

PS_FF:货物配送

PS_FF_1:发货接收通知

目的:收件人在收到并检查完货物后向另一交易方(如另一收件人、运输服务提供者、后勤公司、托运者)报告收到的货物以及货物状态。

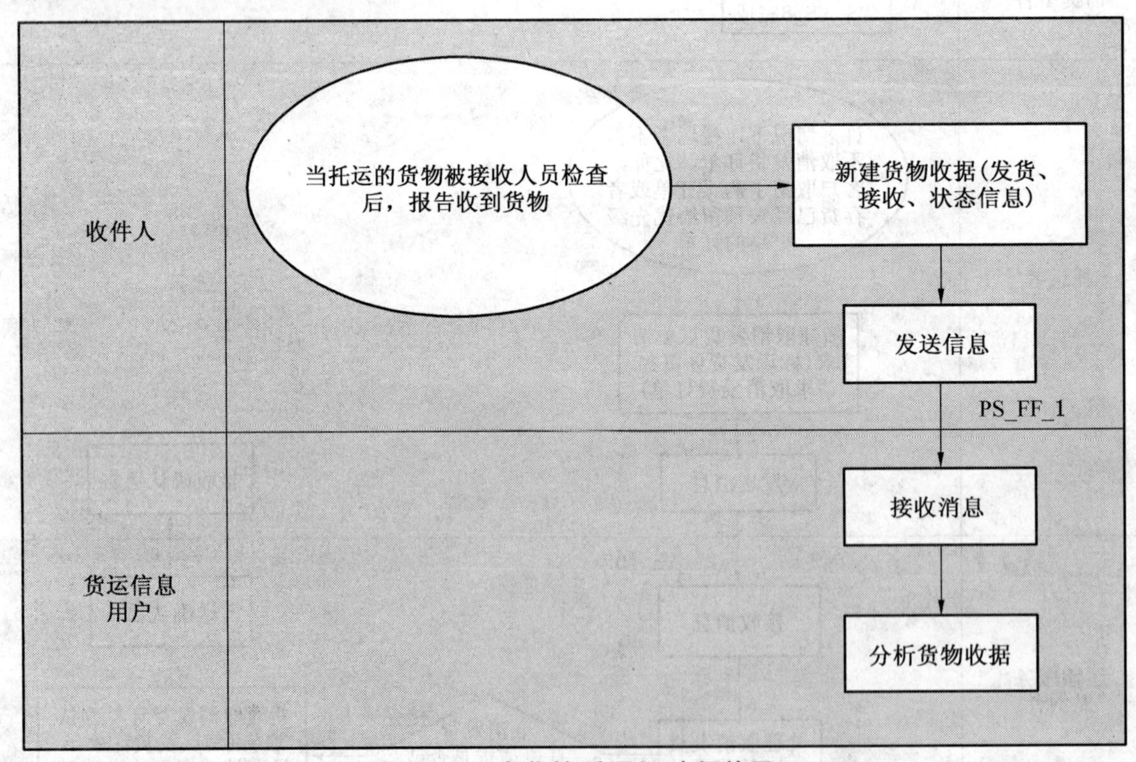

图 A.81 发货接受通知过程单元

PS_FF_2:损耗通知

目的:购买方在收到货物后向销售方提供材料损耗信息,这样销售方(如供应商)可以及时补充材料。

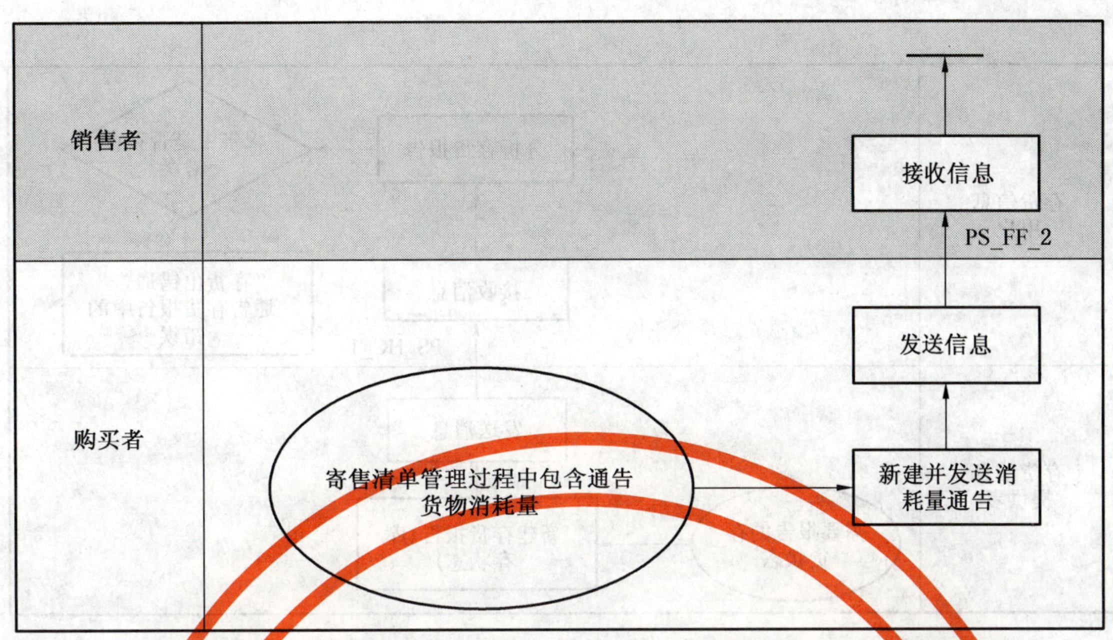

图 A.82 损耗通知过程单元

PS_FF_3:产品退回

目的:产品退货请求者向产品退回受理者提交产品退货请求。产品退回受理者可以发出退货回复,产品退货请求者在收到回复后可以将产品托运至指定地点。

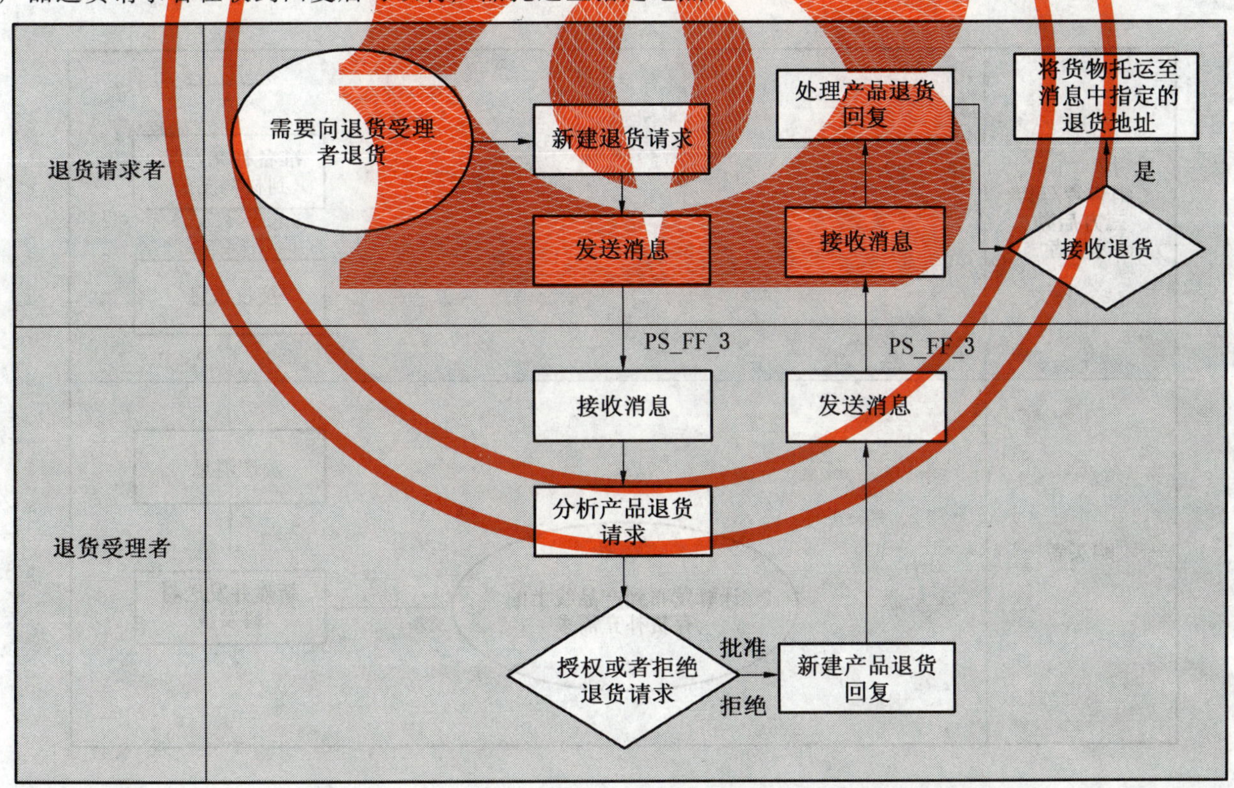

图 A.83 产品退回过程单元

PS_HC:库存报告

PS_HC_1:发布库存报告

目的:库存信息提供者可以将目前的库存信息(包括产品信息、有效期)报告给库存信息使用者。

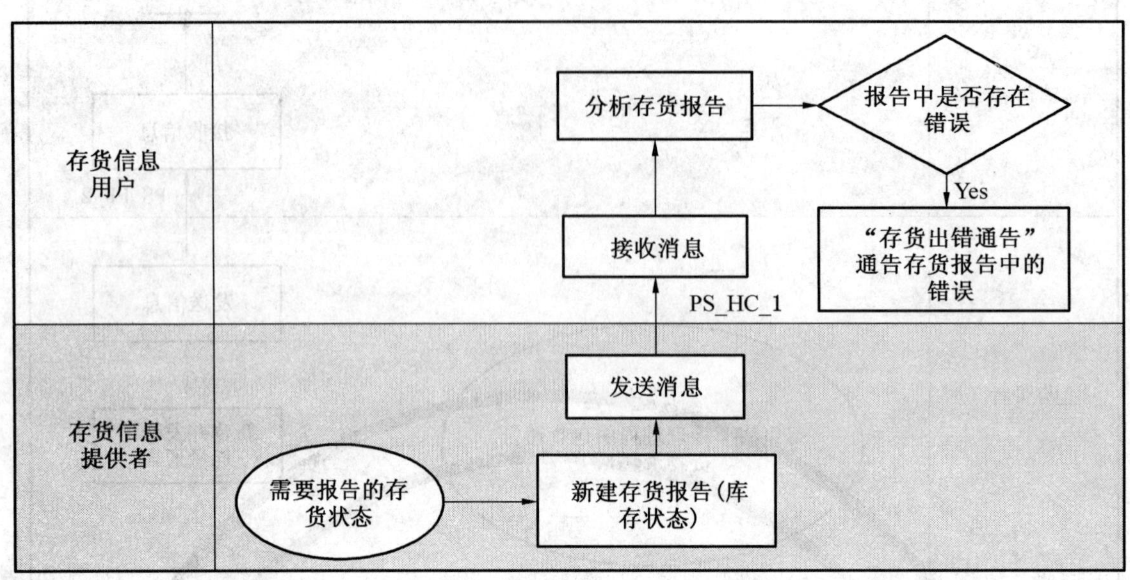

图 A.84 发布库存报告过程单元

PS_BG:库存补给

PS_BG_1:送货通知

目的:补货管理者实现库存补货。

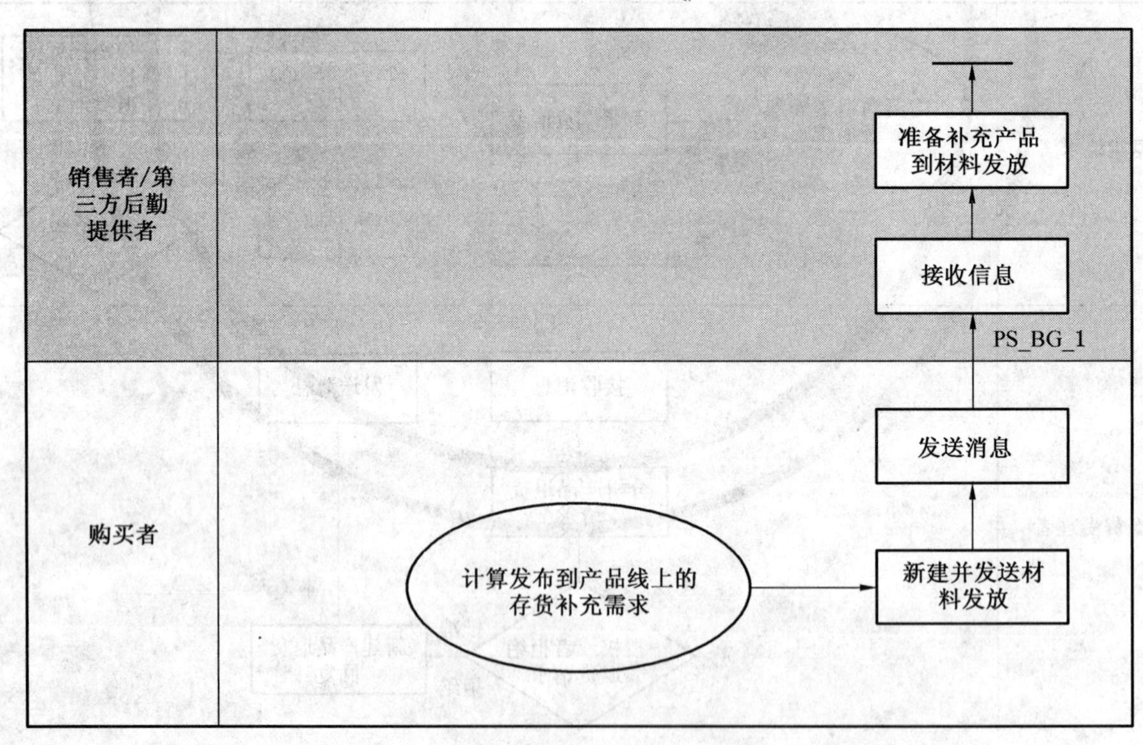

图 A.85 送货通知过程单元

PS_CJ:根据借贷情况发货

PS_CJ_1:请求借贷授权

目的:购买者向产品提供者提交借贷授权;产品提供者确认后回复发给购买者一个借方授权号码。

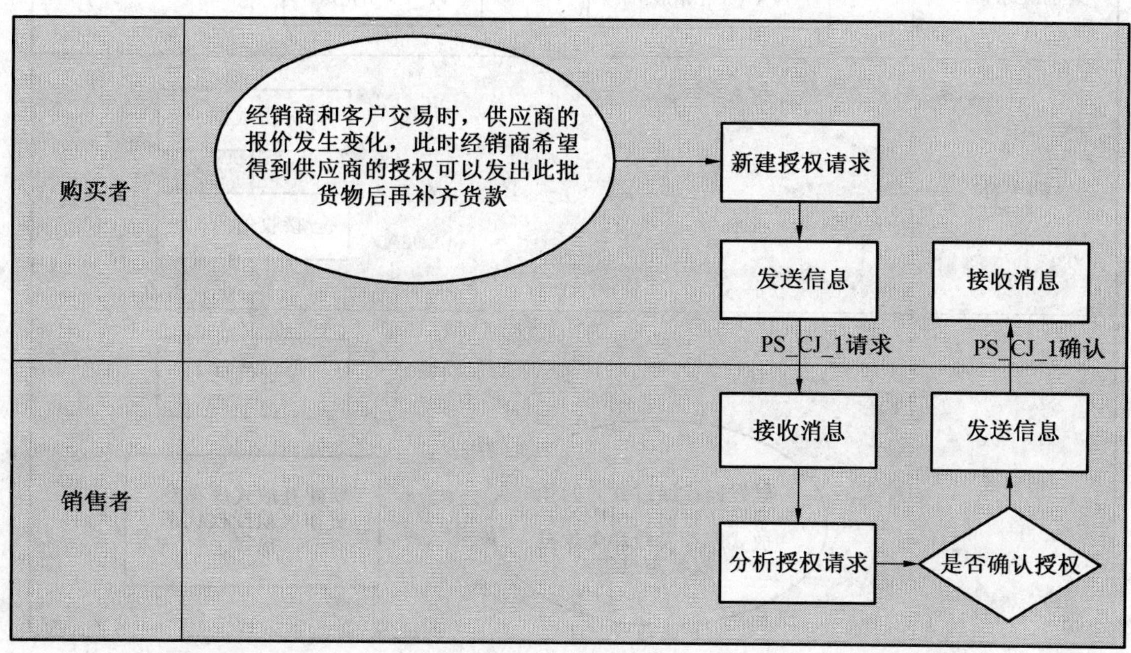

图 A.86 请求借贷授权过程单元

PS_CJ_2:经借贷授权后同意发货

目的:供应商在对市场进行分析后,同意改变销售计划,向经销商发送经借贷授权后同意发货的通告。此过程单元使得供应商在发货过程中修改产品折扣,并通知发布者新的产品报价。

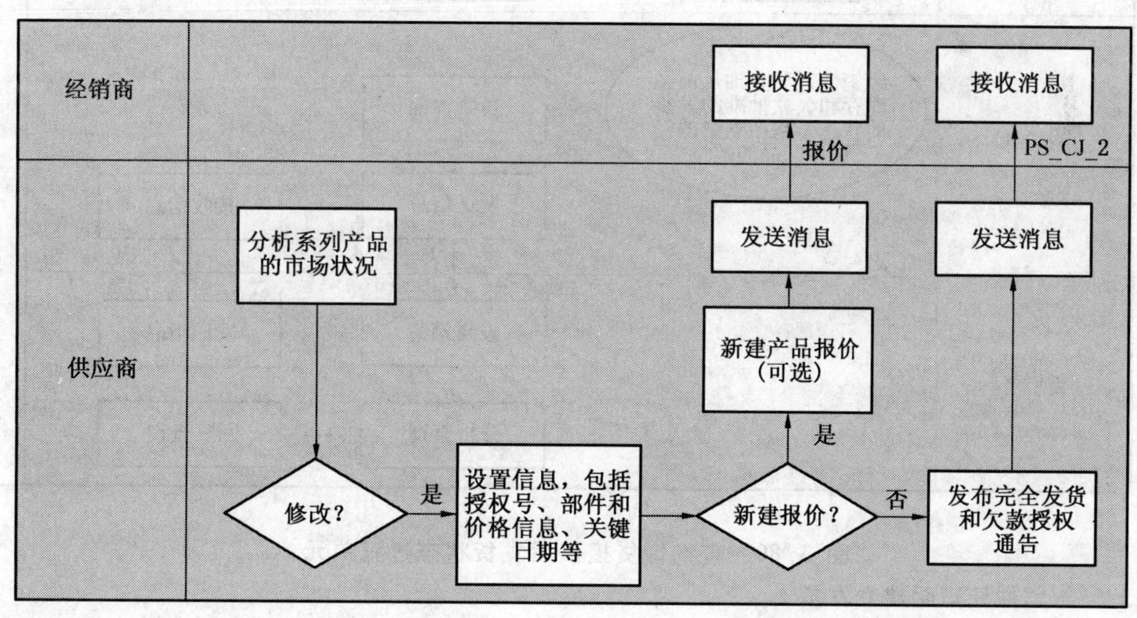

图 A.87 经借贷授权后同意发货过程单元

PS_CJ_3:经借贷授权后通告开放发货

目的:销售者向购买者发送经借贷授权后开放发货的细节报告,此报告包括:某客户的认可剩余产品数量以及关键日期。

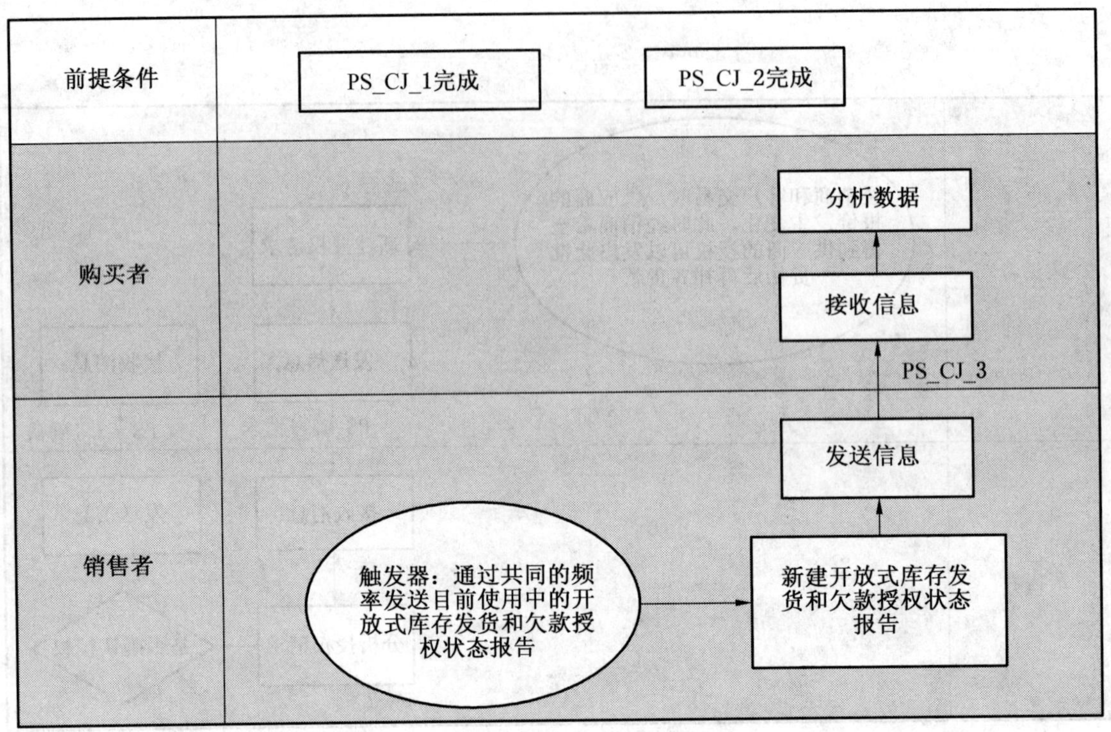

图 A.88　经借贷授权后通告开放发货过程单元

PS_CJ_4:查询借贷授权后发货状态

目的:购买者查询经借贷授权后发货的状态。

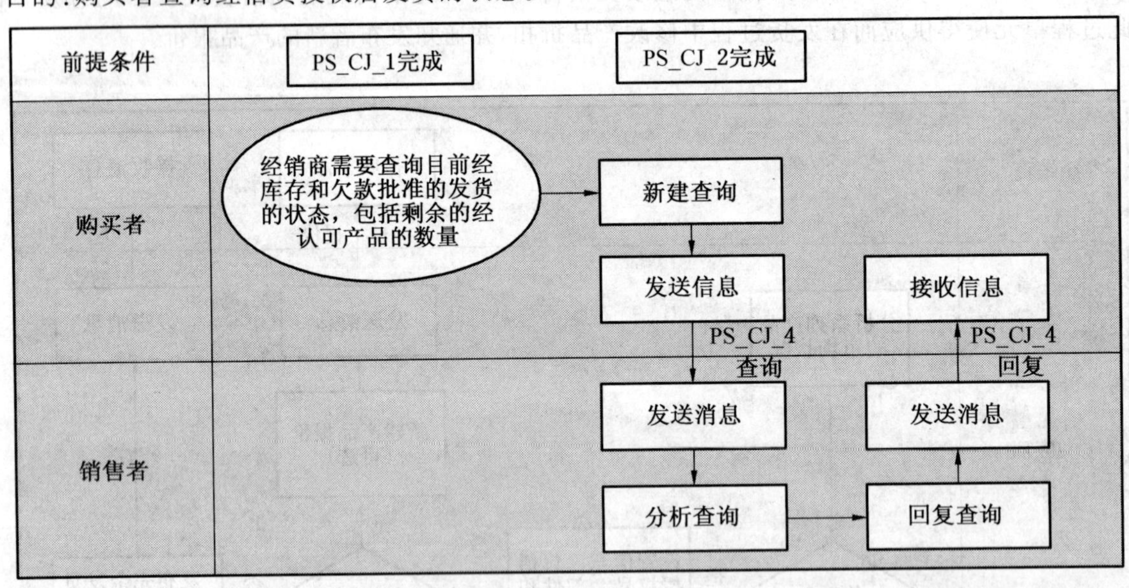

图 A.89　查询借贷授权后发货状态过程单元

PS_CJ_5:根据偿还声明建立发货

目的:在完成了借贷授权和同意发货后,经销商向供应商提交偿还欠款声明;供应商分析偿还声明中的产品数量、销售日期和其他信息,对于每一项产品的偿还声明给出回复:同意、否决或正在处理中。一旦接受了偿还声明,此过程单元会触发供应商的账户系统记录下产品发布者的欠款;如果否决请求,经销商会收到多个原因代码,并可以根据这些信息修改请求后再次提交。

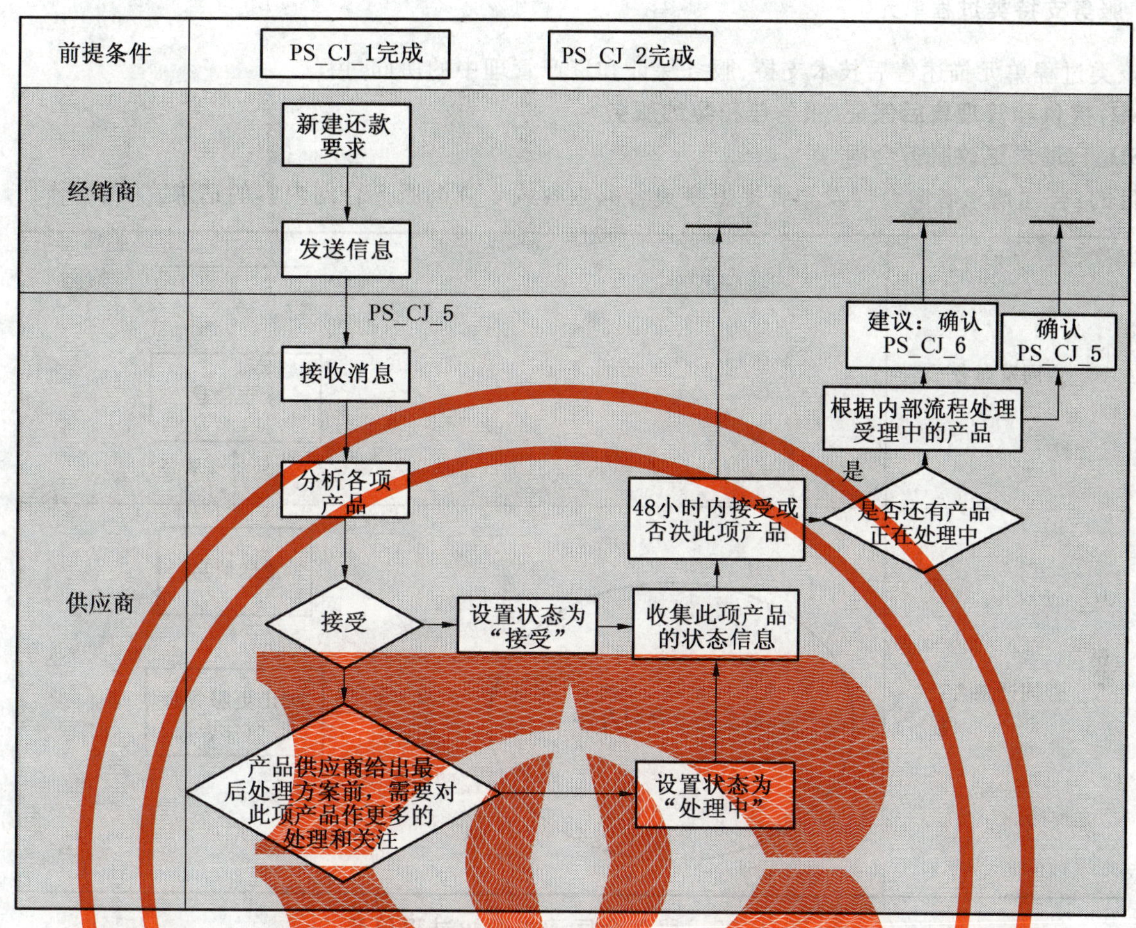

图 A.90　根据偿还声明建立发货过程单元

PS_CJ_6:根据偿还声明发货通知

目的:销售商在处理完5D5过程单元的“最终处置”后,建立发货通知,此最终处理必须在5D5受理偿还项336小时内提供,如果超出时间,经销商必须重新提交偿还声明。

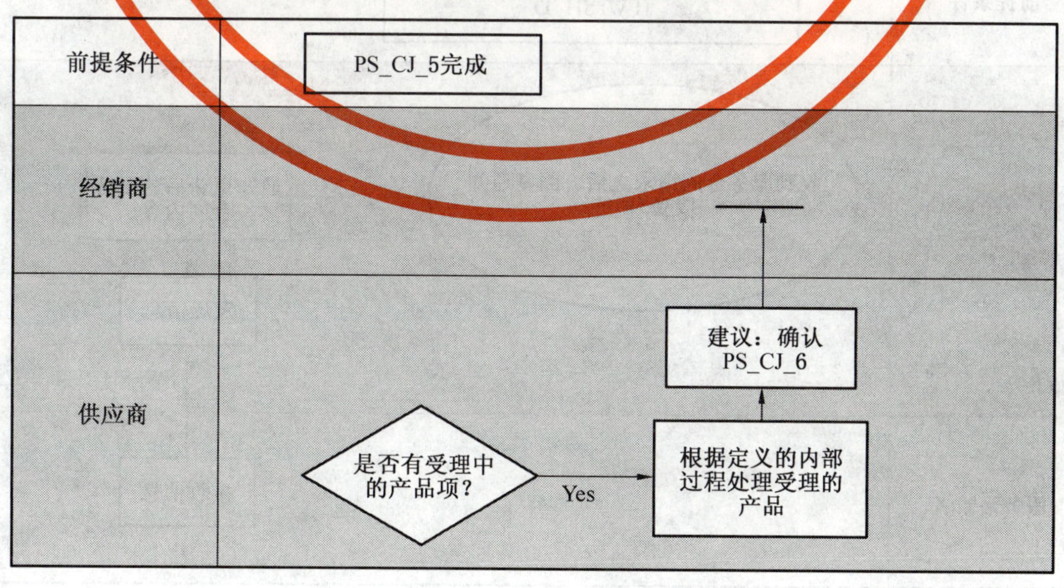

图 A.91　根据偿还声明发货过程单元

A.4 服务支持类过程单元

该类过程单元描述售后技术支持、服务保证和资产管理中的协同过程。

FW_SH:提供和管理售后保证、服务包和契约服务

FW_SH_1:请求更改服务合同

目的:合同请求者向合同发布者提出变更合同内容或者查询服务合同内容的请求。

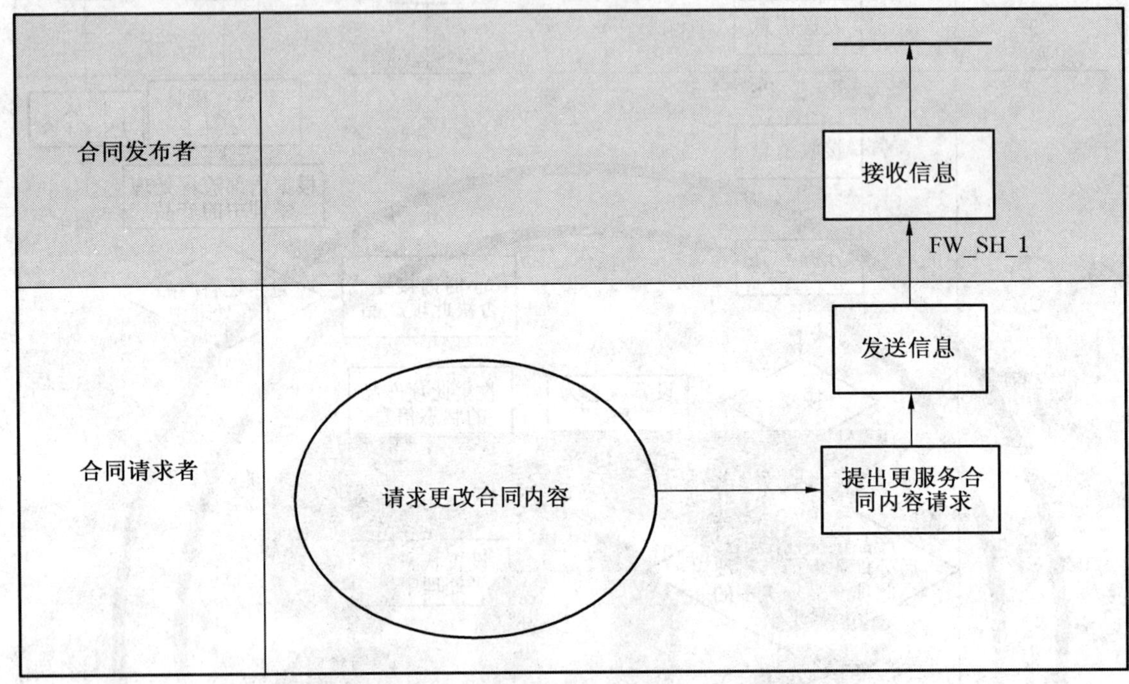

图 A.92 服务合同请求通知过程单元

FW_SH_2:回复更改服务合同

目的:服务发布者在收到合同请求者发出的合同更改请求后回复:接收更改或拒绝更改。

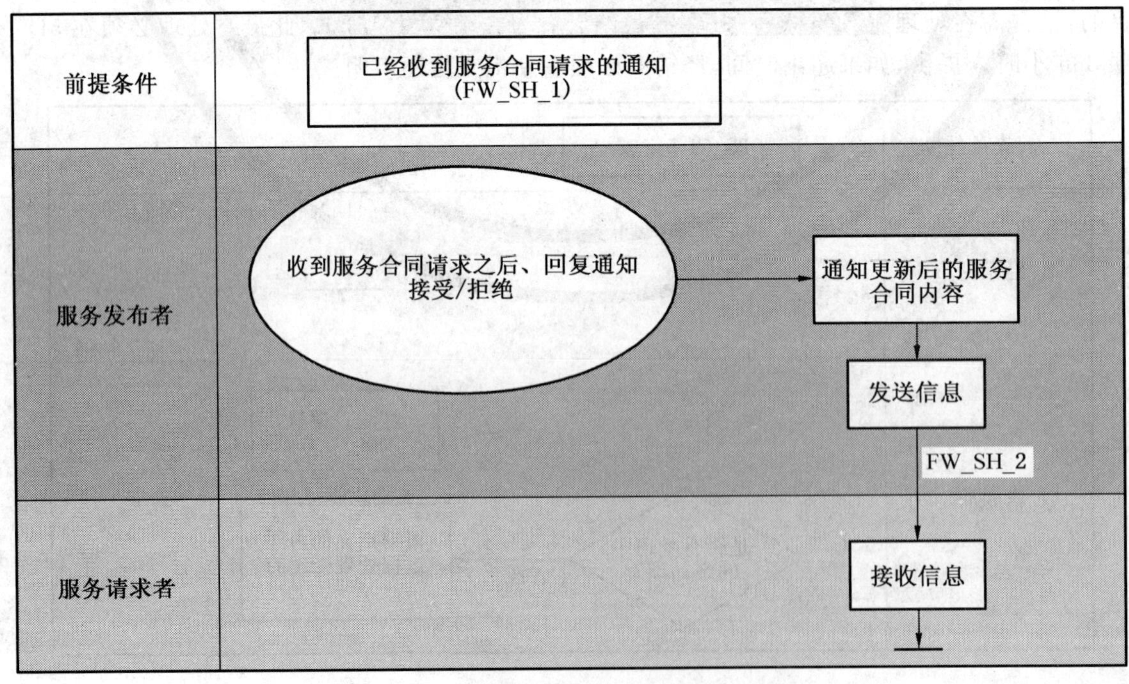

图 A.93 回复更改服务合同过程单元

FW_ZC:技术支持和服务管理

FW_ZC_1:查询服务授权

目的:授权的服务提供者 ASP 向保单提供者 WP 查询服务资格。服务资格的请求可以独自申请,用于基本保单担保核查,也可以作为服务事件的起始步骤来检验保单应用范围内的覆盖条件。

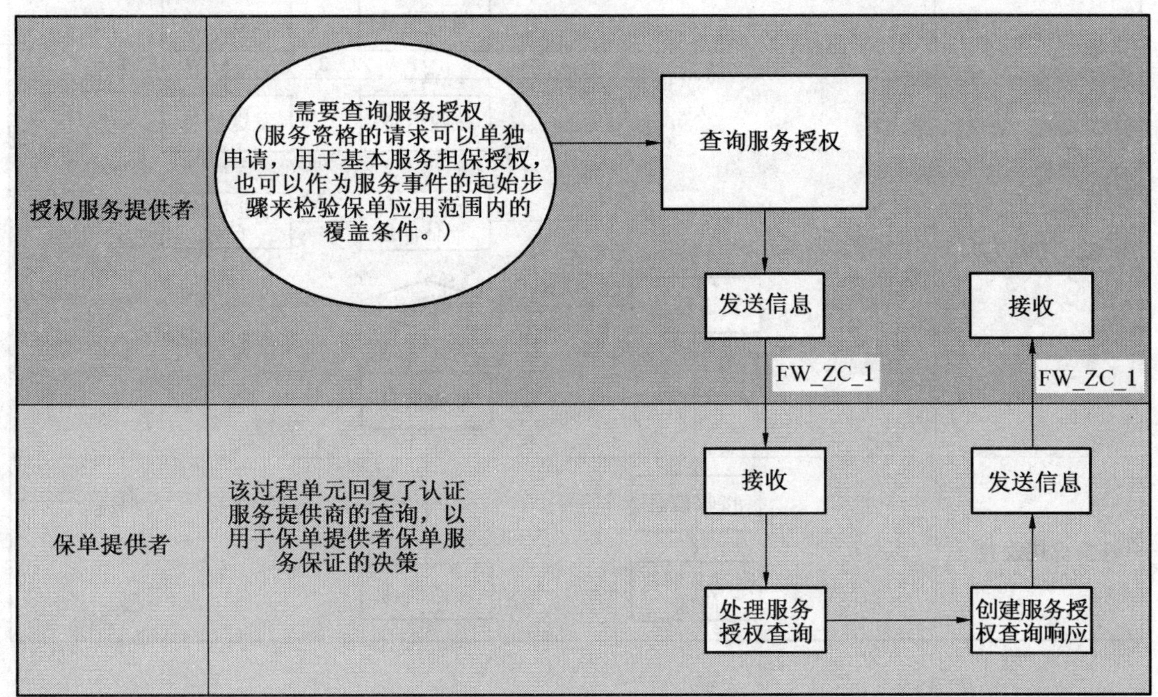

图 A.94 查询服务授权过程单元

FW_ZC_2:请求保单

目的:授权的服务提供者 ASP 针对保单单元中的执行服务事件向保单提供者 WP 提交保单要求,保单提供者针对该请求做出响应。

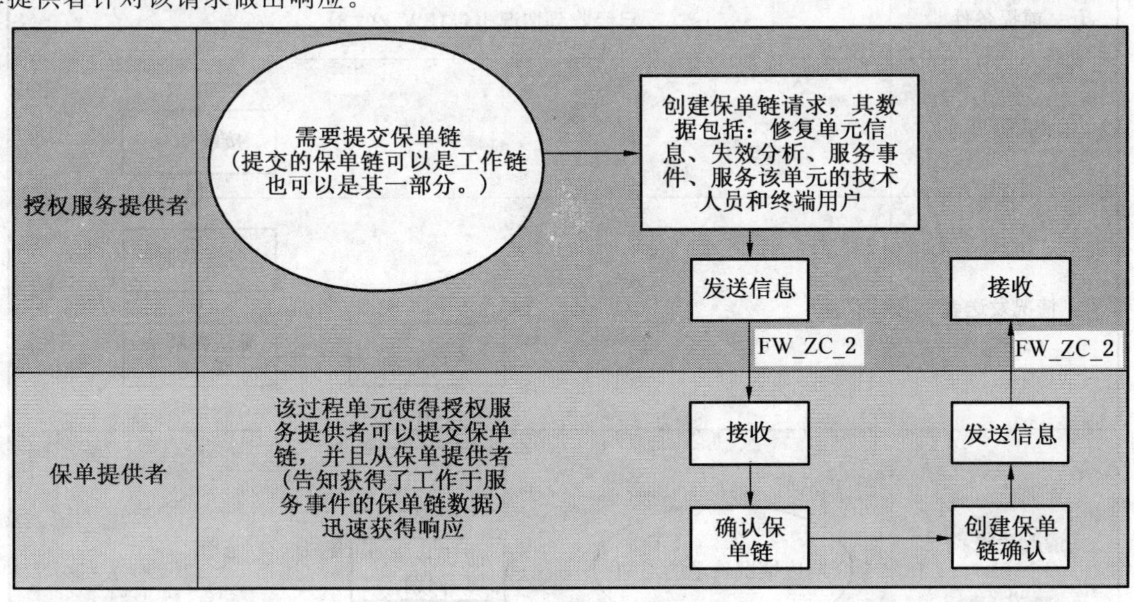

图 A.95 请求保单过程单元

FW_ZC_3:情况报告

目的:允许情况请求者或情况接收者创建情况或者更新已有情况的状态。

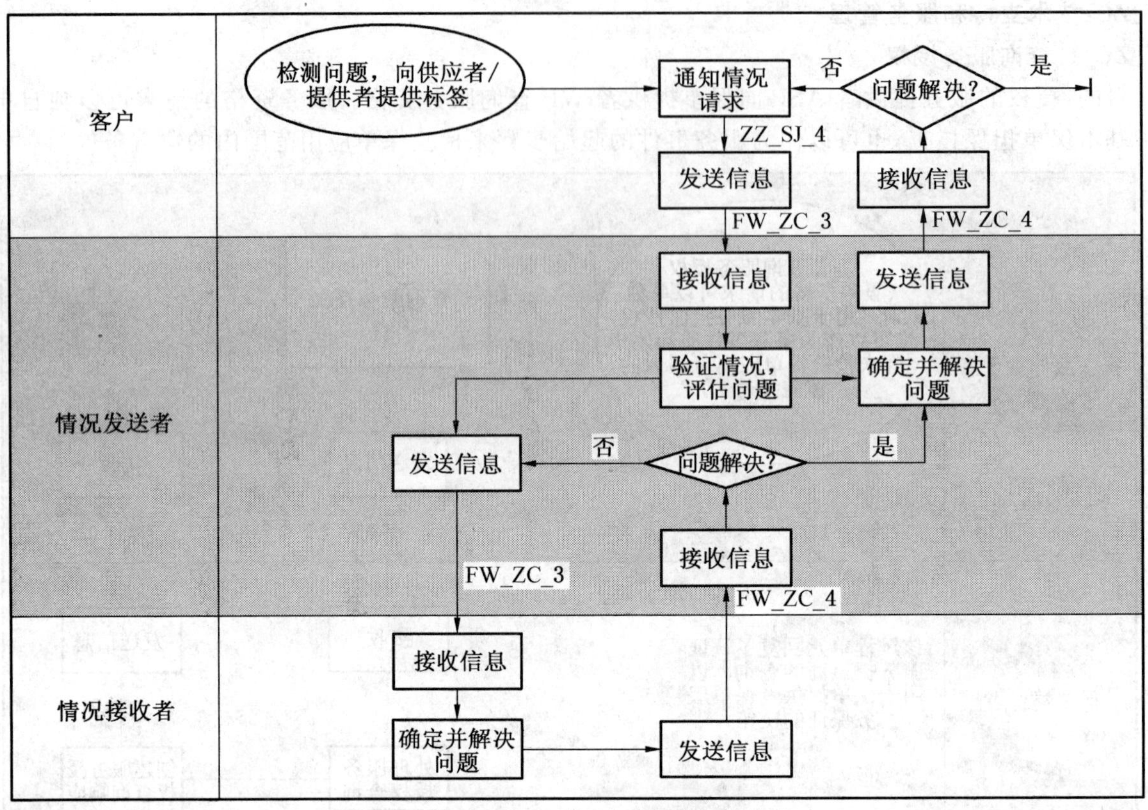

图 A.96　情况报告过程单元

FW_ZC_4:情况确认

目的:情况接受者和情况发送者接到客户的情况报告后确认并解决问题,返回应答信息。该过程单元与 FW_ZC _3 过程单元联合使用。

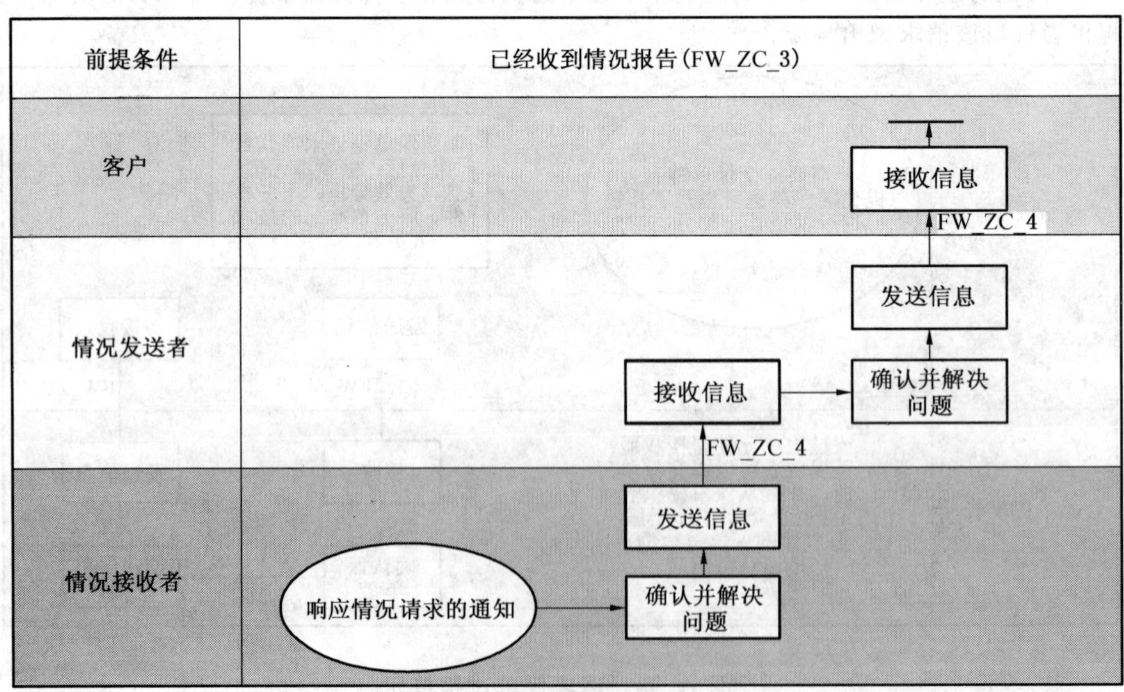

图 A.97　情况确认过程单元

FW_ZC_5:筹资请求

目的:销售者在接到购买订单后向融资处理者提出筹资请求,筹措资金处理者分析筹资理由,发出回复信息:批准或否决。如果筹资不被批准,销售者会采取修改订单,增加购买者信任度等措施,执行另一项订单管理。此过程单元还可以取消筹资请求。

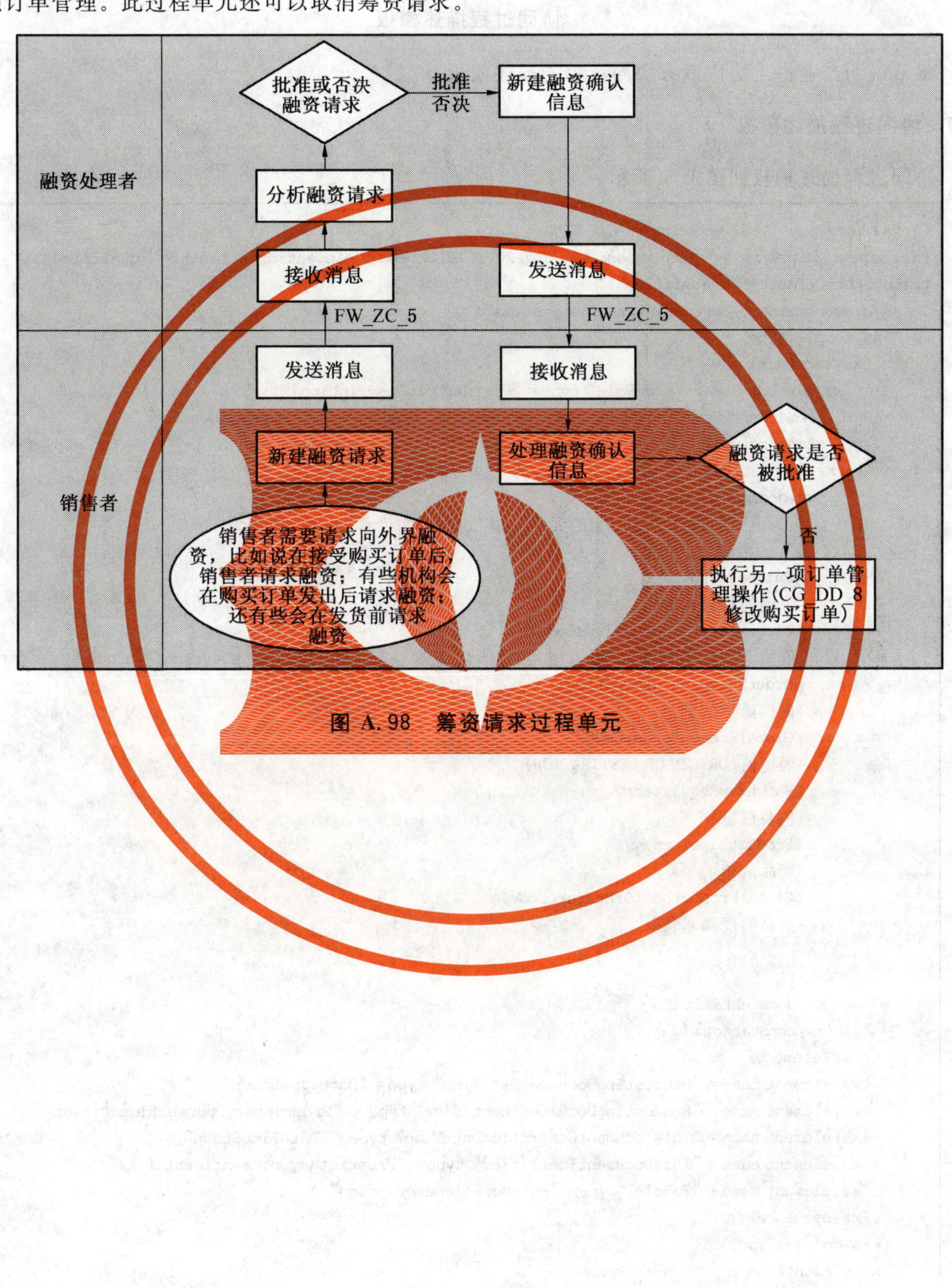

图 A.98　筹资请求过程单元

附 录 B
（资料性附录）
协同过程描述模板

本节说明产业链上协作双方协同过程的描述模板。

B.1 协同过程描述模板

协同过程描述模板如图B.1所示。

```
<?xml version="1.0" encoding="UTF-8"?>
<xs:schema xmlns:xs="http://www.w3.org/2001/XMLSchema" elementFormDefault="qualified" at-
tributeFormDefault="unqualified">
  <xs:element name="PartnerInteractionProcess">
    <xs:complexType>
      <xs:sequence>
        <xs:element name="FromRole" type="PartnerRoleDescription"/>
      <xs:element name="GlobalDocumentFunctionCode" type="xs:string" minOccurs="0"/>
      <xs:element name="ConcreteProcessActivity">
        <xs:annotation>
          <xs:documentation>
              为不同的过程定义专门的元素。以“建立采购订单”为例，内容为
        <!--
            <PurchaseOrder>
            -采购的具体内容.
            <GlobalPurchaseOrderTypeCode>
            -假如  采购是与询价/报价相关的,那么 就要找到询价/报价的 ReferenceTypeCode.
            <OrderShippingInformation>
            -提供送货的信息
            <GlobalFreeOnBorderCode>
            -固定值(ORIGIN OR DESTINATION)
            <PackListRequirment>
            -包装信息
            <ProductLineItem>
            -产品清单
            <GlobalProductUnitOfMeasureCode>
            -产品的度量单位.
             .....
        -->
        </xs:documentation>
        </xs:annotation>
      </xs:element>
      <xs:element name="RequestingDocumentDateTime" type="DateTimeStamp"/>
      <xs:element name="RequestingDocumentIdentifier" type= "ProprietaryDocumentIdentifier"/>
      <xs:element name="ThisDocumentGenerationDateTime" type="DateTimeStamp"/>
      <xs:element name="ThisDocumentIdentifier" type="ProprietaryDocumentIdentifier"/>
      <xs:element name="ToRole" type="PartnerRoleDescription"/>
     </xs:sequence>
    </xs:complexType>
  </xs:element>
  <xs:complexType name="ProprietaryDocumentIdentifier">
```

图B.1 协同过程描述模板

```
    〈xs:sequence〉
     〈xs:element ref = "ProprietaryDocumentIdentifier"/〉
    〈/xs:sequence〉
   〈/xs:complexType〉
   〈xs:element name = "ProprietaryDocumentIdentifier" type = "xs:string"/〉
   〈xs:complexType name = "DateTimeStamp"〉
    〈xs:sequence〉
     〈xs:element ref = "DateTimeStamp"/〉
    〈/xs:sequence〉
   〈/xs:complexType〉
   〈xs:element name = "DateTimeStamp" type = "xs:string"/〉
    〈xs:complexType name = "PartnerRoleDescription"〉
     〈xs:sequence〉
      〈xs:element name = "ContactInformation" minOccurs = "0"〉
       〈xs:complexType〉
        〈xs:sequence〉
         〈xs:element name = "ContactName"〉
          〈xs:complexType〉
           〈xs:sequence〉
            〈xs:element name = "FreeFormText"〉
             〈xs:complexType mixed = "true"〉
              〈xs:attribute name = "attlistFreeFormText" type = "xs:string"/〉
             〈/xs:complexType〉
            〈/xs:element〉
           〈/xs:sequence〉
          〈/xs:complexType〉
         〈/xs:element〉
         〈xs:element name = "EmailAddress" type = "xs:string"/〉
         〈xs:element name = "FacsimileNumber" type = "CommunicationsNumber" minOccurs = "0"/〉
         〈xs:element name = "TelephoneNumber" type = "CommunicationsNumber"/〉
        〈/xs:sequence〉
       〈/xs:complexType〉
      〈/xs:element〉
      〈xs:element name = "GlobalPartnerRoleClassificationCode" type = "xs:string"/〉
       〈xs:element name = "PartnerDescription"〉
        〈xs:complexType〉
         〈xs:sequence〉
          〈xs:element name = "BusinessDescription"〉
           〈xs:complexType〉
            〈xs:sequence〉
             〈xs:element name = "GlobalBusinessIdentifier" type = "xs:string"/〉
             〈xs:element name = "GlobalCollaborateCode" type = "xs:string" minOccurs = "0"/〉
            〈/xs:sequence〉
           〈/xs:complexType〉
          〈/xs:element〉
          〈xs:element name = "GlobalPartnerClassificationCode" type = "xs:string"/〉
         〈/xs:sequence〉
        〈/xs:complexType〉
       〈/xs:element〉
      〈/xs:sequence〉
   〈/xs:complexType〉
   〈xs:complexType name = "CommunicationsNumber"〉
    〈xs:sequence〉
     〈xs:element name = "CommunicationsNumber" type = "xs:string"/〉
    〈/xs:sequence〉
   〈/xs:complexType〉
〈/xs:schema〉
```

图 B.1（续）

图 B.1 中使用的元素说明如表 B.1 所示。

表 B.1 过程描述模板元素说明

类别	元素名	描述
协同企业的信息	PartnerRoleDescription	协同企业角色描述
	ContactInformation	协同企业的联系方式
	ContactName	协同企业的联系名称
	EmailAddress	协同企业的 e-mail 地址
	FacsimileNumber	协同企业的传真号码
	TelephoneNumber	协同企业的电话号码
	GlobalPartnerRoleClassificationCode	固定值为 Buyer 表示在资源协同活动中的买方。固定值为 Seller 表示在资源协同活动中的卖方
	PartnerDescription	协同企业特征(有限责任公司或股份有限公司等)
业务功能信息	BusinessDescription	业务特点(如,提交采购订单、财务付款等)以及业务发生地点的一系列的属性
	GlobalBusinessIdentifier	请求方企业的业务的全局唯一标识符
	GlobalCollaborateCode	全局固定值:信息技术(默认值)、电子组件、制造行业
	GlobalPartnerClassifiedCode	响应方企业的经营类别
业务文档信息	GlobalDocumentFunctionCode	固定值:请求(默认值)、响应。 请求:该业务文档为业务活动请求方所发。 请求:该业务文档为业务活动响应方所发
	DateTimeStamp	标识相应记录产生或者关联事件发生的时间戳
	ProprietaryDocumentIdentifier	文档的标识符
具体协同活动信息	ConcreteProcessActivity	具体的协同活动的信息

附 录 C
（资料性附录）
协同交互信息协议

本节说明协同活动中信息交互通信协议的业务信息规范的 XML 描述，包括序头（Preamble Header），传送头（Dilivery Header），服务头（Service Header），以及信息内容（Service Content）和数字签名（Optional Digital Signture）。

C.1 序头

序头标识了业务消息结构所遵从的标准及其版本。所有的业务消息都必须包括序头，且必须遵循序头模式（schema）。序头中元素的值是由活动中第一个消息的发送者确定的，该活动中随后的所有消息不能改变该部分内容。

序头模式中的元素都是全局性元素，它们将会在传输头、服务头、服务内容中出现，序头模式如图 C.1 所示。

```
<? xml version = "1.0" encoding = "UTF-8"?>
<! --W3C Schema generated by XML Spy v4.4 U (http://www.xmlspy.com)-->
<xs:schema xmlns:xs = "http://www.w3.org/2001/XMLSchema" elementFormDefault = "qualified">
  <xs:element name = "Preamble">
    <xs:complexType>
      <xs:sequence>
        <xs:element name = "standardName">
          <xs:complexType>
            <xs:sequence>
              <xs:element name = "GlobalAdministeringAuthorityCode" type = "xs:string"/>
            </xs:sequence>
          </xs:complexType>
        </xs:element>
        <xs:element name = "standardVersion">
          <xs:complexType>
            <xs:sequence>
              <xs:element name = "VersionIdentifier" type = "xs:string"/>
            </xs:sequence>
          </xs:complexType>
        </xs:element>
      </xs:sequence>
    </xs:complexType>
  </xs:element>
</xs:schema>
```

图 C.1 序头模式

该模式中相关元素及其说明如表 C.1 所示：

表 C.1 序头元素说明

元　素	说　明
Global Administering Authority Code	管理机构代码
Standard Name	该消息结构所遵从的标准名称
Standard Version	标准版本号

C.2 传输头

传输头作为一个单独的 MIME 部分来详细描述业务消息的路由信息。主要是为了解决在使用中介 Hub 模式时，服务头被加密后，Hub 无法得知路由信息的问题。将路由信息放在传输头中，Hub 就可以从中得到路由信息。即该信息与服务头分别存放是为了在服务头被加密时仍可被访问。传输头的模式如图 C.2 所示：

```
<? xml version = "1.0" encoding = "UTF-8"?>
<! --W3C Schema generated by XMLSPY v5 U (http://www.xmlspy.com)-->
<xs:schema xmlns:xs = "http://www.w3.org/2001/XMLSchema" elementFormDefault = "qualified">
    <xs:element name = "DeliveryHeader">
        <xs:complexType>
            <xs:sequence>
                <xs:element name = "isSecureTransportRequired">
                    <xs:complexType>
                        <xs:sequence>
                            <xs:element name = "AffirmationIndicator" name = "AffirmationIndicator" type
= "xs:string"/>
                        </xs:sequence>
                    </xs:complexType>
                </xs:element>
                <xs:element name = "messageDateTime">
                    <xs:complexType>
                        <xs:sequence>
                            <xs:element name = "DateTimeStamp" name = "DateTimeStamp" type = "xs:string"/>
                        </xs:sequence>
                    </xs:complexType>
                </xs:element>
                <xs:element name = "messageReceiverIdentification">
                    <xs:complexType>
                        <xs:sequence>
                            <xs:element name = "PartnerIdentification" type = "PartnerIdentificationType"/>
                        </xs:sequence>
                    </xs:complexType>
                </xs:element>
                <xs:element name = "messageSenderIdentification">
                    <xs:complexType>
                        <xs:sequence>
                            <xs:element name = "PartnerIdentification" type = "PartnerIdentificationType"/>
                        </xs:sequence>
                    </xs:complexType>
                </xs:element>
                <xs:element name = "messageTrackingID">
                    <xs:complexType>
                        <xs:sequence>
                            <xs:element name = "InstanceIdentifier" name = "InstanceIdentifier" type = "xs:
string"/>
                        </xs:sequence>
                    </xs:complexType>
                </xs:element>
            </xs:sequence>
```

图 C.2 传输头模式

```
    </xs:complexType>
  </xs:element>
  <xs:complexType name="PartnerIdentificationType">
    <xs:sequence>
      <xs:element name="domain" minOccurs="0" maxOccurs="1">
        <xs:complexType>
          <xs:sequence>
            <xs:element name="FreeFormText">
              <xs:complexType>
                <xs:simpleContent>
                  <xs:extension base="xs:string">
                    <xs:attribute name="xml:lang" type="xs:string"/>
                  </xs:extension>
                </xs:simpleContent>
              </xs:complexType>
            </xs:element>
          </xs:sequence>
        </xs:complexType>
      </xs:element>
      <xs:element name="GlobalBusinessIdentifier" name="GlobalBusinessIdentifier" type="xs:
string"/>
      <xs:element name="locationID" minOccurs="0" maxOccurs="1">
        <xs:complexType>
          <xs:sequence>
            <xs:element name="Value" name="Value" type="xs:string"/>
          </xs:sequence>
        </xs:complexType>
      </xs:element>
    </xs:sequence>
  </xs:complexType>
</xs:schema>
```

图 C.2（续）

传输头模式中相关元素及其说明如表 C.2 所示：

表 C.2 传输头元素说明

元 素	说 明	验证和处理规则
Affirmation Indicator	用来表明“Yes”或“No”的语句	有效的值为“Yes”或“No”
Date Time Stamp	时间戳	
Domain	标识一个区域的可用性	其值只能为“DUNS”。若没有该可选的元素，则默认是“DUNS”
Free Form Text	没有格式化的文本	
Global Business Identifier	商业伙伴的标识码	
Instance Identifier	具体业务流程、事务、行为或信号的标识码	
Is Secure Transport Required	“yes”表示下一个 hub 必须能够安全传递该消息	
Location ID	商业伙伴的逻辑地址	
Message Date Time	消息创建的日期和时间	时间戳必须尽可能接近第一次尝试传输的时间

表 C.2（续）

元 素	说 明	验证和处理规则
Message Tracking ID	消息跟踪的唯一标识	在消息发送者中是标识唯一的
Message Receiver Identification	消息接受者标识	
Message Sender Identification	消息发送者标识	
Partner Identification	商业伙伴标识	
Value	用来表明“Yes”或“No”的语句	

C.3 服务头

服务头提供了服务路由控制、流程头部、活动头部和行为头部。服务路由控制标识了这个业务消息的发送和接收服务；流程头部中的元素标识了全局流程代码、流程版本和流程实例编号等信息；交易头部的元素中包含了相关的活动信息，如活动代码、活动实例编号等；行为头部的元素包含了业务行为消息，如全局业务行为编号、版本号、实例编号，以及收发者的全局业务代码等。其模式如图 C.3 和图 C.4 所示。

服务头
- 流程控制
  - 活动控制
    - 业务活动标识符
    - 信息控制
      - 发起方全局合作伙伴角色分类码
      - 发起方全局业务服务码
      - 响应方全局合作伙伴角色分类码
      - 响应方全局业务服务码
      - 行为控制
        - 行为标识类型
          - 全局业务行为码
          - 信息标准
          - 标准的版本
          - 信息跟踪 ID
        - 附件
          - 附件描述
          - 全局 MIME 类型质量码
          - 统一资源标识符 URI
          - 附件个数
          - 服务内容控制
            - 行为标识符
            - 信号标识
              - 全局业务信号码
              - 版本标识码
  - 全局使用码
  - 合作伙伴定义的 CPA 有效载荷绑定 id
  - 私有的参考标识符
  - CPA 码(全局过程指示码)
  - CPA 实例标识符
  - CPA 版本
  - 服务质量描述

图 C.3 报文头结构

服务质量元素
已知的/未知的合作伙伴
合作伙伴标识符
URL
私有的参考标识符
服务质量分类码
服务质量元素类型

图 C.3（续）

```
<?xml version="1.0" encoding="UTF-8"?>
<!--W3C Schema generated by XMLSPY v5 U (http://www.xmlspy.com)-->
<xs:schema xmlns:xs="http://www.w3.org/2001/XMLSchema" elementFormDefault="qualified">
  <xs:complexType name="ActionControlType">
    <xs:sequence>
      <xs:element name="ActionIdentity" type="ActionIdentityType"/>
      <xs:element name="messageTrackingID" type="messageTrackingIDType"/>
    </xs:sequence>
  </xs:complexType>
  <xs:complexType name="ActionIdentityType">
    <xs:sequence>
      <xs:element ref="GlobalBusinessActionCode"/>
      <xs:element name="messageStandard" type="messageStandardType" minOccurs="0"/>
      <xs:element name="standardVersion" type="standardVersionType" minOccurs="0"/>
    </xs:sequence>
  </xs:complexType>
  <xs:complexType name="ActivityControlType">
    <xs:sequence>
      <xs:element ref="BusinessActivityIdentifier"/>
      <xs:element name="MessageControl" type="MessageControlType"/>
    </xs:sequence>
  </xs:complexType>
  <xs:complexType name="AttachmentType">
    <xs:sequence>
      <xs:element name="description" type="descriptionType" minOccurs="0"/>
      <xs:element ref="GlobalMimeTypeQualifierCode"/>
      <xs:element ref="UniversalResourceIdentifier"/>
    </xs:sequence>
  </xs:complexType>
  <xs:element name="BusinessActivityIdentifier" type="xs:string"/>
  <xs:element name="CountableAmount" type="xs:string"/>
  <xs:complexType name="FreeFormTextType">
    <xs:simpleContent>
      <xs:extension base="xs:string">
        <xs:attribute name="lang" type="xs:string"/>
      </xs:extension>
    </xs:simpleContent>
  </xs:complexType>
  <xs:element name="GlobalBusinessActionCode" type="xs:string"/>
  <xs:element name="GlobalBusinessIdentifier" type="xs:string"/>
  <xs:element name="GlobalBusinessServiceCode" type="xs:string"/>
  <xs:element name="GlobalBusinessSignalCode" type="xs:string"/>
```

图 C.4 报文头模式

```
<xs:element name="GlobalMimeTypeQualifierCode" type="xs:string"/>
<xs:element name="GlobalPartnerRoleClassificationCode" type="xs:string"/>
<xs:element name="GlobalProcessIndicatorCode" type="xs:string"/>
<xs:element name="GlobalUsageCode" type="xs:string"/>
<xs:element name="InstanceIdentifier" type="xs:string"/>
<xs:complexType name="KnownInitiatingPartnerType">
   <xs:sequence>
      <xs:element name="PartnerIdentification" type="PartnerIdentificationType"/>
   </xs:sequence>
</xs:complexType>
<xs:complexType name="ManifestType">
   <xs:sequence>
      <xs:element name="Attachment" type="AttachmentType" minOccurs="0" maxOccurs="un-
bounded"/>
      <xs:element name="numberOfAttachments" type="numberOfAttachmentsType"/>
      <xs:element name="ServiceContentControl" type="ServiceContentControlType"/>
   </xs:sequence>
</xs:complexType>
<xs:complexType name="MessageControlType">
   <xs:sequence>
      <xs:element name="fromRole" type="fromRoleType"/>
      <xs:element name="fromService" type="fromServiceType"/>
      <xs:element name="inReplyTo" type="inReplyToType" minOccurs="0"/>
      <xs:element name="Manifest" type="ManifestType"/>
      <xs:element name="toRole" type="toRoleType"/>
      <xs:element name="toService" type="toServiceType"/>
   </xs:sequence>
</xs:complexType>
<xs:complexType name="PartnerIdentificationType">
   <xs:sequence>
      <xs:element name="domain" type="domainType" minOccurs="0"/>
      <xs:element ref="GlobalBusinessIdentifier"/>
      <xs:element name="locationID" type="locationIDType" minOccurs="0"/>
   </xs:sequence>
</xs:complexType>
<xs:complexType name="ProcessControlType">
   <xs:sequence>
      <xs:element name="ActivityControl" type="ActivityControlType"/>
      <xs:element ref="GlobalUsageCode"/>
      <xs:element name="partnerDefinedCPAPayloadBindingId" type="partnerDefinedCPAPayload-
BindingIdType" minOccurs="0"/>
      <xs:element name="CPACode" type="CPACodeType"/>
      <xs:element name="CPAInstanceId" type="CPAInstanceIdType"/>
      <xs:element name="CPAVersion" type="CPAVersionType"/>
      <xs:element name="QualityOfServiceSpecification" type="QualityOfServiceSpecificationType"
minOccurs="0"/>
      <xs:choice>
         <xs:element name="KnownInitiatingPartner" type="KnownInitiatingPartnerType"/>
         <xs:element name="UnknownInitiatingPartner" type="UnknownInitiatingPartnerType"/>
      </xs:choice>
   </xs:sequence>
</xs:complexType>
<xs:element name="ProprietaryReferenceIdentifier" type="xs:string"/>
```

图 C.4（续）

```
<xs:element name="QualityOfServiceClassificationCode" type="xs:string"/>
<xs:complexType name="QualityOfServiceElementType">
  <xs:sequence>
    <xs:element ref="QualityOfServiceClassificationCode"/>
    <xs:element ref="Value"/>
  </xs:sequence>
</xs:complexType>
<xs:complexType name="QualityOfServiceSpecificationType">
  <xs:sequence>
      <xs:element name="QualityOfServiceElement" type="QualityOfServiceElementType"
maxOccurs="unbounded"/>
  </xs:sequence>
</xs:complexType>
<xs:complexType name="ServiceContentControlType">
  <xs:choice>
    <xs:element name="ActionIdentity" type="ActionIdentityType"/>
    <xs:element name="SignalIdentity" type="SignalIdentityType"/>
  </xs:choice>
</xs:complexType>
<xs:element name="ServiceHeader">
  <xs:complexType>
    <xs:sequence>
      <xs:element name="ProcessControl" type="ProcessControlType"/>
    </xs:sequence>
  </xs:complexType>
</xs:element>
<xs:complexType name="SignalIdentityType">
  <xs:sequence>
    <xs:element ref="GlobalBusinessSignalCode"/>
    <xs:element ref="VersionIdentifier"/>
  </xs:sequence>
</xs:complexType>
<xs:element name="UniformResourceLocator" type="xs:string"/>
<xs:element name="UniversalResourceIdentifier" type="xs:string"/>
<xs:complexType name="UnknownInitiatingPartnerType">
  <xs:sequence>
    <xs:element name="PartnerIdentification" type="PartnerIdentificationType"/>
    <xs:element ref="UniformResourceLocator"/>
  </xs:sequence>
</xs:complexType>
<xs:element name="Value" type="xs:string"/>
<xs:element name="VersionIdentifier" type="xs:string"/>
<xs:complexType name="descriptionType">
  <xs:sequence>
    <xs:element name="FreeFormText" type="FreeFormTextType"/>
  </xs:sequence>
</xs:complexType>
<xs:complexType name="domainType">
  <xs:sequence>
    <xs:element name="FreeFormText" type="FreeFormTextType"/>
  </xs:sequence>
</xs:complexType>
<xs:complexType name="fromRoleType">
```

图 C.4（续）

```
    <xs:sequence>
        <xs:element ref="GlobalPartnerRoleClassificationCode"/>
    </xs:sequence>
</xs:complexType>
<xs:complexType name="fromServiceType">
    <xs:sequence>
        <xs:element ref="GlobalBusinessServiceCode"/>
    </xs:sequence>
</xs:complexType>
<xs:complexType name="inReplyToType">
    <xs:sequence>
        <xs:element name="ActionControl" type="ActionControlType"/>
    </xs:sequence>
</xs:complexType>
<xs:complexType name="locationIDType">
    <xs:sequence>
        <xs:element ref="Value"/>
    </xs:sequence>
</xs:complexType>
<xs:complexType name="messageStandardType">
    <xs:sequence>
        <xs:element name="FreeFormText" type="FreeFormTextType"/>
    </xs:sequence>
</xs:complexType>
<xs:complexType name="messageTrackingIDType">
    <xs:sequence>
        <xs:element ref="InstanceIdentifier"/>
    </xs:sequence>
</xs:complexType>
<xs:complexType name="numberOfAttachmentsType">
    <xs:sequence>
        <xs:element ref="CountableAmount"/>
    </xs:sequence>
</xs:complexType>
<xs:complexType name="partnerDefinedCPAPayloadBindingIdType">
    <xs:sequence>
        <xs:element ref="ProprietaryReferenceIdentifier"/>
    </xs:sequence>
</xs:complexType>
<xs:complexType name="CPACodeType">
    <xs:sequence>
        <xs:element ref="GlobalProcessIndicatorCode"/>
    </xs:sequence>
</xs:complexType>
<xs:complexType name="CPAInstanceIdType">
    <xs:sequence>
        <xs:element ref="InstanceIdentifier"/>
    </xs:sequence>
</xs:complexType>
<xs:complexType name="CPAVersionType">
    <xs:sequence>
        <xs:element ref="VersionIdentifier"/>
    </xs:sequence>
```

图 C.4（续）

```
  </xs:complexType>
  <xs:complexType name="standardVersionType">
    <xs:sequence>
      <xs:element ref="VersionIdentifier"/>
    </xs:sequence>
  </xs:complexType>
  <xs:complexType name="toRoleType">
    <xs:sequence>
      <xs:element ref="GlobalPartnerRoleClassificationCode"/>
    </xs:sequence>
  </xs:complexType>
  <xs:complexType name="toServiceType">
    <xs:sequence>
      <xs:element ref="GlobalBusinessServiceCode"/>
    </xs:sequence>
  </xs:complexType>
</xs:schema>
```

图 C.4(续)

服务头的主要元素及说明如表 C.3 所示。

表 C.3 服务头元素说明

元素	说明	规则
Action Identity(用于回复的)	行为标识码	
Action Control	行为控制	
Activity Control	活动控制	
Attachment	附件的详细描述。若没有附件,则该元素不出现。该元素的实体数必须与 NoOf Attachments 的值相同	
Business Activity Identifier	业务活动标识	
From Role	发送该消息的业务伙伴	
Global Business Action Code(行为标识)	行为代码	该元素的值应当与"InReplyToActionCode"元素的值相对应,表示当前执行的活动和行为
Global Business Action Code(Service Content)	若该消息为行为消息,则是行为代码	
Global Business Signal Code(Signal Identity)	若该消息为信号消息,则是信号代码	
Global MimeType Qualifier Code	附件的 MIME 内容类型	值必须是 MIME 内容类型之一
Message Control	值在具体流程活动的每个消息中变化的元素	除了该组中的元素,所有其他元素值都是由发起者设定的并且在整个活动所有消息中是相同的
Number Of Attachments	附件的个数	若无附件,则值为 0

表 C.3(续)

元　素	说　明	规则
CPA Code	该消息所属活动代码,由发起者设定	该元素的值必须从当前执行活动的描述元素“CPACode”中获得
Process Control	与发送该消息的流程信息相关的一些元素	
Quality Of Service Element	服务质量	
Service Content Control	服务内容相关的信息	
Signal Identity	业务信号消息的标识	

服务头部分之后为信息正文以及可能需要附带的附件,也就是具体协作的主体内容。

C.4 负载部分

负载部分由服务内容(行为消息或信号消息)和零个或多个可选的附件组成。负载是真正的服务头中描述的业务内容。服务头格式是固定的且独立于负载,而负载中的服务内容根据交互的特定业务内容而改变,依赖于具体资源协同活动的类型和实例,每个业务消息中的附件也是动态变化的。

a) 服务内容

服务内容是行为消息或信号消息。信号消息的模式是固定的,定义在本标准的6.3.5中。行为消息的描述模式在本标准6.3.3中已经给出,而具体交互的信息,对应着具体的业务内容,由具体的授权标准机构制定。

b) 附件

附件是与业务文档相关的一些支持文档。附件不必是xml文档,可能是word文档,GIF图片,PDF文件,TIF图片等。每个附件构成一个独立的MIME部分且必须指定MIME Content ID属性,其值同时出现在服务头元素中。

服务内容跟附件封装在一起传输。但是,有时需要在服务内容中包括指向附件的引用。在服务内容的xml文档中能够引用的附件必须由MIME头中Content-ID属性标识,而所有指向附件的xml元素必须包含属性“href”。

包含附件的MIME消息片段:

```
--RN-Outer-Boundary—
Content-Type: image/gif
Content-Transfer-Encoding: Base64
Content-ID:〈00180792811xyz@xyz.rosettanet.org〉
[Attachment data goes here(附件)]
--RN-Outer-Boundary—
```

元素“AnyElement”可按如下方式应用附件:

```
〈AnyElement href = ”cid:00180792811xyz@xyz.rosettanet.org”〉
〈/AnyElement〉
```

MIME中的Content-ID属性必须描述所有的附件,属性href的值必须是cid:〈value〉的格式,可能有多个元素引用同一个附件。

C.5 信号消息结构

在执行具体流程活动中,可能需要产生一些确认信息或异常信息来反馈给消息发送方。这些反馈信息成为业务信号消息,不同于业务行为消息。业务信号是对业务行为响应的一些正面或负面确认消息。一种是确认收到消息,另一种是异常信息。所有的信号消息格式是固定的,且不包含其他源的内容。(注:只有业务行为消息被确认,业务信号消息从不被确认。)

确认信号消息是对一个业务行为消息被收到的确认回执,当一个行为消息被对方收到且结构和语法都是正确时,就发送确认信号。确认信号消息需遵循规定的格式,其模式如图 C.5 和图 C.6 所示。

```
收到应答
    非否认的信息
        原始信息摘录
```

图 C.5 信号消息结构

```
<?xml version="1.0" encoding="UTF-8"?>
<!--W3C Schema generated by XML Spy v4.4 U (http://www.xmlspy.com)-->
<xs:schema xmlns:xs="http://www.w3.org/2001/XMLSchema" elementFormDefault="qualified">
  <xs:element name="ReceiptAcknowledgment">
    <xs:complexType>
      <xs:sequence>
        <xs:element name="NonRepudiationInformation" minOccurs="0">
          <xs:complexType>
            <xs:sequence>
              <xs:element name="OriginalMessageDigest" type="xs:string"/>
            </xs:sequence>
          </xs:complexType>
        </xs:element>
      </xs:sequence>
    </xs:complexType>
  </xs:element>
</xs:schema>
```

图 C.6 信号消息模式

反之,若接收到的行为消息验证失败时,就发送异常信息,模式结构如图 C.7 和图 C.8 所示。

```
例外信息
    例外描述
        错误分类
            全局信息例外码
        错误描述
      出错信息组件
          全局信息组件码
    全局例外类型码
```

图 C.7 异常信号消息结构

```
<? xml version = "1.0" encoding = "UTF-8"?>
<! --W3C Schema generated by XML Spy v4.4 U (http://www.xmlspy.com)-->
<xs:schema xmlns:xs = "http://www.w3.org/2001/XMLSchema" elementFormDefault = "qualified">
  <xs:element name = "Exception">
    <xs:complexType>
      <xs:sequence>
        <xs:element name = "ExceptionDescription">
          <xs:complexType>
            <xs:sequence>
              <xs:element name = "errorClassification">
                <xs:complexType>
                  <xs:sequence>
                    <xs:element name = "GlobalMessageExceptionCode" name = "GlobalMes-
sageExceptionCode" type = "xs:string"/>
                  </xs:sequence>
                </xs:complexType>
              </xs:element>
              <xs:element name = "errorDescription">
                <xs:complexType>
                  <xs:sequence>
                    <xs:element name = "FreeFormText">
                      <xs:complexType>
                        <xs:simpleContent>
                          <xs:extension base = "xs:string">
                            <xs:attribute name = "xml:lang" type = "xs:string"/>
                          </xs:extension>
                        </xs:simpleContent>
                      </xs:complexType>
                    </xs:element>
                  </xs:sequence>
                </xs:complexType>
              </xs:element>
              <xs:element name = "offendingMessageComponent" minOccurs = "0" maxOccurs = "1">
                <xs:complexType>
                  <xs:sequence>
                    <xs:element name = "GlobalMessageComponentCode" name = "GlobalMes-
sageComponentCode" type = "xs:string"/>
                  </xs:sequence>
                </xs:complexType>
              </xs:element>
            </xs:sequence>
          </xs:complexType>
        </xs:element>
        <xs:element name = "GlobalExceptionTypeCode" name = "GlobalExceptionTypeCode" type = "
xs:string"/>
      </xs:sequence>
    </xs:complexType>
  </xs:element>
</xs:schema>
```

图 C.8 异常信号消息模式

参 考 文 献

[1] REC-xml-20001006,Extensible Markup Language (XML)1.0 Second Edition-W3C Recommendation 6 October 2000

[2] REC-xmlschema-1-20010502, XML Schema Part 1: Structures-W3C Recommendation 02 May 2001

[3] REC-xmlschema-2-20010502, XML Schema Part 2: Datatypes-W3C Recommendation 02 May 2001

[4] REC-xmldsig-core-20020212. XML-Signature Syntax and Processing-W3C Recommendation 12 February 2002

[5] RosettaNet Implementation Framework: Core Specification Version v02.00.01 Revised 6 March 2002

[6] REC-xmlenc-core-20021210. XML Encryption Syntax and Processing-W3C Recommendation 10 December 2002

[7] Oracle® Supply Chain Trading Connector for RosettaNet Implementation Guide Release 12.0 Part No. B40090-03 January 2007

[8] BPEL 2.0. Web Services Business Process Execution Language Version 2.0-OASIS Standard 11 April 2007, Available at: http://docs.oasis-open.org/wsbpel/2.0/OS/wsbpel-v2.0-OS.html

[9] Overview Clusters, Segments and PIPs Version 02.05.00 10 October 2008

ICS 35.240.50
J 07

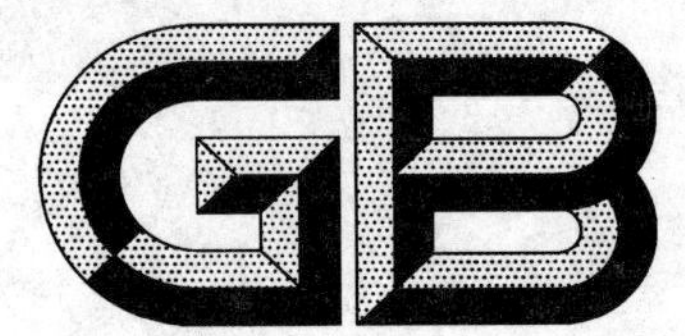

中华人民共和国国家标准

GB/T 25470—2010

制造业信息化 共性技术资源服务平台功能规范

Service platform function specification for commonness technical resource of manufacturing informatization

2010-12-01 发布　　　　2011-05-01 实施

中华人民共和国国家质量监督检验检疫总局
中国国家标准化管理委员会　发布

前　言

本标准由中国机械工业联合会提出。

本标准由全国自动化系统与集成标准化技术委员会归口(SAC/TC 159)。

本标准负责起草单位:北京机械工业自动化研究所、东南大学。

本标准主要起草人:王茜、黎晓东、杨书评、远铮。

引　言

制造业信息化共性技术资源服务平台是指由行业协会、企业、高等学校、科研院所以及其他社会团体独资或者合资兴办的，以当地的优势产业，或已具备较大产业规模的中小企业产业集群为服务对象的，能够提供：

——研究开发的结果；

——技术推广；

——设备共用；

——产品检测；

——信息服务；

——技术咨询。

等多方面共性技术支持服务的、开放式技术支持服务平台。

本标准针对我国制造企业信息化的特点，规范了实现制造业共性技术服务资源平台的相关术语，给出了服务平台的功能规范和体系结构，定义了服务平台各服务单元的功能描述、基本技术特征和规范。

本标准的制定为促进制造企业共性技术支持服务平台的建设，特别是推动中小企业自主创新、联合创新、引进消化吸收再创新提供参考指南：使开放式共性技术支持服务机构可以根据本标准中列出的每条规范提供系统集成服务；监测机构将会对共性技术资源服务平台进行评测；使共性技术资源服务平台的使用者可以遵循规范充分利用平台。

制造业信息化
共性技术资源服务平台功能规范

1 范围

本标准给出了制造业信息化共性技术资源服务平台的体系结构，规定了制造业信息化共性技术服务平台各部分的功能以及提供的服务。

本标准适用于与制造业信息化技术相关的科研、生产、工程、管理、经营、教育等部门。

2 术语和定义

下列术语和定义适用于本标准。

2.1

Web 服务　Web Service

Web Service 是在 Internet 上进行分布式计算的基本构造块，是部署在 Web 上的组件，通过 SOAP 在 Web 上提供软件服务，使用 WSDL 文件进行说明，通过 UDDI 进行注册。

［微软 MSDN］

2.2

服务　Service

为了满足消费者特定目的，执行特定的功能或任务。它是发生在相互独立的行为主体间的一种互动，是一个需求-解决过程。

［微软 MSDN］

2.3

面向服务的架构　Service-Oriented Architecture

SOA 是一种以服务为中心，业务驱动的 IT 架构。为了完成企业某特定任务的业务被组件化成粗粒度的、自治的、可复用的服务和流程逻辑。基于流程的逻辑，服务之间以动态的方式遵循相关标准进行交互。根据企业的需求可以动态调整业务流程逻辑以获取企业的最大利润。SOA 代表一个开放的、敏捷的、可扩展的、可联邦的、可组合的架构。

［http://www.ibm.com/developerworks/cn/webservices/ws-theme/ws-soa.html］

2.4

元数据　Metadata

专门用来描述数据的特征和属性的数据，即数据的数据。本标准中服务的 XML Schema、服务的 WSDL、服务 WS-Policy 等数据内容一起构成 Web 服务的元数据。

2.5

业务活动　Business Activity

指参与者遵循某种协议所定规则的复杂活动，业务活动管理复杂的，长期运行，具有不同数量的参与服务的活动。

［BPEL 2.0. Web Services Business Process Execution Language Version 2.0-OASIS Standard 11 April 2007，Available at：http://docs.oasis-open.org/wsbpel/2.0/OS/wsbpel-v2.0-OS.html］

3 缩略语

WS　　Web 服务　Web Service

WSDL　　Web 服务定义语言　Web Service Definition Language
BPEL　　业务流程执行语言　Business Process Execution Language
SOAP　　简单对象访问协议　Simple Object Access Protocol
UDDI　　统一描述、发现和集成　Universal Description, Discovery, and Integration
UI　　用户界面　User Interface
BL　　业务逻辑　Business Logic
RA　　资源访问　Resource Access
ORM　　对象-关系映射　Object-Relation Mapping

4 共性技术资源服务平台的主要功能

共性技术资源服务平台的主要是为制造业产业集群的企业提供一个数据、资源、服务共享的平台，具体功能如下：

a) 提供新的经济增长点。通过网络向平台用户提供研究、开发或消化再创新所得的市场前景好的新技术、新产品、新工艺、新材料，为所属产业集群寻找新的经济增长点，提高产业集群整体技术水平，为推动所属产业集群的发展提供技术支撑；
b) 提供技术服务。通过网络，组织和运用国内外的技术和智力资源，广泛开展多种形式(包括与国内外高校、科研机构及企业)的技术交流与合作，解决技术难题和关键技术，为产业集群的企业提供相关的技术服务；
c) 提供应用系统服务。通过网络，为区域范围/集群企业提供各类应用系统服务(例如，ERP 系统、CRM 系统、SCM 系统、物流系统等)，管理业务流程、业务数据、进行决策支持；
d) 提供综合信息。收集分析与所属产业集群相关的国际国内技术、市场信息、人才信息、各类标准信息，研究行业发展动态，为所属产业集群的技术发展和产品开发决策提供咨询和建议；
e) 提供人才培养。利用国内外高校和社会资源，开展技术、管理、营销等多方面、多层次的人才培训，为所属产业集群企业的发展培养各类高素质的人才。

5 共性技术资源服务平台的框架

5.1 概述

共性技术资源服务平台应具有以下特点，以便为用户提供良好的服务，有效、高效地发挥平台的作用。

a) 先进性
平台基于标准的可重用服务组件库，以及开放式体系结构，使新建立的平台能够最大限度地适应今后的发展变化需要。
b) 可移植性
平台具有可移植性，使之可以正常运行在包括 Windows 系列、Unix 系列以及 Linux 系列在内的众多操作系统平台之上，最大限度的保护用户投资、充分利用用户资源。
c) 可重用性
平台可提供可重用服务组件库和图形开发工具，无需编程就可以快速构建各种复杂应用，缩短开发周期，降低开发成本。
d) 开放性、可扩展性
平台采用多层体系架构，充分保证平台的可扩展性；用户可以在平台安全机制的前提下访问平台，申请各类服务。
e) 安全性、可靠性
平台提供各种机制(如，加密、安全认证；数据包的分割和组装、断点续传等)保证数据传输中的数据安全性和可靠性。

f) 系统的可管理性

平台应具有统一的远程部署、监控、测试、开启服务等集中管理功能。

g) 采用 ASP 增值服务理念进行设计。

5.2 框架结构各部分功能说明

制造业信息化共性资源服务平台的体系结构如图 1 所示。分为三个层次，从下向上分别为：资源层(包括物理资源层和资源访问层)、业务逻辑层(包括业务服务层和业务流程层)和用户界面层。

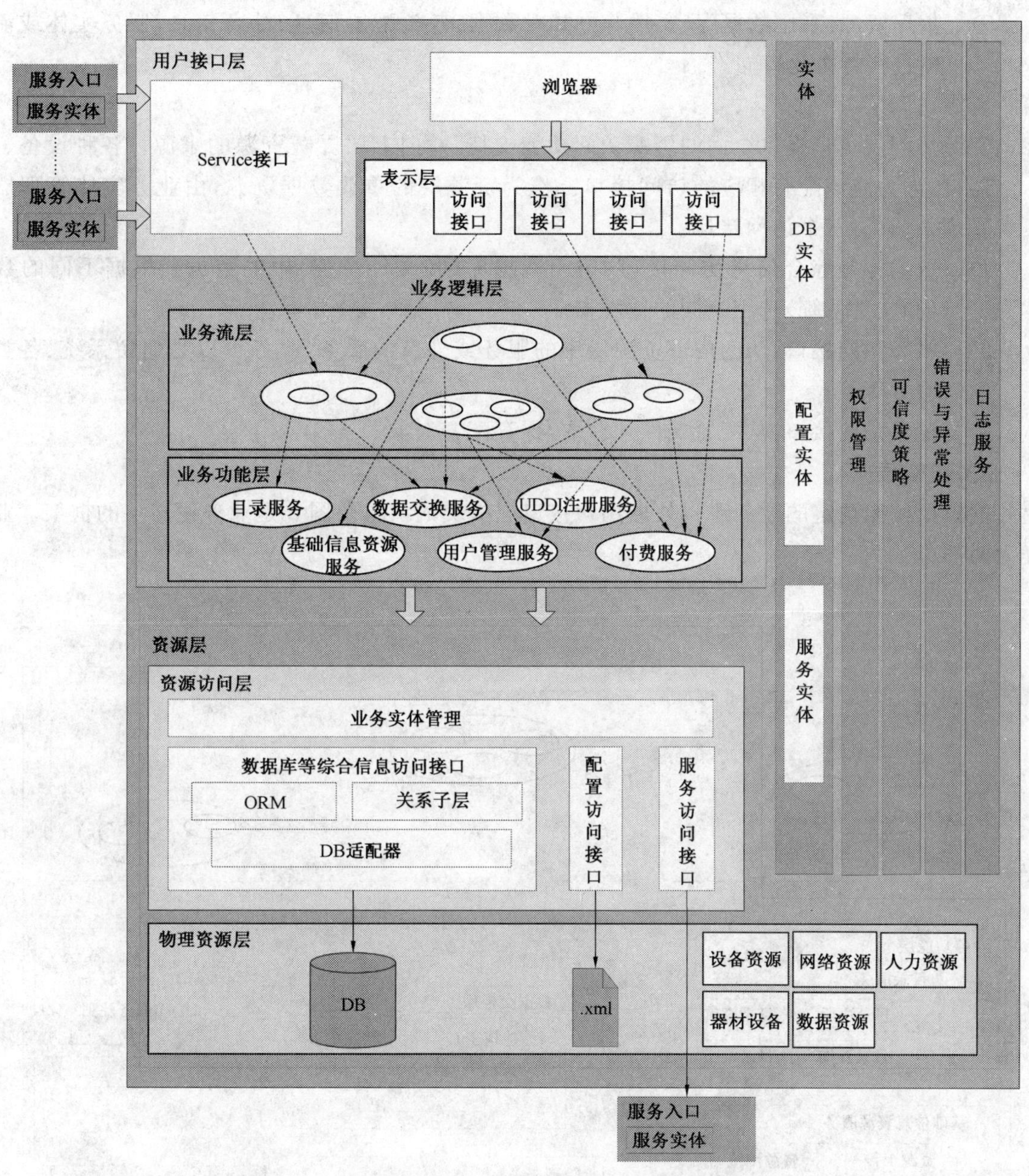

图 1 制造业信息化共性技术资源平台体系结构

5.2.1 资源层

资源层由两部分组成：物理资源层和资源访问层。

a) 物理资源层

整个平台的运作需要有相关的物理资源支撑，它们是：

1) 设备资源：支撑共性技术资源服务平台功能正常运行的设备，详细包括设备驱动完成的功能、输入输出数据、设备运行时的配置信息与运行数据。

2) 网络资源：支撑共性技术资源服务平台功能正常运行的网络资源，详细包括网络拓扑结构、传输媒介、使用的节点数、数据吞吐量。

3) 器材设备：支撑共性技术资源服务平台功能正常运行的器材，详细包括器材处理速度、容量等信息。

4) 人力资源：支撑共性技术资源服务平台功能正常运行的人力资源，详细包括岗位、职责、权限、流程定义与设置等。

5) 数据资源：采用数据库、文件等方式对数据、各类配置信息、综合信息、服务实体或流程逻辑进行持久化存储。

b) 资源访问层

资源访问层负责提供全面的资源访问功能支持，并向上层屏蔽资源的来源。各种设备、网络、器材、人力应该配有相应的访问接口。作为资源层的重要数据资源，由业务实体管理器统一管理，它具有三个访问接口：

1) 数据库等综合信息访问接口：访问数据库(和文件系统)中的数据。根据不同的数据库(和文件系统)选用不同的适配器；

2) 服务访问接口：访问内部资源层中的服务或外部的服务，服务可以是遗留系统、各类应用服务等等；

3) 配置访问接口：从配置文件中获取/保存配置对象。

5.2.2 业务逻辑层

业务逻辑层按照预定的业务逻辑处理用户接口层提交的请求。图2是业务逻辑层的框架。业务逻辑层分为两部分：

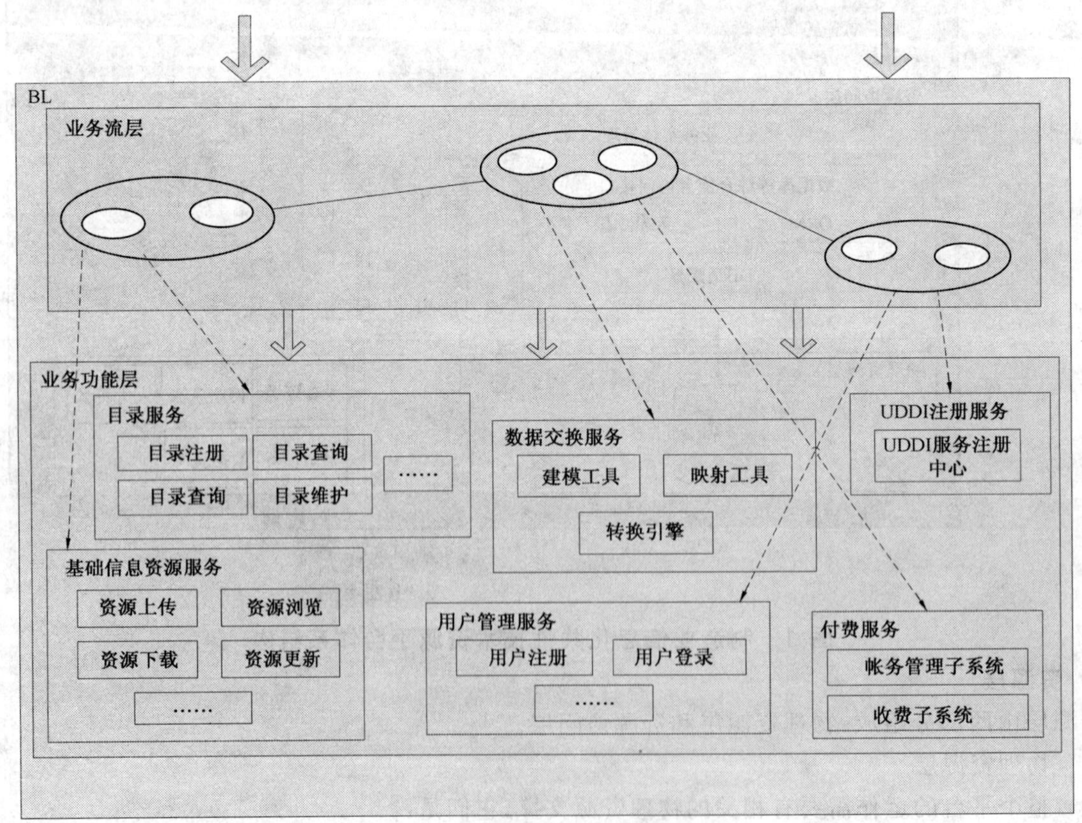

图2 业务逻辑层框架

a) 业务功能层:负责基本业务功能的实现;

b) 业务流层:负责将业务功能层提供的多个基本业务功能组织成一个完整的业务流。当共性技术资源服务平台提供应用系统服务时(例如,ASP 服务),可以进行业务流的定义、组建一个跨平台的协同工作平台。

业务功能层中各模块功能分述如下:

5.2.2.1 UDDI 注册服务

UDDI 注册服务为 Web 服务提供 UDDI 注册中心,遵循 UDDI 3.0.2 规范。

5.2.2.2 用户管理服务

用户管理服务提供多种用户身份管理,包括企业(或集团)用户和个人用户、普通用户和特殊用户,对于不同的用户给予不同的访问权限;允许用户采取远程注册/登录、本地人工注册/登录等多种注册/登录方式,允许通过界面修改用户信息;系统管理人员能够对用户系统进行增、删、改和统计、分析操作。

5.2.2.3 目录服务

目录服务为平台提供了对资源的名字、说明、位置、访问、管理和安全信息的统一描述方法和对资源统一的组织、控制和管理的能力。目录服务主要提供目录注册、目录发布、目录查询、目录维护等功能,实现各类基础资源和共享资源目录信息的统一汇集和管理,为使用共享平台的企业或部门提供资源的注册、检索与定位服务。利用目录服务,客户端可以快速查询资源,实现对资源的快速访问。

5.2.2.4 基础信息资源服务

通过共享平台汇集制造业共性技术等相关基础信息资源,包括综合服务信息(国内外信息动态、相关政策法规;企业基本信息、产品目录、生产能力、制造资源、关键设备、技术特长、人才状态、市场状态、各项需求;高校、科研院所的人才、技术、实验设备、科技成果、规范及标准)、各类制造业新产品、新技术、新材料以及各种共性关键技术等,为使用共享平台企业提供方便。

用户的操作包括:

——注册系统、获得相应的权限;

——登录系统、通过授权认证;

——向平台提供资源、更新自己已经上传的资源;

——向系统付费、使用其他用户已经提交至平台的资源。

相应的系统管理提供的服务:

——注册、权限管理;

——登录和认证管理;

——各类资源的管理和服务控制;

——用户跟踪、记账和收费管理。

5.2.2.5 数据交换服务

XML 作为一种能够以统一的格式描述信息的文本语言,能将来源于不同系统的信息按照统一的格式表示并进行格式的互相转化。因此,平台采用 XML 作为数据交换的中间格式,同时提供包括二进制/文本文件与 XML 文件间的映射互转换、数据库文件与 XML 文件间的映射互转换。

数据交换模块为平台提供了与异构系统共享数据的能力。系统管理员利用数据交换模块的建模工具为数据文件建模,利用映射定义工具为不同的数据格式文件之间定义转换形式。此外,数据交换服务模块通过信息总线从数据库中存取数据并调用 XML 数据服务引擎。数据交换功能模块可以分成以下 3 个子模块:建模工具、映射工具和转换引擎。它们在数据交换模块中的作用如图 3 所示。

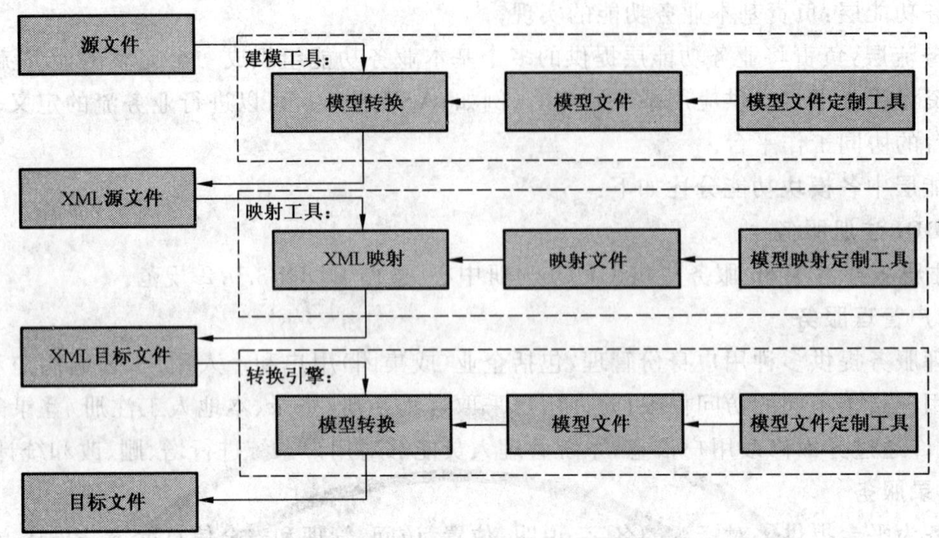

图 3 数据交换功能模块结构

建模工具主要针对企业现有二进制(文本)格式数据,为了使外部系统能够使用这些数据,需要先将这些数据转换为 XML 格式,这个过程在建模工具中完成。除此之外,一个系统内部为某类数据建立的 XML 格式可能与其他系统为该类数据建立的 XML 格式不一样,这就需要在这两种格式之间指定转换形式,使数据在异构系统中传输使用,映射工具用来满足这类需求。在平台中,还应提供高性能、稳定的组建模块来做数据转换,这一部分功能由转换引擎实现。

数据交换服务能很好的满足企业之间进行信息交换的需求。

5.2.2.6 付费服务

付费服务模块主要包含两个子系统:账务管理子系统和收费子系统。

a) 账务管理子系统

账务管理子系统对登录用户每次服务的完成情况自动进行记录和计费。账务系统根据用户请求和资源服务计费标准(可以在数据库中与各个数据库记录一体存储)计算用户需要支付的费用,并进行相应的记录;账务管理系统允许用户预存费用,在每次服务时依次扣除相应费用;接受系统其他模块请求查询用户账户余额及历次收费请求和完成信息;接受系统其他模块请求补充用户账户预存资金;系统具有与收费系统连接交互的能力,使用户能够通过自己的电子银行账户方式支付服务费用。

账务管理系统须满足系统对大量记账事务处理能力的需要。

b) 收费子系统

收费子系统的功能是将用户在每次信息服务过程中所产生的费用,通过用户管理服务、账务管理子系统的综合分析,利用网上银行等途径,来完成一次完整的信息服务收费工作。

5.2.3 用户接口层

用户接口层主要是实现用户与系统的友好交互,接受用户请求并向下一层请求调用核心服务处理,然后显示处理结果,该层又称为表示逻辑层或者用户界面层。

在分布式的应用环境中,客户端可以是 Web 客户端或 Windows 客户端。客户端提供的主要的功能是:

a) 管理 Web 页或 Windows 界面的呈现和行为;
b) 显示数据:从业务逻辑层接收结果,向用户显示出其所需的数据、信息或错误;
c) 捕获数据:捕获用户输入的信息提交给业务逻辑层处理,如用户的注册信息、登录信息或者查询参数;
d) 数据验证检查:对于捕获的用户数据进行格式以及有效性的验证;

e） 为用户提供任务指南。

5.2.4 权限管理

共享平台统筹建设和管理统一认证、单点登录等认证授权功能组件，在可信身份认证的前提下，实现用户一次登录认证后，即可访问许可范围之内的应用系统，减少用户的操作复杂性，提高办公效率。平台认证授权模块为平台上运行的所有应用、组件、服务提供所需的安全访问控制。

用户通过一个统一的平台入口实现对平台资源的访问，平台的权限管理在用户接口层开始，为不同用户定义不同的可见视图来实现用户接口层安全控制；当用户通过认证、实现对业务逻辑层的访问时，各个功能模块都进行自身的权限验证；同样，在用户通过用户接口层对数据层进行访问时，数据层同样需要自己的权限验证。建议对于数据源的安全控制由数据库本身的安全机制处理。

5.2.5 可信度策略

可信度策略的原则如下：

a） 平台具有必须的法定证书并公布有效的联系方式；

b） 保持平台服务器正常工作，对平台访问速度等进行日常跟踪管理；

c） 平台必须公布对客户服务的承诺；

d） 平台必须有对个人信息保护的声明；

e） 建立平台内容发布审核机制，始终保持平台各类资料信息、技术内容的合法性和真实可靠性；

f） 平台保持合理内容更新频率，提供的信息及时有效；

g） 平台各项功能和服务必须方便、易用；

h） 平台保证重要信息（如数据库、技术文件、访问日志等）的备份机制；

i） 保持平台重要信息的持续可访问性，不受平台维护或异常等原因的影响；

j） 保持对平台访问统计信息定期进行跟踪分析。

5.2.6 错误与异常处理

整个系统采用一致的错误/异常处理方式。

异常可以分为系统异常（如网络突然断开）和业务异常（如用户的输入值超出最大范围），业务异常必须被转化为业务执行的结果。

有以下几条原则：

a） 数据访问层不得向上层隐藏任何异常。

b） 明确区分业务执行的结果和系统异常。比如验证用户的合法性，如果对应的用户ID不存在，不应该抛出异常，而是返回（或通过 out 参数）一个表示验证结果的枚举值，这属于业务执行的结果。但是，如果在从数据库中提取用户信息时，数据库连接突然断开，则应该抛出系统异常。

c） 在有些情况下，业务逻辑层应根据业务的需要捕获某些系统异常，并将其转化为业务执行的结果。比如，某个业务要求试探指定的数据库是否可连接，这时业务逻辑层就需要将数据库连接失败的系统异常转换为业务执行的结果。

d） 用户接口层（包括服务接口层）除了从调用业务逻辑层的 API 获取的返回值来查看业务的执行结果外，还需要截获所有的系统异常，并将其解释为友好的错误信息呈现给用户。

5.2.7 日志服务

为了维护、监视自身系统资源的运行状况，平台需有相应的日志记录系统有关日常事件或者误操作警报的日期及时间戳信息，用于记录系统的业务操作、异常事件等。日志文件通常有应用程序日志、系统日志、安全日志等。

应用程序日志：记录由应用程序产生的事件。例如，某个数据库程序可能设定为每次成功完成备份操作后都向应用程序日志发送事件记录信息。应用程序日志中记录的时间类型由应用程序的开发者决定，并提供相应的系统工具帮助用户使用应用程序日志。

系统日志：记录由系统组件产生的事件，主要包括驱动程序、系统组件和应用软件的崩溃以及数据丢失错误等。

安全日志：记录与安全相关事件，包括成功和不成功的登录或退出、系统资源使用事件等，安全日志只有系统管理员才可以访问。

6 数据组织

为了满足用户对信息资源平台资源整合、访问便捷的实际需求，平台规定用户提交的数据必须符合一定的标准和规范。

元数据标准：元数据作为数据的数据，可以高效的实现对数据的查询、使用与管理。必须遵照元数据标准体系，使得达到语义的统一。

共享规范：规定用户提供的信息必须指明其共享的内容、共享的力度、共享的权限、共享的时效等。

质量控制标准：对用户提供的信息内容从质量上加以约束，保证信息的有用性、可靠性。

数据写作规范：用户提交的数据必须符合一定的写作要求，使平台能统一处理，利于平台的管理和维护。

7 安全标准

该部分描述了安全的共性技术资源服务平台必须遵循的基本规范，包括，一般标准、物理安全、网络安全、主机安全、Web 安全、密码学技术标准。

7.1 一般标准

a) 审计机构保留周期性的审查该平台的应用基本设施的权利以保证与本标准一致。非干扰性的网络安全检测（如端口扫描）是随机的，不预先通知。干扰性的网络与物理设备审查提前 24 h 执行。

b) 平台必须提供架构文档，该文档包括应用环境的完整网络图、说明环境与其他网络之间的关系，具有完整的数据流图，该图详细地描述数据存放地点、操作应用以及相关的安全性。

c) 如果查出安全问题，平台必须有能力立即停止所有或部分程序功能。

7.2 物理安全

物理安全给出了物理设备方面需要遵循的标准，具体如下：

a) 为客户提供应用服务程序的主机必须处在物理安全的设备中，至少需要凭证访问控制。

b) 为客户提供应用的基础设施（主机、网络设备等）必须处在封闭的安全环境中。

c) 客户公司有最终权来确定谁有进入封闭的物理环境并访问应用基础设施的权限。

d) 平台必须向客户公司透露平台管理员中谁有访问该客户公司的应用环境的权限。

e) 平台需向客户的公司资产保护小组透露平台后台审查程序及结果。

7.3 网络安全

该部分描述了网络方面需要遵循的标准，具体如下：

a) 承载应用的网络必须与平台的其他网络和客户在物理上是分开的。也就是说客户应用环境使用独立的主机，独立的基础设施。

b) 平台与客户之间的数据传输分为以下两种情况：

1) 如果客户公司通过私有环路（如 frame relay 等）连接至平台，则环路必须终止于客户公司的 Extranet。对环路的操作必须遵守客户公司的合作伙伴网络管理小组所制定的相关程序与政策。

2) 如果客户公司与平台之间的数据经由公共网络(如 Internet)传输,平台需要部署防火墙技术,客户公司与平台之间的数据流必须通过密码学技术保护与认证。

7.4 主机安全

该部分规范了主机级别的安全,具体如下:

a) 平台必须向客户公司透露客户应用的主机如何防范攻击,以及可防范的攻击程度。如果平台有 CAI 的文档,也需要一起提供给客户。

b) 平台必须提供主机所有补丁的清单,包括主机操作系统补丁,Web 服务器补丁,数据库补丁以其他所有相关应用程序补丁。

c) 关于如何使用安全补丁以及何时使用的信息必须提供给客户。平台如何持续关注安全的薄弱环节,以及采用安全补丁的策略是什么。

d) 平台必须透露他们检测主机完整性以及可用性的流程。

e) 平台必须提供关于客户公司应用基础设施密码策略的相关信息,包括最短密码长度、密码生成方法、以及密码更换周期。

f) 客户公司不能在账户新建时提供内部的用户名/密码,因为公司不愿意看到内部相关的密码在第三方的手中。按照此约束,平台可以通过 LDAP、客户端验证等方式授权用户。

g) 平台必须提供账号生成、维护、以及终止的相关信息,包括账号如何生成、账号信息如何返还用户、账号不再使用时如何销毁等信息。

7.5 Web 安全

该部分描述了 Web 编程语言需要遵循的标准,具体如下:

a) 在客户的要求下,平台也许会被要求提供 Web 服务器以及相关支撑功能(搜索引擎,数据库等)的具体配置文件。

b) 说明程序是否以及在什么地方使用了 Java、JavaScript、ActiveX、PHP 或 ASP (active server page) 技术。

c) 应用的何种编程语言(C,Perl,Python,VBScript 等)。

d) 描述平台为应用进行安全质量保证测试的过程。如:对可信性、授权、账号功能的测试,以及其他设计用于验证安全架构的活动。

e) 如果平台已经进行了 Web 代码复查工作,包括 CGI,Java 等,则需要说明该工作由谁完成,结果是什么,以及所完成的补救措施。如果平台未进行上述工作,需要说明该活动的执行计划。

7.6 加密

该部分描述了密码学技术的应用需要遵循的标准,具体如下:

a) 客户应用基础设置不能采用任何自定义的密码学机制,采用的任何对称、非对称以及散列算法必须是权威密码组织发布及评估过的算法。

b) 加密算法建议具备等同于 168 位 TripleDES 的强度。

c) 首选的散列函数:SHA-1 与 MD-5。

d) 利用 Internet 连接 ASP 时需要采用以下的密码学技术加以保护:IPSec, SSL, SSH/SCP, PGP。

e) 如果客户应用基础设施需要使用 PKI,可联系该公司信息安全部门以获取更多条例。

8 技术培训和咨询

共性技术资源服务平台很重要的一项功能是提供新的研究成果、新技术、新产品、关键问题的解决方案。通过网络平台的培训/咨询系统和当面授课等多种方式进行客户培训和咨询、使客户正确理解和使用这些技术和知识，提高共性技术的可用性和使用效率是非常重要的服务内容。有以下三种培训/咨询类型：

a) 平台相关知识培训/咨询：使客户了解共性平台的基本作用、运行模式、一般方法和过程。例如，使用共性平台的优势、共性平台中的各类型与服务介绍、客户对服务品质协议及相关操作过程的了解等。

b) 新技术/关键技术/各类专业技术培训/咨询：针对平台提供的某项新技术/关键技术/各类专业技术进行培训，提高用户使用各类技术的能力。

c) 应用软件和产品培训/咨询：介绍、分析各类应用解决方案的应用软件、各类标准，提高用户的应用水平；为特定产品进行培训，推广应用。

参 考 文 献

[1] REC-xmldsig-core-20020212. XML-Signature Syntax and Processing-W3C Recommendation 12 February 2002

[2] REC-xmlenc-core-20021210. XML Encryption Syntax and Processing-W3C Recommendation 10 December 2002

[3] BPEL 2.0. Web Services Business Process Execution Language Version 2.0-OASIS Standard 11 April 2007, Available at: http://docs.oasis-open.org/wsbpel/2.0/OS/wsbpel-v2.0-OS.html

[4] REC-wsdl20-20070626, Web Services Description Language (WSDL) Version 2.0 Part 1: Core Language-W3C Recommendation 26 June 2007

[5] REC-ws-policy-20070904. Web Services Policy 1.5-Framework-W3C Recommendation 04 September 2007

[6] http://www.ibm.com/developerworks/cn/webservices/ws-theme/ws-soa.html

[7] 微软 MSDN

ICS 33.100;17.220
N 10

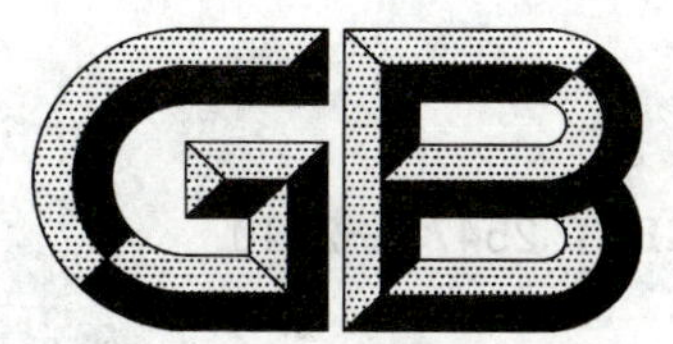

中华人民共和国国家标准

GB/T 25471—2010

电磁屏蔽涂料的屏蔽效能测量方法

Measuring methods for electromagnetic shielding effectiveness of coating

2010-12-01 发布　　　　2011-05-01 实施

中华人民共和国国家质量监督检验检疫总局
中国国家标准化管理委员会　发布

前　言

本标准的附录 A 为资料性附录。

本标准由中国机械工业联合会提出。

本标准由全国工业过程测量和控制标准化技术委员会(SAC/TC 124)归口。

本标准负责起草单位:上海工业自动化仪表研究所。

本标准参加起草单位:上海仪器仪表自控系统检验测试所、上海出入境检验检疫局、上海材料研究所、上海贝尔阿尔卡特股份有限公司。

本标准主要起草人:徐建平、王英、洪济晔、张娴、李明华、陈楠、马颖琦、张顺达。

电磁屏蔽涂料的屏蔽效能测量方法

1 范围

本标准规定了平板型电磁屏蔽涂料对于平面电磁波屏蔽效能的测量方法。

本标准规定了以下几项：

——测试设备；

——测试样本；

——测量方法；

——测量程序。

本标准适用于电磁屏蔽涂料对于平面电磁波屏蔽效能的测量，也适用于具有电磁屏蔽作用的涂层、镀层和导电薄膜等平板材料的屏蔽效能的测量。

本标准规定的试验方法不适用于电缆或连接器。

本标准的目的是制定一个具有共同性和重复性的基本测量方法，以评价平板型电磁屏蔽涂料的屏蔽效能。

2 规范性引用文件

下列文件中的条款通过本标准的引用而成为本标准的条款。凡是注日期的引用文件，其随后所有的修改单(不包括勘误的内容)或修订版均不适用于本标准，然而，鼓励根据本标准达成协议的各方研究是否可使用这些文件的最新版本。凡是不注日期的引用文件，其最新版本适用于本标准。

GB/T 4365—2003 电工术语 电磁兼容(IEC 60050(161):1990+A1 1997+A2 1998,IDT)

GB/T 6113.101 无线电骚扰和抗扰度测量设备和测量方法规范 第1-1部分：无线电骚扰和抗扰度测量设备 测量设备(GB/T 6113.101—2008,CISPR 16-1-1:2006,IDT)

IEC 61000-4-3:2008 电磁兼容 第4-3部分：试验和测量技术-射频电磁场辐射抗扰度试验

3 术语和定义

GB/T 4365—2003 确立的以及下列术语和定义适用于本标准。

3.1

屏蔽效能 shielding effectiveness;*SE*

在同一激励电平下，无屏蔽涂料与有屏蔽涂料时所接收到的功率或电压之比，并以对数表示。即：

$$SE = 20\lg\left(\frac{V_0}{V_1}\right) \qquad \cdots\cdots(1)$$

$$SE = 10\lg\left(\frac{P_0}{P_1}\right) \qquad \cdots\cdots(2)$$

式中：

SE——屏蔽效能，dB；

V_0——无屏蔽涂料时的接收电压；

V_1——有屏蔽涂料时的接收电压；

P_0——无屏蔽涂料时的接收功率；

P_1——有屏蔽涂料时的接收功率。

注：按照 ATSM D 4935，屏蔽效能为在有屏蔽涂料的情况下接收到的值比无屏蔽涂料的情况接受到的值取对数，所以屏蔽效能是一个负值。

3.2

电薄 electrically thin

样本的厚度远小于(<1/100)样本的导电波长。

3.3

远场 far field

在这个区域,E 场和 H 场相互垂直正交并且与传播方向也垂直。

3.4

近场 near field

在这个区域,E 场和 H 场之间没有简单的规律。

注:近场和远场间的转换区域不是突变的,大约在偶极子信号源的 $\lambda/2\pi$ 距离,λ 指这个信号源在某个频率上自由空间的波长。由于远离源的物体的反射物质的散射引起的再辐射,这个区域的概念就更加模糊。

3.5

动态范围 dynamic range;DR

本系统所测得最大、最小信号间的差。

4 概述

本标准规定的测量方法的有效频率范围为 30 MHz 到 1.5 GHz。本标准的测试方法是基于法兰同轴测试装置的尺寸在低频段由于容性耦合降低而导致位移电流衰减和在高频段的多模振荡(模激励而非横电磁波模)的原理。可选取此频率范围内任意数量的离散频率点进行测量。对于电性能(如电导率、介电常数和磁导率)不随频率变化的各向同性的电薄,由于远场屏蔽效能不随频率变化可能只须在几个频率点进行测量。如果材料不是电薄或材料的任何参数随频率变化,则在所关注的频带内须在多个频率点进行测量。

本标准规定的测量方法适用于远场垂直入射的平面波条件下(电场和磁场与材料表面相切)的平板型电磁屏蔽涂料的屏蔽效能测量。

本标准规定的测量方法适用于测量由于反射和吸收而产生的屏蔽效能测量。

5 测试设备

5.1 信号源

频率范围:30 MHz~1.5 GHz;

源阻抗:50 Ω;

最大输出功率:≥+13 dBm;

信号源电压驻波比:<2.0。

5.2 测量接收机

频率范围:30 MHz~1.5 GHz;

输入阻抗:50 Ω;

电压驻波比:<2.0;

测量接收机测量误差:满足 GB 6113.101 的要求。

可选择带跟踪信号源的测量接收机,跟踪信号源应满足 5.1 的要求。

5.3 法兰同轴测试装置

频率范围:5 kHz~1.5 GHz;

特性阻抗:50 Ω;

电压驻波比:<1.2(注:法兰同轴测试装置无试样的特性阻抗);

传输损耗:<1 dB;

测量动态范围：≥100 dB。

法兰同轴测试装置结构示意图见图 1。

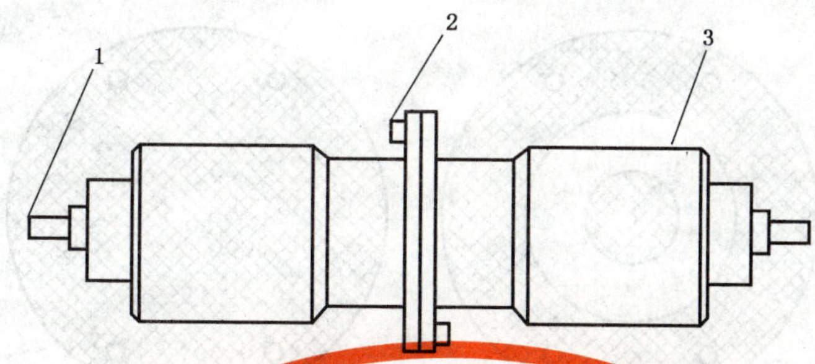

1——同轴连接器；
2——连接器紧固螺栓；
3——锥形同轴线腔体。

图 1　法兰同轴测试装置

5.4　频谱分析仪

频率范围：30 MHz～1.5 GHz；

频谱分析仪最小分辨率带宽：1 kHz；

频谱分析仪灵敏度：满足 GB 6113.101 的要求；

特性阻抗：50 Ω。

可选择带跟踪信号源的频谱分析仪，跟踪信号源应满足 5.1 的要求。

5.5　网络分析仪

频率范围：30 MHz～1.5 GHz；

时基稳定度：±3 ppm/a；

频率分辨率：1 kHz；

特性阻抗：50 Ω；

电压驻波比：<2.0。

5.6　衰减器

频率范围：30 MHz～1.5 GHz；

特性阻抗：50 Ω；

10 dB 固定衰减器(额定功率满足测试要求)；

驻波比：<1.2。

5.7　电缆及连接器

特性阻抗：50 Ω；

连接器：N 型。

注：双层屏蔽电缆的泄漏低于单层屏蔽电缆。N 型连接器比 BNC 连接器的可靠性高，泄漏少。在大量的使用中 14 mm 精密连接器有较低的失配误差，比其他连接器更可靠。

5.8　功率放大器

在需要较大动态范围时，可以选用功率放大器。功率放大器应符合 IEC 61000-4-3：2008 的要求。

频率范围：30 MHz～1.5 GHz；

特性阻抗：50 Ω；

谐波和失真：应比功率电平至少低 15 dB。

6　测试样本(简称：试样)

试样分参考试样和负载试样，试样由涂料涂层和基底组成。参考试样和负载试样的基底以及涂料涂层应是同样的材料和厚度，两者的示意图如图 2 所示，尺寸如图 3 所示。负载试样可以比支架法兰的外径大，但是其尺寸和图 3 的规定保持一致可以加速处理。

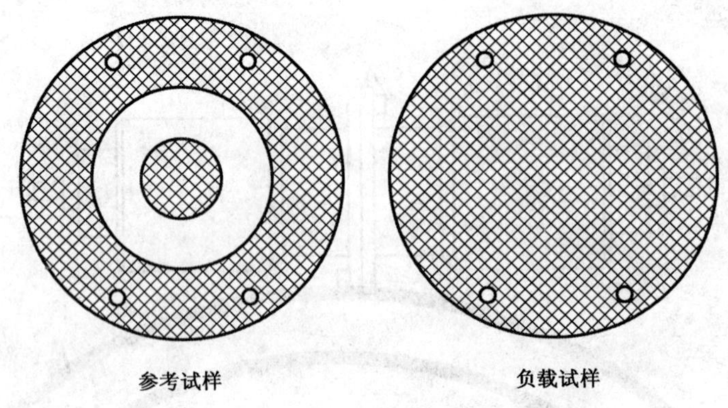

图 2　参考试样和负载试样示意图

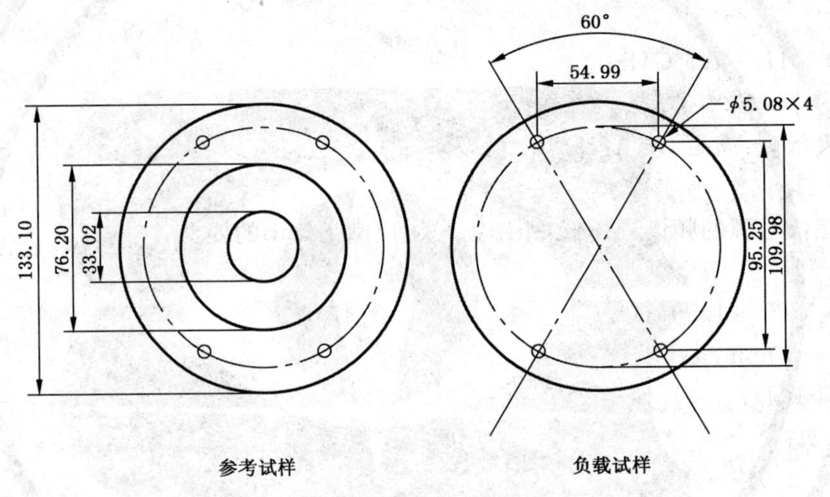

图 3　参考试样和负载试样尺寸

试样厚度是一个非常关键的尺寸，最大厚度 $t \leqslant 5$ mm。为了确保屏蔽效能测量结果的可复现性，参考试样和负载试样必须具有相同的厚度。在本试验方法中，如果参考试样和负载试样的平均厚度差小于 25 μm，并且两个样本的厚度变化均小于平均值的 5%，则认为厚度相同。

试样的材料可以是匀质的或者非匀质的，单层或多层的，导电或绝缘的。非匀质材料的屏蔽效能值取决于几何形状和方向性，其结果比匀质材料的可复现性差。

试样须在 23 ℃±2 ℃和 50%±5%相对湿度环境条件下放置 48 h。试样预处理结束后应立即取出，并进行测试。

7　试验方法

7.1　概述

用法兰同轴测试装置对涂料的屏蔽效能进行测量时，常用的测量方法有：信号源（跟踪信号源）/接收机测量方法、信号源（跟踪信号源）/频谱分析仪测量方法、网络分析仪测量方法。

本试验规定的方法中，所用测量设备的核心部分是 5.3 定义的法兰同轴测试装置。

7.2　信号源（跟踪信号源）/接收机测量方法

按图 4 连接测量装置，将满足本标准 5.1 和 5.2 要求的信号源通过 10 dB 衰减器直接接入该装置的一端，该装置的另一端直接通过 10 dB 衰减器与接收机相连接，10 dB 衰减器应尽量靠近同轴端口。测量时注意测量电缆应尽量的短。

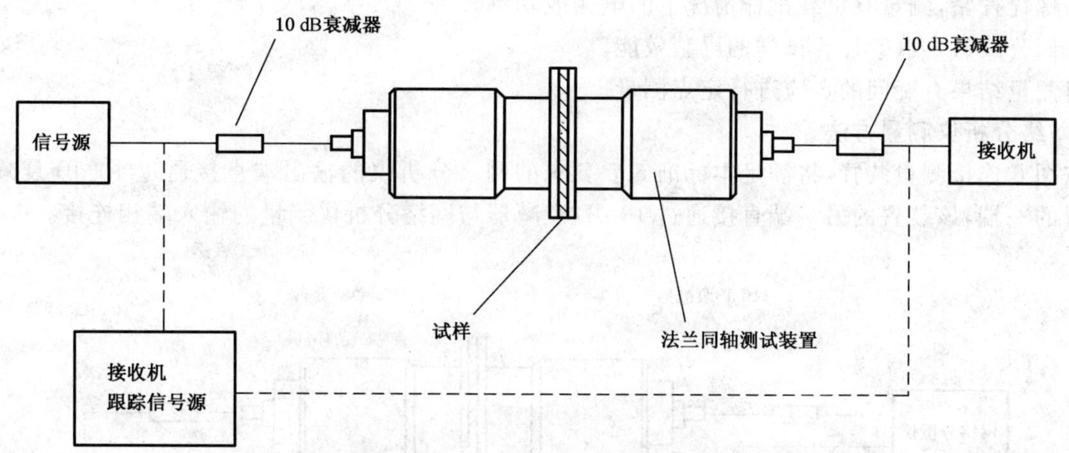

图 4 信号源(跟踪信号源)/接收机法测量连接图

接通测量设备的电源,待设备工作稳定后进行测量。

把参考试样装入法兰同轴测试装置中,应将导电面朝向信号源端,并用专用扳手把紧固螺栓拧紧。调节跟踪信号源/接收机,在要求的频率范围内进行测量,并存储此种情况时的传输特性。

取下参考试样,把负载试样装入法兰同轴测试装置中,仍应将导电面朝向信号源端,并用专用扳手把紧固螺栓拧紧,测量有负载试样情况下的电压或功率。

按照公式(1)或(2)计算试样的屏蔽效能。

对于输入电平可以调节的测试系统。可以采用固定输出电平,记录输入电平的方法记录读数。对于带信号源(跟踪信号源)或类似测试系统,可以采用固定输入电平,记录输出电平的方法记录读数。应确保测试系统有足够的动态范围。

对测量结果有疑问的点应进行定点测量。

7.3 信号源(跟踪信号源)/频谱分析仪测量方法

按图 5 连接测量装置,将满足本标准 5.1 和 5.4 要求的信号源(跟踪信号源)/频谱分析仪的输出端直接通过 10 dB 衰减器直接接入该装置的一端,该装置的另一端直接通过 10 dB 衰减器与信号源(跟踪信号源)/频谱分析仪测量的输入端相连接。

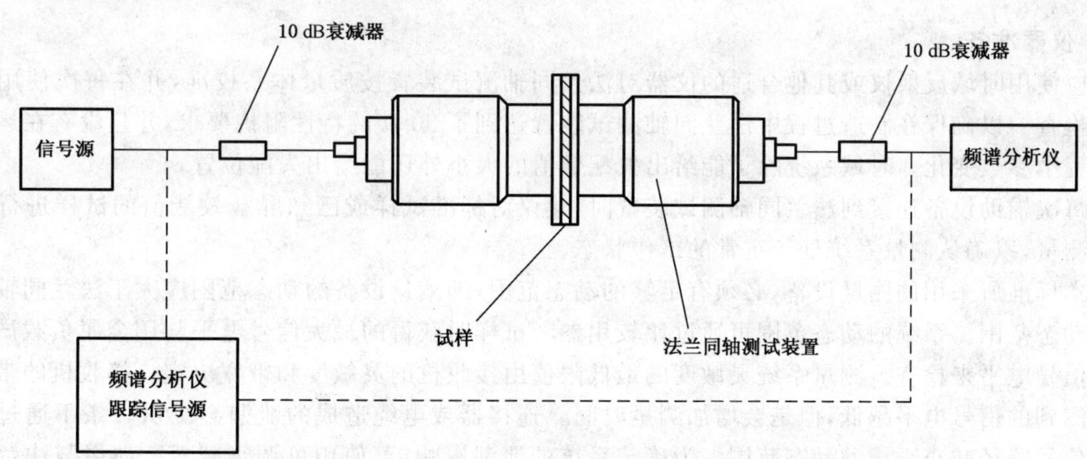

图 5 信号源(跟踪信号源)/频谱分析仪法测量连接图

接通测量设备的电源,待设备工作稳定后进行测量。

把参考试样装入法兰同轴测试装置中,应将导电面朝向信号源端,并用专用扳手把紧固螺栓拧紧。调节跟踪信号源/频谱分析仪,在要求的频率范围内进行测量,并存储此种情况时的传输特性。

取下参考试样,把负载试样装入法兰同轴测试装置中,仍应将导电面朝向信号源端,并用专用扳手把紧固螺栓拧紧，测量有负载试样情况下的电压或功率。

按照公式(1)或(2)计算试样的屏蔽效能。

对测量结果有疑问的点应进行定点测量。

7.4 网络分析仪测量方法

按图 6 连接测量装置，将满足本标准 5.5 要求的网络分析仪的输出端直接通过 10 dB 衰减器接入该装置的一端，该装置的另一端直接通过 10 dB 衰减器与网络分析仪测量的输入端相连接。

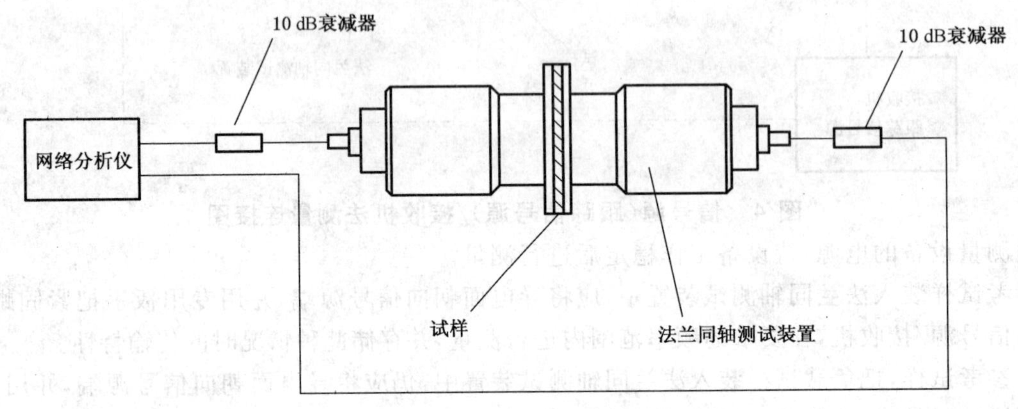

图 6 网络分析仪法测量连接图

接通测量设备的电源，待设备工作稳定后进行测量。

把参考试样装入法兰同轴测试装置中，应将导电面朝向信号源端，并用专用扳手把坚固螺母拧紧。使网络分析仪的扫频源输出额定最大值，存储网络分析仪此种情况时的电压或功率。

取下参考试样，把负载试样装入法兰同轴测试装置中，仍应将导电面朝向信号源端，并用专用扳手把紧固螺螺栓拧紧，测量有负载试样情况下的电压或功率。

按照公式(1)或(2)计算试样的屏蔽效能。

对测量结果有疑问的点应进行定点测量。

8 测量程序

8.1 仪器准备

应使用时域反射仪或其他合适的仪器对法兰同轴测试装置按质量体系校准，并在每次使用前进行初始检查。以确保在制造过程中法兰同轴测试装置达到了 50 Ω 的特性阻抗要求，并且没有在运输或搬运过程中参数变化。时域系统除了能给出失配数值的大小外还能给出失配位置。

每次辅助设备连接到法兰同轴测试装置时，建议对标准试样或已知屏蔽效能值的试样进行一次核查性测量，以确认测量系统处于正常的工作状态。

本标准所采用的测量设备，必须有足够的动态范围，即测量设备的动态范围应大于法兰同轴测试装置的动态范围。系统的动态范围可通过比较用参考试样时获得的最大信号电平与用金属负载试样时的最小信号电平来检查。测量系统灵敏度的最低限值由接收机的灵敏度和带宽决定。接收机的带宽越窄可检测到的信号电平越低，但是会增加测量时间。连接器或电缆造成的泄漏会提供一条不通过试样的并联信号路径减小系统的动态范围。为确定系统的泄漏影响，可使用可调衰减器。如果与法兰同轴测试装置串联的可调衰减器的设置变化而相应的可检测到的最小信号也随之改变，且此可调衰减器本身不造成泄漏通路，则泄漏可忽略不计，测得的动态范围可视为正确。若该电平不随衰减器设置变化而改变，则应增加衰减直到达到一对一响应效果以确定动态范围。由于同轴连接器造成的泄漏由连接器的质量及紧固连接器时使用的紧固力矩决定，因此对连接器要再次检查。

小心操作法兰同轴测试装置和试样是十分重要的。

8.2 试验过程

测量系统被重新配置或多天未使用后应参照 8.1 对仪器进行准备或核查。测量系统应良好接地。

参按照本标准 6 准备好参考试样和负载试样。

由于背景噪声会影响接收机的灵敏度，所以测量屏蔽效能在 60 dB 以上的屏蔽涂料时应使用双层屏蔽或半钢性电缆。

使用参考试样，测量接收到的电压(或功率)。检测所有将在屏蔽效能值中测量的频率，应至少在 30 MHz、50 MHz、100 MHz、300 MHz、500 MHz、1 GHz、1.5 GHz 等频率点进行测量。在每个频率记录测得的接收值(V_0 或 P_0)。

用负载试样换下参考试样，然后记录相同频率下对负载试样测得的接收值(V_1 或 P_1)。如果有电脑及兼容 IEEE-488 总线的辅助设备的话，此过程可被自动处理。

若测量的屏蔽效能值在测量系统最小可侦测信号的 10 dB 内，应减小接收机的带宽并重复测量，或者使用功率放大器，否则屏蔽效能值会超过测量系统的动态范围，而此屏蔽效能值被记录为超出系统动态范围。

如果测量值为电压，用 4.1 的电压等式(1)来计算屏蔽效能，如果测量值为功率，用 4.1 功率等式(2)来计算屏蔽效能。

9 报告

试验报告应包括复现试验的全部信息。特别是下列内容：

——测试样本的标识，例如涂料名称、类型、厚度等；

——测量设备的标识，例如商标、产品型号、序列号等；

——试验的环境条件，例如温度、湿度等；

——试验方法；

——测量的频率点和屏蔽效能值。

在测量系统的最小可侦测信号 10 dB 以内的屏蔽效能值应在试验报告中注为超出系统动态范围。

必要时，试验报告应给出所测屏蔽效能值的不确定度。不确定度的确定应考虑材料、传输线的失配、测量系统的动态范围及辅助设备的影响等。

附 录 A
（资料性附录）
法兰同轴测试装置

A.1 法兰同轴测试装置部件及装配图

本附件包含一套关于制造一个可靠测量的法兰同轴测试装置图，包括图 A.1、图 A.2、图 A.3、图 A.4、图 A.5、图 A.6、图 A.7、图 A.8 和图 A.9。该套图纸引用自 ASTM D 4935:1999 标准，在本标准中的标准尺寸已由英制单位转换为公制单位（如有疑问，可参照 ASTM D 4935:1999）。

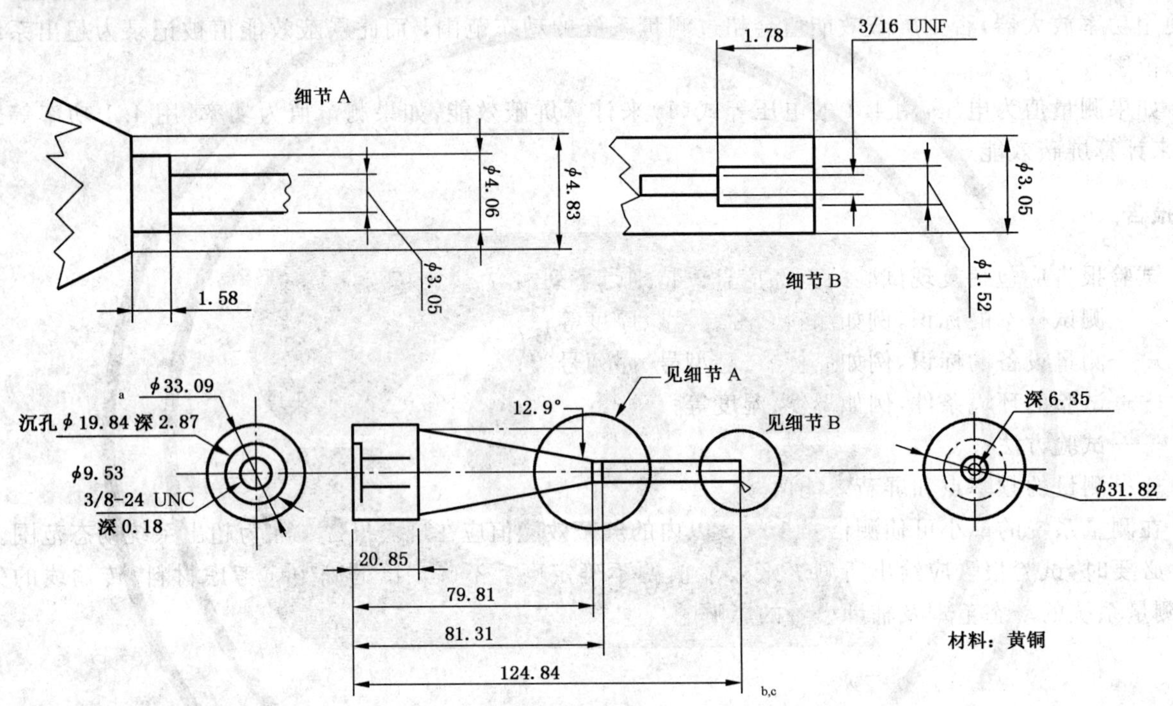

[a] 与部件 C 压紧结合。

[b] 留出 +1.27 mm 的余量以供装配和调试。

[c] 配时应削减到与部件 G 上直径 9.51 mm 的圆孔相同的长度。

注：深 6.35 的英制尺寸为 TAP FOR 0-00 NF X.25 DP。

图 A.1 部件 A，中心导体的锥形部件

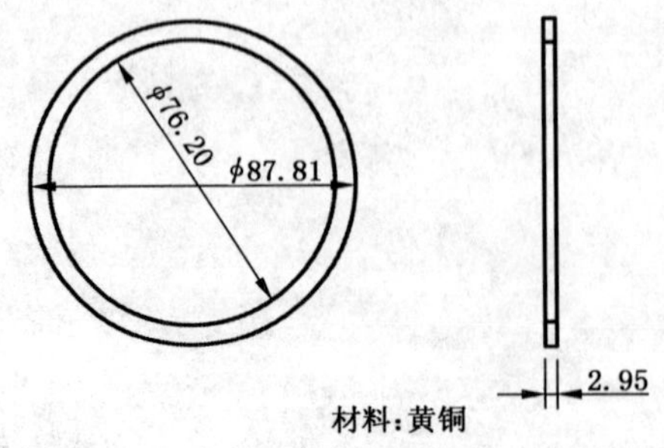

图 A.2 部件 B，在外部同轴线腔体上的压力环

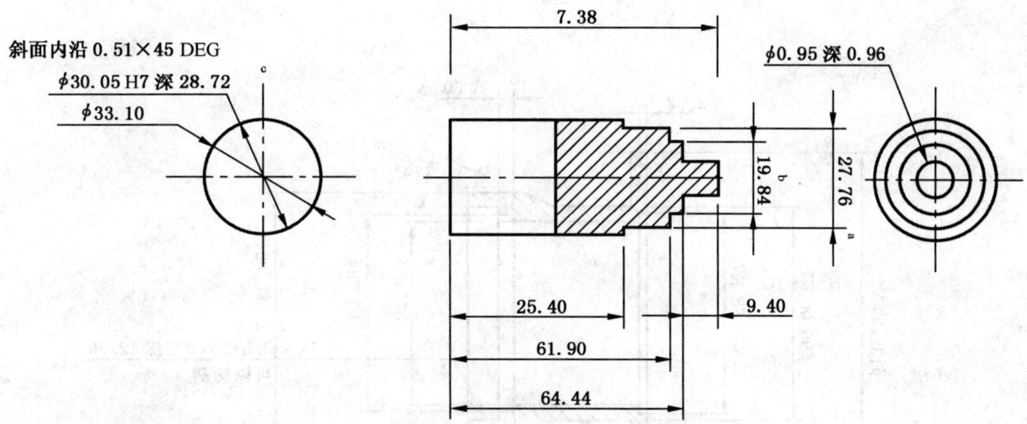

[a] 与部件 E 压紧结合。

[b] 应与部件 A 压紧结合。

[c] 与部件 D 压紧结合，深度 0.08 mm。

注：ϕ0.95 深 0.96 英制尺寸为 24 THD TO.384 0.375 DIA。

图 A.3　部件 C，中心导体的径向部件

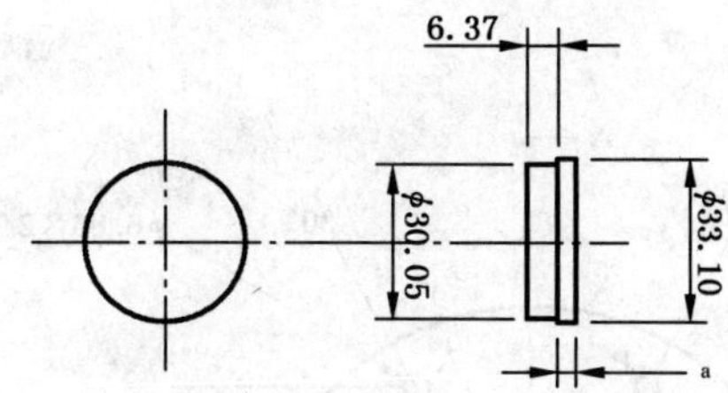

材料：黄铜

[a] 装配完毕后应与部件 F 的 B 面有＋0.01/＋0.04 mm 的余量。

注：应与部件 C 压紧结合。

图 A.4　部件 D，中心导体的压力片

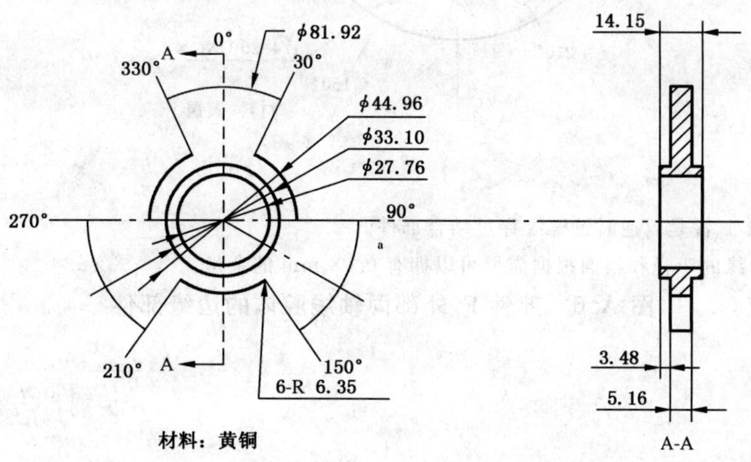

[a] 与部件 C 压紧结合。

图 A.5　部件 E，中心导体的支撑片

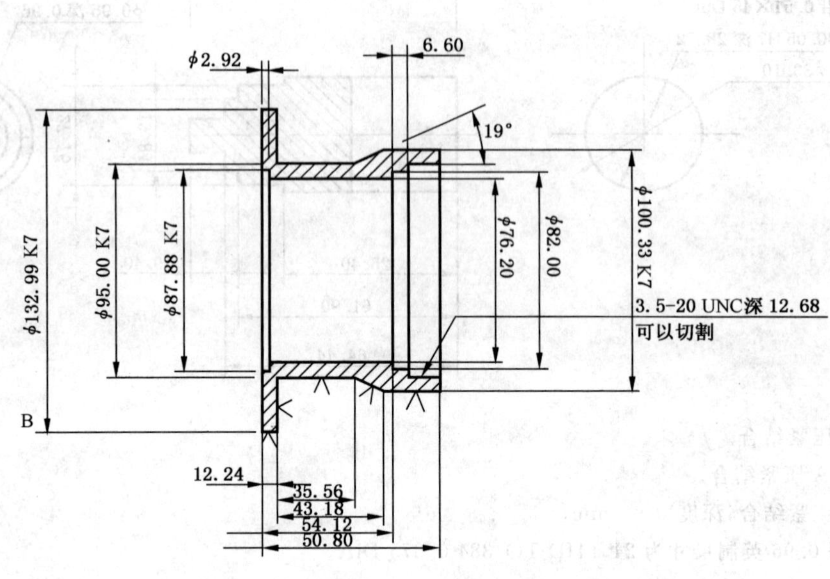

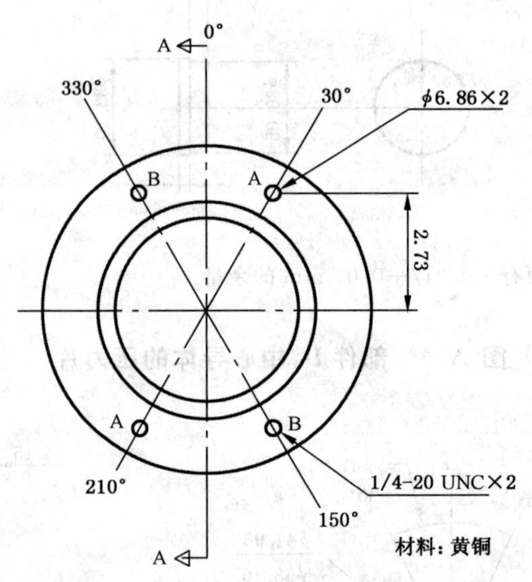

注 1：圆孔 A 和圆孔 B 皆是以逆时针螺纹穿过结合部件。

注 2：所有的外部边缘的半径和斜面根据需要可以拥有 0.08 mm 的余量。

图 A.6 部件 F，外部同轴线腔体的边缘部件

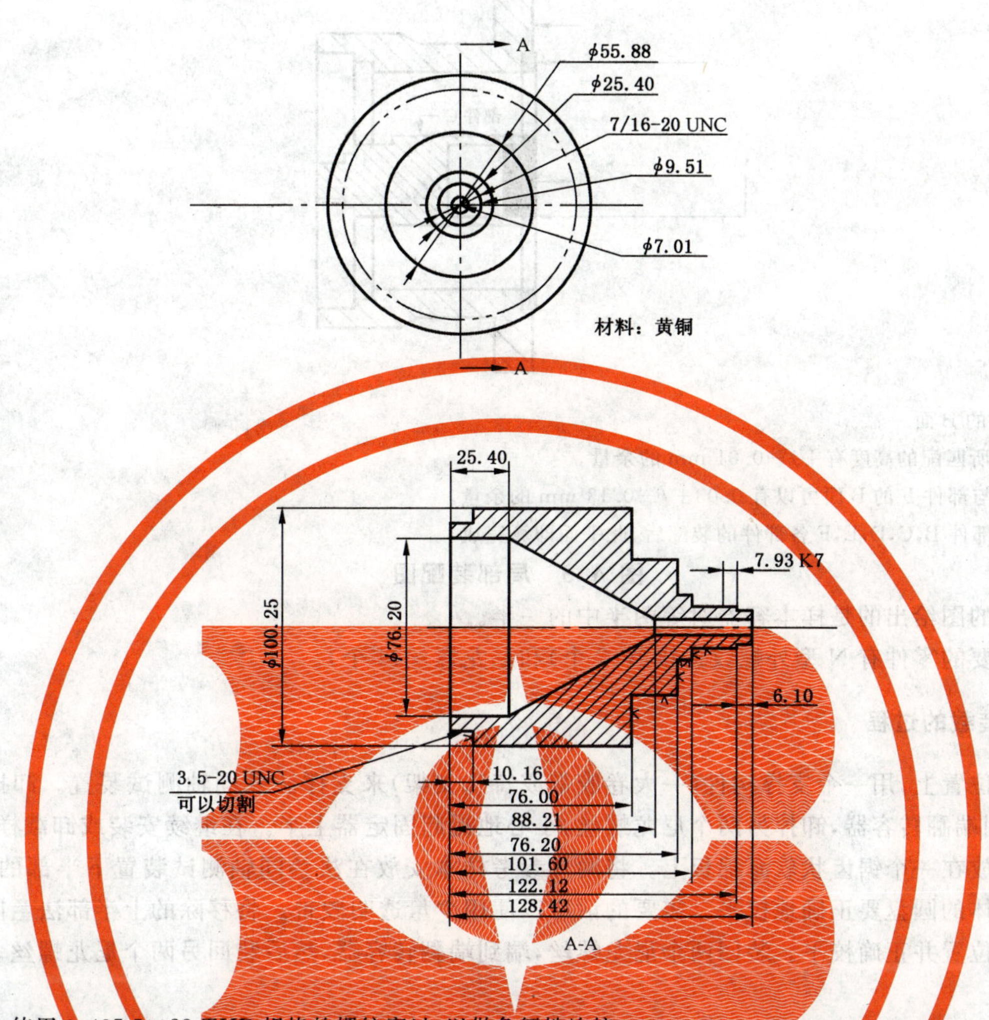

注 1：使用 0.437 5×28 THD 规格的螺纹穿过，以做象征性连接。

注 2：所有的外部边缘的半径和斜面根据需要可以拥有 0.08 mm 的余量。

图 A.7　部件 G，外部同轴线腔体的锥形部件

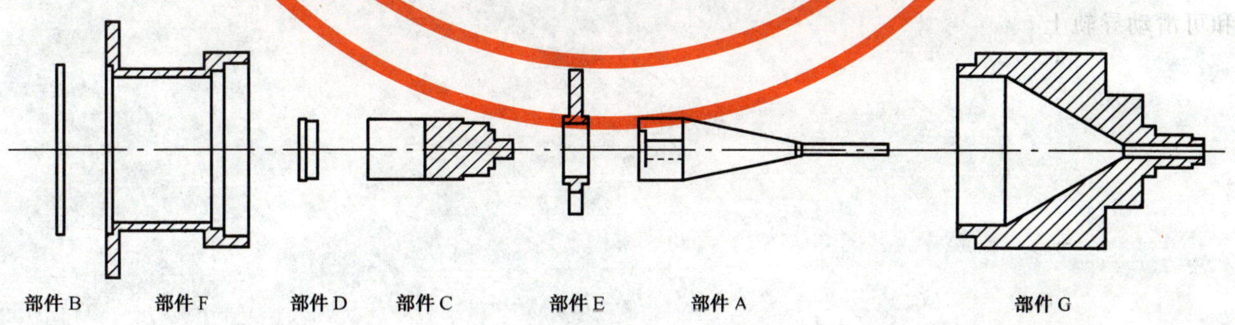

图 A.8　装配图

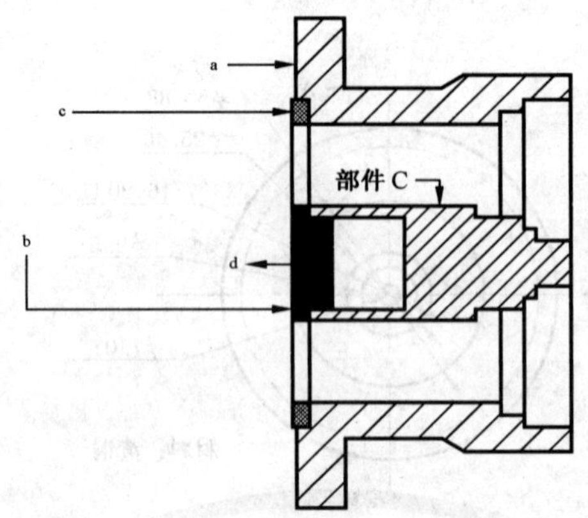

a 部件 F 的 B 面。

b 部件 B 所匹配的高度有＋/－0.01 mm 的余量。

c 部件 B 与部件 F 的 B 面可以有 0.03＋/－0.13 mm 的余量。

d 完成了部件 B,C,D,E,F 各部件的装配后,此平面即算完成。

图 A.9 局部装配图

A.1 中的图给出的是样本容器对等两半中的一半。

另外需要的零件有 N 型外螺纹连接器(2 个)和尼龙螺丝(4 个)。

A.2 试样装载的过程

在垂直位置上,用一个支撑构件(一大卷胶带或特殊支架)来支撑法兰同轴测试装置。卸掉 2 个尼龙螺丝,端到端翻转容器,卸掉另两个尼龙螺丝,小心地提起固定器上半。在继续安装或卸载样本时,可以把上半部放在一个锯齿状软海绵板上。将两片参考样本安放在法兰同轴测试装置下半部的法兰上,注意中央导体的圆盘要正确地校平。需要的话可以使用少量透明胶带。将移除的上半部法兰同轴测试装置安回原位置并正确校平。装回两个尼龙螺丝,端到端翻转容器,然后装回另两个尼龙螺丝。重新连接同轴电缆。

若测量若干片厚度相同的同一类负载试样时,应使负载法兰同轴测试装置紧密的接触,记下紧固螺母侧面刻度指示的方位值,以后各片负载试样均以此计数为准,这样就保证了每片负载试样的压紧力相同,提高测量的可重复性,避免因压力不同而引起的测量误差。

为简化试样装载过程,便于法兰同轴测试装置固定放置,可以将法兰同轴装置安装于一个固定底座和可滑动导轨上。

参 考 文 献

[1] ASTM D 4935:1999 平板型材料的电磁屏蔽效能的标准测试方法
[2] SJ 20524—1995 材料屏蔽效能的测量方法
[3] GB/T 12190—2006 电磁屏蔽室屏蔽效能的测量方法

ICS 71.040.01
N 53

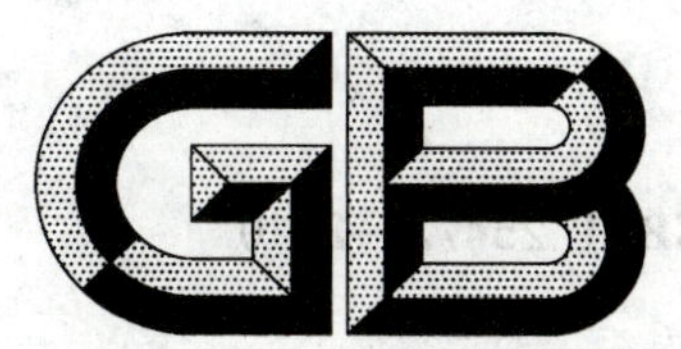

中华人民共和国国家标准

GB/T 25472—2010

分析仪器质量检验规则

Quality inspection provisions for analyzers

2010-12-01 发布　　2011-05-01 实施

中华人民共和国国家质量监督检验检疫总局
中国国家标准化管理委员会　发布

前　言

本标准由中国机械工业联合会提出。

本标准由全国工业过程测量和控制标准化技术委员会(SAC/TC 124)归口。

本标准起草单位：北京分析仪器研究所、机械工业仪器仪表综合技术经济研究所。

本标准起草人：马雅娟、金丽辉。

分析仪器质量检验规则

1 范围

本标准规定了分析仪器质量检验规则。包括检验分类、检验分组、检验项目、抽样方案及判定规则。

本标准适用于分析仪器及仪器附件(以下简称仪器)的出厂检验、周期检验和型式检验。

2 规范性引用文件

下列文件中的条款通过本标准的引用而成为本标准的条款。凡是注日期的引用文件,其随后所有的修改单(不包括勘误的内容)或修改版均不适用于本标准,然而,鼓励根据本部分达成协议的各方研究是否可使用这些文件的最新版本。凡是不注日期的引用文件,其最新版本适用于本标准。

GB/T 2828.1—2003 计数抽样检验程序 第1部分:按接收质量限(AQL)检索的逐批检验抽样计划(ISO 2859-1:1999,IDT)

GB/T 2829—2002 周期检验计数抽样程序及表(适用于对过程稳定性的检验)

GB 4793.1—2007 测量、控制和实验室用电气设备的安全要求 第1部分:通用要求(IEC 61010-1:2001,IDT)

GB/T 11606—2007 分析仪器环境试验方法

GB/T 17626 电磁兼容 试验和测量技术

JB/T 6214 仪器仪表可靠性验证试验及测定试验(指数分布)导则

3 术语、定义和符号

3.1 术语和定义

GB/T 2828.1—2003 和 GB/T 2829—2002 确立的以及下列术语和定义适用于本标准。

3.1.1

质量特性 quality property

对仪器技术状态的描述。一般由功能、技术参数、性能特性三部分组成。

3.1.2

重要质量特性 major quality property

是指那些对于达到预定要求至关重要的性能。

3.1.3

一般质量特性 minor quality property

是指那些更多地受零部件或设备品质影响而较少受生产工艺或生产技能影响的特性,以及那些要求特殊工装或特殊环境的性能。

3.1.4

A 类不合格 nonconformity type A

单位产品的极重要质量特性不符合规定,或者单位产品的质量特性极严重不符合规定。

[GB/T 2829—2002 中 3.1.8]

3.1.5

B 类不合格 nonconformity type B

单位产品的重要质量特性不符合规定,或者单位产品的质量特性严重不符合规定。

[GB/T 2829—2002 中 3.1.9]

3.1.6

C类不合格　nonconformity type C

单位产品的一般质量特性不符合规定，或者单位产品的质量特性轻微不符合规定。

[GB/T 2829—2002 中 3.1.10]

3.1.7

出厂检验　routine inspection

为确认仪器是否符合出厂要求，在出厂前对每台仪器所进行的检验。

[GB/T 13966—1992 中 2.104]

3.1.8

周期检验　periodic inspection

为确认仪器制造过程稳定性，按规定要求定期对仪器所进行的检验。

[GB/T 13966—1992 中 2.106]

3.1.9

型式检验　type inspection

为证明设计符合一定规范和要求，对按设计制造的一台或多台仪器进行的全性能检验。

[GB/T 13966—1992 中 2.103]

3.1.10

产品标准　product standard

固化产品技术状态的文件。它是制造、检验、评价产品的依据。产品标准的对象可以是一个产品，也可以是一类产品。

3.2　符号和缩略语

本标准使用的符号和缩略语如下：

N——批量

n——样本量

注：有必要区分第一样本量、第二样本量……时，分别加上足码 1、2……。例如 n_2 表示第二样本量。

AQL——接收质量限(以不合格品百分数或每百单位产品不合格数表示)

RQL——不合格质量水平(以不合格品百分数或每百单位产品不合格数表示)

DL——判别水平

Ac——接收数、合格判定数

注：有必要区分第一、第二……合格判定数时，将足码 c 分别改为 1、2……。例如 A_2 表示第二合格判定数。

Re——拒收数、不合格判定数

注：有必要区分第一、第二……不合格判定数时，将足码 e 分别改为 1、2……。例如 R_2 表示第二不合格判定数。

[Ac,Re]——一次抽样方案判定数组

[A_1,A_2,R_1,R_2]——二次抽样方案判定数组

4　一般要求

4.1　检验分类

仪器的检验分为：

a)　出厂检验；

b)　周期检验；

c)　型式检验。

4.2　出厂检验

4.2.1　产品应进行出厂检验，以判断提交的产品是否符合规定的质量要求。

4.2.2　出厂检验由制造厂质量检验部门执行，并出具质量合格证明文件。必要时，订购方可派代表参与。

4.2.3　出厂检验是对产品部分质量特性（通常都是最重要的一些质量特性）的检验，产品标准应规定出厂检验的项目，必要时还应规定出厂检验的检验项目顺序。出厂检验一般应采用非破坏性的试验方式。

4.2.4　出厂检验应逐台检验，可以是所有的出厂检验项目都执行100%检验；也可以是其中一部分项目采用100%检验，而另一部分项目采用抽样检验。

4.2.4.1　属以下情形之一，应采用100%检验：

a）受生产工艺或生产技能变化影响较大的质量特性；

b）对于达到预定要求至关重要的性能；

c）基本的安全试验项目；

d）检验方法简单，检验成本低廉及所需检验工时不多的项目。

4.2.4.2　属以下情形之一，可采用抽样检验：

a）受零部件或设备质量影响大而受生产工艺和生产技能影响较少的质量特性；

b）由设计结构决定的性能特性；

c）检验方法复杂，检验成本昂贵或所需检验工时太多的项目；

d）可能导致样品破坏的安全试验项目。

4.3　周期检验

4.3.1　正常生产的产品，应定期或在积累一定产量时进行周期检验，以判断产品在生产过程中能否保证质量的持续稳定。

4.3.2　产品标准应根据产品生产过程稳定的大约持续时间、试验时间和试验费用等因素，适当地规定检验周期，通常规定检验周期为三个月，半年或一年，最长不宜超过三年。也允许按照产品制造的数量规定检验周期。

4.3.3　在同一产品标准中，允许针对不同试验组规定不同的检验周期，如可靠性试验的周期可适当延长至五年。

4.3.4　周期检验由制造厂质量检验部门执行，也可委托其他质量检验单位执行。应出具周期检验报告。

4.3.5　周期检验样本应在经出厂检验合格的批中抽取。

4.3.6　需要时，可将周期检验并入型式检验同时进行。

4.4　型式检验

4.4.1　型式检验是对产品质量进行全面考核，即按产品标准中规定的技术要求进行所有项目试验的检验，以判断产品是否符合设计要求，以及制造者是否具备生产该产品的能力。

4.4.2　具有以下情形之一，应进行型式检验：

a）仪器设计定型或生产定型时；

b）仪器转厂或转移生产地时；

c）仪器正式生产后，如结构、材料、工艺有较大改变，可能影响产品性能时；

d）仪器长期停产后，恢复生产时；

e）出厂检验结果与上次型式检验有较大差异时；

f）国家质量监督机构提出进行型式检验要求时。

4.4.3　型式检验由制造厂质量检验部门执行，也可委托质量检验技术机构执行。应出具型式检验报告。

4.4.4　型式检验的样本应在经出厂检验合格的批中抽取。

4.5　检验项目及试验分组

4.5.1　仪器的检验项目可分为（但不限于）六个试验组：

——A组主要包括外观、功能、安全性能和重要质量特性等检验；

——B组为仪器的性能特性检验；

——C组为环境影响量检验；

——D组电磁兼容性检验；

——E组为维修性检验；

——F组为可靠性检验。

4.5.2　对各试验组，推荐的试验项目见表1。在产品标准中或订货合同中，根据该产品的实际需要和实施上的可能选择试验项目，并将这些试验项目归并成尽可能少的试验组。

4.5.3　在产品标准中，应针对每项试验项目规定相应的试验方法。

表1　检验项目及试验分组

检验项目			出厂检验	周期检验	型式检验	检验方法
分组	序号	名称				
A组	01	外观检查	●	●	●	产品标准
	02	标志	●	●	●	产品标准及GB 4793.1—2007
	03	安全性能试验	●	●	●	GB 4793.1—2007
	04	重要质量特性	●	●	●	产品标准
B组	05	一般质量特性	○	●	●	产品标准
	06	温度试验	○	○	●	GB/T 11606—2007
	12	电源适应性	○	○	●	
	14	抗干扰试验	○	○	●	产品标准
C组	07	湿热试验	—	○	●	GB/T 11606—2007
	08	振动试验	—	○	●	
	09	冲击试验	—	○	●	
	10	跌落试验	—	○	●	
	11	运输、运输贮存试验	—	○	●	
	13	其他环境影响量	—	○	●	
D组	15	电磁兼容性试验	—	—	○	GB/T 17626
E组	16	维修性试验	—	—	○	产品标准
F组	17	可靠性试验	—	—	○	JB/T 6214
注：符号"●"表示必须检验的项目，符号"○"表示需要时应检验的项目，符号"—"表示不需检验的项目。						

4.6　不合格的分类

4.6.1　在产品标准或订货合同中应规定产品的技术性能、技术指标、外观等质量特性。

4.6.2　当涉及到多个质量特性，且它们在质量和(或)经济效果上的重要性不同时，宜按不合格的严重程度分为A类、B类和C类不合格。

注：在产品比较简单等情况下，也可区分为两种类别的不合格，甚至不加区分类别。

4.6.3　下列情况应判为A类不合格：

——对人身安全构成危险；

——严重损坏仪器基本功能；

——极重要质量特性不符合规定；

——质量特性极严重不符合规定。

4.6.4 下列情况应判为B类不合格：

——重要质量特性不符合规定；

——质量特性严重不符合规定；

——突然的电气失效或结构失效(如结构件破裂，明显的变形等)；

——机械连接或构件的松动、位移、脱落导致元件失效，引起仪器不能正常工作；

——性能降低不能达到预定要求；

——锈蚀、剥落、损伤等方式造成部件性能的变化，妨碍正常操作使用；

——不能满足产品标准规定的要求的其他失效。

4.6.5 C类不合格考核由产品标准规定，或由承制方和订购方商定。

5 详细要求

5.1 检验条件

检验应在下列条件下进行：

a) 环境条件：按有关规定。若无规定，在不产生异议情况下，可在室内自然条件下进行；

b) 检验、试验设备：检验、试验设备应能满足检验的需要。所有测量用检验设备的准确度应满足检验要求，并有在有效期内的计量检定合格证或校准证书；

c) 当用计算机软件作检验手段时，使用前应加以检验；

d) 试验用标准物质应符合有关规定。

5.2 出厂检验

5.2.1 A组检验

5.2.1.1 抽样

A组检验为逐批全数检验，是对全部样本的非破坏性试验。

5.2.1.2 合格判定

A组检验中不允许出现A类不合格，若出现A类不合格即判该批产品A组检验不合格。

A组检验中应对发现有B类不合格或C类不合格的样本返修，合格后可以交货。

5.2.2 B组检验

5.2.2.1 抽样

B组检验为逐批检验。在A组检验合格的产品批中随机抽取样本进行B组检验，抽样检验的样本量由样本量字码确定。根据特定的批量和规定的检验水平，可从表2中查出相应的样本量字码。根据采用一次或二次抽样方案，正常或加严检验，使用AQL和样本量字码可分别从对应的抽样方案表(表3至表6)中查取抽样方案，得到样本量 n、接收数Ac和拒收数Re。

注：批量大于1 200时，可从GB/T 2828.1—2003的表1中查找相应的样本量字码。

应根据使用要求、质量特性、不合格的类型，合理地确定AQL值。当以不合格百分数表示质量水平时，宜如下选择AQL值：

a) 根据对产品的使用要求，

——高要求时(如军工品和重要工业产品)选用AQL≤0.65；

——中等要求时(如一般工业产品)选用AQL≤2.5；

——低要求时(如一般民用产品)选用AQL≥4.0。

b) 根据质量特性，

——电气性能选用0.4或0.65；

——机械性能选用1.0或1.5；

——外观质量选用2.5或4.0。

c) 根据不合格的类型，

——A 类不合格选用 0.65 或 1.0；

——B 类不合格选用 1.5 或 2.5；

——C 类不合格选用 4.0 或 6.5。

5.2.2.2 合格判定

若 B 组检验 B 类不合格数不大于 Ac，且无 A 类不合格时，则样本代表的批产品 B 组检验合格。

若 B 组检验 B 类不合格数大于 Re，或有 A 类不合格，则样本代表的批产品 B 组检验不合格。

C 类判定由产品标准规定。

表 2 样本量字码

批量	特殊检验水平				一般检验水平		
	S-1	S-2	S-3	S-4	Ⅰ	Ⅱ	Ⅲ
2～8	A	A	A	A	A	A	B
9～15	A	A	A	A	A	B	C
16～25	A	A	B	B	B	C	D
26～50	A	B	B	C	C	D	E
51～90	B	B	C	C	C	E	F
91～150	B	B	C	D	D	F	G
151～280	B	C	D	E	E	G	H
281～500	B	C	D	E	F	H	J
501～1 200	C	C	E	F	G	J	K

表 3 用于出厂检验的正常检验一次抽样方案

样本量字码	样本量	质量接收限(AQL)																									
		0.4		0.65		1.0		1.5		2.5		4.0		6.5		10		15		25		40		65		100	
		Ac	Re	Ac	Re	Ac	Re	Ac	Re	Ac	Re	Ac	Re	Ac	Re	Ac	Re	Ac	Re	Ac	Re	Ac	Re	Ac	Re	Ac	Re
A	2	↓		↓		↓		↓		↓		↓		0	1	↓		↓		1	2	2	3	3	4	5	6
B	3	↓		↓		↓		↓		↓		0	1	↑		↓		1	2	2	3	3	4	5	6	7	8
C	5	↓		↓		↓		↓		0	1	↑		↓		1	2	2	3	3	4	5	6	7	8	10	11
D	8	↓		↓		↓		0	1	↑		↓		1	2	2	3	3	4	5	6	7	8	10	11	14	15
E	13	↓		↓		0	1	↑		↓		1	2	2	3	3	4	5	6	7	8	10	11	14	15	21	22
F	20	↓		0	1	↑		↓		1	2	2	3	3	4	5	6	7	8	10	11	14	15	21	22	↑	
G	32	0	1	↑		↓		1	2	2	3	3	4	5	6	7	8	10	11	14	15	21	22	↑		↑	
H	50	↑		↓		1	2	2	3	3	4	5	6	7	8	10	11	14	15	21	22	↑		↑		↑	
J	80	↓		1	2	2	3	3	4	5	6	7	8	10	11	14	15	21	22	↑		↑		↑		↑	
K	125	1	2	2	3	3	4	5	6	7	8	10	11	14	15	21	22	↑		↑		↑		↑		↑	

↓——使用箭头下面第一个抽样方案。如样本量等于或超过批量，则执行 100％检验。

↑——使用箭头上面第一个抽样方案。

Ac——接收数。

Re——拒收数。

表 4 用于出厂检验的加严检验一次抽样方案

样本量字码	样本量	质量接收限(AQL)																								
		0.4		0.65		1.0		1.5		2.5		4.0		6.5		10		15		25		40		65		100	
		Ac	Re	Ac	Re	Ac	Re	Ac	Re	Ac	Re	Ac	Re	Ac	Re	Ac	Re	Ac	Re	Ac	Re	Ac	Re	Ac	Re	Ac	Re
A	2	↓		↓		↓		↓		↓		↓		↓		0	1	↓		↓		1	2	2	3	3	4
B	3	↓		↓		↓		↓		↓		↓		0	1	↓		↓		1	2	2	3	3	4	5	6
C	5	↓		↓		↓		↓		↓		0	1	↓		↓		1	2	2	3	3	4	5	6	8	9
D	8	↓		↓		↓		↓		0	1	↓		↓		1	2	2	3	3	4	5	6	8	9	12	13
E	13	↓		↓		↓		0	1	↓		↓		1	2	2	3	3	4	5	6	8	9	12	13	18	19
F	20	↓		↓		0	1	↓		↓		1	2	2	3	3	4	5	6	8	9	12	13	18	19	↑	
G	32	↓		0	1	↓		↓		1	2	2	3	3	4	5	6	8	9	12	13	18	19	↑		↑	
H	50	0	1	↓		↓		1	2	2	3	3	4	5	6	8	9	12	13	18	19	↑		↑		↑	
J	80	↓		↓		1	2	2	3	3	4	5	6	8	9	12	13	18	19	↑		↑		↑		↑	
K	125	—		1	2	2	3	3	4	5	6	8	9	12	13	18	19	↑		↑		↑		↑		↑	

↓——使用箭头下面第一个抽样方案。如样本量等于或超过批量,则执行100%检验。

↑——使用箭头下面第一个抽样方案。

Ac——接收数。

Re——拒收数。

表 5 用于出厂检验的正常检验二次抽样方案

样本量字码	样本	样本量	累计样本量	质量接收限(AQL)																					
				1.0		1.5		2.5		4.0		6.5		10		15		25		40		65		100	
				Ac	Re	Ac	Re	Ac	Re	Ac	Re	Ac	Re	Ac	Re	Ac	Re	Ac	Re	Ac	Re	Ac	Re	Ac	Re
A				↓		↓		↓		↓		*		↓		↓		*		*		*		*	
B	第一	2	2	↓		↓		↓		*		↑		↓		0	2	0	3	1	3	2	5	3	6
	第二	2	4													1	2	3	4	4	5	6	7	9	10
C	第一	3	3	↓		↓		*		↑		↓		0	2	0	3	1	3	2	5	3	6	5	9
	第二	3	6											1	2	3	4	4	5	6	7	9	10	12	13
D	第一	5	5	↓		*		↑		↓		0	2	0	3	1	3	2	5	3	6	5	9	7	11
	第二	5	10									1	2	3	4	4	5	6	7	9	10	12	13	18	19
E	第一	8	8	*		↑		↓		0	2	0	3	1	3	2	5	3	6	5	9	7	11	11	16
	第二	8	16							1	2	3	4	4	5	6	7	9	10	12	13	18	19	26	27
F	第一	13	13	↑		↓		0	2	0	3	1	3	2	5	3	6	5	9	7	11	11	16	↑	
	第二	13	26					1	2	3	4	4	5	6	7	9	10	12	13	18	19	26	27		
G	第一	20	20	↓		0	2	0	3	1	3	2	5	3	6	5	9	7	11	11	16			↑	
	第二	20	40			1	2	3	4	4	5	6	7	9	10	12	13	18	19	26	27				
H	第一	32	32	0	2	0	3	1	3	2	5	3	6	5	9	7	11	11	16	↑		↑		↑	
	第二	32	64	1	2	3	4	4	5	6	7	9	10	12	13	18	19	26	27						

表 5（续）

样本量字码	样本	样本量	累计样本量	质量接收限(AQL)																					
				1.0		1.5		2.5		4.0		6.5		10		15		25		40		65		100	
				Ac	Re	Ac	Re	Ac	Re	Ac	Re	Ac	Re	Ac	Re	Ac	Re	Ac	Re	Ac	Re	Ac	Re	Ac	Re
J	第一	50	50	0	3	1	3	2	5	3	6	5	9	7	11	11	16	↑		↑		↑		↑	
	第二	50	100	3	4	4	5	6	7	9	10	12	13	18	19	26	27								
K	第一	80	80	1	3	2	5	3	6	5	9	7	11	11	16	↑		↑		↑		↑		↑	
	第二	80	160	4	5	6	7	9	10	12	13	18	19	26	27										

↓——使用箭头下面第一个抽样方案。如样本量等于或超过批量，则执行 100％检验。

↑——使用箭头下面第一个抽样方案。

Ac——接收数。

Re——拒收数。

*——使用对应的一次抽样方案（或使用下面适用的二次抽样方案）。

表 6　用于出厂检验的加严检验二次抽样方案

样本量字码	样本	样本量	累计样本量	质量接收限(AQL)																					
				1.0		1.5		2.5		4.0		6.5		10		15		25		40		65		100	
				Ac	Re	Ac	Re	Ac	Re	Ac	Re	Ac	Re	Ac	Re	Ac	Re	Ac	Re	Ac	Re	Ac	Re	Ac	Re
A	—	—	—	↓		↓		↓		↓		↓		↓		↓		↓		*		*		*	
B	第一	2	2	↓		↓		↓		↓		*		↓		↓		0	2	0	3	1	3	2	5
	第二	2	4															1	2	3	4	4	5	6	7
C	第一	3	3	↓		↓		↓		*		↓		↓		0	2	0	3	1	3	2	5	4	7
	第二	3	6													1	2	3	4	4	5	6	7	10	11
D	第一	5	5	↓		↓		*		↓		↓		0	2	0	3	1	3	2	5	4	7	6	10
	第二	5	10											1	2	3	4	4	5	6	7	10	11	15	16
E	第一	8	8	↓		*		↓		↓		0	2	0	3	1	3	2	5	4	7	6	10	9	14
	第二	8	16									1	2	3	4	4	5	6	7	10	11	15	16	23	24
F	第一	13	13	*		↓		↓		0	2	0	3	1	3	2	5	4	7	6	10	9	14	↑	
	第二	13	26							1	2	3	4	4	5	6	7	10	11	15	16	23	24		
G	第一	20	20	↓		↓		0	2	0	3	1	3	2	5	4	7	6	10	9	14	↑		↑	
	第二	20	40					1	2	3	4	4	5	6	7	10	11	15	16	23	24				
H	第一	32	32	↓		0	2	0	3	1	3	2	5	4	7	6	10	9	14	↑		↑		↑	
	第二	32	64			1	2	3	4	4	5	6	7	10	11	15	16	23	24						
J	第一	50	50	0	2	0	3	1	3	2	5	4	7	6	10	9	14	↑		↑		↑		↑	
	第二	50	100	1	2	3	4	4	5	6	7	10	11	15	16	23	24								
K	第一	80	80	0	3	1	3	2	5	4	7	6	10	9	14	↑		↑		↑		↑		↑	
	第二	80	160	3	4	4	5	6	7	10	11	15	16	23	24										

↓——使用箭头下面第一个抽样方案。如样本量等于或超过批量，则执行 100％检验。

↑——使用箭头下面第一个抽样方案。

Ac——接收数。

Re——拒收数。

*——使用对应的一次抽样方案（或使用下面适用的二次抽样方案）。

5.2.2.3 不合格品处置

不合格品经返工后可再次提交检验，产品标准应规定再次检验时需对所有项目进行检验，还是仅检验不合格的项目。

若批中所有产品均为合格品，该批为合格批，否则判为不合格批。批中的不合格品经报废，以合格品替换，或经返工后重新检验合格时，该批可重新判为合格批。

5.2.2.4 合格品的处置

执行出厂检验的部门应为合格批或合格批中的每一单位产品出具合格证明文件，声明“该(批)产品经检验符合×××的要求，准予出厂”，或“该(批)产品经检验合格，准予出厂”。必要时，应附具检验数据。

合格产品或合格批可交付订购方或入库暂存。库存时间超过规定时，应重新进行出厂检验方可交付。

注：需要时，B组检验项目也可全检。

5.3 周期检验

5.3.1 抽样和组批规则

5.3.1.1 周期检验的样本应从本周期制造的并经出厂检验合格的某个批或若干批中，按简单随机抽样法抽取。

5.3.1.2 抽样方法要保证样本能代表本周期的实际制造水平。宜从本周期各个不同时间里分散抽样组成周期检验的样本。如要求在固定时间集中抽样时，应在本周期制造的单位产品数量超过一半之后再进行。

5.3.1.3 如使用二次抽样方案，各个样本要同时取足。

5.3.2 样本的检验

5.3.2.1 在进行周期检验前，应对样本进行出厂检验的所有项目进行试验。若发现样本中有不合格的，则应以本周期正常制造的单位产品代替，应将此情况记入周期检验报告，但不作为判断周期检验合格与否的依据。

5.3.2.2 在进行周期检验时，按产品技术标准或订货合同中规定的试验项目、方法和顺序分组进行，试验结束后再对每个经过试验的样本逐个进行检验，最后以试验组为单位分别累积不合格品(或不合格)总数，当不合格按其严重程度分类时，应分类累计。

5.3.2.3 在周期检验的环境适应性试验过程中，如出现试验设备故障允许修复，在不超过规定缺陷数的情况下，按下述要求继续进行试验：

a) 在气候环境试验时发生故障，应从发生故障的前一个阶梯继续进行试验；

b) 如修复故障时作了调整，则应重新进行该项试验；

c) 在机械类环境试验时发生故障，应重新进行该项试验。

5.3.2.4 如在周期检验中，发现A类不合格品(或A类不合格)，不允许更换和代替，而周期检验也不必再进行。

5.3.3 抽样方案

5.3.3.1 周期检验以不合格质量水平(用不合格品百分数或每百单位产品不合格数表示)为质量指标。根据不合格质量水平(RQL)和判别水平检索抽样方案。

5.3.3.2 在产品标准或订货合同中，应规定不合格质量水平(RQL)。原则上应就每个试验组分别规定不合格质量水平。通常，对A类规定的不合格质量水平要小于对B类规定的不合格质量水平，对C类规定的不合格水平要大于对B类规定的不合格质量水平。

5.3.3.3 在确定RQL的时，应考虑以下因素：

a) 订货方要求、供货方能力和单位产品价格三者之间的平衡；

b) 所给出的 RQL 值应是优先值；

c) 新产品可参照类似的老产品确定 RQL 值；

d) 尽量不使用大于 100 的 RQL 值；

e) 必要时，可从使用要求确定 RQL 值，具体如下：

——航空及重要工业产品：RQL≤15；

——军工产品及工业品：RQL≤40；

——民用品：RQL≥50。

5.3.3.4 GB/T 2829—2002 给出了三种能力不同的判别水平，其中判别水平Ⅲ的判别能力最强，判别水平Ⅱ次之，判别水平Ⅰ最弱。

产品标准应规定周期检验所采用的判别水平，原则上所有试验组应采用同一判别水平。

本标准推荐优先采用判别水平Ⅱ。当需要的判别力不强或经济上不允许时也可使用判别水平Ⅰ。

5.3.3.5 周期试验宜优先采用一次抽样方案，必要时也可采用二次抽样方案。

5.3.3.6 采用判别水平Ⅱ的一次抽样方案见表 7。在与规定的不合格质量水平对应一系列的一次抽样方案中，应根据所能承受的试验费用和试验设备的现有能力，选择适当的抽样方案。本标准推荐优先选用判定数组[Ac,Re]=[1,2]的抽样方案。

注 1：如采用判别水平Ⅱ的二次抽样方案，可按表 8 检索。

注 2：如采用判别水平Ⅰ或Ⅲ的一次或二次抽样方案，可分别按 GB/T 2829—2002 中的表 2、表 4、表 5、表 7 检索。

表 7 用于周期检验的判别水平Ⅱ的一次抽样方案

样本量	不合格质量水平(RQL)																					
	10		12		15		20		25		30		40		50		65		80		100	
	Ac	Re	Ac	Re	Ac	Re	Ac	Re	Ac	Re	Ac	Re	Ac	Re	Ac	Re	Ac	Re	Ac	Re	Ac	Re
1	—		—		—		—		—		—		—		—		—		0	1	—	
2	—		—		—		—		—		—		—		—		0	1	—		—	
3	—		—		—		—		—		—		—		0	1	—		—		1	2
4	—		—		—		—		—		—		0	1	—		—		1	2	2	3
5	—		—		—		—		—		0	1	—		—		1	2	2	3	3	4
6	—		—		—		—		0	1	—		—		1	2	2	3	3	4	4	5
8	—		—		—		0	1	—		—		1	2	2	3	3	4	4	5	5	6
10	—		—		0	1	—		—		1	2	2	3	3	4	4	5	5	6	7	8
12	—		0	1	—		—		1	2	2	3	3	4	4	5	5	6	—		—	
16	0	1	—		—		1	2	2	3	3	4	4	5	5	6	—		—		—	
20	—		—		1	2	2	3	3	4	4	5	5	6	—		—		—		—	
25	—		1	2	2	3	3	4	4	5	5	6	—		—		—		—		—	
32	1	2	2	3	3	4	4	5	5	6	—		—		—		—		—		—	
40	2	3	3	4	4	5	5	6	—		—		—		—		—		—		—	
50	3	4	4	5	5	6	—		—		—		—		—		—		—		—	
65	4	5	5	6	—		—		—		—		—		—		—		—		—	

Ac——合格判定数。

Re——不合格判定数。

示例：某仪器的周期检验采用本标准，规定某试验组的不合格质量水平 RQL＝30，判别水平 DL＝Ⅱ，求一次抽样方案。

a） 因为规定 DL＝Ⅱ，所以使用表 7 进行检索。

b） 在表 7 中，由 RQL＝30，从上至下所确定的一系列一次抽样方案：

i. $n=5$，Ac＝0，Re＝1；

ii. $n=10$，Ac＝1，Re＝2；

iii. $n=12$，Ac＝2，Re＝3；

iv. $n=16$，Ac＝3，Re＝4；

v. $n=20$，Ac＝4，Re＝5；

vi. $n=25$，Ac＝5，Re＝6。

c） 根据所能承受的试验费用与试验设备的现有能力，认为选择 $n=10$，Ac＝1，Re＝2 为周期试验某试验组的抽样方案较为合适。

5.3.4 合格判定方法

5.3.4.1 只有按所确定的全部抽样方案判断是合格的，才最终判定该周期检验所代表的产品周期检验合格，否则应判为不合格。

5.3.4.2 采用一次抽样方案时，如在样本中发现的不合格品数（或不合格数）小于或等于合格判定数，则判定该批合格；如在样本中发现的不合格品数（或不合格数）大于或等于不合格判定数，则判定该批不合格。

5.3.4.3 采用二次抽样方案时，如在第一样本中发现的不合格品数（或不合格数），

a） 小于或等于第一合格判定数，则判定该批合格；

b） 大于或等于第一不合格判定数，则判定该批不合格；

c） 介于第一合格数和第一不合格判定数之间，则对第二样本进行检验。如在第一和第二样本中发现的不合格品数（或不合格数）总和，

——小于或等于第二合格判定数，则判定该批合格；

——大于或等于第二合格判定数，则判定该批不合格。

5.3.5 周期检验后的处置

5.3.5.1 本周期的周期检验合格后，该周期检验所代表的产品经出厂检验合格的产品，可交付订货方或入库暂存。

5.3.5.2 如本周期的周期检验不合格，应调查周期检验不合格的原因。

——如因试验设备出故障或操作上的错误造成周期检验不合格，则允许重新进行周期检验；

——如造成周期检验不合格的原因可立即纠正，允许用纠正不合格原因后制造的产品进行周期检验；

——如造成周期检验不合格的原因可通过筛选剔除或可修复，则允许用经过筛选或修复的产品进行周期检验。

5.3.5.3 如果周期检验不合格不属于 5.3.5.2 情况，那么它所代表的产品应暂停出厂检验；经出厂检验合格已入库的产品应停止交付；已交付的产品原则上应收回或双方协商解决。

同时，应暂停该周期检验所代表的产品的正常批量生产，只有在采取了纠正措施后制造的产品，经周期检验合格后，才能恢复正常批量生产和出厂检验。

5.3.5.4 对经周期检验并合格的单位产品，可经整修，更换寿命终了或接近终了的部件后交付，但必须申明“该产品已进行过周期检验”。

5.4 型式检验

5.4.1 抽样

型式检验的样本应从经出厂检验合格的产品中随机抽取。一般仪器不少于三台（大型或贵重仪器允许为一台）。

5.4.2 **样本的检验**

型式检验的样本检验与周期检验相同,见5.3.2。

5.4.3 **合格判定**

A组～E组检验中不允许出现A类不合格,但允许出现1～2个B类不合格。允许的C类不合格由产品标准规定。

F组检验中的故障及合格判据按JB/T 6214的规定处理。

只有符合A组～F组检验要求的仪器才能判定型式合格。

5.4.4 **型式检验后的处置**

5.4.5 型式检验合格后,该产品符合设计要求。

5.4.6 如型式检验不合格,应调查不合格的原因,详见5.3.5.2。

5.4.7 如型式检验不合格不属5.3.5.2所述情况,应在采取纠正措施后,再次提交型式检验。

5.4.8 经型式检验且合格的产品,如要交付使用,应整修,更换寿命终了或接近终了的部件,并经重新执行出厂检验合格后方可交付。同时宜申明“该产品已进行过型式检验”。

参 考 文 献

［1］ GB/T 13966 分析仪器术语
［2］ GB/T 19000—2000 质量管理体系 基础和术语(ISO 9000:2000,IDT)

ICS 17.100
N 11

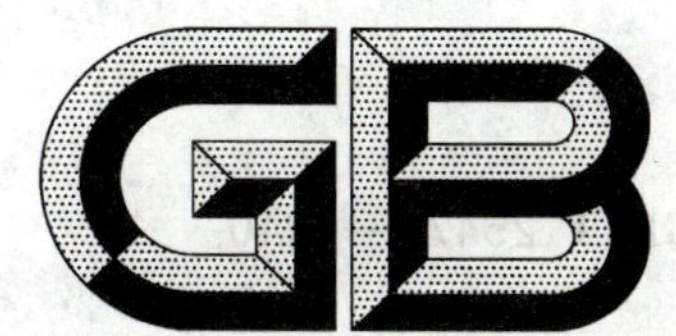

中华人民共和国国家标准

GB/T 25473—2010

焊接、切割及类似工艺用管路减压器

Line regulator used in welding, cutting and allied processes

(ISO 7291:1999, Gas welding equipment—Pressure regulators for manifold systems used in welding, cutting and allied processes up to 300 bar, MOD)

2010-12-01 发布　　2011-05-01 实施

中华人民共和国国家质量监督检验检疫总局
中国国家标准化管理委员会　发布

前　言

本标准修改采用ISO 7291:1999《气焊设备　用于300 bar以下的焊接、切割及相关工艺用汇流系统上的压力调节器》(英文版)。

本标准是根据ISO 7291:1999重新起草的，在附录A中列出了本标准章条编号与ISO 7291:1999章条编号的对照一览表。

考虑到我国法律要求和我国的特殊国情，对ISO 7291:1999进行了一些修改。有关技术性差异已在正文所涉及的条款的页边空白处用垂直单线标识，并在附录B中给出了这些技术性差异及其原因的一览表，以供参考。

为了便于使用，本标准还做了下列编辑性修改：

——用小数点'.'代替作为小数点的'，'；

——删除国际标准的前言；

——将计量单位bar转换为法定计量单位MPa；

本标准的附录A、附录B、附录C、附录D和附录E均为资料性附录。

本标准由中国机械工业联合会提出。

本标准由全国工业过程测量和控制标准化技术委员会(SAC/TC 124)归口。

本标准负责起草单位：西安工业自动化仪表研究所。

本标准起草单位：上海减压器厂有限公司、宁波隆兴焊割科技股份有限公司、徐州鸿业仪器仪表有限公司、宁波华缘气体控制设备制造有限公司、宁波市江北兴达焊割减压仪表厂、雷尔达仪表有限公司、红旗仪表(长兴)有限公司、江苏威玛控制系统有限公司。

本标准主要起草人：金剑华、简履平、陈定龙、宗鹏举、于妙均。

焊接、切割及类似工艺用管路减压器

1 范围

本标准规定了焊接、切割及类似工艺用管路减压器(以下简称减压器)的定义和命名、符号和单位、制造要求、物理特性、型式试验及程序和标志、使用说明书、包装、贮存、检验规则等要求。

本标准适用于将压力在 30 MPa 以内[1)]气瓶压缩气体或甲基乙炔-丙二烯混合物(MPS)、溶解乙炔汇流到总管的高压气体,调节至所需要输出压力的单级和双级管路减压器。

本标准不适用于 GB/T 7899 所述的直接安装在气瓶上的减压器。

2 规范性引用文件

下列文件中的条款通过本标准的引用而成为本标准的条款。凡是注日期的引用文件,其随后所有的修改单(不包括勘误的内容)或修订版均不适用于本标准,然而,鼓励根据本标准达成协议的各方研究是否可使用这些文件的最新版本。凡是不注日期的引用文件,其最新版本适用于本标准。

GB/T 321　优先数和优先数系(GB/T 321—2005,ISO 3:1973,IDT)

GB/T 7899　焊接、切割及类似工艺用气瓶减压器(GB/T 7899—2006,ISO 2503:1998,MOD)

GB/T 15464　仪器仪表包装通用技术条件

GB/T 25112　焊接、切割及类似工艺用压力表(ISO 5171:1995,MOD)

3 定义和命名

3.1 术语和定义

下列术语和定义适用于本标准。

3.1.1

管路减压器　line regulator

将通常可变的来自管路的进口压力调节到尽可能稳定的出口压力的装置。

3.2 命名

图 1 仅为减压器和部件命名的示例,设计应符合本标准指定的安全特性。

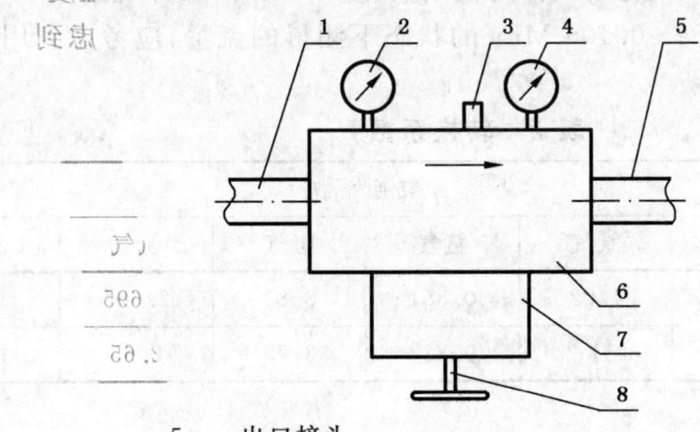

1——进口接头;　　5——出口接头;
2——高压压力表;　　6——减压器阀体;
3——安全阀;　　7——减压器盖;
4——低压压力表;　　8——调节螺杆。

图 1　减压器示意图和部件命名

1)　15 ℃时气瓶最大充气压力为 30 MPa。

4 符号和单位

4.1 符号

表1给出了使用的符号。

表1 使用的符号

符号	说明	计量单位
P_1	额定(最大)进口压力	MPa
P_2	额定(最大)出口压力	MPa
P_{2R}	用作R计算的乙炔出口压力	MPa
P_{2i}	用作i计算的乙炔出口压力	MPa
P_3	型式试验的进口压力:$P_3=2P_2+0.1$ MPa	MPa
P_4	稳定的出口压力(流量截止后1分钟)	MPa
P_5	根据7.4.5测定不规则系数试验时的最高或最低出口压力	MPa
P_{RV}	安全阀打开压力 $1.5P_2 \leqslant P_{RV} \leqslant 2P_2$	MPa
Q_1	额定流量	m^3/h
Q_{max}	最大流量	m^3/h
Q_{RV}	安全阀的流量 $Q_{RV} \geqslant 0.5Q_1$	m^3/h
R	关闭后压力升高系数	—
i	不规则系数	—
T_f	内部泄漏量	cm^3/h
U	转换系数	—

4.2 单位

4.2.1 压力

用MPa表示。测量的压力为表压[2]。

4.2.2 流量

用立方米每小时(m^3/h)表示。试验的气体与使用气体不一致时,在环境温度22 ℃±2 ℃、相对湿度50%±5%、环境压力0.086 MPa～0.106 MPa的状态下测得的流量,应考虑到用气体转换系数(见表2)进行转换。

表2 转换系数 U

试验气体	转换系数							
	空气	氧气	氮气	氩气	氢气	氦气	乙炔	二氧化碳
空气	1	0.950	1.02	0.851	3.81	2.695	1.05	0.808
氮气	0.983	0.930	1	0.837	3.75	2.65	1.03	0.792

转换系数 U 根据式(1)确定:

$$U=\sqrt{\frac{\gamma_0}{\gamma_1}} \qquad \cdots\cdots(1)$$

式中:

γ_0——试验气体的密度;

2) 以大气压力为基准,大于大气压的压力值。

γ_1——使用气体的密度。

4.2.3 温度

试验温度以摄氏度(℃)表示。

5 制造要求

5.1 材料

5.1.1 金属材料

5.1.1.1 与乙炔或具有相似化学性能气体接触的金属材料

与乙炔或具有相似化学性能气体接触的金属材料，材料中铜的含量不得超过70%；

金属阻燃件(包括烧结金属件)应用不含铜的材料加工而成。

当使用钎焊银铜合金时，银含量不得超过46%，铜含量不得超过37%。

5.1.1.2 与氧接触的金属材料

与氧接触的各种元件不得含油脂。与氧接触的弹簧和其他活动件应采用耐氧化的材料制成并不得予以涂覆。

5.1.2 非金属材料

5.1.2.1 耐溶剂性能

与乙炔接触的非金属材料(例如用作密封件和润滑剂的材料)应具有耐丙酮和二甲基甲酰胺(DMF)溶剂的性能。耐溶剂性能要求见附录C(资料性附录)。

5.1.2.2 耐正戊烷性能

与丙烷、丁烷和甲基乙炔-丙二烯混合气接触的非金属材料(例如用作密封件和润滑剂的材料)应具有适当的耐正戊烷性能。耐正戊烷性能要求见附录C。

5.1.2.3 耐氧性能

与氧接触的所有元件不应含有会与氧发生剧烈反应的物质，例如烃基溶剂和油脂。

可使用在最大工作压力和温度下，能在氧中使用的润滑剂。

5.2 设计、加工和装配

5.2.1 氧气减压器

氧气减压器的设计、加工和装配应做到不会发生内部燃爆(见7.5.3)。装配之前所有零件和附件应彻底清洗除油。

5.2.2 乙炔减压器

乙炔减压器的设计、加工和装配应做到出口压力不超过0.15 MPa。

5.2.3 过滤器

在减压器的进口端应安装一个其横截面与流量相适应的过滤器，或在减压器上游管路上直接安装一个过滤器。如不使用工具，应无法将过滤器卸下。过滤器应留住≥0.1 mm的尘粒。

5.2.4 压力调节装置

这一装置的设计应确保减压器能安全使用，建议参考附录D(资料性附录)的结构。

使用调节装置设定压力时，安全阀始终应保持密封。

5.2.5 安全阀

5.2.5.1 除了乙炔减压器外的其他气体减压器，都应该提供一个安全阀，用于排出超过出口压力的压力。

当出口压力小于或等于1.5倍额定出口压力时，安全阀应密封；当出口压力大于1.5倍至2倍的额定出口压力时，安全阀应开启排气。安全阀的流量应为$Q_{RV} \geqslant 0.5Q_1$. 有安全阀的乙炔减压器在任何情况下P_{RV}都应等于0.3 MPa。

5.2.5.2 安全阀一般情况下与减压器的低压室直接连接。

5.2.6 压力表

减压器上压力表应满足 GB/T 25112 的功能和安全要求。

5.2.7 气密性

5.2.7.1 外部泄漏

减压器对大气应是气密的,其最大泄漏量不得超过 10 cm^3/h。

5.2.7.2 内部泄漏

减压器的最大允许内部泄流量是其额定流量 Q_1 的函数(见图 2)。

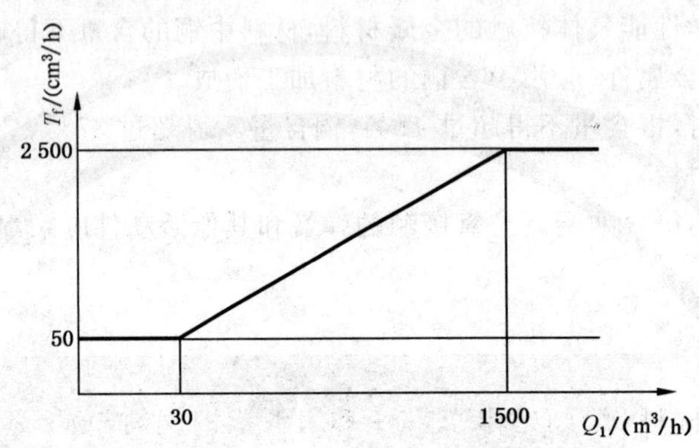

图 2 允许的内部泄漏率

当 $Q_1<30$ m^3/h,$T_f<50$ cm^3/h;$Q_1>1\ 500$ m^3/h,$T_f<2\ 500$ cm^3/h

在这两段值之间,允许的内部泄漏必须满足下式(2):

$$T_f \leqslant 5/3Q_1 \quad \cdots\cdots(2)$$

注:T_f 和 Q_1 必须符合表 1 的规定。

5.2.8 机械强度

5.2.8.1 结构强度

减压器的设计和制造应保证在高压和低压室施加表 4 规定的压力后不会导致永久变形。

5.2.8.2 安全性

减压器的设计和制造应保证其低压室或双级减压器的中间室与满瓶气体直接连通时,减压器阀保持在打开位置而出口接头封闭(如用附加截止阀或盲塞封闭)时,高压气体能被安全地截止或排放(见7.5.1.2)。

5.2.9 连接

减压器的设计应有与管路或设备固定连接的装置,保证减压器安装稳定。

减压器的进口接头连接和出口接头连接型式由制造者决定。

6 物理特性

6.1 压力

6.1.1 额定(最大)进口压力,P_1

减压器设计的额定(最大)进口压力。

6.1.2 额定(最大)出口压力,P_2

在规定的额定流量下的额定(最大)出口压力。

6.1.3 减压器稳定出口压力,P_4

流量截止后稳定出口压力。

对于乙炔气减压器的稳定出口压力 P_4 对应各种进口压力都不得超过 0.15 MPa。

6.2 流量

6.2.1 最大流量,Q_{max}

减压器的最大流量用 m^3/h 表示,在由式(3)确定的进口压力 P_3,出口压力为 P_2 下,可达到的最大流量:

$$P_3 = 2P_2 + 0.1\ \text{MPa} \quad \cdots\cdots(3)$$

注:Q_{max} 可能低于减压器在不同条件下允许的实际流量。

6.2.2 额定流量,Q_1

减压器的额定流量由制造商在额定进口压力 P_2 和额定出口压力 P_2(见表 3 和图 3)下定义。

Q_1 不应该低于 0.5 Q_{max}。

对于乙炔减压器,额定流量在 P_{2R} 测量。

表 3 压力

介 质	额定(最大)进口压力 P_1/MPa	额定(最大)出口压力 P_2/MPa	额定流量 Q_1/(m^3/h)
30 MPa 以下氧气和其他压缩气体	0～30[a]	0.2 0.4[b] 0.6 1.0 1.25 2	从 R20 系列给定值中优先选取
溶解乙炔	2.5	0.08 ≤0.15	
MPS	2.5[c]	0.15 0.4	
二氧化碳	20[d]	0.2 0.4 1.0	

注:溶解乙炔气的 P_2、P_4 和 P_5 应不大于 0.15 MPa。

[a] 15 ℃时,与气瓶最大变化压力相关的压力。

[b] 额定出口压力需要表外的其他值,应从 R20 系列给定值中优先选取。R20 系列值见 GB/T 321。

[c] MPS 65 ℃下的蒸汽压力。这个值可随混合气成分的不同而变化。

[d] CO_2 在 53 ℃下的压力。

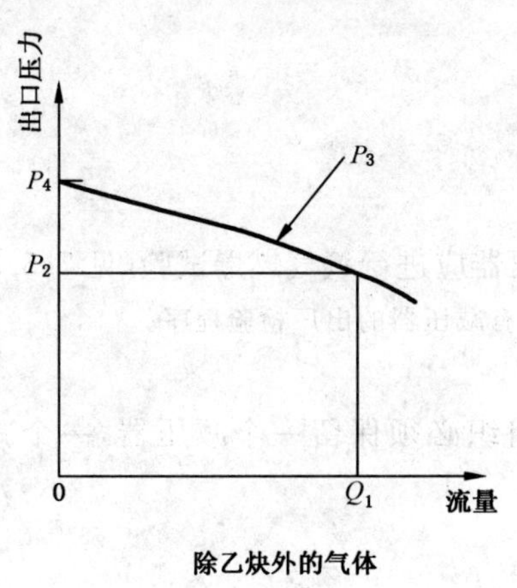

除乙炔外的气体

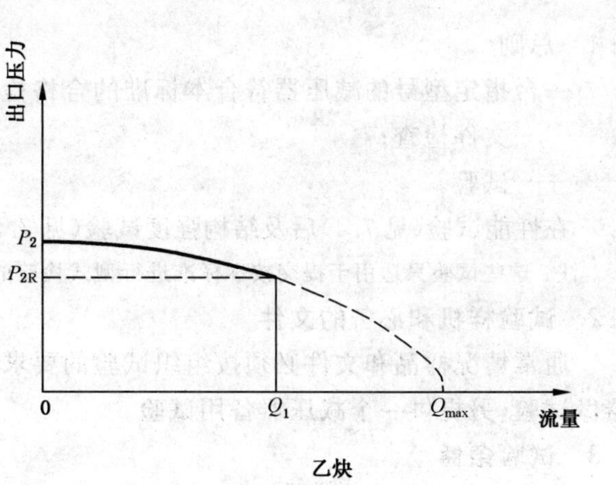

乙炔

图 3 流量特性

6.3 工作特性

6.3.1 关闭后压力升高系数,R

这个系数由式(4)确定:

$$R=(P_4-P_2)/P_2 \qquad \cdots\cdots(4)$$

乙炔气减压器,$P_2=P_{2R}$,(见表1)。

式中,P_4 为减压器已设定到初始条件 Q_1、P_3、P_2 时,排气截止后记录1 min时的稳定出口压力。

对应于额定流量 Q_1,压力增加系数 R 应小于0.5。

6.3.2 不规则系数,i

这个系数由式(5)确定:

$$i=(P_5-P_2)/P_2 \qquad \cdots\cdots(5)$$

对于乙炔气减压器,$P_2=P_{2i}$,(见表1)。

式中,P_5 为试验期间流量等于额定流量 Q_1,进口压力从 P_1 变为 P_3 时的最高或最低出口压力值(见图4)极限为 $-0.3<i<+0.5$。

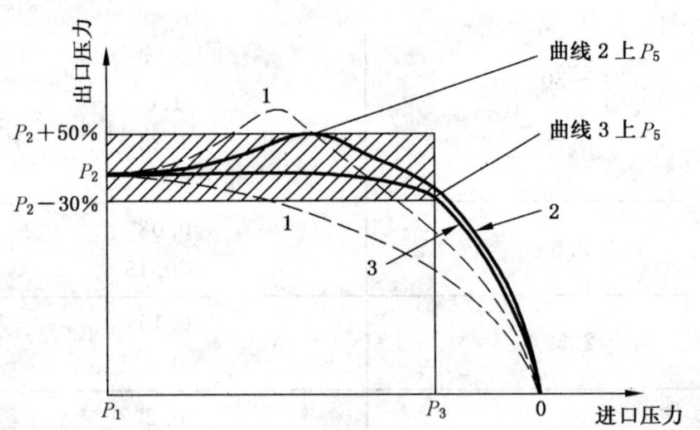

1——不能接受的曲线;

2——合理曲线——上升特性;

3——合理曲线——下降特性。

图4 典型的动态膨胀曲线

6.3.3 工作温度范围

减压器应能在−20 ℃~+60 ℃的温度范围内正常工作。

7 型式试验程序

7.1 总则

一台指定型号的减压器符合本标准的合格检查包括:

——文件检查;

——试验。

在性能试验(见7.4)后及结构强度试验(见7.5.1.1)前,氧气减压器应进行氧气燃爆试验(见7.5.3)。

注:这些试验只适用于提交按本标准进行型式检验的减压器,并不作为所有减压器的出厂检验程序。

7.2 试验样机和必备的文件

通常情况样品和文件必须按组织试验的要求进行提交。试验组织必须保留一个减压器,一个减压器做试验,另提供一个减压器备用试验。

7.3 试验条件

7.3.1 试验设备的总特性

所有与测试设备连接的管道及流量控制阀的口径应大于受试减压器的口径。

7.3.2 气体类型

试验应在环境温度为 23 ℃±2 ℃、相对湿度为 50%±5%、环境压力为 0.086 MPa～0.106 MPa 的条件下,用不含油脂的空气或氮气进行。

仅 7.5.3 的燃爆试验应采用氧气。

在各种情况下,试验都应采用最大含水量不超过 0.005%的气体,相应露点为－48 ℃。

7.3.3 流量测量

测量气体体积流量的设备的误差在被检测的样机测量范围内,不得超过±3%。

7.3.4 压力测量

试验台的结构应可以对进口和出口压力进行调节,对设备可以作手控或遥控操作。

在试验过程中,气源对额定(最大)进口压力 P_1 和压力 P_3 应有足够的容量。

压力测量应采用精确度不低于 1 级的压力表。在此情况下,减压器的压力表可包括在此试验中。

7.4 性能试验

7.4.1 总则

图 5 给出了测量最大流量 Q_{max} 的试验设备的一个示例。减压器可由一个缓冲气瓶提供气源。用一台辅助减压器或任何等效的设备将进口压力 P_3 保持恒定(见 6.2.1)。

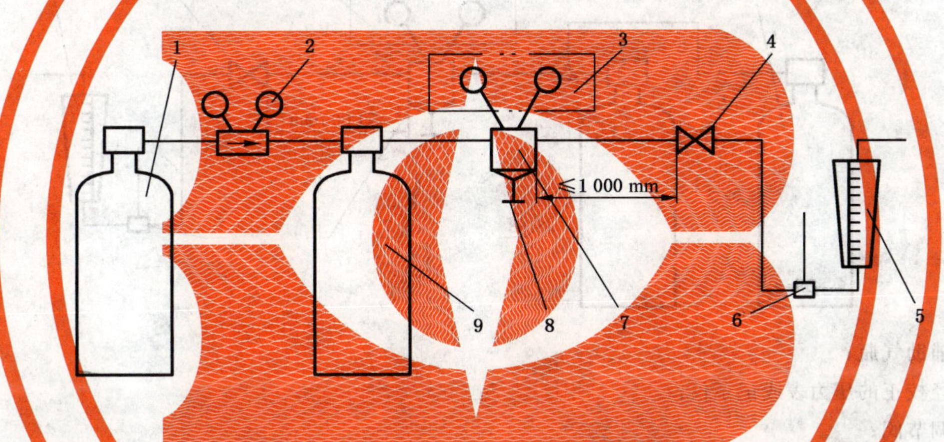

1——气源;

2——辅助减压器;

3——经校正的压力表;

4——调节阀;

5——流量计;

6——用于测量气体温度的温度计;

7——减压器(样机);

8——调节螺钉;

9——缓冲气瓶。

图 5 测量最大流量 Q_{max} 的示例

7.4.2 最大流量,Q_{max}

对最大流量 Q_{max} 应按如下步骤测量:

a) 最大流量 Q_{max}(不包括乙炔减压器)

进口压力为 P_3,旋入受试减压器样机的调节螺钉,将调节阀完全打开:

——出口压力表指示额定(最大)出口压力 P_2;

——流量计指示最大流量 Q_{max}。试验时用温度计测量温度,并考虑按 4.1.2 和表 2 规定的修正。

b) 乙炔减压器的最大流量,Q_{max}

进口压力为 P_3，旋入受试减压器样机的调节螺钉，将调节阀完全打开，出口压力表指示额定(最大)出口压力 P_2，流量计指示最大流量 Q_{max}。试验时应用温度计测量温度，并需考虑按4.1.2和表2规定进行修正。

7.4.3 额定流量 Q_1

额定流量 Q_1 不小于 $0.5Q_{max}$ 由制造商定义(见6.2.2)。

7.4.4 关闭后的压力升高系数 R

按如下步骤将减压器调节到额定流量条件(见7.4.3)：

——用调节阀停止排气；

——1 min后记录稳定压力 P_4；

——计算 R 值[见式(4)]。

7.4.5 不规则系数 i

为了确定不规则系数 i(见6.3.2)，可绘出一条膨胀曲线。这条曲线把出口压力表示为进口压力的函数。试验期间进口压力从额定(最大)进口压力 P_1 变化到压力 P_3。

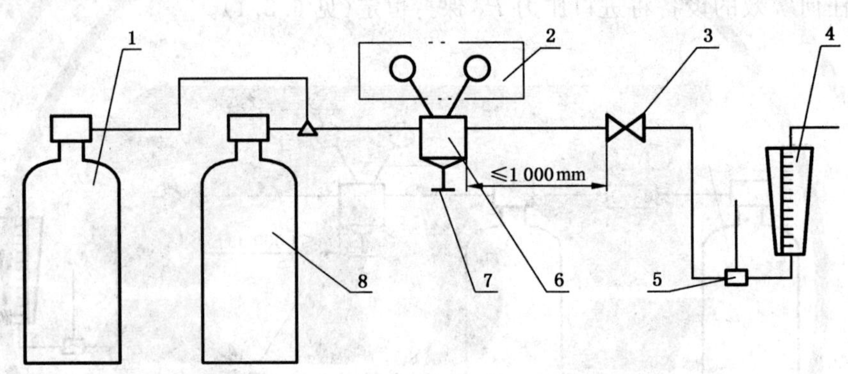

1——辅助气瓶；

2——经校正的压力表或记录仪；

3——调节阀；

4——流量计；

5——用于测量气体温度的温度计；

6——减压器(样机)；

7——调节螺钉；

8——主气瓶。

图6 测量动态膨胀曲线的示例

图6为试验设备的一个示例。减压器装上二个经过校正的压力表，最好是记录表[3]。减压器由二个气瓶供气，在任何指定的时候，其中只有一个气瓶处于工作状态。两个气瓶都充有额定(最大)进口压力 P_1 的试验气体。通过调节阀和流量计，控制和观察减压器的流量。

a) 减压器的预试验设定(乙炔减压器除外)

进口压力为 P_1，调节受试减压器样机的调节螺钉和调节阀，以获得在压力 P_2 下的额定流量 Q_1。

b) 乙炔减压器的预试验设定

进口压力为 P_1，将受试减压器样机的出口压力调节到 P_2，将输出流量调节到 Q_1，测量得到的出口压力，记作 P_{2i}。

3) 或直接形成动态膨胀曲线的任何其他记录设备。

c) 试验

保持上述实验装置不变，关闭辅助气瓶的气瓶阀门并打开主气瓶阀门。从此时起记录进口和出口压力值。主气瓶的容量至少能足以维持一个 15 min 的试验周期。

但如果预试验的调节能在 30 s 内完成且辅助气瓶有足够的容量，则此试验无须切换到主气瓶上进行。

d) 结果

试验时，减压器不应有振荡或卡死现象，减压器动态膨胀曲线具有最大值的上升特性或下降特性应是光滑的(见图 6)。

不规则系数 i 中的压力 P_5 是试验期间进口压力从 P_1 变化到 P_3 时出口压力的最大值或最小值。

计算 i 的值[见式(5)]。

7.5 力学试验

警告:试验人员应采取防护措施。

7.5.1 机械强度试验

7.5.1.1 结构强度试验

本试验时用孔塞取代安全阀和压力表。用金属片代替减压器膜片，对高压室和低压室施加表 4 所规定的水压，试验 5 min。试验后检查尺寸及形状应无永久变形(例如采用对比测量)。

试验压力按表 4 的规定。

表 4 试验压力

减压器类型	高压室	低压室
氧和其他压缩气体，$P_2<1$ MPa	$1.2\times1.5\times P_1$	3 MPa
乙炔		
MPS		
氧和其他压缩气体，$P_2>1$ MPa		6 MPa

7.5.1.2 安全试验

对于这个试验(见 5.2.8.2)，减压器阀门应持久保持打开或卸除。用孔塞取代压力表和安全阀，关闭出口。

为减压器提供的安全阀必须有效运作。

通过手动快速打开阀门，对减压器进口施加一个气动压力 P_1。

减压器应无裂纹出现。如出现裂纹，则不得有碎片喷出。如安装了压力安全装置，则允许气体通过此装置。

7.5.2 密封性试验

7.5.2.1 减压器对大气的密封性。

减压器对大气的泄漏量试验参见附录 E(资料性附录)。

7.5.2.2 减压器阀门的密封性:

减压器阀门的密封性应在最大进口压力 P_1 下持续试验 5 min。试验时减压器阀门应关闭(压力调节螺钉完全松开)并打开输出口。气体泄漏量 T_f 应满足 5.2.7.2 要求。

用 P_3 试验压力重复试验。

7.5.3 燃爆试验(氧气减压器)

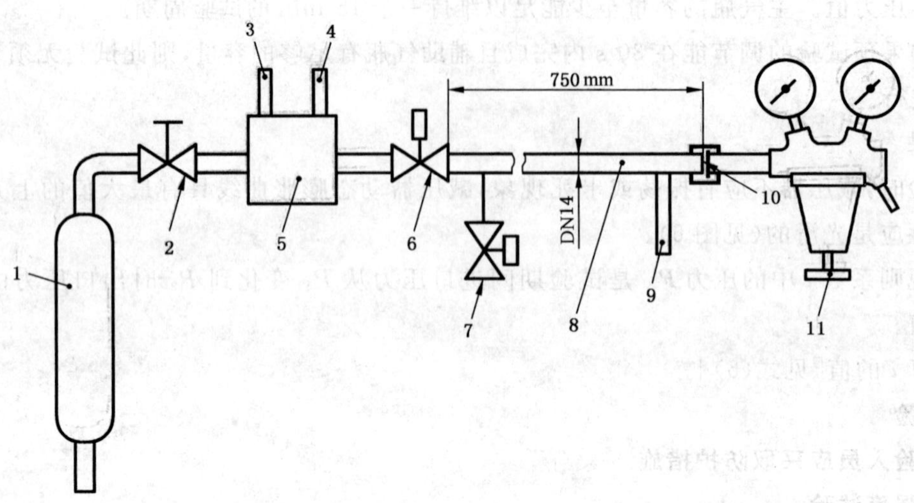

1——氧气源;

2——进口阀;

3——接氧气瓶的压力传感器;

4——Ti 热电偶;

5——带预热装置的氧气瓶(如水浴、电加热装置);

6——快开阀;

7——出口阀;

8——接管;

9——接出口阀的压力传感器;

10——测量点;

11——减压器试验样机。

图 7 燃爆试验台

分别对三个样机进行试验,使氧气减压器的阀门进口处受到由工业氧气产生的压力激波冲击(氧纯度至少 99.5%;烃≤ 0.000 1%)。试验系统应装有氧预热的设备、氧气瓶和一个快开阀。图 7 为试验台的一个示例。

试验前在第 10 点测量试验压力,从大气压增高到试验压力所要求的时间应为 $20_{-5}^{\ 0}$ ms,也可在第 9 点距离样机密封面 30 mm~40 mm 处测量试验压力(见图 7)。每次至少要记录二个压力激波。快开阀与受试减压器之间的接管长度为 750 mm、内径为 14 mm。试验开始前,样机应放置于室温环境下。试验时将试验气体预热至 60 ℃±3 ℃,此温度下的试验压力应为 $1.2\times P_1$。

每组试验由间隔 30 s 的 20 个压力激波组成(见图 8)。

每个压力激波持续 10 s。每施加一个压力激波后,应通过进口端的阀门将减压器恢复到大气压。每次压力激波之间,大气压至少保持 3 s。

在一组试验中,进口的压力下降不得大于 P_1 值的 3%。

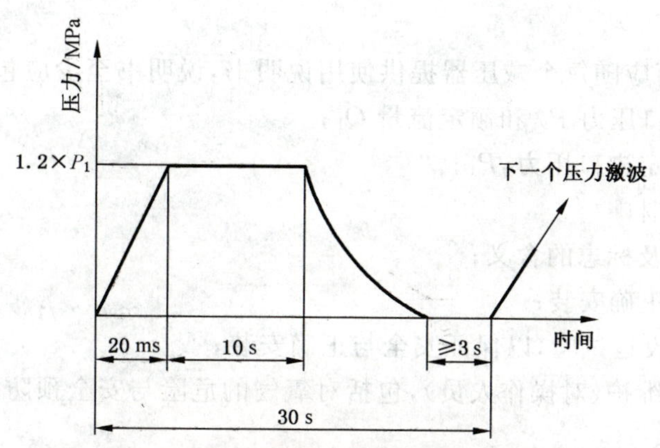

图8 试验间隔

应在下列条件下进行试验：

a) 减压器阀处于完全打开位置，出口关闭；

b) 减压器阀处于完全关闭位置。

减压器在试验中不得起火。试验完成后，应拆卸三个样机并检查所有的内部零件和表面。对内部有损坏和烧坏均不予接收。

7.5.4 安全阀

试验时，打开或拆除减压器的阀门，封闭减压器的出口。通过进口施加≤$1.5P_2$压力，在此压力下，安全阀应是密封的。然后把压力增加到打开安全阀，此时的压力≤$2P_2$，记录打开安全阀的压力。再将压力增加到$P_{RV}=2P_2$，并在此压力下测量安全阀的流量Q_{RV}（见5.2.5）。

7.5.5 压力调节

如有需要，检查压力调节螺杆是不可以拆卸的。对于乙炔减压器，封闭气体出口，它设置的压力不可大于0.15 MPa。

7.6 标志持久性的试验

先用蘸上蒸馏水的布擦试15 s，再用蘸上酒精的布擦15 s。如将标签用作标志，则应将其完整地粘贴在表面上。

试验后，标志仍应保持清晰。

8 标志、使用说明书、包装、贮存

8.1 标志

应在减压器本体或盖上，或固定在减压器上的标签上，以及外包装和合格证上，注明下列内容：

——制造厂和/或销售商的名称或商标；

——产品的型号和名称；

——使用气体的全名（无法印上气体的全名时，则应采用表5所示的代号）。

表5 减压器标记用气体的代号

气体类型	代　号
乙炔	A
氧气	O
氢气	H
压缩气体	D
MPS	Y
天然气	M
CO_2，氮气，惰性气体	N

8.2 使用说明书

制造厂、供方或销售商应随每个减压器提供使用说明书，说明书至少应包括下列内容：

a) 减压器的额定出口压力 P_2 和额定流量 Q_1；

b) 制造厂指定的额定进口压力，P_1；

c) 减压器的应用范围；

d) 对减压器的说明及标志的含义；

e) 减压器的安全与正确安装；

f) 使用前必须进行投运试验，以保证安全与正确安装；

g) 减压器的使用与维护(对操作人员)，包括对氧气的危险与安全预防措施的说明。

8.3 包装

减压器的包装应符合 GB/T 15464—1995 的规定，其中包装防护类型由生产厂自行规定。

8.4 贮存

减压器应贮存在不含油物和可燃性、腐蚀性气体且干燥通风的室内。

9 检验规则

9.1 出厂检验

减压器应按 5.2.5、5.2.7、7.4.4 要求逐台进行出厂检验，5.2.5、5.2.7 可采用其他等效的检验方法进行检验。检验合格并附有产品合格证方能出厂。其中 7.4.4 压力升高系数允许抽检，抽检数及判定方法由生产厂在技术文件中自行规定。

9.2 型式检验

在下列情况下，减压器应按本标准的进行型式检验：

a) 新产品试制定型；

b) 当设计、结构、工艺或材料的改变影响产品性能时；

c) 经常生产的产品定期抽查；

d) 停产一段时间再次生产时。

附 录 A
（资料性附录）
本标准章条编号与 ISO 7291:1999 章条编号对照

表 A.1 本标准章条编号与 ISO 7291:1999 章条编号对照

本标准部分章条编号	ISO 7291:1999 章条编号
1	1
3.1	3
3.2	4
4	5
5	6
5.2.9	7
6	8
7	9
8.1	10
8.2	11
—	附录 A
8.3	—
8.4	—
9	—
附录 A	—
附录 B	—
附录 C	ISO 9539:1988
附录 D	5.2.4 的第一、第二段
附录 E	ISO 9090:1989

附 录 B
（资料性附录）
本标准与 ISO 7291:1999 技术性差异及其原因

表 B.1 本标准与 ISO 7291:1999 技术性差异及其原因的一览表

本标准章条编号	技术性差异	原 因
1	增加了“本标准规定了焊接、切割及类似工艺用管路减压器的定义和命名、符号和单位、制造要求、物理特性、型式试验及程序、标志、使用说明书、包装、贮存等要求”	根据我国的习惯
2	1）直接引用了与国际标准相对应的我国标准； 2）增加引用了 GB/T 15464； 3）把 ISO 7291 引用标准 ISO 554：1976、ISO 9090:1989 和 ISO 9539:1988 中的相关内容，直接用到标准正文中	适合我国国情，便于标准的实施
4.2.1	用 MPa 代替 bar	我国的法定计量单位为“MPa”，1 bar＝0.1 MPa
5.1	直接引用 ISO 9539:1988 中规定的要求	便于标准的实施
5.2.4	将 ISO 7291:1999 的两种结构形式，放置到附录 D 中	由于我国大多数减压器的压力调节装置结构与 ISO 7291:1999 标准有差异，国内用户已经习惯了我国减压器的结构形式，所以本标准将 ISO 7291:1999 的两种结构形式，放置到附录 D 中，建议生产厂逐步采用
5.2.6	采用了与国际标准相对应的国家标准	适合我国国情
5.2.9	增加了减压器与管路或设备固定连接的要求。 把 ISO 7291:1999 的进口、出口接头的要求列入制造要求中	根据安装需要
图 3	删除流量特性图中：$P_{4\ max}$ 和 Q_{max} 曲线	由于 $P_{4\ max}$ 和 Q_{max} 在试验中没有此项要求，这条曲线不能反映问题，因此删除
7.3.2	试验要求直接采用 ISO 554:1976 的要求。	便于标准的实施
7.5.2.1	直接引用 ISO 9090:1989 标准的内容，并把内容编制在附录 E 中	便于标准的实施
8.3、8.4	增加了包装、贮存要求	与 GB/T 7899 统一
9	新增了检验规则这一章节	根据 GB/T 1.2 的要求和行业的特点
附录 A	新增。本标准章条编号与 ISO 7291:1999 章条编号对照	根据我国 GB/T 20000.2 标准的要求
附录 B	新增。本标准章条编号与 ISO 7291:1999 技术性差异及其原因	根据我国 GB/T 20000.2 标准的要求

表 B.1（续）

本标准章条编号	技术性差异	原　因
附录 C	新增。附录 C 直接引用了 ISO 9539:1988 标准的内容	便于标准的实施
附录 D	新增。附录 D 引用了 ISO 7291:1999 中 5.2.4 的第一段、第二段	根据 ISO 7291:1999 的要求，建议生产厂采用此结构
附录 E	新增。直接采用 ISO 9090:1989 中的对大气泄漏试验方法	便于标准的实施
ISO 7291:1999 中附录 A	删除	ISO 7291:1999 附录 A:试验最终目的是考验乙炔减压器的耐冲击性能。由于管路减压器在做机械强度试验时，已经做耐压和冲击试验，试验压力比一般减压器的提高 1.2 倍，是进口压力的 1.8 倍。相似试验已经做过，不再重复做试验，因此，删除附录 A 内容

附　录　C
（资料性附录）
非金属材料的耐溶剂性能

C.1　非金属材料的耐丙酮和二甲基甲酰胺(DMF)溶剂性能

材料在下列条件下试验：

a)　在 23 ℃±2 ℃的温度下，分别在丙酮和二甲基甲酰胺(DMF)饱和溶剂蒸汽中放置 168 h±2 h；

b)　在 40 ℃±2 ℃的温度下，在空气中放置 70 h±2 h；

c)　在温度为 23 ℃±2 ℃、相对湿度 50%环境下，在空气中放置 24 h±2 h；

其质量变化不得超过 15%(耐溶胀)，硬度变化不得超过±15 IRHD。

C.2　非金属材料的耐正戊烷性能

材料在下列条件下试验：

a)　在 23 ℃±2 ℃的温度下，在液态正戊烷中放置 168 h±2 h；

b)　在 40 ℃±2 ℃的温度下，在空气中放置 70 h±2 h；

c)　在温度为 23 ℃±2 ℃、相对湿度 50%环境下，在空气中放置 24 h±2 h；

其质量变化不得超过 15%(耐溶胀)，硬度变化不得超过±15 IRHD。

附 录 D
（资料性附录）
压力调节装置

D.1 这一装置的设计应确保当弹簧被完全压紧(至其紧实长度)时,减压器不能保持其打开的状态。

D.2 如果压力调节螺钉的尺寸能避免弹簧被完全压实,则调节螺钉应是不可拆卸的。

附 录 E
(资料性附录)
气体外部泄漏量试验

E.1 试验用气体

氨气减压器应用氨气进行试验，氢气减压器应用氢气或氦气进行试验。

气体减压器出厂试验应用无油的干空气或氮气试验。

如用工作介质之外的气体进行试验，则必须按表 E.1 给出的修正系数加以修正。

表 E.1 修正系数

试验用气体	测量泄漏量的修正系数						
	空气	氧	氮	氩	氢	氨	乙炔
空气	1	0.950	1.02	0.852	—	—	1.05
氮	0.983	0.930	1	0.837	—	—	1.03
氢	—	—	—	—	1	—	—
氦	—	—	—	—	1.431	1	—

E.2 试验条件

标准试验条件：环境温度 23 ℃±2 ℃、相对湿度 50%±5%、环境压力 0.086 MPa～0.106 MPa。试验条件偏离标准试验条件时应对试验结果进行修正。

E.3 试验压力

应在本标准规定的压力 P_1 和 P_2 下进行试验。

E.4 泄漏量测量

以下所述的方法用于测定减压器的泄漏量；是一种型式试验方法。对于常规试验，制造厂可以使用适合于其要求的任何方法。

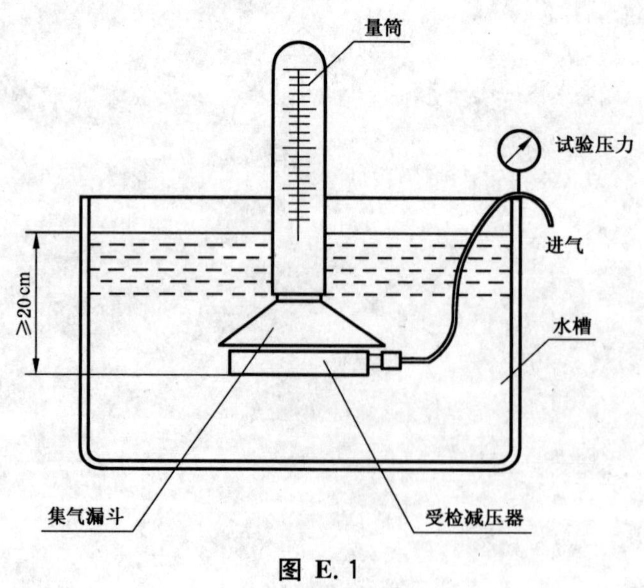

图 E.1

E.4.1 试验方法

将受试设备浸入水中，在整个试验过程中，减压器都应连接气源；用一个装满水的量筒收集从设备中泄漏气体。

允许使用试验结果与本条所述方法相同的其他试验方法。

E.4.2 试验装置

试验装置如图 E 1 所示。

其中：量筒的容积读数精度应达到 0.5 cm^3。量筒在试验前应先装满水。

集气漏斗应能收集从受试减压器中逸出的所有气体，不能将从供气管接头处逸出的气体收集入内。

E.4.3 试验步骤

E.4.3.1 将受试减压器接至进气处，封闭所有的通气孔，从而能测定泄漏量。

E.4.3.2 把装置浸入水槽中，浸入深度应≥20 cm，以规定的试验压力（P_3 加上由浸入深度引起的压力 ΔP），向减压器供气。

E.4.3.3 放置 10 min，使粘附在受试减压器外表面空气的完全泄漏后，把量筒和集气漏斗安放到位，再使受试减压器在试验压力下保持 1 h。

E.4.3.4 试验结束后升降量筒，使量筒的水位与水槽的水位达到同一水平面；通过量筒的刻度读出收集到的气体容积。

E.4.3.5 按 E.1 与 E.2 的规定，修正实测容积。

参 考 文 献

[1] ISO 554:1976 调节和/或试验用标准大气规格
[2] ISO 9090:1989 气焊及相关工艺用设备的气密特性
[3] ISO 9539:1988 用于气焊、切割及相关工艺用设备的材料

ICS 25.040.40
N 10

中华人民共和国国家标准

GB/T 25474—2010

工业自动化仪表公称通径值系列

Values of nominal size for industrial process measurement and control instruments

2010-12-01 发布　　　　2011-05-01 实施

中华人民共和国国家质量监督检验检疫总局
中国国家标准化管理委员会　发布

前　言

本标准由中国机械工业联合会提出。

本标准由全国工业过程测量和控制标准化技术委员会(SAC/TC 124)归口。

本标准负责起草单位:上海工业自动化仪表研究所。

本标准参加起草单位:上海仪器仪表自控系统检验测试所、上海自动化仪表股份有限公司自动化仪表七厂。

本标准主要起草人:李明华、蔡闻智、范萍。

工业自动化仪表公称通径值系列

1 范围

本标准规定了工业自动化仪表的公称通径值系列。

本标准适用于测量或控制管道系统流体介质的工业自动化仪表的公称通径值。

2 公称通径值

工业自动化仪表的公称通径值应符合表1的规定。

表1 公称通径值

单位为毫米

1.0	25	250	1 000	3 000
2.0	(32)	300	1 200	3 200
3.0	40	350	1 400	3 400
4.0	50	400	1 600	3 600
5.0	(65)	450	1 800	3 800
6.0	80	500	2 000	4 000
8.0	100	600	2 200	—
10	(125)	700	2 400	
15	150	800	2 600	
20	200	900	2 800	
注：括号内的数值为非推荐值。				

ICS 25.040.40
N 11

中华人民共和国国家标准

GB/T 25475—2010

工业自动化仪表　术语 温度仪表

Industrial-process measurement and control instruments—Terminology—Temperature measuring instruments

2010-12-01 发布　　2011-05-01 实施

中华人民共和国国家质量监督检验检疫总局
中国国家标准化管理委员会　发布

前　言

本标准由中国机械工业联合会提出。

本标准由全国工业过程测量和控制标准化技术委员会(SAC/TC 124)归口。

本标准负责起草单位:上海工业自动化仪表研究所。

本标准参加起草单位:上海仪器仪表自控系统检验测试所、中国计量科学研究院、安徽蓝德(集团)股份有限公司、上海自动化仪表股份有限公司、浙江伦特机电有限公司、肇庆自动化仪表有限公司、西仪集团有限责任公司仪表制造厂、乐清华东仪表厂、重庆川仪十七厂有限公司。

本标准主要起草人:范铠、李明华、陈伟昕、宋平、吴加伦、吴珏、宋普、吴兴华、曹红、王方高。

工业自动化仪表　术语
温度仪表

1　范围

本标准规定了工业自动化仪表中有关温度仪表的术语及其定义。

本标准适用于温度仪表标准制定、技术文件编制、教材和书刊编写以及文献翻译等。

注：本标准中方括号“[　]”内的词为可省略词；圆括号“(　)”内的词，除作说明外，为可换用词。

2　术语

2.1　一般术语

2.1.1

测温学　thermometry

研究温度测量的理论和方法的学科。

2.1.2

被测对象　measured object

被测量目的物的实体。

2.1.3

[被测]目标　[measured] target

在被测对象上进行测定的局部区域。

2.1.4

[热]辐射体　[thermal] radiator

温度高于热力学温度零开尔文（0 K）的物体。

2.1.5

温差　temperatum difference

某一瞬间两个不同温度的分离点之间的温度之差。

2.1.6

温度梯度　temperature gradient

在特定区域和给定时间内，温度的空间变化率。

2.1.7

温度场　temperature field

某一瞬间，某空间区域内一切点的温度分布。

2.1.8

自热　self-heating

由于元件的激励功率造成的自身发热现象。

2.1.9

热量　quantity of heat

由于温差而迁移的能量。

2.1.10

潜热　latent heat

温度不变时，物质在相变过程中所吸收或释放的热量。

2.1.11

气化热 vaporizing heat

液体在气化时，从液态转变为同温度的气态所吸收的热量，也等于在一定压强下，气体转化为同温度液体时所释放的热量。

2.1.12

熔解热 melting heat

晶体物质熔化时，从固态全部变为同温度的液态时所吸收的热量。

2.1.13

凝固热 freezing heat

晶体物质凝固时，从液态全部变为同温度的固态时所释放出的热量。

2.1.14

升华热 sublimating heat

升华物气化时，从固态全部变为同温度的气态时所吸收的热量。

2.1.15

[热]传导 [heat] conduction

物体各部分无相对位移，仅依靠物质分子、原子及自由电子等微观粒子热运动，热量从高温部分向低温部分传递的现象。

2.1.16

[热]对流 [heat] convection

由于温度及密度差，通过流体运动传递热量的现象。

2.1.17

[热]辐射 [heat] radiation

物体以电磁波或粒子态传播或发射能量的现象。

2.1.18

热导率 thermal conductivity

单位温度梯度和单位时间内所传导的热量。

注：热导率是表征物质热传导性能的物理量。单位为 W/(m·K)。

2.1.19

热平衡 thermal equilibrium

同一物体内或在可相互进行热交换的几个物体间，不发生热的迁移，且具有相同温度的状态。

2.1.20

热效率 heat efficiency

热交换系统中，有效热与供入热之比。

2.1.21

相 phase

系统中物理性质均匀的部分，物质分子集结的一种特定形式。

2.1.22

相变 phase transition

在特定温度和压强下，物质由一种相转变为另一种相的过程。

2.1.23

应变 strain

物体由于受力、温度变化或内在缺陷等引起形状、尺寸发生相对变化的现象。

2.1.24

紊流 turbulence

流体流速较高时,由于惯性力起主导作用,流体处于比较紊乱的流动状态。

2.1.25

层流 laminar flow

流体流速较低时,由于内摩擦力起主导作用,流体呈平行的层状流动状态。

2.1.26

电[动]势 electromotive force (emf)

能产生电流的电位差。

2.1.27

接触电势 contact electromotive force

由于不同材料相互接触而产生的电势。

2.1.28

温差电势 temperature difference electromotive force

由于均匀导电材料两端处于不同温度而产生的电势。

2.1.29

塞贝克效应 Seebeck effect

热电效应 thermoelectric effect

温差电现象 thermoelectricity of temperature difference

在两种不同导电材料构成的闭合回路中,当两个接点的温度不同时,回路中产生电势的一种由热能转变为电能的现象。

2.1.30

塞贝克[热]电势 Seebeck [thermal] electromotive force

由于塞贝克效应而产生的电势。

注:当一对不同导电材料的一端处于 0 ℃,另一端为测量温度时,塞贝克电势与温度的关系就是该类材料的热电偶分度表。

2.1.31

塞贝克系数 Seebeck coefficient

由于微小温差引起塞贝克电势变化的变化率。

当塞贝克电势与温度关系以曲线表示时,则任意给定温度下的塞贝克系数就是该温度点所对应的曲线的斜率。

2.1.32

汤姆生效应 Thomson effect

电流流过均匀非等温导电材料时,它的每一部分产生吸热或放热的现象。

2.1.33

汤姆生热 Thomson heat

由汤姆生效应引起的导电材料与环境之间的交换热。

2.1.34

汤姆生系数 Thomson coefficient

均匀非等温导电材料在单位时间内,每单位温度梯度,流过单位电流时所产生的汤姆生热。

2.1.35

珀尔帖效应 Peltier effect

两种不同导电材料的接点处有电流流过时,产生的吸热或放热的现象。

2.1.36

珀尔帖热　Peltier hear

由珀尔帖效应引起导电材料与环境之间的交换热。

2.1.37

珀尔帖系数　Peltier coefficient

由于珀尔帖效应,在不同导电材料接点处,单位时间内流过单位电流时吸收或释放的可逆热。

2.1.38

辐射能量　radiation energy

以辐射的形式发射、传递或接收的能量。

2.1.39

辐射通量　radiation flux

辐射功率　radiation power

以辐射的形式发射、传递或接收的功率。

2.1.40

辐[射]出[射]度　radiation exitance

表面给定面元的辐射通量除以该面元的面积。

2.1.41

辐[射]照[射]度　irradiance

辐射源投射到给定面元上的辐射通量除以该面元的面积。

2.1.42

辐射强度　radiation intensity

在给定方向的立体角元内,点辐射源(或辐射源面元)的辐射通量除以该立体角元。

2.1.43

辐射亮度　radiance

面元在给定方向上,单位时间、单位立体角内所发射的辐射能量与该方向上面元正投影面积之比。

2.1.44

光谱辐射亮度　spectral radiance

单位波长间隔内的辐射亮度。

2.1.45

光谱辐[射]出[射]度　spectral radiation exitance

单位波长间隔内的辐出度。

2.1.46

有效辐[射]出[射]度　effective radiation exitance

除辐射体自身发射外,还包括投射到其表面再反射的辐出度。

2.1.47

单色辐射　monocolour radiation

波长范围足够地狭窄,以至能以单一波长描述的辐射。

2.1.48

复合辐射　complex radiation

由若干单色辐射组合的辐射。

2.1.49

红外辐射　infrared radiation

波长长于红光的辐射。波长范围为 0.78 μm～1 000 μm 左右,其中 0.78 μm～3.0 μm 为近红外区;3.0 μm～30.0 μm 为中红外区;30.0 μm～1 000 μm 左右为远红外区。

2.1.50

温度辐射　temperature radiation

由温度引起的,仅与物质的种类、表面状况有关的辐射。

2.1.51

光谱特性曲线　spectral characteristic curve

表示一些变量(如发射率、吸收率、透过率、响应率等)与波长之间关系的曲线。

2.1.52

光谱能量分布　spectral distribution energy

描述物体光谱辐出度与波长、温度之间函数关系的曲线。

同义词:光谱辐射分布

2.1.53

峰值波长　peak wavelength

在光谱特性曲线或光谱能量分布中,与波长相关的变量或光谱辐出度最大值所对应的波长。

2.1.54

峰值透射比　peak transmittance

峰值波长处的透射比。

2.1.55

光谱半宽度　spectral half width

在光谱特性曲线或光谱能量分布中,与波长相关的变量或光谱辐出度为峰值一半处所对应的两个波长之差。

2.1.56

窄波段　narrow band spectrum

光谱半宽度与峰值波长之比 $\Delta\lambda/\lambda_0$ 小于 15%的波长间隔。

2.1.57

宽波段　broad band spectrum

光谱半宽度与峰值波长之比 $\Delta\lambda/\lambda_0$ 大于 20%的波长间隔。

2.1.58

发射率　emissivity

辐射体的辐出度与相同温度黑体的辐出度之比。

2.1.59

全发射率　total emissivity

辐射体在全波长范围内的积分辐出度与相同温度黑体在全波长范围内的积分辐出度之比。

2.1.60

光谱发射率　spectral emissivity

辐射体的光谱辐出度与相同温度黑体的光谱辐出度之比。

2.1.61

有效发射率　effective emissivity

辐射体的有效辐出度与相同温度黑体的辐出度之比。

2.1.62

腔体发射率　cavity emissivity

均一温度的黑体腔向着其开孔的特定方向上的发射率。

2.1.63

腔体反射率　cavity reflectivity

经黑体腔内壁反射后，从开孔出射的辐射通量与其特定方向进入开孔的入射辐射通量之比。

2.1.64

吸收比　absorption factor

吸收的与入射的辐射通量之比。

2.1.65

选择吸收　selective absorption

只吸收某些波长辐射通量，而让其余波长透过或反射的吸收。

2.1.66

中性吸收　neutral absorption

对任意波长辐射通量均能无选择性的吸收。

2.1.67

透射比　transmittance

透射的辐射通量与入射的辐射通量之比。

2.1.68

灰体　graybody

表面发射率恒小于1，且不随波长变化的辐射体。

2.1.69

黑体　blackbody

能完全吸收任意波长、入射方向及偏光状态的入射辐射的一种理想辐射体。

2.1.70

余弦辐射体　cosine radiator

辐射强度与辐射方向及其表面法线夹角的余弦成正比的辐射体。

2.1.71

选择辐射体　selective radiator

光谱发射率在所考虑的波长范围内与波长有关的辐射体。

2.1.72

非选择辐射体　non-selective radiator

光谱发射率在所考虑的波长范围内与波长无关的辐射体。

2.1.73

点辐射源　spot radiation source

尺寸足够地小，以至于和它到接收器件之间的距离相比可忽略的辐射源。

2.1.74

热图　thermograph

多维空间的温度分布图像。

同义词：温度图。

2.1.75

表观温度　apparent temperature

辐射温度计在测量非黑体时的温度示值。

2.1.76

辐射温度　radiation temperature

对应全波长范围，具有与被测目标相等的辐射亮度的黑体温度。

2.1.77

亮度温度　radiance temperature

对应某特定波长或波段，具有与被测目标相等的光谱辐射亮度的黑体温度。

2.1.78

比色温度　two-colour temperature

对应两个特定波长或波段，辐射亮度之比与被测目标相等的黑体温度。

2.1.79

分布温度　distribution temperature

辐射体具有与黑体成比例，或大致成比例的光谱能量分布曲线时的黑体温度。

2.2　温标

2.2.1

温度　temperature

宏观上，温度是一种可以指示热平衡状态的量，一切互为热平衡的系统都具有相同的温度；微观上，温度与大量分子平均动能相联系，它标志着物体内部分子无规则运动的剧烈程度。

2.2.2

热力学温度　thermodynamic temperature

按热力学原理确定的温度，符号为 T。

2.2.3

摄氏温度　Celsius temperature

以与热力学温度的冰点(273.15 K)的差值表示的温度，符号为 t。摄氏温度 t 与热力学温度 T 之间的数值关系为：

$$t/℃ = T/\mathrm{K} - 273.15$$

2.2.4

开尔文　Kelvin

热力学温度的单位，符号为 K，定义为水三相点热力学温度的 1/273.16。

2.2.5

摄氏度　degree Celsius

摄氏温度的单位，符号为℃。

2.2.6

华氏度　degree Fahrenheit

华氏温度的单位，符号为℉，与摄氏度的换算式为：

$$t_{\mathrm{F}}/℉ = \frac{9}{5}t/℃ + 32$$

2.2.7

温[度]标[尺]　temperature scale

温度的数值表示法。

2.2.8

经验温标　experimental temperature scale

借助于物质的某个物理参数随温度变化的关系，用实验方法或经验公式构成的温标。

2.2.9

华氏温标　Fahrenheit temperature scale

早期温标之一。规定水银温度计在 101 325 Pa 压强下，水的冰点为 32，沸点为 212，中间等分 180 格，每格为华氏一度，并以符号℉表示温度单位的温标。

2.2.10

摄氏温标　Celsius temperature scale

早期温标之一。它规定水银温度计在101 325 Pa压强下，水的冰点为0，沸点为100，中间等分100格，每格为摄氏一度，并以符号℃表示温度单位的温标。

2.2.11

理想气体温标　ideal gas temperatue scale

利用理想气体状态方程所确定的压强或体积与温度关系的特性而建立的温标，简称气体温标。

2.2.12

国际[实用]温标　International [Practical] Temperature Scale；I[P]TS

由国际协议而采用的易于高精度实现，并在当时知识和技术水平范围内尽可能接近热力学温度的一种协议性温标。

2.2.13

1968年国际实用温标　International Practical Temperature Scale-1968；IPTS-68

1968年国际计量委员会根据第十三届国际计量大会决议8授权通过的，用以取代1948年国际实用 温标（1960年修订版）而建立的温标。

2.2.14

1976年0.5 K～30 K临时温标　1976 Provisional 0.5 K to 30 K Temperature Scale；EPT-76

由于氦蒸气压温标和1968年国际实用温标在低温端显著偏离热力学温度以及它们之间的不一致性，由国际计量委员会于1976年公布的一个在0.5 K～30 K之间使用的临时性温标。

注：EPT-76是法文标题的缩写。

2.2.15

1990年国际温标　International Temperature Scale-1990；ITS-90

自1990年1月起，替代1968年国际实用温标（1975年修订版）和1976年0.5 K～30 K临时温标的新温标。

ITS-90由0.65 K向上到根据普朗克辐射定律使用单色辐射实际可测得的最高温度。在全量程中，任何温度的T_{90}值非常接近于温标采纳时热力学温度的最佳估算值，且易于高精度实现。

2.2.16

ITS-90的近似技术　techniques for approximating the ITS-90

采用比基本定义的国际温标实现方法要简单且实用的技术，在一定适度和确定的准确度水平内近似1990年国际温标。

2.2.17

温标的实现　realization of international temperature scale

按温标文本所规定的程序进行操作的过程。

2.2.18

标准[器]　[measurement] standard

用以定义、实现、保持温度单位和已知量值的测量仪表或测量系统。

2.2.19

国际标准[器]　international standard

由国际标准化团体通过并确认的标准。

2.2.20

国家标准[器]　national standard

由国家标准化主管机构批准、发布，在全国范围内统一的标准。

2.2.21

基准　primary standard

在特定的文本中被指明或广泛认可，具有最高温度计量特性，其量值未经参考其他温度标准而被直接采用的标准。

2.2.22

副基准　secondary standard

通过与基准比对确定其温度量值，仅次于基准的一种测量标准。

2.2.23

参考标准[器]　reference standard

通常具有在给定地点或给定机构所能得到的最高温度计量特性的标准，其他温度测量值均由它导出。

2.2.24

工作标准[器]　working standard

日常用以校准或检验一般温度计的标准。工作标准[器]通常用参考标准来校准。

2.2.25

量值传递　values transfer

将基准实现的量值逐级传递到次一等级温度计的过程。

2.2.26

固定点　fixed point

物质不同相之间的可复现的平衡温度点。

2.2.27

定义固定点　defining fixed point

国际温标规定的某些物质不同相之间的可复现的平衡温度点。

2.2.28

第二类参考点　secondary reference point

一些性质确定的、高纯度并可复现的样品的相变温度。它们的温度值由国际温度咨询委员会正式公布，作为国际温标的参考温度。

2.2.29

凝固点　freezing point

由液态变为固态时，两相物质在 101 325 Pa 压强下的平衡温度。

2.2.30

熔化点　melting point

由固态变为液态时，两相物质在 101 325 Pa 压强下的平衡温度。

2.2.31

三相点　triple point

纯物质固态、液态、气态平衡共存时的温度。

2.2.32

水三相点　triple point of water

水的液、固和汽三相平衡共存时的温度。温度值为 273.16 K。水三相点是测温学中最基本的定义固定点。

2.2.33

冰点　ice point

空气一饱和水在 101 325 Pa 压强下，液态、固态平衡共存时的温度。

2.2.34

密封三相点容器　sealed triple point cell

充入纯物质以实现三相点的密封容器。

2.2.35

液体恒温槽　liquid thermostatic bath

以液体、熔融态盐或熔融态纯金属为介质，温度可控并能达到一定稳定度的装置。

常用介质有酒精、水、油、锡、盐等，分别构成酒精低温槽、水槽、油槽、锡槽、盐槽等。

2.2.36

定点炉　furnace for reproduction of fixed points

为实现国际温标定义固定点而建立的金属凝固点或熔化点装置。

2.2.37

检定炉　furnace for verification use

比较法检定用的恒温炉。

2.2.38

黑体腔　blackbody cavity

一种实用的辐射特性近似于黑体的腔体。

2.2.39

黑体炉　blackbody furnace

由黑体腔及其加热或冷却装置构成的总体。

2.2.40

钨带灯　tungsten strip lamp

温度灯　temperature lamp

高温温标实现和量值传递用的一种非黑体辐射源。其亮度温度在一定波长下是通电电流的单值函数。

2.2.41

标准铂电阻温度计　standard platinum resistance thermometer;SPRT

根据电阻测温法由无应力纯铂丝绕制而成、作为温度量值传递用的标准器。

2.2.42

非唯一性　non-uniqueness

国际温标中同一子温区内，由于同一种内插仪器的不一致所产生的温度量值的差异。

2.2.43

量值溯源性　measurement Traceability

通过一条具有规定不确定度的不间断的比较链，使测量结果或测量标准的量值能够与规定的参考标准，通常是与国家测量标准或国际测量标准联系起来的特性。

2.3　性能术语

2.3.1

准确度　accuracy

温度计示值与被测温度变量[约定]真值的一致程度。

2.3.2

准确度等级　accuracy class

温度计按准确度高低分成的等级。

2.3.3

测量不确定度　uncertainty of measurement

表征被测温度变量的[约定]真值在某个量值范围的评估。

注：测量不确定度一般包含多个分量，其中一些分量可在测量结果统计分布的基础上进行评估，并可用实验标准偏差表征，其他分量只能基于经验或其他信息作评估。

2.3.4

示值误差　error of indication

温度计示值与被测温度变量[约定]真值之差。

2.3.5

基本误差　intrinsic error

参比工作条件下温度计的示值误差。

2.3.6

基本误差限　limit of intrinsic error

温度计基本误差的最大允许值。

2.3.7

允差　tolerance

温度计(检测元件)实际输出值与温度的关系偏离分度表的允许范围。

2.3.8

自热误差　self-heating error

在规定试验条件下，温度计由于自热而偏离标定条件所导致的误差。

2.3.9

人为误差　personal error

在测量过程中，由于人的生理上的最小分辨能力、感觉器官生理变化、固有习惯及反应灵敏度等引起的读数误差。

2.3.10

[槽的]梯度误差　gradient error [of bath]

在槽的工作区域内，由于温度梯度引起的误差。

2.3.11

稳定性　stability

在规定工作条件保持恒定时，温度计性能在规定时间内保持不变的能力。

2.3.12

可靠性　reliability

在规定工作条件下和规定时间内，温度计完成规定功能的能力。

2.3.13

复现性　reproducibility

再现性

温度计在不同的工作条件下(即由不同的观察者、以不同的测量方法、不同的测量装置、在不同的地点)，对同一输入值进行多次测量时，其输出值之间的一致程度。

2.3.14

重复性　repeatability

温度计在较短的时间内，在相同工作条件下(即由同一观察者、以相同的测量方法、相同的测量装置、在相同的地点)，对同一输入值进行连续多次重复测量时，其输出值之间的一致程度。

2.3.15

互换性　interchangeability

同类或同规格不同批温度计的实际输出信号——温度特性曲线与规定的输出信号——温度特性曲线之间相吻合的程度。

2.3.16

灵敏度　sensitivity

温度计示值达到稳定时，输出增量与输入增量之比。

2.3.17

灵敏限　sensitive limit

引起温度计示值有可觉察变化的被测变量最小变化值。

2.3.18

分辨力　resolution power

温度计可识别的最小温差。

2.3.19

超然性　transparency

温度计不改变被测值的能力。

注：对周围介质加热的电阻温度计是不超然的。

2.3.20

范围　range

由上限值和下限值所限定的一个区域。

注："范围"通常加以修饰语，例如，测量范围、标度范围、示值范围、刻度范围等。

2.3.21

测量范围　measuring range

温度计可按规定准确度进行测量的温度范围。

2.3.22

[测量范围]上限值　[measuring range] higher limit

能按规定准确度进行测量的被测温度最高值。

2.3.23

[测量范围]下限值　[measuring range] lower limit

能按规定准确度进行测量的被测温度最低值。

2.3.24

量程　span

上限值和下限值的代数差。

2.3.25

标度范围　scale range

温度计有效温度度数范围。

2.3.26

示值范围　indication range

温度计显示的最低值到最高值的范围。

2.3.27

刻度范围　graduated range

温度计从最低值到最高值所有刻度标记对应的范围。

2.3.28

检验温度点　temperature point for verification

为检验温度计是否符合允差(或基本误差限)要求而选择的试验温度。

2.3.29

温度偏置　temperature offset

温度计预定的读数与温度源的试验温度之间的给定差值。

2.3.30

分度点　calibration point

由基准或标准[器]所确认的规定值,在该值上决定温度计的示值或输出。

2.3.31

分度特性　calibration characteristics

在规定条件下确定的温度计输出值与被测温度之间的关系。

2.3.32

分度曲线　calibration curve

以曲线表示的温度计的分度特性。

2.3.33

分度公式　calibration equation

以函数式表示的温度计的分度特性。

2.3.34

分度表　reference table

以表格形式表示的温度计的分度特性。

2.3.35

测量时间　measuremeat time

按规定准确度要求测量被测目标温度所需的时间。

2.3.36

预热时间　warm up time

温度计由启动到正常工作所需的时间。

2.3.37

响应时间　response time

被测目标温度出现阶跃变化时,温度计输出由初始值第一次达到最终稳态值与初始稳态值之差的某个规定百分数的时间。

2.3.38

时间常数　time constant

被测目标温度出现阶跃变化时,温度计输出上升到最终值的63.2%时所需的时间。

2.3.39

热响应时间　thermal response time

温度出现阶跃变化时,热电阻(热电偶)的输出变化量相当于该阶跃变化的某个规定百分数所需的时间,通常以 τ 表示。

2.3.40

时滞　dead time

从被测目标温度产生变化的瞬间起到温度计输出值开始变化的瞬间为止的时间。

2.3.41

漂移　drift

温度计的温度计量特性随时间的缓慢变化。

2.3.42

温度漂移　temperature drift

由于环境温度变化而引起温度计输出的变化。

注：温度漂移以温度系数或输出变化范围表示。当试验温度范围与使用时环境温度范围不同时需说明。

2.3.43

输出阻抗　output impedance

温度计输出端之间的阻抗。

2.3.44

负载阻抗　load impedance

与温度计输出端连接的所有装置及连接导线的阻抗总和。

2.3.45

允许的负载阻抗　allowable load impedance

在保证性能的范围内所允许连接的负载阻抗。

2.3.46

接触电阻　contact resistance

由于接点接触而产生的附加电阻。

2.3.47

绝缘电阻　insulation resistance

在温度计指定绝缘部分之间施加规定的直流电压后测得的电阻。

2.3.48

绝缘强度　insulating strength

可施加在温度计指定绝缘部分之间而不致产生飞弧，或跨越绝缘材料的电流不超过某规定电流值的直流或正弦交流电压。

2.3.49

耐[电]压　resistance voltage to power supply

稳态最小负载条件下所能承受的最高电源电压。当使用外部电源时，耐压以试验部位及试验电压表示。

2.3.50

最大工作压力　maximum working pressure;MWP

在规定温度下，温度计工作时所允许的最大压力。它是在过程中所要承受的最高压力，也是常规使用时的设计安全极限。

2.3.51

环境温度范围　ambient temperature range

温度计在使用时所允许的环境温度下限值到上限值之间的范围。

2.3.52

环境湿度范围　ambient humidity range

温度计在使用时所允许的环境相对湿度下限值到上限值之间的范围。

2.3.53

寿命　life

对不可修复的温度计，指失效前的工作时间；

对可修复的温度计，指相邻两次故障之间的工作时间，也称无故障工作时间。

2.3.54

平均无故障工作时间　mean time between failures; MTBF

在温度计的规定寿命期内，规定条件下相邻两次故障间的时间平均值。

2.3.55

试验流道的可用横截面　usable cross-section of the test channel

进行热响应时间试验时，试验介质流道内实际被使用的一部分横截面，在该横截面上温度和流速应该基本上均匀分布。

2.3.56

［玻璃温度计的］设定温度　setting temperature [of liquid-in-glass thermometer]

通过对玻璃温度计的感温泡和毛细管中液体介质的调节，在主标尺上对应于零点读数的温度。

2.3.57

液体视膨胀系数　liquid visual expansion coefficient

玻璃温度计液体介质的平均体膨胀系数与玻璃平均体膨胀系数之差。

2.3.58

平均体膨胀系数　mean volume expansion coefficient

单位温度变化引起的物质体积的相对变化。

注：平均体膨胀系数的表达式为：

$$\beta=\frac{V_{t_2}-V_{t_1}}{V_0(t_2-t_1)}$$

式中：V_{t_2}、V_{t_1} 分别表示 t_2 和 t_1 时介质的体积；V_0 表示 0 ℃时介质的体积。

2.3.59

［玻璃温度计的］感温泡长度　bulb length [of liquid-in-glass thermometer]

从感温泡底部到感温泡内直径开始收缩至与毛细管相连的接点间的距离。

2.3.60

标度　scale

构成温度计指示装置一部分的一组有序的标度标记以及所有有关的数字。

2.3.61

标度标记　scale mark

温度计指示装置上对应于一个或多个确定的被测温度值的标度线或其他标志。

2.3.62

标度长度　scale length

在给定的标度上，始末标度标记之间通过所有最短标记中点的线段的长度。

2.3.63

置入深度　immersion depth

从保护管、温包或感温泡的底部算起，检测元件处于被测介质中的深度。

2.3.64

最小可用置入深度　usable minimum immersion depth

保证检测元件符合其标准规定的置入误差要求的最小浸入深度。

2.3.65

设计置入深度　designed immersion depth

制造厂申明能保证检测元件符合其标准规定的允差要求的最小置入深度。

2.3.66

置入误差　immersion error

由于检测元件置入深度不同而引起的误差。

2.3.67

插入长度　insert length

从检测元件下端至安装连接接合面或锥螺纹下端的长度。

2.3.68

极限温度　limiting temperature

温度计的最高适用温度和最低适用温度。其中最高适用温度又称上[极]限温度，最低适用温度又称下[极]限温度。

2.3.69

电阻率　specific resistance

导线温度不变时，其电阻与导线长度成正比，与其截面积成反比，比例常数为电阻率。

2.3.70

[热电阻的]电阻比　resistance ratio [of resistance thermometer]

温度为 t 时热电阻阻值 $R(t)$ 与 0.01 ℃(或 0 ℃)时热电阻阻值 $R(0.01\ ℃)$ 或 $R(0\ ℃)$ 之比。

2.3.71

[热电阻的]电阻温度系数　resistance-temperature coefficient [of resistance thermometer]

在给定的温度间隔内，温度每变化 1 ℃时，热电阻阻值的相对变化。

2.3.72

耗散功率 dissipation power

电阻体由电能转变成热能所消耗的功率。

2.3.73

耗散常数　dissipation constant

热敏电阻从规定的初始温度 t_1 变化到 t_2 时，相应的耗散功率由 Q_1 变化至 Q_2，它们的比值 δ 为耗散常数。

$$\delta=\frac{Q_2-Q_1}{t_2-t_1}(\mathrm{W/℃})$$

2.3.74

[热电阻的]温度循环　temperature cycling [of resistance thermometer]

热电阻按一定规律反复经受不同温度的过程。

2.3.75

[热电阻的]热电效应　thermoelectric effect [of resistance thermometer]

热电阻输出端之间由于不同金属接点以及内引线的不均匀性因存在温度梯度而产生的电势。

2.3.76

热电效应误差　thermoelectric effect error

测量线路上由于热电效应而引起的误差。

2.3.77

测量端区　measuring junction region

从测量端的外套管端面起，大于外套管直径规定倍数的长度范围。

2.3.78

连接线误差　connecting wire error

由于连接线电阻所引起的误差。

注 1：热电偶的连接线虽系测量电路的一部分，但它的大部分不处于被确定的温度上。

注 2：热电阻可以采用三线制或四线制接线法予以补偿。

2.3.79

[热电偶的]参比端误差　reference junction error [of thermocouple]

由于热电偶成对的参比端没有安装于同一的温度，或参比端不处于正确的参比温度所引起的误差。

2.3.80

[热电偶的]延长线误差　extension lead error [of thermocouple]

在使用条件下，延长导线与热电偶的塞贝克系数不相同所导致的误差。

2.3.81

频率—温度系数　frequency-temperature coefficient

石英温度计在给定温度下，温度每变化 1 ℃所引起的频率变化与该温度下标称频率之比。

2.3.82

视场　field of view

辐射温度计能够观测到的空间范围。

2.3.83

视场角　angle of field of view

表示视场大小的角度。视场角有物方视场角和像方视场角，分别表示边缘物点和边缘像点的主光线与光轴的夹角。

辐射温度计的物方视场角 2ω 和距离系数 c 都是表示测量距离和目标尺寸之间相互关系的系数，并可近似地作如下换算：

$$\omega = \arctan(1/2c)$$

或当 $2\omega < 0.25$ rad 时，

$$\omega = 1/2c$$

2.3.84

数值孔径　numerical aperture; NA

孔径角的正弦与介质折射率之乘积。它决定物镜的分辨率，数值孔径愈大，分辨率愈高。

2.3.85

相对孔径　relative aperture

光学系统的入瞳直径和物方焦距之比。它决定物镜的分辨率和像面照度。

2.3.86

通光孔径　clear aperture

光路上所有光学零件保证成像光束通过所需的开孔直径。

2.3.87

有效孔径　effective aperture

被孔径光阑所限制的孔径。

2.3.88

测量距离　measuring distance

被测目标到辐射温度计物镜（或保护窗）前端面的距离。

2.3.89

目标尺寸　target size; spot size

对应某个给定测量距离所规定的被测目标的大小。

2.3.90

距离系数　distance factor

测量距离与该距离所要求的被测目标尺寸之比。

2.3.91

设计距离 design distance

基本误差检验所规定的、符合辐射温度计距离系数要求的测量距离。

2.3.92

辐射源尺寸效应 size-of-source effect

由于被测目标扩大而导致辐射温度计输出的变化。

2.3.93

瞄准 sighting

对准目标的操作。

2.3.94

工作波段 wavelength band

测量波长 measured wavelength

辐射温度计做出响应的波长或波长范围。

2.3.95

[平均]有效波长 [mean] effective wavelength

辐射温度计工作波段内某一确定波长，对应于温度为 T_1 和 T_2 的黑体光谱辐射亮度之比等于温度计在相同条件下所接收的黑体在工作波段内积分辐射亮度之比，称该波长为温度计在温度区间（T_2，T_1）内的[平均]有效波长。

2.3.96

极限有效波长 limiting effective wavelength

当温度 T_2 无限趋近于温度 T_1 时，在温度区间（T_2，T_1）内的[平均]有效波长将趋近于温度点 T_1 的有效波长，称该有效波长为辐射温度计在温度 T_1 的极限有效波长。

2.3.97

视见函数 visible function

在可见光（0.4 μm～0.76 μm）范围内，人眼的视见度与 0.555 μm 处最高视见度之比。

2.3.98

n-指数 n-exponent

表示被测目标的温度与辐射温度计输出信号之间关系的指数。

2.4 测试方法

2.4.1

温度测量 temperature measurement

以确定温度量值为目的的一组操作。

2.4.2

测量原理 principle of measurement

测量方法的科学基础。

2.4.3

静态测量 static measurement

在测量期间被测温度可被认为恒定量的测量。

2.4.4

动态测量 dynamic measurement

对被测温度瞬时值及其随时间变化量的测量。

2.4.5

测量方法 method of measurement

在温度测量过程中,根据给定原理,按合理步骤进行的一组操作。

2.4.6

测量结果 result of measurement

通过测量而获得的被测温度的值。

注:完整的测量结果应说明关于测量不确定度的信息和关于适当的影响量值的信息,并明确测量结果指的是示值、还是未修正结果,或者已修正结果,以及说明是否对几次观测结果进行平均。

2.4.7

点参数测量法 method of spot parameter measurement

对被测对象某个局部点温度进行测量的方法。

2.4.8

场参数测量法 method of field parameter measurement

对被测对象温度的平面分布或空间分布进行测量的方法。

2.4.9

零位测量法 null method of measurement

通过调整一个(或几个)已知其值、并与被测温度有已知平衡关系的量,用平衡法确定被测温度的测量方法。

同义词:零平衡测量法

2.4.10

微差测量法 differential method of measurement

与温度呈函数关系的被测变量,与同它的量值只有微小差别的同类已知量相比较,通过测量它们之间的差值确定被测温度的测量方法。

2.4.11

间接测量法 indirect method of measurement

根据已知函数关系,从直接测量的量值中获得被测温度值的测量方法。

2.4.12

接触测温法 contact thermometry

检测元件与被测目标直接接触,两者达到热平衡后,由检测元件的输出信号决定被测目标温度的测量方法。

注:常用的接触测温法有:热电偶测温法、电阻测温法等。

2.4.13

非接触测温法 non-contact thermometry

检测元件不接触被测对象,通过测量其与温度相关的某个特征量实现温度测量的方法。

注:常用的非接触测温法有:辐射测温法、光谱测温法等。

2.4.14

电阻测温法 resistance thermometry

利用电阻值随温度变化的原理实现温度测量的方法。

2.4.15

热电测温法 thermoelectric thermometry

利用塞贝克效应实现温度测量的方法。

2.4.16

热电偶比较标定法 comparison method of calibrating thermocouple

利用高一级标准热电偶与被标定热电偶在同一温度下直接比较的标定方法,其中包括微差法、同名极法、双极法。

2.4.17

热电偶微差标定法　differentia method of calibrating thermocouple

将同类型的标准热电偶和被标定热电偶反向串联，并置于同一温度下，直接测量它们电势差值的标定方法。

2.4.18

热电偶同名极标定法　same-polarity method of calibrating thermocouple

将同类型的标准热电偶和被标定热电偶置于同一温度下，通过分别测量同名电极之间的微差电势以获得分度偏差的标定方法。

同义词：热电偶单极检定法

2.4.19

热电偶双极标定法　double-polarizy method of calibrating thermoccuple

将标准热电偶与被标定热电偶置于同一温度下，分别测量它们各自的电势以获得分度偏差的标定方法。

2.4.20

参比端温度补偿法　temperature compensating method of reference junction

利用参比端温度补偿器对参比端进行温度补偿的方法。

2.4.21

参比端恒温法　constant-temperature method of reference junction

将参比端置于恒温器中保持温度恒定的方法。

2.4.22

[热]电势修正法　revising method of [thermal] electromotive force

热电偶参比端温度恒定但不为 0 ℃时，按中间温度定律对电势进行修正的方法。

注：中间温度定律是指：热电偶在接点温度为 t、t_0 时的电势等于该热电偶在接点温度为 t、t_n 和 t_n、t_0 时的相应电势的代数和。

2.4.23

延长导线法　extension lead method

补偿导线法　compensating lead method

利用热电偶的延长导线，使参比端延长到指定的温度稳定区域进行测量的方法。

2.4.24

辐射测温法　radiation thermometry

利用辐射体的辐射亮度与温度之间的函数关系实现温度测量的方法。其中包括亮度测温法、全辐射测温法和比色测温法等。

2.4.25

亮度测温法　radiance thermometry

利用辐射体在某一波长下的光谱辐射亮度与温度之间的函数关系实现温度测量的方法。

2.4.26

光学高温计电测法　electrical measurement method of optical pyrometer

一种亮度测温法。通过对高温计灯泡灯丝隐没时流过灯丝的电流，或灯丝电阻，或两端电压降的测量，确定被测目标的亮度温度的方法。

2.4.27

全辐射测温法　total radiation thermometry

利用辐射体在全波长范围的积分辐射亮度与温度之间的函数关系实现温度测量的方法。

2.4.28

比色测温法　two-colour thermometry

利用辐射体在两个不同波长下光谱辐射亮度之比与温度之间的函数关系实现温度测量的方法。

2.4.29

三色测温法　tri-colour thermometry

利用辐射体在三个不同波长下光谱辐射亮度两个比值之比与温度之间的函数关系实现温度测量的方法。

2.4.30

多色测温法　multi-colour thermometry

通过对多波段(三个以上)辐射亮度的测量与分析,获得辐射体表面的真实温度的测量方法。

2.4.31

热成像技术　thermograph technology

利用红外扫描技术及辐射测温原理,对辐射体表面温度分布及热状态进行实时显示和测量的方法。

2.4.32

温度补偿　temperature compensation

能使某些特性与环境温度变化无关的措施或方法。

2.4.33

[温度计的]标定　calibration [of thermometer]

在规定条件下,确定温度计示值与被测温度之间关系的操作。标定包括分度与校准两种操作,分度是根据标准温度计的指示或输出确定未被标定过的温度计示值的过程;校准是根据标准温度计的指示或输出确认已标定温度计误差的过程。

2.4.34

定点法标定　fixed points method of calibration

绝对法标定　absoluting method of calibration

由作为标准的定点装置或定点黑体源,在各定点上以给定的温度值直接对温度计进行标定。

2.4.35

比较法标定　comparison method of calibration

在某种等温环境中,直接将被标定的温度计与已标定的高一等级或同一等级的温度计或温度装置,在多个测温点上以对比的方式进行标定。

2.4.36

标定降级　decalibration

对已建立不确定度的温度测量装置或系统的精确度予以改变或降级。

2.4.37

[温度计的]检定　verification [of thermometer]

检查和确认温度计是否符合规定要求的程序。

2.4.38

[温度计的]考核　qualification [of thermometer]

通过试验,证实被测试温度计的性能指标与特定目的保持一致。

2.4.39

合格认证　conformity certification

经权威机构确认,并通过合格证书或合格标志,证明温度计符合相应标准或规范。

2.4.40

鉴定试验 qualification test

在经销部门或其代理人指导下进行的一系列确定温度计是否符合性能指标要求的试验。

2.4.41

抽样试验 sampling test

从批量中随机抽取一定数量温度计，以确认其性能是否符合要求为目的而进行的试验。

2.4.42

型式检验 type test

为证明设计符合一定规范和要求，对按设计制造的某种给定型号的一台或多台温度计进行的全性能试验。

2.4.43

例行检验 routine test

出厂检验

为确认温度计是否符合出厂要求，在出厂前按规定要求对每台温度计进行的试验。

2.5 温度仪表及其构件的名称

2.5.1

温度计 thermometer

测量温度的仪表。

2.5.2

检测元件 sensing element; detector

温度计内直接感受被测温度的器件或元件。

同义词：感温元件

2.5.3

温度传感器 temperature transducer

接受温度信息，并按一定规律将它转换成具有规定精确度的可测变量的仪表。

2.5.4

辐射检测器 radiation detecting device

检测被测目标的辐射亮度，并将它转换成电信号的装置。它由光学系统、检测元件及电子线路构成。

2.5.5

温度变送器 temperature transmitter

输出为标准化信号的温度传感器。

2.5.6

两线制温度变送器 two-wire temperature transmitter

通过一个带有外接电源的两线电流回路进行信号变送的温度变送器。

2.5.7

信号处理系统 signal processing system

对输入信号进行处理以满足输出要求的电子线路。其中包括运算保持、信号同步、控制、报警、线性变调以及发射率修正等。

2.5.8

输出系统 output system

给出测量结果的系统。

2.5.9

显示单元　display unit

指示和(或)记录测量结果的单元。它可以是温度计不可分离的部分(一体型),也可以是与温度计配套的显示仪表(分离型)。

2.5.10

辅件　auxiliary attachment

除温度计本体外,具有次要、辅助和从属功能的装置。例如:固定温度计用的金属零件、台架、保护筒、水冷套、空气净化器、窥视管等。

同义词:辅助装置

2.5.11

[玻璃温度计的]感温泡　bulb [of liquid-in-glass thermometer]

位于玻璃温度计测量端,储有可随温度变化而热胀冷缩的感温液体的容器。

2.5.12

[玻璃温度计的]毛细管　capillary tube [of liquid-in-glass thermometer]

具有毛细孔的玻璃管,它熔接在感温泡上面,当温度变化时感温液柱面在毛细孔内上下移动。温度计标度所在部位的毛细管叫测量毛细管。

2.5.13

[玻璃温度计的]内孔　bore [of liquid-in-glass thermometer]

毛细管内的空腔。

2.5.14

[玻璃温度计的]缩喉　constriction [of liquid-in-glass thermometer]

玻璃温度计内孔中的一个障碍物。当感温泡被加热时,感温液体从感温泡中出来,而当加热被取消后,它将限制感温液体返回感温泡。

2.5.15

[玻璃温度计的]液柱　liquid column [of liquid-in-glass thermometer]

进入毛细管中的感温液。

同义词:感温液柱

2.5.16

[玻璃温度计的]中间泡　contraction chamber [of liquid-in-glass thermometer]

毛细管内径的扩大部位。其作用是容纳部分感温液以便缩短标度长度、增添辅标度或防止感温液柱面在未降至规定温度时缩入感温泡中。中间泡一般设置在主标度下部或上部。

2.5.17

[玻璃温度计的]安全泡　safe chamber [of liquid-in-glass thermometer]

毛细管顶部的内径扩大部位。其作用是当温度计错误地用在超过其上限一定温度时,可使温度计不损坏,并便于升接中断的液柱。

2.5.18

[玻璃温度计的]膨胀室　expansion chamber [of liquid-in-glass thermometer]

温度计最高标度线以上至安全泡顶端这一段毛细管空间,即由温度计最高标度线以上的毛细管和安全泡所组成。

2.5.19

[玻璃温度计的]浸没线　immersion line [of liquid-in-glass thermometer]

用于表示温度计浸没位置的标志线。

2.5.20

玻璃温度计　liquid-in-glass thermometer

根据液体和感温泡的膨胀系数之差，由液体在玻璃毛细管内的高度变化直接读取示值的温度计。

2.5.21

棒式玻璃温度计　solid-stem liquid-in-glass thermometer

具有厚壁毛细管，温度值直接刻在毛细管上的玻璃温度计。

2.5.22

内标式玻璃温度计　enclosed-scale liquid-in-glass thermometer；inner scale liquid-in-glass thermometer

毛细管贴靠于标度板上，两者均封装在同一个玻璃保护管中的玻璃温度计。

2.5.23

外标式玻璃温度计　external-scale liquid-in-glass thermometer；outer scale liquid-in-glass thermometer

毛细管贴靠于标度板上，但不封装在玻璃保护管中的玻璃温度计。

2.5.24

完全浸没温度计　complete immersion thermometer

全部浸没于被测温度中以获得正确温度示值的玻璃温度计。

2.5.25

全浸温度计　total immersion thermometer

感温泡和液柱浸没于被测温度中以获得正确温度示值的玻璃温度计。

2.5.26

局浸温度计　partial immersion thermometer

感温泡和液柱的规定部分浸没于被测温度中以获得正确温度示值的玻璃温度计。

2.5.27

电接点玻璃温度计　electric contact liquid-in-glass thermometer

利用水银柱的升降与毛细管中金属丝的接触与否，使外接电路接通或断开，达到温度控制目的的玻璃温度计。

2.5.28

贝克曼温度计　Beckman［differential］thermometer

具有很窄的测量范围（例如5 ℃），以及分度极细的标尺（例如0.01 ℃或0.02 ℃），通过改变温泡中的水银量，将过多水银贮存在顶部的贮存器中，以便任意改变测量范围的一种专用于温差测量的移液式内标玻璃水银温度计。

2.5.29

最高温度计　maximum thermometer

不断变化位置而能指示并保持其所感受到的最高温度的温度计。

2.5.30

最低温度计　minimum thermometer

不断变化位置而能指示并保持其所感受到的最低温度的温度计。

2.5.31

波登管　Bourdon tube

弹簧管　spring tube

压力式温度计的压力敏感元件。一种形状随感温介质的压力或体积变化而变化的密封螺旋形或C形扁平管。

2.5.32

［压力式温度计的］温包　bulb [of filled system thermometer]

内部灌注介质的物理性质(体积或压力)随温度而变化，并通过毛细管将变化传给波登管的感温元件。

2.5.33

压力式温度计　filled thermal system; filled system thermometer

充灌式感温系统

由充有感温介质的温包、毛细管和压力敏感元件构成的感温系统测量温度的温度计。

注：感温介质通常分为下列三种：

a) 液体；

b) 蒸发液体；

c) 气体。

2.5.34

气体温度计　gas thermometer

以实际气体作为测温介质，应用气体状态方程确定温度的温度计。

2.5.35

双金属元件　bimetallic element

将两种不同热膨胀系数的金属结合在一起制成的温度检测元件。

2.5.36

双金属温度计　bimetallic thermometer

利用双金属元件测量温度的仪表。

2.5.37

角型双金属温度计　angle form bimetallic thermometer

检测元件轴线与标度盘平面呈一定角度的双金属温度计。其中呈垂直角度的又称轴向型。

2.5.38

直型双金属温度计　straight form bimetallic thermometer

径向型双金属温度计

检测元件轴线与标度盘平面平行的双金属温度计。

2.5.39

热电阻　resistance thermometer; resistance temperature detector; RTD

利用金属电阻值随温度变化的特性实现温度测量的工业用检测器。

2.5.40

内引线　internal lead

热电阻出厂时自身具备的引线，其功能是使感温元件能与外部测量控制装置连接。内引线通常位于保护管内。

2.5.41

热电阻元件　resistance thermometer element; resistance temperature sensor

由电阻丝、金属膜或半导体材料、绝缘支架以及接线端构成的热电阻的温度敏感部分。

2.5.42

电阻温度计　resistance thermometer

由导体或半导体电阻、电阻测量仪器以及连接两者的导线组成，利用导体或半导体的电阻随温度变化的特性测量温度的元件或仪器。

2.5.43

标准化热电阻　standardized resistance thermometer

在工业应用中具有互换性和统一分度表，其输出特性已被标准化的热电阻。目前我国标准化热电阻有铂和铜两种，有的国家还有镍热电阻。

2.5.44

铜热电阻　copper resistance thermometer

利用铜的电阻值随温度变化的特性构成的温度检测器。

2.5.45

铂热电阻　platinum resistance thermometer

利用铂的电阻值随温度变化的特性构成的温度检测器。

2.5.46

铑铁电阻　rhodium-iron resistance thermometer

一种含铁量约为0.5%原子百分比的铑铁合金丝绕制成的温度检测元件。

2.5.47

锗电阻　germanium thermometer

通过精密控制掺杂(例如:砷、镓、锑、铟等)的锗单晶片制成的电阻温度检测元件。

2.5.48

热敏电阻　thermistor

由具有很高电阻温度系数的固体半导体材料构成的热敏类型的温度检测元件。

2.5.49

正温度系数热敏电阻　positive temperature coefficient thermistor

电阻值随温度升高而增大的热敏电阻。

2.5.50

负温度系数热敏电阻　negative temperature coefficient thermistor

电阻值随温度升高而减小的热敏电阻。

2.5.51

热电偶　thermocouple

由一对不同的导电材料构成，其一端相互连接，感受被测温度，另一端与测量仪表相连，利用塞贝克效应实现温度测量的一种温度检测器。

2.5.52

热电堆　thermopile

由两个以上热电偶串联，或由若干相同热电特性的同类热电偶并联连接而成的一种热电元件。

2.5.53

热电极　thermoelement

构成热电偶的偶丝。

2.5.54

热电偶元件　thermocouple element

工业热电偶中由一对或多对热电偶及其绝缘物构成的元件。

2.5.55

测量端　measuring junction

热电偶感受被测温度的端。

2.5.56

参比端　reference junction

热电偶处于已知温度的端。

2.5.57

热电偶的形式　thermocouple style

不注重热电偶的材料，而着重于考虑它的物理性能和结构设计的分类方式。例如：端的形式、保护方式、绝缘方式、电路结构等。

2.5.58

热电偶的类型　thermocouple type

成对使用的热电偶材料的分类。每种类别具有自身的物理特征、其相对塞贝克电势和温度之间有确定的关系和允差、并按标准规定的字母(分度号)表示。

2.5.59

[热电偶测量]端的形式　junction style [of thermocouple]

热电偶的端的机械结构形式。例如：外露型、延长型、同轴型等。

2.5.60

[热电偶测量]端的类型　junction class [of thermocouple]

热电偶的端的电连通性。例如：绝缘型、短路型等。

2.5.61

外露型　exposed junction

热电偶直接与被测对象热接触，且不经套管热绝缘的测量端。

2.5.62

绝缘型　isolated junction; protected junction

保护型

热电偶与导电保护套构件或电路参考接地端没有电接触的测量端。

2.5.63

短路型　shorted junction; grounded junction

接地型

热电偶与保护套管或盒直接电接触的测量端。

2.5.64

延长导线　extension lead

一对与热电偶配用的带有绝缘层的导线，当与所配用的热电偶正确连接时，就把该热电偶的参比端移到这对导线的输出端。

2.5.65

补偿[型延长]导线　compensating extension lead

名义化学成分与所配用的热电极不同，但在其使用温度范围内，标称热电动势值与所配用热电极相同的延长导线。

2.5.66

延伸型延长导线　extending extension lead

名义化学成分及标称热电动势值与所配用的热电极相同的延长导线。

2.5.67

绝缘物　insulation material

防止热电极之间和(或)热电极与保护管之间短路的零件或材料。

2.5.68

保护管 protective tube

保护热电偶(检测元件)免受环境有害介质影响的管状物。保护管有可拆卸和不可拆卸两种。

2.5.69

[温度计]安装套管 thermowell [of thermometer]

通过外螺纹、法兰或焊接等方式安装到被测对象的容器上,用来保护温度计免受恶劣环境(如高压和涌流等)损坏的一种端部密封管。

2.5.70

热电偶电路 thermocouple circuit

由热电偶的测量端、参比端、延长导线及显示仪表等构成的测量电路整体。

2.5.71

[参比端温度]补偿器 [reference junction temperature] compensator

产生补偿电势以消除参比端温度变化影响的装置。

2.5.72

均温块 equalizing block

一种通常是金属的块状物,当放置于不均匀温区时,由于它的高导热性及高质量而具有良好的温度均匀性。

2.5.73

热电温度计 thermoelectric thermometer

由热电偶及其信号处理、显示装置组成的温度计。

2.5.74

差分热电偶 differential thermocouple

热电极的两端分别与另一种不同类型的两个热电极相串联,并以它们相互焊接的接点作为测量端,组成能近似地直接测量两个测量端之间温差的一种热电偶。

同义词:微分热电偶

2.5.75

标准化热电偶 standardized thermocouple

国际间通用又为我国所采纳,在工业应用中具有互换性和统一分度表,其输出特性已被标准化的热电偶。常用的有:铂铑30-铂铑6(B型)、铂铑13-铂(R型)、铂铑10-铂(S型)、镍铬-铜镍(E型)、镍铬-镍铝(K型)、镍铬硅-镍硅(N型)、铁-铜镍(J型)、铜-铜镍(T型)、钨铼5-钨铼26(C型)和 钨铼5-钨铼20(A型)。

2.5.76

铂铑30-铂铑6热电偶 Platinum-30% Rhodium/Platinum-6% Rhodium thermocouple

由正极质量名义成分为70%铂、30%铑的合金,负极质量名义成分为94%铂、6%铑的合金组成的热电偶。分度号为B。

2.5.77

铂铑13-铂热电偶 Platinum 13% Rhodium/Platinum thermocouple

由正极质量名义成分为87%铂、13%铑的合金,负极为物理纯铂组成的热电偶。分度号为R。

2.5.78

铂铑10-铂热电偶 Platinum 10% Rhodium/Platinum thermocouple

由正极质量名义成分为90%铂、10%铑的合金,负极为物理纯铂组成的热电偶。分度号为S。

2.5.79

镍铬-铜镍热电偶　Nickel-Chromium/Copper-Nickel thermocouple

由正极质量名义成分为90%镍、10%铬的合金，负极质量名义成分为55%铜、45%镍的合金组成的热电偶。分度号为E。

2.5.80

镍铬-镍铝(硅)热电偶　Nickel-Chromium/Nickel-Aluminium (Silicon) thermocouple

由正极质量名义成分为90%镍、10%铬的合金，负极质量名义成分为97.5%镍、2.5%铝(硅)的合金组成的热电偶。分度号为K。

2.5.81

镍铬硅-镍硅热电偶　Nickel-Chromium-Silicon/Nickel-Silicon thermocouple

由正极含有质量名义成分为14%铬、1.4%硅，负极含有质量名义成分为4.4%硅的两种镍基材料组成的热电偶。分度号为N。

2.5.82

铁-铜镍热电偶　Iron/Copper-Nickel thermocouple

由正极成分为工业纯铁，负极质量名义成分为55%铜、45%镍的合金组成的热电偶。分度号为J。

2.5.83

铜-铜镍热电偶　Copper/Copper-Nickel thermocouple

由正极成分为电解纯铜，负极质量名义成分为55%铜、45%镍的合金组成的热电偶。分度号为T。

2.5.84

钨铼系热电偶　Tungsten-Rhenium thermocouple series

由钨、铼及它们的合金作为热电极材料组成的高温热电偶系列。

2.5.85

钨铼5-钨铼20热电偶　Tungsten 5% Rhenium/Tungsten 20% Rhenium thermocouple

由正极质量名义成分为95%钨、5%铼的合金，负极质量名义成分为80%钨、20%铼的合金组成的热电偶。分度号为A。

2.5.86

钨铼5-钨铼26热电偶　Tungsten 5% Rhenium/Tungsten 26% Rhenium thermocouple

由正极质量名义成分为95%钨、5%铼的合金，负极质量名义成分为74%钨、26%铼的合金组成的热电偶。分度号为C。

2.5.87

抽气式热电偶　gas pump thermocouple

利用抽气器形成负压，加快烟气流速以减少测量误差的烟道温度测量用的热电偶。

2.5.88

铠装热电偶　sheathed thermocouple

将热电偶丝和绝缘材料一齐挤压在金属保护管中拉制而成的热电偶。

2.5.89

绝缘型铠装热电偶　isolated junction type sheathed thermocouple

测量端与封闭的外套管电绝缘的铠装热电偶。

2.5.90

露端型铠装热电偶　exposed junction type sheathed thermocouple

测量端裸露，但与外套管无电连接的铠装热电偶。

2.5.91

接壳型铠装热电偶　shorted junction type sheathed thermocouple

测量端与封闭的外套管电连接的铠装热电偶。

2.5.92

表面温度计　surface thermometer

用接触法测量各种状态(静态、动态或带电物体等)固体表面温度的仪表。

2.5.93

光学系统　optical system

一种或几种光学零部件按某种要求组合而成的系统,在辐射温度计中用于会聚、传递辐射能量。它可以是光导管、光纤、反射镜、透镜等,并分别构成光导式、光纤式、反射镜式、透镜式辐射温度计。

2.5.94

高温计灯泡　pyrometer lamp

一种装在高温计内部的标准温度辐射源或参考辐射源,其亮度温度在一定波长下是通电电流的单值函数。

2.5.95

孔径光栏　aperture stop

在光学系统中,限制轴上物点成像光束孔径大小的光栏,即决定孔径角大小的光栏。

2.5.96

视场光栏　field stop

在光学系统中,限制视场范围(或视场角)大小的光栏,即决定视场角大小的光栏。

2.5.97

滤光片　filter

改变光的强度或光谱成分的光学零件。

2.5.98

颜色滤光片　colour filter

利用有色玻璃或颜色滤光膜对光的不同波长具有选择性吸收的性能来改变光的光谱成分的滤光片。

注:仅透过红光而对其他光吸收的滤光片称红色滤光片。

2.5.99

中性滤光片　neutral filter

吸收滤光片　absorption filter

在一个宽的光谱区内,均匀减弱光的强度而不改变光谱成分的滤光片。

2.5.100

干涉滤光片　interference filter

利用光干涉原理和镀膜技术,改变光的光谱成分的滤光片。

2.5.101

带通滤光片　band-pass filter

能让某一光谱带的光透过的滤光片。

2.5.102

隐丝式光学高温计　disappearing-filament optical pyrometer

根据光学温度计电测法的工作原理实现温度测量的仪表。

2.5.103

辐射温度计　radiation thermometer

根据辐射测温法的原理测量被测目标的辐射亮度,并直接转换成电信号的非接触式温度测量仪表。

2.5.104

单色辐射温度计　homogeneous radiation thermometer

检测极其狭窄波段辐射亮度实现温度测量的辐射温度计。

2.5.105

部分辐射温度计　partial radiation thermometer

检测较宽波段内辐射亮度实现温度测量的辐射温度计。

2.5.106

全辐射温度计　total radiation thermometer

检测宽波段内辐射亮度的辐射温度计。

2.5.107

光电温度计　photoelectric thermometer

利用光电检测元件将接收到的辐射亮度转换成电信号实现温度测量的辐射温度计。

2.5.108

辐射感温器　[industrial] total radiation temperature transducer

利用热电堆将接收到的辐射亮度转换成电信号的温度传感器。

2.5.109

红外辐射温度计　infrared radiation thermometer

检测红外辐射亮度实现温度测量的辐射温度计。

2.5.110

比色温度计　two-colour [radiation] thermometer;ratio thermometer

检测两个不同有效波长下光谱辐射亮度之比实现温度测量的辐射温度计。

2.5.111

单通道比色温度计　single-path ratio thermometer

利用一个检测元件,交替测量两个不同有效波长下光谱辐射亮度的比色温度计。

2.5.112

双通道比色温度计　double-path ratio thermometer

利用两个检测元件,同时测量两个不同有效波长下光谱辐射亮度的比色温度计。

2.5.113

辐射热流计　radiation heatflowmeter

通过非接触地测量被测对象的辐射热流密度、表面温度及环境温度等,确定被测对象(工业设备、输热管道和建筑物等)外壁面热泄漏的仪表。

2.5.114

多色辐射温度计　multi-colour radiation thermometer

利用数个(三个以上)不同波段内辐射亮度之间的相互关系实现温度测量的辐射温度计。

2.5.115

扫描辐射温度计　scanning radiation thermometer

通过对被测目标顺序地一维或两维扫描,测量并记录其线或面的温度分布的辐射温度计,它的测量波长(段)可以是单色、多色、部分或全波长。

2.5.116

热像仪　thermal imager

利用红外光学系统、红外探测器及电子处理系统，将物体表面红外辐射分布转换成可见图像的设备。它通常具有测温功能，具备定量绘出物体表面温度分布的特点，可对灰度图像进行伪彩色编码。

2.5.117

液晶温度计　liquid crystal thermometer

利用不同成分的胆甾醇型液晶随温度变化呈现不同颜色来显示表面温度的温度计。

2.5.118

功能(物性)型光纤温度传感器　function type optic-fibre temperature transducer

利用光纤本身及其所传输的光信号的某些特性在温度作用下发生变化的现象，借助于光电元件将光信号转换成电信号的一种温度传感器。

2.5.119

非功能型光纤温度传感器　non-function type optic-fibre temperature transducer

光纤仅作为光的传输媒介，直接由内设的探测器件将光信号转换成电信号的一种温度传感器。

2.5.120

熔点型消耗式温度计　melting point type disposable fever thermometer

利用化合物的熔点，测量和指示局部温度的一次性使用温度计。

2.5.121

声学温度计　acoustic thermometer

利用声波在气体中传播的速度与热力学温度之间的关系实现温度测量的温度计。

2.5.122

石英温度计　quartz thermometer

频率温度计　frequency thermometer

利用石英晶体振荡频率与温度之间的关系实现温度测量的温度计。

2.5.123

噪声温度计　noise thermometer

利用电阻热噪声与热力学温度之间的关系实现温度测量的温度计。

2.5.124

温度锥　thermal cones

塞格锥　Segar cones

由在规定温度下变形的各种材料制成的一系列圆锥形测温装置。制作材料为不同比例的陶土、盐和其他材料的混合物，整个系列的软化温度是逐渐变化的。

参 考 文 献

［1］ GB/T 13962—1992　光学仪器术语
［2］ GB/T 16839.1—1997　热电偶　第1部分:分度表
［3］ GB/T 16839.2—1997　热电偶　第2部分:允差
［4］ GB/T 17212—1998　工业过程测量和控制　术语和定义
［5］ JB/T 5582—1991　铠装热电偶
［6］ JB/T 8622—1997　工业铂热电阻　技术条件及分度表
［7］ JB/T 8623—1997　工业铜热电阻　技术条件及分度表
［8］ JB/T 8803—1998　双金属温度计
［9］ JB/T 9238—1999　工业热电偶　技术条件
［10］ JB/T 9240—1999　比色温度计
［11］ JB/T 9241—1999　辐射感温器　技术条件
［12］ JJF 1007—2007　温度计量名词术语
［13］ 1990国际温标(ITS-90)宣贯手册
［14］ ASTM:E344-06　温度和液体比重测量术语
［15］ JIS C1612:2000　辐射温度计试验方法
［16］ ISA-S37.1:1975(R1982)　Electrical Transducer Nomenclature and terminology
［17］ OMEGA Handbook (1990)
［18］ 电机工程手册第四十四篇第一章　温度测量仪表
［19］ 国际通用计量学术语(ISO VIM 1993)

汉语拼音索引

F

G

H

英文对应词索引

D

E

F

G

H

I

J

K

L

M

T

ICS 71.040.01
N 53

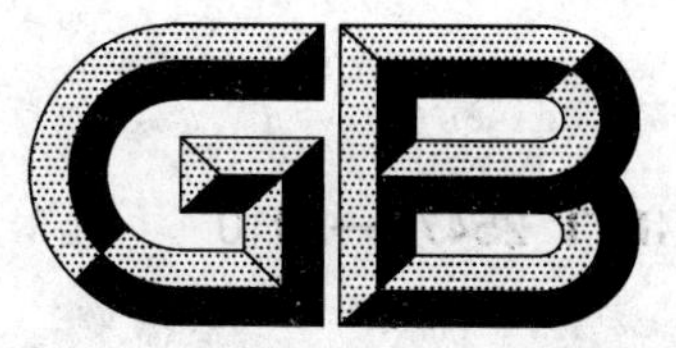

中华人民共和国国家标准

GB/T 25476—2010

可调谐激光气体分析仪

Tunable laser gas analyzer

2010-12-01 发布　　　　　　　　2011-05-01 实施

中华人民共和国国家质量监督检验检疫总局
中国国家标准化管理委员会　发布

前 言

本标准由中国机械工业联合会提出。

本标准由全国工业过程测量和控制标准化技术委员会(SAC/TC 124)归口。

本标准由聚光科技(杭州)有限公司负责起草,杭州电子科技大学、上海市计量测试技术研究院、北京北分麦哈克分析仪器有限公司、北京分析仪器研究所等参加起草。

本标准主要起草人:王健、陈人、郭晓维、王欣媛、蔡建华、郭肇新、马雅娟。

可调谐激光气体分析仪

1 范围

本标准规定了可调谐激光气体分析仪的要求、试验方法、检验规则、包装、运输、贮存等。

本标准适用于使用可调谐半导体激光吸收光谱技术测量混合气体或蒸气中某一种或几种气体组分浓度的可调谐激光气体分析仪(以下简称仪器)。

2 规范性引用文件

下列文件中的条款通过本标准的引用而成为本标准的条款。凡是注日期的引用文件,其随后所有的修改单(不包括勘误的内容)或修订版均不适用于本标准,然而,鼓励根据本标准达成协议的各方研究是否可使用这些文件的最新版本。凡是不注日期的引用文件,其最新版本适用于本标准。

GB/T 191—2008 包装储运图示标志(ISO 780:1997,MOD)

GB/T 2829—2002 周期检验计数抽样程序及表(适用于对过程稳定性的检验)

GB 4793.1—2007 测量、控制和试验室用电气设备的安全要求 第1部分:通用要求(IEC 61010-1:2001,IDT)

GB 7247.1—2001 激光产品的安全 第1部分:设备分类、要求和用户指南(IEC 60825-1:1993,IDT)

GB/T 11606—2007 分析仪器环境试验方法

GB/T 13384—2008 机电产品包装通用技术条件

GB/T 17626.2—2006 电磁兼容 试验和测量技术 静电放电抗扰度试验(IEC 61000-4-2:2001,IDT)

GB/T 17626.3—2006 电磁兼容 试验和测量技术 射频电磁场辐射抗扰度试验(idt IEC 61000-4-3:2002)

GB/T 17626.4—2008 电磁兼容 试验和测量技术 电快速瞬变脉冲群抗扰度试验(IEC 61000-4-4:2004,IDT)

GB/T 17626.5—2008 电磁兼容 试验和测量技术 浪涌(冲击)抗扰度试验(IEC 61000-4-5:2005,IDT)

GB/T 17626.11—2008 电磁兼容 试验和测量技术 电压暂降、短时中断和电压变化的抗扰度试验(IEC 61000-4-11:2004,IDT)

GB/T 18268—2000 测量、控制和实验室用的电设备 电磁兼容性要求(idt IEC 61326-1:1997)

GB/T 18403.1—2001 气体分析器性能表示 第1部分:总则(eqv IEC 61207-1:1994)

3 术语和定义

GB/T 18403.1—2001 定义的术语以及下列术语及定义适用于本标准。

3.1

可调谐半导体激光吸收光谱技术 Tunable Diode Laser Absorption Spectroscopy

通过改变半导体激光器工作电流或工作温度等参数调谐激光输出波长,扫描被测气体得到某一条或一簇吸收谱线的吸收光谱,这里的吸收光谱包括了直接吸收光谱、波长调制光谱、频率调制光谱或腔增强吸收光谱等,通过分析该吸收光谱就可获得被测气体的浓度信息。

3.2

可调谐激光气体分析仪　tunable laser gas analyzer

采用可调谐半导体激光吸收光谱技术测量混合气体或蒸气中某一种或几种气体组分浓度的气体分析仪。

3.3

激光光源　laser source

仪器中的激光光源包括半导体二极管激光光源、量子级联激光光源、外腔半导体激光光源等可调谐半导体的激光光源。激光器的调谐范围一般小于 $1 cm^{-1}$。

3.4

透过率　transmittance

探测激光经过被测环境后出射的光强度与入射到被测环境光强度的比值。

3.5

最小工作透过率　rated minimum transmittance

当透过率下降导致被测气体浓度测量误差等于线性误差时，对应的气体透过率数值即为仪器的最小工作透过率。

3.6

被测气体温度变化误差　temperature fluctuation error

由被测气体温度变化引起的测量误差。

3.7

被测气体压力变化误差　pressure fluctuation error

由被测气体压力变化引起的测量误差。

3.8

激光安全　laser safety

指仪器在制造和使用过程中人员的安全。

4　要求

4.1　工作条件

仪器在表 1 规定的工作条件下应能正常工作。

表 1　工作条件

序号	影响量	单位	正常工作条件
1	环境温度	℃	5～40
2	相对湿度	%	≤90
3	大气压力	kPa	70.0～106.0
4	阳光辐射	—	无直接照射
5	空气流速	m/s	0～0.5
6	外界电场、磁场、电磁场	—	按制造商规定
7	工作位置	—	按制造商规定
8	通风	—	按制造商规定
9	机械振动	—	按制造商规定
10	有害性气体	—	按制造商规定
11	电源电压	V	额定电压±10%
12	电源频率	Hz	额定频率±2%

4.2 外观要求

4.2.1 仪器应保持清洁,不得有污物积垢。

4.2.2 仪器表面应光洁平整,不得有锈蚀现象。

4.2.3 仪器零件结合处应整齐,无毛刺、锐棱和粗糙不平现象,刚性连接部件不得松动。

4.2.4 仪器所有的铭牌及标志应清楚、持久。

4.3 输出接口和输出信号

仪器应具备相应的信号输出接口,信号输出应包括模拟量和/或数字量。

4.4 性能要求

4.4.1 线性误差

仪器的线性误差应从下列数值中选取:

±1%F.S、±1.5%F.S、±2%F.S、±2.5%F.S、±3%F.S。

注:F.S表示满量程。

4.4.2 重复性

仪器的重复性从下列数值中选取:

0.5%、0.75%、1.0%、1.25%、1.5%、2.5%。

4.4.3 输出波动

在规定时间内,仪器输出信号的波动应不超过线性误差的三分之一。

4.4.4 零点漂移和量程漂移

仪器连续运行规定的时间间隔,其零点漂移量和量程漂移量应从下列数值中选取:

±1% F.S、±1.5% F.S、±2% F.S、±2.5% F.S、±3% F.S。

时间间隔应从以下数值中选取:24 h、3 d、7 d。

4.4.5 预热时间

预热时间由制造商根据仪器类别优先在下列数值中选取。

30 min、1 h、3 h。

4.4.6 滞后时间、上升时间和下降时间

仪器的滞后时间、上升时间和下降时间应在下列时间中选取:

滞后时间:0.5 s、1 s、5 s、10 s;

上升时间:1 s、2 s、10 s、20 s;

下降时间:1 s、2 s、10 s、20 s。

注:响应时间 T_{90} 为滞后时间和上升时间(或下降时间)之和。

4.4.7 透过率变化误差

透过率变化对仪器引起的误差应不大于仪器的线性误差。

4.4.8 最小工作透过率

制造商应对仪器的最小工作透过率做出明确的规定。在最小工作透过率条件下仪器应满足4.4.1、4.4.2和4.4.4的要求。

4.5 影响量

4.5.1 被测气体温度、压力范围

制造商应对被测气体的额定工作温度范围、额定工作压力范围做出明确规定。

4.5.2 被测气体温度变化误差

在被测气体额定工作温度范围内,每变化 10 ℃所引起的被测气体温度变化误差不超过线性误差。

4.5.3 被测气体压力变化误差

在被测气体额定工作压力范围内,由被测气体压力变化引起的被测气体压力变化误差不超过线性误差。

4.5.4 环境温度变化影响

按制造商产品标准规定。

4.5.5 振动影响

按制造商产品标准规定。

4.5.6 干扰误差

凡是被测气体中存在不低于仪器检测限的干扰组分(包括水蒸气),均应按用户要求或双方协议分别测定其干扰误差。

4.6 电磁兼容要求

仪器的静电放电抗扰度、射频电磁场辐射抗扰度、电快速瞬变脉冲群抗扰度、浪涌(冲击)抗扰度及电压暂降、短时中断和电压变化的抗扰度应满足 GB/T 18268—2000 中的要求。

4.7 安全要求

4.7.1 标志和文件

应符合 GB 4793.1—2007 中第 5 章的有关规定。

4.7.2 防电击要求

4.7.2.1 接触电流

由交流电网供电的仪器,其接触电流应符合 GB 4793.1—2007 中 6.3 的有关规定。

4.7.2.2 保护接地

由交流电网供电的仪器,其保护接地应符合 GB 4793.1—2007 中 6.5.1 的有关规定。

4.7.2.3 介电强度

由交流电网供电的仪器,电源输入端与可触及导电零部件之间施加规定的 1.5 kV 的试验电压,历时 1 min,不应出现击穿或重复飞弧现象。

4.7.3 其他要求

如果仪器存在 GB 4793.1—2007 所规定的涉及安全的机械性危险;机械冲击和撞击;火焰蔓延;温度和耐热;液体危险;辐射、声压力和超声压力;有释放气体、爆炸或内爆;涉及安全的元器件;有连锁装置等情况,则应满足 GB 4793.1—2007 的相关规定。

4.7.4 激光安全

为了避免制造商和用户使用仪器过程中引起人员的伤害,制造商在制造时和提供的用户指南要符合 GB 7247.1—2001,说明激光安全等级、相关警示标识和使用注意事项。

4.8 包装、运输和贮存

仪器在运输包装状态下,按照 GB/T 11606—2007 中第 8 章、第 15 章、第 16 章、第 17 章和第 18 章方法试验后,包装箱不应有较大变形和损伤,受试仪器不应有变形松脱、涂覆层剥落等机械损伤,其性能要求应能满足 4.4 和 4.7 规定。

5 试验条件

5.1 除非另有规定,第 6 章试验方法中的性能试验 6.3 应在参比试验条件下进行;其他试验在仪器的工作条件下进行。仪器的参比试验条件见表 2。

表 2 参比试验条件

序号	影响量	单位	参比试验条件
1	环境温度	℃	23±5
2	相对湿度	%	45～75
3	大气压力	kPa	86.0～106.0

表 2（续）

序号	影响量	单位	参比试验条件
4	阳光辐射	—	无直接照射
5	空气流速	m/s	0～0.2
6	外界电场、磁场、电磁场	—	可以忽略不计的含量
7	工作位置	—	正常工作位置±1°
8	通风	—	无阻碍，但不得对流
9	机械振动	—	可忽略不计
10	有害性气体	—	可以忽略不计的含量
11	电源电压	V	额定电压±1%
12	电源频率	Hz	额定频率±1%

5.2　校准气可由气瓶或气体动态发生装置（如气体混合泵）提供。试验时，校准气应采用国家二级或二级以上的标准气。

5.3　试验用测量装置和记录设备其准确度应优于受试仪器准确度。其中，中性滤光片为经过检定校准的二级标准滤光片。

5.4　仪器操作应遵守有关安全规定。

5.5　对于多组分、多量程仪器应分别试验。

6　试验方法

6.1　外观检查

用目视和手感等方法进行。

6.2　输出接口和输出信号

用万用表和示波器检测输出信号。

6.3　性能试验

6.3.1　下列的相关试验程序依据 GB/T 18403.1—2001 实施：

——线性误差；

——重复性；

——输出波动；

——预热时间；

——滞后时间、上升时间和下降时间。

6.3.2　零点漂移和量程漂移

启动仪器，按规定时间预热后，通入零点校准气，指示调到量程的 5% 与测量下限之和处（以下简称规定处），稳定后，记录仪器的示值。通入规定浓度（一般为满量程 60%～90% 的标准气体，以下同）的校准气，记录稳定后的仪器的示值（至少六次，在试验周期内近似均匀分布）。分别记录零点值为 Z_i 和终点值 E_i（$i=1,2,\cdots,n;n\geqslant 6$）。计算差值 $\Delta Z_i=(Z_i-Z_1)$ 及 $\Delta E_i=(E_i-Z_i)-(E_1-Z_1)$，取绝对值最大的为 ΔZ_{max}、ΔE_{max}。

零点漂移量（δ_0）按公式(1)计算：

$$\delta_0=\frac{\Delta Z_{max}}{R}\times 100\% \qquad \cdots\cdots(1)$$

式中：

R——仪器满量程值（以下值同义）。

量程漂移量(δ_S)按公式(2)计算：

$$\delta_S = \frac{\Delta E_{max}}{R} \times 100\% \quad \cdots\cdots(2)$$

注：如果大气压力变化对仪器指示值的影响不可忽略，应记录大气压力值，以便对测量结果进行修正。Z_i、E_i 值应为受压力影响的修正值。

6.3.3 最小工作透过率和透过率变化误差

仪器经过调零、标定校准后，向仪器通入规定浓度校准气。在仪器光路中通过插入中性滤光片或者其他方式改变透过率，观察仪器示值测试结果的变化。当透过率下降导致被测气体浓度测量误差等于线性误差时，对应的气体透过率数值即为仪器的最小工作透过率。

中性滤光片测试透过率取值应尽量均匀分布在仪器的允许透过率范围内。在每一透过率取值条件下观测并记录仪器示值偏差 ΔA_i，重复三次，计算该透过率取值条件下三次偏差的平均值$\overline{\Delta A}$。

按公式(3)计算透过率变化误差(δ_{tr})

$$\delta_{tr} = \frac{\overline{\Delta A_{max}}}{R} \times 100\% \quad \cdots\cdots(3)$$

式中：

$\overline{\Delta A_{max}}$——每种透过率条件下仪器示值偏差 ΔA_i 的平均值$\overline{\Delta A}$中的最大值，i 为透过率取值序数。

透过率变化可参考选取下面几个点：

a) TR_{min}；

b) $TR_{min} + TR_{range} \times 35\%$；

c) $TR_{min} + TR_{range} \times 65\%$；

d) $TR_{min} + TR_{range} \times 90\%$。

式中：

TR_{max}——仪器工作透过率上限；

TR_{min}——最小工作透过率对应的透过率；

TR_{range}——透过率范围，等于 $TR_{max} - TR_{min}$。

6.4 影响量

6.4.1 被测气体温度变化误差

向仪器通入规定浓度的校准气体，利用温控装置调节被测气体温度，按操作说明控制升(降)温速率，并分别测定仪器在被测气体额定工作温度上限、下限及中间值时仪器的示值，稳定时间自仪器通气始不得小于 1 h。

仪器的示值变化按公式(4)和公式(5)换算成校准气体温度每变化 10 ℃时的上限差值 ΔA_{Tu}和下限差值 ΔA_{TL}

$$\Delta A_{Tu} = \frac{(A_{Tu} - A_{T0}) \times 10}{T_u - T_0} \quad \cdots\cdots(4)$$

$$\Delta A_{TL} = \frac{(A_{TL} - A_{T0}) \times 10}{T_L - T_0} \quad \cdots\cdots(5)$$

式中：

T_0——中间温度值($(T_u + T_L)/2$)，单位为摄氏度(℃)；

A_{T0}——被测气体温度等于中间温度值(T_0)的仪器的示值；

A_{Tu}——被测气体温度在上限温度(T_u)下仪器的示值；

A_{TL}——被测气体温度在下限温度(T_L)下仪器的示值。

则误差按公式(6)计算：

$$\delta_{Ti}=\frac{\Delta A_T}{R}\times 100\% \quad \cdots\cdots(6)$$

式中：

ΔA_T——ΔA_{Tu}与ΔA_{TL}绝对值之中的最大值。

6.4.2 被测气体压力变化误差

经过调零、标定校准后，向仪器连续通入规定浓度的校准气。通过调压装置使被测气体压力在被测仪器压力范围内±5%均匀可调。均匀地调节被测气体压力到试验压力值，利用检定合格的压力测量装置测量被测气体实际压力，并记录仪器的示值变化。

按公式(7)计算被测气体压力变化误差(δ_p)

$$\delta_p=\frac{\overline{\Delta A_{max}}}{R}\times 100\% \quad \cdots\cdots(7)$$

式中：

$\overline{\Delta A_{max}}$——每种被测气体压力下仪器偏差 A_i 的平均值$\overline{\Delta A}$中的最大值，i 为被测气体压力取值序数。

被测气体压力变化可参考选取下面几个点：

a) P_{min}；

b) $P_{min}+P_{range}\times 35\%$；

c) $P_{min}+P_{range}\times 65\%$；

d) $P_{min}+P_{range}\times 90\%$。

式中：

P_{max}——被测气体压力上限；

P_{min}——被测气体压力下限；

P_{range}——被测气体压力范围，等于 $P_{max}-P_{min}$。

6.4.3 环境温度变化的影响

将仪器安放在环境试验室(箱)内。

向仪器通入规定浓度的校准气，将环境试验室(箱)依次均匀调节到给定的温度，升降温度速率不大于1 ℃/min。在该温度下保持4 h，分别测定仪器在参比温度和额定工作范围上、下限温度下仪器的示值，求出与参比条件下仪器的示值之差 ΔA。

偏差(δ_i)按公式(9)计算。

$$\Delta A=A_2-A_1 \quad \cdots\cdots(8)$$

$$\delta_i=\frac{\Delta A}{R}\times 100\% \quad \cdots\cdots(9)$$

式中：

A_2——相对于参比值变化时仪器的示值；

A_1——参比条件下仪器的示值。

6.4.4 振动影响

试验方法按 GB/T 11606—2007 中第9章规定的振动试验方案进行。

6.4.5 干扰误差

6.4.5.1 干扰气

6.4.5.1.1 若干扰组分浓度大小对测量结果有影响，则应基于用户或双方协议的干扰组分浓度，制备在其具有最大影响时的浓度值。

6.4.5.1.2 若干扰组分浓度大小对测量结果无影响，则可用其浓度不加限定的干扰气进行试验，也可按用户提供或双方协议给定的干扰组分浓度处进行试验。

6.4.5.2 试验步骤

6.4.5.2.1 干扰组分的干扰误差

仪器通入零点气，并将示值调到规定处，示值为 A_0，向仪器通入按上述 6.4.5.1.1 要求制备的干扰气测定仪器的示值，上述步骤重复三次，按公式(10)计算 ΔA_C。

$$\Delta A_C = \frac{\sum_{i=1}^{3}(A_i - A_0)}{3} \quad \cdots\cdots(10)$$

式中：

A_i——通入干扰气时仪器的第 i 次示值；

A_0——未通入干扰气前仪器调零后的示值。

组分的干扰误差参照公式(9)计算。

6.4.5.2.2 水蒸气的干扰误差

向仪器通入干燥的校准气(含水量按体积比低于 0.1%)。记录仪器的示值 A_i；然后让其通过一个水蒸气发生装置(如水鼓泡器)，该装置的温度控制在某一温度点上，使产生的蒸气浓度满足给定要求，记录稳定后仪器的示值 A'_i。上述步骤重复三次。

试验过程中，应避免水蒸气进入仪器传感器之前发生冷凝现象。

按公式(11)计算 ΔA_W。

$$\Delta A_W = \frac{\sum_{i=1}^{3}(A'_i - A_i)}{3} \quad \cdots\cdots(11)$$

水蒸气的干扰误差参照公式(9)计算。

6.5 电磁兼容性

6.5.1 静电放电抗扰度试验的试验方法按 GB/T 17626.2—2006 实施。

6.5.2 射频电磁场辐射抗扰度试验的试验方法按 GB/T 17626.3—2006 实施。

6.5.3 电快速瞬变脉冲群抗扰度试验的试验方法按 GB/T 17626.4—2008 实施。

6.5.4 浪涌(冲击)抗扰度试验的试验方法按 GB/T 17626.5—2008 实施。

6.5.5 电压暂降、短时中断和电压变化的抗扰度试验的试验方法按 GB/T 17626.11—2008 实施。

6.6 安全要求

6.6.1 标志和文件

目测检查。

6.6.2 防电击试验

6.6.2.1 接触电流

6.6.2.1.1 试验豁免条件

在正常工作条件下，当可触及零部件与参考地之间，或在同一台上在 1.8 m(沿表面或通过空气)的距离内的任意两个可触及零部件之间电压值不超过 33 V(交流有效值)或直流 70 V，可以不进行该项试验。

6.6.2.1.2 试验方法

按 GB 4793.1—2007 的有关规定进行试验。

6.6.2.2 保护接地

按 GB 4793.1—2007 附录 F 的有关规定进行试验。

6.6.2.3 介电强度

6.6.2.3.1 试验要求

潮湿预处理按 GB 4793.1—2007 中 6.8.2 规定进行(该项试验仅在仪器鉴定检验时进行)。

在正常工作条件下，仪器处于非工作状态，电源开关置于接通位置，按试验要求 4.7.2.3 中规定的试验电压值对受试仪器进行试验。

6.6.2.3.2 试验方法

用耐电压测试仪，在一端为连接在一起的电源线插头的相线和中线，另一端为连接在一起的所有可触及导电零部件之间，在 5 s 内升至规定的试验电压值，并保持 1 min。电源线与可接触导电件间的抗干扰电容不应开路；若这些电容不能用于进行试验，则可以用一个数值为交流电压 1.4 倍的直流电压试验。

6.6.3 其他要求

按 GB 4793.1—2007 的有关规定进行试验。

6.6.4 激光安全

按 GB 7247.1—2001 的有关规定进行试验。

6.7 仪器的包装、运输贮存

仪器在包装状态下，按 GB/T 11606—2007 中第 8 章、第 15 章、第 16 章、第 17 章的方法进行试验，恢复后的性能检查项目按 4.8 规定进行。

7 检验规则

7.1 检验分类

仪器检验分为出厂检验和型式检验。

7.2 出厂检验

7.2.1 每台仪器须经制造厂质量检验部门检验，所检验的项目全部达到产品标准要求后方可出厂，并附有产品合格证书、使用说明书及装箱单。

7.2.2 出厂检验项目及不合格类别见表 3。

7.2.3 出厂检验不合格或有不合格项目，则应返工然后复验。复验全部项目合格后，方可出厂。

7.3 型式检验

7.3.1 在下列情况之一时，应进行型式检验：

a) 仪器设计定型或生产定型时；
b) 仪器转厂或转移生产地时；
c) 仪器正式生产后，如结构、材料、工艺有较大改变，可能影响仪器性能时；
d) 仪器长期停产，恢复生产时；
e) 仪器正常生产时，定期或积累一定产量后，应周期进行一次检验，一般为 3 年；
f) 国家各级质量监督检验要求时；
g) 出厂检验结果与上次型式检验有较大差异时。

7.3.2 抽样方案

型式检验的样本应从出厂检验合格的批中随机抽取，样本量不少于三台。

7.3.3 判定规则

7.3.3.1 型式检验项目及不合格类别见表 3。

7.3.3.2 型式检验的抽样应按 GB/T 2829—2002 第 5.9 的规定。采用的抽样方案、检验的不合格分类、检验项目及对应的条目、不合格质量水平、判别水平、样本量和判定数组等要求应在产品标准中规定。

7.3.3.3 合格与不合格的判定应按 GB/T 2829—2002 第 5.11 的规定进行。

7.3.3.4 若型式检验合格，对进行抽样的该批产品可以提交鉴定、定型或出厂、入库。

7.3.3.5 若型式检验不合格，应分析原因，采取纠正措施，验证有效后，重新提交检验。若型式检验再次不合格，则对进行抽样的该批产品应停止出厂，再重复上述分析、纠正、验证、重新提交的步骤，直至合格为止。

表 3 仪器检验项目表

序号	不合格分类	检验项目、要求及试验条目			检验分类	
		检验项目	要求条目	试验方法	出厂检验	型式检验
1	A	安全要求	4.7	6.6	●	●
2		重复性	4.4.2	△	●	●
3		输出波动	4.4.3	△	●	●
4		零点漂移和量程漂移	4.4.4	6.3.2	●	●
5	B	外观要求	4.2	6.1	●	●
6		线性误差	4.4.1	△	●	●
7		输出接口和输出信号	4.3	6.2	●	●
8		预热时间	4.4.5	△	●	●
9		滞后时间、上升时间和下降时间	4.4.6	△	●	●
10		透过率变化误差	4.4.7	6.3.3	—	●
11		最小工作透过率	4.4.8	6.3.3	—	●
12		被测气体温度、压力范围	4.5.1	—	—	●
13		被测气体温度变化误差	4.5.2	6.4.1	—	●
14		被测气体压力变化误差	4.5.3	6.4.2	—	●
15		环境温度变化	4.5.4	6.4.3	—	●
16		振动影响	4.5.5	6.4.4	—	●
17		干扰误差	4.5.6	6.4.5	—	●
18		电磁兼容性要求	4.6	6.5	—	○
19		包装、运输和贮存	4.8	—	—	●

注 1：● ——应进行检验的项目。
注 2：○ ——需要时进行检验的项目。
注 3：— ——不进行检验的项目。
注 4：△ ——参考 GB/T 18403.1—2001。
注 5：A 类不合格——单位产品的极重要质量特性不符合规定，或者单位产品的质量特性极严重不符合规定。
注 6：B 类不合格——单位产品的重要质量特性不符合规定，或者单位产品的质量特性严重不符合规定。

8 标志、包装、运输和贮存

8.1 仪器的标志

仪器在适当的明显位置固定铭牌，其上应有如下标志：

a) 制造商名称、地址；

b) 仪器名称、型号、规格；

c) 制造日期；

d) 出厂编号；

e) 电源电压、电源频率；

f) 必须标志的重要标志；

g) 执行标准。

8.2 包装

8.2.1 仪器包装应符合 GB/T 13384—2008 中防潮、防震包装规定。

8.2.2 包装箱的适当明显位置上应有下列标志：

a) 仪器型号、名称；

b) 制造厂名称、地址；

c) 箱体体积：长×宽×高，单位为 mm；

d) 净重及毛重，单位为 kg；

e) 出厂编号、包装箱序号及数量；

f) 包装储运图示标志："易碎物品"、"向上"、"怕雨"等应符合 GB/T 191—2008 规定；

g) 发送地点及收货单位。

8.2.3 随行文件

包括：

a) 装箱单；

b) 产品合格证；

c) 使用说明书（仪器文件中有关安全描述应符合 GB 4793.1—2007 第 5 章有关规定）；

d) 备件清单。

8.3 运输、贮存

8.3.1 仪器在运输过程中和贮存时应防止受到剧烈冲击、雨淋、暴晒及辐射。

8.3.2 仪器应原箱存放保管，仓库环境温度为 0 ℃～40 ℃，相对湿度不大于 85%，不应有能引起仪器腐蚀及电气绝缘降低的有害物质存放。

8.3.3 仪器贮存期限不应超过两年，超过期限后，应对仪器按产品标准要求进行抽检。

9 质量保证期

在用户遵守运输、贮存和使用条件下，从制造厂发货之日起 18 个月或用户投入运行之日起 12 个月（以先到日期为准），产品因制造质量不良而发生损坏或不能正常工作时，制造厂应无偿为用户修理仪器或更换部件。

ICS 25.040.40
N 12

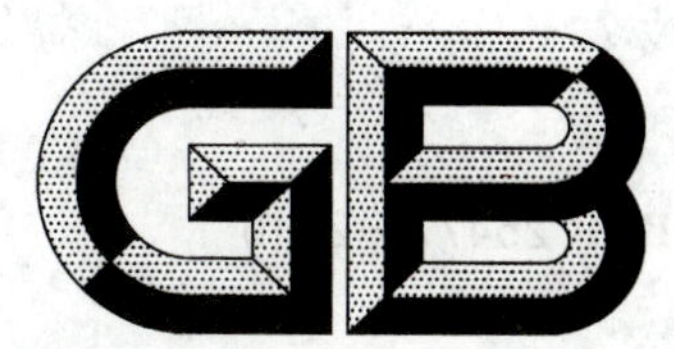

中华人民共和国国家标准

GB/T 25477—2010

防腐磁性翻柱式液位计

Anti-corrosion magnetic turning column fluid level gauge

2010-12-01 发布 2011-05-01 实施

中华人民共和国国家质量监督检验检疫总局
中国国家标准化管理委员会 发布

前　言

本标准由中国机械工业联合会提出。

本标准由全国工业过程测量和控制标准化技术委员会(SAC/TC 124)归口。

本标准主要起草单位:衢州柯化防腐仪表有限公司。

本标准参加起草单位:浙江联大仪表有限公司、上海柯普乐自动化仪表有限公司、上海工业自动化仪表研究所。

本标准主要起草人:肖建华、张宏、罗玉中、盛贻仁、蔡闻智。

防腐磁性翻柱式液位计

1 范围

本标准规定了防腐磁性翻柱式液位计(以下简称液位计)的型式与基本参数、技术要求、试验方法、检验规则和标志、包装运输和贮存。

本标准适用于以全紧衬聚四氟乙烯(PTFE)材料为防腐隔离层(以下简称隔离层)的液位计,该液位计适用于强酸、强碱、强腐蚀液体的液位检测与控制。

2 规范性引用文件

下列文件中的条款通过本标准的引用而成为本标准的条款。凡是注日期的引用文件,其随后所有的修改单(不包括勘误的内容)或修订版均不适用于本标准,然而,鼓励根据本标准达成协议的各方研究是否可使用这些文件的最新版本。凡是不注日期的引用文件,其最新版本适用于本标准。

GB 150—1998 钢制压力容器

GB/T 191 包装储运图示标志(GB/T 191—2008,ISO 780:1997,MOD)

GB/T 7993—2003 用在腐蚀条件下的搪玻璃设备的高电压试验方法(ISO 2746:1998,IDT)

GB/T 13384 机电产品包装通用技术条件

GB/T 20730.1 工业过程控制系统用模拟输入两位或多位输出仪表 第1部分:性能评定方法(GB/T 20730.1—2006,IEC 61003-1:2004,IDT)

GB/T 25480 仪器仪表运输、贮存基本环境条件及试验方法

HG 20536—1993 聚四氟乙烯衬里设备

JB/T 4730—2005 承压设备无损检测

QB/T 3624—1999 聚四氟乙烯管材

QB/T 3625—1999 聚四氟乙烯板材

3 型式与基本参数

3.1 型式

3.1.1 液位计按安装形式分为:

a) 侧装式;

b) 顶装式。

3.1.2 液位计按输出功能分为:

a) 就地显示型;

b) 电信号输出型。

电信号可以是连续量(4 mA d.c.～20 mA d.c.)和(或)开关量。

3.2 基本参数

a) 就地液位指示分辨力:10 mm;

b) 测量范围上限:350 mm～6 000 mm;

c) 过程压力:≤2.5 MPa;

d) 过程温度:−40 ℃～+150 ℃;

e) 介质密度:≥0.5 g/cm^3;

f) 介质粘度:≤200 cP;

g) 液位变化速度：≤100 mm/s。

3.3 正常工作环境条件

a) 温度：−40 ℃～+85 ℃；

b) 相对湿度：10%～90%；

c) 大气压力：86 kPa～106 kPa；

d) 除地磁场外无其他外加磁场。

4 技术要求

4.1 量程与安装距离

液位计的安装距离偏差应不超过±2 mm，在量程范围内应无盲区。

4.2 基本误差限

4.2.1 就地显示型液位计的液位指示允差为±10 mm。

4.2.2 电信号输出型液位计为：

a) 连续信号的模拟液位变化值允差为±1.0% F.S(量程>600 mm)，±2% F.S(量程≤600 mm)；

b) 开关信号的设定点切换动作允差为±5 mm。

4.3 材料

4.3.1 液位计的本体应采用不影响液位计正常工作的材料。

4.3.2 液位计的隔离层采用密度不低于 2.16 g/cm^3、厚度不小于 2 mm 的整体聚四氟乙烯(PTFE)管材和板材，管材和板材的要求分别符合 QB/T 3624—1999、QB/T 3625—1999 的规定。

4.3.3 液位计采用法兰与设备连接，所用的法兰、紧固件及垫片应符合相关的国家标准和行业标准。

4.4 焊接

4.4.1 液位计的本体和组件采用弧极氩气保护焊，焊接材料同本体材质，焊接后焊缝和热影响区表面应平整、清洁、无机械损伤；焊接后的焊缝形式和要求应符合 HG 20536—1993 中第 5 章的规定。

4.4.2 需要时液位计的结构组焊可进行无损检测，焊缝的无损检测按 GB 150—1998 中 10.8.4 的规定，应符合表 1 的要求。

表 1 焊缝无损检测

焊缝类型	探伤方法	合格等级
对接焊	射线照相	Ⅱ
直角焊	渗透检验	Ⅰ

4.5 耐压强度

液位计的本体及其浮子在衬垫及包覆前后应能承受表 2 规定压力并历时 10 min 的耐压强度试验而无渗漏、泄漏和损坏现象。

表 2 耐压强度试验

单位为兆帕

承压部件	最高工作压力					
	常压	0.40	0.60	1.00	1.60	2.50
	试验压力					
主结构	0.40	0.60	0.90	1.50	2.40	3.75
浮子	0.20	0.50	0.75	1.25	2.00	3.13

4.6 PTFE 内衬全防腐

4.6.1 液位计的全部隔离层 PTFE 内衬均应紧密贴附液位计本体内壁，不应有气隙和松动。隔离层在 150 ℃时应能承受−65 kPa 真空压力并保持 10 min 而无收缩、变形和损坏现象。

4.6.2 液位计的全部隔离层 PTFE 内衬厚度应均匀平整，密度一致，无疏松和损坏现象。液位计在耐压力试验后，本体隔离层全表面应能承受不小于 12 kV 的高频电火花检测无击穿现象；过渡工艺短接隔离层全表面应能承受不小于 10 kV 的高频电火花检测无击穿现象。

4.6.3 液位计法兰面的 PTFE 防腐翻边应有足够的宽度，翻边平面与液位计顶、底轴线应成垂直，翻边平面与液位计顶、底端面法兰面应紧密贴实。

4.6.4 液位计与设备连接过渡工艺接口锥形隔离层的 PTFE 防腐翻边应有足够的宽度。

4.6.5 液位计与设备连接工艺接口法兰面的 PTFE 防腐翻边尺寸应与 4.3.3 中规定的连接法兰密封面要求一致，其翻边平面与接口法兰的轴线应成垂直，翻边平面与接口法兰面应紧密贴实。

4.6.6 液位计浮子的隔离层 PTFE 防腐厚度应不小于 1.2 mm，其应均匀平整，密度一致，无疏松和损坏现象。耐压试验后隔离层全表面应能承受 10 kV 的高频电火花检测，无击穿现象。

4.7 液位变化速度影响

液位计应能在 3.2 规定的液位变化速度下翻柱显示。

4.8 抗运输环境性能

液位计在运输包装条件下经受频率为 60 次/min 碰撞试验和高度为 50 mm 的跌落试验，其他应符合 GB/T 25480 的要求；其基本误差、耐压力性能、防腐性能和外观仍应符合 4.2、4.5、4.6 和 4.9 的要求。

4.9 外观

液位计不应带有妨碍示值读数的缺陷，外表面和零部件的色泽应均匀，镀、涂层不应有剥落、起泡、划痕等缺陷。

液位计结构和外形不应有缺陷。

液位计应有铭牌，铭牌应清晰、平整。

铭牌上应有型号、安装中心距、工作温度、工作压力、介质密度、接液材质、输出信号、法兰标准和规格、出厂日期的标志。

5 试验方法

5.1 试验条件

5.1.1 参比条件

a) 温度：20 ℃±2 ℃；

b) 相对湿度：60%～70%；

c) 大气压力：86 kPa～106 kPa；

d) 电源：24 V d.c.±0.24 V d.c.；

e) 安装位置：铅垂，允差±3°。

5.1.2 一般试验大气条件

a) 温度：15 ℃～35 ℃；

b) 相对湿度：45%～75%；

c) 大气压力：86 kPa～106 kPa。

5.1.3 其他环境条件

a) 除地磁场外，其他外加磁场影响可以忽略；

b) 机械振动的影响可以忽略。

5.2 试验的一般规定

a) 液位计试验介质为清洁的自来水；

b) 液位计试验时用标准液位指示仪(以下简称标准仪)作为测量试验基准，标准仪可采用与液位计相连通的透明玻璃管和标准直尺组成；

c) 本标准未涉及的液位计其他要求，参照有关标准的规定；

d) 液位计的基本误差试验应在参比条件下进行。无需在参比条件下进行的试验，推荐采用一般试验大气条件。

5.3 量程与安装距离

液位计量程与安装距离的检查用标准量具进行检验，确认其结果是否符合4.1的要求。

5.4 基本误差试验

5.4.1 就地指示和连续电信号输出的基本误差

液位计基本误差的试验在装有标准仪的装置上进行。

被测液位计和标准仪的零位刻度线应在同一水平面上。试验时，水注入被测液位计和标准仪，依此施加液位计测量范围的下限、量程的25%、50%、75%、测量范围的上限的液位，以上、下行程为一个循环做至少三次循环，待施加的液位稳定后，对照液位计的示值和标准仪上的读数(视为真值)；对带电信号输出的液位计同时观察液位计的输出信号值，记录各测试点的数据。测量并计算被测液位计的液位示值及输出信号值和真值之差，其中各试验点上同行程的最大平均差值即为液位计的基本误差，确认其结果是否符合4.2.2a)的要求。

基本误差按下式计算。

a) 就地指示的液位测量基本误差：

$$\delta=\Delta_{max} \quad \cdots\cdots(1)$$

$$\Delta=Y_i-Y \quad \cdots\cdots(2)$$

b) 连续信号输出的液位测量基本误差：

$$Y_i=M\times(I_i-4)/16 \quad \cdots\cdots(3)$$

$$\omega=\Delta_{max}/M\times100\% \quad \cdots\cdots(4)$$

式(1)到式(4)中：

δ——液位计的基本误差，mm；

Δ——液位计的测量示值和实际液位值之差，mm；

Δ_{max}——各试验点上的测量示值和标准仪示值的最大差值，mm；

Y_i——液位计各试验点上的液位示值，mm；

Y——标准仪示值，mm；

M——液位计的量程，mm；

I_i——液位计各试验点上的输出信号值，mA；

ω——以百分量表示的液位计的基本误差。

5.4.2 开关量输出的基本误差

开关量输出的基本误差按其设定点的动作偏差来评定。评定试验按GB/T 20730.1规定的方法进行，试验用机械移动来模拟液位变化。

试验时，推动液位计内部的浮子，模拟液位缓慢地按初始状态的同一方向逼近设定点，以上、下行程为一次循环，至少做三次，测量并计算开关输出切换时相对于设定点位移量的平均值，确认其结果是否符合4.2.2b)的要求。

5.5 材料检验

5.5.1 液位计隔离层的聚四氟乙烯(PTFE)管材和板材的材料化学成份和力学性能的检验按QB/T 3624—1999和QB/T 3625—1999中的方法进行，当无条件进行相应的试验规程时，则由供货方提供相对权威认可的材料质量证书，确认其是否符合4.3.2的要求。

5.5.2 液位计法兰依据有关国家标准和行业标准进行确认其是否符合4.3.3的要求。

5.6 焊缝检测

5.6.1 焊缝的外观用目视和通用量具进行检验,其结果符合 4.4.1 的要求。

5.6.2 焊缝的无损检测应由有资质的专业人员按 JB/T 4730—2005 中的要求进行,其评定和检测的内容和结果应有相应的书面报告,确认其是否符合 4.4.2 的要求。

5.7 耐压力强度试验

液位计的本体及其浮子的耐压力试验在水压试验台上进行。

试验用清洁的水作增压介质,试验必须用两个量程相同的并经过校正的压力表,压力表的精确度等级应优 1.5 级,压力表的量程应大于试验压力的 1.5 倍且不应超过 4 倍,其表盘的直径应不小于 100 mm。

试验时,先使水充满被试腔体并排尽内部空气,然后缓慢增压直至规定的压力并使其保持,观察并检查液位计的本体及其浮子,确认其是否符合 4.5 的要求。

5.8 PTFE 内衬全防腐试验

5.8.1 全紧衬检查

液位计的隔离层全紧衬检查用使液位计内腔生成真空的方法进行。试验时,封闭液位计的全部端口,在封口的任一处接入真空设备,将液位计放入烘箱,待温度达 150 ℃±5 ℃时开启真空设备,使液位计内腔的真空压力缓慢下降直至规定的压力值并使其保持,观察压力值应无变化并保持规定的时间,然后关闭真空设备并打开全部封口,检查液位计全部隔离层的形状变化,确认其是否符合 4.6.1 的要求。

5.8.2 全隔离检查

液位计的防腐全隔离检查按 GB/T 7993—2003 中的方法用 5 kV～30 kV 的高频电火花检测仪进行。试验时,以电压不小于 12 kV 的高频电火花使探头电极在隔离层全表面上以不大于 100 mm/s 的匀速进行扫描,其中,与设备连接的短接件隔离层检测电压可以为 10 kV。检查后,确认其是否符合 4.6.2 的要求。

液位计浮子的防腐全隔离检查按 GB/T 7993—2003 中的方法用 5 kV～30 kV 的高频电火花检测仪进行。试验时,以电压不小于 10 kV 的高频电火花使探头电极在隔离层全表面上以不大于 100 mm/s 的匀速进行扫描。检查后,确认其是否符合 4.6.6 的要求。

5.8.3 隔离层外形与尺寸检查

液位计的隔离层外形和尺寸用标准量具进行检查,确认其结果是否符合 4.6.3、4.6.4、4.6.5 和 4.6.6 的要求。

5.9 液位变化速度影响试验

液位计试验用移动浮子作为模拟液位变化方法进行。

试验时,设法使液位计内部的浮子以 90 mm/s～100 mm/s 的均匀速度按一定的方向移动,以正、反行程为一个循环作至少三次循环试验,随时观察液位计的液位指示是否正常。

5.10 抗运输环境性能试验

液位计的抗运输环境性能试验按 GB/T 25480 规定的方法进行。试验后,确认其结果是否符合 4.8 的要求。

5.11 外观检查

液位计的外观检查用目测方法进行。观察其是否符合 4.9 的要求。

6 检验规则

6.1 出厂检验

液位计出厂检验的项目按表 3 的规定。

表 3 液位计出厂检验项目

序号	名 称	技术要求条款号	试验方法条款号
1	量程与安装距离	4.1	5.3
2	基本误差	4.2	5.4
3	耐压强度	4.5	5.7
4	PTFE 内衬全防腐	4.6	5.8
5	液位变化速度影响	4.7	5.9
6	外观	4.9	5.11

6.2 型式检验

6.2.1 液位计具有下列情况之一时,均应进行型式检验:

a) 新产品的定型鉴定;

b) 液位计的材料、结构、工艺有较大改变,可能影响产品的技术性能时;

c) 停产一年或一年以上再恢复生产时;

d) 出厂检验结果与上次型式检验有较大差异时;

e) 上级有关部门和国家质量监督机构提出进行型式检验要求时;

f) 正常生产时每生产 10 000 台为一次型式检验周期。

6.2.2 型式检验应按第 4 章要求和第 5 章试验方法的全部内容进行。

6.3 抽样方法

6.3.1 出厂检验的抽样方法为全检。

6.3.2 型式检验的抽样方法为在出厂检验合格的一批产品中任意抽取三台。

6.4 判定

6.4.1 出厂检验的判定

所有表 3 中的项目均应合格。

6.4.2 型式检验的判定

液位计型式检验的项目中,按第 4 章要求若其中只有一台一项不合格,须加倍抽样检验该项目,若仍有不合格,则判型式检验不合格。

7 标志、包装运输和贮存

7.1 标志

7.1.1 铭牌标志应标明:

a) 制造厂名;

b) 产品名称和型号;

c) 产品标准号与主要技术参数;

d) 制造日期和出厂编号;

e) 制造计量器具许可证标记和编号。

7.1.2 包装标志应包含:

a) 制造厂名;

b) 箱体尺寸和重量;

c) 符合 GB/T 191 的相关图示和标志:向上、防潮、轻放和勿压;

d) 制造计量器具许可证标记和编号。

7.2 包装运输

7.2.1 液位计的包装应符合 GB/T 13384 的要求。

7.2.2 液位计包装箱内至少应有下列随机文件和附件：

a) 产品合格证；

b) 产品使用说明书；

c) 装箱单。

7.2.3 液位计经包装后可用常规运输工具进行运输，运输时应避免过分的碰撞和挤压并不应直接受雨雪的侵袭。

7.3 贮存

液位计应贮存在周围环境温度为 0 ℃～40 ℃，相对湿度不大于 85％的通风良好的室内，室内不应有对液位计产生腐蚀的气体和物质。

ICS 17.180.99
N 52

中华人民共和国国家标准

GB/T 25478—2010

色谱数据工作站

Workstation of chromatography data

2010-12-01 发布　　　　2011-05-01 实施

中华人民共和国国家质量监督检验检疫总局
中国国家标准化管理委员会　发布

前言

本标准附录A为规范性附录。

本标准由中国机械工业联合会提出。

本标准由全国工业过程测量和控制标准化技术委员会(SAC/TC 124)归口。

本标准主要起草单位:大连依利特分析仪器有限公司、中国计量科学研究院、杭州英谱科技开发有限公司、杭州中辉科学器材有限公司、国家分析仪器质量监督检验中心、中国科学院大连化学物理研究所、华东理工大学。

本标准主要起草人:张学云、张庆合、楼琦、吴华忠、袁正、张维冰。

色谱数据工作站

1 范围

本标准规定了色谱数据工作站术语、要求、试验方法、检验规则及标志、包装、运输、贮存等。

本标准适用于色谱数据工作站(以下简称工作站)。

2 规范性引用文件

下列文件中的条款通过本标准的引用而成为本标准的条款。凡是注日期的引用文件,其随后所有的修改单(不包括勘误的内容)或修订版均不适用于本标准,然而,鼓励根据本标准达成协议的各方研究是否可使用这些文件的最新版本。凡是不注日期的引用文件,其最新版本适用于本标准。

GB/T 191—2008　包装储运图示标志(ISO 780:1997,MOD)

GB/T 2829—2002　周期检验计数抽样程序及表(适用于对过程稳定性的检验)

GB/T 4793.1—2007　测量、控制和实验室用电气设备的安全要求　第1部分:通用要求(IEC 61010-1:2001,IDT)

GB/T 9008—2007　液相色谱法术语　柱色谱法和平面色谱法

GB/T 9813—2000　微型计算机通用规范

GB/T 11606—2007　分析仪器环境试验方法

GB/T 13384—2008　机电产品包装通用技术条件

ASTM E1947-98(2004)　色谱分析数据的解析数据交换协议标准指南

ASTM E1948-98(2004)　色谱分析数据的解析数据交换协议标准导则

3 术语

GB/T 9008—2007 确立的及以下术语和定义适用于本标准。

3.1

色谱数据　chromatography data

包括仪器信息(仪器编号、仪器控制 & 序列参数日志等)、样品名称、操作者姓名、谱图数据、分析结果(积分参数 & 结果、校准表、报告模板、分析报告等)、审计跟踪信息。

3.2

色谱数据工作站　workstation of chromatography data

由一台微机、一个将模拟信号转换成数字量的数据采集器及色谱数据处理软件构成,能完成色谱仪的信号转换、数据采集、计算、统计、比较、报告、检索、储存功能的硬软件总称,还可以具有色谱仪控制、网络支持等扩展功能。

3.3

电子签名　electronic signature

电子签名指一种由一个人执行、采用或批准,成为与其个人的手写签名具有相同的法律效力的计算机数据的任意符号或一系列符号的编译。

3.4

电子记录　electronic record

电子记录指任何文本、图表、数据、声音、图示或其他以电子形式表现的信息的综合,它的建立、修改、维护、归档、检索或分发由计算机系统来完成。

4 要求

4.1 工作站正常工作条件

4.1.1 硬件正常工作条件

硬件正常工作条件为：

a) 环境温度：5 ℃～35 ℃；

b) 相对湿度：20%～80%；

c) 室内应避免易燃、易爆和强腐蚀性气体及强烈的机械振动、电磁干扰和空气对流等；

d) 接地良好，接地电阻不大于 5 Ω。

4.1.2 软件环境

制造厂应在软件文档中说明软件运行的硬件配置及系统平台。

4.2 外观及结构

工作站外观及结构应满足以下要求：

a) 外观应整齐、清洁，表面涂、镀层无明显剥落、擦伤、露底及污垢；

b) 所有名牌及标志应耐久和清楚，内容符合相关法规、标准的要求；

c) 所有紧固件不得松动、各种调节件灵活，功能正常；

d) 零件表面不得锈蚀；

e) 可拆部分应能无障碍地拆装。

4.3 性能要求

4.3.1 测量范围误差

测量范围误差应不超过±0.5%FS。

4.3.2 采样频率

最高采样频率应不低于 20 Hz。

4.3.3 基线漂移与基线噪声

根据不同量程，基线漂移和基线噪声应满足表 1 要求：

表 1

量程(S) V	基线噪声 μV	基线漂移 μV/h
≤0.5	≤1	≤3
0.5<S≤1	≤2	≤5
1<S≤2	≤4	≤10
>2	≤6	≤10

4.3.4 时间示值误差及重复性

时间示值误差应不超过±0.1%；

时间重复性应不超过 1 s。

4.3.5 电压示值误差及重复性

电压示值误差应不超过±1%；

电压示值重复性应不大于 0.01%。

4.3.6 动态线性误差

动态线性相关系数 R^2 应优于 0.999 9。

4.3.7 定性、定量重复性

保留时间、峰高、峰面积重复性应不大于 0.3%。

4.3.8 峰高百分比、峰面积百分比的绝对误差

峰高百分比、峰面积百分比的绝对误差应不大于0.05%。

4.4 软件功能

4.4.1 基本功能

4.4.1.1 启动方法

配备专用触发开关、鼠标菜单触发、键盘快捷键触发、远程启动中的一种或多种。

4.4.1.2 数据采集及存储

能接收色谱仪输出的信号并可长期保存,原始数据不可更改,可实时显示谱图。

4.4.1.3 谱峰处理

能设置峰积分参数,进行自动或手动谱峰处理。

可实现对柱效、峰分离度、拖尾因子、容量因子、半高峰宽及重复进样时峰高或峰面积的相对标准偏差(RSD)等参数的记录和计算。

4.4.1.4 定性

可以通过设置时间窗口或峰序等参数,实现峰跟踪与峰识别。

4.4.1.5 定量

可基于峰面积或峰高来确定样品中组分含量。

定量方法主要包括归一法、内标法、外标法等。

4.4.1.6 数据导入/导出

具有对文本格式的谱图数据文件导入导出功能,满足谱图及分析结果交流、共享的需要。

4.4.1.7 报告输出

能生成分析报告,包含样品信息、操作信息、试验条件、分析方法、谱图及分析结果等。

4.4.1.8 分析操作参数记忆功能

应能存储分析操作参数。

4.4.2 可选功能

4.4.2.1 支持序列进样分析

可支持序列进样、连续操作,实现从谱图采集到分析报告打印的全过程。

4.4.2.2 在线帮助

具有在线帮助系统。

4.4.2.3 原始数据追踪

在保证原始的色谱数据不被修改和删除的同时,能够发现和记录对色谱数据的增补、修改、删除详细情况,并能够同时保存这些增补、修改、删除信息。

4.4.2.4 网络支持

可支持网络化协同工作。

4.4.2.5 仪器控制

可进行色谱仪参数设置及控制。

4.4.2.6 数据导入导出格式

符合 ASTM E1947-98(2004)、ASTM E1948-98(2004)的 CDF 文件导入、导出格式。

4.4.2.7 电子签名、电子记录

支持电子签名及电子记录功能。

4.5 软件文档

软件文档应包含在产品的技术文档中,具体内容应包括:

a) 明确的软件版本号;

b) 所有软件更改信息,提供修改日期和新鉴定数据;

c) 软件环境；

d) 功能描述及使用说明；

e) 数据存储周期；

f) 软件保护等级(软件保护等级分级见表 2)。

表 2

软件保护等级	说　明
低	不需要专门的防护措施来防止故意更改(攻击、误操作)。
中	利用简单易用的通用软件工具(如文本编辑器等)防止故意更改,为软件提供保护。
高	利用复杂的软件工具(如汇编器、硬盘编辑器、软件开发工具等)防止故意更改,为软件提供更好的防护。
注:软件保护等级是根据对故意更改的防护措施划分的,对于无意更改的防护则没有考虑;传统的加密、身份认证等安全措施等效于中级或高级保护。	

4.6 电气安全

4.6.1 接触电流

工作站接触电流应符合 GB 4793.1—2007 中 6.3 的有关规定。

4.6.2 保护接地

工作站保护接地应符合 GB 4793.1—2007 中 6.5.1 的有关规定。

4.6.3 介电强度

工作站电源输入端与可触及导电零部件之间施加规定的试验电压,历时 1 min,不应出现击穿或重复飞弧现象。

4.7 电源适应能力

符合 GB/T 9813—2000 中 4.5 的要求。

4.8 成套性

制造厂应提供成套性文件。

4.9 运输、运输贮存

仪器在运输包装状态下,按 GB/T 11606—2007 的 2.4 试验项目中的低温贮存试验、高温贮存试验和跌落试验的项目进行试验。全部试验完成后,将工作站置于正常工作条件下进行检验,应符合 4.2、4.3、4.6、4.7 要求。

注:低温贮存－20 ℃一档不推荐使用,仅用于带液晶显示器类的仪器(当它的贮存、运输温度为－20 ℃时)。

5 试验方法

5.1 试验条件

5.1.1 本试验均应在 4.1 规定的条件下进行。

5.1.2 工作站试验前应通电预热 20 min。

5.1.3 试验设备

包括:

a) 电位差计一台:准确度等级应优于 0.5 级,量程应满足测试要求;

b) 秒表一块:分度值不大于 0.1 s;

c) 耐电压测试仪一台:耐电压测试仪产生的试验电压为正弦波形,其失真系数不大于 5%,频率为 50 Hz±2.5 Hz;

d) 色谱信号发生器一台(见附录 A)。

5.2 外观及结构

目视或手动检查。

5.3 性能测试

5.3.1 测量范围误差

将电位差计与工作站信号输入端连接，根据制造厂提供的测量范围指标，分别输入工作站测量上限、下限电压信号，记录电压示值，按照公式(1)计算测量范围误差ΔR。

$$\Delta R=(R_2-R_1)/R\times 100\% \quad \cdots\cdots(1)$$

式中：

ΔR——测量范围误差；

R_2——上限电压示值，单位为毫伏(mV)；

R_1——下限电压示值，单位为毫伏(mV)；

R——制造厂提供的测量范围，单位为毫伏(mV)。

注：本标准提供了以电压为信号示值的测试方法，如制造厂以其他单位作为信号显示，应能提供示值与电压信号的转换公式或转换关系。

5.3.2 采样频率

将采集谱图以文本或excel形式导出，查看文本中的时间列，每相邻两个时间之差(以秒为单位)应与“1/采样频率”相等。

5.3.3 基线漂移与基线噪声

工作站关机静置不少于1 h后，将数据采集信号线短路或用电位差计输入0 μV信号，开机预热20 min，记录1 h基线。取1 h内基线的平行包络线的中心线的起点与终点的差值为工作站基线漂移值。

基线漂移测试结束后，重新记录基线5 min，以1 min为界限画平行包络线，取五段平行包络线竖直宽度的平均值作为工作站基线噪声值。

注：当短路和电位差计两种测试结果有争议时，以电位差计测试结果为准。

5.3.4 时间示值误差及重复性

5.3.4.1 时间示值误差

将数据采集信号线短路，启动工作站，同时用秒表计时，记录时间1 h，按公式(2)计算时间示值误差。

$$\Delta t=(t-T)/T\times 100\% \quad \cdots\cdots(2)$$

式中：

Δt——时间示值误差；

t——工作站时间示值，单位为秒(s)；

T——秒表实测值，单位为秒(s)。

5.3.4.2 时间示值重复性

按照5.3.4.1方法，重复测试三次，取秒表实测值最大值与最小值之差为时间重复性误差。

5.3.5 电压示值误差及重复性

5.3.5.1 电压示值误差

在工作站非自动调零状态下，在工作站测量范围内选取五点(均匀分布)进行测试，应包括测量范围上限、下限，用电位差计分别输入需测试的电压值并记录工作站电压示值，按公式(3)计算，选取其中模最大者为电压示值误差ΔV_i。

$$\Delta V_i=(V_i-V_{0i})/V_{max}\times 100\% \quad \cdots\cdots(3)$$

式中：

ΔV_i——第i测试点电压示值误差；

V_i——第 i 测试点工作站示值电压,单位为毫伏(mV);

i——测试点序号,$i=1,2,3,4,5$;

V_{0i}——第 i 测试点电位差计输入电压,单位为毫伏(mV);

V_{max}——测量上限与下限之差,单位为毫伏(mV)。

5.3.5.2 电压示值重复性

将电位差计设定为工作站三分之二量程处,接通及断开信号 11 次,记录示值,按公式(4)计算电压示值重复性。

$$RSD_{(V)}=\frac{1}{\overline{V}}\sqrt{\sum_{j=1}^{n}(V_j-\overline{V})^2/(n-1)}\times 100\% \quad \cdots\cdots(4)$$

式中:

$RSD_{(V)}$——电压示值重复性误差;

$\overline{V}$——11 次测量结果的算术平均值,单位为毫伏(mV);

V_j——第 j 次测量结果,单位为毫伏(mV);

j——接通断开信号次数的顺序号,$j=1,2,3\cdots\cdots11$;

n——示值电压测量次数,$n=11$。

注:本标准提供了以电压为信号示值的测试方法,如制造厂以其他单位作为信号显示,应能提供示值与电压信号的转换公式。

5.3.6 动态线性误差

用附录 A 色谱信号发生器所提供的阶梯信号进行测试。连接色谱信号发生器与工作站,开机预热 20 min 后,采集阶梯信号。分别读取每个阶梯信号值(注意扣除起始点示值),以所有阶梯信号值作线性回归线并计算线性相关系数。

5.3.7 定性、定量重复性

用附录 A 色谱信号发生器所提供的满量程 60%处的色谱峰进行测试。连续测试七次,记录色谱峰的保留时间、峰面积、峰高,分别按公式(5)计算重复性。保留时间重复性即为工作站定性重复性测试结果;峰面积、峰高重复性即为定量重复性测试结果。

$$RSD_{(x)}=\frac{1}{\overline{X}}\sqrt{\sum_{k=1}^{n}(X_k-\overline{X})^2/(n-1)}\times 100\% \quad \cdots\cdots(5)$$

式中:

$RSD_{(x)}$——定性、定量重复性误差;

X_k——第 k 次测得的保留时间或峰面积(或峰高);

$\overline{X}$——n 次测量保留时间或峰面积(或峰高)的算术平均值;

k——测量次数的顺序号,$k=1,2,3\cdots\cdots7$;

n——测量总次数(此处 $n=7$)。

5.3.8 峰高百分比、峰面积百分比的绝对误差

用附录 A 色谱信号发生器所提供的色谱峰进行测试。将色谱信号发生器与工作站连接,开机预热 20 min,按动色谱信号发生器开关,开始采集数据,并记录色谱图。采集结束后,打开工作站数据处理界面,用工作站软件分别计算峰高百分比、峰面积百分比,并计算与色谱信号发生器提供的峰高百分比、峰面积百分比的误差。取五个色谱峰中误差最大值作为工作站峰高百分比、峰面积百分比的绝对误差。

5.4 软件功能验证

按照附录 A 提供色谱信号发生器及制造厂提供的相关文件对 4.4 软件功能一一验证。

5.5 软件文档

按制造厂提供的资料检查，应包含4.5中所要求的内容。

5.6 电气安全

5.6.1 接触电流

5.6.1.1 试验豁免条件

在正常工作条件下，当可触及零部件与参考地之间，或在同一台上在1.8 m(沿表面或通过空气)的距离内的任意两个可触及零部件之间电压值不超过33 V(交流有效值)或直流60 V，可不进行该项试验。

5.6.1.2 试验方法

按GB 4793.1—2007的有关规定进行试验。

5.6.2 保护接地

按GB 4793.1—2007的附录F有关规定进行试验。

5.6.3 介电强度

工作站在不工作状态下，电源开关置于接通位置，将耐电压测试仪的连线分别与工作站的相、中连线和机壳(零线)连接，将耐电压测试仪的电源输出调为0 V，最大输出电流不大于5 mA，打开耐电压测试仪电源，时间设为1 min，慢慢旋动旋纽，5 s内使试验电压达到表3规定，保持1 min。

表3

单位为伏特

相线-中线电压交流有效值或直流值	交流有效值
0～≤60	500
60～≤130	1 000
130～≤250	1 500
250～≤600	2 000

注：试验时，电源线与可接触导电件间的抗干扰电容不应开路；若这些电容不能用于进行试验，则可以用一个数值为交流电压1.4倍的直流电压试验。

5.7 电源适应能力

按照GB/T 9813—2000中5.5执行。

5.8 成套性

按制造厂随机文件检查。

5.9 运输、运输贮存

仪器在包装状态下，按GB/T 11606—2007中第15章、第16章、第17章的方法进行。

6 检验规则

6.1 检验分类

本标准的检验分为：

a) 出厂检验；

b) 型式检验。

6.2 出厂检验

出厂检验要求为：

a) 每台工作站均应经过检验合格，并附有合格证方能出厂；

b) 出厂检验应按4.2～4.8要求进行。

6.3 型式检验

6.3.1 工作站在下列情况之一时，应按4.2～4.9要求进行型式检验。

具体情况包括：

a) 新工作站或老工作站转厂生产试制定型鉴定；

b) 工作站正式生产后，如结构、材料、工艺有较大改变，可能影响工作站性能时；

c) 工作站正常生产时，定期或积累一定产量后，应周期进行一次检验，一般为两年；

d) 工作站长期停产，恢复生产时；

e) 出厂检验结果与上次型式检验有较大差异时；

f) 国家质量监督机构提出进行型式检验要求时。

6.3.2 型式检验的样品应在出厂检验合格的批中随机抽取，数量不少于三台。

6.3.3 型式检验应按GB/T 2829—2002的规定进行，采取一次抽样方案。工作站的检验项目、不合格分类、不合格质量水平(RQL)、判别水平(DL)按表4规定进行。批质量以每百单位工作站不合格数表示。

表4

序号	不合格分类	检验项目及章条			不合格质量水平(RQL)	判别水平(DL)	抽样方案	
		项目	要求章条	试验方法章条			样品量(*n*)	判定数组(Ac、Re)
1	A	外观	4.2	5.2	30	I	3	(0,1)
2		电气安全	4.6	5.6				
3		测量范围误差	4.3.1	5.3.1				
4		基线漂移与噪声	4.3.3	5.3.3				
5		电压示值误差及重复性	4.3.5	5.3.5				
6		动态线性误差	4.3.6	5.3.6				
7		定性定量重复性	4.3.7	5.3.7				
8	B	采样频率	4.3.2	5.3.2	65			(1,2)
9		时间示值误差及重复性	4.3.4	5.3.4				
10		峰面积百分比的绝对误差	4.3.8	5.3.8				
11		软件功能	4.4	5.4				
12		软件文档	4.5	5.5				
13		电源适应能力	4.7	5.7				
14		成套性	4.8	5.8				
15		运输、运输贮存	4.9	5.9				

6.3.4 若型式检验不合格，则应分析原因找出问题并落实措施，重新进行型式检验。若再次型式检验不合格，则应停产整顿，工作站停止出厂，待问题解决，型式检验合格后方可恢复出厂检验。

6.3.5 若型式检验合格，经出厂检验合格的批，作为合格品可以出厂或入库。若入库超过12个月再出厂，则应重新进行出厂检验。

7 标志、包装、运输贮存

7.1 标志

7.1.1 硬件标志

每台工作站应在明显的部位固定铭牌，铭牌上应明确标示下列内容：

a) 制造厂名称、地址；

b) 商标；

c) 工作站名称；

d) 工作站型号；

e) 工作站编号；

f) 有关法规规定的其他信息。

7.1.2 软件标识

软件应注明软件名称、版本号、制造厂名称等信息。

7.2 包装

7.2.1 包装标志

包括：

a) 制造厂名称和地址；

b) 商标；

c) 工作站名称；

d) 工作站型号；

e) 包装储运图示标志："小心轻放"、"怕湿"、"向上"等符合 GB/T 191—2008 的规定；

f) 发货、收货单位名称和地址；

g) 包装应符合 GB/T 13384—2008 中的防潮、防震包装规定。

7.2.2 随机文件

工作站的随机文件应包括：

a) 装箱单；

b) 使用说明书及软件文档；

c) 出厂合格证书；

d) 根据工作站技术条件规定的其他文件。

7.3 运输贮存

工作站在运输包装状态下，贮存在温度为 0 ℃～40 ℃、相对湿度不大于 85%、室内无酸、碱及腐蚀性气体的环境中。

8 质量保证

在用户遵守保管和使用规则的条件下，工作站自发货之日起 12 个月内，因制造质量不良而不能正常工作时，制造厂应无偿为用户修理或更换零部件(不包括易损易耗件的调换)。

附 录 A
（规范性附录）
色谱信号发生器

A.1 目的

产生特定的色谱峰信号，用于对工作站线性、重复性（时间、峰面积、峰高）等性能进行动态测试及软件功能验证等。

A.2 性能参数及基本要求

色谱信号发生器性能参数及基本要求见表 A.1：

表 A.1

项　目	要　求
信号分辨力	不大于 1 μV
采样频率	不低于 20 Hz
噪声	≤2 μV
电压输出误差	不超过±0.5%
电压输出范围	两档可选：1 V；2 V
色谱峰模式	完全分离峰、拖尾峰、重叠峰、阶梯
峰高重复性和再现性	0.02%；0.05%

A.3 色谱峰

能产生每档量程的 10%、20%、30%、40%、50%、60%、70%、80%、90%电压阶梯信号，用来测量工作站动态线性；

每档量程的 60%处色谱峰五个，半峰宽 5 s±0.5 s，用来测试窄峰保留时间、峰高、峰面积重复性。

每档量程的 60%处色谱峰五个，半峰宽 10 s±0.5 s，用来测试宽峰保留时间、峰高、峰面积重复性。

根据面积归一化计算的完全分离的色谱峰五个，峰面积百分比约为 5%±1%、15%±1%、45%±1%、25%±1%、10%±1%，用来测试峰高百分比、峰面积百分比绝对误差。

ICS 17.220.20
N 14

中华人民共和国国家标准

GB/T 25479—2010

工业过程测量和控制系统用无纸记录仪

Paperless recorder for use in industrial-process measurement and control systems

2010-12-01 发布　　　　2011-05-01 实施

中华人民共和国国家质量监督检验检疫总局
中国国家标准化管理委员会　发布

前　言

本标准由中国机械工业联合会提出。

本标准由全国工业过程测量和控制标准化技术委员会(SAC/TC 124)归口。

本标准主要起草单位:上海工业自动化仪表研究所。

本标准参加起草单位:浙江中控自动化仪表有限公司、杭州盘古自动化系统有限公司、上海自仪股份公司大华仪表厂、北京英华达电力电子工程科技有限公司、沈阳兰申电器有限公司、福建上润精密仪器有限公司、浙江正泰中自控制工程有限公司、东崎电气有限公司、厦门安东电子有限公司、安徽蓝德机电集团有限公司、安徽天康(集团)股份有限公司、福州福光百特自动化有限公司。

本标准主要起草人:武丽英、顾瑞良、丁云。

本标准参加起草人:郭豪杰、殷淑萍、李斌、战明、戈剑、黄永忠、张飞、徐国庆、殷城楼、毛文章、祁剑峰。

工业过程测量和控制系统用无纸记录仪

1 范围

本标准规定了无纸记录仪(以下简称记录仪)的产品分类和基本参数、技术要求、试验方法、检验规则及标志、包装、运输、贮存要求。

本标准适用于工业过程测量和控制系统用的无纸记录仪。

2 规范性引用文件

下列文件中的条款通过本标准的引用而成为本标准的条款。凡是注日期的引用文件,其随后所有的修改单(不包括勘误的内容)或修订版均不适用于本标准,然而,鼓励根据本标准达成协议的各方研究是否可使用这些文件的最新版本。凡是不注日期的引用文件,其最新版本适用于本标准。

GB/T 4793.1—2007 测量、控制和实验室用电气设备的安全要求 第1部分:通用要求(IEC 61010:2001,IDT)

GB/T 13384 机电产品包装通用技术条件

GB/T 17626.2 电磁兼容 试验和测量技术 静电放电抗扰度试验(GB/T 17626.2—2006,IEC 61000-4-2:2001,IDT)

GB/T 17626.3 电磁兼容 试验和测量技术 射频电磁场辐射抗扰度试验(GB/T 17626.3—2006,IEC 61000-4-3:2002,IDT)

GB/T 17626.4 电磁兼容 试验和测量技术 电快速瞬变脉冲群抗扰度试验(GB/T 17626.4—2008,IEC 61000-4-4:2004,IDT)

GB/T 17626.5 电磁兼容 试验和测量技术 浪涌(冲击)抗扰度试验(GB/T 17626.5—2008,IEC 61000-4-5:2005,IDT)

GB/T 17626.6 电磁兼容 试验和测量技术 射频场感应的传导骚扰抗扰度(GB/T 17626.6—2008,IEC 61000-4-6:2006,IDT)

GB/T 17626.11 电磁兼容 试验和测量技术 电压暂降、短时中断和电压变化抗扰度试验(GB/T 17626.11—2008,IEC 61000-4-11:2004,IDT)

GB/T 18268.1 测量、控制和实验室用的电设备 电磁兼容性要求 第1部分:通用要求(GB/T 18268.1—2000,IEC 61326-1:2005,IDT)

GB/T 18271.1—2000 过程测量和控制装置 通用性能评定方法和程序 第1部分:总则(IEC 61298-1:1995,IDT)

GB/T 18271.2—2000 过程测量和控制装置 通用性能评定方法和程序 第2部分:参比条件下的试验(IEC 61298-2:1995,IDT)

GB/T 18271.3—2000 过程测量和控制装置 通用性能评定方法和程序 第3部分:影响量影响的试验(IEC 61298-3:1998,IDT)

GB/T 22162 盘装和架装工业过程测量和控制仪表的盘面和开孔尺寸(GB/T 22162—2008,IEC 60668:1980,IDT)

GB/T 25480 仪器仪表运输、贮存基本环境条件及试验方法

3 术语和定义

GB/T 18271.1—2000、GB/T 18271.2—2000 和 GB/T 18271.3—2000 确立的以及下列术语和定义适用于本标准。

3.1

无纸记录仪　paperless (videographic) recorder

具有记录存储、图形显示、数据处理及导出功能的装置。

3.2

记录间隔　recording space

无纸记录仪两次存储测量数据的时间间隔。当通道数大于1时,允许有多个记录间隔。

4　产品分类和基本参数

4.1　产品分类

4.1.1　记录仪按其结构形式可分为:

a)　盘装式;

b)　台式。

4.2　基本参数

4.2.1　正常工作条件

记录仪的正常工作条件如表1所示。

表1　正常工作条件

<table>
<tr><td rowspan="4">气候环境</td><td colspan="2">环境温度</td><td>5 ℃～40 ℃,避免阳光直射
温度变化率:≤10 ℃/h</td></tr>
<tr><td colspan="2">相对湿度
%</td><td>≤85,无凝露</td></tr>
<tr><td colspan="2">大气压力
kPa</td><td>86～106</td></tr>
<tr><td colspan="2">环境气氛</td><td>记录仪的工作环境不含有易燃、易爆、有毒、水雾或有腐蚀性的介质</td></tr>
<tr><td rowspan="5">电源</td><td rowspan="3">交流</td><td>电压
V</td><td>(1−15%)220～(1+10%)220</td></tr>
<tr><td>频率
Hz</td><td>(1±5%)50</td></tr>
<tr><td>谐波
%</td><td>≤5</td></tr>
<tr><td rowspan="2">直流</td><td>电压
V</td><td>(1±10%)24</td></tr>
<tr><td>纹波
%</td><td>≤0.2</td></tr>
<tr><td>机械环境</td><td colspan="2">振动</td><td>频率范围:(10～55)Hz;位移幅值:0.035 mm</td></tr>
</table>

4.2.2　输入

记录仪的输入通道数可由用户与制造商协商确定。各输入通道的信号种类可以是固定的,也可以通过输入通道信号设置来确定。

输入可以包括如下信号种类:

a)　模拟直流信号

(0～10)mA、(0～20)mA、(4～20)mA、(1～5)V、(0～10)V、(0～100)mV、(−20～+20)mV 等。

b)　热电偶信号

分度号为S、R、B、K、N、E、J、T等热电偶输出的电势(毫伏)信号。

c) 热电阻信号

分度号为 Pt100、Cu50 等的热电阻输出的电阻信号。

d) 电阻量信号

电阻量信号的范围为(0～400)Ω。

e) 频率/脉冲量信号

频率范围为(0～10^4)Hz。

脉冲的低电平不大于 2 V,高电平不小于 4.5 V。

f) 开关量信号

包括触点型和电平型。

4.2.3 输出

输出包括如下的可选信号种类:

a) 模拟直流信号

(0～10)mA、(0～20)mA、(4～20)mA、(1～5)V、(0～10)V 等。

b) 开关量信号

晶体管输出和/或继电器常开或常闭触点输出。

c) 输出电源

可提供容量不低于 30 mA 的 12 Vd.c. 或 24 Vd.c. 的输出电源。

4.2.4 显示记录

记录仪能记录并以数字和图形方式显示其输入信号相关值,包括以时间为坐标的数据、组态参数等。

4.2.5 通信接口和外设接口

记录仪具有下列与其他系统进行数据交换的通信接口或外设接口:

a) RS-232C 或 RS-485 通信接口;

注:如需要其他通信接口,用户可与制造商协商解决。

b) CF 卡、SD 卡、USB 等可选外设接口。

4.2.6 输入通道的隔离

记录仪具有输入通道之间的隔离功能。

4.2.7 历史数据存储

记录仪历史数据的存储容量保证每个记录点在记录间隔时间为 1 s 时,拥有大于 8 h 的记录容量。

4.2.8 时钟

在正常工作条件下,24 h 误差不大于 2 s,追忆数据的误差不大于 1 个记录间隔。

4.2.9 接地

记录仪宜分别设置保护地(PE)和工作地(E)两个接地端,制造商应对接地电阻值提出要求。

4.2.10 外形尺寸

盘装式记录仪的外形尺寸符合 GB/T 22162 的规定。

台式记录仪的外形尺寸符合有关标准的规定。

5 要求

5.1 基本功能

在 4.2.1 规定的条件下,记录仪的记录存储、图形显示、数据处理及导出等功能应齐全、完好、正常工作。

5.2 与准确度有关的要求

5.2.1 数字显示基本误差限(ΔA_m)

记录仪的数字显示基本误差应不超过允许的基本误差限。

记录仪的数字显示基本误差限以下式表示:

$$\Delta A_m = \pm (a\% \cdot F.S + d) \quad \cdots\cdots(1)$$

式中:

a——除量化误差之外的其他因素引起的综合最大测量误差系数,与准确度等级的数值相同;

$F.S$——输入信号的量程;

d——输出信息末位1个字所表示的值。

a 应自下列数系中选取:0.05、0.1、0.2、0.5。

5.2.2 参比端温度补偿误差

在正常工作条件的环境温度下,参比端温度补偿误差应在±2 ℃的范围内。

5.3 与影响量有关的要求

5.3.1 环境温度

在表1规定的正常环境温度条件下,相对于参比工作温度,温度每变化10 ℃时,由此造成数字显示值的变化量应符合下列要求:

a) $a \leqslant 0.2$ 时小于 $a\%\ F.S$;

b) $a > 0.2$ 时小于 $0.5a\%\ F.S$。

5.3.2 环境相对湿度

经过环境相对湿度影响试验后,数字显示值的变化量应符合下列要求:

a) 如 $a \leqslant 0.2$,数字显示值的变化量应不大于 $a\%\ F.S$;

b) 如 $a > 0.2$,数字显示值的变化量不大于 $0.5a\%\ F.S$。

5.3.3 机械振动

进行振动试验时,数字显示值的变化量应小于 $0.5a\%\ F.S$。

5.3.4 主电源变化

在正常工作条件下,由于电源电压和频率的变化引起的数字显示值的变化量应符合下列要求:

a) 如 $a \leqslant 0.2$,数字显示值的变化量应不大于 $a\%\ F.S$;

b) 如 $a > 0.2$,数字显示值的变化量应不大于 $0.5a\%\ F.S$。

5.3.5 连续工作稳定性

记录仪经72 h连续工作后,其基本误差仍应符合5.2.1的要求。

5.3.6 外接导线电阻的影响

每根外接导线电阻同时在(0～10)Ω范围内作同样变化时,由此造成的数字显示值的变化量应小于 $0.5a\%\ F.S$。

5.4 电磁兼容性(EMC)

5.4.1 EMC抗扰度

记录仪的EMC抗扰度要求如表2所示,性能判据等级见表3。试验后,记录仪的基本误差仍应符合5.2.1的要求。

表2 EMC抗扰度要求

序	试验项目	引用标准	性能判据	试验参数
1	电源电压短时中断	GB/T 17626.11	C	0% 25/30周期
2	电源电压暂降	GB/T 17626.11	B	0% 1周期
			B	40% 10/12周期
			C	70% 25/30周期

表 2（续）

序	试验项目	引用标准	性能判据	试验参数
3	射频电磁场辐射抗扰度	GB/T 17626.3	A	10 V/m (80 MHz～1 GHz) 3 V/m (1.4 GHz～2 GHz) 1 V/m (2.0 GHz～2.7 GHz)
4	电快速瞬变脉冲群抗扰度	GB/T 17626.4	B	电源端口(包括保护接地):2 kV(5/50 ns,5 kHz); I/O 信号、数据和控制端口:1 kV(5/50 ns,5 kHz)
5	浪涌(冲击)抗扰度	GB/T 17626.5	B	电源端口(包括保护接地):1 kV(线对线) 2 kV(线对地) I/O 信号、数据和控制端口:1 kV
6	静电放电抗扰度	GB/T 17626.2	B	外壳接触放电 4 kV;空气放电 8 kV
7	射频场感应的传导骚扰	GB/T 17626.6	A	3 V (150 kHz～80 MHz)
8	外界磁场	GB/T 18271.3	A	400 A/m (r.m.s.)

表 3 EMC 性能判据等级

性能判据等级	性 能 判 据
A	试验时，在规范限值内性能正常
B	试验时，功能或性能暂时降低或丧失，但能自行恢复
C	试验时，功能或性能暂时降低或丧失，但需要操作者干预或系统复位

5.4.2 串模干扰和共模干扰

在串模干扰或共模干扰的作用下，记录仪数字显示值的变化量应不大于基本误差限的绝对值。

记录仪的串模干扰和共模干扰的试验电压如表 4 所示。

表 4 串模干扰和共模干扰的试验电压

输入信号		串模干扰电压	共模干扰电压
直流电流信号	(4～20)mA	1 V a.c.,50 Hz	250 V a.c.,50 Hz
	(0～10)mA		
	(0～20)mA		
直流电压或热电偶信号	(1～5)V		
	(0～10)V		
	(−20～+20)mV	50 mV,50 Hz	
	(0～100)mV		
热电阻信号或电阻信号	Pt 100		
	Cu 50		

5.5 电气安全

5.5.1 绝缘电阻

在一般试验大气条件下进行绝缘电阻试验时，记录仪与地绝缘的端子同外壳(或与地)之间，互相隔离的端子之间分别施加表 5 规定的直流试验电压，各端子之间的绝缘电阻不应小于表 5 的规定值。

表 5 绝缘电阻试验电压

额定电压或标称电路电压 (直流或正弦波交流有效值) V	直流试验电压 V	绝缘电阻 MΩ
≤60	100	5
>60~250	500	20

5.5.2 绝缘强度

在一般试验大气条件下进行绝缘强度试验时,记录仪与地绝缘的端子同外壳(或与地)之间,互相隔离的端子之间应能承受如表6所规定的正弦波交流试验电压,不出现击穿或飞弧现象。

表 6 绝缘强度试验电压

额定电压或标称电路电压 (直流或正弦波交流有效值) V	试验电压 kV
≤60	0.5
>60~250	1.5

5.5.3 安全标识

记录仪应有安全标识。安全标识应符合GB/T 4793.1—2007中第5章的规定,且从外部能看到这些标识,或者在操作者不用工具就可以打开的盖或门移开后能看到。安全标识不应标在操作者不用工具就可以拆卸的零部件上。

5.6 阶跃响应时间

若输入滤波器(硬件和/或软件)的时间常数为0.0,从输入阶跃信号开始,记录仪的响应时间应不超过4 s。

5.7 其他要求

5.7.1 模拟量输入信号的输入阻抗

模拟量输入信号的输入阻抗应符合表7的规定。

表 7 模拟量输入信号的输入阻抗

输入信号	输入阻抗
(0~10)V	≥1 MΩ
(1~5)V	≥1 MΩ
热电偶或毫伏信号	≥5 MΩ
(4~20)mA	≤300 Ω
(0~20)mA	≤300 Ω
(0~10)mA	≤300 Ω

5.7.2 模拟量输出信号的负载驱动能力

模拟量输出信号的负载驱动能力应符合表8的规定。

表 8 模拟量输出信号的负载驱动能力

输出信号	负载必须满足驱动能力
(0～10)V	模拟量输出电压应能承受不小于 10 kΩ 的负载直至开路
(1～5)V	模拟量输出电压应能承受不小于 5 kΩ 的负载直至开路
(4～20)mA	模拟量输出电流应能承受不大于 750 Ω 的负载直至短路
(0～20)mA	模拟量输出电流应能承受不大于 750 Ω 的负载直至短路
(0～10)mA	模拟量输出电流应能承受不大于 1 500 Ω 的负载直至短路

5.7.3 掉电保护

记录仪应具有掉电保护功能。

5.7.4 超限显示的提示功能

记录仪应具有超限显示的提示功能。

5.7.5 断偶或断阻的故障诊断功能

记录仪应具有信号断偶或断阻的提示功能。

5.7.6 抗运输环境性能

记录仪在运输包装条件下，经 GB/T 25480“仪器仪表运输、贮存基本环境条件及试验方法”规定的高温(55 ℃)、低温(−25 ℃)、运输碰撞和跌落试验后，其机械部分和外观应无损坏、松动等现象，基本误差应符合 5.2.1 的要求。

5.7.7 外观

记录仪外壳和零件表面覆盖层、面板及铭牌等均应光洁完好，不得有剥落及伤痕等缺陷。紧固件不得松动。面板的标志和背部接线的安全标志应鲜明、清晰。

6 试验方法

6.1 试验条件

6.1.1 环境条件

a) 参比试验条件

参比试验条件按表 9 的规定。

表 9 参比试验条件

气候环境		环境温度 ℃	20±2
		相对湿度 %	65±5
		大气压力 kPa	86～106
供电电源	交流	电压 V	(1±1%)220
		频率 Hz	(1±1%)50
		谐波 %	≤5
	直流	电压 V	(1±1%)24
		纹波 %	≤0.2
电磁环境		外界磁场 A/m	除地磁场外影响可忽略
		共模干扰	影响可忽略
		串模干扰	影响可忽略

b） 一般试验大气条件

当试验不可能或无必要在参比试验大气条件下进行时，推荐采用下述大气条件：

环境温度：15 ℃～35 ℃

相对湿度：45%～75%

大气压力：86 kPa～106 kPa

6.1.2 安装位置

试验期间记录仪的安装位置应是制造厂规定的正常位置之一。但在整个试验中，应只采用所允许的各种位置中的一种。

6.2 基本功能

在一般试验大气条件下，记录仪通电工作，输入一定量的数据后，检查记录仪的基本功能是否齐全、完好、正常工作。

6.3 与准确度有关的试验

6.3.1 总则

GB/T 18271.2—2000 的 4.1 规定的试验程序适用于本标准。

记录观察值之前，记录仪应经过预调（见 GB/T 18271.1—2000 的 7.12），并在每个方向上作至少三次，最好五次的全范围行程的运行，观察对应于每一个输入值的输出值。

6.3.2 数字显示基本误差限

以输入量程的 0%、20%、40%、60%、80%、100% 为试验点，以上、下行程为一个循环，作 3 至 5 个循环的试验。观察和记录每个循环、每个行程的每个试验点的示值，按下式计算每个试验点上的误差：

$$\Delta P = P_i - P_{ai} \qquad \cdots\cdots\cdots\cdots(2)$$

式中：

P_i——被测试验点的记录仪示值；

P_{ai}——被测试验点输入信号所对应的理论计算值。

应从 4.2.2 所述的输入信号种类中任选两种以上的信号类型进行基本误差试验。

6.3.3 参比端温度补偿误差

在试验条件下，将热电偶的输入端短路，判定记录仪的显示温度与该时标准温度计显示温度之差是否符合本标准 5.2.2 规定。

6.4 与影响量有关的试验

6.4.1 总则

GB/T 18271.3—2000 规定的试验程序适用于本部分。除非另有规定，应通过确定由于下列使用条件逐一变化所引起的范围下限值和量程的变化来评估这些影响。其他的使用条件保持参比值不变，影响量变化的速率应足够慢，以确保在任何场合下被试记录仪都不发生过冲。

试验之前和试验后，应检查记录仪的检测、记录存储、图形显示、数据处理及导出等基本功能是否齐全、完好。

6.4.2 环境温度

试验按 GB/T 18271.3—2000 的第 5 章规定的方法进行。

6.4.3 环境相对湿度

本试验应按 GB/T 18271.3—2000 的第 6 章规定的方法进行。

6.4.4 机械振动

本试验应按表 1 规定的位移幅值和振动频率范围，按 GB/T 18271.3—2000 的第 7 章规定的方法进行。

6.4.5 主电源变化

本试验应按表 1 规定的电源电压和频率范围，按 GB/T 18271.3—2000 的 12.1 规定的方法进行。

6.4.6 连续工作稳定性

记录仪通电预热以后，连续工作 72 h，测量和计算记录仪的基本误差。

6.4.7 外接导线电阻的影响

本试验可与基本误差试验同时进行。也可在 10%和 90%量程附近的试验点上，将其外接电阻从规定的最小值改变到最大值，测量和计算记录仪的基本误差。

6.5 电磁兼容性

6.5.1 EMC 抗扰度

试验按 GB/T 18268.1 和 GB/T 17626 系列标准中相应部分规定的方法进行，试验等级见表 2。

6.5.2 串模干扰和共模干扰

本试验应按 GB/T 18271.3—2000 的 13.1 和 13.2 规定的方法进行。

6.6 电气安全

6.6.1 绝缘电阻

本试验应按 GB/T 18271.2—2000 的 6.3 规定的方法进行。

6.6.2 绝缘强度

本试验应按 GB/T 18271.2—2000 的 6.3 规定的方法进行。

6.6.3 安全标识

目测检查记录仪是否符合 5.5.3 的规定。

6.7 阶跃响应时间

本试验应在参比试验条件下，按 GB/T 18271.2—2000 中 5.4 规定的方法进行。

本试验应重复测量 3 次，取其平均值作为响应时间。

6.8 其他性能试验

6.8.1 模拟量输入信号的输入阻抗

本试验应按 GB/T 18271.2—2000 第 6 章规定的方法进行。

6.8.2 模拟量输出信号的负载驱动能力

本试验应按 GB/T 18271.3—2000 第 11 章规定的方法进行。

6.8.3 掉电保护

记录仪在 0.5 D_{max} 处工作，运行 15 min 后切断输入信号，记下记录仪所设定的参数及对应的输出值，再切断供电电源，15 min 后恢复供电（不加输入信号），记下记录仪所设定的原参数及对应的输出值，观察试验前后所有数据是否一致。

本试验应重复三次。

6.8.4 超限显示的提示功能

本试验可与 6.3.2 结合进行，使记录仪输入超过规定的输入值，观察记录仪是否有相应提示。

6.8.5 断偶或断阻的故障诊断功能

人为地断偶或断阻，观察记录仪是否有相应提示。

6.8.6 抗运输环境性能

本试验按 GB/T 25480“仪器仪表运输、贮存基本环境条件及试验方法”规定的方法进行。试验后：

a） 检查机械部分和外观有无损坏、松动等现象；

b） 重复 6.3.2 的试验，确定基本误差是否符合 5.2.1 的要求。

6.8.7 外观

目测检查记录仪的外观是否符合 5.7.7 的规定。

7 检验规则

7.1 出厂检验

每台记录仪均须经制造厂质量检验部门进行出厂检验,检验合格并附有产品合格证方能出厂。记录仪出厂检验应按表10所列项目进行。

表10 检验项目

项目名称	技术要求条款	试验方法条款	出厂检验项目	型式检验项目
基本功能	5.1	6.2	★	★
数字显示基本误差限	5.2.1	6.3.2	★	★
参比端温度补偿误差	5.2.2	6.3.3		★
环境温度	5.3.1	6.4.2		★
环境相对湿度	5.3.2	6.4.3		★
机械振动	5.3.3	6.4.4		★
主电源变化	5.3.4	6.4.5		★
连续工作稳定性	5.3.5	6.4.6		★
外接导线电阻的影响	5.3.6	6.4.7		★
EMC抗扰度	5.4.1	6.5.1		★
串模干扰和共模干扰	5.4.2	6.5.2		★
绝缘电阻	5.5.1	6.6.1	★	★
绝缘强度	5.5.2	6.6.2	★	★
安全标识	5.5.3	6.6.3	★	★
阶跃响应时间	5.6	6.7		★
模拟量输入信号的输入阻抗	5.7.1	6.8.1		★
模拟量输出信号的负载驱动能力	5.7.2	6.8.2		★
掉电保护	5.7.3	6.8.3		★
超限显示的提示功能	5.7.4	6.8.4		★
断偶或断阻的故障诊断功能	5.7.5	6.8.5		★
抗运输环境性能	5.7.6	6.8.6		★
外观	5.7.7	6.8.7	★	★
注:带"★"标记的为必需检验项目。				

7.2 型式检验

除非另有规定,记录仪型式检验应按本标准规定的全部技术要求项目进行。

有下列情况之一,一般应进行型式检验:

a) 新产品或老产品转厂生产的定型鉴定;

b) 正常生产时,应每三年至少进行一次检验;

c) 产品的质量不稳定或长期停产(一般为大于半年)恢复生产时;

d) 正式生产后,如结构、材料和工艺有较大改变可能影响产品的性能时;

e) 国家质量监督机构提出有关要求时。

8 标志、包装和贮存

8.1 标志

记录仪面板或铭牌上应有下列标志：

a） 型号和名称；

b） 制造厂厂名或商标；

c） 标有连接外部线路的接线端子标志；

d） 产品编号和制造日期。

8.2 包装

记录仪应连同附件、备件、使用说明书和产品合格证等装在防尘、防震和防潮的坚固盒中；装箱运输的记录仪应按 GB/T 13384 的有关规定进行包装。

8.3 贮存

记录仪应贮放在环境温度为 5 ℃～40 ℃和相对湿度不大于 85％的通风室内，空气中不应含有腐蚀记录仪的有害杂质。

ICS 19.020
N 08

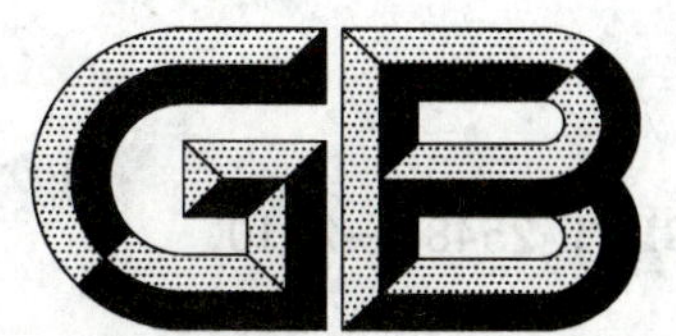

中华人民共和国国家标准

GB/T 25480—2010

仪器仪表运输、贮存基本环境条件及试验方法

Basic environmental conditions and testing methods for transportation and storage of instruments

2010-12-01 发布　　2011-05-01 实施

中华人民共和国国家质量监督检验检疫总局
中国国家标准化管理委员会　发布

前　言

本标准由中国机械工业联合会提出。

本标准由全国工业过程测量和控制标准化技术委员会(SAC/TC 124)归口。

本标准主要起草单位:上海工业自动化仪表研究所、上海光学仪器研究所、上海仪器仪表自控系统检验测试所。

本标准主要起草人:李明华、章慧贤、蔡闻智。

仪器仪表运输、贮存基本环境条件及试验方法

1 范围

本标准规定了仪器仪表运输和贮存的基本环境条件、试验方法、检验规则。

本标准适用于带包装运输和贮存的各类仪器仪表产品。对于有特殊贮运要求的产品,可由其产品标准另行规定。

2 规范性引用文件

下列文件中的条款通过本标准的引用而成为本标准的条款。凡是注日期的引用文件,其随后所有的修改单(不包括勘误的内容)或修订版均不适用于本标准,然而,鼓励根据本标准达成协议的各方研究是否可使用这些文件的最新版本。凡是不注日期的引用文件,其最新版本适用于本标准。

GB/T 2423.1 电工电子产品环境试验 第2部分:试验方法 试验A:低温(GB/T 2423.1—2008,IEC 60068-2-1:2007,IDT)

GB/T 2423.2 电工电子产品环境试验 第2部分:试验方法 试验B:高温(GB/T 2423.2—2008,IEC 60068-2-2:2007,IDT)

GB/T 2423.4 电工电子产品环境试验 第2部分:试验方法 试验Db:交变湿热(12 h+12 h循环)(GB/T 2423.4—2008,IEC 60068-2-30:2005,IDT)

GB/T 2423.43 电工电子产品环境试验 第2部分:试验方法 振动、冲击和类似动力学试验样品的安装(GB/T 2423.43—2008,IEC 60068-2-47:2005,IDT)

IEC 60068-2-27:2008 环境试验 第2-27部分:试验Ea和导则:冲击

IEC 60068-2-31:2008 环境试验 第2-31部分:粗鲁搬运冲击(主要用于设备型样品)

3 基本环境条件

仪器仪表的运输、贮存基本环境条件应按产品标准的要求,从表1中选用分级额定值。

表1 仪器仪表运输贮存基本环境条件分级额定值

序号	基本环境条件			分级额定值	
	项目		单位	运输	贮存
1	高温		℃	40,55	
2	低温		℃	−40,−25	−40,−25,+5
3	相对湿度(25 ℃时)		%	95	75,85,95
4	冲击	峰值加速度	m/s^2	100	
		脉冲持续时间	ms	16	

表1（续）

序号	基本环境条件			分级额定值	
	项目		单位	运输	贮存
5	自由跌落	包装件质量≤15 kg时　自由跌落高度	mm	1 000	
		15 kg＜包装件质量≤40 kg时　自由跌落高度		500	
		40 kg＜包装件质量≤75 kg时　自由跌落高度		250	
		75 kg＜包装件质量≤100 kg时　自由跌落高度		200	
		包装件质量＞100 kg时　自由跌落高度		100	
	平面跌落	包装件底面边长＜500 mm时，底面与试验台面的夹角	°	30	
		包装件底面边长≥500 mm时，底面与试验台面的最高间距	mm	250	

4 试验方法

4.1 总则

首先应进行冲击试验，平面跌落与倾倒试验和自由跌落试验的顺序可由产品标准自行规定。

试验后产品性能的检验可以逐项进行，也可在全部试验完成后一次进行。

需要在现场组装验收的产品，允许用组装部件进行试验。

4.2 高温

4.2.1 试验严酷等级

试验温度：40 ℃，55 ℃；

持续时间：16 h。

4.2.2 升温速率

试验箱(室)内温度变化速率在5 min内平均不超过1 ℃/min。

4.2.3 试验方法

本试验应按GB/T 2423.2规定的方法进行。

试验时，将室温下的包装件放入同样处于室温下的试验箱(室)，按4.2.1和4.2.2规定的条件进行试验。试验后，包装件仍保留在试验箱(室)内，直至其温度逐渐降至室温后取出。在正常工作条件下放置至少24 h，然后检验产品的性能是否符合产品标准的要求。

4.3 低温

4.3.1 试验严酷等级

试验温度：－40 ℃，－25 ℃，＋5 ℃；

保持时间：16 h。

4.3.2 降温速率

试验箱(室)内温度变化速率在5 min内平均不超过1 ℃/min。

4.3.3 试验方法

本试验应按GB/T 2423.1规定的方法进行。

试验时，将处于室温下的包装件放入同样处于室温下的试验箱(室)，按4.3.1和4.3.2规定的条件进行试验。试验后，包装件仍保留在试验箱(室)内，直至其温度逐渐升至室温后取出。在正常工作条件下放置至少24h，然后检验产品的性能是否符合产品标准的要求。

4.4 湿热

4.4.1 试验严酷等级

高温温度：40 ℃,55 ℃；

试验周期：2 个周期，每周期 24 h。

4.4.2 试验方法

试验应按 GB/T 2423.4 规定的方法进行。

在温度为 25 ℃±3 K、相对湿度为 45%～75%的条件下，使包装件达到温度稳定。

温度稳定后，在 1 h 内将试验箱(室)内的相对湿度升高至不低于 95%。

在 3 h±30 min 内，将试验箱(室)内的温度升至 40 ℃±2 K(或 55 ℃±2 K)。升温期间，相对湿度应不低于 95%，在最后 15 min 应不低于 90%。

试验箱(室)温度维持在 40 ℃±2 K(或 55 ℃±2 K)，直至从开始升温算起满 12 h±30 min。在此恒温期间，除最初 15 min 和最后 15 min 相对湿度应维持在 90%～100%之间外，其余时间应保持在(93±3)%。

降温阶段有以下两种变化方式：

变化 1：

在 3 h～6 h 内将温度从 40 ℃±2 K(或 55 ℃±2 K)降至 25 ℃±3 K。前 1.5 h 的降温速率应使温度在 3 h±15 min 内降至 25 ℃±3 K。相对湿度在前 15 min 应不低于 90%，其余时间应不低于 95%。

变化 2：

在 3 h～6 h 内将温度从 40 ℃±2 K(或 55 ℃±2 K)降至 25 ℃±3 K。相对湿度应不低于 80%。

注：由于变化 1 需要严格控制前 90 min 的降温速率，需采用专门设计的试验箱。变化 1 适用于内部有空腔，内表面可能发生凝露的样品。变化 2 能满足其他各类样品的再现性要求。

试验箱(室)的温度维持在 25 ℃±3 K，相对湿度不低于 95%，直至第 1 个周期 24 h 结束，然后重复开始第 2 个周期的试验。

试验后取出包装件，在正常工作条件下放置 24 h 以上，然后检验产品的性能是否符合产品标准的要求。

4.5 冲击[1)]

4.5.1 试验严酷等级

峰值加速度：100 m/s^2 ±20 m/s^2；

相应标称脉冲持续时间：16 ms ± 2 ms；

脉冲重复频率：60 次/min～100 次/min；

连续冲击次数：1 000 次±10 次；

脉冲波形：半正弦波。

4.5.2 安装

试验时，包装件应直接或借助试验夹具或过渡结构刚性地固定在试验机台面上，以避免引起附加的共振。安装要求应符合 GB/T 2423.43 的规定。

4.5.3 试验方法

本试验应按 IEC 60068-2-27:2008 规定的方法进行。

如果能确定包装件在运输时的安装姿态，应在包装件的垂直方向上施加规定的冲击次数。如果不能确定包装件在运输时的安装姿态，应在三个互相垂直的轴向上施加规定的冲击次数。

试验后检验产品的性能是否符合产品标准的要求。

4.6 平面跌落与倾倒

4.6.1 试验台面

试验台面应为平滑、坚硬的水平刚性水泥或钢板台面，其水平度应在 2°以内，布氏硬度为 HB90～

---

1) 当试验台不能满足产品的体积和重量要求时，该试验可由制造厂和用户协商，采用相应的试验方法(如车载模拟试验)。

HB300。试验台面的震动反应质量至少应是被试样品质量的 20 倍。钢板至少厚 25 mm，若样品的质量超过 500 kg，钢板至少厚 40 mm。

4.6.2 试验方法

4.6.2.1 平面跌落

本试验应按 IEC 60068-2-31:2008 规定的方法进行。

将包装件置于试验台面上，沿一底边倾斜，使其相对底边与试验台面的距离为 250 mm，或使包装件底面与试验台面间形成 30°夹角(见图 1)。试验高度和角度的允差为±10%。

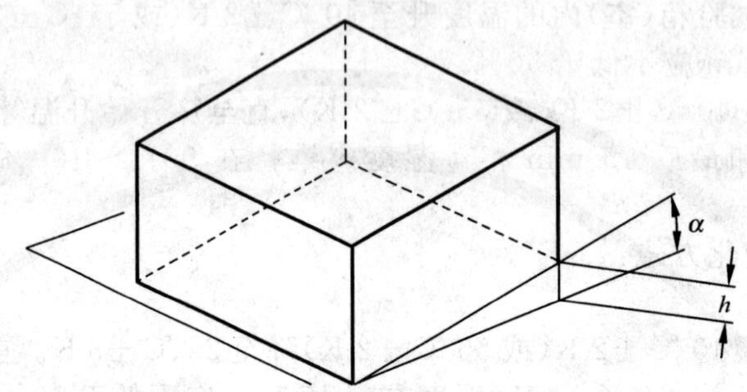

α——包装件底面与试验台面的夹角；

h——包装件底边与试验台面的间距。

图 1 平面跌落

然后使包装件自由跌落在试验台面上。

包装件的四个底边各进行一次平面跌落试验。若包装件的底边多于 4 条，应以 4 条主要底边各进行 1 次平面跌落试验。

4.6.2.2 倾倒(或推倒)

本试验应按 IEC 60068-2-31:2008 规定的方法进行。

若包装件重心到底面的高度与底边最小尺寸之比小于 0.25，或包装件的高度与底边最小尺寸之比小于 0.5，可不进行本试验。

将包装件置于试验台面上，沿一底边倾斜，直至处于不稳定的位置，然后让其从这个位置自由地倒向相邻一面(见图 2)。

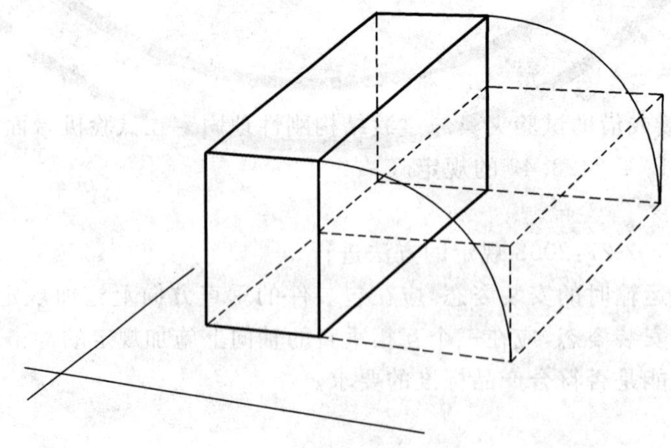

图 2 倾倒(或推倒)

包装件的四个底边各进行一次倾倒试验。

试验后检验产品的性能是否符合产品标准的要求。

4.7 自由跌落

4.7.1 试验台面

试验台面应符合4.6.1的要求。

4.7.2 试验严酷等级

跌落高度按包装件的质量从表1中选取，跌落次数为4次。

4.7.3 试验方法

本试验应按IEC 60068-2-31:2008规定的方法进行。

包装件应从规定高度自由跌落到试验台面上。

跌落高度应在跌落试验前包装件悬挂着的时候，从包装件距离试验台面最近的部位量起。

释放包装件从悬挂位置自由跌落时，释放的方法应使释放时的干扰为最小。

试验后检验产品的性能是否符合产品标准的要求。

5 检验规则

5.1 凡属下列情况之一的包装件，应按本标准所规定的项目进行试验：

a) 新产品试制时；

b) 当产品或包装的设计、工艺和使用的材料有重大改变时；

c) 对批量生产的产品进行抽查时。

5.2 产品标准中的有关技术指标已能满足本标准所规定的相应技术指标时，可免做该项试验。

5.3 包装件的试验数量和复试要求可在产品标准中另行规定。

参 考 文 献

[1] GB/T 4798.1—2005 电工电子产品应用环境条件 第1部分:贮存(IEC 60721-3-1:1997,MOD)

[2] GB/T 4798.2—2008 电工电子产品应用环境条件 第2部分:运输(IEC 60721-3-2:1997,MOD)

[3] ISO 4180-2:2009 包装 完整、满装的运输包装件 编制性能试验大纲的一般规则

ICS 71.040.01
N 53

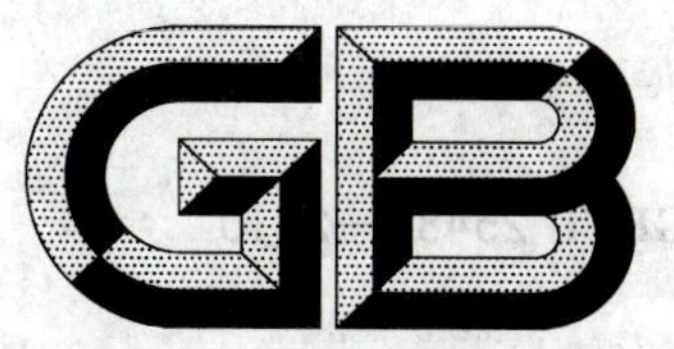

中华人民共和国国家标准

GB/T 25481—2010

在线紫外/可见分光光谱分析仪

On-line ultraviolet/visible spectrum analyzer

2010-12-01 发布　　　　2011-05-01 实施

中华人民共和国国家质量监督检验检疫总局
中国国家标准化管理委员会　发布

前　言

本标准的附录 A 为规范性附录。

本标准由中国机械工业联合会提出。

本标准由全国工业过程测量和控制标准化技术委员会(SAC/TC 124)归口。

本标准由聚光科技(杭州)有限公司负责起草,浙江省计量科学研究院、重庆川仪分析仪器有限公司、杭州电子科技大学等参加起草。

本标准主要起草人:王健、叶华俊、韩双来、张燕群、朱仲文。

在线紫外/可见分光光谱分析仪

1 范围

本标准规定了在线紫外/可见分光光谱分析仪的要求、试验方法、检验规则、包装、运输、贮存等。

本标准适用于波长范围在170 nm～780 nm内使用紫外/可见分光光谱分析技术测量气体(包括蒸气)、液体中一种或几种组分浓度的在线紫外/可见分光光谱分析仪(以下简称仪器)。

2 规范性引用文件

下列文件中的条款通过本标准的引用而成为本标准的条款。凡是注日期的引用文件,其随后所有的修改单(不包括勘误的内容)或修订版均不适用于本标准,然而,鼓励根据本标准达成协议的各方研究是否可使用这些文件的最新版本。凡是不注日期的引用文件,其最新版本适用于本标准。

GB/T 191—2008　包装储运图示标志(ISO 780:1997,MOD)

GB/T 2829—2002　周期检验计数抽样程序及表(适用于对过程稳定性的检验)

GB 4793.1—2007　测量、控制和试验室用电气设备的安全要求　第1部分:通用要求(IEC 61010-1:2001,IDT)

GB/T 11606—2007　分析仪器环境试验方法

GB/T 13384—2008　机电产品包装通用技术条件

GB/T 17626.2—2006　电磁兼容　试验和测量技术　静电放电抗扰度试验(IEC 61000-4-2:2001,IDT)

GB/T 17626.3—2006　电磁兼容　试验和测量技术　射频电磁场辐射抗扰度试验(IEC 61000-4-3:2002,IDT)

GB/T 17626.4—2008　电磁兼容　试验和测量技术　电快速瞬变脉冲群抗扰度试验(IEC 61000-4-4:2004,IDT)

GB/T 17626.5—2008　电磁兼容　试验和测量技术　浪涌(冲击)抗扰度试验(IEC 61000-4-5:2005,IDT)

GB/T 17626.11—2008　电磁兼容　试验和测量技术　电压暂降、短时中断和电压变化的抗扰度试验(IEC 61000-4-11:2004,IDT)

GB/T 18268—2000　测量、控制和实验室用的电设备　电磁兼容性要求(idt IEC 61326-1:1997)

GB/T 18403.1—2001　气体分析器性能表示　第1部分:总则(eqv IEC 61207-1:1994)

3 术语和定义

GB/T 18403.1—2001定义的术语以及下列术语及定义适用于本标准。

3.1

在线紫外/可见分光光谱分析仪　on-line ultraviolet/visible spectrum analyzer

基于分光光谱分析技术原理,结构上一般包括光源、测量室、分光光谱仪、中央分析单元等几部分。结构示意如下图1所示:

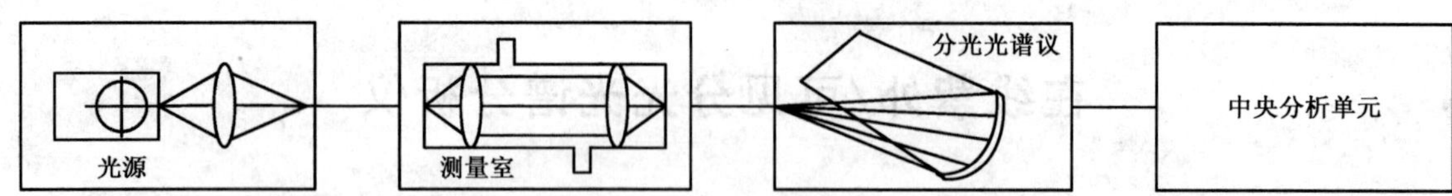

图1 结构示意图

3.2

校准物质 calibration material

用于校准或检定用的物质。如:标准光源、标准滤光片、标准气体和标准液。

3.3

吸光度 absorbance

对透过率值取以10为底的常用对数的负值。

3.4

吸光度噪声 photometric noise

在通入零点校准物质的情况下仪器吸光度域的噪声。

3.5

被测物质温度变化误差 temperature fluctuation error

由被测物质温度变化引起的测量误差。

3.6

被测气体压力变化误差 pressure fluctuation error

由被测气体压力变化引起的测量误差。

4 要求

4.1 工作条件

仪器在表1规定的正常工作条件下应能正常工作。

表1 工作条件

序号	影响量	单位	正常工作条件
1	环境温度	℃	5～40
2	相对湿度	%	≤90
3	大气压力	kPa	70.0～106.0
4	阳光辐射	—	无直接照射
5	空气流速	m/s	0～0.5
6	外界电场、磁场、电磁场	—	按制造商规定
7	工作位置	—	按制造商规定
8	通风	—	按制造商规定
9	机械振动	—	按制造商规定
10	有害性气体	—	按制造商规定
11	电源电压	V	额定电压±10%
12	电源频率	Hz	额定频率±2%

4.2 外观要求

4.2.1 仪器均应保持清洁,不得有污物积垢等。

4.2.2 仪器表面应光洁平整，不得有锈蚀现象。

4.2.3 仪器零件结合处应整齐，无毛刺、锐棱和粗糙不平现象，刚性连接部件不得松动。

4.2.4 仪器所有的铭牌及标志应清楚、持久。

4.3 输出接口和输出信号

仪器应具备相应的信号输出接口，信号输出应包括模拟量和/或数字量。

4.4 光学特性要求

4.4.1 波长准确性

制造商宜对仪器的波长准确性做出明示。

4.4.2 波长分辨率

制造商宜对仪器的波长分辨率做出明示。

4.4.3 波长稳定性

制造商宜对仪器的波长稳定性做出明示。

4.4.4 吸光度噪声

应达到制造商对仪器的吸光度噪声做出的规定。

4.4.5 吸光度稳定性

应达到制造商对仪器的吸光度稳定性做出的规定。

4.5 性能要求

4.5.1 线性误差

仪器的线性误差从下列数值中选取：

±1%F.S、±1.5%F.S、±2%F.S、±2.5%F.S、±3%F.S。

注：F.S 表示满量程。

4.5.2 重复性

仪器的重复性应从下列数值中选取：

0.5%、0.75%、1.0%、1.25%、1.5%、2.5%。

4.5.3 输出波动

在规定时间内，仪器输出信号的波动应不超过线性误差的三分之一。

4.5.4 零点漂移和量程漂移

仪器连续运行规定的时间间隔，其零点漂移量和量程漂移量应从下列数值中选取：

±1% F.S、±1.5% F.S、±2% F.S、±2.5% F.S、±3% F.S。

时间间隔应从以下数值中选取：24 h、3 d、7 d。

4.5.5 预热时间

预热时间由制造商根据仪器类别优先在下列数值中选取：

30 min、1 h、3 h。

4.5.6 滞后时间、上升时间和下降时间

仪器的滞后时间、上升时间和下降时间应在下列时间中选取：

滞后时间：0.5 s、1 s、5 s、10 s；

上升时间：1 s、2 s、10 s、20 s；

下降时间：1 s、2 s、10 s、20 s。

注：响应时间 T_{90} 为滞后时间和上升时间(或下降时间)之和。

4.6 影响量

4.6.1 被测物质温度、压力范围

制造商应对被测物质的额定工作温度范围、(气体的)额定工作压力范围做出明确的规定。

4.6.2 被测物质温度变化影响

在被测物质(气体、液体或者混合物)额定工作温度范围内每变化10 ℃所引起的被测物质温度变化误差不超过线性误差。

4.6.3 被测气体压力变化影响

在被测气体额定工作压力范围内,由被测气体压力变化引起的被测气体压力变化误差应不超过线性误差。

4.6.4 环境温度变化的影响

按制造商产品标准规定。

4.6.5 振动影响

按制造商产品标准规定。

4.6.6 干扰误差

凡是被测物质中存在不低于仪器检测限的干扰组分,均应按用户要求或双方协议分别测定其干扰误差。

4.7 电磁兼容性要求

仪器的静电放电抗扰度、射频电磁场辐射抗扰度、电快速瞬变脉冲群抗扰度、浪涌(冲击)抗扰度及电压暂降、短时中断和电压变化的抗扰度应满足GB/T 18268—2000中的要求。

4.8 安全要求

4.8.1 标志和文件

应符合GB 4793.1—2007中第5章的有关规定。

4.8.2 防电击要求

4.8.2.1 接触电流

由交流电网供电的仪器,其接触电流应符合GB 4793.1—2007中6.3的有关规定。

4.8.2.2 保护接地

由交流电网供电的仪器,其保护接地应符合GB 4793.1—2007中6.5.1的有关规定。

4.8.2.3 介电强度

由交流电网供电的仪器,电源输入端与可触及导电零部件之间施加规定的1.5 kV的试验电压,历时1 min,不应出现击穿或重复飞弧现象。

注:仪器设计时,可参照附录A确定试验电压值。

4.8.3 其他要求

如果仪器存在GB 4793.1—2007所规定的涉及安全的机械性危险;机械冲击和撞击;火焰蔓延;温度和耐热;液体危险;辐射、声压力和超声压力;有释放气体、爆炸或内爆;涉及安全的元器件;有连锁装置等情况,则应满足GB 4793.1—2007的相关规定。

4.9 包装、运输和贮存

仪器在运输包装状态下,按照GB/T 11606—2007中第8章、第15章、第16章、第17章和第18章方法试验后,包装箱不应有较大变形和损伤,受试仪器不应有变形松脱、涂覆层剥落等机械损伤,其性能要求应能满足4.5和4.8规定。

5 试验条件

5.1 除非另有规定,第6章试验方法中的性能试验6.3应在参比试验条件下进行;其他试验在仪器的工作条件下进行。仪器的参比试验条件见表2。

表 2　参比试验条件

序号	影响量	单位	参比试验条件
1	环境温度	℃	23±2
2	相对湿度	%	45～75
3	大气压力	kPa	86.0～106.0
4	阳光辐射	—	无直接照射
5	空气流速	m/s	0～0.2
6	外界电场、磁场、电磁场	—	可以忽略不计的含量
7	工作位置	—	正常工作位置±1°
8	通风	—	无阻碍，但不得对流
9	机械振动	—	可忽略不计
10	有害性气体	—	可以忽略不计的含量
11	电源电压	V	额定电压±1%
12	电源频率	Hz	额定频率±1%

5.2　试验时，校准物质应采用国家二级或二级以上的校准物质。

5.3　试验用测量装置和记录设备其准确度应优于受试仪器准确度。

5.4　仪器操作应遵守有关安全规定。

5.5　对于多组分、多量程仪器应分别试验。

6　试验程序

6.1　外观检查

用目视和手感等方法进行。

6.2　输出接口和输出信号

用万用表和示波器检测输出信号。

6.3　光学特性检验

6.3.1　波长准确性、波长分辨率、波长稳定性

波长准确性、波长分辨率、波长稳定性的试验方法见附录 A。

6.3.2　吸光度噪声

仪器通入零点校准物质，采集未经过平均的吸光度谱图，在工作波长范围内选取宽度为 100 nm 的光谱区间（如果工作波长范围小于 100 nm，则取整个工作波长范围），计算该区间吸光度的标准偏差 A_n，用该标准偏差作为仪器的吸光度噪声值，计算按公式(1)。

$$A_n=\sqrt{\frac{\sum_i(A_{ni}-\overline{A_n})}{n-1}} \qquad \cdots\cdots(1)$$

式中：

A_{ni}——该区间某个波长数据点 i 的吸光度值，无量纲；

$\overline{A_n}$——该区间吸光度值的平均值，无量纲；

n——100 nm 波长范围（或整个工作波长范围）内所有数据点个数。

6.3.3　吸光度稳定性

仪器通入零点校准物质，间隔 2 h 采集未经过平均的吸光度谱图，共 13 次。计算有效波长范围内

的某个波长数据点吸光度的标准偏差 A_s，用该标准偏差作为仪器的吸光度稳定性指标，计算按公式(2)。

$$A_s=\sqrt{\frac{\sum_i(A_{si}-\overline{A_s})}{12}} \qquad \cdots\cdots(2)$$

式中：

A_{si}——波长数据点第 i 次所测吸光度值，无量纲。

$\overline{A_s}$——波长数据点 13 次 A_i 的平均值，无量纲。

6.4 性能试验

6.4.1 线性误差

校准仪器零点、满度，依次通入不同浓度校准物质(在量程范围内均匀分布，不少于三种)，待稳定后，分别记录仪器的示值。上述步骤至少重复三次，求出相应的示值平均值。求这些平均值与校准气标称值的差值 ΔA，按公式(3)计算 δ_l。取绝对值最大者为仪器的线性误差。

$$\delta_l=\frac{\Delta A}{R}\times 100\% \qquad \cdots\cdots(3)$$

式中：

R——仪器满量程值(以下值同义)。

6.4.2 重复性

启动仪器，按规定时间预热后，向仪器通入零点校准物质，待示值稳定后，再通入规定浓度(指浓度为满量程 60%～90%的标准物质，以下同)的校准物质，记录稳定后仪器的示值 A_i。上述步骤重复六次，求出其平均值 $\overline{A}$。按公式(4)计算标准偏差(S)。

$$S=\sqrt{\frac{\sum_{i=1}^{6}(A_i-\overline{A})^2}{5}} \qquad \cdots\cdots(4)$$

重复性以相对标准偏差 C_V 表示，按公式(5)计算。

$$C_V=\frac{S}{A}\times 100\% \qquad \cdots\cdots(5)$$

6.4.3 输出波动

启动仪器，按规定时间预热后，向仪器连续通入零点校准物质，把指示调到规定处，持续 5 min，用测量装置在此期间内测量随机的最大峰—峰值 A_{max}；重复测量三次，取其平均值 $\overline{A}$。按公式(6)计算仪器由输出波动引起的偏差(δ_u)：

$$\delta_u=\frac{\overline{A}}{R}\times 100\% \qquad \cdots\cdots(6)$$

测量过程中如有判明有电源或机械振动等引起的尖峰，则应重新测量。

6.4.4 零点漂移和量程漂移

启动仪器，按规定时间预热后，通入零点校准物质，指示调到量程的 5%与测量下限之和处(以下简称规定处)，稳定后，记录仪器的示值。通入规定浓度的校准物质，记录稳定后的仪器的示值(至少六次，在试验周期内近似均匀分布)。分别记录零点值为 Z_i 和终点值 E_i($i=1,2,\cdots,n;n\geqslant 6$)。计算差值 $\Delta Z_i=(Z_i-Z_1)$ 及 $\Delta E_i=(E_i-Z_i)-(E_1-Z_1)$，取绝对值最大的为 ΔZ_{max}、ΔE_{max}。

零点漂移量(δ_o)按公式(7)计算：

$$\delta_o=\frac{\Delta Z_{max}}{R}\times 100\% \qquad \cdots\cdots(7)$$

量程漂移量(δ_S)按公式(8)计算：

$$\delta_S = \frac{\Delta E_{max}}{R} \times 100\% \qquad \cdots\cdots(8)$$

如果大气压力变化对仪器指示值的影响不可忽略，应记录大气压力值，以便对测量结果进行修正。Z_i、E_i 值应为受压力影响的修正值。

6.4.5 预热时间

检查预热时间时用记录设备记录输出信号。

在未通电的情况下放置 12 h，接通仪器电源，与此同时连续地向仪器通入规定浓度的校准物质，用记录仪记录仪器的输出信号。

从仪器接通电源起，到记录线出现在 30 min 内输出信号的偏差不大于量程漂移的二分之一为止之前的时间为预热时间。

按式(9)计算偏差 δ_Y：

$$\delta_Y = \frac{A_{max} - A_{min}}{R} \times 100\% \qquad \cdots\cdots(9)$$

式中：

A_{max}——最大指示值；

A_{min}——最小指示值。

6.4.6 滞后时间(T_{10})、上升时间(T_r)和下降时间(T_f)

6.4.6.1 仪器的输出信号值用记录设备记录，校准物质压力、流量恒定。

6.4.6.2 向仪器分别通入零点校准物质和规定浓度的校准物质，记录稳定后的示值 A_1 和 A_2。计算 $A_{T_{10}} = A_1 + 0.1 \times (A_2 - A_1)$ 和 $A_{T_{90}} = A_1 + 0.9 \times (A_2 - A_1)$ 的值。

6.4.6.3 重新通入零点校准物质，待示值稳定后，通入规定浓度的校准物质。向仪器进口通入校准物质起，用秒表分别记录仪器指示到 $A_{T_{10}}$ 处所经过的时间间隔和仪器指示从 $A_{T_{10}}$ 到 $A_{T_{90}}$ 处所经过的时间。这两个时间分别为滞后时间(T_{10})和上升时间(T_r)。

下降时间(T_f)的测定。再通入规定浓度的校准物质，待示值稳定后，向仪器通入零点校准物质，用秒表记录示值从 $A_{T_{90}}$ 到达 $A_{T_{10}}$ 处所经过的时间。

6.4.6.4 上述测量结果如有争议，可根据记录设备记录的图形来确定滞后时间、上升时间和下降时间。

6.5 影响量

6.5.1 被测物质温度变化误差

向仪器通入规定浓度的校准物质，利用温控装置调节被测物质温度，升(降)温速率不大于 1 ℃/min，分别测定仪器在被测物质额定工作温度上限、下限及中间值时稳定 3 h 后的仪器的示值。

仪器的示值变化按公式(10)和公式(11)换算成校准物质温度每变化 10 ℃时的上限差值 ΔA_{Tu} 和下限差值 ΔA_{TL}

$$\Delta A_{Tu} = \frac{(A_{Tu} - A_{T0}) \times 10}{T_u - T_0} \qquad \cdots\cdots(10)$$

$$\Delta A_{TL} = \frac{(A_{TL} - A_{T0}) \times 10}{T_L - T_0} \qquad \cdots\cdots(11)$$

式中：

T_0——中间温度值($(T_u + T_L)/2$)，单位为摄氏度(℃)；

A_{T0}——被测物质温度等于中间温度值(T_0)的仪器的示值；

A_{Tu}——被测物质温度在上限温度(T_u)下仪器的示值；

A_{TL}——被测物质温度在下限温度(T_L)下仪器的示值。

则误差按公式(12)计算：

$$\delta_{Ti}=\frac{\Delta A_T}{R}\times 100\% \quad\cdots\cdots(12)$$

式中：

ΔA_T——ΔA_{Tu}与ΔA_{TL}之中的最大值。

6.5.2 被测气体压力变化误差

试验应在参比条件下进行。经过调零、标定校准后，向仪器连续通入规定浓度的校准气体。通过调压装置使被测气体压力在被测仪器压力范围内±5%均匀可调。均匀地调节被测物质气体到试验压力值，利用检定合格的压力测量装置测量被测气体实际压力，并记录测量值变化。

按公式(13)计算被测气体压力变化误差(δ_p)

$$\delta_p=\frac{\overline{\Delta A_{max}}}{R}\times 100\% \quad\cdots\cdots(13)$$

式中：

$\overline{\Delta A_{max}}$——每种被测气体压力下仪器偏差$A_i$的平均值$\overline{\Delta A}$中的最大值；

i——被测气体压力取值数。

被测气体压力变化可参考选取下面几个点：

a) P_{min}；

b) $P_{min}+P_{range}\times 35\%$；

c) $P_{min}+P_{range}\times 65\%$；

d) $P_{min}+P_{range}\times 90\%$。

式中：

P_{max}——被测气体压力上限；

P_{min}——被测气体压力下限；

P_{range}——被测气体压力范围，等于$P_{max}-P_{min}$。

6.5.3 环境温度变化的影响

将仪器安放在环境试验室(箱)内。

向仪器通入规定浓度的校准物质，将环境试验室(箱)依次均匀调节到给定的温度，升降温度速率不大于1 ℃/min。在该温度下保持4 h，分别测定仪器在参比温度和额定工作范围上、下限温度下仪器的示值，求出与参比条件下仪器的示值之差ΔA。

偏差(δ_i)按公式(14)计算。

$$\Delta A=A_2-A_1 \quad\cdots\cdots(14)$$

$$\delta_i=\frac{\Delta A}{R}\times 100\% \quad\cdots\cdots(15)$$

式中：

A_2——相对于参比值变化时仪器的示值；

A_1——参比条件下仪器的示值。

6.5.4 振动影响

试验方法参照GB/T 11606—2007中第9章规定的振动试验方案进行。

6.5.5 干扰误差

6.5.5.1 干扰组分

6.5.5.1.1 若干扰组分浓度大小对测量结果有影响，则应基于用户或双方协议的干扰组分浓度，制备在其具有最大影响时的浓度值。

6.5.5.1.2 若干扰组分浓度大小对测量结果无影响，则可用其浓度不加限定的干扰组分进行试验，也可按用户提供或双方协议给定的干扰组分浓度处进行试验。

6.5.5.2 试验步骤

6.5.5.2.1 干扰组分的干扰误差

仪器通入零点气，并将示值调到规定处，示值为 A_0，向仪器通入按上述 6.5.5.1.1 要求制备的干扰气测定仪器的示值，上述步骤重复三次，按公式(16)计算 ΔA_c。

$$\Delta A_c = \frac{\sum_{i=1}^{3}(A_{ci} - A_0)}{3} \qquad \cdots\cdots(16)$$

式中：

A_{ci}——通入干扰气时仪器的第 i 次示值；

A_0——未通入干扰气前仪器调零后的示值。

组分的干扰误差参照公式(15)计算。

6.5.5.2.2 水蒸气的干扰误差

向仪器通入干燥的校准物质(含水量按体积比低于 0.1%)。记录仪器的示值 A_{wi}；然后让其通过一个水蒸气发生装置(如水鼓泡器)，该装置的温度控制在某一温度点上，使产生的蒸气浓度满足给定要求，记录稳定后仪器的示值 A_{wi}'。上述步骤重复三次。

试验过程中，应避免水蒸气进入仪器传感器之前发生冷凝现象。

按公式(17)计算 ΔA_w。

$$\Delta A_w = \frac{\sum_{i=1}^{3}(A_{wi}' - A_{wi})}{3} \qquad \cdots\cdots(17)$$

水蒸气的干扰误差参照公式(15)计算。

6.6 电磁兼容性

6.6.1 静电放电抗扰度试验的试验方法按 GB/T 17626.2—2006 实施。

6.6.2 射频电磁场辐射抗扰度试验的试验方法按 GB/T 17626.3—2006 实施。

6.6.3 电快速瞬变脉冲群抗扰度试验的试验方法按 GB/T 17626.4—2008 实施。

6.6.4 浪涌(冲击)抗扰度试验的试验方法按 GB/T 17626.5—2008 实施。

6.6.5 电压暂降、短时中断和电压变化的抗扰度试验的试验方法按 GB/T 17626.11—2008 实施。

6.7 安全性

6.7.1 标志和文件

目测检查。

6.7.2 防电击试验

6.7.2.1 接触电流

6.7.2.1.1 试验豁免条件

在正常工作条件下，当可触及零部件与参考地之间，或在同一台上在 1.8 m(沿表面或通过空气)的距离内的任意两个可触及零部件之间电压值不超过 33 V(交流有效值)或直流 70 V，可以不进行该项试验。

6.7.2.1.2 试验方法

按 GB 4793.1—2007 的有关规定进行试验。

6.7.2.2 保护接地

按 GB 4793.1—2007 附录 F 的有关规定进行试验。

6.7.2.3 介电强度

6.7.2.3.1 试验要求

潮湿预处理按 GB 4793.1—2007 中 6.8.2 规定进行(该项试验仅在仪器鉴定检验时进行)。

在正常工作条件下,仪器处于非工作状态,电源开关置于接通位置,按试验要求 4.8.2.3 规定的试验电压值对受试仪器进行试验。

6.7.2.3.2 试验方法

用耐电压测试仪,在一端为连接在一起的电源线插头的相线和中线,另一端为连接在一起的所有可触及导电零部件之间,在 5 s 内升至规定的试验电压值,并保持 1 min。电源线与可接触导电件间的抗干扰电容不应开路;若这些电容不能用于进行试验,则可以用一个数值为交流电压 1.4 倍的直流电压试验。

6.7.3 其他要求

按 GB 4793.1—2007 的有关规定进行试验。

6.8 仪器的包装、运输贮存

仪器在包装状态下,按 GB/T 11606—2007 中第 8 章、第 15 章、第 16 章、第 17 章的方法进行试验,恢复后的性能检查项目按 4.9 规定进行。

7 检验规则

7.1 检验分类

仪器检验分为出厂检验和型式检验。

7.2 出厂检验

7.2.1 每台仪器须经制造厂质量检验部门检验,所检验的项目全部达到产品标准要求后方可出厂,并附有产品合格证书、使用说明书及装箱单。

7.2.2 出厂检验项目及不合格类别见表 3。

7.2.3 出厂检验不合格或有不合格项目,则应返工然后复验。复验全部项目合格后,方可出厂。

7.3 型式检验

7.3.1 在下列情况之一时,应进行型式检验:

a) 仪器设计定型或生产定型时;

b) 仪器转厂或转移生产地时;

c) 仪器正式生产后,如结构、材料、工艺有较大改变,可能影响仪器性能时;

d) 仪器长期停产,恢复生产时;

e) 仪器正常生产时,定期或积累一定产量后,应周期进行一次检验,一般为 3 年;

f) 国家各级质量监督检验要求时;

g) 出厂检验结果与上次型式检验有较大差异时。

7.3.2 抽样方案

型式检验的样本应从出厂检验合格的批中随机抽取,样本量不少于两台。

7.3.3 判定规则

7.3.3.1 型式检验项目及不合格类别见表 3。

7.3.3.2 型式检验的抽样应按 GB/T 2829—2002 中 5.9 的规定。采用的抽样方案、检验的不合格分类、检验项目及对应的条目、不合格质量水平、判别水平、样本量和判定数组等要求应在产品标准中规定。

7.3.3.3 合格与不合格的判定应按 GB/T 2829—2002 中 5.11 的规定进行。

7.3.3.4 若型式检验合格,对进行抽样的该批产品可以提交鉴定、定型或出厂、入库。

7.3.3.5 若型式检验不合格,应分析原因,采取纠正措施,验证有效后,重新提交检验。若型式检验再次不合格，则对进行抽样的该批产品应停止出厂，再重复上述分析、纠正、验证、重新提交的步骤，直至合格为止。

表 3 仪器检验项目表

序号	不合格分类	检验项目、要求及试验条目			检验分类	
		检验项目	要求条目	试验方法	出厂检验	型式检验
1	A	安全要求	4.8	6.7	●	●
2		重复性	4.5.2	6.4.2	●	●
3		输出波动	4.5.3	6.4.3	●	●
4		零点漂移和量程漂移	4.5.4	6.4.4	●	●
5	B	外观要求	4.2	6.1	●	●
6		波长准确性	4.4.1	6.3.1	○	○
7		波长分辨率	4.4.2		○	○
8		波长稳定性	4.4.3		○	○
9		吸光度噪声	4.4.4	6.3.2	●	●
10		吸光度稳定性	4.4.5	6.3.3	—	●
11		线性误差	4.5.1	6.4.1	●	●
12		预热时间	4.5.5	6.4.5	●	●
13		滞后时间、上升时间和下降时间	4.5.6	6.4.6	●	●
14		输出接口和输出信号	4.3	6.2	●	●
15		被测气体温度、压力范围	4.6.1	—	—	●
16		被测气体温度变化误差	4.6.2	6.5.1	—	●
17		被测气体压力变化误差	4.6.3	6.5.2	—	●
18		环境温度变化	4.6.4	6.5.3	—	●
19		振动影响	4.6.5	6.5.4	—	●
20		干扰误差	4.6.6	6.5.5	—	●
21		电磁兼容性要求	4.7	6.6	—	○
22		包装、运输和贮存	4.9	—	—	●

注 1：●——应进行检验的项目。

注 2：○——需要时进行检验的项目。

注 3：— ——不进行检验的项目。

注 4：A 类不合格——单位产品的极重要质量特性不符合规定，或者单位产品的质量特性极严重不符合规定。

注 5：B 类不合格——单位产品的重要质量特性不符合规定，或者单位产品的质量特性严重不符合规定。

8 标志、包装、运输和贮存

8.1 仪器的标志

仪器在适当的明显位置固定铭牌，其上应有如下标志：

a) 制造厂名称、地址；

b) 仪器型号、规格、名称；

c) 制造日期；

d) 出厂编号；

e) 电源电压、电源频率；

f) 必须标志的重要参数；

g) 执行标准。

8.2 包装

8.2.1 仪器包装应符合 GB/T 13384—2008 中防潮、防震包装规定。

8.2.2 包装箱的适当明显位置上应有下列标志：

a) 仪器型号规格、名称；

b) 制造厂名称、地址；

c) 箱体体积：长×宽×高，单位为 mm；

d) 净重及毛重，单位为 kg；

e) 出厂编号、包装箱序号及数量；

f) 包装储运图示标志："易碎物品"、"向上"、"怕雨"等应符合 GB/T 191—2008 规定；

g) 发送地点及收货单位。

8.2.3 随机文件

包括：

a) 装箱单；

b) 产品合格证；

c) 使用说明书(仪器文件中有关安全描述应符合 GB 4793.1—2007 第 5 章有关规定)；

d) 备件清单。

8.3 运输、贮存

8.3.1 仪器在运输过程中和贮存时应防止受到剧烈冲击、雨淋、暴晒及辐射。

8.3.2 仪器应原箱存放保管，仓库环境温度为 0 ℃～40 ℃，相对湿度不大于 85%，不应有能引起仪器腐蚀及电气绝缘降低的有害物质存放。

8.3.3 仪器贮存期限不应超过两年，超过期限后，应对仪器按产品标准要求进行抽检。

9 质量保证期

在用户遵守运输、贮存和使用条件下，从制造厂发货之日起 18 个月或用户投入运行之日起 12 个月(以先到日期为准)，产品因制造质量不良而发生损坏或不能正常工作时，制造厂应无偿为用户修理仪器或更换部件。

附　录　A
（规范性附录）
波长准确性、波长分辨率及波长稳定性试验方法

A.1　波长准确性

使用标准光源检定。获取标准光源谱图，在波段范围内选择两条汞（氩）灯波长特征谱线，重复三次测量，三次测量的特征峰中心波长平均值与波长标准值之差 $\Delta\lambda$ 作为该波长处的准确性检定结果。按公式（A.1）计算：

$$\Delta\lambda = \lambda - \lambda r \qquad \cdots\cdots\cdots\cdots (\text{A.1})$$

式中：

λ——特征峰中心波长平均值，有效位数保留小数点后两位，单位为纳米（nm）；

λr——波长标准值，有效位数保留小数点后两位，单位为纳米（nm）。

A.2　波长分辨率

使用标准光源检定。获取标准光源谱图，测量汞（氩）灯某一特征峰最大强度值一半处所（如图 A.1 所示）所对应的两个波长值 λ_1 和 λ_2，计算其差值作为仪器的分辨率检定结果，有效位数保留小数点后两位，单位 nm。

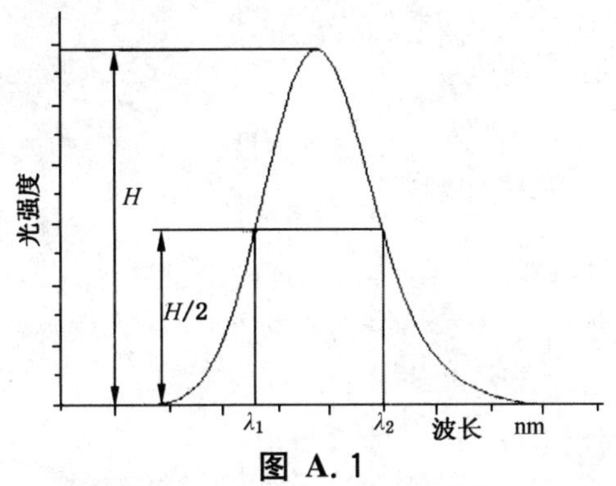

图 A.1

A.3　波长稳定性

使用标准光源检定。间隔 2 h 采集未经过平均的标准光源谱图，共采集 13 次。选择标准光源某一特征峰谱线，计算该特征峰实际测量中心波长值的标准偏差 W_s 作为检定数据。按公式（A.2）计算。

$$W_s = \sqrt{\frac{\sum_i (\lambda_i - \lambda_{aver})^2}{12}} \qquad \cdots\cdots\cdots\cdots (\text{A.2})$$

式中：

λ_i——第 i 次所测特征峰的中心波长值，有效位数保留小数点后两位，单位为纳米（nm）；

λ_{aver}——13 次 λ_i 的平均值，有效位数保留小数点后两位，单位为纳米（nm）。

ICS 17.200.20
N 11

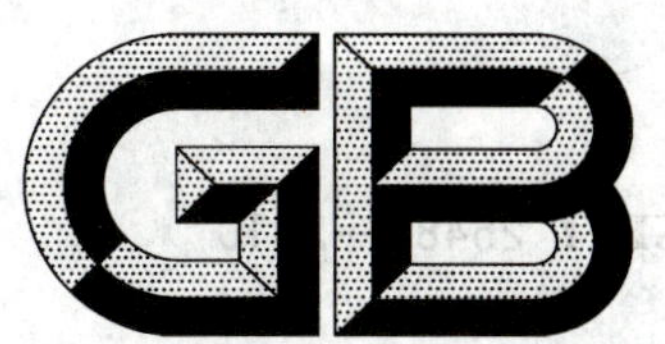

中华人民共和国国家标准

GB/T 25482—2010

自动闭口闪点仪

Automatic closed flashpoint analyzer

2010-12-01 发布 2011-05-01 实施

中华人民共和国国家质量监督检验检疫总局
中国国家标准化管理委员会 发布

前　言

本标准由中国机械工业联合会提出。

本标准由全国工业过程测量和控制标准化技术委员会(SAC/TC 124)归口。

本标准起草单位:山东三泵科森仪器有限公司、江苏江分电分析仪器有限公司、国家分析仪器质量监督检验中心、西安热工研究院有限公司、中石化齐鲁石化公司胜利炼油厂。

本标准主要起草人:王国峰、吴元海、吴荣坤、袁正、孟玉婵、徐力。

自动闭口闪点仪

1 范围

本标准规定了自动闭口闪点仪的要求、试验方法、检验规则及标志、包装、运输及贮存等。

本标准适用于具备自动升温、开盖、搅拌、点火、显示闪点值的自动闭口闪点仪(以下简称“仪器”)。

2 规范性引用文件

下列文件中的条款通过本标准的引用而成为本标准的条款。凡是注日期的引用文件,其随后所有的修改单(不包括勘误的内容)或修订版均不适用于本标准,然而,鼓励根据本标准达成协议的各方研究是否可使用这些文件的最新版本。凡是不注日期的引用文件,其最新版本适用于本标准。

GB/T 191—2008 包装储运图示标志(ISO 780:1997,MOD)

GB/T 261—2008 闪点的测定 宾斯基-马丁闭口杯法(ISO 2719:2002,MOD)

GB/T 2829—2002 周期检验计数抽样程序及表(适用于对过程稳定性的检验)

GB 4793.1—2007 测量、控制和实验室用电气设备的安全要求 第1部分:通用要求(IEC 61010-1:2001,IDT)

GB/T 11606—2007 分析仪器环境试验方法

GB/T 13384—2008 机电产品包装通用技术条件

SH/T 0768—2005 闪点测定法(常闭式闭口杯法)

3 要求

3.1 正常工作条件

仪器正常工作条件应满足:

a) 环境温度 5 ℃～30 ℃;

b) 相对湿度应不大于 80%;

c) 无影响仪器使用的振动和电磁干扰;

d) 室内无腐蚀性气体,有良好的通风装置;

e) 供电电源:电压 220 V±22 V,频率 50 Hz±1 Hz。

3.2 测量范围

测量范围为 30 ℃～200 ℃。

3.3 准确度

温度测量示值误差不应大于±0.3 ℃。

3.4 重复性

重复性要求为:

a) 30 ℃～104 ℃闪点范围的重复性误差不超过 2 ℃。

b) ＞104 ℃闪点的重复性误差不超过 4 ℃。

3.5 闪点检测

不应漏报、误报闪点。

3.6 仪器加热方式

仪器应采用自动控制电加热方式。

3.7 样品搅拌方式

仪器自动控制启停搅拌方式，搅拌速度应符合 GB/T 261—2008 的规定。

3.8 试验杯、盖组件、加热室和浴套

试验杯、盖组件、加热室和浴套设计应符合 GB/T 261—2008 或 SH/T 0768—2005 的规定。

3.9 仪器外观

所有电镀表面不应有脱皮现象；喷漆表面色泽应均匀，不应有明显的擦伤、露底、裂纹、起泡等现象；外部零件结合处应整齐，表面无粗糙不平现象。开关按键操作灵活可靠，紧固部位应无松动，转动部位应灵活平稳。

3.10 安全性

3.10.1 标志和文件

应符合 GB 4793.1—2007 中第 5 章的有关规定。

3.10.2 防电击要求

3.10.2.1 接触电流

由交流电网供电的仪器，其接触电流应符合 GB 4793.1—2007 中 6.3 的有关规定。

3.10.2.2 保护接地

由交流电网供电的仪器，其保护接地应符合 GB 4793.1—2007 中 6.5.1 的有关规定。

3.10.2.3 介电强度

电源输入端与外壳可触及导电零部件之间施加 1 500 V 交流有效值试验电压，历时 1 min，不应出现击穿或重复飞弧现象。

3.11 仪器成套性

按具体仪器标准规定。

3.12 电源适应性

在电源电压 220 V±22 V；频率 50 Hz±1 Hz 范围内，仪器应符合 3.2、3.3 要求。

3.13 环境适应性

在 GB/T 11606—2007 中Ⅱ组规定的温度、相对湿度范围内，仪器应符合 3.2、3.3 要求。

3.14 运输、运输贮存

仪器在包装状态下，按 GB/T 11606—2007 第 2.4 条试验项目中的交变湿热试验、低温贮存试验，高温贮存试验和跌落试验的项目进行试验。其中高温 55 ℃；低温－40 ℃（液晶显示器类的仪器推荐试验温度－20 ℃）；交变湿热其相对湿度 95%、温度 40 ℃；倾斜跌落高度 250 mm。试验完成后，将仪器置于正常工作条件下进行检验，应符合 3.2～3.11 要求。

4 试验方法

4.1 试验条件

4.1.1 本试验方法均应在 3.1 所规定条件下进行。

4.1.2 仪器在试验前应通电预热 10 min。

4.2 测量范围

4.2.1 试验设备

准确度等级不低于 0.02 级电阻箱。

4.2.2 试验程序

用电阻箱替代 PT 100 铂电阻，当电阻箱阻值为 109.73 Ω 时仪器的显示值应为 25 ℃±0.3 ℃；电阻箱阻值为 175.84 Ω 时仪器的显示值应为 200 ℃±0.3 ℃。

4.3 准确度

4.3.1 试验设备

准确度等级不低于0.02级电阻箱。

4.3.2 试验程序

用电阻箱替代PT100铂电阻，当电阻箱阻值为119.40 Ω时仪器的理论显示值应为50 ℃；当电阻箱阻值为138.50 Ω时仪器的理论显示值应为100 ℃；当电阻箱阻值为157.31 Ω时仪器的理论显示值应为150 ℃，每温度测三次取其平均值，计算仪器示值的平均值和理论值之差。

4.4 重复性

4.4.1 试验设备和试剂

包括：

a) 有证标准样品(CRM)或工作参比样品(SWS)；

注：有证标准样品(CRM)或工作参比样品(SWS)可参照GB/T 261—2008附录A。

b) 钢瓶装液化石油气或其他燃气并带减压阀。

4.4.2 试验程序

使仪器处于正常工作状态，将油杯用无铅汽油或其他油品溶剂清洗自然干燥后，将有证标准样品(CRM)或工作参比样品(SWS)注入试验杯中，充满至刻度线。启动仪器，仪器自动按GB/T 261—2008试验程序检测有证标准样品(CRM)或工作参比样品(SWS)闪点，试验重复三次，取任意两次闪点之差。

4.5 闪点检测

4.5.1 试验设备

同4.4.1。

4.5.2 试验程序

按4.4.2试验程序进行三次试验，在试验过程中当出现闪点时都应检测到并报知测定结束；当不出现闪点时则应不报知测定结束。

4.6 仪器加热方式

目视检查。

4.7 样品搅拌方式

手动操作和目视检查

4.8 试验杯、盖组件、加热室和浴套

4.8.1 试验设备

0 mm～125 mm游标卡尺，游标卡尺应经计量部门检定或校准。

4.8.2 试验程序

用游标卡尺测量和目视手动调节检查。

4.9 仪器外观

目视和手感检查。

4.10 安全性试验

4.10.1 标志和文件

按GB 4793.1—2007的要求，目测检查。

4.10.2 防电击试验

4.10.2.1 接触电流

按GB 4793.1—2007的有关规定进行试验。

4.10.2.2 保护接地

按GB 4793.1—2007附录F的有关规定进行试验。

4.10.2.3 介电强度

4.10.2.3.1 试验设备

耐电压测试仪:耐电压测试仪产生的试验电压应为正弦波形,其失真系数不大于5%,频率为50 Hz。

4.10.2.3.2 试验要求

潮湿预处理按GB 4793.1—2007中6.8.2规定进行(该项试验仅在需要时进行)。

在正常工作条件下,仪器处于非工作状态,电源开关置于接通位置。

4.10.2.3.3 试验方法

将耐电压测试仪的击穿电流置于5 mA档,在一端为连接在一起电源线插头的相线和中线,另一端为连接在一起外壳和可触及导电零部件之间施加交流试验电压,试验电压应在5 s内逐渐上升到1 500 V,并保持1 min。

4.11 仪器成套性

按装箱单进行检查。

4.12 电源适应性

按GB/T 11606—2007中第3章规定进行试验。

4.13 环境适应性

按GB/T 11606—2007中第4章、第5章规定进行试验。

4.14 运输、运输储存

仪器在包装状态下,按GB/T 11606—2007中第8章、第15章、第16章、第17章规定进行试验。

5 检验规则

5.1 检验分类

本标准的检验分为:

a) 出厂检验;

b) 型式检验。

5.2 出厂检验

规定如下:

a) 每台仪器应经检验部门检验合格,并附有仪器合格证方能出厂;

b) 出厂检验项目应按3.2～3.11要求进行。

5.3 型式试验

5.3.1 产品在下列情况之一时,应按3.2～3.14要求进行型式检验。

a) 新仪器和老仪器转厂生产试制定型鉴定;

b) 正式生产后,如结构、材料、工艺有较大改变,可能影响仪器性能时;

c) 正常生产时,定期或积累一定产量后,应三年内进行一次检验;

d) 产品长期停产,恢复生产时;

e) 出厂检验结果与上次型式检验有较大差异时;

f) 国家质量监督机构提出进行型式检验要求时。

5.3.2 型式检验的样品应从出厂检验合格的批中随机抽取,数量不少于三台。

5.3.3 型式检验应按GB/T 2829—2002的规定进行,采用一次抽样方案。仪器的检验项目、不合格分类、不合格质量水平(RQL)、判别水平(DL)按表1规定进行。批质量以每百单位仪器不合格数表示。

表 1 型式检验推荐的方案

<table>
<tr><th rowspan="3">序号</th><th rowspan="3">不合格分类</th><th colspan="3">检验项目及章条</th><th rowspan="3">不合格质量水平(RQL)</th><th rowspan="3">判别水平(DL)</th><th colspan="2">抽样方案</th></tr>
<tr><th rowspan="2">项目</th><th rowspan="2">要求章条</th><th rowspan="2">试验方法章条</th><th rowspan="2">样品量(n)</th><th rowspan="2">判定数组(Ac,Re)</th></tr>
<tr></tr>
<tr><td>1</td><td>A</td><td>安全性</td><td>3.10</td><td>4.10</td><td>30</td><td rowspan="13">Ⅰ</td><td rowspan="13">3</td><td>(0,1)</td></tr>
<tr><td>2</td><td rowspan="10">B</td><td>测量范围</td><td>3.2</td><td>4.2</td><td rowspan="10">65</td><td rowspan="10">(1,2)</td></tr>
<tr><td>3</td><td>准确度</td><td>3.3</td><td>4.3</td></tr>
<tr><td>4</td><td>重复性</td><td>3.4</td><td>4.4</td></tr>
<tr><td>5</td><td>闪点检测</td><td>3.5</td><td>4.5</td></tr>
<tr><td>6</td><td>仪器加热方式</td><td>3.6</td><td>4.6</td></tr>
<tr><td>7</td><td>样品搅拌方式</td><td>3.7</td><td>4.7</td></tr>
<tr><td>8</td><td>试验杯、盖组件 加热室和浴套</td><td>3.8</td><td>4.8</td></tr>
<tr><td>9</td><td>电源适应性</td><td>3.12</td><td>4.12</td></tr>
<tr><td>10</td><td>环境适应性</td><td>3.13</td><td>4.13</td></tr>
<tr><td>11</td><td>运输、运输贮存</td><td>3.14</td><td>4.14</td></tr>
<tr><td>12</td><td rowspan="2">C</td><td>仪器外观</td><td>3.9</td><td>4.9</td><td rowspan="2">100</td><td rowspan="2">(2,3)</td></tr>
<tr><td>13</td><td>仪器成套性</td><td>3.11</td><td>4.11</td></tr>
</table>

5.3.4 若型式检验不合格，应分析原因找出问题并落实措施，重新进行型式检验。若再次型式检验不合格，则应停产整顿，仪器停止出厂，待问题解决，型式检验合格后方可恢复出厂检验。

5.3.5 若型式检验合格，经出厂检验合格的批，作为合格品可以出厂或入库。若入库超过 12 个月再出厂，则必须重新进行出厂检验。

6 标志、包装、运输、贮存

6.1 标志

6.1.1 仪器标志

每台仪器应在明显的部位固定铭牌，铭牌应明确标示下列内容：

a) 制造厂名称；

b) 仪器型号、规格；

c) 仪器名称；

d) 商标；

e) 制造日期、仪器编号。

6.1.2 包装标志

仪器的包装标志规定如下：

a) 制造厂名称及地址；

b) 仪器型号、规格；

c) 仪器名称；

d) 商标；

e) 仪器质量，单位为 kg；体积：长×宽×高，单位为 mm×mm×mm；

f) 包装储运图示标志："易碎物品"、"向上"、"怕雨"等应符合 GB/T 191—2008 规定；

g) 发货站、到货站；

h) 发货、收货单位名称及地址。

6.2 包装

6.2.1 仪器包装

仪器包装应符合 GB/T 13384—2008 中防潮、防震包装规定。

6.2.2 随机文件

包括：

a) 装箱单；

b) 使用说明书；

c) 合格证；

d) 附备件清单。

6.3 运输

仪器在包装完整的情况下，可用一般交通工具运输。运输过程中应按印刷的运输标志的要求进行运输作业，防止雨淋、翻倒、曝晒及强烈的冲击。

6.4 贮存

仪器在运输包装状态下，应贮存在环境温度为 0 ℃～40 ℃、相对湿度不应大于 85%，且空气中不应含有腐蚀性气体的室内。

7 质量保证期

在用户遵守保管和使用规则的条件下，从制造厂发货之日起 12 个月内，产品因制造质量不良而发生损坏或不能正常工作时，制造厂应无偿为用户修理或更换零部件(不包括易损耗件的调换)。

ICS 35.240.50
J 07

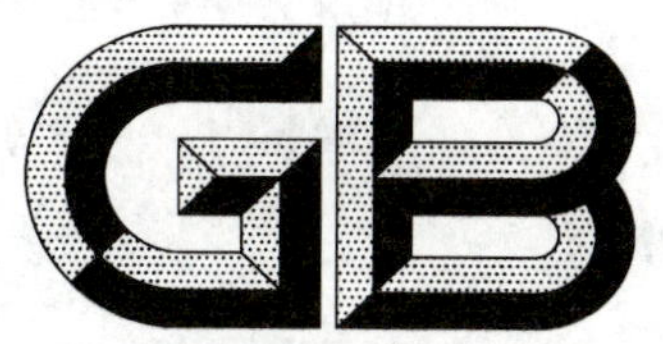

中华人民共和国国家标准

GB/T 25483—2010

面向制造业信息化的企业集成平台测评规范

Specification of testing enterprise integration platform for manufacturing informatization

2010-12-01 发布　　2011-05-01 实施

中华人民共和国国家质量监督检验检疫总局
中国国家标准化管理委员会　发布

前　言

本标准由中国工业机械联合会提出。

本标准由全国工业自动化系统与集成标准化技术委员会(SAC/TC 159)归口。

本标准主要起草单位:北京机械工业自动化研究所、清华大学。

本标准主要起草人:黄双喜、黎晓东、刘颖、陈天华。

引　　言

制定本标准的目的为面向制造业信息化的企业集成平台的测评工作提供技术指导和技术规范支持，实现对企业集成平台的公平、公正、科学、客观的评价。

本标准界定了面向制造业信息化的企业集成平台的概念范围，给出了企业集成平台参考体系结构，确定了集成平台的基本功能。

在此基础上，本标准规定了面向制造业信息化的企业集成平台的测评内容及测评指标、评定细则、测评组织机构、测评工作流程、测评申请、受理审查、测评实施或结果公告等方面的要求。

0.1　企业集成平台的概念与定义

企业集成平台(EIP，Enterprise Integration Platform)技术是用于企业信息系统集成的一种计算机软件技术，其目的是根据业务模型的变化进行信息系统的配置和调整，保证不同系统、应用、服务或操作人员之间的互操作，提高企业适应市场变化的能力，使企业能够在复杂多变的市场环境中生存。

集成平台的概念包括狭义集成平台和广义集成平台两种。狭义集成平台是指一个软件平台，它为企业内多个应用软件系统或组件间的信息共享与互操作提供所需的通用服务，达到降低企业内(间)多个应用、服务或系统之间的集成复杂性的目的。广义集成平台是指由支撑软件系统(狭义集成平台)同其他完成不同业务逻辑功能的各应用系统一起组成数字化企业的协同运行环境。无论是广义的集成平台，还是狭义的集成平台，其核心的内容都是为企业提供集成所需要的服务，并对集成系统进行管理。下面给出企业集成平台的定义：

企业集成平台是一个支持复杂信息环境下信息系统开发、集成和协同运行的软件支撑环境。它基于各种企业经营业务的信息特征，在异构分布环境(操作系统、网络、数据库)下为应用提供透明一致的信息访问和交互手段，对其上运行的应用进行管理，为应用提供服务，并支持企业信息环境下各特定领域应用系统的集成。

0.2　企业集成平台的基本原理与方法

由于企业集成问题的复杂性，企业集成项目的实施是一项复杂的系统工程，需要依靠计算机技术，并在一定方法论的支持下，按照一种可控和有序的方式来实现。规划企业集成平台的目的是通过对企业集成内容、方法和体系的定义，来保证企业集成按照一种可控和有序的方式实现，为集成平台的开发和实施提供方法论的指导。

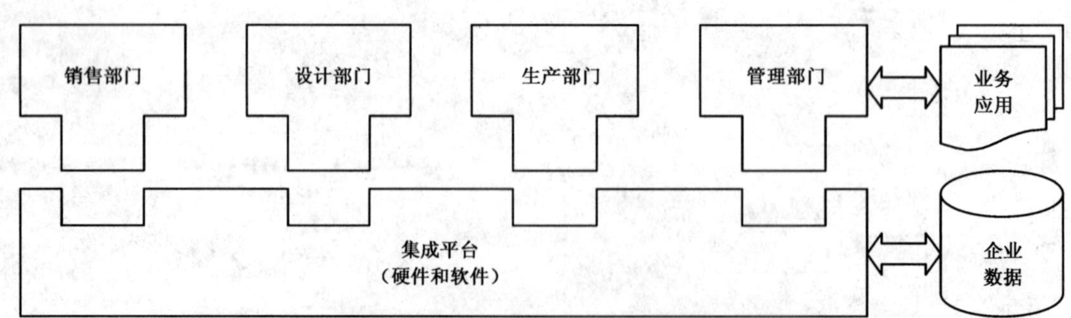

图1　企业集成平台的基本结构

图1给出了企业集成平台的基本结构。集成平台是一个软件环境，提供了一系列使能服务来支持异构环境下不同功能实体之间的互操作和协作。集成平台的作用是对应用领域隐藏信息系统的物理细节，为软件应用和其他类型的功能实体(如：机器和人)的协调提供基础支持功能。

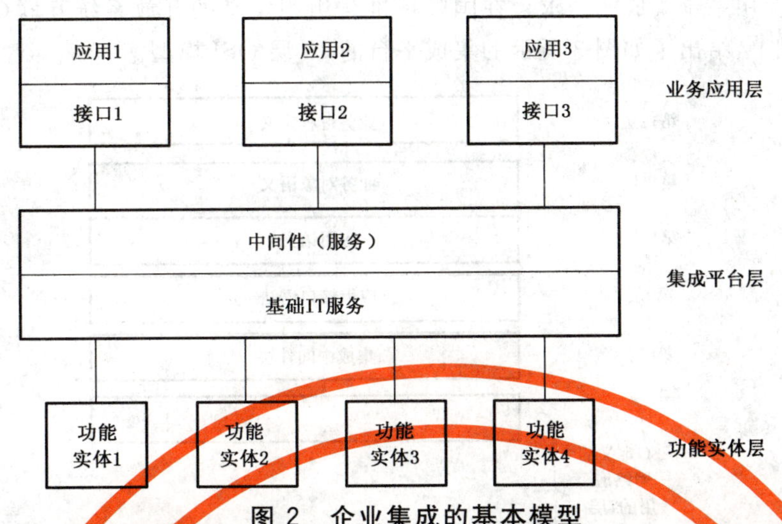

图 2 企业集成的基本模型

图2给出了企业集成的三层模型。在业务应用和基础IT服务之间的软件层称之为中间件层。中间件是介于业务应用和操作系统之间的一类软件，由一组软件服务组成，负责为应用提供支撑服务，支持不同类型计算机之间实现互操作，在不同应用之间传递消息(请求/回应)。

集成平台是实现企业集成的重要支撑环境，它屏蔽了企业不同功能实体内部的实现细节，从而方便了不同功能实体之间的连接。集成平台将所有企业功能实体整合起来形成一个紧密的系统。从系统角度看，集成平台是一个系统，用来支持应用和业务集成。集成平台本身并不提供业务功能，业务功能由集成平台上所部署的业务服务组件完成。集成平台只是对这些组件之间的集成和互操作提供支持，并对它们进行管理。从软件实现角度看，集成平台是一个由许多服务组成的中间件，为企业集成提供了一个统一的平台。

服务是一个可访问的资源，它由一系列例程(一个例程是执行一项特定且有限任务的一段程序指令)或操作组成。集成平台所提供的服务具有完整和良好的功能定义。集成平台所提供的通用服务包括：

——消息服务：支持企业内透明的消息传递；

——远程过程调用(RPC)：一种进程间通讯机制，通过它可以调用远程处理器上某些进程；

——信息服务：对企业存储在不同数据库中的分布数据提供通明访问和管理；

——通讯管理服务：提供对网络的访问能力；

——表示服务：为用户提供一致的访问界面；

——系统管理服务：管理和维护平台的运行，包括提供系统配置服务。

除了上述服务，在实施企业集成的过程中，如果集成平台适用一个企业模型来控制业务过程的执行，那么集成平台还需要一个模型操作和管理服务来支持。

集成平台在企业整体解决方案中具有重要作用。它将分布异构的环境转化为一个同构的环境，避免了专用集成接口的开发。具体表现在：

——屏蔽了应用分布性和异构性带来的功能实现、数据存储、知识表示上的差异，以通用的方式提供应用集成接口，保证了应用的可移植性；

——支持应用间的透明信息交换和共享；

——提供一个开放的环境，实现应用到集成平台的“即插即用”，使应用可以方便地添加、连接、升级或更新。

0.3 企业集成平台参考体系结构

集成平台上所集成的应用软件系统通常都是由不同的软件厂家提供的产品，具有很强的异构性，集成平台体系结构需要综合考虑通讯协议、中间件、企业建模、工作流管理系统、Internet 环境下的数据交换、产品数据标准或应用系统集成的需求。在国际标准化组织定义的开放系统互联(ISO/OSI)的7层网络应用模型的基础上,给出了如图3所示的集成平台的12层OSI模型。

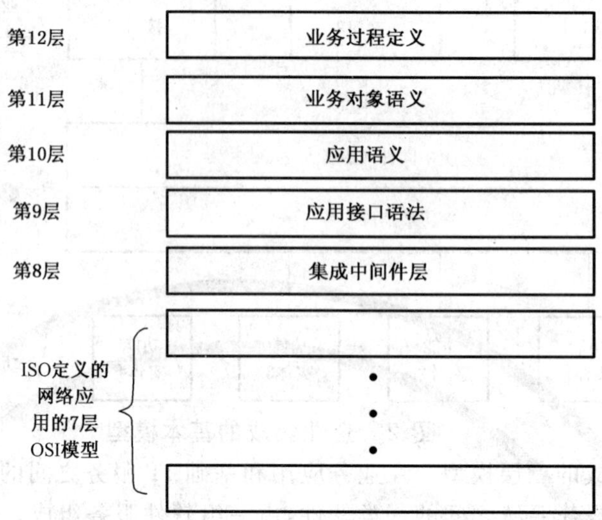

图3 企业集成平台的12层OSI模型

在这个12层OSI模型中,下面的7层采用ISO关于网络应用7个层次的定义。第8层为支持应用集成的中间件层,它为集成平台提供商实施企业系统集成提供了可扩展集成架构。第9层为应用开发商定义的应用之间的方法(服务)调用、接收/发送消息格式的接口语法层。第10层为应用提供商和集成平台提供商共同提供的用来描述应用软件系统结构和内涵的应用语义层。第11层作为业务语义描述层,供业务操作人员和信息管理人员用来定义基于模型操作的业务对象的数据结构及其语义。第12层为业务过程层,用来为业务操作人员定义企业关键业务流程及流程之间的交互关系。

基于企业集成平台的12层OSI模型,定义了分布式、开放结构的集成平台参考实现体系结构,根据实现层次的不同,集成平台参考体系分为平台客户端、平台网关、平台协议、平台接口和平台实现五个层次(图4)。

平台客户端	用户	软件	代理	事件
平台网关	平台注册	平台知识库	平台服务器	平台事件广播
平台协议	数据协议	应用协议	流程协议	服务协议
平台接口	应用接口(ERP、PDM、CAD—)、数据接口、流程接口、服务接口			
平台实现	数据库	应用系统		对象服务

图4 集成平台参考体系

a) 平台客户端层:

——定义了四种客户:人、软件、智能agent和外部事件发生器,它们发出或响应来自企业或其他对象的请求。

b) 平台网关层:

——平台网关实际上是实现平台客户操作和与平台实际资源的对应。它包括平台注册、平台知识库、平台服务器和平台事件广播四部分内容。平台的所有资源都以对象模型方式定义和保存,平台资源通过平台注册服务加入到平台知识库中,平台通过一个服务器对平台资源进行管理和监控，该服务器一方面将平台客户的请求和操作与平台资源相关联，另一方面又将平台资源状态变化信息以事件方式广播给平台上运行的其他对象。

c) 平台协议层：

——企业集成与协作必须基于一定的规范和协议，没有标准的协作是盲目的、无秩序的和不可控的。为了实现包括从数据集成、应用集成到流程集成的平台服务，平台必须定义相关的数据、应用和流程协议。同时必须规范平台集成服务的实现和提供方式，即定义平台的服务协议。

d) 平台接口层：

——平台接口实际上是平台协议的具体实现，这些接口捆绑的产品就可以集成到平台的协作环境中。根据接口的不同类型，可以将平台接口分为应用接口、数据接口、流程接口和服务接口四大类。

e) 平台实现层：

——实现系统是平台抽象模型的底层，是客户请求的最终执行者。它可能对应于数据库系统、对应于实际的应用系统或对应于平台的一些对象服务。

0.4 企业集成平台的基本功能

作为支持企业集成化运行的使能工具，企业集成平台的主要目的是为企业中各种数据、系统、过程等多种对象的协同运行提供各种公共服务及运行时的支撑环境，从而降低实现企业内部的信息孤岛集成的复杂度、提高应用间集成的有效性，将信息系统实施规划中确定的企业中各种应用系统、服务、人员、信息资源及数字化设备的协同关系物化到集成化运行的可执行系统中去。由于硬件环境和应用软件的多样性，企业信息系统的功能和环境都非常复杂，因此，为了能够较好地满足企业的应用需求，作为企业集成系统支持环境的集成平台，其基本功能主要有：

a) 通信服务

提供分布环境下透明的同步/异步通信服务功能，使用户和应用程序无须关心具体的操作系统和应用程序所处的网络物理位置，而以透明的函数调用或对象服务方式完成它们所需的通信。

b) 数据集成服务

为应用提供透明的信息访问服务，通过实现异种数据库系统之间数据的交换、互操作、分布数据管理和共享信息模型定义(或共享信息数据库的建立)，使集成平台上运行的应用、服务或客户端能够以一致的语义和接口实现对数据(数据库、数据文件、应用交互信息)的访问与控制。

c) 工作流服务

跨企业的业务运作及快速变化的市场环境使不同企业的系统集成不能按照一个固定的、预先定义的规则进行。集成必须是可动态定义的、以可控的方式进行。集成平台必须实现对复杂业务过程的管理和控制功能，需要将工作流技术引入其平台中，通过工作流管理提高集成系统的灵活性。

d) 应用集成服务

通过高层应用编程接口来实现对相应程序的访问，这些高层应用编程接口包含在不同适配器或代理中，它们被用来连接不同应用程序。这些接口以函数或对象服务的方式向平台的组件模型提供信息，使用户在无须对原有系统进行修改(不会影响原有系统的功能)的情况下，只要在原有系统的基础上加上相应的访问接口就可以将现有的、用不同的技术实现的系统互联起来，通过为应用提供数据交换和访问操作，使各种不同的系统能够相互协作。

e) 二次开发工具

二次开发工具是集成平台提供的一组帮助用户开发特定应用程序(如实现数据转换的适配器或应用封装服务等)的支持工具，其目的是简化用户在企业集成平台实施过程中特定应用程序

(接口)的开发工作。

f) 平台运行管理工具

平台运行管理工具包括企业集成平台的运行管理和控制模块,负责企业集成平台系统的静态和动态配置、集成平台应用运行管理和维护、事件管理和出错处理等。通过命名服务、目录服务、平台的动态静态配置以及其中关键数据的定期备份等功能来维护整个服务平台的系统配置及稳定运行。

0.5 本标准的作用

参考本标准对企业集成平台概念、参考体系结构、基本功能的描述,可以指导集成平台开发商快速、高效的进行集成平台的设计开发。可为集成平台最终用户在实施集成平台项目时提供参考和评测指南。

面向制造业信息化的企业集成平台测评规范

1 范围

本标准规定了面向制造业信息化的企业集成平台的测评内容及测评指标、评定细则、测评组织机构、测评工作流程、测评申请、受理审查、测评实施或结果公告等方面的要求。

本标准适用于我国面向制造业信息化的企业集成平台的测评。

2 术语和定义

下列术语和定义适用于本标准。

2.1

企业集成　enterprise integration

企业实现其内部和外部信息环境中不同数据、应用、业务流程和服务共享和互联的方法和过程。

2.2

企业集成平台　enterprise integration platform

一个支持复杂信息环境下企业集成的软件平台，为企业提供一个统一的集成环境和相应的集成服务。

2.3

参考体系　reference architecture

一套方法和框架，它通过结构化的方法论、规范化的操作和支持工具来指导企业集成系统的设计和实现。

2.4

体系结构　architecture

系统(不论物理的或概念的对象或实体)中各部分的基本配置和连接的描述(模型)。

注：系统集成有且只有两种体系结构，它们是：

a) 系统体系结构(有时又称为"第1类"体系结构)涉及系统的设计。例如整个企业集成系统中的计算机控制系统部分；

b) 企业参考项目(有时称为"第2类"体系结构)涉及诸如企业集成或其他企业开发计划的项目的开发与实施的组织。

[GB/T 18757—2008，定义3.2]

2.5

中间件　middleware

一个将数据与功能封装在一起以完成特定任务的计算机程序，它本身往往不能单独运行，要在其宿主程序中与其他程序一起协调地工作。中间件把应用程序与系统所依附软件的较低层细节和复杂性隔离开来，使应用程序开发者只处理某种类型的单个应用接口，其他细节则由中间件处理。这种将接口与实现分离的好处是可以采用灵活的、积木式的开发方法。

2.6

框架　framework

表明概念化实体各组成部分彼此间相互关系的结构图。

注：对照企业参考体系结构，这里所涉及的结构或各部分的相互关系都没有生命周期或时间关系。

[GB/T 18757—2008,定义 3.9]

2.7

通用性 genericity

概念的通用程度。

[GB/T 18757—2008,定义 3.10]

2.8

生命周期 life cycle

系统走完其全部生命历程所经历的一般阶段和步骤的有限集。

[GB/T 18757—2008,定义 3.11]

2.9

方法论 methodology

(以文本、计算机程序、工具等方式提供的)指令集.是指导人们思考问题和解决问题的步骤和工作内容。

注:在执行实体集成项目生命周期的各方面时,方法论描述或规定了企业工程和集成的过程。方法论可能会考虑到所涉及的社会、政治、经济等方方面面。

[GB/T 18757—2008,定义 3.14]

2.10

模型 model

为回答所研究的问题和表达真实事物的特定方面而采用任何形式(包括数学、物理、符号、图形或文字描述等)的、实际事物的抽象表达法。

注:模型可用于描述企业活动或企业生命周期的不同阶段。

[GB/T 18757—2008,定义 3.16]

2.11

性能 performance

系统或部件在给定的约束,例如速度、精度或储存器使用条件下实现指定的功能的程度。

[GB/T 11457—2006,定义 2.1131]

2.12

易用性 practicability

在指定条件下使用时,软件产品被理解、学习、使用和吸引用户的能力。

注1:功能性、可靠性和效率的某些方面也会影响易用性。

注2:用户可能包括操作员、最终用户和受该软件的使用影响或依赖于该软件使用的间接用户。易用性必须针对软件所影响的所有不同的用户环境,这可能包括对使用的准备和结果的评价。

[GB/T 16260.1—2006 中 6.3]

2.13

可靠性 reliability

在指定条件下使用时,软件产品维持规定的性能级别的能力。

注1:软件不会损耗或老化。可靠性的种种局限是由于需求、设计和实现中的故障所致。由这些故障引起的失效取决于软件产品的使用方式和所选择的程序选项,而不是经时时间。

注2:在 ISO/IEC 2382-14:1997 中可靠性的定义是“功能单元完成所需功能的能力..”。在本部分中,功能性仅是软件质量诸特性之一,因此,可靠性的定义已被扩展为“维持规定的性能级别... ”,而不是“..... 完成所需功能”。

[GB/T 16260.1—2006 中 6.2]

2.14

可扩展性 scalability

系统或部件能修订以增加它的存储或功能的情况。

[GB/T 11457—2006 中 2.594]

2.15

效率 efficiency

在规定条件下,相对于所用资源的数量,软件产品可提供适当性能的能力。

注 1:资源可能包括其他软件产品、系统的软件和硬件配置,以及物质材料(如打印纸,磁盘等)。

注 2:对于用户所操作的系统,功能性、可靠性、易用性和效率的组合可以由使用质量从外部进行测量。

与在规定的条件下,软件的性质水平和所使用资源量之间的关系有关的一组属性。

[GB/T 16260.1—2006 中 6.4]

2.16

维护性 maintainability

软件产品可被修改的能力。修改可能包括纠正、改进或软件对环境、需求和功能规格说明变化的适应。

[GB/T 16260.1—2006 中 6.5]

注:修改可包括为了适应环境的变化以及功能规格说明的变化而对软件进行修改、改进或更改。

2.17

测试用例 test case

测试者使用的文档化的细则,其规定如何对某项功能或功能组合进行测试。测试用例包括下列内容的详细信息:

——测试目标;

——要测试的功能;

——测试数据;

——过程;

——系统的预期行为。

[GB/T 17544—1998 中 2.6]

2.18

评定 verdict

相对于测评项,对被测实现的结果给出定性或定量等结论性陈述的行为。

3 缩略语

下列缩略语适用于本标准。

API 应用程序接口 Application Program Interface

CORBA 通用对象请求代理体系结构 Common Object Request Broker Architecture

EI 企业集成 Enterprise Integration

EIP 企业集成平台 Enterprise Integration Platform

IT 信息技术 Information Technology

ODBC 开放数据库互连 Open-DataBase-Connectivity

ORB 对象请求代理 Object Request Broker

OSI 开放系统互连 Open System Interconnection

RA 参考体系结构 Reference Architecture

RPC 远程过程调用 Remote Procedure Call protocol

SQL 结构化查询语言 Structured Query Language

4 测评内容及测评指标

4.1 概述

面向制造业信息化的企业集成平台的测评过程分为三个阶段：系统功能测评、系统使用测评和系统性能测评。

4.1.1 系统功能测评

系统功能测评的范围是企业集成平台为保证平台本身正常运行而具备的系统管理功能。

4.1.2 系统使用测评

工作流程测评对用户使用企业集成平台的过程进行测评，以检验平台使用过程的合理性和科学性。

4.1.3 系统性能测评

系统性能测评以检验集成平台为客户提供服务的能力和质量为目的，对集成平台服务的性能进行测评。

4.2 系统功能测评

4.2.1 平台配置管理

平台配置管理实现集成平台各种功能组件、服务及应用代理在平台实施及运行阶段中所需要的各种动、静态配置信息的设定与维护。包括系统用户配置、服务器配置、集成中间件配置、工作流配置、各种服务（消息、事务等）及各种数据源（包括组织机构数据、用户自定义数据及系统数据等）的配置管理。用户可以通过配置工具对系统配置状态进行静态或动态的修改。配置内容需要包括以下内容：

a) 系统用户配置：设定集成平台用户组和用户权限；
b) 系统日志配置：需要设定日志文件的输出方式（文件、数据库、客户端等）、各种日志记录的格式及存储方式（日志文件的最大值、最长存储时间、更新方式等）；
c) 消息服务配置：需要指定队列或主题的名称、允许的最多消息数量、连接池管理的相关参数等；
d) 异常处理配置：包括异常处理方案的设定及调用方的归类等；
e) 集成中间件配置：包括中间件的部署、代理的注册、每个代理的 API 外部接口及其安全参数管理等；
f) 工作流系统的配置：工作流系统的运行参数设定、工作流服务器运行时服务的各种参数的配置。

4.2.2 平台监控管理

平台监控管理的主要功能是对集成平台的运行进行管理和监控，包括平台服务监控、平台工作状态监控及安全监控。

a) 平台服务监控：监控服务平台各个活动的服务单元的状态，并对平台上各个活动的服务组件进行实时动态管理。
b) 平台工作状态监控：监控平台工作状态，协调平台多个服务之间的冲突与信息的一致性问题。安全监控：监控各个服务的授权问题，监督和控制各个服务系统的运行以及整个平台的安全问题。

4.2.3 通讯服务管理

提供分布环境下透明的同步/异步通信服务功能，使用户和应用程序无须关心具体的操作系统和应用程序所处网络的物理位置，而以透明的函数调用或对象服务方式完成它们所需的通信要求。平台提供的通讯服务包括：

a) 消息服务：消息服务为平台提供了一种异步通讯的功能。集成平台的消息服务负责消息的发送/接收以及消息的配置：
   1) 消息发送与接收：消息服务提供向队列发送和接收消息的统一接口，为系统提供实现消息服务所必须的统一接口；

2） 消息配置：为了实现平台的消息通讯，消息服务必须在部署阶段和运行阶段中对消息使用者进行配置。

b） 远程过程调用—RPC：RPC是一台机器的进程调用另一台机器的进程的过程。是集成平台中应用间通讯的主要方式。RPC需要包括服务器程序和客户机程序两个主要部分：

1） 服务器程序：服务器应用程序将创建多个远程对象，使这些远程对象能够被引用，然后等待客户机调用这些远程对象的方法；

2） 客户机程序：客户机程序则从服务器中得到一个或多个远程对象的引用，然后调用远程对象的方法。

4.2.4 数据集成服务管理

数据集成是集成平台的基础服务功能，是应用集成和流程集成的基础。集成平台为企业提供了不同异构数据交互的能力，满足了各种数据信息在企业中顺畅流动的需求。数据集成服务的主要功能有：

a） 数据建模功能：将异构的应用数据采用通用数据格式(如XML)进行建模；

b） 数据映射：在具有通用数据格式的不同应用间进行数据映射，建立定义不同应用数据间的关系；

c） 数据转换：在完成数据建模和映射后，利用数据转换引擎实现应用数据的自动转换。

4.2.5 工作流服务管理

通过工作流服务，集成平台能够快速的将企业内和企业外的私有和共享的商业过程映射到平台上，实现商业流程的执行和控制，并且实现对商业活动相关的信息、应用等资源的使用和管理。工作流服务的主要功能有：工作流建模、工作流执行、用户任务通知与提交、工作流管理与监控和服务打包五部分。

a） 工作流建模工具以图形化界面支持用户建立平台上进行的工作流程模型；

b） 工作流执行服务的功能包括模型的实例化、工作表生成、外部应用对象的调用、活动的路由控制、事件记录及异常处理等上层功能；

c） 工作流监控与管理工具包括工作流日志管理、工作流模型的版本管理、工作流的执行状态监视，如各过程的执行状态、外部应用的调用情况以及一些统计信息等；

d） 用户任务通知与提交：支持多种任务通知方式，如e-mail、传真、手机短信和Web上的工作列表，也支持用户以多种方式提交任务；

e） 服务打包：对工作流服务进行封装。它的主要功能是从工作流模型中抽取出可由外部消息触发的操作，并通过Web服务进行封装，所生成的服务将被发布到平台上，对外提供一定的操作并能响应外部的事件。

4.2.6 应用集成管理

主要功能包括应用集成服务配置与管理、企业应用解决方案的虚拟仿真与动态配置、应用系统的封装、被集成应用系统的可视化管理等。

a） 应用封装：实现对平台上被集成的应用的统一封装；

b） 应用资源管理服务：实现对应用服务资源的注册发布、查询、修改和调用等功能；

c） 统一界面服务：实现平台上被集成应用的统一管理和可视化操作；

d） 虚拟仿真与动态配置服务：实现企业业务流程驱动的应用执行仿真和信息化解决方案的动态配置。

4.2.7 应用接口管理

应用接口是为了解决集成平台与企业遗留应用系统之间的集成。平台实施人员可以通过接口代理所提供的通用应用接口快速地实现与各种遗留系统的交互。接口代理向下连接企业不同的业务系统，并可以取得其业务数据以及调用其业务逻辑；向上将企业的业务数据转换为符合平台规范的数据，并提供统一的标准和接口来访问企业的业务逻辑。应用接口服务的主要功能包括：

a) 应用接口代理添加；

b) 应用接口代理删除；

c) 应用接口代理修改；

d) 应用接口代理配置；

e) 应用接口代理查询。

4.2.8 日志管理

集成平台日志记录来自平台支持运行的各类资源(对象)的运行信息。日志管理具有三个功能:日志信息采集封装、日志管理维护、异常检测与处理。

a) 日志信息采集封装:为集成平台上的资源提供统一封装和扩展的系统接口,以方便其他模块或资源将其日志消息写入日志文件(或数据库)；

b) 日志管理维护:日志系统提供日志管理工具(用户接口)以向系统管理员提供对日志文件的定制、存储、日志信息的查询与检索支持；

c) 异常检测与处理:日志系统还提供异常检测与处理功能,对于其他模块在运行过程中发生的重要的异常事件,可以采用日志系统提供的接口及异常处理模块将这类消息写入日志文件(或数据库)及实施相应的处理措施。

4.2.9 安全性管理

a) 安全性结构:

   1) 系统安全:控制计算机的软、硬件安全,确保它们被有正确权限并通过鉴别的用户访问和使用；

   2) 物理结构设施安全:处理对集成平台服务器及其他物理设施的访问；

   3) 网络安全:包括所有在不同网络(即局域网和广域网)内流动的数据的安全。

b) 安全性措施:

   1) 访问控制:定义使用者访问权限；

   2) 鉴定:即身份验证,说明用户或访问者的身份及其对应的权限；

   3) 数据完整性:现存的数据和原来的数据相比较是否完整；

   4) 机密性:存储、处理、输入输出及在网络通信时数据的保密性；

   5) 非拒绝性:确保充分证据的有效性；

   6) 有效性:选用安全的硬件、操作系统、网络/数据库、应用程序,防止病毒、入侵者对网络和系统组件及资源的破坏、乱用、滥用、误用；

   7) 责任性:各个部门对日志记录系统记录的事件均有对应的责任措施。

4.2.10 二次开发工具

集成平台为用户提供二次开发工具包,使用户可以在集成平台上部署自己的信息化集成方案,针对集成平台的功能,集成平台需要为以下模块提供开发接口:

a) 应用封装开发接口；

b) 数据交换开发接口；

c) 消息处理开发接口；

d) 工作流开发接口；

e) 日志管理开发接口；

f) 资源管理与定制开发接口；

g) 适配器与代理开发接口。

4.3 系统使用测评

4.3.1 概述

用户使用集成平台的过程有必要遵循如图5所示的流程。

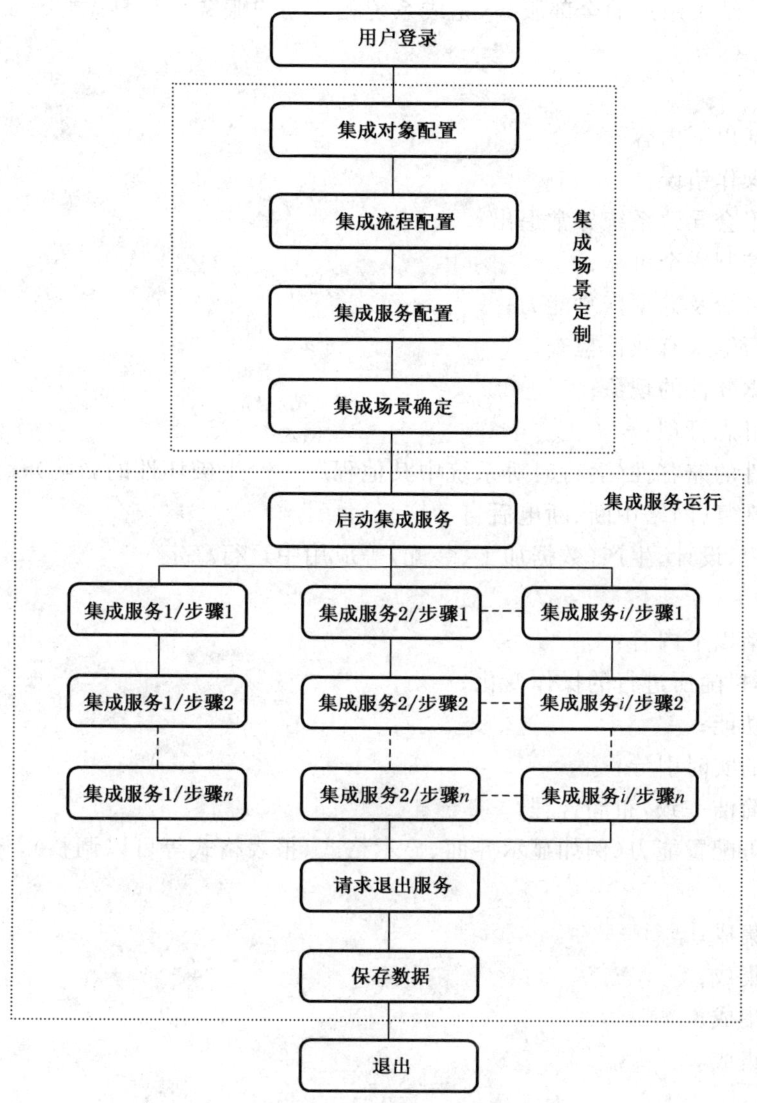

图 5 用户使用集成平台的过程

4.3.2 用户登录

用户登录时，系统要根据用户输入的用户名和口令确定用户的身份、权限及其订购的服务。

4.3.3 集成场景定制

"集成场景定制包括以下步骤：

a) 集成对象配置。根据集成平台要求对集成对象进行各项参数配置；

b) 集成流程定制。根据业务流程和集成需求，定义集成步骤和内容；

c) 集成服务配置。根据集成内容选择集成服务并进行配置；

d) 集成场景确定。将集成对象、集成服务关联到集成流程上，形成可执行与管理的集成场景。

4.3.4 集成服务运行

服务运行包括以下步骤：

a) 启动服务。根据审查同意提供的服务种类、范围和功能启动服务；

b) 使用服务功能。用户使用系统已经启动的各项服务；

c) 请求退出服务。用户向系统提出退出服务的请求；

d) 保存相关数据。系统保存用户使用过程的各类数据，包括用户运行应用服务的结果和记录用户使用情况的数据；

e) 退出服务。结束用户的全部服务,完成系统相关用户服务运行日志。

4.4 系统性能测评

4.4.1 可靠性

可靠性评测包括以下内容:

——屏蔽用户操作错误;

——运行错误不会导致系统异常退出;

——操作权限控制安全可靠;

——具备数据备份及数据恢复能力;

——应用能进行输入有效性检查;

——无损坏数据软件的现象;

——提供运行日志管理;

——与其他软件的兼容性(运行时对系统中其他程序不产生破坏性的影响);

——系统故障恢复(网络中断、断电后自动恢复);

——数据在销售、设计、生产(数据加工、装配)等应用中运行稳定。

4.4.2 易用性

易用性评测包括以下内容:

——菜单、工具栏随所进行的操作变化;

——联机帮助功能;

——用户操作的实时引导;

——界面风格简洁一致,布局合理;

——服务具有可配置能力(例如显示界面、显示格式、报表格式等可以调整)。

4.4.3 集成性

——支持数据集成;

——支持应用集成;

——支持流程集成;

——支持人员集成。

4.4.4 可开发性

用户可以根据自己的需求和环境对集成平台进行二次开发。

5 评定细则

5.1 测评关键因素

下列三项为影响集成平台测评结果的关键因素:

——被测平台不具备本标准规定的基本功能项;

——被测平台在基本功能的测评过程中发生了一项或多项可重复出现的严重问题;

——被测平台的性能指标评定值不能达到最低限度。

5.1.1 基本功能项

基本功能项是指本标准所规定的功能测评指标中的二级指标。

测评基本功能指标以其下属的三级指标为依据来判断是否通过。只有三级指标中的必备指标全部具备并且可以正确实现,则该项基本功能指标为"通过",否则为"不通过"。

5.1.2 重复出现的严重问题

重复出现的严重问题是指在测试过程中出现的、且在相同条件下可再现的下列问题:

——被测基本功能项不能正确实现;

——被测数据处理错误;

——主业务流程出现断点；
——应用错误导致死机；
——应用错误导致数据丢失；
——应用错误导致系统无法运行；
——应用操作响应时间过长，在 1 min 以上；
——应用存在严重的安全漏洞。

5.2 测评结果评定

集成平台测评的最终结果只能评定为下列两种结论中的一种：
——“通过”；
——“不通过”。

有下列情况之一者，评定为“不通过”：
——被测平台缺少规范规定的基本功能项；
——在基本功能的测评过程中，出现了一项或多项可重复出现的严重问题；
——一项或多项性能指标评定值不能达到最低限度。

未出现上述情况的，评定为“通过”。

5.3 功能指标测评结果评定

系统功能和使用测评采用功能指标测评方式。

5.3.1 基本功能指标测评结果评定

各项基本功能测评指标的结果只能评定为下列两种结论中的一种：
——“通过”；
——“不通过”。

在对某项基本功能测评指标进行测试的过程中，有下列情况之一者，判定该项指标为“不通过”：
——被测平台缺少该项指标对应的功能；
——出现了一项或多项可重复出现的严重问题。

未出现上述情况的，该项指标判定为“通过”。

5.3.2 扩展功能指标测评结果评定

各项扩展功能测评指标的结果只能评定为下列三种结论中的一种：
——“无此功能”；
——“通过”；
——“不通过”。

在对某项扩展功能测评指标进行测试的过程中，如被测平台缺少该项指标对应的功能，则判定该项指标为“无此功能”；如被测平台具有该项指标对应的功能且未出现可重复出现的严重问题，则判定该项指标为“通过”；如被测平台具有该项指标对应的功能，但出现了一项或多项可重复出现的严重问题，则判定该项指标为“不通过”。

5.4 性能指标测评结果评定

系统性能的测评采用性能指标测评方式。

5.4.1 概述

各级性能指标的测评采用评分方式，各级性能指标测评结果为 10 分制分值。

测评人员应对每一项无下级指标的性能指标进行测试，并依据测试完成情况与预期效果之间的差异，按照评分细则的规定对该项性能指标进行评分。

上级指标的得分按如下公式计算得出：

$$上级指标的得分=\sum(下级指标得分\times下级指标权重)$$

5.4.2 权重分配

一级指标的权重分配参见表 1。

表 1　一级指标权重分配

一级指标	满分	权重	测评总分
可靠性	10 分	0.3	10 分
易用性	10 分	0.2	
集成性	10 分	0.3	
可开发性	10 分	0.2	

5.4.3　评分方法

5.4.3.1　单项指标的评分方法

无下级指标的单项指标应在本标准第一部分规定的线性评分方法、减分式评分方法以及等级式评分方法中选用一种适合的方法进行评分。

有下级指标的单项指标不进行直接评分，由下级指标汇总得出。

5.4.3.2　评分汇总方法

上级指标的得分按如下公式计算得出：

$$上级指标的得分 = \sum(下级指标得分 \times 下级指标权重)$$

性能测评的总评分按如下公式计算得出：

$$性能测评的总评分 = \sum(一级指标得分 \times 一级指标权重)$$

6　测评组织机构

为顺利实施平台测评，保证测评过程的公平、公正、科学、高效，应设立平台测评的组织管理机构、测评机构和监督机构。

6.1　组织管理机构

组织管理机构的职责：

——发布开展平台测评的通知、通告；

——负责受理平台测评的申请，并对送测单位提交的申请材料进行受理审查；

——组织相关技术领域的专家制定平台测评的统一测试用例(或测试题)；

——审查、选定合适的测试用例(或测试题)；

——发布测评结果。

组织管理机构可以是国家政府有关部门或得到其授权的组织和机构；也可以是行业协会或相关技术委员会等。

6.2　测评机构

测评机构的职责：

——负责实施平台测评；

——根据有关标准规范规定和测试用例(或测试题)，做好各项测评准备工作；

——保持与测试用例一致的测试，并填写测试记录；

——整理、分析测试过程中出现的问题，编写测试问题报告；

——做出测评结果的判定，编写测评报告；

——及时向平台测评组织管理机构提供信息反馈。

6.3　监督机构

监督机构的职责：

——对平台测评过程的各个环节进行监督和检查；

——受理对平台测评过程中发生的问题和测评结果的投诉和举报，并调查核实，提出处理意见；

——对平台测评的管理工作，提出合理化意见和建议。

监督机构可以是国家政府相关部门或得到其授权委托的机构组织，或为开展测评临时组建的测评监督委员会。

注1：对无署名、无联系方式或没有具体事实的投诉，监督委员会可不予处理。

注2：对办结的投诉和举报，监督委员会要将处理结果告知投诉者或举报者，并将有关材料归档。

7 测评工作基本步骤

测评工作的四个基本步骤为：申请测评→审查申请→测评实施→测评结果公告。

全部测评工作都在监督机构的监督下执行。

8 申请测评

送测单位应实事求是地认真填写申请表，并提交相关材料。如：

a) 《面向制造业信息化的集成平台测评申请表》；

b) 必要时提供足够的测评数据及相应的数据文档；

c) 测评组织管理机构规定的有关平台的登记证书和送测单位身份证明。

9 审查申请

有以下情况之一者，将不能通过受理审查：

——申请手续不完备，申请书填写不符合规定。

——申请测评的平台不具备规定的条件；

——送测单位不具备规定的资格。

通过资格审查的软件移交给第三方平台测评机构进行平台测评。

10 测评实施

10.1 测评准备

平台测评机构根据本标准规定的测评内容，选择合格的具有相关技术领域知识的测评技术人员组成软件测评组。需针对每一个被测平台成立测评组，每个测评组不得少于三人，并为奇数。

测评组织管理机构组织相关领域的技术专家按照本标准规定的测评内容，设计编制能够覆盖全部测评内容的测试用例(或测试题)。

测试用例应包括下列信息：测试目标；测试环境和条件(包括：配置细节和准备工作)；测试数据；过程；系统的预期行为。

测试用例应系统地构造，应覆盖本标准第二、三部分中规定的功能指标和性能指标。

注1：被测方可提供反映自身特点、能覆盖本标准规定的各项基本功能和基础性能的测试用例，供平台测评机构参考。

注2：测评人员除使用给定的统一测试用例对平台进行测试外，也可适当增加其他测试用例。

10.2 测试运行

平台测评组依据测试用例对平台进行功能和性能的测试。

平台测评组依据本标准第二、三部分为基础构造的统一测试用例和其他参考测试用例对被测平台进行测试。

对测试过程中出现的问题，应进行重复性核定测评。

平台测评组应填写测试记录。

测试记录应包括：

——测试计划及包含测试用例的测试说明与解释；

——与测试用例相关的所有结果，包括测试期间出现的所有偏离、失败情况；

——测试中涉及的人员身份。

10.3 问题分析

平台测评组根据测试过程中出现的问题记录，确定问题性质(包括：严重问题、一般性问题、建议性问题)，并对问题原因进行初步分析，编制被测平台的测试问题报告。

平台评测机构应对被测平台测试问题报告进行评审。

如涉及严重问题，须将被测平台测试问题报告提交被测方确认。

问题报告应包括：

——问题统计；

——问题概述；

——问题详细描述；

——问题确认、审核人员签名及日期。

10.4 测评报告

平台测评机构以测试记录和问题报告为依据，编写测评报告。

测评报告的结构：

——平台标识；

——测试环境(硬件、软件及其配置)；

——功能和性能测评结果；

——测评结束日期。

注1：测评报告的标识(测评实验室、平台标识、测评报告日期)和页面总数应出现在测评报告的每页上。

注2：测评报告应包括与测评项相关的测评结果有效性的说明。

注3：未经批准，不得复印测评报告及其有关说明。

11 测评结果公布

组织管理机构依据平台测评机构提交的测评报告，本着实事求是的原则，起草测评结果公告，并向社会公开发布。

参 考 文 献

[1] GB/T 11457—2006 信息技术 软件工程术语

[2] GB/T 16260.1—2006 软件工程产品质量 第1部分:质量模型(ISO/IEC 9126-1:2001,IDT)

[3] GB/T 17544—1998 信息技术 软件包 质量要求和测试(idt ISO/IEC 12119-1994)

[4] GB/T 18757—2008 工业自动化系统与集成 企业参考体系结构与方法论的需求(ISO 15704:2000,IDT)

ICS 25.040;35.240.50
J 07

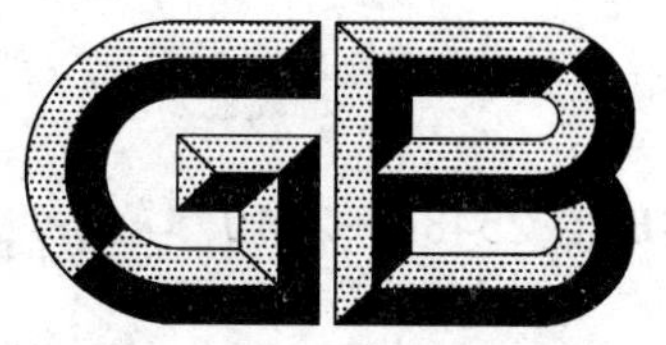

中华人民共和国国家标准

GB/T 25484—2010

网络化制造 ASP 工作流程及服务接口

Workflow and service interface for ASP in networked manufacturing

2010-12-01 发布 2011-05-01 实施

中华人民共和国国家质量监督检验检疫总局
中国国家标准化管理委员会 发布

前 言

本标准由中国机械工业联合会提出。

本标准由全国工业自动化系统与集成标准化技术委员会(SAC/TC 159)归口。

本标准起草单位:北京机械工业自动化研究所、上海交通大学。

本标准主要起草人:奚立峰、周炳海、高雪芹、孙洁香。

网络化制造 ASP 工作流程及服务接口

1 范围

本标准规定了我国制造业信息化、网络化的 ASP 工作流程和服务接口标准(主要包括网络化制造 ASP 平台的全部工作流程、用户和服务之间的各种接口)。

本标准适用于我国制造业信息化、网络化 ASP 平台的开发、应用和测评。

本标准支持企业信息化所需要的设计、制造、管理、集成、通信互连、网络和信息化诸方面的技术术语。

2 术语、定义和缩略语

2.1 术语和定义

下列术语和定义适用于本标准。

2.1.1

应用服务提供商 application service provider (ASP)

通过广域或局域网络,基于中央服务器实施、管理和远程托管套装应用软件,从数据中心向多个应用实体提供并管理应用服务的第三方服务企业。ASP 向用户提供的应用服务系统的所有权属服务提供商,用户租用服务之后对应用系统拥有使用权。应用系统被集中放置在 ASP 的数据中心,用户向 ASP 交纳服务费。

2.1.2

ASP 平台 ASP platform

ASP 运营的支撑环境,包括硬件和软件系统。ASP 平台具有用户数据管理、权限管理、身份验证、系统维护等系统管理功能,并为 ASP 向用户提供的各类软件工具、应用系统、特定服务提供运行或执行的环境和管理功能。

2.1.3

服务品质协议 service level agreement (SLA)

ASP 与最终用户间的合约或约定,规定 ASP 提供服务的品质。SLA 应当包括服务的特定等级、支持选项、违约的处罚、停止和运行时间等系统性能指标,以及提供的软、硬件和相应的费用。

2.1.4

数据中心 data center

为网络用户提供整套数据结构和环境的服务,包括数据存储空间、网络带宽、网络和服务端口的监控、系统安全设施、电力供应等多种服务。服务的类型有主机托管、主机租用、虚拟主机等。

2.1.5

安全性,保密性 security

对计算机硬件、软件进行的保护,以防止其受到意外的或蓄意的存取、使用、修改、毁坏或泄密。安全性也涉及对人员的数据、通信以及计算机安装的物理保护。

[GB/T 11457—2006:2.1420]

2.1.6

可扩缩性 scalability

软件系统可以在不同规模、不同档次的硬件平台上运行的能力。

[GB/T 11457—2006:2.1411]

2.1.7

日志 journal

数据处理操作的按时间顺序的记录。

[GB/T 5271.8—1993:08.05.08]

2.1.8

冗余 redundancy

在容错系统中存在辅助的部件执行像其他元素同样的功能以防止失败或从失败恢复。

[GB/T 11457—2006:2.1323]

2.1.9

中间件 middleware

一个将数据与功能封装在一起以完成特定任务的计算机程序,它本身往往不能单独运行,要在其宿主程序中与其他程序一起协调地工作。中间件把应用程序与系统所依附软件的较低层细节和复杂性隔离开来,使应用程序开发者只处理某种类型的单个应用接口,其他细节则由中间件处理。这种将接口与实现分离的好处是可以采用灵活的、积木式的开发方法。

[GB/T 18725—2008:3.174]

2.1.10

记账 accounting

收集并分析服务以及资源使用情况的过程从而用于容量以及趋势分析、费用分派、账务查询、账单生成等等。记账管理需要两个特定的商业实体之间测量、估价、分配并传达资源消耗。

2.1.11

资源 resource

服务提供商使用的可量化的资产,或者是另外一个服务提供商代表一个服务提供商来完成服务请求(例如:文件、通讯、货物等等)。

2.1.12

漫游 roaming

一个服务消费者初始化一个服务使用,但是此项服务并不是由与此消费者已有商业关系的服务提供商提供。

2.1.13

服务 service

可以给服务消费者提供其所要求的资源的网络和/或应用操作。

2.1.14

服务消费者 service consumer

一项服务的受益者(人或者系统)。

2.1.15

服务元素 service element

任何完成一项用户请求所需要的元素(例如包括网络设备及系统处理)。

2.1.16

服务提供商 service provider

提供基于通讯的服务的企业。

2.1.17

通话 session

一套相关服务的使用,这些服务的使用可能是也可能不是以时间为测量单元。

2.1.18

使用 usage

服务消费者消耗资源和服务的过程。

2.1.19

使用属性 usage attribute

一个参数，其值指出了某项服务或资源被使用的情况。

2.1.20

使用实体 usage entity

一个服务特定的触发器，它是由一个服务元素所产生的。该服务元素有一套与某个特定的服务消费者相关的使用属性值。

2.1.21

前端应用 front application

用户调用不需要通过数据库存取数据的一类应用程序。

2.1.22

后台服务 back service

用户调用需要通过后台数据库来读出或者输入数据的一类相对比较大型的应用程序。

2.1.23

活动 action

用户对网络化制造 ASP 平台上的软件或对其他 ASP 相关平台的一个工作请求的基本描述。

2.1.24

执行管理器 execution manager

控制 ASP 平台内部处理及外部软件程序的执行顺序的软件。

2.2 缩略语

下列缩略语适用于本标准。

API	应用程序接口	Application Program Interface
ASP	应用服务供应商	Application Service Provider
CORBA	通用对象请求代理体系结构	Common Object Request Broker Architecture
CRM	客户关系管理	Customer Relationship Management
DBMS	数据库管理系统	Database Management System
ERP	企业资源计划	Enterprise Resource Planning
HTTP	超文本传输协议	Hyper Text Transfer Protocol
IP	网际协议	Internet Protocol
JDBC	Java 数据库连接	Java Database Connectivity
JMS	Java 消息服务	Java Message Service
OSS	操作支持系统	Operations Support System
ODBC	开放式数据库互连	Open Database Connectivity
RADIUS	远程拨入访问使用服务	Remote Access Dial-In Usage Server
RAS	远程访问服务	Remote Access Server
SLA	服务品质管理	Service Level Agreement
SCM	供应链管理	Supply Chain Management
XML	可扩展标识语言	Extensible Markup Language

3 一致性

使用时全部内容与本标准的概念和规则一致。

4 网络化制造 ASP 平台接口标准

4.1 概述

通过对面向网络化制造的 ASP 平台的服务内容的分析可以看出:面向网络化制造的 ASP 平台上可以挂放大至 ERP 系统、SCM 系统、CRM 系统,小至办公自动化软件,如 Word、Excel、Powerpoint 等种类众多的软件系统。因此首先我们根据不同软件系统对后台数据库的访问方式不同,将网络化制造 ASP 平台上运行的软件大致划分为以下二种类型,为每一类应用服务给出其接口标准的定义。对于特定的应用服务,可以基于 XML 良好的扩展性,对相应类型接口的进行补充完善而得到。

a) 前端应用

前端应用主要是指用户调用不需要通过数据库存取数据的一类应用程序,比如 Microsoft 公司的 Word,PowerPoint,Excel 等应用程序。

b) 后台服务

后台服务主要是指用户调用需要通过后台数据库来读出或者写入数据的一类相对比较大型的应用程序,比如 CRM 系统,ERP 系统等应用程序。

4.2 网络化制造 ASP 平台 XML 集成框架

网络化制造 ASP 平台的接口框架结构如图 1 所示。整个系统的框架结构分为四层,即客户层、Web 服务器层、应用服务器层、数据库层。Web 服务器主要完成的功能为:收集客户的请求并将客户的请求转换成一定格式的数据,发送给应用程序服务器,接收应用程序服务器返回的处理结果并进行转换生成可显示数据,返回给客户端;应用程序服务器主要完成的功能为:处理客户请求,将事务提交给数据库服务器以及将数据库服务器返回的处理结果按一定的格式回送到 Web 服务器;数据库完成事务的接收、处理、返回处理结果以及数据的存储。从图 1 中我们还可以看出平台的接口主要是用户与 ASP 平台之间的接口、ASP 平台与各种应用软件之间的接口以及应用软件与数据库之间的接口。用户使用浏览器通过 HTTP 协议实现数据的操作和显示,应用程序与数据库的接口采用 ODBC 或者 JDBC。在 ASP 平台与各种应用软件之间的接口,我们采用 XML 统一数据接口,它把 Web 服务器层和应用程序服务器层有效地隔离,使得 Web 服务器和应用程序服务器之间的数据交换发生在数据交换层,并以相同的格式完成数据交换。我们利用 XML 格式简单可扩展、可继承特性定义统一的数据交换格式(将所有必要交换的数据定义成统一格式),使得模块的功能发生改变后不会引起系统结构改变。

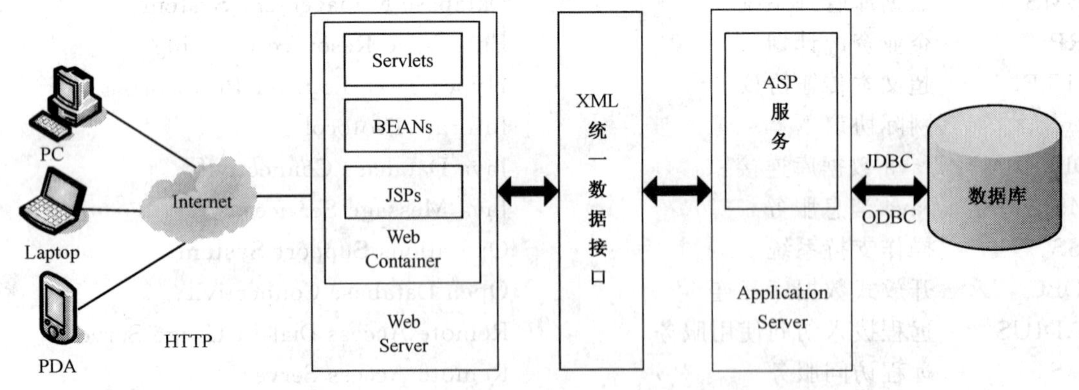

图 1 网络化制造 ASP 平台接口框架结构

4.3 前端应用接口标准

4.3.1 概述

本规范仅规定网络化制造 ASP 平台与软件程序间应用层的 XML 统一数据接口。因此,网络化制造 ASP 平台开发者必须利用现有的一些解决办法,如 DCOM、CORBA,实现底层通信。

4.3.2 前端应用接口属性列表

网络化制造 ASP 平台,应按表 1 选取/择使用前段应用接口属性。

表 1 前端应用接口属性列表

属性名称	数据类型	选择方式	可能的值	注　释
特征	字符串	可选	“类别”作为“电子数据表格”应用程序的特征	服务的特定特征
类型	字符串	可选	“前端 Office 服务”,“前端 Office/Word 处理服务”,“前端 Office/电子数据表服务”等等	调用的应用程序类型
应用程序请求时间	日期时间	必选	ISO 8601 时间	可能与应用程序开始时间不同,从而可以衡量反应时间
应用程序开始时间	日期时间	必选	ISO 8601 时间	应用程序开始的时间
登录位置	字符串	必选		
服务提供商位置	字符串	必选		支持分布式应用服务
服务提供商名称	字符串	必选		服务的真正提供商
用户登录名称	字符串	必选		识别系统中的专有用户,必须实时映射动态分配的 IP 地址
应用程序活动时间	整型	可选	ms	通话中每一个过程所消逝的活动时间的总和。活动时间是指 CPU 的使用超过一定的比例后所测量的时间。可选属性至少要出现一个
应用程序加载时间	整型	可选	ms	通话中每一个过程的加载时间的总和
应用程序的数量	整型	可选	个	在通话时间内调用的应用程序的个数
通话持续时间	整型	可选	s	通话的持续时间

表 1 所列的服务接口列表中特征、类型、应用程序请求时间、应用程序开始时间、登录位置、服务提供商位置、服务提供商名称以及用户登录名称是通用的接口,无论是哪种类型的应用服务都需要使用这些接口属性。应用程序活动时间、应用程序的数量这两个接口属性主要是为了按照使用时间以及应用程序的数量对客户计费。应用程序加载时间是为了考察 ASP 平台对客户请求的响应速度。

4.3.3 前端应用的 Schema 规范

基于以上描述的面向网络化制造 ASP 平台的前端应用接口属性标准,定义了相应的 XML Schema。

```
〈group name="frontOffice"〉
    〈sequence〉
        〈element name="appActiveTime" type="nonNegativeInteger" minOccurs="0"〉
            〈annotation〉
                〈documentation〉 Total elapsed active time for each process in the session. Active time is a
                                 measure of time when the CPU usage exceeds a certain percentage. At least one
                                 of the conditional usage attributes must be present. Time is measured in mil-
```

```
                                liseconds
            </documentation>
        </annotation>
    </element>
<!--元素 appActiveTime 类型为非负整数，是在通话中每个进程活动时间的总和，当 CPU 的使用超过一定的比例就开始计算活动时间。属性列表中的可选属性至少要出现一个，时间的计量单位为 ms-->
    <element name="appLoadedTime" type="nonNegativeInteger" minOccurs="0">
        <annotation>
            <documentation> Total elapsed loaded time for each process in the session. Time is measured in
                                milliseconds.
            </documentation>
        </annotation>
    </element>
<!--元素 appLoadedTime 的类型为非负整数，是指通话中每个进程加载的时间总和，单位为 ms-->
    <element name="numberOfApps" type="nonNegativeInteger" minOccurs="0">
        <annotation>
            <documentation> Number of apps invoked during the session time.
            </documentation>
        </annotation>
    </element>
<!--通话中激活的应用程序个数-->
    <element name="sessionDuration" type="nonNegativeInteger" minOccurs="0">
        <annotation>
            <documentation> Duration of the session, measured in seconds.
            </documentation>
        </annotation>
    </element>
<!--通话持续时间，单位为 s-->
  </sequence>
</group>
```

4.4 后台服务接口

4.4.1 后台服务接口属性列表

网络化制造 ASP 平台，应按表 2 选取/择使用后台服务接口属性列表。

表 2 后台服务接口属性列表

属性名称	数据类型	选择方式	可能的值	注释
特征	字符串	可选	“类别”作为“电子数据表格”应用程序的特征	服务的特定特征
类型	字符串	可选	“前端 Office 服务”，“前端 Office/Word 处理服务”，“前端 Office/电子数据表服务”等等	调用的应用程序类型
应用程序请求时间	日期时间	必选	ISO 8601 时间	可能与应用程序开始时间不同，从而可以衡量反应时间
应用程序开始时间	日期时间	必选	ISO 8601 时间	应用程序开始的时间
登录位置	字符串	必选		
服务提供商位置	字符串	必选		支持分布式应用服务
服务提供商名称	字符串	必选		服务的真正提供商

表 2（续）

属性名称	数据类型	选择方式	可能的值	注释
用户登录名称	字符串	必选		识别系统中的专有用户，必须实时映射动态分配的 IP 地址
传输的字节	整型	可选		基于请求传输的字节数，不应包含任何内嵌图像或广告图像
请求的交易数	整型	可选	个	用户在通话时间请求的交易数量
完成的交易数	整型	可选	个	在通话时间完成的交易数量
请求持续时间	整型	可选	s	两次连续的请求之间的时间
访问时间	整数	必选	s	从用户的第一次请求到最后一次请求之间对 ASP 站点访问的时间之和

表 2 所列的服务接口标准列表中，特征、类型、应用程序请求时间、应用程序开始时间、登录位置、服务提供商位置、服务提供商名称以及用户登录名称是通用的接口，无论是哪种类型的应用服务都需要使用这些接口属性。对于诸如 CRM、ERP 等的大型应用程序，用户很可能仅仅使用它的一个或者几个功能模块，那么不加区分地对用户进行计费显然是不合理的，因此在这里我们采用请求的应用数以及每个应用运行过程中传输的字节数来对用户的使用情况进行计费。应用程序加载时间是为了考察 ASP 平台对客户请求的响应速度，以保证所提供的服务质量满足客户的要求。

4.4.2 后台服务的 Schema 规范

基于以上所描述的面向网络化制造 ASP 平台的后台服务接口属性标准，我们定义了相应的 XML Schema。

```
〈group name="backOffice"〉
  〈sequence〉
    〈element name="bytesTransferred" type="nonNegativeInteger" minOccurs="0"〉
      〈annotation〉
        〈documentation〉Number of bytes transferred on request basis. Should not
                        include any inline images or advertisements
        〈/documentation〉
      〈/annotation〉
    〈/element〉
〈!--元素 bytesTransferred 类型为非负整数，是指基于请求传输的字节数，不包含任何内嵌图像或广告图像--〉
    〈element name="numberOfTransactionsRequested" type="nonNegativeInteger" minOccurs="0"〉
      〈annotation〉
        〈documentation〉Number of transactions requested by the user during the session
        〈/documentation〉
      〈/annotation〉
    〈/element〉
〈!--元素 numberOfTransactionsRequested 类型为非负整数，是指通话期间用户请求的交易数--〉
    〈element name="numberOfTansactionsCompleted" type="nonNegativeInteger" minOccurs="0"〉
      〈annotation〉
        〈documentation〉Number of transactions completed.
        〈/documentation〉
      〈/annotation〉
    〈/element〉
〈!--元素 numberOfTansactionsCompleted 类型为非负整数，是指完成的交易数目--〉
```

```
        <element name="requestDuration" type="nonNegativeInteger" minOccurs="0">
            <annotation>
                <documentation> Time between two consecutive requests.
                </documentation>
            </annotation>
        </element>
<!--元素 requestDuration 类型为非负整数,是指两次连续的请求之间的时间-->
    <element name="visitTime" type="nonNegativeInteger">
        <annotation>
            <documentation> The duration that covers a series of consecutive requests to the
                            ASP site, bounded by the first and last requests made by user.
            </documentation>
        </annotation>
    </element>
<!--元素 visitTime 类型为非负整数,是指从用户的第一次请求到最后一次请求之间对 ASP 站点访问的时间之和-->
  </sequence>
</group>
```

5 网络化制造 ASP 平台的工作流程

5.1 概述

根据大、中、小型制造企业的规模及具体应用需求,提炼出 ASP 的四种类型服务模式如下:

a) 离线租用服务

软件的离线租用模式是指当客户有租用需求时,登录 ASP 平台并提出需求,在获得 ASP 的授权并缴纳租金后,从 ASP 平台下载所需的软件,当其断开与 Internet 的连接后,仍旧可以在其客户端运行软件,使用期间遇到相关技术问题,可向 ASP 运营商寻求有偿技术支持和软件维护,若到期软件自动停止运行。

b) 在线租用服务

在线租用服务是指客户登录 Internet,直接在 ASP 平台上运行软件,包括软件的维护和升级都在 ASP 平台上进行。

c) 咨询及培训服务

咨询及培训服务是指从服务提供商聘请专家向企业提供咨询以及培训服务。ASP 运营商背后有强大的行业专家队伍的支持,通过 ASP 建立客户与专家的联系,一方面可以满足中小企业寻求咨询的迫切要求,另一方面则可以最充分地利用现有的专家队伍,为众多企业提供咨询服务。

d) 业务委托

业务委托是指客户全权委托 ASP 运营商实现其需求,包括零部件、产品的订货或转包生产,产品开发、技术攻关、主机托管、软件租用、升级与维护及其他企业需要的服务。ASP 运营商通过自身力量或与第三方软、硬件服务供应商合作,负责实施并完成客户的需求。ASP 接受客户委托业务,在异地的环境下,通过网络手段实现整个项目的启动、规划、实施和结束的全过程,并对委托的项目从启动到结束的各个过程的实时监控和沟通。

5.2 网络化制造 ASP 平台服务器端工作流程

5.2.1 概述

网络化制造 ASP 平台服务器端的工作流程涉及的服务对象多,组织管理复杂,针对不同客户提出的不同需求内容,会相应提供不同形式的服务,每种服务模式都有其相对应的业务流程。ASP 平台所有的经营管理及业务活动都是由各种流程组成的,这些流程不仅定义了商业规则和运作界面,而且还定义了工作方式以及影响关系如何运作的资源。这些流程最终输出的是平台交付给客户的产品或服务。下面我们根据 ASP 的不同服务模式分别提出相应的网络化制造 ASP 平台服务器端的工作流程。

5.2.2 离线租用服务模式服务器端工作流程

离线租用服务模式是客户下载软件后就不再与 ASP 有直接联系,但在离线前客户可以查询到下列情况,因此服务器端的工作流程相对比较简单。如图 2 所示:

a) 客户登录到平台,ASP 运营商对客户的身份进行验证。
b) 客户通过了身份验证后,可进行软件查询,了解目前平台所能提供的离线租用的各种类型的应用软件,各自的功能简介、特点、版本信息,以及租用的价格等等。客户选中希望租赁的软件,形成租赁意向,并向平台提出租赁的申请,包括租用的天数和租用的套数。
c) ASP 运营商记录并处理客户的租赁请求,与客户通过电子签约的方式签订租赁合同。
d) 客户付费后即获得软件的使用权,ASP 运营商向客户开放软件的下载权,同时提供软件授权信息。客户将软件下载到客户端计算机,经过安装和授权信息的确认,就可以使用软件了。使用期间遇到相关技术问题,可向 ASP 运营商寻求有偿的技术支持和软件维护。
e) 客户每次使用软件时,软件自动根据授权信息判断此次使用是否超出了使用范围和时间限定,超过使用期限软件将自动失效。

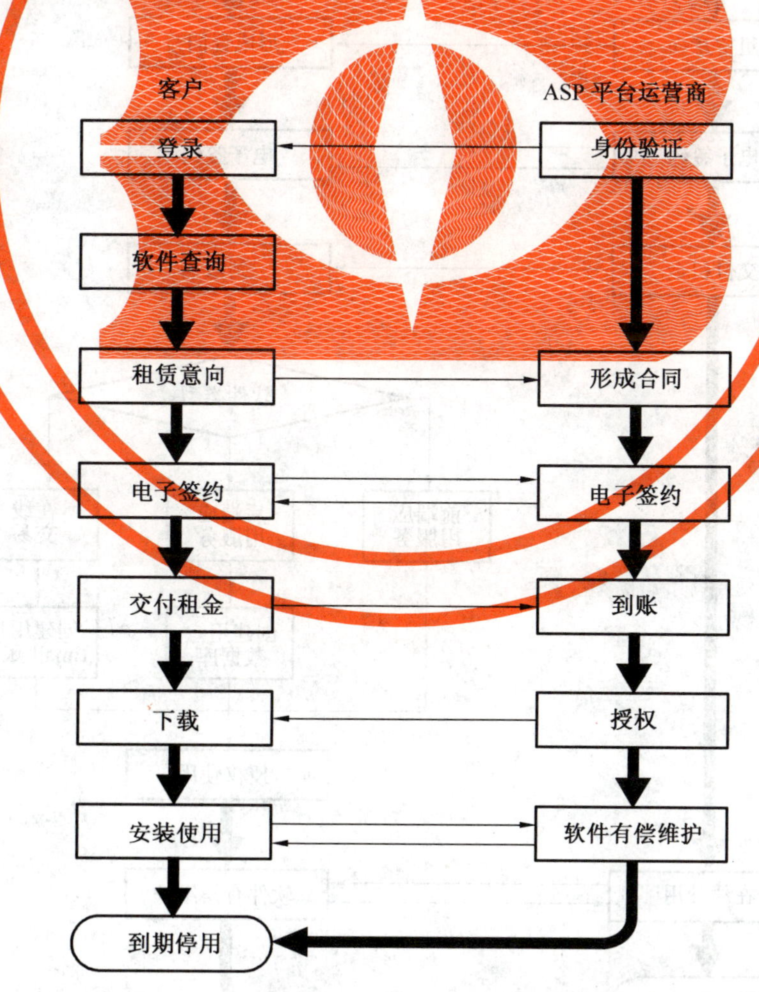

图 2 离线租用服务模式服务器端工作流程图

5.2.3 在线租用服务模式服务器端工作流程

在线租用服务中客户能够方便地应用或可以查询到下述情况，其工作流程相对比较复杂，如图3所示：

a) 客户登录到平台，ASP运营商对客户的身份进行验证。

b) 客户通过了身份验证后，可进行软件查询，了解目前平台所能提供的离线租用的各种类型的应用软件，各自的功能简介、特点、版本信息，以及租用的价格等等。客户选中希望租赁的软件，形成租赁意向，并向平台提出租赁的申请，包括租用的天数和租用的套数。

c) ASP运营商记录并处理客户的租赁请求，与客户通过电子签约的方式签订租赁合同。

d) 客户付费后平台根据用户请求软件的不同类型，进行相应的后台配置，以便用户使用。

e) 客户获得软件的使用权，但与离线租用不同的是，这种方式将客户对软件的使用权限制在网上，客户无需下载，也无需安装，就可以在网上在线使用软件。ASP运营商对客户的软件使用权限进行监控，在线租用可以根据合同限定使用时间。

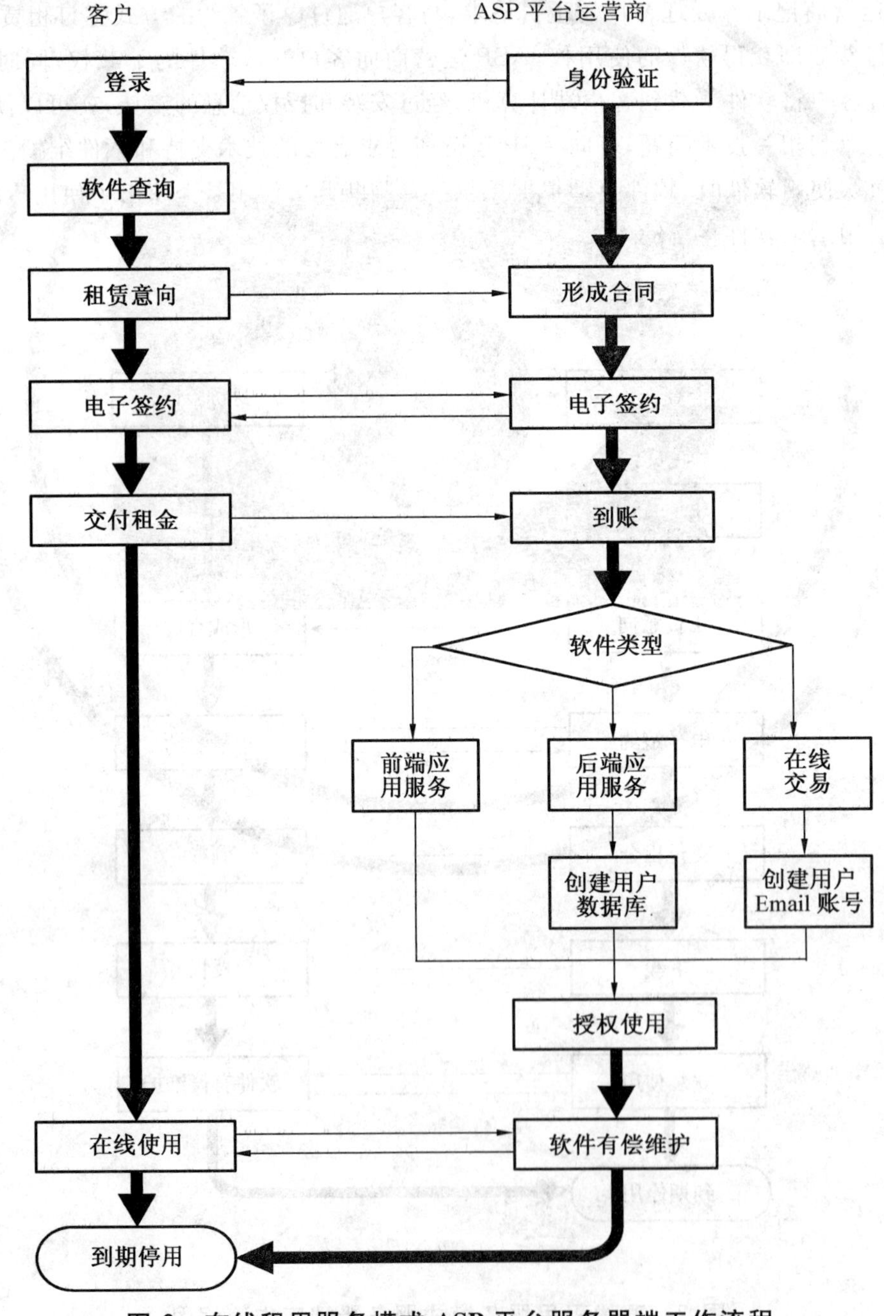

图3 在线租用服务模式ASP平台服务器端工作流程

5.2.4 咨询以及培训服务服务器端工作流程

咨询以及培训服务服务器端工作流程如图4所示。

客户在登录后查询ASP运营商的资料库，匹配与自己问题有关的专家信息，如果专家可以解决问题，则与ASP运营商签订合同。咨询的过程中，客户可以运用系统提供的信息交互工具集将自己咨询的问题和需要提供培训提交给ASP平台运营商或者外部专家，由他们即时提出建议或给出解决方案，后者详细地分析客户的资料，经过调查和论证，再给出解决的方法。

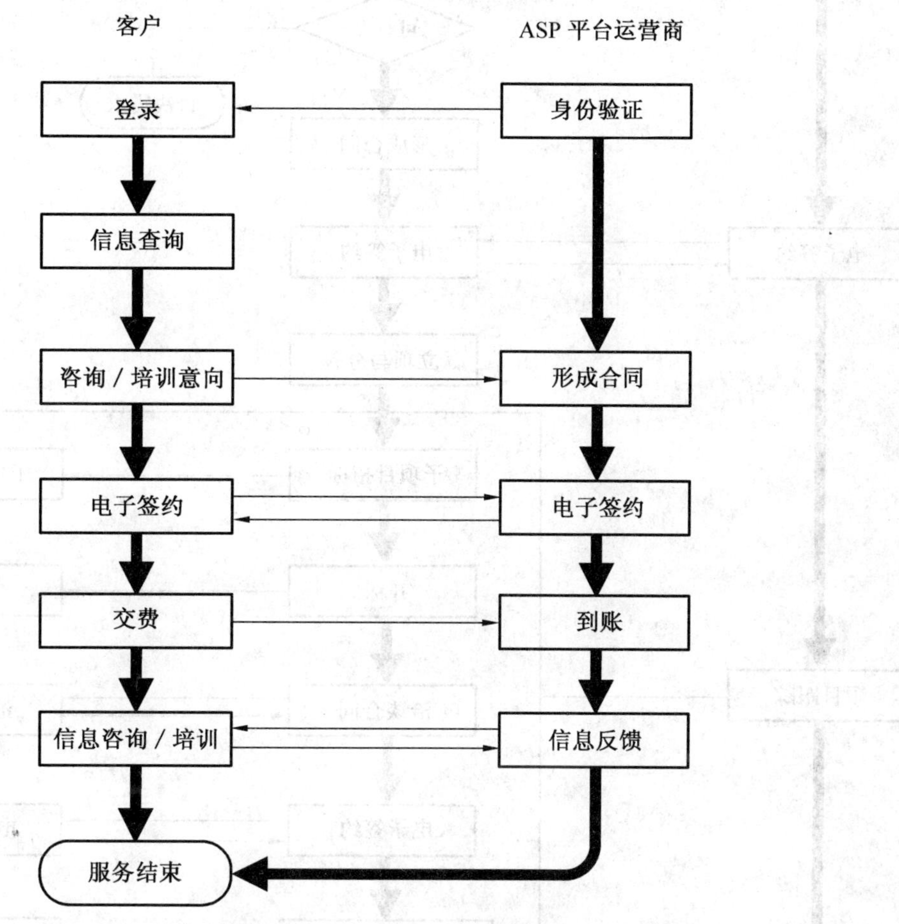

图4 咨询以及培训服务ASP平台服务器端工作流程

5.2.5 业务委托服务服务器端工作流程

业务委托由于需要客户、ASP运营商和承包商三方的相互协调和交互，是最复杂的一种服务模式，它的工作流程图如图5所示：

a) 客户根据需求的类别，在ASP服务平台的相应服务区提交其需求表单，在这里客户可以提出项目的轮廓设想，以及成本计划、进度计划、质量指标等约束条件。

b) 需求的可行性研究。在ASP的管理系统中，可行性分析主要集中在平台的资源评估。ASP运营商聘请行业专家，利用ASP工具集中的资源评估工具对客户提出的需求进行可行性分析，也就是判定平台是否可以向客户提供该服务。

c) 通过资源评估的需求可以立项，客户和ASP平台双方在线签约，形成需求项目，加入需求项目库。正式立项之后，ASP运营商根据具体项目的要求，参考行业专家的意见，既可以将项目独立招标，也可以将涉及多个领域的复杂项目，分解成几个相对简单的子项目分别招标，各子项目均可以由某个领域内的企业或厂商独立完成。

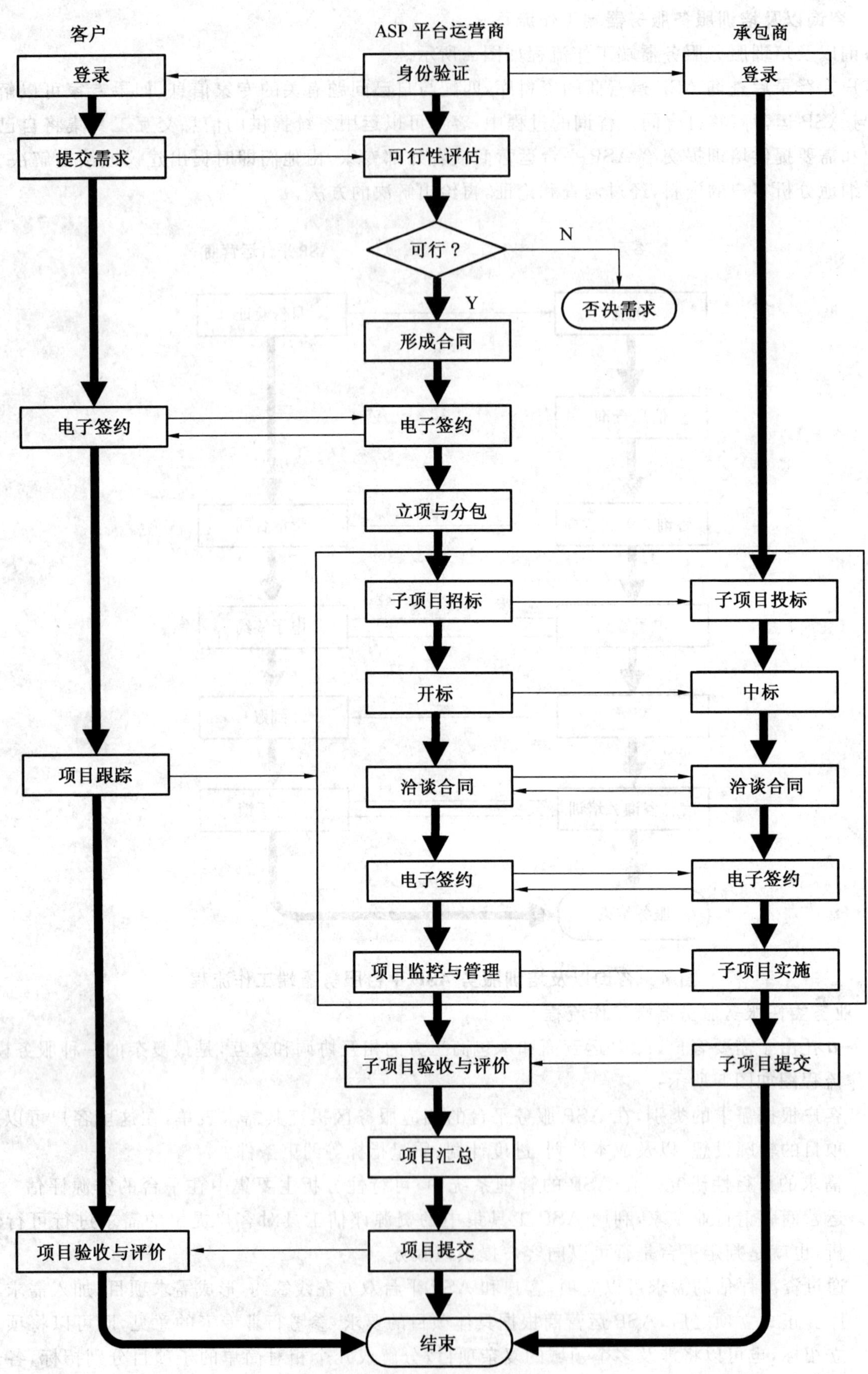

图 5　业务委托服务服务器端工作流程

d) 子项目招、投标项目分包后，平台综合分析分包项目特点，制定项目的招标文件，并确定投标期限和开标日期，向平台发布招标公告，项目开始公开招标。

e) 承包商经过登录后，可以查询 ASP 平台当前的招标情况，筛选其感兴趣的项目，申请投标。在通过了 ASP 运营商的资格预审后，承包商可以有偿下载标书，再向平台提交投标文件，交纳投标保证金，成为竞标承包商。

f) 招标终止后，ASP 运营商在综合评估各个承包商的方案、报价、实力和信誉后，确定中标承包商，发布中标公告。经过合同谈判，与承包商进行电子签约。

g) 项目执行期间，ASP 运营商按照承包商提供的并由运营商认可的计划来对项目进行监控、管理与协调，平台显示出当前正在进行的阶段计划和已完成的百分比。每个阶段计划的节点，平台提示承包商向平台上传阶段性成果，同时准备验收。如果阶段计划未能按时完成或阶段性成果验收不合格，必须进行项目的进度调整。项目进度的协调由承包商和平台共同参与。平台系统客户企业是透明的，客户企业能够实时地了解到招标情况，运行情况，运行进度，承包商的技术能力、信誉度好坏等内容，以及项目的具体实施情况和进度。

h) 项目的所有里程碑完成后，ASP 运营商就可以对子项目进行验收与评价。根据承包商每个阶段计划提供的阶段性成果和最后提交的项目成果进行综合验收。同时对承包商进行全面的评价，评价的标准以时间、质量和成本为核心，兼顾承包商的组织、协作和应变等诸方面因素。评价的结果保存在承包商的历史纪录中，作为将来对该承包商进行评估的重要依据。

i) 各个子项目全部完成，ASP 运营商将各子项目汇总，向客户提交项目成果。客户确认后，可以对项目的完成情况做出客观的评价，其结果也录入项目库以备以后的项目申请参考。

5.3 网络化制造 ASP 平台客户端的工作流程

5.3.1 概述

对于离线租用服务模式，客户下载软件后其操作就与一般的安装以及使用软件的步骤一样，因此我们在此不再描述其工作流程；对于业务托管和咨询以及培训服务，其客户端的工作流程相对比较简单，因此我们也不详述。比较复杂的是在线租用模式的客户端工作流程，如下所述。

5.3.2 前端应用工作流程

前端应用的工作流程为：

a) 用户登录到 ASP 平台；

b) 通过认证后，用户调用一个前端应用程序（例如电子数据表处理程序）；

c) 在使用电子数据表处理程序的过程中，用户又调用了一个字处理程序；

d) 用户关闭电子数据表处理程序，但仍然使用字处理程序；

e) 用户关闭字处理程序；

f) 用户登出。

认为字处理程序和电子数据表处理程序是不同的服务。通过跟踪标识符，为这两项服务分别生成一份记录。

5.3.3 后台服务工作流程

ASP 平台后台应用的工作流程为：

a) 用户登录 ASP 平台；

b) 通过认证后，用户调用一个客户关系管理程序；

c) 用户查看当日客户记录；

d) 用户删除其中的一条记录；

e) 用户修改其中的另一条记录；

f) 用户登出。

参 考 文 献

[1] GB/T 11457—2006 信息技术 软件工程术语

[2] GB/T 5271.8—1993 数据处理 词汇 08部分 控制、完整性和安全性

[3] GB/T 18725—2008 制造业信息化 技术术语

ICS 35.240.50
J 07

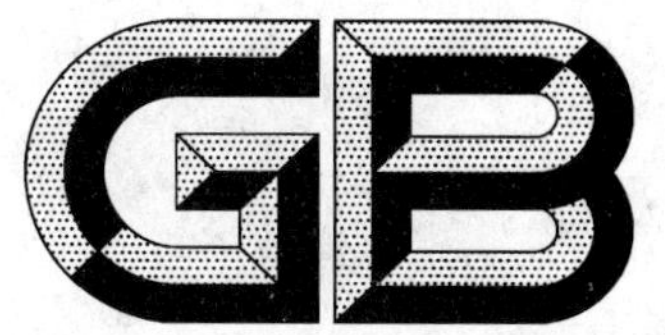

中华人民共和国国家标准

GB/T 25485—2010

工业自动化系统与集成 制造执行系统功能体系结构

Industrial automation systems and integration—Functional architecture of manufacturing execution system

2010-12-01 发布 | 2011-05-01 实施

中华人民共和国国家质量监督检验检疫总局
中国国家标准化管理委员会 发布

前　　言

本标准的附录 A、附录 B、附录 C、附录 D 和附录 E 均为资料性附录。

本标准由中国机械工业联合会提出。

本标准由全国自动化系统与集成标准化技术委员会(SAC/TC 159)归口。

本标准主要起草单位:浙江大学智能系统与控制研究所、北京机械工业自动化研究所。

本标准参加起草单位:浙江中控软件技术有限公司、中科院软件研究所、华中科技大学、大连理工大学、清华大学 CIMS 工程技术研究中心、石化盈科信息技术有限公司。

本标准主要起草人:苏宏业、肖力墉、荣冈、王宏安、苗宇、张国军、刘晓冰、沈清泓、黄双喜、吕毅、刘伟、孙洁香。

本标准为首次制定。

引　言

本标准的目的是构建制造执行系统(以下简称 MES)的功能体系结构,说明制造执行系统与其他管理信息系统之间的关系,为 MES 功能体系的构建提供依据,也为系统集成提供技术框架。

本标准的主要内容包括:第 1 章　范围;第 2 章　规范性引用文件;第 3 章　术语与定义;第 4 章 MES 的定义;第 5 章　MES 功能层次定义;第 6 章　MES 功能体系结构;以及 5 个附录,分别介绍了其他组织的 MES 体系结构、MES 功能的行业特点,以及实际企业 MES 产品的参考示例。

本标准是对现阶段关于 MES 的理论资料及针对我国工业企业的实际应用资料的整合,符合国内工业自动化水平的现状和制造执行系统开发与实施的需求。

建议本标准与另一个国家标准 GB/T 18757—2008《工业自动化系统　企业参考体系结构与方法论的需求》配套使用。这两个标准对于推动我国制造类企业信息化的标准化和企业建模有重要意义。

工业自动化系统与集成
制造执行系统功能体系结构

1 范围

本标准明确了制造执行系统(以下简称 MES)在整个制造类企业集成系统中的定义、MES 的主要功能、系统的层次划分、MES 通用的功能体系结构,并提供了实际企业 MES 的参考示例。本标准适用于指导 MES 软件产品开发、选型及与其他系统的集成,可作为企业选择或评价 MES 系统、系统实施和系统集成时的基础性依据。

本标准的目标使用者包括:MES 系统产品开发组织、MES 系统应用组织、独立的软件测试机构、MES 实施及咨询服务机构以及软件行业协会、各地区信息产业主管部门等。

2 规范性引用文件

下列文件中的条款通过本标准的引用而成为本标准的条款。凡是注日期的引用文件,其随后所有的修改单(不包括勘误的内容)或修订版均不适用于本标准,然而,鼓励根据本标准达成协议的各方研究是否可使用这些文件的最新版本。凡是不注日期的引用文件,其最新版本适用于本标准。

GB/T 19892.1—2005 批控制 第 1 部分:模型和术语(IEC 61512-1:1997,IDT)

3 术语和定义

下列术语和定义适用于本标准。

3.1

抽象 abstraction

对于时间或空间的无损于感知的缩小,用于区分客观世界和客观世界模型。

3.2

活动 activity

功能的全部或一部分。

注:企业活动由企业中执行的那些消耗输入,并配给时间与资源,以产生输出的基本任务组成。

3.3

区域(领域) area

由场所确定的物理的、地理的,或逻辑的成组组合。

注:它可包含过程单元、生产单元,以及生产线。

3.4

属性 attribute

描述实体性质的一条信息。

3.5

可利用的产能 available capacity

可达到的生产能力部分,但不承诺用于目前或今后的生产。

3.6

行为 behavior

系统的整体或部分为完成某项功能而采取的行动或反应的方式。

3.7

提单 bill of lading

货物品的合同或收据，承运人同意将货物从一个地方运输到另一地方，然后送交给一位指定的人，或根据合同所述条件给予赔偿。

3.8

物料清单 bill of material

所有组装件、零件和/或生产一种产品所用物料的清单，包括制造一种产品所需要的每种物料的数量。

3.9

资源清单 bill of resources

所有资源以及在生产一种产品的生产过程中所需要的资源清单。

注：它也是制造一种产品所需要的关键资源清单，组织形式与生产段相同，并经常用来预测主生产计划中活动改变对资源供应的影响。

3.10

业务过程 business process

企业(或是企业的一部分)在追求给定目标过程中，为了实现某一期望的结果，所执行的企业活动的偏序集。

3.11

能力 capability

采取行动的能力，包括能力(与产能类似)的资格和度量方面的属性。

3.12

产能 capacity

采取行动的能力的度量，它是能力的一个子集。

例如：生产率、流速、质量或体积的度量。

3.13

分析证书 certificate of analysis

产品或物料符合质量标准或技术规范的证明。

注：它可包括分析结果和过程信息的一张表或证明书。它也往往需要物料的保管移交。

3.14

承担的产能 committed capacity

当前正在使用或计划中要使用的生产能力的一部分。

3.15

约束 constraint

来自系统内部或是外部的对该系统的约束、限制或是限定条件。

3.16

消耗品 consumables

通常不包括在物料清单内的资源，或在具体的生产要求中并不个别地计量的资源。

3.17

决策 decision

在不同活动方案中作选择的结果。

3.18

详细生产调度 detailed production schedule

组织和构造生产工作命令的集合以及与生产单个或多个产品相关的先后顺序。

3.19

企业 enterprise

一个或更多个组织共同分担一个明确的使命、目标和目的，以提供一种诸如产品或服务等的输出。

3.20

设备类别 equipment class

为调度和计划的目的而描述一组有类似特性的设备的方法。

3.21

事件 event

代表一个经过请求或者未经请求的事实，它说明了企业中状态的改变。

3.22

制成品 finished goods

已完成所有处理和生产的最终物料。

3.23

有限产能调度 finite capacity scheduling

按生产设备调度工作的调度方法，通过这种方法，生产设备的产能要求不会超出可利用的生产设备产能。

3.24

中间品放弃要求 in-process waiver requests

在保证标准的产品技术规范的场合，在正常生产过程中，由于物料、设备，或质量度量标准偏离而提出的放弃要求。

3.25

库存管理 inventory management

制造执行层的制造设施在企业生产运行的过程中协调、指导、管理、跟踪库存和物料移动的活动。

3.26

维护管理 maintenance management

制造执行层的制造设施协调、指导、管理和跟踪维护设备、工具和相关资产的功能的活动，其目的是保证制造正常运行，以及保证反应性的、周期性的、预防性的，或者先发性的维护调度。

3.27

制造设施 manufacturing facility

场所的地点或区域，包括地点或区域内的资源，以及与资源使用有关的活动。

3.28

物料类别 material class

为调度和计划的目的而描述一组有类似特性的物料的方法。

3.29

物料批量 material lot

唯一可确认的物料数量。

注：它描述可利用物料的实际总量或数量、它的当前状态及其特性值。

3.30

物料定义 material definition

一种物质的性质和特性的定义。

3.31

物料分批量 material sublot

唯一可确认的物料批量的子集，包括数量和地点。

注：这可以是一个单独的术语。

3.32

模型　model

以任何方式(包括数学、物理、符号、图形或描述等方式)对现实事务某一方面进行的抽象描述。

3.33

人员类别　personnel class

为调度和计划的目的而描述一组有类似特性的工作人员的方法。

3.34

过程段　process segment

对一个生产段所需资源集合的视图。在支持业务过程的细节层上,与任何特定的产品无关,该业务过程可能也与任何特定产品无关。

注:它可能包括物料、能源、工作人员或设备。

3.35

生产的产能　production capacity

在企业内完成生产的各种资源的能力。生产的产能包括这些资源的产能,并代表:

a) 人员、设备、物料,以及过程段能力的汇集;

b) 目前承担的、可利用的,以及生产设施难以达到的产能的总和;

c) 对给定的产品混合、原材料、工人工作量、工厂和设备,系统可达到的最高可持续保持的产出率。

3.36

生产控制　production control

在一个工场或区域内管理所有生产的功能的汇总。

3.37

生产分派清单　production dispatch list

特定生产工作命令的集合,这些命令按给定的地点、时间、活动开始或结束的事件来处理特定资源集合。

注1:可以以机器指令设置、连续过程运行状况、物料移动指示,或者批系统批次启动的形式。

注2:分派清单适用于其他运行管理领域,如维护分派清单、质量测试分派清单,及库存分派清单。

3.38

生产线　production line

专用于生产特定数量产品或产品系列的一系列设备。

3.39

生产管理　production management

制造执行层的制造设施协调、指导、管理和跟踪在成本、质量、数量、安全性和时效性要求下使用原料、能源、设备、人员和信息来生产产品的功能的活动。

3.40

生产规则　production rules

用来指导制造过程中如何生产某种产品的信息。

3.41

生产单元　production unit

一组生产设备。它用于一种或多种原料的转换、分离或反应,生产出中间或最终产品。

3.42

生产工作命令　production work order

调度工作的单元,可能分派给某个工作中心,并且由低层元素组合而成。

3.43

产品　product

要求的输出或者一个企业生产过程的副产品。

注 1：从商业观点来看，一个产品可能是中间产品或者最终产品。

注 2：在 ISO 10303-1 标准中也将产品定义为“由自然或人工过程产出的物质”。

3.44

特性　property

表示执行一个实体的细节特征的对象。

3.45

质量管理　quality management

制造执行层的制造设施协调、指导、管理和跟踪质量测量和汇报功能的活动。

3.46

资源　resource

企业实体，它提供执行企业活动和/或业务过程所需的一些或所有的能力（在本标准的内容中，是人员、设备，和/或物料的集合）。

3.47

储存单元　storage unit

储存域的次级实体，由物料的储存、移动、条件和处理所需要的设备和信息组成。

注：储存单元是设备层次的元素。

3.48

储存域　storage zone

资源的物流分组，定义了物流控制的范围，包括单个或多个物料的储存、移动、条件和处理所需要的设备和信息。

注：储存域是设备层次的元素。

3.49

系统　system

为一定目的组织起来的真实世界事物的集合。

3.50

追溯　tracing

提供资源和产品使用的组织记录的活动，利用跟踪信息从任何节点，向前或向后。

3.51

跟踪　tracking

通过所有示例，使用、更改和分派来记录资源和产品属性的活动。

3.52

不能达到的产能　unattainable capacity

生产的产能中不能达到的部分。

注：典型情况是由于诸如设备不可利用性、非最优的调度，或资源有限等因素所致。

3.53

工段　work cell

一些不相似的机器组合在一起以生产一系列有相似制造要求的零件。

3.54

工作中心　work center

生产单元、生产线、流程段、储存域，或其他同层的设备元素，定义为设备层次模型的扩展。

4 MES 的定义

本标准根据制造执行系统(MES)的功能特点,对其进行如下定义描述:MES 是针对企业整个生产制造过程进行管理和优化的集成运行系统。它在接受订单开始到制成最终产品的全部时间范围内,采集各种数据信息和状态信息,与上层业务计划层和底层过程控制层进行信息交互,通过整个企业的信息流来支撑企业的信息集成,实现对工厂的全部生产过程进行优化管理。MES 提供实时收集生产过程数据的功能,当工厂发生实时事件时,MES 能够对此及时做出反应、报告,并使用当前的准确数据对其进行指导和处理。这种对事件的迅速响应使得 MES 能够减少企业内部无附加值的活动,有效指导工厂的生产运作过程,使其既能提高工厂及时交货能力、改善物料的流通性能,又能提高生产回报率。

5 MES 功能层次定义

5.1 功能层次的描述

本标准将制造类企业的信息集成划分为三个不同的功能层次等级,分别是:业务计划层、制造执行层,以及过程控制层(细分为:连续控制、批控制及离散控制)。如图 1 所示。

注:本标准参考了 AMR 对企业信息集成的 3 层次划分,同时参考了 Purdue 企业参考模型及 GB/T 20720 的相关内容,并结合中国企业的实际情况,给出了该功能层次的描述。

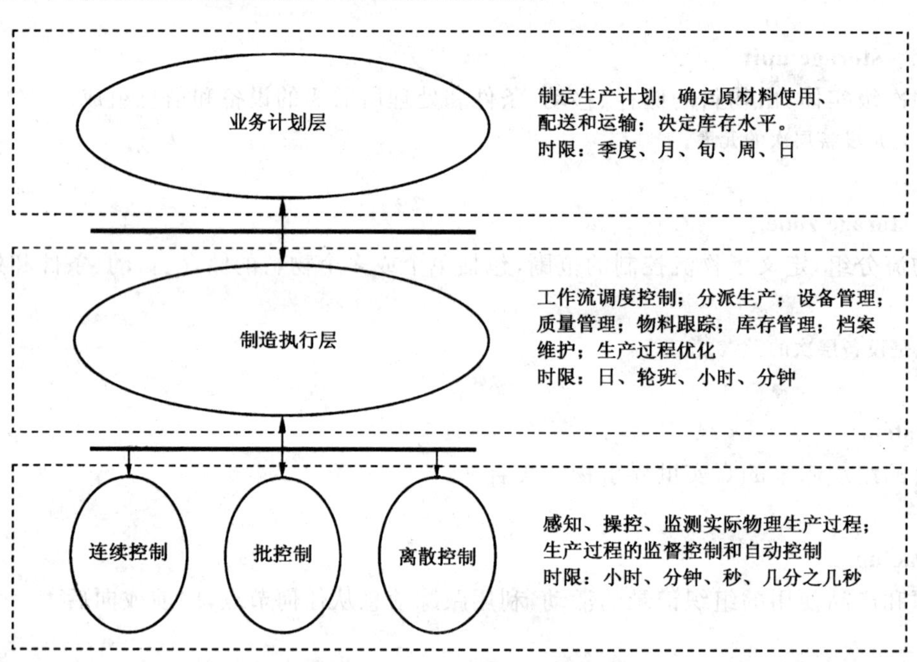

图 1 制造类企业功能层次

5.1.1 过程控制层

定义了感知、监测和控制实际物理生产过程的活动。按照实际生产方式的不同,可细分为:连续控制、批控制及离散控制。控制层通常选用的控制系统包括:DCS(分布式控制系统)、DNC(分布式数控系统)、PLC、SCADA 等。过程控制层的活动运行时限通常是:小时、分钟、秒、几分之几秒,甚至更快。

5.1.2 制造执行层

介于业务计划层和过程控制层之间,定义了为了实现生产出最终产品的工作流的活动。包括记录维护和过程协调等活动。主要面向制造型企业工厂管理的生产调度、设备管理、质量管理、物料跟踪、库存管理等等。可以通过 MES 实现这些功能。制造执行层的活动运行时限通常是:日、轮班、小时和分钟。

5.1.3 业务计划层

定义了制造型企业管理所需的相关业务类活动。包括管理企业中的各种资源、管理企业的销售和服务、制定生产计划、确定库存水平,以及确保物料能按时传送到正确的地点进行生产等。通常会选用

ERP(或 MRP II)、SCM、CRM 等系统。业务计划层的活动运行时限通常是:季度、月、旬、周、日。

5.2 制造执行层的主要活动

MES 需要针对功能层次中制造执行层的活动进行定位与设计,关注制造执行层内部的制造运行和控制功能,以及与业务计划层、过程控制层之间的信息交互。

制造执行层的主要活动包括:

a) 报告包括可变制造成本在内的区域生产情况;

b) 汇集并维护有关生产、库存量、人力、原材料、备件和能量使用等区域数据;

c) 完成按工程功能要求的数据收集和离线性能分析,这可能要包括统计质量分析和有关的控制功能;

d) 完成必要的人员管理功能,诸如:工作时间统计(例如时间、任务),休假调度,劳动力调度,单位的晋升方针,以及公司内部的培训和人员的技术规范;

e) 为其自身的区域建立包括维护、运输和其他与生产有关的需要在内的、直接的详细的生产调度计划;

f) 为其各个生产区域局部优化成本,同时完成由业务计划层所制定的生产计划;

g) 修改生产计划以补偿在其负责区域可能会出现的工厂生产中断。

MES 通过第 6 章所列举的功能模块实现对这些活动的管理与控制。本标准规定只具备其中的某一个或几个功能,能实现对部分制造运行活动的管理与控制,也属于 MES 系列的单一功能产品。

5.3 各层次间生产信息的交互

MES 在企业集成运行系统中需起到连接业务计划层和过程控制层的作用。业务计划层所制定的生产计划需要通过 MES 传递给生产现场;同时,来自过程控制层的实际生产状态也需要通过 MES 报告给业务计划层。

本标准在 GB/T 20720.1—2006 和 IEC/ISO 62264-3 相关内容的基础上进行整合与完善,将业务计划系统和制造执行系统之间交互的生产信息归纳为 4 类,分别是:产品定义信息、生产能力信息、生产计划调度信息、生产绩效统计信息;同时,将过程控制系统和制造执行系统之间交互的生产信息也归纳为 4 类,分别是:设备和过程生产规则、操作指令、操作响应、设备和过程数据。如图 2 所示。

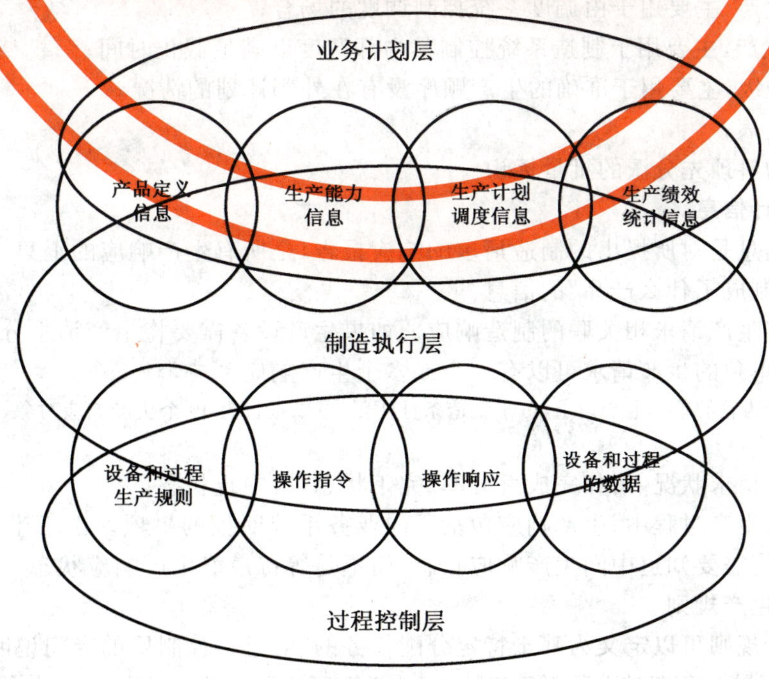

图 2 生产信息的交互

5.3.1 产品定义信息

产品定义信息是产品生产规则、物料清单，以及资源清单之间共享的信息。描述了生产中“应该如何制成产品”的信息。

产品生产规则是用来指导如何生产一种产品的制造操作信息。如在GB/T 16656.1中定义的产品数据AP(应用协议)、标准操作程序(SOP)、标准操作条件(SOC)、例行工作，或基于所用生产策略的装配步骤。

资源清单是生产一种产品所需要的所有资源的列表。资源可包括：物料、人员、设备、能源，及消耗品。资源清单不包括特定的生产步骤，但是它可能以分层方式编制，以反映某些生产步骤。

物料清单是表明为生产某种产品所需要的所有物料每种数量的列表。这些物料可以是原材料、中间物料、分装配件、零件，及消耗品。这种表并不包含物料用于何处或何时需用等细节，但是它可能以分层方式组织，以反映某些生产步骤。物料清单通常包括与产品无关的物料，如发货用物料或相应的文件。物料清单是资源清单的子集。制造通知单是与生产有关的物料清单的子集。

5.3.2 生产能力信息

生产能力信息是对生产(指定次数)的所有资源的信息的汇集。它由有关的设备、物料、人员和过程段的信息组成。描述了生产中“什么资源是可用的”的信息。

生产能力信息描述了制造控制系统已知的名字、术语、状态和数量。生产能力信息包含用于产能调度和维护信息的词汇表。一种生产能力是对于一个给定的时间段(目前或今后)的人员能力、设备能力、物料能力和过程段能力的汇集，并可分类为“承担的、可利用的和难以达到的”。

5.3.3 生产计划调度信息

对生产的请求可列为生产计划调度信息。生产计划调度信息应由一个或者多个生产请求组成。描述了生产中“将要使用什么资源；将要制造什么产品”的信息。

生产请求是指由生产规则标识的单一产品要求生产的请求。生产请求包含为完成计划内生产制造所需要的信息。在某些情况下，物料标识、生产规则标识和物料数量可能就是制造所需的全部信息。其他情况可能需要附加信息。附加信息可以用生产参数、人员要求、设备要求和物料要求来描述。生产请求可以确认或引用相关的生产规则。一个生产请求可能对应一个或多个生产响应。

生产请求可包括：

a) 何时开始生产，主要用于由调度系统控制调度的场合；

b) 何时结束生产，主要用于制造系统控制其内部调度以满足截止时间；

c) 请求的优先级，主要用于准确的生产顺序没有在外部计划的情况；

d) 包装的调度表；

e) 对被加工物料预先分派的批量标识。

5.3.4 生产绩效统计信息

生产绩效统计信息是对所提出的制造请求的响应报告，是所有生产响应的汇集。描述了生产中“实际使用了什么资源；制成了什么产品”的信息。

生产响应是指与生产请求相关联的制造响应。如果生产设备需要将生产请求分解成几个更小的工作单元，那么对一个单独的生产请求可以有一个或多个生产响应。

示例：对生产200个齿轮的单一生产请求，由于制造条件所限，可以报告为10个生产响应对象，每个响应对象为20个齿轮。

生产结果可包括请求状况，诸如完成百分率、完工状态，或中止状态。

在生产结束或在生产过程中，生产响应包括了向业务系统回报的事项。由于生产物料或中间物料的成本核算，业务系统需要知道中间生产响应状态，而不是等待最终生产响应状态。

5.3.5 设备和过程生产规则

设备和过程生产规则可以定义为基于特定分配任务的、对过程控制层的专门说明。

示例：针对特定产品的CNC机械程序；随着控制过程改变的PLC程序；或过程控制层中执行的单个配方。可参见GB/T 15969.3—2005，作为此数据类型的例子。

5.3.6 操作指令

操作指令定义为传递给过程控制层的请求信息。它们是用来启动或完成一个操作的典型指令。这些信息可以通过SOP(标准操作程序)的方式呈现或者直接传递给操作员,比如调高机器或清洗机器的步骤。

注:此信息交换与GB/T 19892.1—2005所定义的调制器——设备接口一致。

5.3.7 操作响应

操作响应定义为从过程控制层接收的针对指令的响应信息。这些信息与操作的完成情况或实际状况相对应。

注:此信息交换与GB/T 19892.1—2005所定义的调制器——设备接口一致。

5.3.8 设备和过程数据

设备和过程数据定义为从过程控制层接收的关于监测结果的信息。这是关于被执行过程和相关资源的典型信息。

6 MES功能体系结构

6.1 功能体系结构模型

图3详细描述了制造执行系统的功能体系结构模型。

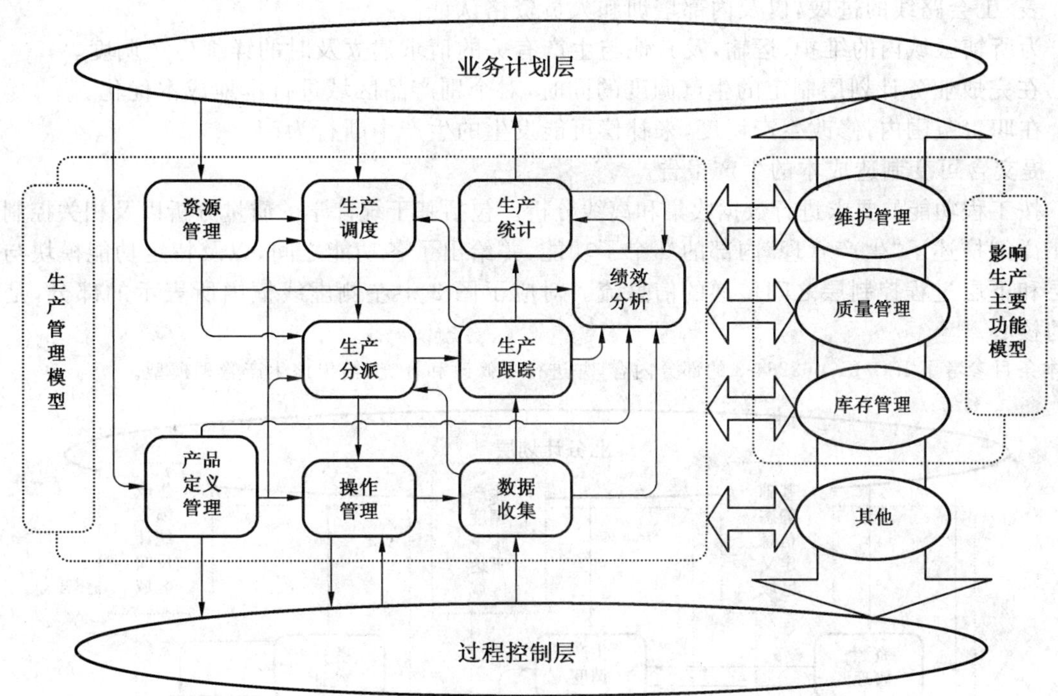

图3 MES功能体系结构模型

该模型定义了MES的基本功能体系结构,以"生产管理"为中心,对制造执行层进行了功能结构的划分,给出了制造执行层内部的主要功能,以及功能之间传递的信息流,具体划分为以下三部分模型,并对其进行描述。

生产管理模型(图3中制造执行层左侧虚线框内表示的部分):是制造执行系统的核心部分。它又进一步细分为9个相对独立的子功能,分别是:产品定义管理、资源管理、生产调度、生产分派、操作管理、数据收集、生产跟踪、绩效分析、生产统计。同时,本模型给出了这9个子功能间的信息交互关系,以及特定功能模块与上层业务计划层和下层过程控制层之间的信息交互,明确地定义了信息流的走向。本标准将在6.2进一步给出"生产管理"内部的区域划分、各子功能的详细定义,以及各个信息流的明确定义。

影响生产的主要功能模型(图3中制造执行层右侧虚线框部分):定义了“维护管理”、“质量管理”、“库存管理”。它们都是制造类企业的制造执行层中必不可少的组成部分,它们对制造类企业的生产运行会产生极为重要的影响,有时甚至是决定性的影响。本模型通过信息流的定义来表达它们之间,及它们与生产之间的相互影响关系。本标准将在6.3进一步给出“维护管理”、“质量管理”、“库存管理”的详细表述;并且给出它们与“生产管理”之间主要的交互信息流。

影响生产的其他功能模型(图3的制造执行层中右下脚方框):它们并不是对于所有的制造类企业都是必需的,但是有时它们对生产也将会产生非常重要影响,或是可以对生产的管理提供非常有益的帮助。同时,对于不同的行业和不同企业的实际情况,需要这样的功能扩展也将会有所区别。本标准将在6.4进一步给出“能源管理”、“安全管理”、“文档管理”、“系统仿真”这几个扩展功能的定义,它们对于大多数的制造类企业也将会产生较为重要影响。同时,本标准规定针对特定行业或特定企业的制造执行系统,可以根据具体行业和企业的实际情况,对这部分模型进行进一步的模块定义、扩展和删减。

6.2 生产管理模型

“生产管理”可定义为一组满足成本、质量、数量、安全性和实时性要求的活动,这组活动对关于利用原材料、能源、设备、人员和信息来制造产品的诸多功能进行协调、指导、管理和跟踪。包括:

a) 收集和保存关于产品、库存、人力、原材料、剩余部分和能源使用的数据。

b) 实现必需的人员管理功能,像工作时期统计表(例如,时间、任务)、休假时间表、劳动强度统计表、工会路线的进展,以及内部培训和人员资格认证。

c) 为所辖区域内的维护、运输,及其他与生产有关的请求建立及时的详细生产调度。

d) 在完成业务计划层制定的生产调度的同时,对个别产品区域进行本地成本优化。

e) 在职责范围内,修改生产调度,来补偿可能发生的生产中断行为。

f) 提交含可变制造成本的生产报告。

g) 按工程功能的要求进行数据收集和离线分析。包括基于统计学的质量分析以及相关控制功能。

图4详细描述了“生产管理”内部的9个子功能,并给出了各功能之间,以及特定功能模块与上层业务计划层和下层过程控制层之间传递的信息流。对应了图3中左侧虚线框内所表示的部分,是制造执行系统的核心。

注:本条目参考了IEC/ISO 62264-3的部分内容,并进行了修改和补充,给出该生产管理模型。

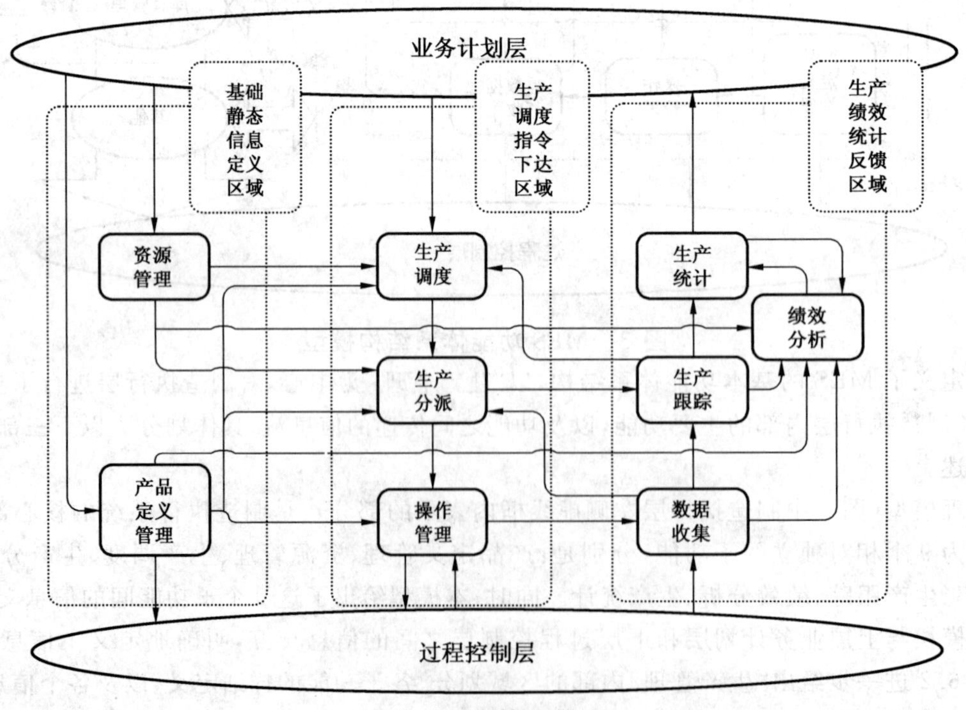

图4 生产管理模型

图 4 中的三个虚线框表示了三个不同性质的区域。通过这三个区域的功能划分,可使得生产管理模型形成一个完整的逻辑闭环,从而可以有效控制整个生产运行的全过程。这三个区域分别是:

a) 基础静态信息定义区域:包括产品定义管理模块和资源管理模块,主要功能是管理企业生产运行过程中必备的产品定义类信息和基础资源类信息。如:产品生产规则(含 SOP、SOC 等)的确定与维护;生产方案、资源清单及物料清单的定义与维护;人员、设备和物料等基础信息的定义与维护;企业产能利用情况的信息管理等。

b) 生产调度指令下达区域:包括生产调度模块、生产分派模块和操作管理模块。主要功能是将业务计划层传递下来的生产计划调度信息通过生产调度模块细化为详细生产计划调度信息,再经生产分派模块转化为生产分派清单,最后经过操作管理模块转化为操作命令下达给过程控制层,从而指导实际的生产运行过程。

c) 生产绩效统计反馈区域:包括数据收集模块、生产跟踪模块、绩效分析模块,以及生产统计模块。主要功能是将过程控制层中的生产和资源的过程数据通过数据收集模块采集上来,再传递给生产跟踪模块和绩效分析模块进行跟踪、分析和处理,再将处理好的数据传递给生产统计模块,最终整理成为生产绩效统计信息反馈给业务计划层。

6.2.1 产品定义管理

6.2.1.1 功能定义

产品定义管理定义为:制造执行层中管理所有关于制造所必需的产品信息的功能模块,包括产品生产规则。

产品生产规则、物料清单和资源清单共享产品定义信息。产品生产规则包含了用于指导制造工作如何生产产品的信息。在具体企业中,这可被称为通用配方、现场配方或主配方,是标准运行程序(SOP)、标准运行条件(SOC)、生产路线安排,或基于生产策略使用的集中步骤。产品定义信息的制定使制造执行层的其他功能和过程控制层的功能按要求实现。

产品定义管理包含产品生产规则分配的管理。生产规则的某些部分可能存在于过程控制层设备中。当某种情形下,为了避免影响生产,此类信息的下载可以与其他功能相配合。如当下载的是某操作管理活动的一部分时,这信息可以是操作指令的一个部分。

6.2.1.2 信息流传递

如图 5 所示,描述了产品定义管理模块主要传递的信息流。包括:

a) 产品定义信息:由上层的业务计划层传递给产品定义管理模块的信息。

b) 设备和过程的生产规则:由产品定义管理模块传递给下层的过程控制层的信息。

c) 产品生产规则和生产路线:由产品定义管理模块分别传递给生产调度、生产分派和操作管理模块的信息。

d) 生产 KPI 定义:由产品定义管理模块传递给绩效分析模块的信息。

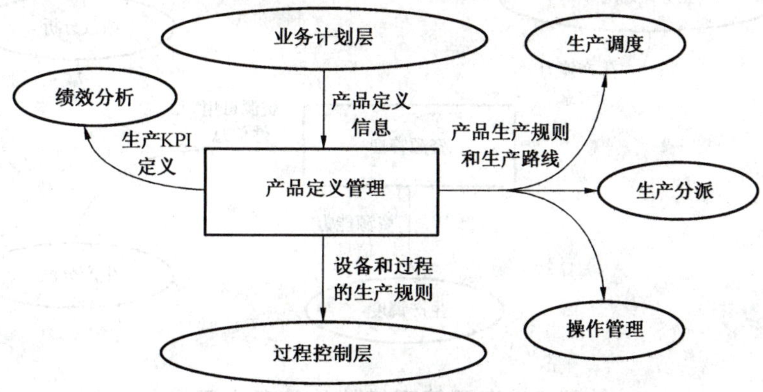

图 5 产品定义管理模块的信息交互

6.2.1.3 详细任务定义

产品定义管理的任务包括：

a) 管理文档，比如制造说明书、配方、产品结构图、制造清单和产品变量定义；
b) 新产品定义的管理；
c) 产品定义变化的管理，包括路线设计和制造清单在批准过程中的可修改性、翻译管理、跟踪修改和信息的安全性控制；
d) 向工作人员或其他活动提供产品生产规则；
e) 例如：制造步骤、主要配方、机器设置规则和过程流程图的形式；
f) 维持产品可行而详细的生产安排；
g) 在制造运行必需的细节上为制造运行提供产品的分割路线；
h) 在业务运行必需的细节上对产品定义管理的信息与业务计划层的功能之间的交流进行管理；
i) 基于过程分析和生产绩效分析的产品生产规则的优化；
j) 生成和维持与产品间接相关的本地生产规则集，比如清洁、启动和关闭；
k) 与产品和生产有关的关键性能指示器的管理。

注：在产品定义管理行为中存在一系列的工具来帮助完成产品定义管理，包括机械和电子计算机辅助设计(CAD)、计算机辅助工程(CAE)、计算机辅助软件工程(CASE)、配方管理系统、计算机辅助过程工程(CAPE)，以及电子工作指示(EWIs)。

6.2.2 资源管理

6.2.2.1 功能定义

资源管理定义为：一系列有关生产运行所必需的信息的资源管理的活动。这些资源包括机器、工具、劳动力(经过专门技术培训)、原料和能源。对这些资源进行直接控制是为了满足完成其他活动的生产要求，比如生产分配和生产执行管理。

资源信息的管理可以由计算机系统完成，但也可能部分或完全由手工替代。

资源管理可以包含为未来使用的本地资源预留系统的信息管理。每种重要资源的管理应该有独立的预留系统。每种资源都有独立的活动，或者一批资源有相互结合的活动。在某些特定时期，资源信息必须为特定资源维持和提供承担的、可利用的、难以达到的活动信息。

6.2.2.2 信息流传递

如图6所示，描述了资源管理模块主要传递的信息流。包括：

a) 生产能力信息：由上层的业务计划层传递给资源管理模块的信息。
b) 资源能力信息：由资源管理模块传递给生产调度模块的信息。
c) 资源可用性信息：由资源管理模块分别传递给生产分派和绩效分析模块的信息。

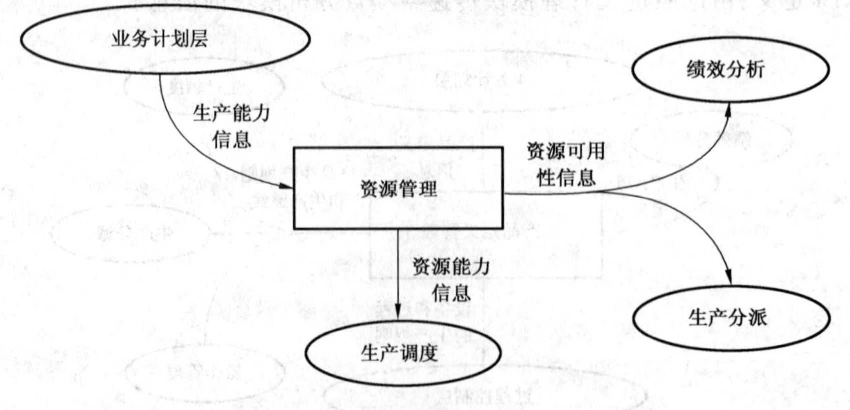

图6 资源管理模块的信息交互

6.2.2.3 详细任务定义

资源管理的任务包括：

a) 提供人员、物料和设备资源的定义。这些信息以需求量或详细进度表的形式提供给人、应用软件，或其他活动。
b) 提供关于资源(物料、设备、人员)能力(承担的、可利用的、难以达到的)的信息。这些信息基于当前状况、未来预留和未来需求(生产计划和详细生产调度中确定的)，并且针对不同的资源，不同的时间范围和过程。包括当前产品消耗损失的账目平衡，以需求量或详细进度表的形式提供给人、应用软件或其他活动。
c) 确保获得的资源满足未来操作能力的启动。
d) 确保分配任务的设备是可用的；工作许可证是合适的；分配的人员是接受过培训的。

示例1：在生产操作前，检查设备的杀菌状况是否合适("干净")。

e) 提供资源所在地和分配给生产的资源所在地的信息。

示例2：为一个可以在多区域使用的可移动检查机械提供一个场地。

f) 收集人员、设备和物料资源的当前信息，以及资源产能和能力的信息。基于事件、需求量和既定进度表收集，也可从设备、人和应用软件中收集。
g) 收集未来需求，比如从生产计划，当前生产，维护时间表，或者休假表收集。
h) 维护人员资格测试结果的信息。
i) 维护设备能力测试结果的信息。
j) 未来使用资源的预留管理。

6.2.3 生产调度

6.2.3.1 功能定义

生产调度定义为：一组满足生产要求的生产路线安排和最佳利用本地资源的活动。它基于业务计划层中生产计划的要求、产品定义信息和资源能力信息，来解决生产的约束性和可用性；同时利用生产跟踪模块的信息来解决过程中的实际工作。包括对最少设备设置或清洗的要求进行排序，对设备最佳利用要求的协调，以及由于批量和有限产率所引起的拆分请求。生产调度会考虑本地资源的情况和可用性。

6.2.3.2 信息流传递

如图7所示，描述了生产调度模块主要传递的信息流。包括：

a) 生产计划调度信息：由上层的业务计划层传递给生产调度模块的信息。
b) 产品生产规则和生产路线：由产品定义管理模块传递给生产调度模块的信息。
c) 资源能力信息：由资源管理模块传递给生产调度模块的信息。
d) 在制品信息和工作完成信息：由生产跟踪模块传递给生产调度模块的信息。
e) 详细生产调度：由生产调度模块传递给生产分派模块的信息。

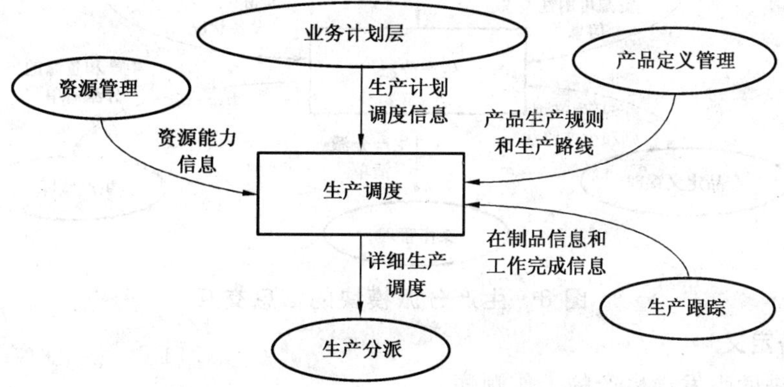

图7 生产调度模块的信息交互

6.2.3.3 详细任务定义

生产调度的任务包括：

a) 创建和维护详细的生产进度表。

b) 生产实际与生产计划的比较。

c) 确定生产资源管理功能使用的每项资源的可靠性。

d) 从维护管理、质量管理和库存管理获取信息。

e) 执行假设分析仿真。包括：为业务计划层提出的生产计划要求计算产品交货期和最终完成时间；为每个周期确定资源瓶颈；以及保证未来生产的可用时间。

f) 处理突发异常事件。比如设备损耗、劳动力资源改变、原料物性变化，生产调度需要重新进行计算，修改生产进度表。

示例：生产调度可能强制执行调度策略，比如向前(推)或向后(拉)的选择；每个工序的优先分配；应用在生产装置的特定限制；瓶颈资源的时间缓冲安置；等等。

6.2.4 生产分派

6.2.4.1 功能定义

生产分派定义为：一组管理把生产任务分派给设备和人员的生产流的活动。包括：

a) 批控制系统中调度分批开始。

b) 生产线上调度生产运转的开始。

c) 在生产单位中指定标准操作条件的对象。

d) 向工作中心传递工作顺序。

e) 向人工操作发送工作顺序。

示例：分派的工作可以是机器设置、等级变化转换、设备清洗、运转速度设置，或者生产流设置。

6.2.4.2 信息流传递

如图8所示，描述了生产分派模块主要传递的信息流。包括：

a) 详细生产调度：由生产调度模块传递给生产分派模块的信息。

b) 产品生产规则和生产路线：由产品定义管理模块传递给生产分派模块的信息。

c) 资源可用性信息：由资源管理模块传递给生产分派模块的信息。

d) 实际生产和设备状况：由数据收集模块传递给生产分派模块的信息。

e) 生产分派清单：由生产分派模块传递给操作管理模块的信息。

f) 生产和资源的分派清单：由生产分派模块传递给生产跟踪模块的信息。

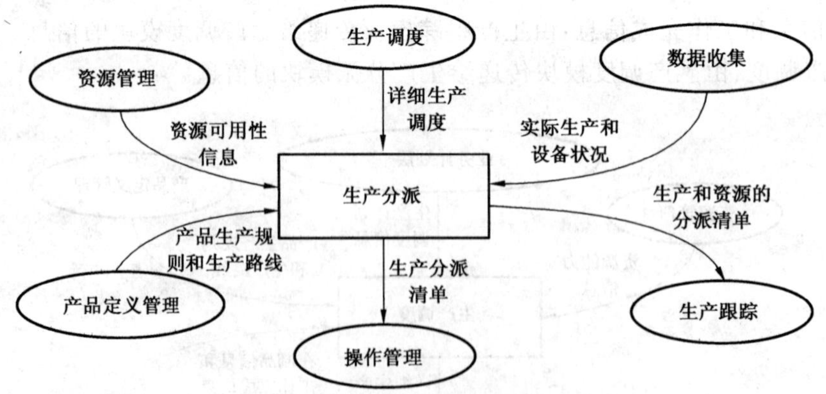

图8 生产分派模块的信息交互

6.2.4.3 详细任务定义

a) 按照生产进度表发送生产的工作顺序。

b) 分配本地资源，这些没有被确定为生产调度的一部分。

c） 发布本地资源，来开始工序。

d） 处理生产调度中未预知的情形。可以包括管理工作流程和缓冲中的判断。这些信息必须与维护管理、质量管理、库存管理，以及生产资源管理相一致。

e） 维持工序状况。

示例：经核准的，固定的，在线的，已删除的。

f） 确保在调度下的过程制约和调整来满足生产。发生在调度创建之后，元素执行之前。

g） 当突发的异常事件导致无法满足调度要求时，及时通知生产调度。

h） 从质量管理中获取信息，以显示可能与调度事件有关的未曾预料的情形。

i） 从资源管理获取关于与预定事件有关的不曾预料的未来资源可用性的信息。

j） 发送或创建可用的生产分派名单来指明将要执行的生产活动。

6.2.5 操作管理

6.2.5.1 功能定义

操作管理应该定义为：一组指导生产执行的活动，对应了生产分派名单所列出的内容。操作管理的活动包括：通过产品生产的操作次序的合理安排，来选择、启动和移动工作单元（例如批次、子批次，或批量）。实际的操作工作（手工或自动）则是过程控制层的一部分。

注：次序是以特定生产项目的详细生产路线的形式定义的。操作管理处理的是工作的个别单元，从一个工作或一个步骤到下一个，对诸如实际物料消耗、劳动时间的使用、每个步骤或工作的出产和废料等事件进行收集和统计。这使得生产装置中的每个批次或工作单元或生产指令的状态和位置在任何时间都是可见的，并且提供了一种方法使得生产装置的指令对于外部是透明的。

操作管理可以使用来自于先前的生产运转、生产跟踪所捕获的信息，来进行本地最优化和提高效率。操作管理的活动通常包括在某个地点或区域的手动和自动过程的协调。这通常需要自动控制设备具有良好的信息交互通道。

6.2.5.2 信息流传递

如图9所示，描述了操作管理模块主要传递的信息流。包括：

a） 生产分派清单：由生产分派模块传递给操作管理模块的信息。

b） 产品生产规则和生产路线：由产品定义管理模块传递给操作管理模块的信息。

c） 操作命令：由操作管理模块传递给下层的过程控制层的信息。

d） 操作响应：由下层的过程控制层传递给操作管理模块的信息。

e） 生产信息和生产事件：由操作管理模块传递给数据收集模块的信息。

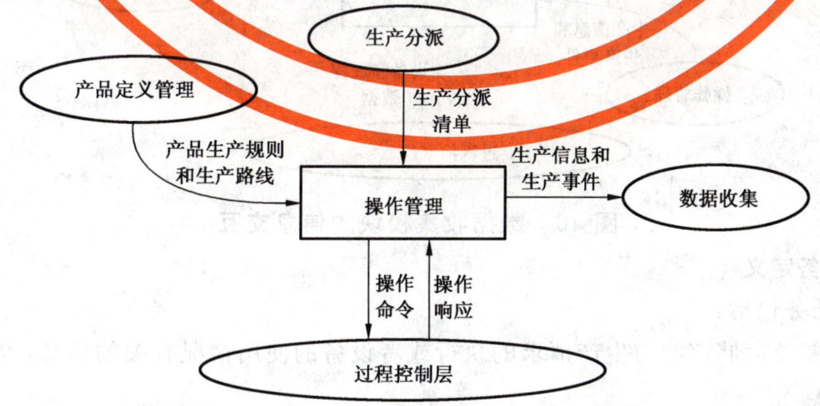

图9 操作管理模块的信息交互

6.2.5.3 详细任务定义

操作管理的任务包括：

a） 指导生产操作的执行，以及过程控制层中活动的初始化。

b) 确保生产中使用的是恰当的资源(设备、物料和人员)。

c) 确认操作是按照公认的质量标准执行的。包括从质量管理活动获取信息。

d) 确保资源对于分配的任务是有效的。

示例1:确保设备的杀菌情况对于分配的操作是正确的(例如:用于生产前,容器是"干净"的)。

示例2:设备证明是当前可用的;人员是合格的;物料是可以使用的。

e) 在当前控制运行时间下分配资源。

示例3:如果生产调度没有定义分配单位,就要按批单位分配。

f) 当突发的异常事件使得不能满足工作要求时,通知其他的活动。

g) 从资源管理获取关于无法预料的未来资源可用性的信息。

h) 为生产操作提供生产信息和事件,像定时、出产、劳动力和物料的使用、运转启动,以及运转完成。

6.2.6 数据收集

6.2.6.1 功能定义

数据收集定义为:一系列为特定工作过程或特定生产要求收集、编辑和管理生产数据的活动。制造执行系统主要处理诸如数量(重量、单位等等)和有关参数(比率、温度等等)的过程信息,以及诸如控制器、传感器和执行器状态的设备信息。处理的信息包括:传感器读取、设备状态、事件数据、操作员登录数据、交互数据、操作行动、消息、模型计算结果,以及其他产品制造的重要信息。数据收集是基于固定时间或事件的,按时间或事件添加数据把收集的信息联系起来。

6.2.6.2 信息流传递

如图10所示,描述了数据收集模块主要传递的信息流。包括:

a) 设备和过程数据:由下层的过程控制层传递给数据收集模块的信息。

b) 生产信息和生产事件:由操作管理模块传递给数据收集模块的信息。

c) 生产和资源历史数据:由数据收集模块分别传递给生产跟踪模块和绩效分析模块的信息。

d) 实际生产和设备状况:由数据收集模块传递给生产分派模块的信息。

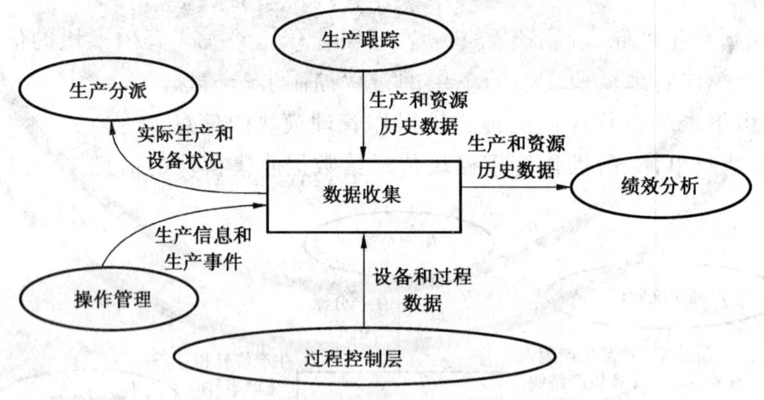

图10 数据收集模块的信息交互

6.2.6.3 详细任务定义

数据收集的任务包括:

a) 收集、恢复及存储那些与生产请求的执行或者设备的使用情况有关的信息,也包括生产人员加入的信息。

示例:过程数据;设备状态数据;批次和分批次的位置和数量的数据收集;运行日志(生产装置的条目和注释)。

b) 向基础过程或生产线管理系统、实验室信息管理系统,以及生产管理系统提供接口,来实现信息的自动收集。

c) 提供关于生产数据的报告。

d) 为本地生产过程和生产分析,以及向上层系统报告进行信息维护。

e) 为产品跟踪的实现,以及保证跟踪能力,如跟踪产品特定的物料、设备和操作者,进行跟踪的信息维护。

f) 提供顺从监控和管理功能警报(事件日志和时间序列)。

g) 为规范比较提供收集的产品质量信息。

6.2.7 生产跟踪

6.2.7.1 功能定义

生产跟踪应定义为:一系列根据生产和资源的历史数据跟踪生产过程的活动。它向生产调度模块提供信息,使得生产调度可以根据当前情况进行更新;同时,它也向生产统计模块提供产品生产过程中详细的人员设备的实际使用情况、物料的消耗、物料的生产等信息。

6.2.7.2 信息流传递

如图 11 所示,描述了生产跟踪模块主要传递的信息流。包括:

a) 生产和资源历史数据:由数据收集模块传递给生产跟踪模块的信息。

b) 生产和资源的分派清单:由生产分派模块传递给生产跟踪模块的信息。

c) 质量和绩效数据:由生产跟踪模块传递给绩效分析模块的信息。

d) 在制品信息和工作完成信息:由生产跟踪模块传递给生产调度模块的信息。

e) 生产物料和消耗品信息:由生产跟踪模块传递给生产统计模块的信息。

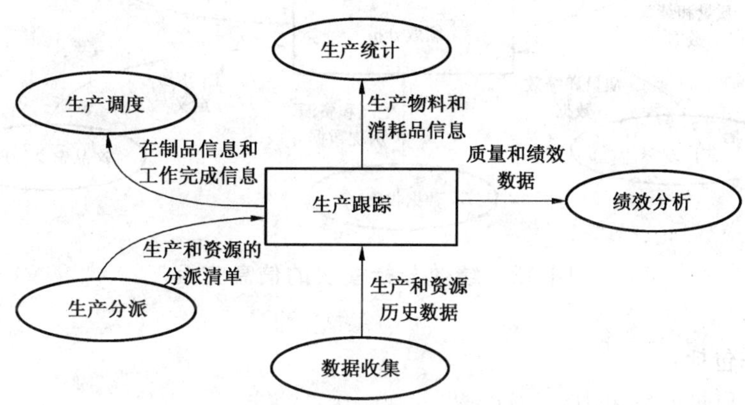

图 11 生产跟踪模块的信息交互

6.2.7.3 详细任务定义

生产跟踪的任务包括:

a) 通过维持特定时期内每个容器中物料的描述,以及跟踪生产区域内所有物料的路径,来追溯生产装置的物料移动。

b) 记录移动的启动和终止,收集关于批次和分批次的数量和位置的更新信息。

c) 从数据收集和绩效分析获取信息;例如,一组关于生产物料消耗的信息(产品跟踪和追溯的重要组成部分);一组关于生产过程中生产装置的运行环境状况的信息。

d) 把过程事件,包括生产和物料移动事件,转换为产品信息。

e) 为跟踪(记录)和追溯(分析)提供信息。

f) 产生生产物料和消耗品的信息。可以提供给人员、应用软件,或者其他活动。

g) 产生关于生产过程的报告。包括调整或质量管理所要求的报告。

6.2.8 绩效分析

6.2.8.1 功能定义

绩效分析定义为:一系列为业务系统分析和汇报绩效信息的活动。包括:对装置生产周期、资源利用、设备使用、设备性能、程序效率,以及生产可变性等信息的分析。

这些分析可被用于完善KPI报告，以及进行生产和资源利用的最优化。这些信息可以按计划提供；可以在生产运行结束或批次结束时提供；或者依据需求提供。

绩效分析的过程是在线的。一旦优化开始，并且强制实施约束，其他系统约束就会产生。另外，市场条件和产品组合的变更可能会引起优化标准和系统约束的改变。在多变的环境里，绩效分析活动有规律地重新检查当前的产量、政策及预期情形，使系统的生产量最大化。

6.2.8.2 信息流传递

如图12所示，描述了绩效分析模块主要传递的信息流。包括：

a) 生产KPI定义：由产品定义管理模块传递给绩效分析模块的信息。

b) 资源可用性信息：由资源管理模块传递给绩效分析模块的信息。

c) 生产和资源历史数据：由数据收集模块传递给绩效分析模块的信息。

d) 统计信息：由生产统计模块传递给绩效分析模块的信息。

e) 质量和绩效数据：由生产跟踪模块传递给绩效分析模块的信息。同时，经绩效分析模块处理后，再传递给生产统计模块。

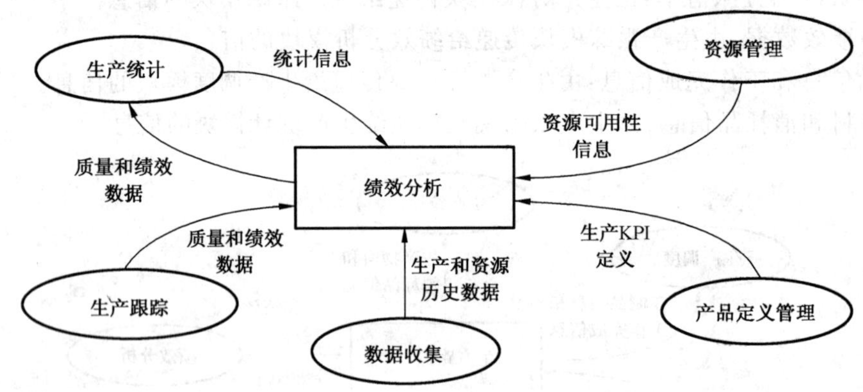

图12 绩效分析模块的信息交互

6.2.8.3 详细任务定义

绩效分析的任务包括：

a) 评估产能和质量的约束力。

b) 执行决定产能所必需的性能测试。

c) 不同生产线之间的比较；与制造平均水平的比较，或者与目标运行要求的比较。

d) 一个运转与另一个的比较和对比。

e) 生产运转与公认的"最佳运转"的比较。

注："最佳运转"是指生产历史中最好的运转，这里的最好可以是质量最高；或是成本最低；或一些其他的标准。

f) 找出"最佳运转"不同寻常的原因。

g) 运转与定义的"最佳运转"的比较。

h) 基于连续过程改进的分析结果，改变过程和程序。

i) 根据当前和过去的绩效，预测生产运转的结果。包括生成生产指标。

6.2.9 生产统计

6.2.9.1 功能定义

生产统计应该定义为：一系列为业务计划层作出生产响应准备的活动。包括总结和汇报关于产品生产过程中人员和设备的实际使用情况、物料消耗、物料生产，以及其他诸如成本和绩效分析结果的有关生产数据的信息。

6.2.9.2 信息流传递

如图13所示，描述了生产统计模块主要传递的信息流。包括：

a) 生产物料和消耗品信息：由生产跟踪模块传递给生产统计模块的信息。

b) 质量和绩效数据：由绩效分析模块传递给生产统计模块的信息。

c) 生产绩效统计信息：由生产统计模块传递给上层的业务计划层的信息。

d) 统计信息：由生产统计模块传递给绩效分析模块的信息。

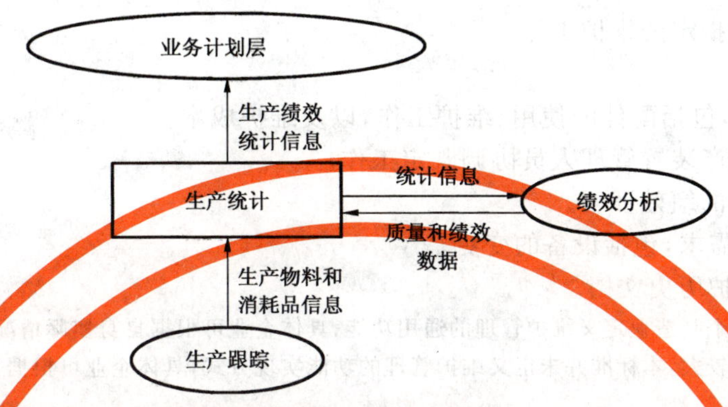

图13 生产统计模块的信息交互

6.2.9.3 详细任务定义

生产统计的任务包括：

a) 收集、汇总详细生产跟踪的数据。

b) 将详细生产跟踪数据转换为物料分类汇总信息。

c) 对生产物料进行投入产出平衡统计。

d) 为生产绩效提供物料统计平衡的信息。

e) 产生关于生产物料的报告。

f) 产生生产装置绩效与生产成本的报告。

6.3 影响生产的主要功能模型

对于制造类企业的制造运行过程，“维护管理”、“质量管理”、“库存管理”是必不可少的组成部分，它们对生产将会产生极为重要的影响，有时甚至是决定性的影响。

示例1：在制药产业，“质量管理”可能指导其他的活动过程，对生产制造产生重要影响。

示例2：在物流中心或精炼行业，“库存管理”可能指导其他的活动过程，对生产制造产生重要影响。

本条内容将给出“维护管理”、“质量管理”、“库存管理”的主要功能定义；并给出它们与“生产管理”之间主要交互的信息流。

6.3.1 维护管理

维护管理可以定义为一组协调、指导和跟踪设备、工具及相关资产的维护功能的活动，该功能保证了设备、工具及相关资产的制造可用性，并且保证反应性的、周期性的、预防性的，或者先发性的维护调度得以顺利执行。维护管理支持以下4个主要的维护类别：

a) 提供设备故障响应的维护。

注1：在某些行业以矫正维护或者反应性维护响应为主。

b) 基于时间或周期的循环维护的调度和实施。

注2：在某些行业以预防性维护为主。

c) 提供基于状态的维护，源于从设备或从设备推断获得的信息。

注3：在某些行业以基于状态的维护为主。

注4：包括基于未来故障预期的预先维护。

d） 资源运行绩效和效率的优化。

注5：在某些行业也被认为是生产和过程分析的一部分。

注6：包括生产和支持设备的轻微改变。这些轻微改变常会消耗维护资源的一个重要组成部分。

维护管理的主要功能包括：

a） 提供纠正性的、预防性的和基于状态的维护。

b） 向预期故障，包括设备自检和诊断活动，提供设备监测功能。

c） 生成维护成本和绩效的报告。

d） 协调和监测已指定的维护工作。

e） 监督维护请求。

f） 维护完成报告，包括配件的使用、维护工作，以及维护成本。

g） 与操作员和生产装置管理人员协调既定工作。

h） 做出生产设备的绩效证明。

i） 支持产品转变需求，包括设备的变更。

j） 监测和更新维护历史文档。

注7：本标准是面向整个制造业定义维护管理的通用功能，具体企业可根据自身实际情况进行扩展。

注8：由于行业间差异较大，本标准并未定义维护管理的功能实现方式，具体企业可根据自身情况，定义维护管理的功能实现方式。

6.3.2 质量管理

质量管理定义为协调、指导和跟踪质量测量和报告的功能的活动集合。广义的质量管理同时包括质量操作和那些以保证中间和最终产品质量为目的的操作管理。

质量管理的主要功能包括：

a） 测试和检验物料质量（原料、成品和中间产品）。

b） 测量和报告设备能力以满足质量目标。

c） 保证产品质量。

d） 设置质量标准。

e） 设置人员资格和培训质量标准。

f） 设置质量的控制标准。

注1：本标准定义的质量管理不包括从业务计划层向制造和实验室测试活动设置和发行标准和方法，来协调来自工艺、销售和消费服务的要求。

注2：本标准是面向整个制造业定义质量管理的通用功能，具体企业可根据自身实际情况进行扩展。

6.3.2.1 质量测试管理

质量测试管理是质量管理的一个必需的部分。本标准对其主要功能进一步详细定义。

a） 原料评价

1） 在与设置标准一致的情况下，以利用为目的测试原料的引入和批准。

2） 为质量控制分析收集和维持质量控制文件数据。

3） 测试过程中未消耗的物料，比如催化剂。

b） 产品评价

1） 中间和最终产品测试以及向分类报告结果。

2） 为质量控制分析收集和维持质量控制文件数据。

3） 与顾客要求核对产品数据来保证出货前的质量充分。

4） 使用在线过程分析基于过程数据实施产品的实时释放或部署。

c） 分类和证明测试

1） 在与设置标准一致的情况下成品质量和道具的分类。

2） 汇报完成的产品库存控制的QA结果和分类。

3） 保证产品按标准过程条件生产。

4） 使用在线过程分析核对过程一致性。

d） QA 认证

1） 与标准核对样本结果。

2） 利用统计学质量控制方法进行测试分析。

3） 维持每个连续质量控制研究核对过的项目的质量统计。

e） 实验和自动分析

1） 指导样本产品公制的、化学的和物理的测试，为进行中的质量控制测试获取数据。

2） 向分析设备和质量控制系统传递测试数据来保证产品的未来质量。

3） 基于在线模型推断物料属性。

6.3.2.2 质量测试方式

质量管理的一个重要方面是测试和检查。测试的一些方式包括：

a） 物料、供应商、设备或其他资源的测试，以确定使用的资源满足定义的质量要求。

b） 环境测试：用于核对环境和生产对环境的影响。例如，装备或消耗品（如水或溶剂）的污染；生产设备里的空气或排放物的污染。

c） 参考分析测试：由发送到不同实验室的已知样品组成，以核对特定实验室里的绩效。

示例：执行测试观察一个实验室是否能获得正确的结果。

d） 资产可靠性测试：预防性的维护测试指导提供产品和过程的一致性。

示例：产品和设备装置的振动姿态；物理道具的油性/流动性测试；污染和金属的比例；以及超声波压型。

6.3.2.3 质量测试时间地点

测试可以发生在制造过程的不同时间和地点。包括以下例子：

a） 在线测试：在线测试是操作管理的一部分，其中测试设备是过程的一部分。

b） 半在线测试：半在线测试时，测试物料离开生产运转，但测试在生产线上执行。

c） 离线测试：离线测试时，测试离开操作管理，在实验室里进行。

6.3.2.4 质量测试支持工具

针对不同的企业，有不同类型的工具支持质量管理。典型地包括：实验室信息管理系统（LIMS）、历史系统、批管理系统、SPC（统计过程控制）或 SQC（统计质量控制）系统，或者 OEE（全局设备效率）。

注 3：由于行业间差异较大，本标准并不限定质量管理的功能实现方式，具体企业可根据自身情况，定义质量管理的功能实现方式。

6.3.3 库存管理

库存管理可以定义为制造设施在企业生产运行的过程中协调、指导、管理、跟踪库存和物料移动的活动。

库存管理的主要功能包括：

a） 管理和跟踪产品和物料的库存。

注 1：物料可以是生产物料、维护物料、质量物料，或其他需要跟踪和管理的物料。

b） 履行周期性和按要求的库存周期计算。

c） 管理工作中心之间物料的移动。

d） 测量和报告库存和物料的移动能力。

e） 协调和控制物料移动中利用的人员和设备。

f） 指导和监测物料与生产管理、质量管理或维护管理之间的进出传递。

g） 向生产管理活动汇报库存。

h） 追溯原料在贮藏库的进出。

i） 确定拆包调度。

j） 运输和监控贮藏库中物料的移动。

本标准中还有其他的库存运行管理方面没有定义,比如与供应商和发行商的协调,以及价格谈判。本标准假设这些是业务计划层的功能。

影响物料的功能可以归为六个功能类:物料接收、物料储存、物料移动、物料处理或转化、物料测试,以及物料出货。物料处理和测试在之前已经讨论过了。本条定义了物料移动和储存功能。物料移动和储存使用物理设备和手工或自动控制,与生产单元、生产线和过程单元中物料处理所要求的设备和控制相似。

注 2:本标准是面向整个制造业定义库存管理的通用功能,具体企业可根据自身实际情况进行扩展。

注 3:由于行业间差异较大,本标准并未定义库存管理的功能实现方式,具体企业可根据自身情况,定义库存管理的功能实现方式。在某些行业和运行中,库存移动活动可能会归为其他管理活动的一部分。在其他情况下,它们是作为单独库存移动活动处理的。

6.3.4 各模型间的信息交互

如图 14 所示,本条款将依据中国制造类企业的通常情况,来定义“维护管理”、“质量管理”、“库存管理”与“生产管理”之间主要交互的信息流。由于行业间差异较大,本标准只定义了各模型之间最通用的信息交互;同时,由于不同行业有不同的习惯和术语,本标准只能进行抽象定义,具体行业或实际企业可以根据自身的实际情况进行信息流的扩展、修改或删减。

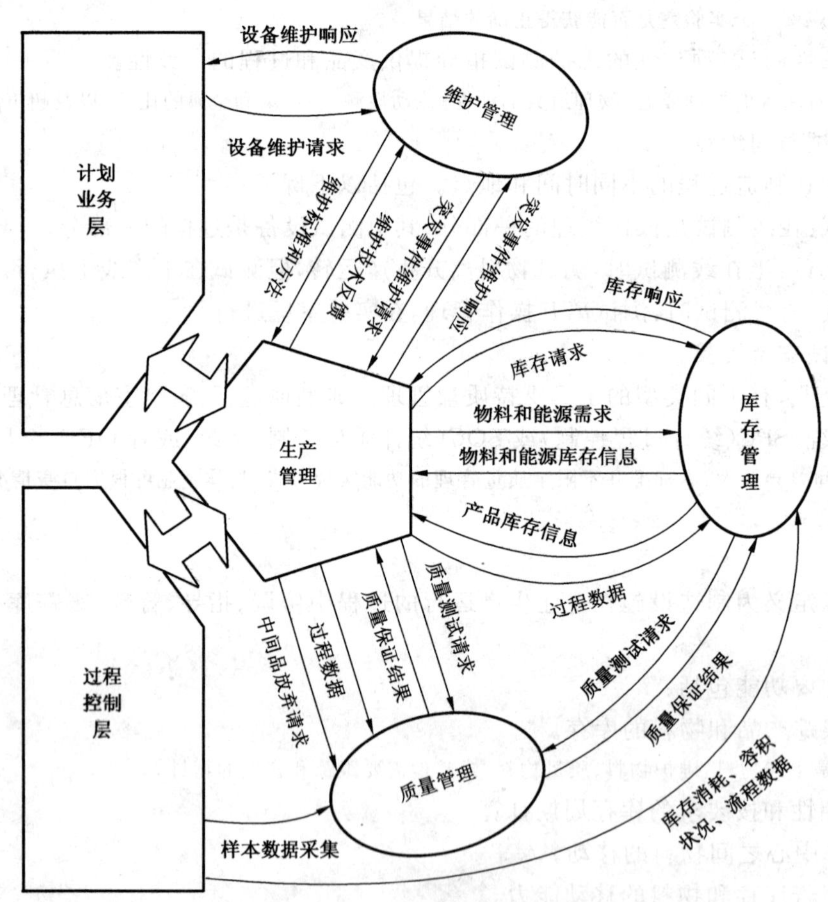

图 14 “生产、维护、质量、库存”间的信息交互

a) 设备维护请求:是指计划内的对设备功能进行维护的请求;是从上层业务计划层传递给维护管理的信息流。

b) 设备维护响应:是指例行的、计划的设备维护登录状态或完成;是维护管理反馈回上层业务计划层的信息流。

c) 突发事件维护请求:是指由于意外事件所引起的非计划请求,比如变压器遭到雷击。它是从生产管理传递给维护管理的信息流。

d) 突发事件维护响应：是指非计划的设备维护登录状态或完成。它是维护管理反馈给生产管理的信息流。

e) 维护标准和方法：通常指为完成功能所作的维护的已采纳操作与步骤。它是从生产管理传递给维护管理的信息流。

f) 维护技术反馈：通常是有关生产设备性能和可靠性的信息，并可能包括关于已完成维护的报告。维护报告可能包括按计划的、预防性的，或预测性的维护。它是维护管理传递给生产管理的信息流。

g) 物料和能源需求：是指目前计划的或正在执行的生产所需要的资源需求，通常包括具有截止时间的物料请求、物料保留、实际消耗指示、保留解除、对消耗的调节等。它是从生产管理传递给库存管理的信息流。

h) 物料和能源库存量信息：是指目前可用于短期计划和生产的可利用的物料和能源的相关信息，通常涉及原材料。它是库存管理传递给生产管理的信息流。

i) 库存请求：是指工作中心（生产单元、生产线、流程段、储存域）之间物料转移的请求。它是从生产管理传递给库存管理的信息流。

j) 库存响应：定义为库存请求的回应，表示请求的完成情况（成功或不成功）。它是库存管理传递给生产管理的信息流。

k) 产品库存量信息：是指库存管理所控制的产品的当前库存量信息，通常包括用于新生产调度的产品数量、质量和位置信息，以及之前按计划生产的反馈信息。这是可供分配或发运的全部产品。它是库存管理传递给生产管理的信息流。

l) 过程数据：是关于生产过程并且与特定产品和生产要求相关联的信息。它是从生产管理分别传递给库存管理和质量管理的信息流。它在产品库存量控制的过程中，需要作为可交付的制成产品的一部分；同时，它在质量保证时，也将作为 QA 功能的一部分。

m) 中间品放弃请求：指由于物料、设备或质量尺度方面偏离正常生产程序，但仍保持正常产品技术规范时的放弃请求。它是从生产管理传递给质量管理的信息流，并且通过质量保证结果来响应此类请求。

n) 质量测试请求：定义为在物料或设备上进行测试活动的请求，可能包括中间产品、原料、制成品的检查请求，以及设备校准的测试请求。它是分别由生产管理和库存管理传递给质量管理的信息流。

o) 质量保证结果：是指对原材料、加工中物料或产品所作的 QA 试验得出的结果。质量保证结果涉及对产品所作的试验或在某个特定的生产段对中间品所作的试验。质量保证结果可能允许生产过程中的中间品的放弃请求。它是从质量管理分别传递给库存管理和生产管理的信息流。在库存管理发运一件产品之前，可能需要一个肯定的 QA 结果。在生产管理传送产品之前，可能也需要一个肯定的 QA 结果。

p) 库存消耗、容积状况、流程读数：是库存管理从下层的过程控制层实时测量的有关产品、物料及中间产品的库存状态及消耗的相关信息。

q) 样品数据采集：是质量管理从下层的过程控制层实时采集的有关产品、物料及中间产品的质量数据的相关信息。

6.4 影响生产的其他功能模型

除了本标准 6.3 所定义的影响生产的主要功能以外，还有其他一些业务功能可能会对制造类企业产生一定程度的影响，它们并不是对于所有的制造类企业都是必需的，但是有时它们对生产的影响也是非常重要的，或是可以对生产管理提供非常有益的帮助。同时，对于不同行业和不同企业的实际情况来说，所需要这样的业务功能扩展也将会有所区别。本标准将在本条进一步给出“能源管理”、“生产安全管理”、“文档管理”、“系统仿真”这几个扩展功能的定义，它们对于多数的制造类企业也将会产生较为重要影响。同时，本标准规定针对特定行业或特定企业的制造执行系统，可以根据具体行业和企业的实际情况，对这部分模型进行进一步的模块定义、扩展和删减。

6.4.1 能源管理

能源管理通常是一种企业的业务功能，它对于企业的生产管理和能耗控制等关键问题都可能会产生重要的影响。能源管理的主要作用是节约能源；提高能源利用效率；保护和改善环境。能源管理的主要功能包括能耗统计和能源优化。

能耗统计是以能源介质为基本对象，构建能源拓扑网络，进行能源核算和能源平衡管理。在一个能源拓扑网络中，能源的供给、能源的消耗，以及能源的损失都需要遵循能源平衡的规则。

能源优化是基于生产计划和能源产耗预测数据，利用优化技术，从能源计划、能源调度到能源实时监控各个时间尺度上实现能源的优化利用和控制，从而实现降低消耗；减少损失和污染物排放；制止浪费；有效、合理地利用能源。

能耗统计自下而上综合整理能源管理需要的数据，能源优化从上至下控制和优化能源的使用，共同组成了能源管理的完整功能。

6.4.2 生产安全管理

生产安全管理通常是一种企业的业务功能，可能会对企业的生产管理产生重要的影响。它基于企业业务流程和企业安全生产规范，针对企业资产、人员、边界的安全需求，构建包括安全评估、安全检查、教育培训、上岗管理、风险源管理、作业管理、应急响应等在内的企业生产安全管理体系；并且可通过企业生产过程、消防、安防以及环保、气象监测等实时信息，构建企业综合预警、防灾系统。

生产安全管理系统可将企业安全管理流程从以人工干预为核心转变为以自动化处理为核心，横向渗透于MES其他业务模块的各流程中，为各业务环节增加生产安全的子流程和检查项，主动指导企业人员在各自的业务工作中符合安全生产的要求，以减少企业的业务过程中由于人为疏忽而导致安全问题的概率。将企业的安全管理模式从“事前检查＋事发应急”转变为“事前预警＋隐患排除”，提高企业的安全等级。

6.4.3 文档管理

文档管理通常是一种企业的业务功能，可能对企业的生产管理产生重要的影响。企业的生产运行需要管理广泛的文档。这包括许多条款，比如SOP(标准操作程序)、工作说明、诀窍、控制系统程序、图表、批记录、工程变更通知、警报日志，以及突发事件报告。它有时还包括了对环境、健康、安全等方面的规定，以及与ISO标准信息的控制和整合，比如校正行为程序、储存历史数据等。对这些信息的管理通常是企业能够更好运转所必需的。一般地，企业准备了一套程序、方针，以及软件工具来管理所有的文档。

文档管理还应包含灾难恢复方面的相关工作。许多制造系统依赖于传输系统。然而自然或人造的灾难可能会延迟物料的传输、产品的传输，并可能使制造工具临时性或者永久性地无法操作。大多数企业通常会产生一个灾难恢复计划，包含了有关生产的信息。还应该包含有关核心制造过程的文档。除了恢复数据，可能还要根据机器、自动系统、物理设计、生产顺序，以及局部库存系统重新创立完整的业务过程。当灾难发生后，信息必须是可以利用的，这样操作员就可以在无法预料的灾难发生后，物理地重建企业的生产线。

6.4.4 系统仿真

系统仿真常常用于生产装置的物流建模和过程变化响应的评价。它可以模拟过程中的变化，产品线的变化，或者制造流程的变化。还可以基于当前运行过程状况来预测物料特性。仿真可以在装置的生命周期中用于性能的跟踪，过程变化的跟踪，以及操作员的训练。

系统仿真虽然不是对于所有制造类企业都是必需的组成部分，但它可以为制造执行系统提供以下的帮助：

a） 在没有新设备、机器，或者劳动力显著增加的情况下，增加额外的生产量；

b） 提高现有系统的效率和效力；

c） 排除瓶颈，更好地利用现有资产；

d） 评估提高质量和产量，或者降低成本的可行性；

e） 提高能力，以满足最终期限、顾客委托，以及顾客要求的变更；

f） 在不使人员、环境、物理系统或生产制造冒风险的情况下，训练操作员。

系统仿真通常可以通过可视化的方式呈现。可视化的方法一般可分为虚拟现实和信息可视化两类。虚拟现实可视化一般采用沉浸感、交互性和构想性的虚拟现实技术对工业现场进行呈现。而信息可视化针对生产现场中部分数据高维和抽象的特点，运用可视化技术来呈现现场的生产报表数据和层次信息。无论使用哪种可视化方法，可视化平台都需要通过数据库与系统仿真平台相交互，实现系统可视化仿真的功能。

附 录 A
（资料性附录）
AMR 的 MES 体系结构

A.1 MES 的三层结构模型

美国的咨询调查公司（Advanced Manufacturing Research，AMR），于 1990 年在世界首次提出并使用 MES 这个概念，倡导制造业用三层模型（如图 A.1 所示）表示信息化。将位于计划层和控制层的中间位置的执行层叫做 MES，并说明了各层的功能和重要性。

a) 位于底层的控制层包括 DCS（分布式控制系统）、DNC（分布式数控系统）、PLC、SCADA 等系统，其作用是生产过程和设备的控制。
b) 位于顶层的计划层通常是 MRP Ⅱ 或 ERP 等系统，其作用是管理企业中的各种资源、管理销售和服务、制定生产计划等。
c) 位于中间层的制造执行层则是介于计划层和控制层之间，面向制造工厂管理的生产调度、设备管理、质量管理、物料跟踪等系统。MES 在企业系统的 3 层结构中起着承上启下，填补计划层和控制层之间的空白的作用。计划层的业务系统生成的生产计划（计划要做什么）被 MES 传递给生产现场，来自控制层的生产实际状态（实际做了什么）通过 MES 报告给计划层的业务系统。

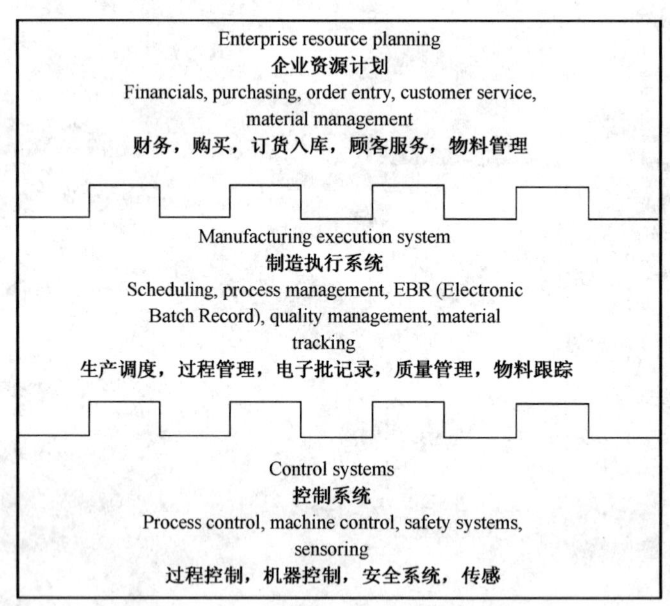

图 A.1 MES 的三层结构模型

A.2 MES 的集成系统模型

图 A.2 是 AMR 于 1993 年提出的制造执行系统的集成系统模型，它由围绕关系数据库和实时数据库的 4 组功能构成：

a) 工厂管理（Plant Management）是生产管理的核心部分，包括生产资源管理、计划管理和维护管理等功能；
b) 工艺管理（Plant Engineering）主要指工厂级的生产工艺管理，包括各种文档管理和过程优化等功能；

c) 质量管理(Quality Management)以制造执行层的质量管理为核心,包括统计质量控制、实验室信息管理系统等;

d) 过程管理(Process Management)包括设备的监测与控制、数据采集等功能。

整个系统向上与公司级的系统(ERP)相连,向下与过程控制层的系统相连。模型中的各个功能组通过位于模型核心位置的关系数据库共享生产数据,并通过实时数据库确保与过程控制系统的同步。

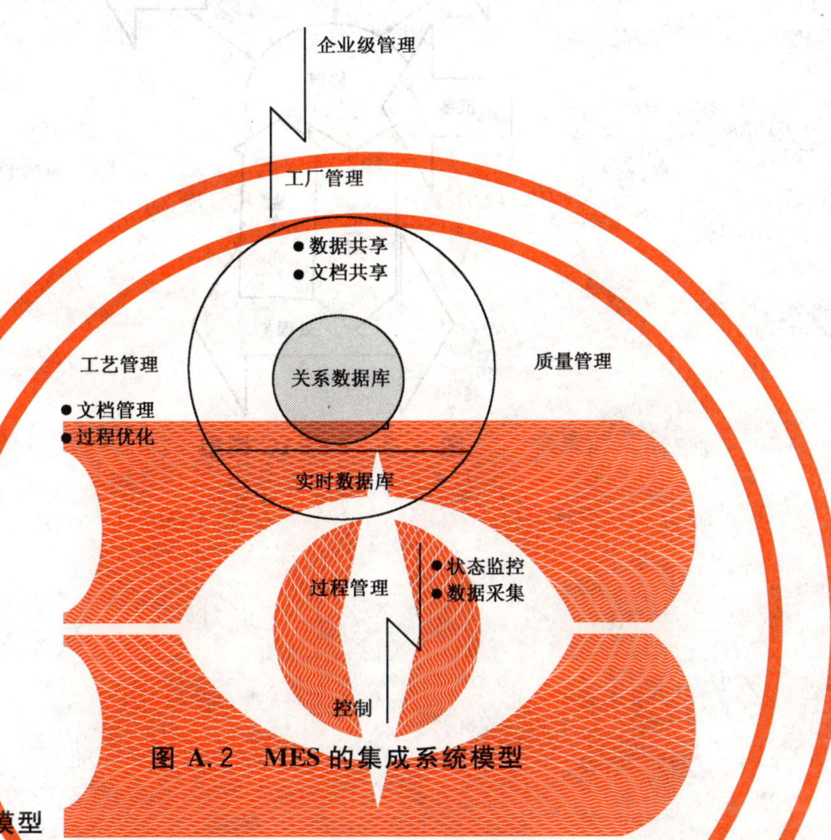

图 A.2 MES 的集成系统模型

A.3 MES 的 REPAC 模型

图 A.3 是 AMR 于 1998 年提出的制造业务过程的 REPAC 模型。除了早期的 AMR 3 层模型中的概念以外,REPAC 模型中增加了近年来成为制造工厂竞争力新基础的一些业务过程。模型中的 5 个过程元素分别是:

a) 准备(Ready) 随着产品生命周期的不断缩短,工厂必须加快使新产品达到设计产量的速度。新产品引进(New Product Introduction,NPI)、产品数据管理(Product Data Management, PDM)和对质量标准应用的管理,是准备过程的重点。

b) 执行(Execution) 与早期的 MES 以及物料跟踪系统紧密相关,它以产品和订单的执行为重点,对应于 MES 中的事务处理过程部分,主要作用是追溯产品并记录包括质量和异常信息在内的生产数据。

c) 处理(Process) 与工厂中现存的过程管理和控制基础设施紧密相关,它对应于工厂系统的过程和控制部分,包括 MMI/SCADA,PLC,DCS 以及与控制有关的设备。

d) 分析(Analyze) 在与制造过程紧密相连的 MES 中存在着大量的生产数据,但是这些数据通常难以直接用于决策支持和业务分析。在分析过程中,借助于在线分析处理(OLAP) 和数据仓库技术可以进行质量和生产改进、关键绩效指标的计算、整理和提供信息等有关工厂和产品绩效的分析。

e) 协同(Coordinate) 与计划系统密切相关,以工厂内部生产过程的协调以及与供应链的协调为重点。协调过程不断地更新工厂的作业计划,通过来自执行过程的生产状态信息和来自分析过程的绩效信息,优化工厂中的所有活动。

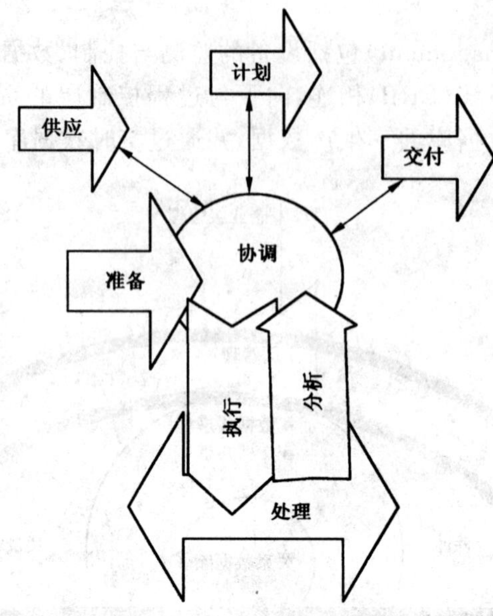

图 A.3 REPAC 模型

附　录　B
（资料性附录）
MESA 的 MES 体系结构

B.1　MES 的外部系统模型

图 B.1 是 MESA 于 1997 年提出的 MES 外部系统模型，反映了 MES 与其他企业管理系统之间的关系。

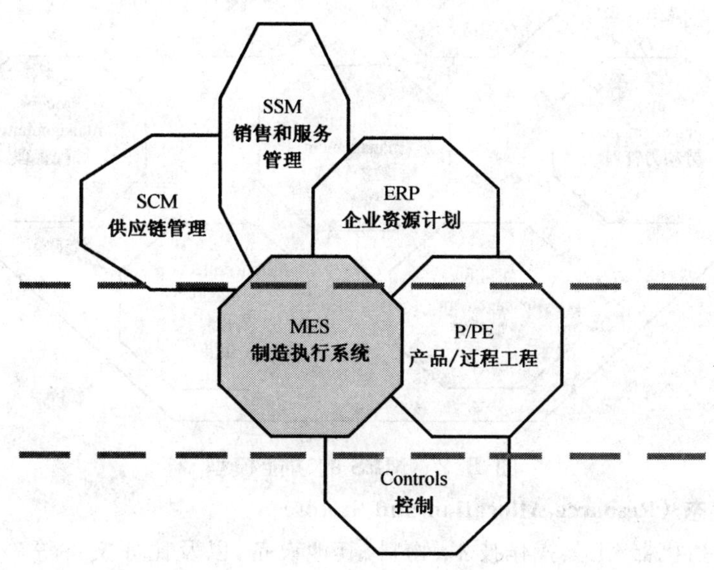

图 B.1　MES 的外部系统模型

从图中可以看到，MES 系统在企业信息系统集成过程中起到了信息集线器的作用。MES 为其他应用系统提供生产现场的实时数据，同时它也从其他系统获取需要的数据。从信息集成的角度来看，MES 在企业范围的 SCM、SSM、ERP 等系统与面向工厂底层设备的控制系统之间进行信息交互，起着垂直信息集成的作用。同时 MES 连接 SCM、SSM、ERP、P&PE 等系统，起着横向信息集成的作用。

MES 与其他类型信息系统之间有着部分功能重叠的关系。例如，MES 和 SCM 中都包含调度管理；MES 和 SSM 中都有劳动力管理，同时 ERP 中也有相应的人力资源管理；MES 和 P/PE 两者都具有文档控制功能；同时 MES 和生产自动控制系统中也都包含过程管理。各个系统重叠范围的大小与工厂的实际执行情况有关，但是每个系统的价值又是唯一的。

B.2　MES 的功能模型

图 B.2 是 MESA 于 1997 年提出的包含 11 个功能的 MES 功能模型。MESA 规定，只具备 11 个之中的某一个或几个，也属 MES 系列的单一功能产品。MES 这 11 个功能包括：资源配置和状态、运作/详细调度、分派生产单元、文档管理、数据采集/获取、劳动力管理、质量管理、过程管理、维护管理、产品跟踪和谱系、绩效分析。

AMR 组织则又把按照这 11 个功能实现的整体解决方案称为 MES Ⅱ（Manufacturing Execution Solution）。

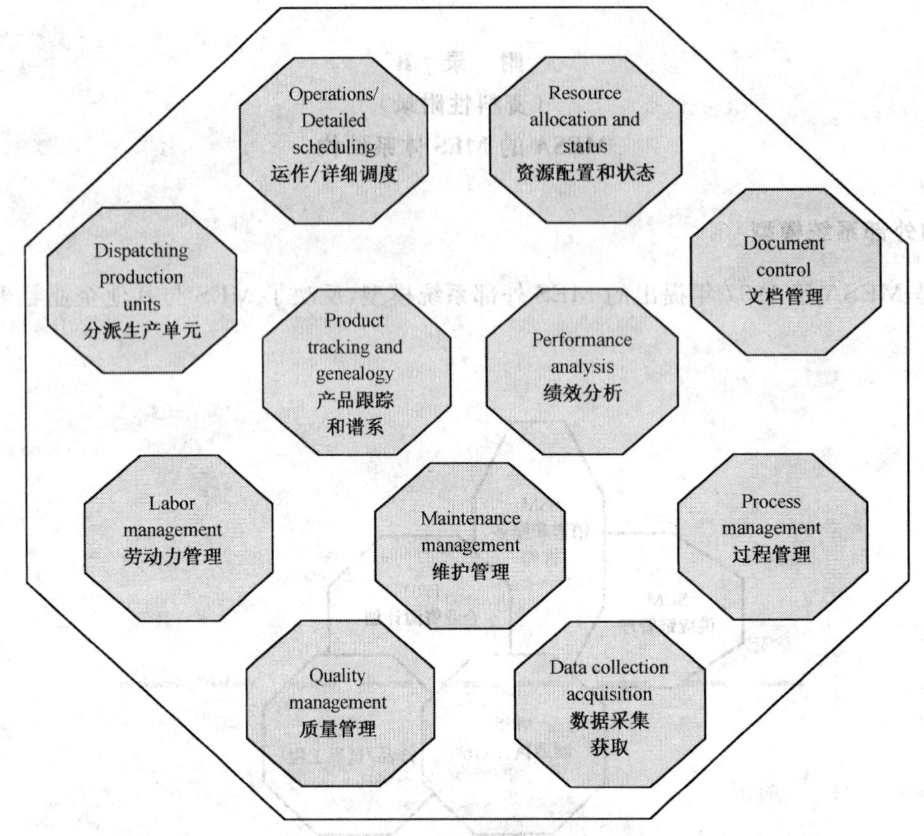

图 B.2 MES的功能模型

B.2.1 资源配置和状态(Resource Allocation and Status)

管理各种资源,包括机器、工具操作技术、物料、其他设备,以及比如文件等确保运行正常开始所必需的实体。资源配置和状态的功能是提供资源的详细历史,确保设备的恰当设置,以及提供设备的实时状态。资源管理也包括了预约和分派这些资源的功能,以满足运行调度的目标。

B.2.2 运作/详细调度(Operations/Detail Scheduling)

基于优先级、属性、特性以及与运行过程中特定的生产单元相关的生产规则等进行排序,比如颜色类型的排序,或者其他使得排序恰当、调整时间最少的调度特性的排序。运行/详细调度需要考虑到资源的有限产能,并考虑到替代方案和重叠/并行运行,以便详细计算出设备负荷和轮班模式调整的精确时间。

B.2.3 分派生产单元(Dispatch Production Units)

管理以作业、订单、批次、工作指令为形式的生产单元的流程。以适当的顺序分派信息,使其在正确的时间到达正确的地点。当工厂现场发生突发事件时,按顺序分派信息,及时执行和修改作业。它具有变更现场预定调度的能力,重新安排生产,改变已下达的处理计划,并具有通过缓冲管理来控制在制品数量的能力。

B.2.4 文档管理(Document Control)

管理那些与生产单元相关联的记录和报表,包括工作说明、配方、图纸、标准操作程序、零件加工程序、批次记录、工程更改说明以及交接班信息,以及编辑“计划中”信息和“建设中”信息的能力。它向下给操作级发送指令,包括向操作员提供数据,或向装置控制提供配方。它还包括了对环境、健康、安全等方面规定以及ISO标准信息的控制和整合,比如校正行为程序、储存历史数据。

B.2.5 数据采集/获取(Data Collection/Acquisition)

本功能提供了一个接口来获取运行内部的生产和参数数据,这些数据都是与大众化的生产单元相关联的。这些数据以“分钟”为时间级从生产现场手工采集或者由设备自动采集。

B.2.6 劳动力管理(Labor Management)

提供以“分钟”为时间级的人员状态信息,包括时间和出勤报告、资质跟踪,以及追溯间接活动(例如以活动的成本计算为依据的物料准备或工具室工作)的能力。它可以与资源配置相交互,以确定最优的工作分派。

B.2.7 质量管理(Quality Management)

提供从制造采集的测量数据的实时分析,以保证正确的产品质量控制,并识别需要注意的问题。它可以提供纠正问题的推荐措施,包括关联征兆、动作和结果,以确定问题的原因。它还包括了SPC/SQC跟踪、离线检测操作的管理以及在实验室信息管理系统(LIMS)中的分析。

B.2.8 过程管理(Process Management)

监视生产过程,并进行自动校正或者为操作者提供决策支持,从而校正和改善正在进行的生产活动。这些活动既可以是操作内部的,并专门针对被监测和控制的机器与设备;也可以是操作之间的,跟踪从一种操作到下一个操作的过程。它可以包括报警管理,以保证工厂的工作人员能够知道已超出可接受范围的过程改变。它通过“数据采集/获取”功能提供了智能设备和MES之间的接口。

B.2.9 维护管理(Maintenance Management)

跟踪并指导设备及工具的维护活动,从而保证这些资源在制造过程中的可用性,并保证周期性维护调度或预防性维护调度,以及对紧急问题的响应(报警)。并且维护事件或问题的历史信息,以支持故障诊断。

B.2.10 产品跟踪和谱系(Product Tracking and Genealogy)

提供所有时期工作状况和工作安排的可视性。其状态信息可以包括:谁在进行该工作;供应者提供的物料成分、批量、序列号、当前生产条件,以及与产品有关的任何报警、返工,或者其他例外信息。在线跟踪功能也创建了一个历史记录。该记录保证了对每个最终产品的成分和使用的可追溯性。

B.2.11 绩效分析(Performance Analysis)

以“分钟”为时间级,提供实际制造运行结果的最新报告,同时提供与过去历史记录和预期业务结果的比较功能。绩效结果包括对诸如:资源利用率、资源可用性、产品单位生命周期、与调度的一致性,以及与标准绩效的一致性等指标的度量。绩效分析还可能包括SPC/SQC,它可以从测量运行参数的不同功能的汇集信息中提取,其结果应该以报告的形式呈现或者作为当前的绩效评价在线提供。

附 录 C
（资料性附录）
MES 功能的行业特点

MES 的应用，需要充分考虑企业的具体情况，以寻求最合适的信息化解决方案。

对于企业的分类，从生产方式上考虑，可以划分为按定单生产、按库存生产或上述两者的组合。从生产类型上考虑，则可以划分为批量生产和单件小批生产。从产品类型和生产工艺组织方式上，企业的行业类型可划分为流程生产行业和离散制造行业。本部分内容主要从产品类型和生产工艺组织方式上对企业进行分类和比较。

典型的流程生产行业有：医药、石油化工、电力、金属冶炼、能源、水泥、食品等领域。典型的离散制造行业主要包括：机械制造、电子电器、航空航天、汽车船舶等行业。

MES 系统，无论从功能模型还是信息模型，无论是技术上还是管理上，都覆盖了流程生产行业和离散制造行业。但是，由于从工艺流程到生产组织方式，流程生产行业和离散制造行业都存在较大的差别，在 MES 具体实施上，要根据行业特征区别对待。

C.1 行业的需求差异

流程生产行业，主要是通过对原材料进行混合、分离、粉碎、加热等物理或化学方法，使原材料增值。通常，它们以批量或连续的方式进行生产。而离散工业主要是通过对原材料物理形状的改变、组装，成为产品，使其增值。在 MES 需求、应用环境等诸多方面，两者都有较大的差异。

C.1.1 产品结构

离散制造企业的产品结构，可以用"树"的概念进行描述——其最终产品一定是由固定个数的零件或部件组成，这些关系非常明确并且固定。

流程企业的产品结构，则有较大的不同，它们往往不是很固定——上级物料和下级物料之间的数量关系，可能随温度、压力、湿度、季节、人员技术水平、工艺条件不同而不同。

在流程生产行业 MES 中，一般采用配方的概念来描述这种动态的产品结构关系。此外，在流程生产行业每个工艺过程中，伴随产出的不只是产品或中间产品，还可能细分为主产品、副产品、协产品、回流物和废物。MES 在描述这种产品结构的配方的时候，还应具有批量、有效期等方面的要求。

C.1.2 工艺流程

面向订单的离散制造业，其特点是多品种和小批量。因此，生产设备的布置有可能不是按产品而是按照工艺进行布置的。例如，离散制造业往往要按车、磨、刨、铣等工艺过程，或者按照典型工艺过程来安排机床的位置。因为每个产品具体的工艺过程都可能不一样，而且可以进行同一种加工工艺的机床有多台，因此，离散制造业需要对所加工的物料进行调度，并且往往中间产品需要进行搬运。

流程生产行业企业的特点是品种固定，批量大，生产设备投资高，而且按照产品进行布置。通常，流程生产企业设备是专用的，很难改作其他用途。MES 系统规划的时候，要考虑到不同行业生产设备布置的特点，做好配置。

离散工业企业的原材料主要是固体，产品也为固体形状。因此，存储多为室内仓库或者室外露天仓库。

流程生产行业企业的原材料和产品，通常是液体、气体、粉状等。因此，存储通常采用罐、箱、柜、桶等进行存储，并且多数存储的数量可以用能转变为电信号的传感器进行计量。MES 系统，可以从这些传感器获得必要的信息。

C.1.3 自动化水平

离散制造业企业自动化主要在单元级，例如数控机床、柔性制造系统。由于是离散加工，产品的质量和生产率很大程度依赖于工人的技术水平。因此，离散制造业企业一般是人员密集型企业，自动化水平相对较低。

流程生产企业，则大多采用大规模生产方式，生产工艺技术成熟，广泛采用PCS(过程控制系统)，控制生产工艺条件的自动化设备比较成熟。因此，流程生产行业企业生产过程多数是自动化的，生产生产装置的人员主要是管理、监视和设备检修。

C.1.4 生产计划管理

离散制造业企业主要从事单件、小批量生产的，由于产品的工艺过程经常变更，它们需要具有良好的计划能力。对于按订单组织生产的企业，由于很难预测订单在什么时候到来，因此，对采购和生产生产装置的计划就需要很好的生产计划系统，特别需要计算机来参与计划系统的工作。只要应用得当，在生产计划系统方面投资所产生的效益在离散制造业可以相当高。

流程企业主要是大批量生产。只有满负荷生产，企业才能将成本降下来，在市场上具有竞争力。因此，在流程生产行业企业的生产计划中，年度计划更具有重要性，它决定了企业的物料需求。

C.1.5 设备

流程生产行业的产品比较固定，而且一旦生产就有可能是十几年不变；离散机械制造行业的产品，寿命相对要短得多。体现在设备上，流程企业的设备是一条固定的生产线，设备投资比较大、工艺流程固定。其生产能力有一定的限制，生产线上的设备维护特别重要，不能发生故障。离散加工业则不同，可以单台设备停下来检修而不会影响整个系统生产。

C.1.6 批号管理和跟踪

流程行业的生产工艺过程中，会产生各种协产品、副产品、废品、回流物等，对物资的管理需要有严格的批号。例如，制药业中的药品生产过程要求有十分严格的批号记录和跟踪，从原材料、供应商、中间品以及销售给用户的产品，都需要记录。一旦出现问题，企业可以通过批号反查出是谁的原料、哪个部门、何时生产的，直到查出问题所在。

离散制造业一般对这种要求并不十分强调，虽然现在很多离散制造业企业也在逐渐完善产品生命周期跟踪管理。

C.2 MES的行业应用特点

基于离散制造业企业与流程生产业企业之间的上述特点和需求差异，MES在面向离散制造业和流程生产业的应用时应该有所区别。

C.2.1 与MRPII/ERP的信息集成

MES处于企业的制造执行层，从业务计划层(主要应用MRPII/ERP)接受计划指令，并向MRPII/ERP反馈信息。因此，无论是流程生产行业，还是离散制造行业，MES都要与MRPII/ERP建立紧密的信息集成。

但是由于流程生产业与离散制造业的MRPII/ERP系统中所使用的一些术语、管理概念，以及管理习惯是不同的，所以MES在与其进行信息集成时，也要根据行业的不同，有区别地对待。

流程生产行业和离散制造行业的MRPII/ERP的不同要求主要表现在：

a) 两者对于生产模式的要求不同。流程生产行业中体现了以配方为核心的生产模式，而离散行业中体现了以产品BOM为核心的生产模式。

b) 生产计划方式方面，虽然流程企业根据市场的需求进行生产的观念已经逐步加深，但一般情况下，特别是市场需求量大的产品，是“以产促销”——通过大批量生产，降低成本，提高竞争力。因此，作为流程企业生产计划的依据，主要是市场预测。离散企业主要是根据定单进行生产，同时，也可以根据市场预测作为生产计划制订的依据。离散企业的MRPII/ERP系统向MES下达作业计划指令主要以“工作令”(Job Order或Work Order)的方式，而流程企业的作业计划下达主要以指令计划形式。

c) 成本核算方式方面，离散企业的计算产品成本是按照产品 BOM 所描述的加工装配过程，从低层向高层逐层累积得出的。这种按照成本发生的实际过程计算成本的方法称为逐层累积法，或称为成本滚加计算法(cost roll-up)，它反映了产品增值的实际过程。流程企业的成本核算方式一般采用平行结转法，在其成本组成中，生产成本中占比例最大的是原材料。通常，原材料占产品成本的70%～80%，而人工成本所占比例较小，约占2%～5%，其他为分摊成本。

C.2.2 作业计划调度

离散企业的生产作业计划调度，需要根据优先级、工作中心能力、设备能力、均衡生产等方面对工序级、设备级的作业计划进行调度。这种调度，是基于有限能力的调度，并通过考虑生产中的交错、重叠和并行操作来准确地计算工序的开工时间、完工时间、准备时间、排队时间以及移动时间。通过良好的作业顺序，可以明显地提高生产效率。

流程企业的产品，是以流水生产线方式组织的、连续的生产方式，只存在连续的工艺流程，不存在与离散企业对应的严格的工艺路线。因此，在作业计划调度方面，不需要也无法精确到工序级别，而是以整个流水生产线为单元进行调度。从作业计划的作用和实现上，比离散企业相对简单。

C.2.3 数据采集

MES 的数据采集功能，可以实现对生产现场各种数据的收集、整理，是进行物料跟踪、生产计划、产品历史记录维护以及其他生产管理的基础。

离散企业的数据采集，以手工上报为主，并可以结合条形码采集等半自动信息采集技术进行工时、设备、物料、质量等信息的采集。这种数据采集方式，时间间隔较大，容易受到人为因素的影响，要特别注意保障数据的准确性。

流程生产行业的自动化程度较高，设备控制级大量采用 DCS、PLC。在检测设备方面，各种智能仪表、数字传感器已普遍应用。而过程控制则广泛采用以小型机为主的自动控制系统。传统的“计、电、仪”分工界限已不再明显，计算机技术的应用已深入各个领域。这些自动化设备，能自动准确记录各种生产现场信息。对于 MES 而言，重点在于系统构建的时候与这些自动化设备做好数据接口。

C.2.4 作业指令的下达

在离散行业的 MES 中，将作业计划调度结果下达给操作人员的方式一般采用派工单、施工单等书面方式进行通知，或采用电子看板方式让操作人员及时掌握相关工序的生产任务。作业计划的内容主要包括该工序的开工、完工时间、生产数据等。

流程生产行业的 MES 中，不仅要下达作业指令以及 PDI(Panel Data Interface，面板数据接口)数据，而且要将作业指令转化为各个机组及设备的操作指令和各种基础自动化设备的控制参数(例如 PID 控制参数——Proportional Integral Derivative，比例积分微分控制)，并下达给相应的 PCS 系统(Production Control System，生产控制系统)。

C.2.5 反冲处理

流程型生产企业的生产完工上报，广泛采用反冲处理。一般在工艺流程的末端设置完工上报点，而对前面工序流程实行反冲处理，如人工工时反冲、设备工时反冲、物料反冲，从而对在制品和成本进行跟踪。

离散制造中的完工上报，一般对每道工序都要进行上报，或在关键工序设置反冲点，对前面工序进行反冲处理。

MES 系统在配置相应模块的时候，要注意这些差异，以符合企业的需求。

C.2.6 设备管理

离散行业生产设备的布置，不是按产品而是按照工艺进行布置的。可以进行同一种加工工艺的机床一般有多台。一般单台设备的故障不会对整个产品的工艺过程产生严重的影响，重点是需要管理好关键、瓶颈设备。

在流程生产行业的流水线生产中，生产线上的设备维护特别重要，每台设备都是关键设备，不能发生故障，一台设备的故障会导致整个工艺流程的停滞。

C.2.7 库房物料管理

离散行业中，一般对半成品库也设有相应的库房，各工序根据生产作业计划以及配套清单分别进行领料。

流程行业由于连续生产，一般不设中间品、半成品库房，配方原料的库位一般设置在工序旁边。配方领料不是根据工序分别领料，而是根据生产计划一次领料放在工序库位中。

C.2.8 质量管理

无论离散行业还是流程生产行业的质量检验和管理都相当重要，但在 MES 中对质量检验和管理的方式有所区别。

离散行业中，对单件小批生产，一般需要检验每个零件、每道工序的加工质量；对批量生产，一般采用首检、抽检，与 SPC 分析相结合。

流程生产行业中，一般采用对生产批号产品进行各工序上的抽样检验。

当然，在每个行业的不同生产方式和生产类型中（例如离散行业的单件小批或大批大量生产，在医药、化工、钢铁等不同流程生产行业），MES 的应用还存在一些差别，仍然需要根据各自特点进行综合分析。

附　录　D
（资料性附录）
离散行业 MES 解决方案参考示例

本附录是针对汽车整车生产企业的 MES 解决方案参考示例——A^2 MES Suite。

A^2 MES Suite(汽车行业 MES 解决方案套件)涵盖了生产计划分解与排序、生产装置现场物料管理、数据采集、生产过程监控、质量信息管理、数据准备与维护、生产装置设备管理、人力资源管理、工厂建模与流程建模、系统外部接口和系统管理 11 个子系统，A^2 MES 整体功能框架如图 D.1 所示。

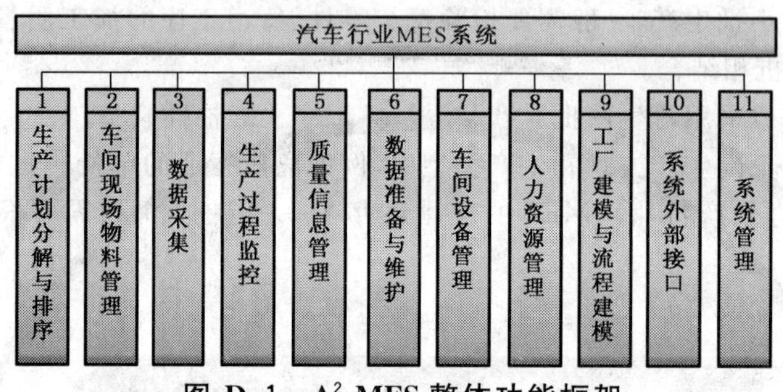

图 D.1　A^2 MES 整体功能框架

D.1　汽车整车生产 MES 的基础框架系统

A^2 MES Suite 采用 B/S 与 C/S 相结合的多层分布式架构，支持企业级技术管理层和生产装置级制造执行层的紧密集成，A^2 MES 系统拓扑结构图如图 D.2 所示。

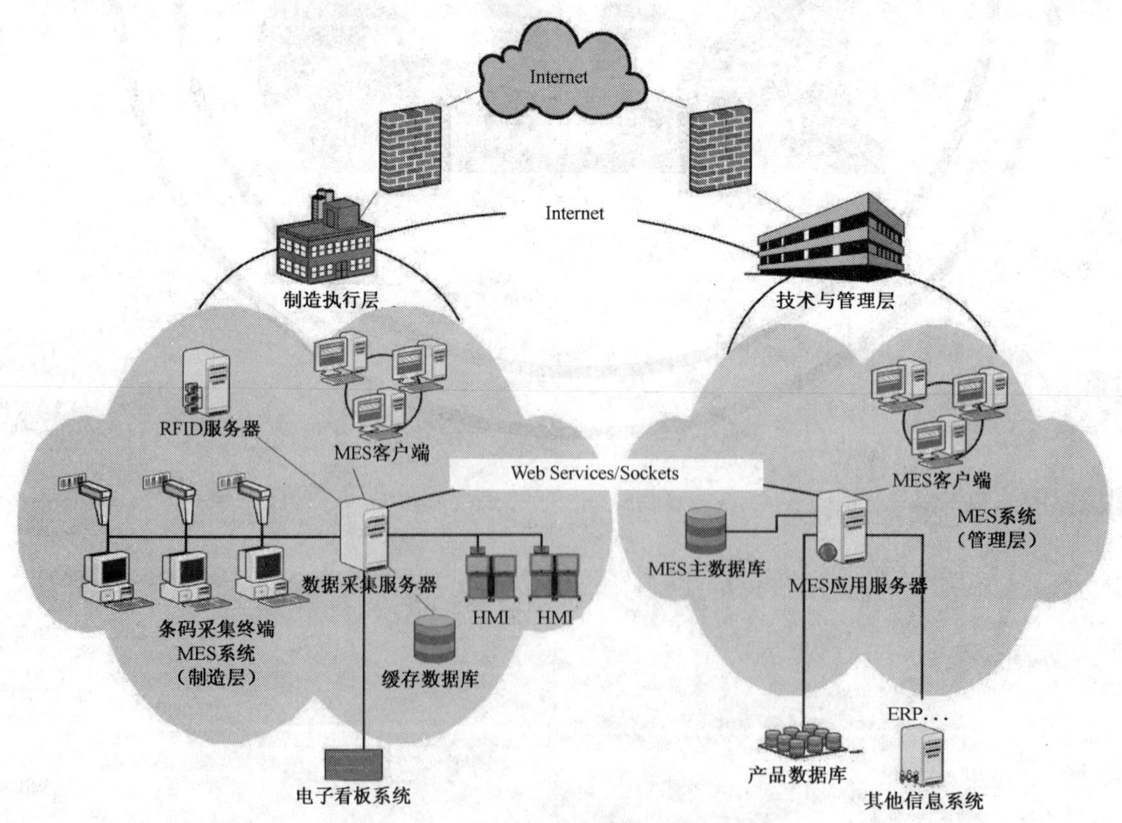

图 D.2　A^2 MES 系统拓扑结构图

A^2 MES Suite 的基础框架系统包含两个子系统：工厂建模与业务流程定义子系统和数据准备与维护子系统。

D.1.1 工厂建模与业务流程定义子系统

D.1.1.1 概述

在 MES 系统的初始化配置过程中，根据企业实际情况定义其工厂物理模型和职能组织结构。以后如果发生变化，具有特定权限的用户才能修改(工厂物理模型的修改一般影响较大，需要咨询软件提供商)。工厂物理模型中包括工厂模型、生产装置、生产线、工位、数据采集点、缓冲区、物料仓库及生产路线等建模元素，工厂建模与业务流程定义子系统功能框架图见图 D.3 所示。

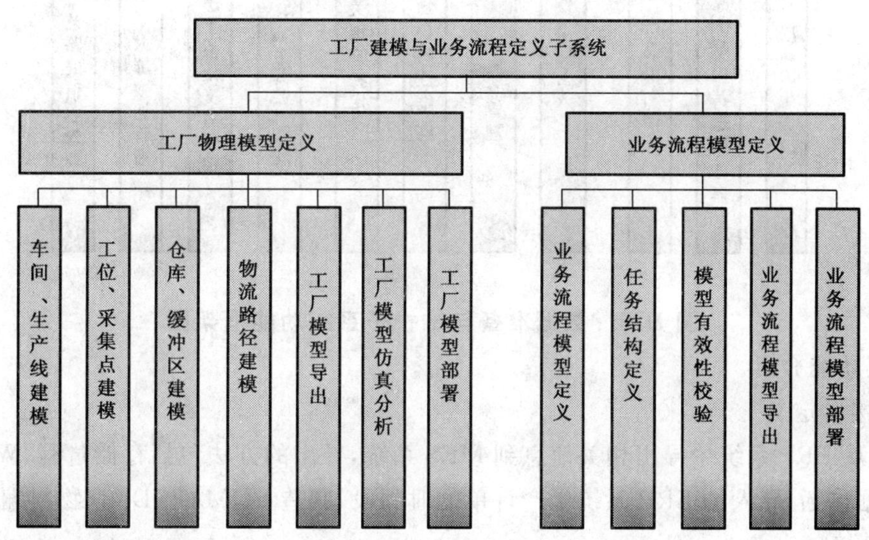

图 D.3 工厂建模与业务流程定义子系统功能框架图

D.1.1.2 主要功能介绍

——工厂、生产装置与生产线定义

功能说明：(1)定义生产装置信息及所属工厂；(2)定义生产线信息及所属生产装置；(3)定义每条生产线的关键工位信息。关键工位指：生产线起始工位、结束工位、具有数据采集点的工位、具有缓存区的工位等。

——缓冲区定义

功能说明：定义生产装置之间及生产装置内部各种不同类型的临时缓存区。这些缓存区的功能包括暂时保存在制品、在制品种排序等。

——采集点定义与配置

功能说明：定义系统中用于数据采集的点。采集点与工位绑定，就确定该采集点的安装位置；与操作者绑定，就确定了操作者数据采集的权限。

——生产路线定义

功能说明：在工厂物理模型的每一个分支元素中定义不同车型的路由规则。

——组织结构定义

功能说明：通过树型结构列出和 MES 相关部门的组织架构，每个节点都代表一个组织，比如生产装置、部门、科室、工段、班组等等，系统的每一个用户都隶属于一个组织。

D.1.2 数据准备与维护子系统

D.1.2.1 概述

MES 平台运行准备的支持系统。包括产品 ID 管理、制造 BOM 管理以及其他基础数据管理和系统维护数据管理。在 A^2 MES 的实施阶段，首先需要建立系统基础数据，同时建立与外部尤其是 ERP 的运行接口，数据准备与维护子系统功能框架图如图 D.4 所示。

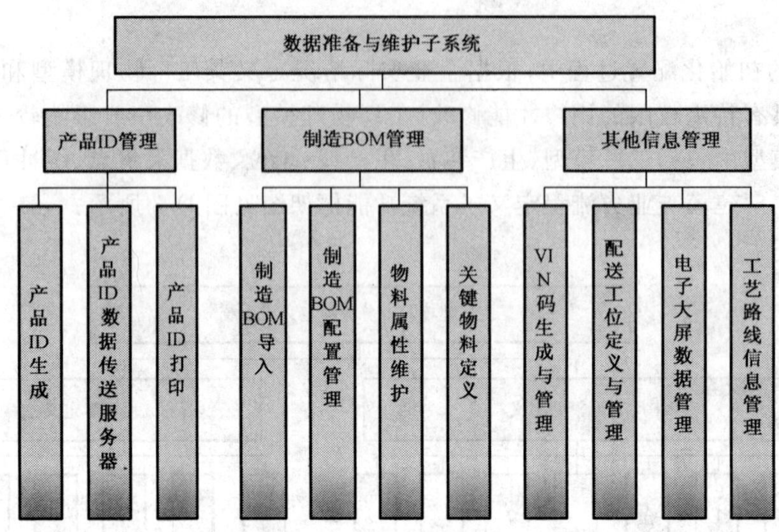

图 D.4 数据准备与维护子系统功能框架图

D.1.2.2 主要功能介绍

——ERP 接口定义

功能说明：从 ERP 系统中导出相关信息到 MES 系统，导出的方法包括存储过程、Web Services 等。需要定义的数据包括：导入的 ERP 系统生产订单的时间段、制造 BOM 的 ID 组、物料编码组等。

——CAPP 接口定义

功能说明：从 CAPP 系统中导出工艺规程信息(工艺路线、工装夹具、工时)到 MES 系统，导出的方法包括存储过程、Web Services 等。

——物料属性维护

功能说明：定义物料配送模板，在物料基本信息中根据物料配送特点，在模板标志位生成不同的标记，用于生成物料配送清单。根据物料的性质以及装配要求对物料进行划分，完成线边物料库存容量的定义。

——工作日历定义

功能说明：(1) 通过图形化的方式定义工作日历，每个生产装置允许使用不同的工作日历。工作日历包括每天的班次信息、每班工作时间段，它由周历模板生成，并可以根据节假日情况进行调整；(2) 通过图形化的方式查看工作日历：显示一张日历表，点击某天，能否列出该天有几个班次，每班工作时间段等信息；(3) 在计划排产过程中，输入某个日期，可立即得到该天的工作日历。

D.2 汽车整车生产 MES 的主要子系统

D.2.1 生产计划管理子系统

D.2.1.1 概述

生产管理子系统按照 ERP 的主生产计划，根据生产装置生产能力及各生产线的效率、成本、在制品和原材料库存等约束制定各生产线的详细生产排序。支持手工排序和系统自动排序。排序后的生产计划可以由生产计划人员手工修订。包括整体生产计划和各生产装置的生产计划，生产管理子系统功能框架图如图 D.5 所示。

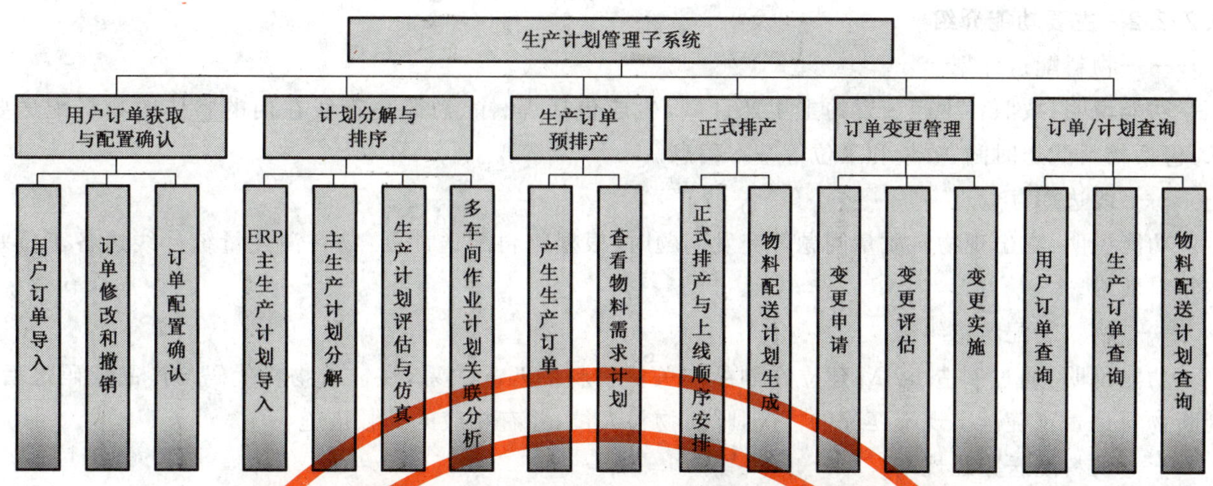

图 D.5 生产管理子系统功能框架图

D.2.1.2 主要功能介绍

——整体计划分解与排序

功能说明:按照ERP的主生产计划,排出包括焊、涂、总装生产线在内的整体的生产投入顺序和产出时间要求。可每天定时自动完成或者由用户手动触发。

——生产详细计划评估与仿真

功能说明:对各生产装置排出的详细计划进行评估,并在各生产装置计划存在冲突时给出修改提示。可由人工手动触发,或在所有生产装置完成详细排产后,系统自动触发完成。

——计划变更管理

功能说明:在出现异常情况(比如缺料、紧急订单、某生产装置设备故障等)时,由生产部门进行各生产装置计划的协调和重排序,并下发到各生产线计划人员以此来确认。

——生产装置计划排序

功能说明:按照整体计划的要求,由各生产装置考虑单生产装置自身能力等约束进行排产。得到的详细排序为单个产品的序列。

D.2.2 生产装置物料管理子系统

D.2.2.1 概述

根据生成计划生成详细的物料配送清单,用于指导物料供应部门供应;由线边库存管理保持物料供应的平稳。物料质量或数量出现问题及时反馈当班生产管理人员与物料供应部门,联系退货或补充,生产装置物料管理子系统功能框架图如图D.6所示。

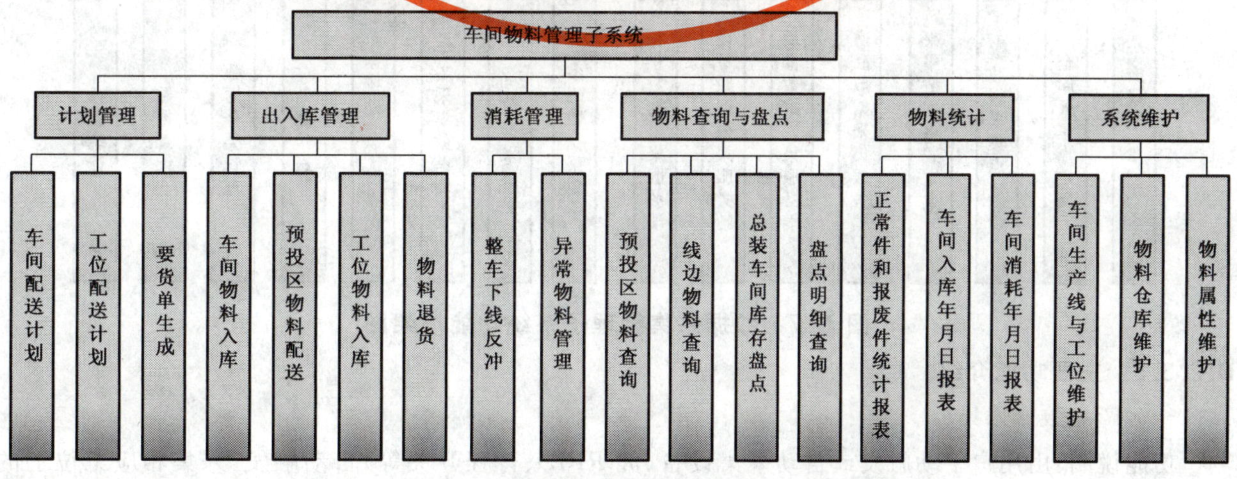

图 D.6 生产装置物料管理子系统功能框架图

D.2.2.2　主要功能介绍

——物料配送计划

功能说明：按照各生产装置的主生产计划，生成包括焊、涂、总装生产线在内的整体的物料配送要求，包括物料配送时间、数量和工位等基本信息。

——线边库存管理

功能说明：在出现物料质量问题等突发问题时，根据物料配送计划，物料消耗量统计线边各工位基本物料数量。

——物料装配防错纠错

功能说明：通过制造 BOM 建立在制品与关键物料的匹配关系，在输入物料代码与产品代码之后，判断物料是否正确。出现不匹配的情况，呼叫物料人员，并有相应的补救措施。

——物料配送路径规划

功能说明：根据配送能力、生产装置模型与生产线模型，对物料配送计划的分解或者重组、修改，生成用于指导具体配送先后次序、批量和配送路线的物料配送计划，保持生产装置物料配送的有序和高效。

——物料配送清单

功能说明：按照各生产装置的主生产计划，生成包括焊、涂、总装生产线在内的整体的物料配送要求，包括物料配送时间、数量和工位等基本信息。该配送清单由物料配送计划直接转换得到或者由物料配送计划根据路径规划、手动修改后得到。

D.2.3　数据采集管理子系统

D.2.3.1　概述

采集生产过程中涉及的各种信息，包括产品数、物料匹配数据、物料和质量等数据，作为对生产进度监控的依据。支持的手段包括：手工录入、条码扫描、自动设备采集、RFID 监控等。具备断线重发功能、并有初步的误码识别功能。能够在采集终端上显示所经过的产品的基本信息。提供人工对所采集信息的事后修补与修正功能，数据采集管理子系统功能框架图如图 D.7 所示。

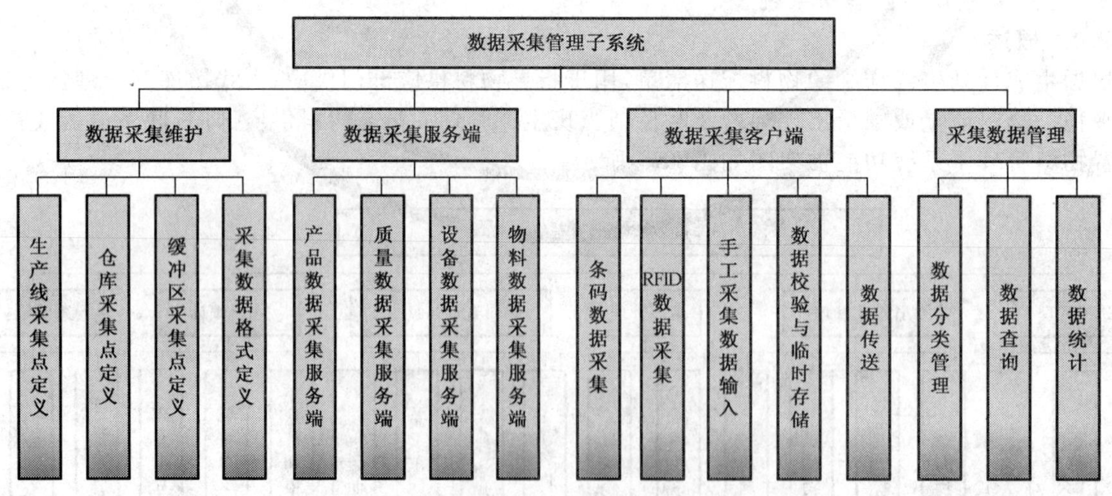

图 D.7　数据采集管理子系统功能框架图

D.2.3.2　主要功能介绍

——产品数据采集

功能说明：由用户手动触发或自动采集设备（如 RFID、行程开关等）自动触发，采集相应工位上的产品经过信息，建立上述输入信息之间的关联，并形成数据采集记录。

——物料匹配数据采集

功能说明：采集所装配的物料与产品 ID 数据，建立上述输入信息之间的关联，并形成物料匹配记录，为物料防错以及跟踪回溯提供数据源。

——设备数据采集

功能说明：采集设备运行状态信息，如设备运行实时记录，设备运行历史记录等(可设定频率)，为设备状态监控功能提供数据源。

——质量数据记录

功能说明：采集产品 ID 及其相关质量数据，并建立质量数据记录及其关联，为建立产品质量档案提供数据源。

D.2.4 生产过程监控子系统

D.2.4.1 概述

对生产过程中的各种信息进行实时的监控，及时反馈在制品异常状况，提供异常报表供查询，为计划部门排产提供参考。设备出现故障时及时通知维修部门处理，为维修服务部门提供设备运维信息。生产线故障导致影响正常生产需告知计划部门物料部门等重新编排计划，生产过程监控子系统功能框架图如图 D.8 所示。

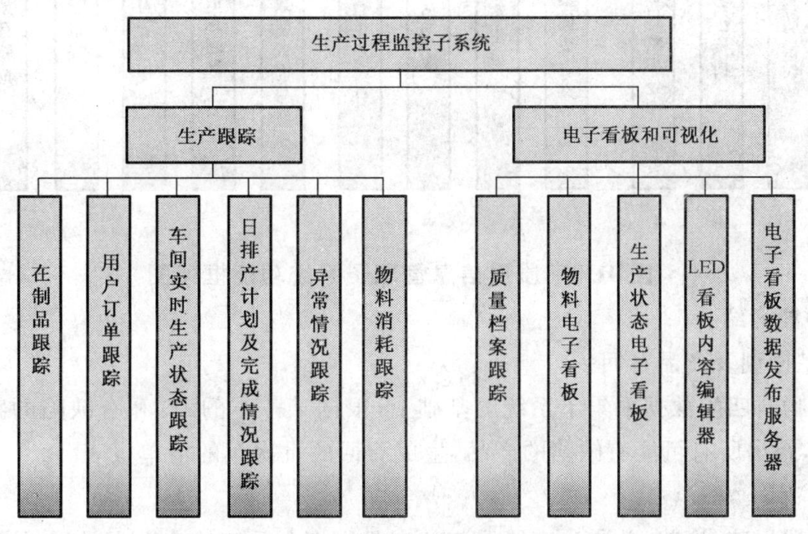

图 D.8 生产过程监控子系统功能框架图

D.2.4.2 主要功能介绍

——在制品跟踪

功能说明：跟踪在制品的状态，可查询信息包括在制品的位置、物料匹配情况、某一段生产线或某个生产装置的在制品状态、是否有异常、生产质量状况等等。按照生产、计划、销售等部门可查询到某一型号车的生产情况。

——订单跟踪

功能说明：采集所装配的物料与产品 ID 数据，建立上述输入信息之间的关联，并形成物料匹配记录，为物料防错以及跟踪回溯提供数据源。

——生产异常监控与调度

功能说明：监控生产异常状况，提供出现异常的各种信息，如设备故障、质量问题，人为操作失误，对该生产装置出现的异常情况进行统计(包括工位、设备、操作者等)。设备故障导致生产线不能正常运转将触发生产计划重新编排提示(包括物料计划)。

D.2.5 质量信息管理子系统

D.2.5.1 概述

根据采集的产品质量信息(内含工艺信息、工位信息)和质量项目表,建立每一车型的产品质量档案,提供一系列的质量分析图表,如产品废品率。根据物料ID或者某一车的ID和物料类别进行反溯操作,查出所有可能有缺陷的产品,并可生成召回清单。根据关键工位采集或者手工输入的产品质量信息,决定产品是否放行,对不能放行的车型设定返修状态标记,质量信息管理子系统功能框架图如图D.9所示。

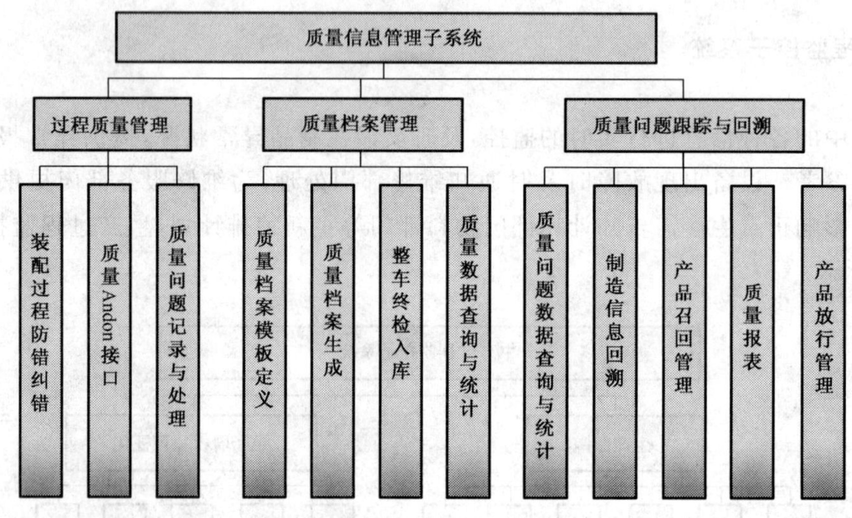

图 D.9 质量信息管理子系统功能框架图

D.2.5.2 主要功能介绍

——制造信息回溯及产品召回

功能说明:在物料匹配数据采集子系统的基础上,根据某一车的ID和有缺陷的物料类别这两个关键字或者物料ID,查出所有可能有缺陷的产品,生成召回的批次车的清单报表。

——订单跟踪

功能说明:根据焊装、涂装、总装生产线采集的产品数据和手工输入数据及质量项目表,建立产品质量档案。可根据车型和日期查询和统计功能,提供质量分析报表,如某种车型在一个时间段内某种质量问题出现的频率。

——放行管理

功能说明:根据生产线的设定,采集信息和人工检查信息,根据系统设定的产品返修状态,决定是否在线放行、返修或入库,并提供对历史数据的查询和统计分析图表。

——质量项目模板管理

功能说明:提供对质量项目表模板的设计和维护,可通过界面对数据表进行增删改等操作。

D.3 其他子系统

D.3.1 生产装置设备管理子系统

生产装置设备管理子系统功能框架图如图D.10所示。

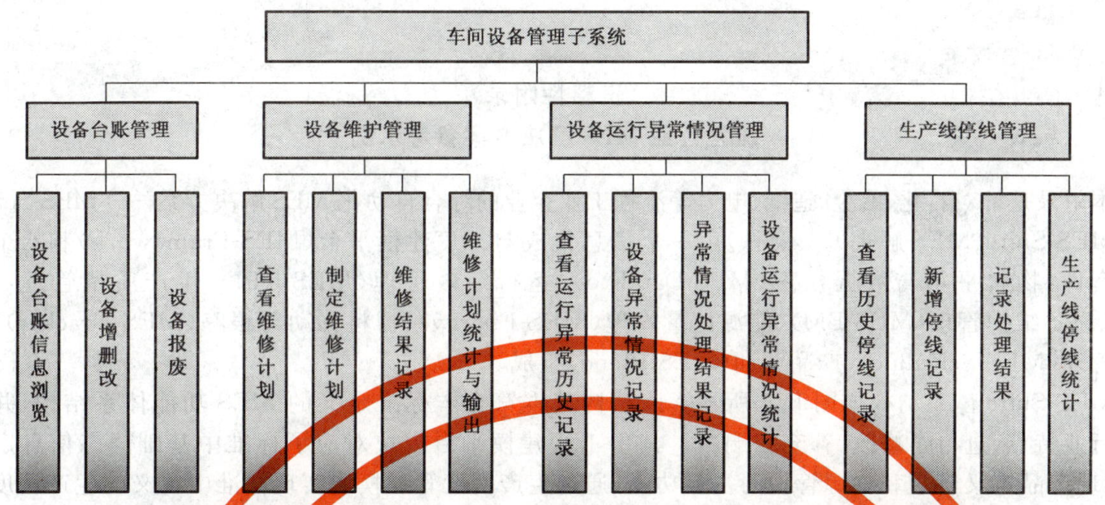

图 D.10 生产装置设备管理子系统功能框架图

D.3.2 系统管理子系统

系统管理功能框架图如图 D.11 所示。

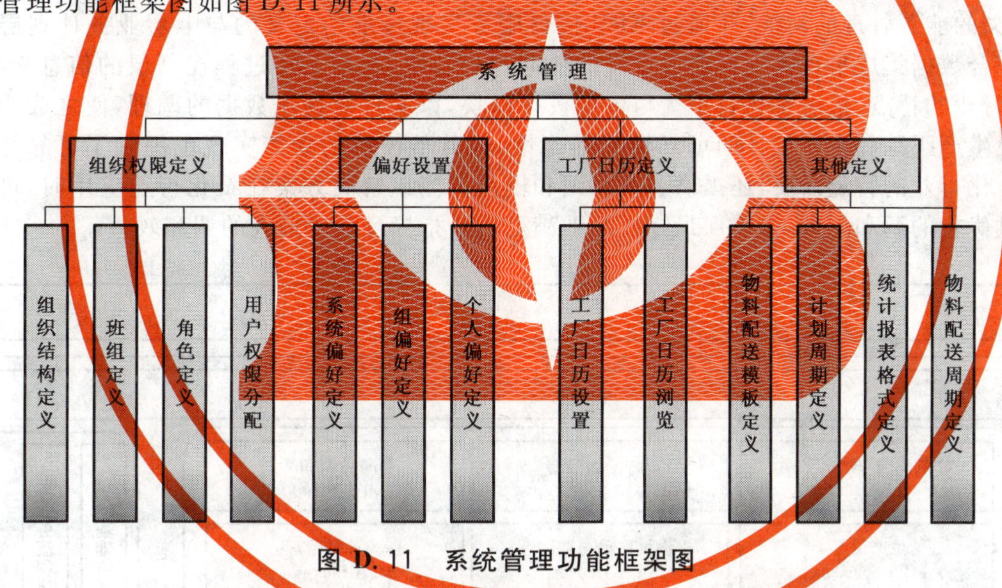

图 D.11 系统管理功能框架图

附　录　E
（资料性附录）
流程行业 MES 解决方案参考示例

本附录是针对石化、冶金、造纸、电力等流程工业企业的综合自动化 MES 解决方案——MES-Suite。

MES-Suite（MES 解决方案套件）由一个信息集成与工厂建模平台（MES-Framework）和八个功能应用套件：物料平衡与数据校正（MES-DataPro）、运行绩效管理（MES-KPI）、生产质量管理（MES-QM）、设备维护管理（MES-EM）、能源计量管理（MES-Energy）、物料移动与跟踪（MES-Tracker）、生产调度管理（MES-Schedule）、产品调和（MES-Blend）组成。

MES-Suite 体系结构如图 E.1 所示。该结构基本符合本标准定义的 MES 功能体系结构，并针对流程行业特点，进行了修改、补充和删减。其中工厂建模平台模块对应了标准中基础静态信息定义区域，实现产品定义管理和资源管理的主要功能；通过生产调度管理模块实现标准中定义的生产调度和生产分派的功能；通过物料移动与跟踪模块实现标准中定义的生产跟踪和生产统计的功能；通过运行绩效管理模块实现标准中定义的绩效分析的主要功能；通过设备维护管理模块实现了标准中定义的维护管理的功能；通过生产质量管理模块实现标准中定义的质量管理的主要功能；通过能源计量管理模块实现标准中定义的能源管理的功能；并通过 ERP 接口服务实现标准中定义的与上层业务计划层的信息交互；通过综合数据集成平台实现标准中定义的数据收集功能，及与下层过程控制层的信息交互。同时，针对流程行业的特点，扩展了物料平衡与数据校正模块，以实现对物流数据的调理，使之成为可靠的信息，确保了生产跟踪和生产统计的可靠性与准确性，为其他模块的功能实现也提供了可靠性支撑。另外，根据石化行业的特定需要，还提供了产品调和模块。当该解决方案在石化行业应用时，可依据企业要求，提供优化的调和配方，以确保最终成品油满足质量指标且获取最大的调和效益。

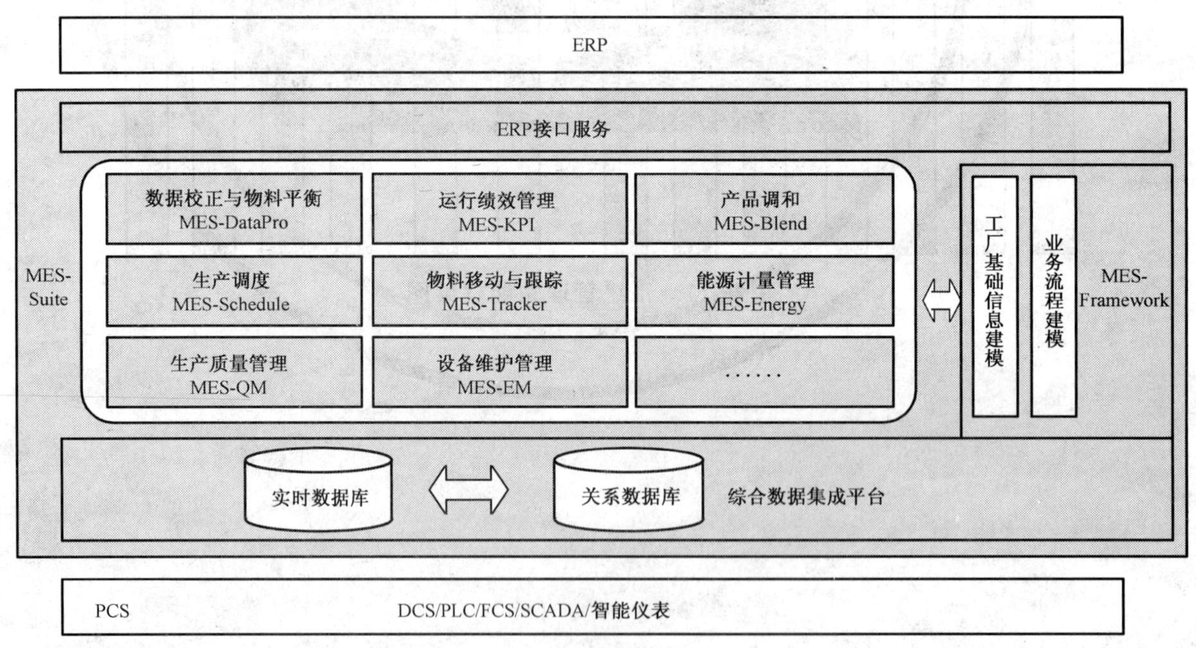

图 E.1　MES-Suite 体系结构

E.1　工厂建模平台（MES-Framework）

E.1.1　概述

MES-Framework 信息集成与工厂建模平台是该 MES 解决方案套件中的核心产品，为各个应用套件提供统一共享的工厂基础信息模型、业务流程模型以及数据接口服务。

E.1.2 功能

基础数据建模工具如图 E.2 所示。

——工厂统一建模

支持统一的物理工厂和逻辑对象工厂数据模型建模，主要包括区域、生产装置、装置、管线、仪表、罐区、化验分析样点，关键技术指标，产率模型等元素，为各个应用套件提供完整统一的数据模型，并为业务模块提供基础数据支撑。

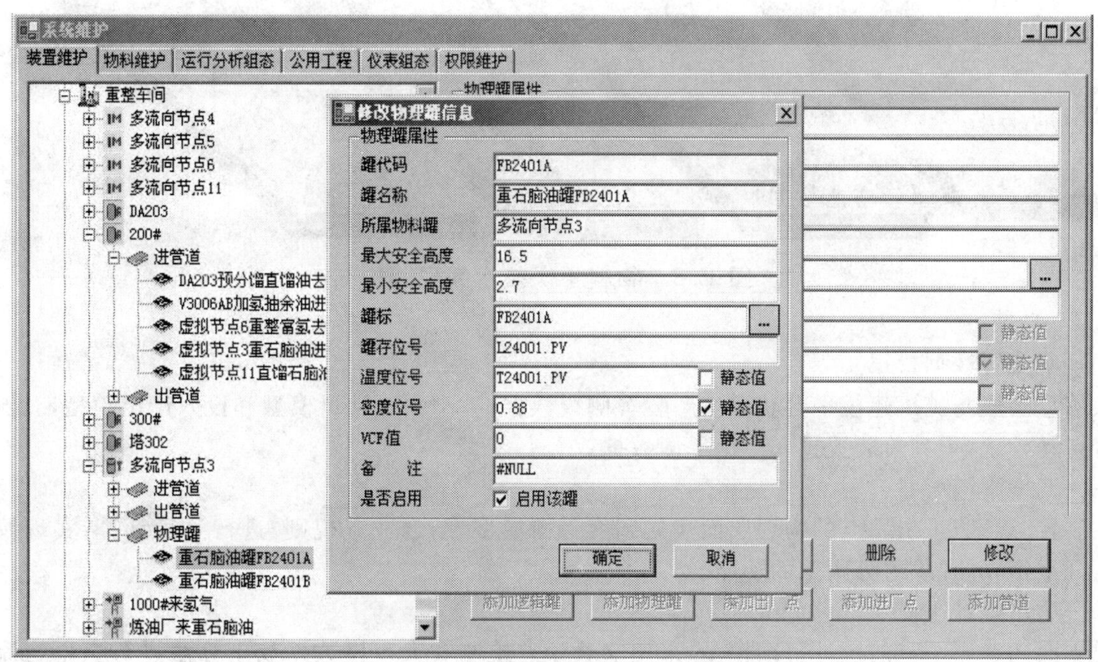

图 E.2 基础数据建模工具

——业务模型

采用组件技术对业务逻辑提供支撑，使应用逻辑与用户界面彻底分离。将各业务模块集成在统一接口的基础上，实现各应用组件的可插拔和可扩展。

——数据集成服务

提供高效率、高频度的数据集成解决策略，支持流程工业主流实时数据库接口(ESP-iSYS,PI,Uniformance,InfoPlus)和关系数据库接口(例如 ODBC,OLEDB 等)，还能保证与其他 MIS 系统的数据集成，支持固定文件格式的数据导入。

——统一应用集成平台

提供统一的应用系统集成框架，实现统一的用户权限管理，记录业务操作监控日志。平台具有良好的开放性和可扩展性，能方便实现与其他系统的有效集成(单点登录)。

——ERP 接口服务

平台提供标准、统一的对外接口服务协议包，可实现与主流 ERP 系统稳定可靠的双向通讯与数据库同步更新。

E.2 MES-Suite 的主要应用套件

E.2.1 物料平衡与数据校正(MES-DataPro)

E.2.1.1 概述

MES-DataPro 基于工厂物流模型和统计分析方法，采用多层递阶平衡策略，解决企业中物流数据的不一致和不完整等问题，从而将生产过程数据提炼成一致和可靠的高质量业务信息，为企业进行精细化管理提供强有力的支撑。实现计划、调度、操作三个层面每班物料数据的完整一致，满足生产平衡，支持生产调度与优化；通过组分跟踪，分析生产过程中存在的问题，提高生产管理的精细化水平，物料平衡技术实现架构图如图 E.3 所示。

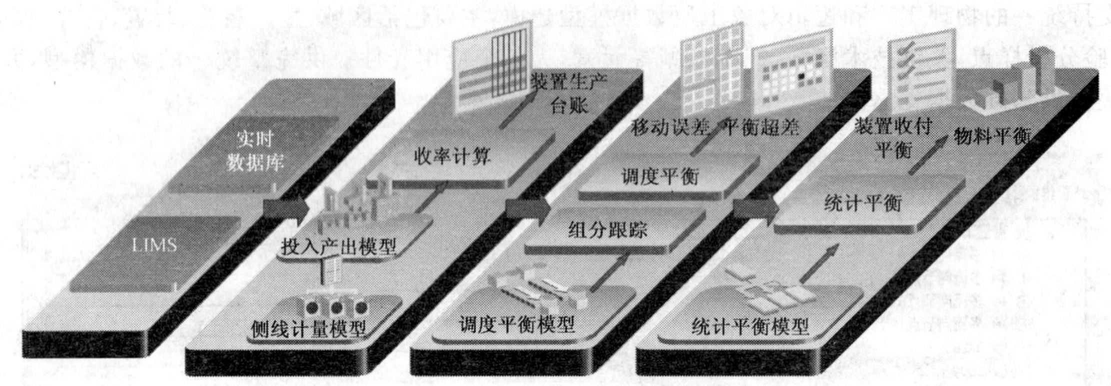

图 E.3 物料平衡技术实现架构

E.2.1.2 功能

——单装置数据校正

从信息集成与工厂建模平台获取生产装置侧线数据，基于侧线计量模型和投入产出模型，对侧线数据进行自动校正，得到单装置投入产出平衡数据。

——调度平衡

在装置、罐区、进出厂点的物理层面建立调度平衡模型，结合业务规则，进行平衡计算，实现调度平衡和组分平衡，并提供组分跟踪的功能。

——全厂统计平衡

建立面向逻辑节点的统计平衡模型，采用显著误差检测和大规模数据校正算法进行全厂物流平衡计算，消除随机误差，实现物料的收付平衡和装置的投入产出平衡。

——组分平衡

对于没有化学反应的加工单元，通过集成化验分析数据，可实现装置级物流数据质量和组分的双重平衡，为装置操作水平评估提供信息支撑。

——公用工程平衡

通过建立公用工程平衡统一模型，在集成水、电、氢气、氮气、水蒸气等产耗数据信息的基础上，实现对公用工程信息的平衡处理，为生产装置进行成本核算及节能降耗提供可靠数据。

——能耗物耗统计

通过对生产装置级及全厂级能耗物耗的统计计算，获取单位目标产品的能源、实物消耗信息，最终为企业整体运作水平的自我评价提供数据支撑。

——生产报表

MES-DataPro 提供了功能强大的报表功能，用户通过简单的配置或是组态，可方便实现各类生产统计报表的生成、浏览、打印功能。

E.2.1.3 系统特点

——具有功能强大、配置灵活的报表引擎；

——适合平衡工程师解决问题的友好人机界面；

——可实现物流组分的平衡及组分的向前/向后追溯；

——采用了高置信度显著误差综合检测及先进的二次规划算法；

——提供多级平衡策略，既可进行装置级平衡又可进行全厂统计级物流数据校正；

——有效实现公用工程信息的集成及平衡计算，并可进行多尺度物耗能耗的统计分析与查询。

E.2.2 运行绩效管理(MES-KPI)

E.2.2.1 概述

MES-KPI通过建立企业生产KPI模型,对生产运行绩效进行评估。它基于企业信息集成平台,系统可实现KPI指标的计算、打分、图形化显示及各种分析报告,为企业实现精细化、数字化管理提供强有力的支撑,运行绩效管理指标及分析架构如图E.4所示。

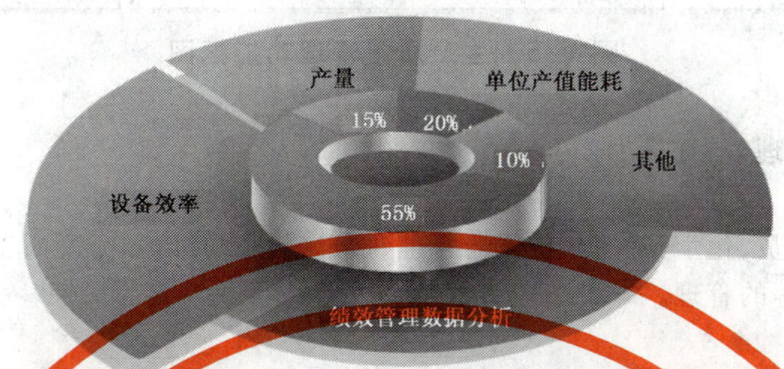

图 E.4 运行绩效管理指标及分析架构

E.2.2.2 功能

——建立KPI模型

不同的企业有不同的业务类型,用户可根据自身企业的实际情况,按照区域、单元和设备等工厂结构添加KPI项,并设置计算KPI的数学公式,建立所有需求KPI的物理模型。

——KPI模型配置与维护

企业的生产活动是复杂的,市场需求的变化经常导致企业生产活动的改变,企业相应的KPI模型当然也需要及时的配置和维护,如配置KPI模型中的数据源、修改KPI的生命周期、改变KPI的计算频率等操作,从而可保证系统的时效性。

——KPI计算与图形化显示

用户可选择触发KPI计算引擎的模式:系统自动或是手动触发,自主选择单一或是多个KPI指标计算,并能选择KPI计算的时间尺度:一段历史时间还是从当前时间点到未来的时间;用户还可根据自己的喜好选择KPI计算结果的显示方式,如趋势图、柱状图及图表等,包括图形的颜色也可自由设定。

——KPI评估与分析

KPI模型中配置了最大值、最小值、最优值等信息,通过专家规则和合理的算法,根据KPI计算结果的情况,对装置操作情况进行打分。

——过程诊断与报告

用户可组态装置各KPI的分析周期,进行对比、关联、综合以及特殊等多种分析,弄清生产中各因素间的相互作用,对装置生产运行情况进行健康诊断,并形成相应的分析报告。

E.2.2.3 系统特点

——统一的KPI建模方法,用户可根据自己的需求构建个性化的KPI树;

——全生命周期的模型维护和灵活方便的配置功能;

——KPI计算引擎的优良性能以及计算结果的图形化描述;

——丰富、强大的多种分析方法,详尽的分析报告,可重现生产过程中的各个环节;

——KPI指标的打分量化,是用户监控生产状态的有力工具。

E.2.3 生产质量管理(MES-QM)

E.2.3.1 概述

MES-QM生产质量管理软件为面向企业内部质检分析、生产过程质量管理、企业供应链质检服务的实验室信息管理套件。生产质量管理功能框图见图E.5。

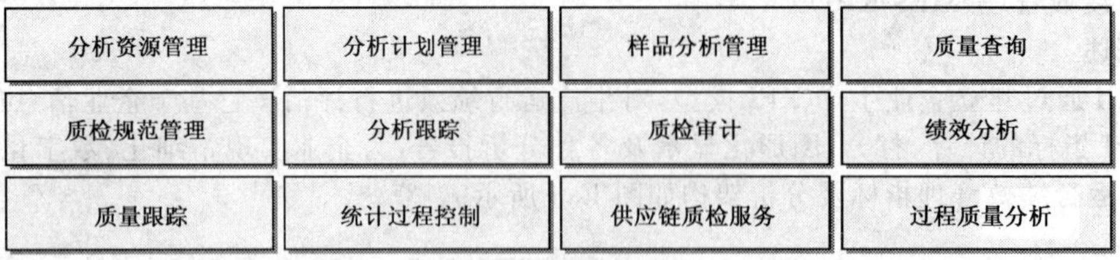

分析资源管理	分析计划管理	样品分析管理	质量查询
质检规范管理	分析跟踪	质检审计	绩效分析
质量跟踪	统计过程控制	供应链质检服务	过程质量分析

图 E.5　生产质量管理功能框图

E.2.3.2　功能

a)　实验室信息管理

——资源管理

完成实验室人员、化学药剂、分析仪器管理(检定、状态与维护、分配);工作流程、生产过程采样点、用户信息等的管理。

——规范管理

完成质检(测试)规范、分析仪器标准操作程序(SOP)管理、分析仪器维护规范(如检定周期、维护周期等)、分析报告模板、化学药剂管理规范和留样管理规范等的管理。

——分析计划管理

对生产过程质检计划、生产系统内外部的质检申请进行管理,形成分析计划。

——分析任务管理

按照分析计划形成分析任务,包括采样、样品分配、分析任务指派,并跟踪任务执行。

——分析跟踪

跟踪分析计划执行情况。

——分析数据采集与管理

对分析数据采集,如原始分析数据的人工录入、自动采集、从其他文件系统导入,分析数据审核处理,分析报告审批和发布进行管理。

——审计跟踪

对分析过程进行审计跟踪,追溯质检分析的全过程。

——抱怨管理

登记用户抱怨,进行分析和处理。

——留样管理

完成留样的登记、领用、过期销毁的管理。

——化学药剂管理

对化学药剂等分析用物料从采购申请、保管到领用的全过程进行管理。

——质检绩效管理

完成质检分析统计(计划完成情况、化学药剂消耗、工时消耗等)、关键绩效指标管理;检测过程的统计过程控制,发现检测过程变异,改善分析过程;抱怨分类分析等管理。

——数据查询

按权限查询样品采样、原始数据、分析报告、留样信息和历史分析数据;人员、项目、客户、标准资料、实验室各种文件、各类报表及相关技术资料。浏览历史数据,分析数据及其分析项目的变化趋势;浏览超标数据、加样数据、复测数据、原始记录、修改记录、审核记录、自动或人工判定记录等信息。

b)　过程质量管理

——产品质量跟踪

跟踪各生产装置的产品质量数据,及时提示调整工艺操作条件。

——工序统计过程控制

对于计量型质量特性，提供计量型控制图，如均值-极差(Xbar-R)图、均值-标准差(Xbar-S)图。

对于计数型质量特性，提供计数型控制图，如缺陷数(c)控制图、百分率(P)图。

——原材料质量评价

为供应商评价提供支持。

——产品售后质检服务

——生产过程质量分析管理

E.2.3.3 特点

——自动判定样品是否合格；

——组态化生成分析或试验结果的计算方法；

——与其他模块协同工作，接受其他运作模块的请求，完成分析任务并反馈分析结果；

——可直接接受第4层的指令，完成相关分析任务。

E.2.4 设备维护管理(MES-EM)

E.2.4.1 概述

MES-EM设备维护管理是适合典型流程工业的设备维护管理软件。它以设备点检为核心，支持设备保养、预防性维修、基于状态维修和基于条件维修，以及设备维修计划等设备运行管理活动。图E.6为设备维护管理功能框图。

维护资源管理	维护计划执行管理	工单管理	备品备件管理
维护规范管理	维护跟踪	工单执行管理	维护绩效分析
维修计划管理	设备运行监控	专用诊断设备接口	专用点检设备接口

图E.6 设备维护管理功能框图

E.2.4.2 功能

——资源管理

完成人员或组织、维护机具、维护材料、润滑材料、备品备件的管理；对设备台账、特种设备台账、固定资产卡片、设备故障台账、设备故障处理预案等进行管理。

——规范管理

完成设备操作规程、设备维护保养规程、设备检修规程的管理，相关工艺规程、设备维护安全管理规程的管理；点检标准、定期检查标准、状态监测标准、保养标准、故障代码、缺陷代码、维修标准库的管理；设备维修定额、KPI指标等的管理。

——维护维修计划管理

完成维修请求管理，维修计划编制、备件和材料需求计划、维修能力需求计划管理；维护计划(点检计划、润滑油更换计划、巡检计划、消缺计划)管理；将维护维修计划分解为各类工作任务；维护维修计划变更管理。

——维护跟踪

跟踪并报告维护计划执行情况。

——维护工单管理

完成维护调度(点检工单、消缺工单)、维修调度(维修工作单、维修机具调度单、备品备件(含材料)领用单、维护现场安环监督通知单)管理，维护材料的质量控制(包括质检申请)管理。

——现场管理

对维护、维修涉及的现场作业活动进行管理，包括点检记录、润滑记录、润滑油更换记录、巡检记录、缺陷记录、消缺记录的管理；维修执行记录、现场安环处理记录、各类维修作业许可证的管理；备品备件出库、退库管理;设备维护用材料质检管理。

——维护绩效分析与KPI

对维护(点检、润滑、巡检,缺陷与消缺)进行绩效分析,可根据分析结果,做出设备维修申请、特护等处理;维修工单分析(各类消耗与成本)、全局设备效率OEE分析,对备品备件库存进行分析,可根据分析结果,提出备品备件采购申请等的处理。

——备品备件管理

包括备品备件入出库管理、仓库作业管理,库存控制管理,盘点管理等。

——设备运行监控

监控设备运行状态与参数,管理设备运行时间;设备性能劣化趋势分析,设备运行预警(定标预警、业务预警、资源能力预警)等的管理。

E.2.4.3 特点

——支持预防性维修、基于条件的维修、基于事件(状态)的维修;

——完善的维修作业过程管理,如工艺隔离管理、安环隔离与监督管理;

——灵活支持多级别设备保养制度的执行;

——可与专用设备状态诊断系统集成运行;

——可与专用设备点检系统集成运行;

——与其他模块协同工作,接受其他运作模块的请求,完成维护维修任务,反馈执行结果;

——可直接接受第4层的指令,完成相关分析任务;

——向其他运作模块报告设备运作状态;

——分类预警处理,如设备维修、点检监测、特种设备检验检定等定标-预警处理;设备隐患整改、设备维修工单等业务要求-预警处理;备件合理储备及库存预警处理;设备性能劣化倾向等资源能力预警处理。

E.2.5 能源计量管理(MES-Energy)

E.2.5.1 概述

MES-Energy能源计量管理软件是以能源产耗实时信息和统计信息为基础,帮助企业实现能源计划制定、能耗指标动态计算、能耗指标分解与控制、能源产耗平衡、动态调度与监控以及能源使用效率评估等业务的系统解决方案,进而实现企业能源的定量控制以及综合优化使用,达到节能和增效双同步。图E.7为能源计量管理功能框图。

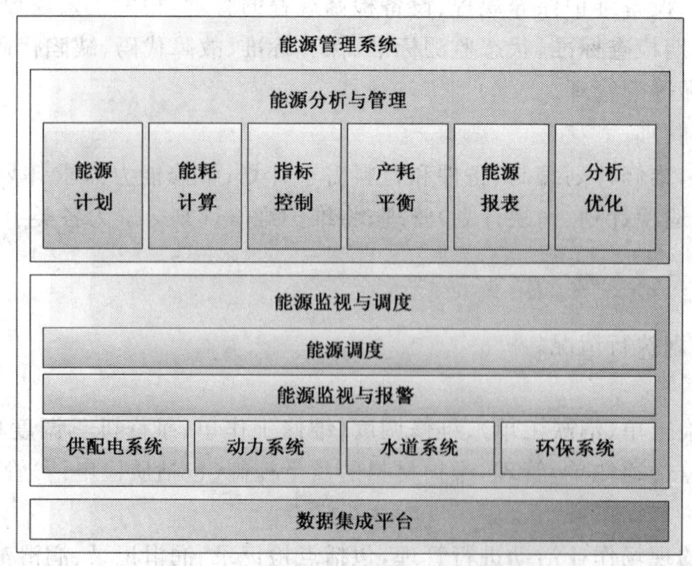

图E.7 能源计量管理功能框图

E.2.5.2 功能

——按照单元、区域、能源种类等对企业能耗指标进行分解，建立企业能源计量指标体系；

——根据生产计划，基于能源运行模型和装置能量需求模型，优化能源使用计划；

——对标管理，按照国家标准和行业标准，进行对标分析，辅助查找问题；

——工厂能源动态监控与统计分析，对各种超标情况进行报警，可有效杜绝因能源调度不当、无计划使用等因素造成的非计划停车事件，便于用户及时改进操作；

——对企业水、电、汽、风、燃料等能源进行产耗分析，实现能源产耗跟踪。

E.2.5.3 特点

——采用多种计量手段和数据处理方法；

——可从全厂能量综合优化利用的角度给出能量使用方案，为能量的优化调度提供支持。

E.2.6 物流移动与跟踪(MES-Tracker)

E.2.6.1 概述

MES-Tracker 物流移动与跟踪管理软件是用于管理和记录企业物流从原材料进厂、储存、加工、分配以及到产品出厂全周期移动的软件。MES-Tracker 以信息链的形式记录了物流移动的详细信息，通过“向前”和“先后”追溯，可重现企业各生产关节的历史信息，从而为全流程的质量控制提供依据。图 E.8 为物料移动示意图。

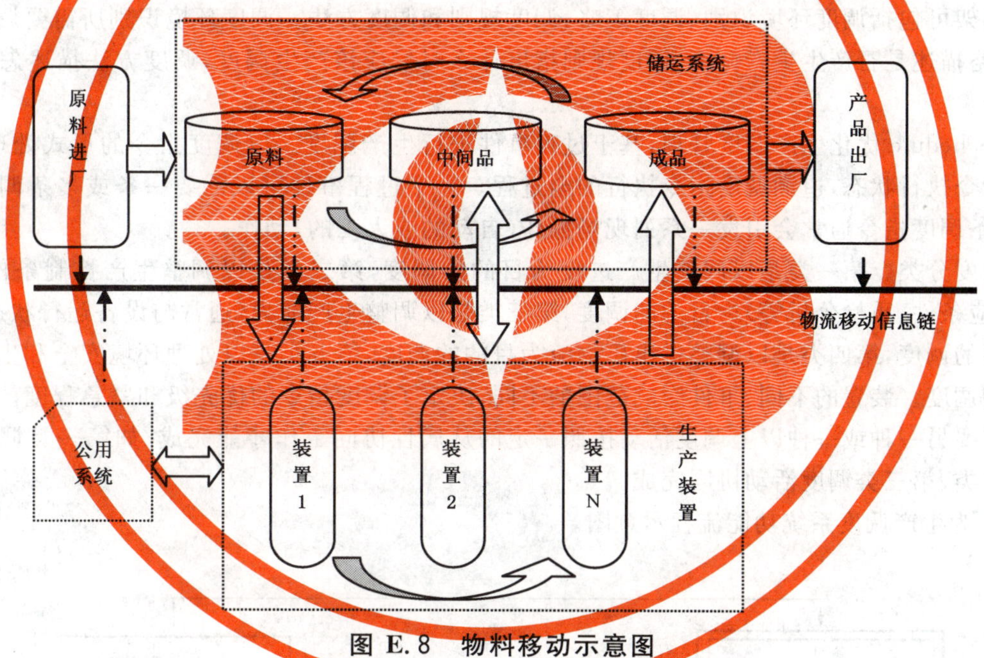

图 E.8 物料移动示意图

E.2.6.2 功能

——跟踪各个生产环节的物流状态。

——监测原料进厂时间、数量、批次以及计量数据，进行统计分析。为计量管理部门提供准确的原料进厂信息，及时发现损耗源头，减少损失。

——对终端计量过程进行实时监测和计量统计，将贮罐计量数据同流量计计量数据进行对比分析，及时发现计量差错，并对差错进行跟踪分析。

——物料存储、移动的操作管理，通过罐量的对比统计计算，对传输过程中的计量差错进行分析，及时发现计量漏洞，降低物料损耗。

——自动产生物料移动的各种生产报表，为制定生产计划、成本核算等提供数据支撑。

E.2.6.3 特点

——可实现流量、液位等各种计量仪表原始数据的统一换算和温压补偿校正，并支持自定义换算方法；

——系统所建数据模型和业务模型，具有良好的通用性和可移植性，可作为物料平衡系统工厂模型的组成部分；

——管理业务与储运自动化相结合，自动测量数据、手工输入数据、质量等数据有效集成，确保数据完备、一致。

E.2.7 生产调度管理(MES-Schedule)

E.2.7.1 概述

生产调度是保证生产计划有效执行的生产控制活动的集合。其任务是：在有限的资源约束下，控制生产计划的执行，保证生产目标的实现；当生产过程出现异常情况时，进行快速处理，使其影响减低到最小。

生产调度过程是动态过程。生产管理人员不仅要编制高质量的作业计划，而且要对作业计划执行中发生的事件迅速作出反应，甚至修改生产作业计划。有多种类型的扰动可干扰计划的执行，包括机器损坏、加工时间延迟、原料品质变坏、原料供应脱期和紧急订单等。

生产调度除完成生产作业计划编制外还承担三个主要任务：

a) 生产作业计划重排。提供修复一个已经被破坏生产作业计划(表)的方法。

b) 事件处理。对于出现的意外情况创造具有鲁棒性的调度方法。

c) 生成调度规则。针对事件生成调度规则，以改变制造系统的性能或运行。

调度框架可包括调度环境识别、调度策略、调度规则和调度方法。调度环境识别所需要调度的作业集，调度策略描述是否产生生产调度，调度规则指出什么时候应该产生调度，调度方法描述怎样产生和更新调度。

MES-Schedule 优化生产调度管理，基于过程事件进行生产调度。以调度指令的形式处理事件，并跟踪调度指令执行状态，追溯调度指令执行的全过程。一个过程事件可以需要一条或多条调度指令才能完成，一条调度指令通常会引发一系列现场操作(自动的或人工的)动作。

生产调度分类。第一类是以调整生产进度为目的的调度，第二类是以调整生产控制条件(工艺条件、能源供应条件、质检分析等)为目的的调度，第三类是以调整生产能力(通常与设备运行状态有关)保障生产需要的调度，第四类是以调整进出厂物流为目的的调度，第五类是以处理环境安全和生产安全条件为目的的调度。装置的不同、事件影响范围的不同，决定了调度指令的优先级和紧急程度。有时一种调度活动需要另一种或一种以上调度活动按照一定的从属性协同工作才能完成，如第一类调度活动可能需要第二类、第三类调度活动协同完成。

图 E.9 为生产调度系统功能流程示意图。

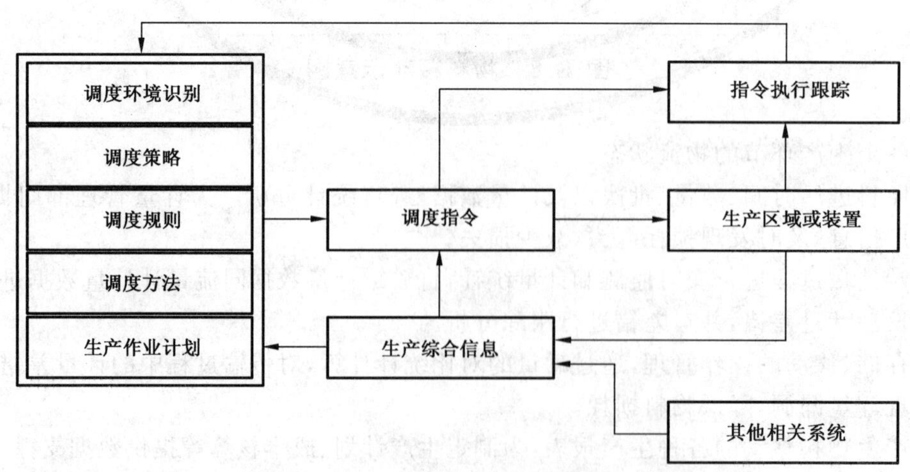

图 E.9 生产调度系统功能流程示意图

E.2.7.2 功能

——生产作业计划。生成工厂生产调度表,可包括区域、装置日或班的生产计划表。

——过程事件组态。基于实时数据库组态事件产生逻辑,生成事件链。

——调度工作模板组态。按照生产过程事件处理规则详细分类,生成调度工作模板。该模板由一个调度工作主题和一条或多条调度工作细目组成。实际生产中,对许多事件的处理已经形成了固定的模式,此时选择模式化组态,预先确定处理内容。对于没有形成固定模式的,选择非模式化组态——处理内容需要在调度策略组态中确定。

——在线调度策略组态(生成调度指令)。关联工作模板与过程事件,确定调度内容(地点、时间、位置、处理活动)及执行的从属关系,形成调度任务。对于第一类调度,可能需要进行物料平衡优化处理。对于第五类调度可能需要制定紧急生产计划,保证生产处于安全条件下运行。

——调度任务管理。下达、撤销调度任务。

——调度跟踪。跟踪调度任务执行状态、相关过程状态,记录任务执行结果。

——调度执行追溯。追溯调度执行全过程。

——事件调度日志。记录调度事件和调度处理过程,可回溯。

E.2.7.3 特点

——生产调度可面向区域、车间进行;

——调度作业集的执行可由事件驱动;

——全局化报警和事件检测,基于物料平衡和执行从属性的生产调度;

——指导功能使生产调度工作灵活有序,对调度工作的正确性、及时性、全面性提供支持。

E.2.8 产品调和(**MES-Blend**)

E.2.8.1 概述

MES-Blend 产品调和软件是应用于石化企业监控产品出厂管理过程的优化控制软件,适用于汽油、柴油、煤油和润滑油的罐调和管道调和,是石化 MES 解决方案的核心套件之一。软件使用线性/非线性优化技术,以调和出的产品满足质量指标及调和成本最小/质量过剩最小/偏差最小作为目标,计算出优化的调和配方。针对不同的调和方式和调和要求,软件对调和过程进行质量控制,确保最终调和出的成品油满足质量指标,获取最大的调和效益。图 E.10 为产品调和系统架构图。

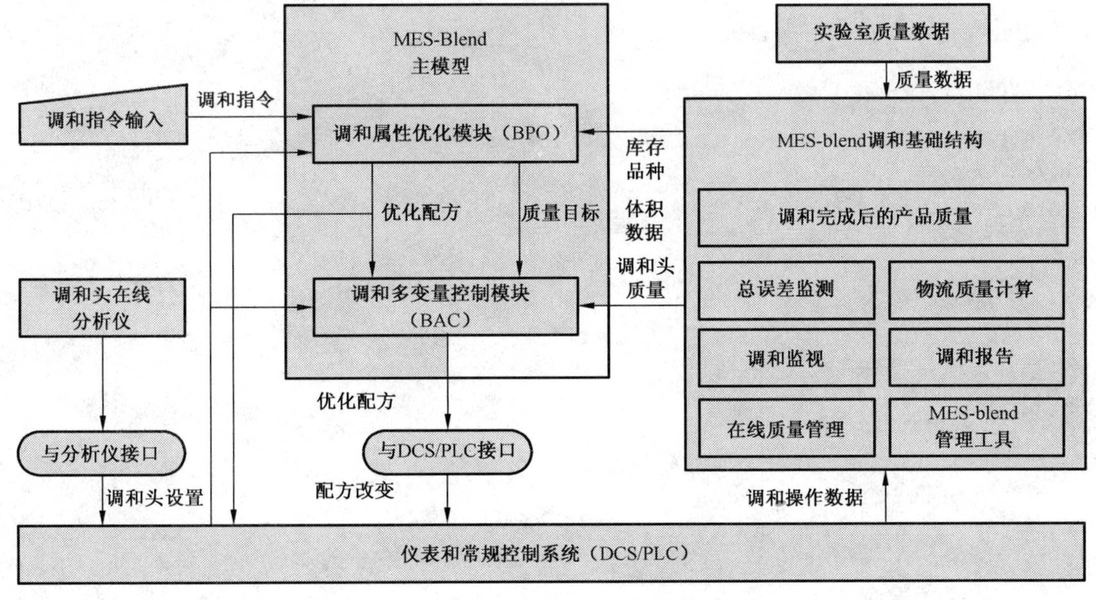

图 E.10 产品调和系统架构图

E.2.8.2 功能

——基于独有的企业数据模型技术，将物料、调和设备、调和模型和调和质量控制策略作为基本组件，根据不同企业不同环境的应用需求快速方便地构建各种调和生产方案；

——内置调和模型库并对调和模型实现滚动优化，大大提高了调和系统的调和精度；

——采用独有的混杂系统多目标优化器，支持比例控制、体积控制、在线修正控制、用户自定义等多种调和质量控制策略，满足汽油调和、柴油调和、润滑油调和的质量控制要求。

E.2.8.3 特点

——帮助用户不断改进产品出厂管理的质量控制和质量管理水平；

——可与MES其他运作管理进行协同工作。

参考文献

[1] GB/T 15969.3—2005 可编程序控制器 第3部分:编程语言(IEC 61131-3:2002,IDT)

[2] GB/T 16642—2008 企业集成 企业建模框架(ISO 19439:2006,IDT)

[3] GB/T 16656.1—2008 工业自动化系统和集成 产品数据表达与交换 第1部分:概述与基本原理(ISO 10303-1:1994,MOD)

[4] GB/T 19114.1—2003 工业自动化系统和集成 工业制造管理数据 第1部分:综述

[5] GB/T 20720.1 企业控制系统集成 第1部分:模型和术语(GB/T 20720.1—2006,IEC 62264-1:2003,IDT)

[6] GB/T 20720.2 企业控制系统集成 第2部分:对象模型属性

[7] IEC/ISO 62264-3 企业控制系统集成 第3部分:制造运行管理的活动模型

[8] BRUCE M R. Back to the Future:MES from 1999-2000[M]. Boston,Mass.,USA:AMR Inc.,1995.

[9] MESA International. MES explained:A High Level Vision[R]. Chandler. Ariz.,USA:MESA International White Paper Number 6,1997

[10] WILLIAMS T J. The Purdue Enterprise Reference Architecture[J]. Computers in Industry,1994,24(2-3):141-158

[11] 王宏安,荣冈,冯梅,等.化工生产执行系统MES[M].北京:化学工业出版社,2006.

[12] 华中科技大学汽车整车生产MES解决方案.

[13] 浙江中控软件技术有限公司MES解决方案技术白皮书.